Die Grundlehren
der mathematischen Wissenschaften

in Einzeldarstellungen
mit besonderer Berücksichtigung
der Anwendungsgebiete

Band 46

R. Nevanlinna

Eindeutige analytische Funktionen

2. Auflage

Reprint

Springer-Verlag Berlin Heidelberg GmbH

1974

AMS-Subject Classifications (1970) 30 - 02, 30A24, 30A26, 30A30, 30A36, 30A68, 30A88

ISBN 978-3-662-06843-4   ISBN 978-3-662-06842-7 (eBook)
DOI 10.1007/978-3-662-06842-7

Ursprünglich erschienin bei Springer-Verlag Berlin Heidelberg New York 1953
Softcover reprint of the hardcover 1st edition 1953

Library of Congress Catalog Card Number 73-10720

DIE GRUNDLEHREN DER
MATHEMATISCHEN WISSENSCHAFTEN

IN EINZELDARSTELLUNGEN MIT BESONDERER BERÜCKSICHTIGUNG DER ANWENDUNGSGEBIETE

HERAUSGEGEBEN VON

R. GRAMMEL · E. HOPF · H. HOPF · F. RELLICH
F. K. SCHMIDT · B. L. VAN DER WAERDEN

BAND XLVI

EINDEUTIGE ANALYTISCHE FUNKTIONEN

VON

ROLF NEVANLINNA

ZWEITE AUFLAGE

Springer-Verlag Berlin Heidelberg GmbH

1953

EINDEUTIGE ANALYTISCHE FUNKTIONEN

VON

Dr. ROLF NEVANLINNA

FINNISCHE AKADEMIE

HONORARPROFESSOR AN DER UNIVERSITÄT ZÜRICH

ZWEITE VERBESSERTE AUFLAGE

MIT 24 ABBILDUNGEN

Springer-Verlag Berlin Heidelberg GmbH

1953

Vorwort zur zweiten Auflage.

Im Laufe der Zeit, welche seit dem Erscheinen der ersten Auflage dieser Monographie (1936) vergangen ist, hat die Theorie der eindeutigen analytischen Funktionen einer komplexen Veränderlichen wesentliche neue Fortschritte erfahren, vor allem in der Richtung (Wertverteilungslehre, Zusammenhang der analytischen Eigenschaften einer Funktion und der geometrischen Struktur der von ihr erzeugten RIEMANNschen Fläche), die für meine ursprüngliche Darstellung maßgebend waren. In der vorliegenden Neuauflage habe ich einen Teil derjenigen neuen Ergebnisse mitgenommen, die mir besonders wichtig erscheinen und sich organisch an den Aufbau des Werkes anschließen. Dabei habe ich mich in erster Linie an solche Ergänzungen gehalten, die von prinzipiellem Standpunkt Beachtung verdienen. Solcher Art sind z. B. das „Prinzip der Anzahlfunktionen", das neuerdings von O. LEHTO aufgestellt worden ist. Um den etwas komplizierten und undurchsichtigen Beweis des zweiten Hauptsatzes der Wertverteilungstheorie leichter zugänglich zu machen, habe ich zu den früheren Beweisanordnungen eine neue, von K. I. VIRTANEN herrührende aufgenommen.

Von mehr in Einzelheiten gehenden Fragen sei hier noch die Theorie der Kapazität ebener Punktmengen erwähnt. Die neueren Untersuchungen auf diesem Gebiet haben eine endgültige Klärung der metrischen Struktur von Mengen der Kapazität Null herbeigeführt; diese neuen Ergebnisse sind hier vollständig zur Darstellung gekommen. Der Abschnitt über quasikonforme Abbildungen ist neu redigiert und ergänzt worden.

Im Anschluß an die Wertverteilungslehre hat sich die Theorie in den letzten Jahren vor allem in zwei Richtungen entwickelt. Einerseits hat man die Untersuchung der Umkehrung der zweiten Hauptungleichung besonders an Hand besonderer Flächenklassen weitergeführt; die Anwendung von Streckenkomplexen hat sich hier nützlich erwiesen. Andererseits ist das sogenannte Typenproblem Gegenstand zahlreicher Untersuchungen gewesen, und eine Reihe von neuen Ergebnissen sind in dieser Richtung erzielt worden; methodisch waren auch hier die Theorie der Streckenkomplexe und die Methoden der quasikonformen Abbildungen von Bedeutung. Bei diesen Einzelfragen habe ich mich mit Hinweisen auf die wichtigsten Neuerscheinungen begnügen müssen.

Auch war es nicht möglich, näher auf die schönen Anwendungen der Wertverteilungstheorie auf Differentialgleichungen einzugehen, die man

H. WITTICH verdankt. Raummangel hat mich ebenfalls gezwungen, auf eine Darstellung der Theorie der meromorphen Kurven von H. und J. WEYL zu verzichten.

Trotz dieser Einschränkungen hoffe ich, daß meine Monographie in der jetzt vorliegenden Form auch weiterhin eine genügende Grundlage für das Studium der modernen Funktionentheorie bieten wird.

Meine Arbeit ist durch wertvolle Hilfe mehrerer Kollegen erleichtert worden. Dankend erwähne ich vor allem die Mitarbeit von Dr. K. I. VIRTANEN und Dr. O. LEHTO; ich danke auch Prof. Dr. H. WITTICH für verschiedene wichtige Ratschläge und Dr. H. KÜNZI für die Zusammenstellung des Registers.

Helsinki, im März 1953.   **Rolf Nevanlinna.**

Vorwort zur ersten Auflage.

In den wenigen Jahren, die seit dem Erscheinen meiner zusammenfassenden Darstellung der neueren Theorie der ganzen und meromorphen Funktionen (Gauthier-Villars, Paris 1929) verflossen sind, hat sich die Lehre von der Wertverteilung der analytischen Funktionen durch die Arbeiten verschiedener Forscher wesentlich weiter entwickelt. Die Forschungen auf diesem funktionentheoretischen Gebiete sind keineswegs zu einem Abschluß gebracht; die erzielten Fortschritte haben im Gegenteil den Weg zu neuen ungelösten Fragen angebahnt. Andererseits findet man unter den neueren Ergebnissen eine Menge von solchen, die definitiven Charakters sind und die zu einer größeren Einheitlichkeit in verschiedenen funktionentheoretischen Gebieten beigetragen haben. Eine Darstellung der Hauptzüge der Theorie in dieser Sammlung erscheint deshalb berechtigt.

Bei der Darstellung einer Lehre, die sich in steter Entwicklung befindet, bietet eine zweckmäßige Abgrenzung gewisse Schwierigkeiten. Einige Bemerkungen über die Gesichtspunkte, welche bei der Auswahl des Stoffes bestimmend gewesen sind, findet der Leser in der nachstehenden Einleitung. Der Verfasser hat insofern Vollständigkeit angestrebt, als die zur Anwendung kommenden Hilfsmittel, welche außerhalb der Elemente der Funktionen- und Potentialtheorie, der nichteuklidischen Geometrie oder der Topologie liegen, soweit als möglich begründet werden. In vielen Fällen gelang dies im Zusammenhang mit der Darstellung gewisser allgemeiner Prinzipien, die wegen ihrer Bedeutung für verschiedene Fragen der Wertverteilung vollständig dargestellt werden. Eine Ausnahme bilden die fundamentalen Existenzsätze der Theorie der konformen Abbildung sowie die klassischen Sätze über die Ränderzuordnung bei konformer Abbildung schlichter Gebiete; diese Sätze mußten als bekannt vorausgesetzt werden. Überhaupt hätte eine systematische Darstellung der Lehre von der Uniformisierung, von den automorphen Funktionen und den diesen Funktionen zugeordneten, regulär verzweigten RIEMANNschen Flächen der vorliegenden Arbeit, die sich zum ganz wesentlichen Teil mit gewissen höheren Stufen jenes Lehrgebäudes beschäftigt, vorausgehen müssen.

Herrn Professor Dr. R. COURANT, der mich zur Veröffentlichung dieser Darstellung aufgefordert und meine Arbeit mit freundlichem Interesse verfolgt hat, spreche ich hiermit meinen aufrichtigen Dank aus. Mein Dank gilt auch der Verlagsbuchhandlung, die meinen Wünschen mit Bereitwilligkeit entgegengekommen ist und die mit Präzision und Schnelligkeit für die technische Herstellung der Arbeit Sorge getragen hat.

Herrn Professor Dr. L. AHLFORS bin ich für seinen wertvollen Beistand bei der Abfassung des XII. Abschnittes zu Dank verpflichtet. Verschiedene wichtige sachliche Bemerkungen verdanke ich Herrn Dr. E. ULLRICH, der mir auch beim Lesen der Korrektur behilflich gewesen ist.

Helsinki, im März 1936.   **Rolf Nevanlinna.**

Berichtigung.

Während der Drucklegung hat Herr W. K. HAYMAN mitgeteilt, daß er ein Beispiel einer ganzen Funktion gefunden hat, für welche ein defekter Wert nicht Zielwert ist. Dieses Resultat, das im „Journal of London Mathematical Society" veröffentlicht wird, löst endgültig die Frage auf S. 272-273, wo irrtümlich Funktionen endlicher oder unendlicher Ordnung besprochen werden statt ganzer oder beliebiger meromorpher Funktionen.

Inhaltsverzeichnis.

Einleitung.

Die eindeutigen analytischen Funktionen können von verschiedenen Gesichtspunkten aus untersucht werden. Die in der vorliegenden Arbeit zur Darstellung gelangenden Fragen gruppieren sich um ein großes Hauptproblem. Einige allgemeine Bemerkungen über diese zentrale Fragestellung sollen hier vorausgeschickt werden.

Wir denken uns ein gegebenes analytisches Funktionselement unbeschränkt fortgesetzt. Angenommen, daß die so entstehende analytische Funktion $w = w(z)$ eindeutig ist, existiert ein schlichtes Gebiet G_z mit nachstehenden Eigenschaften.

1. Jedem inneren Punkt z von G_z entspricht ein und nur ein Element von rationalem Charakter der Funktion $w(z)$.

2. Jeder Randpunkt z^* von G_z ist eine wesentliche Singularität von $w(z)$.

Falls G_z die ganze geschlossene Ebene umfaßt (elliptischer Fall), so ist $w(z)$ eine rationale Funktion. Schließt man diesen einfachsten Sonderfall aus, so hat man zwei Fälle zu unterscheiden, je nachdem G_z einfach oder mehrfach zusammenhängend ist. Wir beschränken uns auf den erstgenannten Fall und haben dann weitere zwei Möglichkeiten zu berücksichtigen: die Berandung Γ_z von G_z ist entweder ein Punkt (parabolischer Fall) oder ein Kontinuum (hyperbolischer Fall).

Das Gebiet G_z wird durch die Funktion $w = w(z)$ auf eine über der w-Ebene ausgebreitete RIEMANNsche Fläche G_w konform abgebildet. Die Umkehrfunktion $z = z(w)$ von $w(z)$ ist eine auf dieser Fläche G_w eindeutige und wegen der Eindeutigkeit von $w(z)$ *einwertige* Funktion, d. h. den Mittelpunkten von zwei verschiedenen Elementen von $z(w)$ sind stets zwei verschiedene Punkte z zugeordnet.

Umgekehrt gilt nach dem Hauptsatz der Theorie der konformen Abbildung, daß eine beliebige, über der w-Ebene liegende, einfach zusammenhängende RIEMANNsche Fläche stets auf eines der folgenden drei schlichten Normalgebiete G_z eineindeutig und konform bezogen werden kann: 1. die Vollebene (elliptischer Fall); 2. die punktierte Ebene (parabolischer Fall); 3. den Einheitskreis oder, allgemeiner, ein beliebiges, von einem Randkontinuum Γ_z begrenztes Gebiet (hyperbolischer Fall).

Die Wertverteilungslehre der eindeutigen analytischen Funktionen beschäftigt sich mit der Untersuchung des Systems (z_a) derjenigen

Punkte in G_z, wo die Funktion $w(z)$ einen vorgegebenen Wert $w = a$ annimmt; sämtliche Werte a werden hierbei in Betracht gezogen. Das klassische Resultat auf diesem Gebiet ist der berühmte Satz von PICARD, nach welchem eine in der punktierten Ebene meromorphe transzendente Funktion sämtliche Werte a, mit Ausnahme von höchstens zwei Werten, unendlich oft annimmt. Hieran schloß sich die Wertverteilungslehre von HADAMARD, BOREL, VALIRON, JULIA u. a. Bei diesen weitgehenden Verallgemeinerungen und Verfeinerungen des PICARDschen Satzes spielten die Gesichtspunkte der konformen Abbildung eine untergeordnete Rolle. Aufstellung und Behandlung der Probleme geschah ohne Rücksicht auf die RIEMANNsche Fläche G_w, auf welche die meromorphe Funktion die punktierte Ebene G_z abbildet. Umgekehrt hatten die ersten Untersuchungen über die RIEMANNsche Fläche einer ganzen oder meromorphen Funktion (HURWITZ, BOUTROUX, IVERSEN, GROSS u. a.) nur wenige Berührungspunkte mit den Ergebnissen der Wertverteilungslehre.

Die Begründung der neueren Theorie der meromorphen Funktionen hat eine Brücke zwischen den beiden Forschungsrichtungen geschlagen. An Stelle der WEIERSTRASSschen kanonischen Darstellung einer ganzen oder meromorphen Funktion treten funktionen- und potentialtheoretische Hilfsmittel von größerer Tragweite. Auf der neuen Grundlage läßt sich die HADAMARD-BORELsche Theorie einfach darstellen und verschärfen. Allein der wichtigste Fortschritt besteht darin, daß die neuen analytischen Begriffsbildungen zugleich eine geometrische Bedeutung besitzen. Die Fundamentalgrößen (Charakteristik, Defekte, Verzweigungsindizes) setzen das asymptotische Verhalten einer eindeutigen analytischen Funktion $w(z)$ in Beziehung zu den Eigenschaften der RIEMANNschen Fläche G_w, auf welche das schlichte Existenzgebiet G_z konform abgebildet wird. Der PICARDsche Satz und seine Verallgemeinerungen können auf diese Weise als Aussagen über den Verzweigungscharakter der Überlagerungsfläche G_w aufgefaßt werden. Diese neue Wendung verlegt den Schwerpunkt der Wertverteilungslehre auf die Untersuchung der Verzerrung der Abbildung $G_z \rightarrow G_w$ im Innern und vor allem in der Umgebung der Ränder dieser Flächen; es handelt sich also um eine weitgehende Verallgemeinerung der klassischen Sätze über die Verzerrung und die Ränderzuordnung bei konformer Abbildung von schlichten Gebieten.

Die Wertverteilungslehre ordnet sich so in die allgemeine Theorie der konformen Abbildung ein. Als zentrale Frage jener Lehre erscheint nach dieser Auffassung das *Typenproblem*, eine interessante und komplizierte Aufgabe, welche von der klassischen Uniformisierungstheorie offen gelassen wird. Auf Grund der topologisch-metrischen Eigenschaften einer offenen Überlagerungsfläche gilt es zu entscheiden, ob der parabolische oder der hyperbolische Fall vorliegt, d. h. ob die Fläche auf die punktierte Ebene oder auf das Innere des Einheitskreises konform abbildbar ist.

Diejenigen Erweiterungen des PICARDschen Satzes, welche man unter dem Namen „Defektrelationen" zusammenzufassen pflegt, enthalten notwendige Kriterien für den Grenzpunktfall. Obwohl auch verschiedene hinreichende Bedingungen bekannt sind, ist man selbst bei relativ einfachen Klassen von RIEMANNschen Flächen noch nicht im Besitz einer vollständigen Lösung der Typenfrage.

Unter den RIEMANNschen Flächen vom parabolischen Typus zeichnen sich speziell diejenigen durch einfache Verzweigungseigenschaften aus, welchen eine meromorphe Abbildungsfunktion $w(z)$ von endlicher Ordnung entspricht. Zu diesen gehören u. a. die Flächen mit endlich vielen Windungspunkten.

Auch unter den Grenzkreisflächen sondern sich gewisse bemerkenswerte Flächenklassen aus. Es läßt sich für die Charakteristik der Abbildungsfunktion eine kritische Wachstumsordnung angeben, oberhalb welcher die Sätze von PICARD und sämtliche Defektrelationen noch gelten. Mit abnehmender Wachstumsordnung der Charakteristik nimmt die Mächtigkeit der Verzweigtheit der RIEMANNschen Fläche zu. Eine wohlabgegrenzte Klasse bilden schließlich die *beschränktartigen* Flächen, denen eine beschränkte Charakteristik entspricht. Um den Umfang der Singularitäten einer beschränktartigen Fläche genau beschreiben zu können, muß der Begriff einer Punktmenge von der Kapazität Null herangezogen werden. Diese Punktmengen spielen auch bei anderen Fragen der Wertverteilungslehre eine wichtige Rolle. In unserer Darstellung wird der Kapazitätsbegriff in die Theorie des sog. harmonischen Maßes eingeordnet. Durch die Einführung und systematische Benutzung dieses eineindeutigen konformen Abbildungen gegenüber invarianten Maßes wird es möglich, verschiedene mit der Wertverteilungslehre nahe zusammenhängende Sonderfragen einheitlich und übersichtlich zu behandeln.

In den letzten zehn Jahren hat die Lehre über den Typ einer RIEMANNschen Fläche eine weitgehende Erweiterung erfahren durch die Untersuchungen über abstrakt definierte Flächen von beliebigem Zusammenhang oder Geschlecht. Ein Eingehen auf diese allgemeinen Probleme würde außerhalb der Rahmen dieser Monographie führen, die sich mit Flächen vom Geschlechte Null befaßt. In der vorliegenden Neuauflage müssen wir uns mit einem Hinweis auf die Methode der extremalen Längen von GRÖTZSCH, AHLFORS und BEURLING begnügen.

I. Konforme Abbildung ein- und mehrfach zusammenhängender Gebiete.

§ 1. Konforme Abbildung durch lineare Transformationen.

1. Die Gruppe der eineindeutigen und konformen Abbildungen der Vollebene auf sich selbst wird analytisch durch die Gesamtheit der linear gebrochenen Transformationen

$$S(z) = \frac{a\,z + b}{c\,z + d} \qquad (a\,d - b\,c \neq 0) \tag{1}$$

bestimmt. Jede lineare Transformation vermittelt eine solche Abbildung, und umgekehrt reduziert sich jede Transformation $t(z)$, welche eine derartige Abbildung vollzieht, auf die Form (1); denn $t(z)$ ist dann regulär in jedem Punkt der z-Vollebene, mit Ausnahme eines einzigen Punktes z_0, welcher dem Wert $t = \infty$ zugeordnet ist; als einzige Singularität hat $t(z)$ somit einen Pol erster Ordnung, woraus nach einem elementaren funktionentheoretischen Satz folgt, daß sie eine rationale Funktion erster Ordnung ist.

2. Geht man mittels stereographischer Projektion von der z-Ebene zur RIEMANNschen Kugel über, die mit dem Durchmesser 1 die Ebene im Anfangspunkt berührt, so erhält man aus (1) die Gesamtheit der konformen Abbildungen der Kugel auf sich selbst. Unter diesen Abbildungen verdient die Gruppe der Drehungen der Kugel besondere Beachtung. Die allgemeine Form einer Drehungstransformation, welche die Punkte z und ζ sowie $z = a$ und $\zeta = b$ einander zuordnet, ist

$$\frac{z - a}{1 + \bar{a}\,z} = e^{i\,\alpha}\,\frac{\zeta - b}{1 + \bar{b}\,\zeta}, \tag{2}$$

wo der Querstrich den Übergang zu der konjugiert komplexen Größe angibt und α ein reeller Parameter ist.

Durch den Grenzübergang $z \to a$, $\zeta \to b$ ergibt sich

$$\frac{|d\,z|}{1 + |z|^2} = \frac{|d\,\zeta|}{1 + |\zeta|^2},$$

woraus zu sehen ist, daß sich der Ausdruck

$$d\,\sigma = \frac{d\,s}{1 + r^2}, \tag{2'}$$

wo ds die euklidische Länge und r der Nullpunktabstand eines Bogenelementes der z-Ebene ist, gegenüber einer Kugeldrehungstransforma-
tion invariant verhält. Dies wird geometrisch dadurch erklärt, daß der
Ausdruck (2′) die *sphärische Länge* des betrachteten Bogenelementes
darstellt. Die geodätischen Linien sind in der durch (2′) definierten
Maßbestimmung diejenigen Kreise der z-Ebene, welche den größten
Kreisen der Kugel entsprechen; sie sind durch die Eigenschaft charak-
terisiert, den Einheitskreis $|z| = 1$ in zwei diametralen Punkten zu
schneiden.

Für spätere Anwendungen soll noch darauf aufmerksam gemacht
werden, daß der Logarithmus des Verhältnisses zwischen dem sphärischen und dem euklidischen Bogenelement

$$u(z) = \log \frac{d\sigma}{ds} = \log \frac{1}{1 + r^2}$$

der partiellen Differentialgleichung

$$\Delta u = -4 e^{2u} \tag{2″}$$

genügt, wo Δ der LAPLACEsche Operator ist.

3. Außer den Kugeldrehungen verdient die Gruppe derjenigen linearen Transformationen besondere Aufmerksamkeit, welche das Innere
(und somit auch das Äußere) des Einheitskreises in sich überführen. Die
allgemeine Form einer solchen Transformation, welche die Punkte $z = a$
und $\zeta = b$ einander zuordnet ($|a| < 1$, $|b| < 1$), ist

$$\frac{z - a}{1 - \bar{a}z} = e^{i\alpha} \frac{\zeta - b}{1 - \bar{b}\zeta} . \tag{3}$$

Umgekehrt gilt, daß jede eineindeutige und konforme Abbildung
$\zeta = \zeta(z)$ des Einheitskreises auf sich selbst von einer linearen Transformation vermittelt wird. Durch eine geeignete lineare Transformation
der Gruppe (3) beider Variablen z und ζ bewirkt man nämlich zunächst,
daß die Abbildung die Nullpunkte $z = 0$, $\zeta = 0$ einander zuordnet. Auf
dem Kreis $|z| = r$ ($0 < r < 1$) liegt der Wert der für $|z| < 1$ regulären
Funktion $\frac{\zeta}{z}$ dem absoluten Betrag nach unter $\frac{1}{r}$, und dasselbe gilt
somit nach dem Prinzip des Maximums für $|z| \leq r$. Für $r \to 1$ ergibt
sich hieraus, daß $|\zeta| \leq |z|$ für jedes $|z| < 1$. Vertauscht man den Platz
der Variablen, so ergibt sich auch $|z| \leq |\zeta|$ und also notwendigerweise
$|\zeta| = |z|$, woraus $\zeta = e^{i\varphi} z$ folgt. Da man mittels linearer Transformation von hier aus zu den ursprünglichen Veränderlichen gelangt, so folgt,
daß auch diese durch eine lineare Substitution miteinander verbunden
sind.

Setzt man in (3) $z = a$, $\zeta = b$, so folgt wie in Nr. 2 die Invarianz
des Differentialausdruckes

$$d\sigma = \frac{ds}{1 - r^2} \tag{3′}$$

gegenüber der Transformationsgruppe (3). Deutet man diesen Ausdruck als die Länge des betrachteten Bogenelementes, so gelangt man, wie zuerst von POINCARÉ [1] gezeigt wurde, zu einer Metrik, die innerhalb $|z| < 1$ den Regeln der hyperbolischen (BOLYAI-LOBATSCHEWSKYschen) Geometrie gehorcht; dabei wird die Rolle der kürzesten Linien von denjenigen Kreisbogen übernommen, welche den Grenzkreis $|z| = 1$, der das „unendlich Ferne" darstellt, orthogonal schneiden[1]. Man rechnet leicht nach, daß das Verhältnis der nichteuklidischen und der euklidischen Bogenelemente einer der in Nr. 2 besprochenen verwandten Differentialgleichung genügt. Setzt man nämlich $u = \log \dfrac{d\sigma}{ds}$, so wird nach (3')

$$\Delta u = 4e^{2u}. \tag{3''}$$

4. Zu einer anderen wichtigen Invariante gelangt man, wenn man die Beziehung (3) logarithmisch differenziert. Es wird

$$\frac{1 - |a|^2}{(z - a)\left(\dfrac{1}{z} - \bar{a}\right)} \frac{dz}{z} = \frac{1 - |b|^2}{(\zeta - b)\left(\dfrac{1}{\zeta} - \bar{b}\right)} \frac{d\zeta}{\zeta}$$

und läßt man hier z gegen einen Peripheriepunkt $e^{i\varphi}$ rücken, wobei ζ gegen den zugeordneten Peripheriepunkt $e^{i\vartheta}$ strebt und der Differentialquotient $\dfrac{d\log z}{d\log\zeta}$ gegen $\dfrac{d\varphi}{d\vartheta}$ konvergiert, so folgt

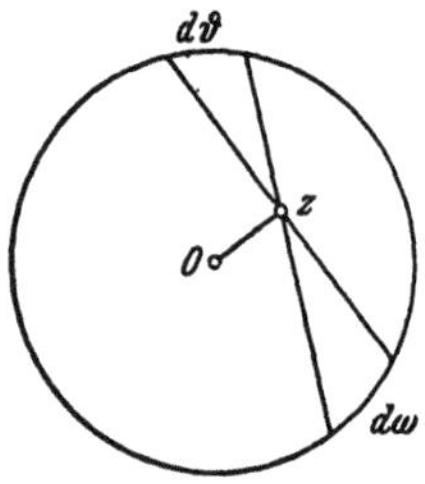

$$\frac{1 - |a|^2}{|e^{i\varphi} - a|^2} d\varphi = \frac{1 - |b|^2}{|e^{i\vartheta} - b|^2} d\vartheta.$$

Der Differentialausdruck

$$\frac{1 - r^2}{1 + r^2 - 2r\cos(\vartheta - \varphi)} d\vartheta$$

Abb. 1.

behält also seinen Wert, wenn man die Punkte $z = re^{i\varphi}$ und $w = e^{i\vartheta}$ gleichzeitig einer Substitution der Gruppe (3) unterwirft.

Der Ausdruck

$$\frac{1 - r^2}{1 + r^2 - 2r\cos(\vartheta - \varphi)} = \frac{1 - |z|^2}{|w - z|^2},$$

der als Realteil der Funktion

$$\frac{w + z}{w - z}$$

eine harmonische Funktion des Aufpunktes z darstellt, gestattet eine einfache, zuerst von SCHWARZ [1] angegebene geometrische Deutung.

---

[1] Für den kürzesten „Abstand" zwischen den Punkten 0 und z findet man den Wert $\dfrac{1}{2}\log\dfrac{1 + |z|}{1 - |z|}$.

Nach einem elementargeometrischen Satz ist nämlich

$$1 - |z|^2 = |w - z|\,|w' - z|,$$

wo w' der zweite Endpunkt der von den Punkten w und z bestimmten Sehne des Einheitskreises ist (s. Abb. 1); und da ferner

$$\frac{d\vartheta}{|w - z|} = \frac{d\omega}{|w' - z|},$$

wo $d\omega$ das von w' bei einer infinitesimalen Drehung der Sehne um den Aufpunkt z beschriebene Bogenelement ist, so ergibt sich schließlich die einfache Beziehung

$$\frac{d\omega}{d\vartheta} = \frac{1 - r^2}{1 + r^2 - 2r\cos(\vartheta - \varphi)}.$$

Als Niveaulinien dieses Ausdruckes hat man die Schar derjenigen Kreise, welche den Einheitskreis im Punkte $e^{i\vartheta}$ berühren; nichteuklidisch gedeutet, stellen sie Orizykeln oder Grenzlinien dar, welche die Schar der gegen den „unendlich fernen" Punkt $e^{i\vartheta}$ gerichteten grenzparallelen „Geraden" (Orthogonalkreise von $|z| = 1$) senkrecht schneiden.

5. Wegen der Invarianz des Differentials $d\omega$ ist auch das zwischen zwei beliebigen Grenzen ϑ_1, ϑ_2 $(0 \leqq \vartheta_2 - \vartheta_1 \leqq 2\pi)$ genommene Integral

$$\omega(z; \vartheta_1, \vartheta_2) = \frac{1}{2\pi}\int d\omega = \frac{1}{2\pi}\int_{\vartheta_1}^{\vartheta_2} \frac{1 - r^2}{1 + r^2 - 2r\cos(\vartheta - \varphi)}\,d\vartheta$$

invariant gegenüber der Transformationsgruppe (3); d. h. übt man auf die drei Punkte $z = r\,e^{i\varphi}$ $(0 \leqq r < 1)$, $e^{i\vartheta_1}$, $e^{i\vartheta_2}$ eine beliebige Transformation der Gruppe aus, und werden hierbei diese Punkte in z', $e^{i\vartheta_1'}$, $e^{i\vartheta_2'}$ transformiert, so gilt

$$\omega(z; \vartheta_1, \vartheta_2) = \omega(z'; \vartheta_1', \vartheta_2').$$

Nach obigem ist $\omega(z; \vartheta_1, \vartheta_2)$ gleich der durch 2π dividierten Länge des Bogens, der von den einerseits durch z, andererseits durch $e^{i\vartheta_1}$ und $e^{i\vartheta_2}$ bestimmten Sehnen aus der Peripherie des Einheitskreises ausgeschnitten wird. Ist α der von diesen Sehnen gebildete Winkel, so ist, wie man unmittelbar einsieht, auch

$$2\pi\,\omega = 2\alpha - (\vartheta_2 - \vartheta_1).$$

Hieraus wird ersichtlich, daß die Größe $\omega(z; \vartheta_1, \vartheta_2)$ für $|z| < 1$ zwischen Null und Eins variiert; als Niveaulinien hat sie die Schar der die Punkte $e^{i\vartheta_1}$, $e^{i\vartheta_2}$ verbindenden Kreisbogen, welche in der

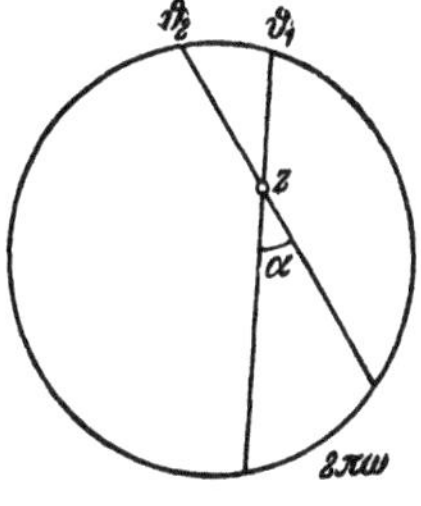

Abb. 2.

POINCARÉschen Deutung die Rolle der Abstandslinien spielen, d. h. derjenigen Linien, welche auf konstantem nichteuklidischem Abstand von einander laufen. Auf dem Bogen $\vartheta_1 < \vartheta < \vartheta_2$ nimmt ω den

Wert Eins, auf dem Komplementärbogen $\vartheta_2 < \vartheta < \vartheta_1 + 2\pi$ den Wert Null an.

Für $z = 0$ wird ω einfach gleich der durch die Länge 2π der ganzen Peripherie $|z| = 1$ gemessenen Bogenlänge des gegebenen Bogens $(\vartheta_1, \vartheta_2)$. Läßt man nun z variieren, so kann man den Wert von ω als eine verallgemeinerte „Länge" dieses Bogens auffassen, welche also relativ zu dem innerhalb des Einheitskreises beweglichen Aufpunkt z gemessen wird. Da ω ferner eine harmonische Funktion von z ist, so nennen wir sie „*das harmonische Maß des Bogens $(\vartheta_1, \vartheta_2)$ im Punkte z in bezug auf den Einheitskreis*".

Das harmonische Maß $\omega(z, \alpha)$ eines Bogens α der Peripherie $|z| = 1$ in bezug auf den Einheitskreis hat also nachstehende Eigenschaften:

1. $\omega(z, \alpha)$ ist für $|z| < 1$ harmonisch und beschränkt.

2. In jedem inneren Punkt von α nimmt ω den Randwert 1 an; es verschwindet auf dem Komplementärbogen β von α.

Man sieht unter Anwendung des Prinzips vom Maximum und Minimum einer harmonischen Funktion sofort ein, daß das harmonische Maß durch diese zwei Bedingungen eindeutig bestimmt ist.

6. Die Fixpunkte c_1, c_2 einer Transformation der Gruppe (3) sind entweder zum Einheitskreis spiegelbildlich (elliptischer Fall), oder sie liegen beide auf der Peripherie des Einheitskreises (hyperbolischer Fall), wo sie auch zusammenfallen können (parabolischer Fall). Die Normalformen der entsprechenden Substitutionen sind:

elliptisch: $\qquad \dfrac{z - c_1}{z - c_2} = e^{i\vartheta}\,\dfrac{\zeta - c_1}{\zeta - c_2} \qquad (|c_1| \neq 1, \quad c_1 \bar{c}_2 = 1, \ \vartheta \ \text{reell})$;

hyperbolisch: $\dfrac{z - c_1}{z - c_2} = \lambda\,\dfrac{\zeta - c_1}{\zeta - c_2} \qquad (|c_1| = |c_2| = 1, \quad \lambda > 0)$;

parabolisch: $\qquad \dfrac{1}{z - c} = \dfrac{1}{\zeta - c} + i\lambda\bar{c} \qquad (|c| = 1, \quad \lambda \ \text{reell})$.

§ 2. Hauptsatz der konformen Abbildung. Abbildung der universellen Überlagerungsfläche eines mehrfach zusammenhängenden Gebietes.

7. Über die Abbildung allgemeinerer Gebiete als der in § 1 betrachteten setzen wir vor allem folgenden Abbildungssatz als bekannt voraus.

A. *Jedes einfach zusammenhängende schlichte Gebiet G, dessen Berandung Γ mehr als einen Punkt enthält, kann auf das Innere des Einheitskreises eineindeutig und konform bezogen werden.*

Falls Γ einen freien Jordanbogen[1] enthält, so wird diesem eineindeutig und stetig ein Bogen der Kreisperipherie entsprechen.

---

[1] Als „frei" bezeichnet man einen solchen zum Rand Γ gehörigen Jordanbogen γ dessen innere Punkte nicht als Häufungspunkte außerhalb von γ gelegener Randpunkte vorkommen.

Der erste Teil dieses Fundamentalsatzes ist als spezieller Fall im nachstehenden Hauptsatz der konformen Abbildung enthalten.

B. *Jede einfach zusammenhängende* RIEMANNsche *Fläche F läßt sich eineindeutig und konform auf eines der nachstehenden Normalgebiete abbilden:*
1. *Die Vollebene (elliptischer Fall);*
2. *Die punktierte Ebene (parabolischer Fall);*
3. *Der Einheitskreis (hyperbolischer Fall).*

Die Abbildungsfunktion, welche die Fläche F auf eines der drei Normalgebiete bezieht, ist bis auf eine eineindeutige und konforme gegenseitige Abbildung dieser Normalgebiete eindeutig bestimmt. Nach § 1 wird eine solche Abbildung stets von einer linearen Transformation vermittelt. Ein Übergang von einem der drei Normalgebiete zu einem anderen wird hierbei nicht möglich sein: es lassen sich also sämtliche einfach zusammenhängende RIEMANNsche Flächen in drei Typen einteilen, entsprechend den drei Normalgebieten, in die sie konform abbildbar sind.

Unter Beachtung wohlbekannter Eigenschaften linearer Transformationen, welche teilweise auch in § 1 besprochen wurden, schließt man, daß die Abbildung eindeutig festgelegt wird, wenn man fordert, daß im Falle 1 drei Paare vorgegebener Punkte, im Falle 2 zwei Paare vorgeschriebener Punkte (falls der einzige Randpunkt des Normalgebietes festgehalten wird) und im Falle 3 ein Paar von Punkten und zwei Richtungen in ihnen einander entsprechen sollen.

Sofern es sich um ein schlichtes, von einer Jordankurve begrenztes Gebiet handelt, läßt sich wegen der Stetigkeit der Abbildung auf den Rändern die Unität der Abbildung auch derart erzielen, daß drei Paare von Randpunkten einander zugeordnet werden.

8. Von dem allgemeinen Uniformisierungssatz B wird im folgenden nur selten, und wenn, dann immer unter ausdrücklichem Hinweis darauf, Gebrauch gemacht werden. In diesem vorbereitenden Abschnitt werden wir eingehender nur einen speziellen Fall dieses Satzes besprechen, der für das folgende von besonderem Gewicht ist. Es handelt sich um diejenige Klasse RIEMANNscher Flächen, auf welche das Problem der konformen Abbildung *mehrfach* zusammenhängender Gebiete führt.

Ein derartiges Gebiet kann auf *einen Kreis* nicht mehr eineindeutig konform bezogen werden, denn die Zusammenhangszahl ist eine topologische Invariante, die bei einer topologischen, d. h. *stetigen* und *eineindeutigen* Abbildung erhalten bleibt. Dagegen kann zwischen diesen Gebieten eine vieldeutige, nämlich eine unendlich-eindeutige konforme Abbildung hergestellt werden. Diese ließe sich durch gewisse charakteristische Eigenschaften der gesuchten analytischen Abbildungsfunktion analytisch präzise definieren. Wir wollen uns indes auf einen allgemeineren Standpunkt stellen, indem wir den topologischen Teil der

Abbildungsaufgabe (Forderung der Stetigkeit und der umkehrbaren Eindeutigkeit im kleinen) von der speziellen Bedingung der Analytizität (Konformität) trennen. Dies geschieht durch die Einführung des Begriffes der *universellen Überlagerungsfläche* des gegebenen mehrfach zusammenhängenden Gebietes folgendermaßen.

9. Wir beschränken uns auf die Betrachtung eines *schlichten Gebietes G von endlicher Zusammenhangszahl p*. Die Berandung eines solchen Gebietes setzt sich aus p verschiedenen Kontinuen oder Punkten $\gamma_1, \ldots, \gamma_p$ zusammen. Wir verbinden die Mengen γ_1 und γ_2 durch einen innerhalb G verlaufenden Jordanbogen q_1 und verfahren in gleicher Weise mit γ_2 und $\gamma_3, \ldots, \gamma_p$ und γ_1. Das Gebiet G zerfällt durch die derart gezogenen Querschnitte $q_1, \ldots, q_p$, welche punktfremd gewählt werden können, in zwei einfach zusammenhängende Gebiete G_1 und G_2, welche von den Querschnitten q_ν und den p Randpunktmengen γ_ν begrenzt werden.

Um nun zu der universellen Überlagerungsfläche von G zu gelangen, nehmen wir andcrerseits ein schlichtes, einfach zusammenhängendes Kurvenpolygon G_1^0, das von p Jordanbogen begrenzt ist. G_1^0 könnte *ganz beliebig* gewählt werden; nur um eine anschauliche und in den folgenden Untersuchungen oft vorkommende wichtige Figur zu erhalten, wollen wir die Seiten des Polygons speziell als einander *berührende Orthogonalkreisbogen* des Einheitskreises wählen, falls $p > 2$ ist; für $p = 2$ nehme man das Zweieck G_1^0 als einen *Parallelstreifen* an. Wir vervielfältigen alsdann das Polygon durch einen unbeschränkt fortzusetzenden Spiegelungsprozeß: G_1^0 wird zuerst an jeder seiner p Seiten gespiegelt; dem aus G_1^0 und den durch die Spiegelung entstandenen p Polygonen G_2^1 zusammengesetzten Polygon F_1, dessen Seitenanzahl $p(p-1)$ beträgt, wird durch wiederholte Spiegelung ein Kranz von $p(p-1)$ Polygonen angehängt; mit dem in dieser Weise konstruierten Polygon F_2 verfährt man dann in analoger Weise und so weiter in infinitum fort.

Im Falle $p = 2$ füllt das System der Parallelstreifen F_ν die ganze Ebene aus. Entsprechendes gilt für $p > 2$; da jede Spiegelung den Einheitskreis invariant läßt, so dringen die Polygone jetzt nie ins Äußere dieses Kreises, auf dessen Peripherie sämtliche Polygonspitzen belegen sind; es läßt sich aber andererseits unschwer zeigen, daß das Polygonnetz *schlicht* und *lückenlos* das Innere dieses Kreises ausfüllt, und zwar so, daß jeder Peripheriepunkt als Häufungspunkt der Polygone $G_1^{2\nu}$, $G_2^{2\nu+1}$ erscheint.

Auf die so hergestellte Netzfläche F wird nun das Gebiet G durch eine stetige und im kleinen eineindeutige Abbildung folgendermaßen bezogen: Zuerst denken wir uns das Innere des Teilgebietes G_1 von G auf das Innere eines beliebigen der Gebiete $G_1^{2\nu}$ topologisch und bis auf den Rand stetig abgebildet, so daß sich die inneren Punkte der begrenzenden Querschnitte q_ν und die der Seiten des Polygons eineindeutig entsprechen; außerdem werden den Randpunktmengen γ_ν die Spitzen des Polygons zugeordnet (diese letzte Zuordnung ist also nur dann eineindeutig, wenn jede Menge γ_ν sich auf einen Punkt reduziert). Durch den oben erklärten unendlichen Spiegelungsprozeß sind andererseits sämtliche Polygone $G_1^{2\nu}$ $(\nu = 0, 1, \ldots)$ aufeinander topologisch (und sogar konform) bezogen, und die Zusammensetzung beider Abbildungen ergibt eine Abbildung des Gebietes G_1 auf sämtliche Gebiete $G_1^{2\nu}$, so daß jedem Punkt von G_1 eine unendliche Menge *äquivalenter*, d. h. durch eine gerade Anzahl aufeinanderfolgender Spiegelungen verbundener Punkte der Fläche F entspricht. In analoger Weise verfahren wir auch mit dem Gebiet G_2, indem wir es auf ein beliebiges Polygon $G_2^{2\nu+1}$ topologisch abbilden, wobei die Ränderzuordnung·so bewerkstelligt wird, daß die Bildpunkte der Querschnittspunkte q_ν stets mit den in den ersteren Abbildungen (von G_1) vorkommenden Bildpunkten derselben Punkte zusammenfallen.

Als Ergebnis dieser Konstruktion ist eine stetige, im kleinen umkehrbar eindeutige, im ganzen dagegen unendlich-eindeutige Abbildung zwischen dem Inneren der Gebiete G und F hervorgegangen. Jedem Punkt von G entspricht eine unendliche Folge äquivalenter Punkte von F. Zwei nebeneinandergelegene Polygone $G_1^{2\nu}$, $G_2^{2\nu+1}$ bilden einen *Fundamentalbereich* der Fläche; die $2p - 2$ Seiten eines solchen Gebietes sind paarweise äquivalent. Identifiziert man zwei äquivalente Randpunkte, so entsteht ein Gebiet, das als topologisches Abbild des Gebietes G erscheint. Die äquivalenten Punkte sowie die Fundamentalgebiete sind durch eine *Gruppe von Transformatiohen* aufeinander bezogen, welche· aus einer geraden Anzahl sukzessiver Spiegelungen zusammengesetzt sind und die, wie schon jede einzelne Spiegelung, die Figur F in sich selbst überführen. Diese *Gruppe der Decktransformationen* kann durch Zusammensetzung von $p - 1$ *Fundamentalsubstitutionen* und deren inversen Substitutionen erzeugt werden, wofür diejenigen Transformationen gewählt werden können, die ein beliebiger Punkt von F erfährt, wenn man den Bildpunkt in G einen Umlauf um je eine von gewissen $p - 1$ der Randpunktmengen γ_ν beschreiben läßt; sie können offenbar auch als diejenigen speziellen Decktransformationen definiert werden, welche den $p - 1$ Paaren äquivalenter Seiten eines beliebigen Fundamentalgebietes zugeordnet sind durch die Vorschrift, daß sie je eine Seite in die äquivalente überführen.

Durch die Abbildung von G auf F haben wir die universelle Überlagerungsfläche eines p-fach zusammenhängenden Gebietes eindeutig definiert. Die Fläche F ist als eine *Darstellung* der Überlagerungsfläche zu betrachten; diese Darstellung ist eine spezielle unter unendlich vielen anderen möglichen. Der Begriff der Überlagerungsfläche ist topologischer Natur: als Repräsentant dafür kann, statt der besonderen Fläche F, jede Fläche F' angenommen werden, welche aus der Figur F durch eine topologische Abbildung hervorgeht. Eine Abbildung des Gebietes G auf ein Gebiet F', welche durch Zusammensetzung der oben definierten Abbildung von G auf F mit einer topologischen Abbildung von F auf F' entsteht, wird zu der Abbildung $G \to F$ *homöomorph* genannt. Die universelle Überlagerungsfläche wird durch den Inbegriff dieser homöomorphen Abbildungen erklärt.

Unwesentlich vom Standpunkt der Definition der Überlagerungsfläche aus ist also z. B., daß wir im Falle $p > 2$ diese Fläche durch eine offene *endliche*, im Falle $p = 2$ dagegen durch eine *unendliche* Kreisscheibe (punktierte Ebene) dargestellt haben, denn diese Flächen sind aufeinander topologisch abbildbar. Gewöhnlich denkt man sich die Überlagerungsfläche über das betreffende Gebiet G unendlich vielblättrig ausgebreitet: man gibt sich eine unendliche Folge kongruenter Exemplare der beiden Teilgebiete G_1 und G_2, mit denen diese überdeckt werden, indem man die einzelnen Exemplare längs der Querschnitte q_ν genau wie die Gebiete $G_1^{2\nu}$ und $G_2^{2\nu+1}$ in der Figur F zusammenheftet. In der so entstandenen mit der Fläche F topologisch äquivalenten, unendlich vielblättrigen Fläche G^∞ sind die unendlich vielen, einem gegebenen Punkte von G zugeordneten äquivalenten Punkte sämtlich über jenem Punkt gelegen, wodurch die Benennung „Überlagerungsfläche" ihre Erklärung findet. Die Fundamentalbereiche sind hier mit den verschiedenen Blättern von G^∞ identisch. — Als topologisches Abbild einer Kreisscheibe ist die universelle Überlagerungsfläche eines p-fach zusammenhängenden Gebietes *einfach zusammenhängend*.

10. Das Wesentliche im Begriffe der universellen Überlagerungsfläche (wie überhaupt in dem Begriffe einer Überlagerungsfläche) ist nach obigem die Regel, nach welcher die Fundamentalbereiche („Blätter") aneinandergefügt sind. Diese Regel, *das Inzidenzschema der Fläche*, kann analytisch durch die Gruppe der Deckformationen charakterisiert werden; geometrisch läßt sie sich noch einfacher als durch die Figur F durch folgende, mittels F herstellbare Konfiguration veranschaulichen[1].

Man nehme in den Gebieten G_1 und G_2 je einen Punkt, P_1 und P_2, und verbinde dieselben durch p Jordanbogen l_ν $(\nu = 1, \ldots, p)$, so daß l_ν nur den Querschnitt q_ν schneidet. Dem Liniensystem l_ν entspricht auf der Fläche eine baumartige Linie, welche in der untenstehenden Abbildung für $p = 2, 3, 4$ schematisch gezeichnet ist. Die Kreispunkte (1) und Kreuzpunkte (2) dieses „topologischen Baumes" sind den Gebieten G_1 und G_2, die „Glieder" (12), (21) wiederum den Seiten dieser Gebiete eineindeutig zugeordnet. Der topologische Baum läßt sich offenbar umgekehrt zur Herstellung der Figur F verwenden, woraus hervorgeht, daß die Überlagerungsfläche durch dieses Schema topologisch vollkommen definiert ist.

---

[1] A. Speiser [2], R. Nevanlinna [10].

11. Nachdem die topologische Seite des Problems durch die obigen Ausführungen vollständig klargelegt worden ist, können wir jetzt, indem wir auch die spezielle Forderung der Konformität berücksichtigen, unsere Abbildungsaufgabe folgendermaßen genau formulieren:

Es soll eine zu der oben erklärten Zuordnung $G \to F$ homöomorphe konforme Abbildung von G auf ein schlichtes Gebiet K hergestellt werden.

Indem wir die Gebiete G und K in der komplexen z- bzw. x-Ebene gelegen denken, nehmen wir an, $x = x(z)$ sei eine analytische Funktion,

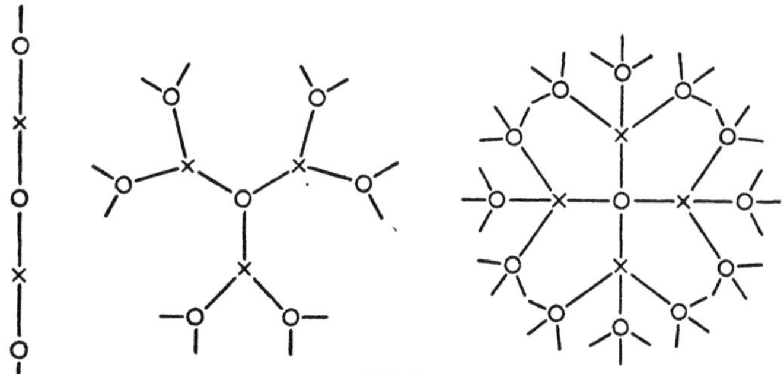

Abb. 3.

welche die gesuchte Abbildung $G \to K$ vermittelt. Aus den definierenden Eigenschaften dieser Abbildung schließt man unmittelbar, daß die Abbildungsfunktion nachstehenden Bedingungen genügt:

1. $x(z)$ ist innerhalb G unbeschränkt analytisch fortsetzbar;

2. $x(z)$ ist einwertig, d. h. den Mittelpunkten von zwei verschiedenen Funktionselementen entsprechen stets verschiedene Funktionswerte;

3. Das von den Funktionswerten (zufolge der Einwertigkeit) schlicht überdeckte Wertgebiet K ist einfach zusammenhängend.

Diese Eigenschaften sind umgekehrt für die abbildende Funktion charakteristisch: nimmt man nämlich an, eine analytische Funktion erfülle die drei obengenannten Bedingungen, so löst sie unsere Abbildungsaufgabe. Um dies einzusehen, zeichne man die Querschnitte q_ν und verfolge, bei Berücksichtigung der drei Voraussetzungen, die Art und Weise, in welcher sich die Abbilder der zwei Teilgebiete G_1 und G_2 nebeneinanderlagern; man überzeugt sich davon, daß die Abbildung tatsächlich mit der topologischen Zuordnung $G \to F$ isomorph ist. Die obenstehenden drei analytischen Bedingungen genügen also schon, um die Abbildungsaufgabe vollständig zu definieren. Auf die Möglichkeit einer *analytischen* Formulierung des Problems wurde bereits hingewiesen.

Als topologisches Abbild der Kreisscheibe F ist das Gebiet K einfach zusammenhängend, und es wird folglich entweder von einem Punkt oder von einem Kontinuum begrenzt. Da im letzteren Falle, nach dem Fundamentalsatz über konforme Abbildungen schlichter Gebiete, eine weitere konforme Abbildung von K auf den Einheitskreis möglich ist, so bedeutet es keine Einschränkung der Allgemeinheit, von vornherein anzunehmen, daß K entweder mit der punktierten Ebene oder mit dem Innern des Einheitskreises zusammenfällt.

Die Umkehrfunktion $z = z(x)$ von $x = x(z)$ ist eine innerhalb K eindeutige, aber vielwertige Funktion, die jeden Wert z, der durch einen inneren Punkt von G repräsentiert wird, in einer unendlichen Anzahl äquivalenter Punkte x annimmt. Es seien nun $x_1(z)$ und $x_2(z)$ zwei verschiedene Elemente der Funktion $x(z)$, deren Mittelpunkte übereinanderliegen (d. h. denselben Zahlenwert z haben) und die diese Mittelpunkte in die Punkte $x = x_1$ bzw. $x = x_2$ überführen. Diese zwei äquivalenten Punkte sind aufeinander bezogen durch die Decktransformation $x_2 = x_2\big(z(x_1)\big)$, welche in K unbeschränkt fortsetzbar ist und nach dem Monodromiesatz somit eine für $|x| < 1$ eindeutige Funktion definiert; dasselbe gilt nun aber auch für die Umkehrfunktion, woraus folgt, daß die zwischen x_1 und x_2 bestehende Relation eine eineindeutige und konforme Abbildung von K auf sich selbst erklärt, die sich nach dem in Nr. 3 angegebenen Satz auf eine lineare Transformation reduzieren muß.

Die Decktransformationen bilden also bei einer *konformen* Abbildung der Überlagerungsfläche eine *Gruppe von linearen Transformationen* (S), welche den Kreis K invariant lassen. Die mehrdeutige Abbildungsfunktion $x = x(z)$ ist eine *linear polymorphe* Funktion, deren Zweige sich gemäß den Transformationen (S) vertauschen, wenn der Punkt z einen geschlossenen Weg beschreibt. Die eindeutige, für $|x| < 1$ definierte meromorphe Umkehrfunktion $z = z(x)$ wiederum ist eine *automorphe* Funktion, die ihren Wert behält, falls man auf die Veränderliche x eine beliebige Substitution der Gruppe (S) ausübt.

Die Existenz dieser automorphen Funktion ist durch den Hauptsatz B gesichert. Da wir nun aber, wie bereits weiter oben bemerkt wurde, die Anwendung dieses allgemeinen Satzes soweit als möglich vermeiden wollen, werden wir in den folgenden Paragraphen einige Fragen etwas genauer erörtern, die für die Herstellung der Abbildung der hier betrachteten Überlagerungsfläche von Bedeutung sind und die uns zugleich zu einigen für das Folgende wichtigen Eigenschaften der Abbildungsfunktion führen werden.

§ 3. Fall der p-fach punktierten Ebene.

12. Wir betrachten vorerst einen besonderen Fall, der später eine wichtige Rolle spielen wird. Die Berandung des p-fach zusammenhängenden Gebietes G möge sich auf $p \geq 2$ *Punkte* $a_1, \ldots, a_p$ reduzieren; es handelt sich also um die konforme Abbildung der universellen Überlagerungsfläche $G_\infty (a_1, \ldots, a_p)$ der an diesen p Stellen punktierten Ebene.

Im einfachsten Falle, $p = 2$, wird diese Fläche, die sich unendlich vielblättrig um die zwei Randpunkte a_1, a_2 windet, durch die elementare Transformation

$$x = \alpha \log \frac{z - a_1}{z - a_2} + \beta, \tag{4}$$

wo α und β willkürliche Konstanten und die Randpunkte a_1, a_2 vom unendlich fernen Punkte $z = \infty$ verschieden angenommen sind, auf die punktierte Ebene $x \neq \infty$ konform abgebildet. Die Fläche $G_\infty(a_1, a_2)$ gehört also dem parabolischen Typus an.

Nimmt man als Querschnitte q_ν ($\nu = 1, 2$) die zwei Bogen, in welche ein beliebiger durch die Randpunkte a_1, a_2 gehender Kreis durch diese Punkte geteilt wird, so findet man als Bilder des Kreisinnern G_1 und des Kreisäußern G_2, die einander spiegelbildlich zugeordnet sind, ein System von kongruenten, paarweise symmetrischen Parallelstreifen, die die x-Ebene überdecken; eine Figur also, die mit der zur topologischen Definition der Überlagerungsfläche konstruierten Figur F identisch ist. Die Existenz der Abbildungsfunktion (4) hätte man auch unter Vermeidung der Theorie der elementaren Transzendenten, in genauer Analogie zu dem bei der Konstruktion der topologischen Abbildung $G_\infty \to F$ verwendeten Verfahren so nachweisen können, daß man zuerst den Kreis G_1 auf einen Parallelstreifen G_1^0 abbildet, so daß die zwei Randpunkte a_1, a_2 in die beiden unendlich fernen Randpunkte übergehen, was nach dem Fundamentalsatz A möglich ist; durch analytische Fortsetzung der derart gewonnenen Abbildungsfunktion mittels des Schwarz-schen *Spiegelungsprinzipes* ergibt sich schließlich die gesuchte Abbildung.

Die konforme Abbildung *der Fläche $G_\infty(a_1, a_2, a_3)$* läßt sich ebenfalls auf dem zuletzt beschriebenen Wege ausführen. Man teilt das Gebiet G wieder in zwei Gebiete G_1 und G_2 durch den von den Punkten a_1, a_2, a_3 bestimmten Kreis und bildet das Gebiet G_1 auf das Innere eines von drei beliebigen, einander berührenden Orthogonalkreisen des Einheitskreises $|x| < 1$ gebildeten Spitzendreiecks konform ab, so daß die drei Randpunkte a_ν in die drei Spitzen übergehen. Durch analytische Fortsetzung mittels des Spiegelungsprinzips entsteht eine unendlich vieldeutige analytische Funktion $x = x(z; a_1, a_2, a_3)$, welche die gewünschte Abbildung leistet. In der x-Ebene wiederum entsteht die vorhin konstruierte Figur F (Modulfigur). Die so gewonnene automorphe Umkehrfunktion $z = z(x; a_1, a_2, a_3)$ ist die *Modulfunktion*. — Die Fläche $G_\infty(a_1, a_2, a_3)$ ist vom hyperbolischen Typus.

In den höheren Fällen $p > 3$ läßt sich die obige Konstruktion der Abbildungsfunktion $x(z; a_1, \ldots, a_p)$ nicht mehr wiederholen (außer für spezielle symmetrische Lagen der Windungspunkte a_ν); denn selbst wenn die Randpunkte a_ν auf einem Kreise liegen, ist der Nachweis dafür, daß das Innere des Kreises auf ein geeignetes Spitzenpolygon von der in Nr. 9 betrachteten Art so abbildbar ist, daß die $p > 3$ Randpunkte a_ν den p Spitzen zugeordnet werden, nicht mit Hilfe des Fundamentalsatzes zu erbringen.

Zur Konstruktion der Abbildung empfiehlt es sich, in den Fällen $p > 3$ zuerst eine vorbereitende Hilfstransformation mittels der oben konstruierten Modulfunktion vorzunehmen. Bevor wir dazu übergehen, wollen wir jedoch, unter der Annahme der Existenz der Abbildungsfunktion, einige Eigenschaften derselben beweisen.

Zuerst soll gezeigt werden, daß die Überlagerungsfläche $G_\infty\,(a_1, \ldots, a_p)$ auch für $p > 3$ zum hyperbolischen Typus gehört.

Wäre nämlich die Fläche $G_\infty\,(a_1, \ldots, a_p)$ für $p \geqq 3$ vom parabolischen Typus, also auf die offene Ebene $x \neq \infty$ schlicht und konform abbildbar, so würde die Umkehrfunktion $z = z(x; a_1, \ldots, a_r)$ eine in der ganzen endlichen Ebene eindeutige, bis auf isolierte Pole reguläre Funktion, also eine *meromorphe* Funktion sein, welche die Werte $a_1, \ldots, a_p$ und insbesondere also die Werte a_1, a_2, a_3 nicht annimmt. Daß dies nicht möglich ist, folgt aus dem

Satz von Picard. *Eine für $t \neq \infty$ eindeutige meromorphe Funktion $f(t)$, welche drei verschiedene Werte a_1, a_2, a_3 ausläßt, reduziert sich auf eine Konstante.*

Zum Beweise dieses berühmten Satzes fixiere man, dem klassischen Vorbild Picards [1] folgend, einen beliebigen Punkt $t \neq \infty$ und in dem entsprechenden Punkt $z = f(t)$ einen beliebigen Zweig der linear polymorphen Funktion $x = x(z; a_1, a_2, a_3)$. Durch Zusammensetzung dieser zwei Funktionselemente wird die Veränderliche x als eine Funktion $x = x(f(t); a_1, a_2, a_3) = \varphi(t)$ von t erklärt, die in der offenen Ebene $t \neq \infty$ unbeschränkt fortsetzbar ist, da die innere Funktion f die einzigen für die äußere Funktion $x(z)$ kritischen Werte a_1, a_2, a_3 vermeidet. Wegen des einfachen Zusammenhanges des Gebietes $t \neq \infty$ ist $\varphi(t)$ nach dem Monodromiesatz eindeutig, und da es ferner beschränkt ist $(|\varphi| < 1)$, so muß es nach dem Liouvilleschen Satze konstant sein. Da die äußere Funktion $x(z)$ keine Konstante ist, so folgt hieraus, daß die innere Funktion $f(t)$ sich auf eine Konstante reduzieren muß, was zu beweisen war.

Die automorphe Umkehrfunktion $z = z(x; a_1, \ldots, a_p)$ ist nicht konstant; aus dem Picardschen Satz folgt also, daß sie für $p \geqq 3$ als Existenzgebiet nicht die punktierte Ebene haben kann; sie ist somit innerhalb des Einheitskreises $|x| < 1$ erklärt, und die Überlagerungsfläche G_∞ gehört folglich dem hyperbolischen Typus an, sobald die Anzahl p der Grenzpunkte größer als zwei ist.

13. Wir kommen nun zu der Frage, wie sich das Fundamentalgebiet der automorphen Funktion $z = z(x; a_1, \ldots, a_p)$ in den höheren Fällen $p > 3$ konstruieren läßt[1].

---

[1] Vgl. F. Nevanlinna [2].

Es läßt sich zeigen, daß, wie in den Fällen $p = 2, 3$, die Kreisfigur K, welche vermittels der Funktion $x = x(z; a_1, \ldots, a_p)$ als Bild des Gebietes $G = G_1 + G_2$ entsteht, mit der oben (Nr. 9) erklärten Figur F nicht nur topologisch äquivalent, sondern, bei geeigneter Wahl der zwei Teilgebiete G_1 und G_2, sogar *identisch* ist. Zu diesem Zweck untersuchen wir die Fundamentalsubstitutionen der zugehörigen Gruppe (S) der Decktransformationen von K, als welche, wie wir gesehen haben, ein System von $p - 1$ Substitutionen $S_1, \ldots, S_{p-1}$ genommen werden kann, die einen Umlauf um je einen der Punkte $z = a_1, \ldots, a_{p-1}$ entsprechen.

Wir wählen, nachdem der Punkt a_ν durch einen kleinen Kreis vom Radius ϱ isoliert worden ist, in der Kreisscheibe $0 < |z - a_\nu| < \varrho$ einen beliebigen Punkt, und fixieren in ihm ein Funktionselement, das die Substitution S_ν erfährt, wenn der Punkt z einen Umlauf um a_ν beschreibt. Setzt man dieses Element in der Kreisscheibe unbeschränkt fort, so entsteht eine vieldeutige Funktion, deren Zweige durch die von den Potenzen $S_\nu^k (k = 0, \pm 1, \ldots)$ der Substitution S_ν gebildeten Untergruppe der Gruppe (S) zusammenhängen.

Als eine Substitution, die den Einheitskreis invariant läßt, ist S_ν entweder elliptisch, hyperbolisch oder parabolisch (Nr. 6). Wir werden zuerst zeigen, daß die letztgenannte Möglichkeit zutrifft. Hierbei werden wir wesentlich die evidente Tatsache benutzen, daß der Punkt $x(z)$ für $z \to a_\nu$ gegen den Rand $|x| = 1$ rücken muß.

Nehmen wir zunächst an, S_ν sei eine elliptische Transformation

$$\varphi(x) = \frac{x - c_1}{x - c_2} \cdot \frac{1}{\overline{c_1}} = e^{i\vartheta} \frac{\xi - c_1}{\xi - c_2} \cdot \frac{1}{\overline{c_1}}$$

mit den Fixpunkten c_1, c_2 ($|c_1| < 1$, $c_1 \overline{c_2} = 1$), so erfährt der Ausdruck

$$\frac{2\pi}{|\vartheta|} \log \varphi(x(z))$$

bei einem Umlauf von z um den Punkt a_ν, der den Wert x in den durch die Transformation S_ν bestimmten Wert ξ überführt, den Zuwachs $\pm 2\pi i$. Die Funktion

$$e^{\frac{2\pi}{|\vartheta|} \log \varphi} = \varphi^{\frac{2\pi}{|\vartheta|}}$$

ist also in dem Kreisring $0 < |z - a_\nu| < \varrho$ eindeutig, und da sie wegen der leicht bestätigten Relation $|\varphi| < 1$ für dieselben Werte z beschränkt ist, so folgt aus dem CAUCHY-RIEMANNschen Satz über hebbare Singularitäten analytischer Funktionen, daß sie für $z = a_\nu$ regulär ist. Daraus ergibt sich, daß auch $x - c_1$ entweder in $z = a_\nu$ regulär ist oder sich in eine Reihe der Form

$$(z - a_\nu)^{\frac{m|\vartheta|}{2\pi}} \left(c_0 + \varepsilon(z - a_\nu) \right)$$

entwickeln läßt. Beide Fälle sind ausgeschlossen, weil x für hinreichend kleines ϱ dann die Kreisscheibe $|z - a_\nu| < \varrho$ auf ein ganz *innerhalb*

$|x| < 1$ liegendes Gebiet abbilden müßte, während doch $|x| \to 1$ für $z \to a_\nu$ sein muß.

Man nehme zweitens an, S_ν sei eine hyperbolische Transformation. Wenn ihre auf der Peripherie des Einheitskreises gelegenen Fixpunkte mit c_1, c_2 bezeichnet werden, so kann S_ν in der Form

$$\varphi(x) = e^\lambda \frac{x - c_1}{x - c_2} = \frac{\xi - c_1}{\xi - c_2}$$

geschrieben werden, wo λ eine reelle Zahl ist. Wir bilden alsdann den Ausdruck

$$e^{\frac{2\pi i}{\lambda} \log \varphi(x)},$$

wobei stets derjenige Zweig des Logarithmus genommen wird, der durch die Ungleichung $\alpha < \arg \varphi < \alpha + \pi$ definiert ist, wo α den von der Kreisperipherie $|x| = 1$ und der Sehne (c_1, c_2) gebildeten Winkel bezeichnet. Setzt man für x die Funktion $x(z; a_1, \ldots, a_p)$ ein, so wird der Exponent bei vollen Umläufen von z um den Randpunkt a_ν stets um ein Multipel von $2\pi i$ vermehrt, und die durch den Exponentialausdruck definierte analytische Funktion von z ist infolgedessen *eindeutig* in der Umgebung von a_ν. Ferner ist sie daselbst *beschränkt*, denn ihr a soluter Betrag ist auf das Intervall $\left(e^{-\frac{2\pi\alpha}{\lambda}}, e^{-\frac{2\pi\alpha}{\lambda} - \frac{2\pi^2}{\lambda}} \right)$ eingeschränkt. Nach dem CAUCHY-RIEMANNschen Satz schließt man wieder, daß diese Funktion für $z = a_\nu$ regulär und, da ihr Modul nach unten beschränkt ist, von Null verschieden sein muß. Hieraus ergibt sich dann weiter, daß auch der Exponent des betrachteten Ausdruckes, sowie schließlich auch die Funktion x selbst im Punkte $z = a_\nu$ regulär ist, was jedoch ihren definierenden Eigenschaften widerspricht.

Die Substitution S_ν kann also auch nicht hyperbolisch sein, und es bleibt als einzige Möglichkeit übrig, daß S_ν *parabolisch* ist. Hieraus läßt sich über das Verhalten der Abbildungsfunktion x im Punkte $z = a_\nu$ eine wichtige Schlußfolgerung ziehen: Wenn S_ν den Peripheriepunkt $x = c_\nu$ des Einheitskreises zum Fixpunkt hat, so ist sie in der Form

$$\frac{\xi + c_\nu}{\xi - c_\nu} = \frac{x + c_\nu}{x - c_\nu} + i\,\omega$$

darstellbar, wo ω eine von Null verschiedene, reelle Konstante ist (Nr. 6). Wie oben schließt man nun, unter Anwendung des CAUCHY-RIEMANNschen Satzes, daß der Ausdruck

$$\psi(z) = e^{\frac{2\pi}{|\omega|} \frac{x + c_\nu}{x - c_\nu}}$$

eine im Punkte $z = a_\nu$ reguläre Funktion von z darstellt. Ferner muß $\psi(a_\nu)$ gleich Null sein, denn andernfalls würde man auf denselben Widerspruch wie oben, nämlich auf die Regularität der Funktion x im Punkt $z = a_\nu$, stoßen. Man hat also in der Umgebung von a_ν eine Entwicklung

$$\psi(z) = b(z - a_\nu)^n + \cdots \quad (n \geq 1, \, b \neq 0)$$

und also

$$x^* \equiv \frac{x + c_\nu}{x - c_\nu} = \beta + \gamma \log(z - a_\nu) + \varepsilon(z - a_\nu),$$

wo $\varepsilon(z - a_\nu)$ für $z \to a_\nu$ verschwindet[1].

Aus dieser Entwicklung ist zunächst zu sehen, daß der betrachtete Funktionszweig für $z \to a_\nu$ den Fixpunkt $x = c_\nu$ als Grenzwert hat. Ferner ergibt sich, daß der Punkt x^*, dessen Lage in der Nähe von $z = a_\nu$ sich asymptotisch durch den Ausdruck $\beta + \gamma \log(z - a_\nu)$ bestimmt, asymptotisch eine *Gerade* L_ϱ beschreibt, wenn z eine kleine Kreislinie $|z - a_\nu| = \varrho$ in beiden Richtungen unendlich oft umkreist; da andererseits die Variabilität von x^* auf die linke Halbebene beschränkt ist, so folgt, daß L_ϱ mit der imaginären Achse parallel sein muß, und daß sich also die Bildkurven des genannten Kreises in der x-Ebene zu einer geschlossenen Kurve zusammenfügen, die den Einheitskreis im Fixpunkt $x = c_\nu$ berührt. Jeder Kurve, die mit einer bestimmten Richtung in $z = a_\nu$ einmündet, entspricht wieder in der x^*-Ebene eine Kurve, welche eine zur reellen Achse parallele Gerade als Asymptote hat; als Bildkurve im Einheitskreis $|x| < 1$ ergibt sich infolgedessen ein Bogen, der die Peripherie $|x| = 1$ in $x = c_\nu$ orthogonal schneidet. — Die Gesamtzahl aller Punkte c_ν, welche durch verschiedene Wahl des Anfangselementes $x(z)$ als Bildpunkte dem Grenzpunkt a_ν zugeordnet werden können, ist unendlich; diese Fixpunkte liegen auf der Peripherie $|x| = 1$ überall dicht.

Nunmehr läßt sich die Gestalt des Fundamentalgebietes der automorphen Umkehrfunktion leicht bestimmen. Man wähle die p Jordanbogen q_ν, durch welche wir das Gebiet G in zwei Halbblätter G_1 und G_2 geteilt haben (Nr. 9), so daß sie mit bestimmten Tangenten in den Grenzpunkten a_ν münden. Dann entspricht nach obigem jedem Halbblatt immer ein *Spitzenpolygon* P_ν des Einheitskreises $|x| < 1$, das von p, den Bogen q_ν entsprechenden Orthogonalbogen λ_ν des Kreises $|x| = 1$ begrenzt wird, und dessen Spitzen Fixpunkte der den Punkten a_ν zugeordneten parabolischen Substitutionen sind. Zwei benachbarte Polygone P_ν bilden einen Fundamentalbereich F_ν der automorphen Funktion.

Durch geeignete Wahl der Kurven q_ν kann man es immer so einrichten, daß die Polygone P_ν von lauter *Orthogonalkreisbogen* des Einheits-

---

[1] Falls der Grenzpunkt a_ν unendlich fern liegt, so hat man in den obigen Entwicklungen $z - a_\nu$ durch $\frac{1}{z}$ zu ersetzen.

kreises begrenzt werden. Man braucht nur von einem beliebigen, in oben erklärter Weise konstruierten Polygonsystem P_ν auszugehen und dann in jedem Polygon die Kurven λ_ν durch einen die Endpunkte desselben verbindenden Orthogonalkreisbogen $\bar{\lambda}_\nu$ zu ersetzen. Ist nun S eine Substitution, durch welche zwei, einem „Schnitt" q_ν zugeordnete Seiten λ_ν', λ_ν'' aufeinander bezogen sind, so führt S die Endpunkte von λ_ν' in die Endpunkte von λ_ν'' über und transformiert folglich auch die Orthogonalbogen $\bar{\lambda}_\nu'$ und $\bar{\lambda}_\nu''$, durch welche wir jene Seiten ersetzt haben, ineinander. Zwei beliebigen derartigen Bogen entspricht somit *ein* wohlbestimmter Bogen $\bar{q}_\nu$, welcher die Endpunkte von q_ν verbindet. Durch diese Kurven $\bar{q}_\nu$ müssen wir somit die Einteilung $G = G_1 + G_2$ vornehmen, um zu einer Figur zu gelangen, in welcher sämtliche Fundamentalgebiete von lauter Orthogonalbogen des Einheitskreises begrenzt sind[1].

14. Wir müssen hier auf eine vollständige Darstellung des Beweises für die *Existenz* der Abbildung $G \to K$, welche oben in den Fällen $p > 3$ vorausgesetzt wurde, verzichten. Am einfachsten gestaltet der Existenzbeweis sich bei Anwendung des CARATHÉODORY-KOEBEschen Schmiegungsverfahrens [durch welches auch der Fundamentalsatz A (Nr. 7) unschwer begründet werden kann][2]. Wir beschränken uns hier darauf, an folgende Hauptpunkte eines nach dieser Methode geführten Beweises zu erinnern.

a) Vermittels der linear polymorphen Funktion $x = x(z; a_1, a_2, a_3)$ wird das Gebiet auf den an den unendlich vielen Bildpunkten a_ν^i ($i = 1, 2, \ldots$) der Randpunkte $z = a_\nu$ ($\nu = 4, \ldots, p$) punktierten Einheitskreis G' konform und unendlich-eindeutig abgebildet.

b) Durch wiederholte Anwendung der bekannten CARATHÉODORY-KOEBEschen Wurzeltransformation wird G' auf eine Folge von Gebieten G^k sukzessiv abgebildet, welche aus dem an den Bildpunkten der Punkte a_ν punktierten Einheitskreis bestehen. Wird der innerhalb dieses Kreises liegende Windungspunkt stets in den dem Nullpunkt zunächst liegenden Randpunkt von G^k verlegt, so ist die Abbildung $G \to G^k$ konform und unendlich-eindeutig. Die Randpunkte vermehren sich bei wachsendem k, rücken aber für $k \to \infty$ sämtlich gegen die Peripherie des Einheitskreises.

c) Die Abbildung $G \to G^k$ nähert sich für $k \to \infty$ einer Grenzabbildung, welche sämtliche geforderten Eigenschaften besitzt.

Dieser Existenzbeweis zeigt zugleich, daß, wie bereits oben bewiesen wurde, die abzubildende universelle Überlagerungsfläche vom *hyperbolischen Typus* ist.

---

[1] Die beiden „Hälften" eines Fundamentalgebietes sind auch bei dieser besonderen Wahl der Kurven q_ν im allgemeinen nicht spiegelbildlich zueinander. Man kann zeigen, daß dies nur dann zutrifft, wenn sämtliche Punkte a_ν auf einer Kreislinie liegen.

[2] Vgl. z. B. CARATHÉODORY [4].

§ 4. Der allgemeine Fall eines p-fach zusammenhängenden Gebietes.

15. Wenn das Gebiet nicht mehr von lauter isolierten Punkten begrenzt wird, und also mindestens eine der Randpunktmengen γ_ν ein Kontinuum ist, so lassen sich die wichtigsten Eigenschaften der Abbildung $G \to K$ durch eine Kombination der Resultate der vorigen Nummer mit dem Fundamentalsatz A herleiten. Wir beschränken uns hierbei auf denjenigen, für die Anwendungen wichtigsten Fall, wo die Randkontinua γ_ν *Jordankurven* sind. Einfachheitshalber wollen wir weiter voraussetzen, daß sich keine der p Mengen γ_ν auf einen Punkt reduziert; wie die nachstehenden Resultate für die derart ausgeschlossenen Mischfälle zu modifizieren sind, dürfte ohne weiteres einleuchtend sein, weswegen wir auf diese Fälle auch späterhin nicht näher eingehen wollen.

Um die gesuchte Abbildung $G \to K$ herzustellen, nehmen wir nun außerhalb der äußersten Kurve γ_1 und innerhalb der inneren Randkurven γ_2, ..., γ_p je einen äußeren Punkt $z = a_\nu\,(\nu = 1,\ ...,\ p)$ des Gebietes G und bilden zunächst das Gebiet $G_\infty(a_1,\ ...,\ a_p)$ durch die Abbildungsfunktion $x(z;\ a_1,\ ...,\ a_p)$ auf das Innere des Einheitskreises ab. Das Äußere von γ_1 und das Innere von γ_2, ..., γ_p werden hierbei auf gewisse Gebiete $H_1^i, H_2^i, ..., H_p^i$ abgebildet, welche innerhalb des Einheitskreises gelegen sind, so daß ihre Ränder γ_ν^i, die aus den den Konturen γ_ν entsprechenden Jordanbogen $\gamma_\nu^{ij}\,(i, j = 1, 2, ...)$ bestehen, den Kreis $|x| = 1$ in je einem der den Punkten a_ν zugeordneten Fixpunkte c_ν^i berühren, außer im Falle $p = 2$, wo die Linien $\gamma_\nu^i\,(\nu = 1, 2)$ durch den unendlich fernen Randpunkt gehen. Als Bild von G hat man also dasjenige von den Jordanbogen γ_ν^i begrenzte einfach zusammenhängende Gebiet G', welches aus der Kreisscheibe $|x| < 1$ entsteht, wenn die Gebiete H_ν^i entfernt werden. Die gewünschte Abbildung erhält man einfach dadurch, daß das schlichte Gebiet G' weiter auf den Einheitskreis abgebildet wird, was nach dem Fundamentalsatz A möglich ist.

Daß die Figur K, die durch die derart hergestellte Abbildung im Einheitskreise entsteht, mit der Figur F homöomorph ist, sofern man die inneren Punkte des Einheitskreises ins Auge faßt, ist evident; in der Tat beziehen sich ja auch die Bedingungen unseres Problems ausschließlich auf das Verhalten der Abbildung *im Innern* der Gebiete G und K. Was nun aber das *Randverhalten* der Abbildung betrifft, so unterscheidet sich der hier betrachtete Fall, wo die Punktmengen γ_ν Jordanbogen sind, von dem Falle $G_\infty(a_1,\ ...,\ a_p)$ darin, daß auch auf dem Kreisrande diesen Mengen keine Punkte, sondern eine Folge von *Bogen* $\bar\gamma_\nu^i$ entsprechen. In der Tat folgt aus dem Fundamentalsatz A über die Ränderzuordnung bei konformer Abbildung schlichter Gebiete, daß jedem Jordanbogen γ_ν^i ein bestimmtes Segment $\bar\gamma_\nu^i$ des Kreises zugeordnet ist. Im Falle $p = 2$

reduziert sich die Anzahl dieser Segmente auf zwei zueinander komplementäre Bogen $\bar{\gamma}_1$ und $\bar{\gamma}_2$ der Kreisperipherie. Ein kompliziertes Bogensystem entsteht dagegen für $p \geqq 3$, wo jedem γ_ν unendlich viele γ_ν^i entsprechen. Eine interessante Frage ist, ob die zusammengelegte Länge dieser Bogen den vollen Betrag 2π erreicht. Daß dem tatsächlich so ist, daß also die Komplementärmenge der Peripheriepunkte das Maß Null hat, soll im folgenden Abschnitt gezeigt werden.

II. Lösung des DIRICHLETschen Problems für ein schlichtes Gebiet.

§ 1. Das POISSONsche Integral.

16. Als wesentliches Hilfsmittel in den nachfolgenden Untersuchungen werden einige Sätze aus der Theorie der harmonischen Funktionen verwendet. Die Grundlage dieser Sätze bildet die Lösbarkeit der *ersten Randwertaufgabe*, d. h. die Möglichkeit, mit vorgegebenen Randwerten eine in einem Gebiet G harmonische Funktion zu konstruieren. Unter Anwendung der Ergebnisse des ersten Abschnittes soll in diesem Paragraphen folgender spezielle Fall dieses allgemeinen Satzes vollständig begründet werden.

In jedem Randpunkt $z = \zeta$ eines in der z-Ebene gelegenen schlichten, von den Jordankurven $\Gamma_1, \ldots, \Gamma_p$ berandeten p-fach zusammenhängenden Gebietes G sei ein reeller Wert $u(\zeta)$ vorgeschrieben, so daß diese Funktion auf jedem Bogen Γ_ν beschränkt und bis auf höchstens eine endliche Anzahl von Punkten stetig ist. Es existiert dann eine und nur eine innerhalb G harmonische und beschränkte Funktion, welche bei Annäherung an einen Stetigkeitspunkt $z = \zeta$ dem betreffenden Randwert $u(\zeta)$ zustrebt.

17. Falls G der Einheitskreis $|z| < 1$ ist, so wird die Randwertaufgabe, wie zuerst von H. A. SCHWARZ gezeigt worden ist, durch das POISSONsche Integral

$$u(r\,e^{i\varphi}) = \frac{1}{2\pi} \int\limits_0^{2\pi} u(e^{i\vartheta}) \frac{1 - r^2}{1 + r^2 - 2r\cos(\vartheta - \varphi)}\, d\vartheta \tag{1}$$

gelöst[1]. Wie in I, § 1 bewiesen wurde, ist der Kern des Integrals eine harmonische Funktion des Aufpunktes $z = r\,e^{i\varphi}$ und dasselbe gilt somit auch für das POISSONsche Integral in jedem Punkt des Einheitskreises. Um weiter einzusehen, daß die durch das Integral definierte Funktion für $z \to \zeta$ gegen den vorgegebenen Randwert $u(\zeta)$ strebt, empfiehlt es sich zunächst, die speziellere Randwertaufgabe zu betrachten, wo $u(\zeta)$ auf einem Bogen $\widehat{\zeta_1 \zeta_2}$ ($\zeta_1 = e^{i\vartheta_1}$, $\zeta_2 = e^{i\vartheta_2}$) des Einheitskreises von der Länge $\vartheta_2 - \vartheta_1 = \alpha\,(0 < \alpha \leqq 2\pi)$ den Wert 1 annimmt, während es auf dem

---

[1] H. A. SCHWARZ [1].

Komplementärbogen verschwindet. Das Poissonsche Integral geht dann in

$$\frac{1}{2\pi} \int_{\vartheta_1}^{\vartheta_2} \frac{1 - r^2}{1 + r^2 - 2r\cos(\vartheta - \varphi)}\, d\vartheta$$

über; dieser Ausdruck stimmt mit dem auf S. 7 definierten, „harmonischen Maß" $\omega(z;\vartheta_1,\vartheta_2)$ des Bogens $(\vartheta_1,\vartheta_2)$ überein und hat also, wie dort gezeigt wurde, die geforderten Randeigenschaften.

Nach dieser Vorbereitung kehren wir zu dem allgemeinen Integral (1) zurück, das sich auch in der Form

$$u(z) = \int_{\vartheta = 0}^{2\pi} u(e^{i\vartheta})\, d\omega(z; 0, \vartheta) \tag{1'}$$

schreiben läßt. Sei $\zeta = \zeta_0 = e^{i\vartheta_0}$ ein Stetigkeitspunkt von $u(\zeta)$, ε eine beliebig kleine positive Zahl und $\vartheta_1 \leqq \vartheta \leqq \vartheta_2$ ein den Wert ϑ_0 umgebendes Intervall, wo die Schwankung von $u(\zeta)$ kleiner als ε ist. Es wird dann

$$u(z) - u(\zeta_0) = \int_{\vartheta = 0}^{2\pi} \left(u(e^{i\vartheta}) - u(\zeta_0)\right) d\omega$$

$$= \int_{\vartheta_1}^{\vartheta_2} \langle\varepsilon\rangle\, d\omega + \int_{\vartheta_2}^{\vartheta_1 + 2\pi} \left(u(e^{i\vartheta}) - u(\zeta_0)\right) d\omega,$$

wo $\langle\varepsilon\rangle$ eine Größe von einem Betrag $< \varepsilon$ bezeichnet[1]. Hier ist der Betrag des ersten Gliedes rechts kleiner als ε, während das zweite Glied höchstens

$$2\,M\,\omega(z;\, \vartheta_2,\, \vartheta_1 + 2\pi)$$

beträgt, wo M das Maximum von $|u(\zeta)|$ bezeichnet. Strebt nun z gegen den Punkt $\zeta_0 = e^{i\vartheta_0}$, wo ja $\vartheta_1 < \vartheta_0 < \vartheta_2$ ist, so verschwindet das harmonische Maß $\omega(z;\vartheta_2,\vartheta_1 + 2\pi)$ gleichmäßig. Es läßt sich somit eine Zahl ϱ_ε finden, so daß $\omega < \varepsilon$ wird für $|z - \zeta_0| < \varrho_\varepsilon$; für dieselben Werte z gilt dann

$$|u(z) - u(\zeta_0)| < \varepsilon(2M + 1),$$

woraus zu sehen ist, daß $u(z)$ für $z \to \zeta_0$ dem vorgegebenen Randwert $u(\zeta_0)$ gleichmäßig zustrebt.

An jedem Unstetigkeitspunkt ζ_0, wo der links- und rechtsseitige Grenzwert $u(e^{i(\vartheta_0 + 0)})$ bzw. $u(e^{i(\vartheta_0 - 0)})$ existiert, hat man auf einem Wege, der mit der positiven Tangente des Kreises $|z| = 1$ den Winkel $\lambda\pi$ bildet, für $u(z)$ den Grenzwert

$$\lambda u(e^{i(\vartheta_0 + 0)}) + (1 - \lambda) u(e^{i(\vartheta_0 - 0)}).$$

---

[1] Diese von E. Lindelöf herrührende Bezeichnung werden wir auch im folgenden oft benutzen.

Der Beweis gestaltet sich dem obigen, einen Stetigkeitspunkt betreffenden, vollkommen analog.

18. Es soll noch gezeigt werden, daß das Poissonsche Integral $u(z)$ die *einzige* für $|z| < 1$ beschränkte Lösung des vorgelegten Randwertproblems darstellt. Sei in der Tat $u_1(z)$ eine gegebene solche Lösung; die Differenz $v(z) = u(z) - u_1(z)$ definiert dann eine für $|z| < 1$ harmonische und beschränkte Funktion, welche in jedem Randpunkt ζ verschwindet, außer möglicherweise in den Unstetigkeitsstellen $\zeta_1, \ldots, \zeta_n$ der Randfunktion $u(\zeta)$, in deren Nähe sie jedenfalls beschränkt bleibt. Die Anwendung des Prinzips über das Maximum und Minimum einer harmonischen Funktion zeigt nun, daß die Differenz $v(z)$ identisch verschwindet, womit die Unität der Lösung der Randwertaufgabe bewiesen ist.

Wir werden später sehen (Abschnitt VII), daß das Poissonsche Integral unter viel allgemeineren Voraussetzungen als den obigen zur Lösung des Dirichletschen Problems führt.

§ 2. Lösung der allgemeinen Randwertaufgabe.

19. Nimmt man an, das Gebiet G sei von *einer* Jordankurve Γ begrenzt, so läßt sich die Konstruktion einer harmonischen Funktion, die den in § 1 angegebenen Randbedingungen genügt, auf den Kreisfall zurückführen, indem das Gebiet auf den Einheitskreis K konform abgebildet wird. Da gemäß dem Fundamentalsatz A diese Abbildung noch auf den Rändern stetig und eineindeutig ist, so wird die auf Γ gegebene Randwertmenge $u(\zeta)$ in eine auf der Peripherie von K erklärte, höchstens mit Ausnahme endlich vieler Punkte stetige Funktion übergehen. Mittels des Poissonschen Integrals wird nun eine sich diesen Randwerten stetig anschließende harmonische Funktion konstruiert, welche, wenn man vermöge der Abbildung $K \to G$ wieder zum Gebiet G zurückgeht, in eine innerhalb G erklärte Funktion $u(z)$ transformiert wird, die die gegebenen Randwerte $u(\zeta)$ besitzt. Diese Funktion ist auch *harmonisch*, da diese Eigenschaft Variabeltransformationen gegenüber, die eine konforme Abbildung vermitteln, invariant ist.

20. Um nun die vorgelegte Randwertaufgabe für den allgemeinen Fall zu lösen, wo die Berandung von G aus *mehreren* verschiedenen Jordankurven $\Gamma_1, \ldots, \Gamma_p$ zusammengesetzt ist, nehmen wir die in I, § 4 untersuchte konforme Abbildung der universellen Überlagerungsfläche des mehrfach zusammenhängenden Gebietes G auf den Einheitskreis K zur Hilfe. Diese Abbildung wird durch eine linear polymorphe Funktion $x = x(z)$ vermittelt, und zwar so, daß jeder Kurve Γ_ν im Falle $p = 2$ ein einziger Randbogen γ_ν, im Falle $p > 2$ dagegen eine unendliche Folge punktfremder offener Bogen $\gamma_\nu^1, \gamma_\nu^2, \ldots$ der Peripherie $|x| = 1$ zugeordnet ist (vgl. Nr. 15); jeder der Bogen γ_ν^i besteht aus unendlich vielen Bildbogen γ_ν^{ij} der Kurve Γ_ν.

Wir definieren nun auf dem Bogen γ_ν^{ij} eine Randwertmenge $\bar{u}(\xi)$, indem wir $\bar{u}(\xi) = u(\zeta)$ setzen, wobei ξ den dem Punkt ζ eindeutig zu-geordneten Punkt von γ_ν^{ij} bezeichnet. Ergänzen wir dann noch die Definition von $\bar{u}(\xi)$, indem wir $\bar{u} = 0$ erklären für jeden Punkt des Kreises $|\xi| = 1$, der keinem der offenen Bogen γ_ν^i angehört, so können wir das POISSONsche Integral $(x = re^{i\varphi},\ \xi = e^{i\vartheta})$

$$\bar{u}(x) = \frac{1}{2\pi} \int\limits_0^{2\pi} \bar{u}(e^{i\vartheta}) \frac{1 - r^2}{1 + r^2 - 2r\cos(\vartheta - \varphi)}\, d\vartheta$$

ansetzen. Der Integrand $\bar{u}(e^{i\vartheta})$ weist allerdings im allgemeinen Unstetig-keiten verwickelter Art auf; daß das Integral dessenungeachtet (sogar als CAUCHYsches Integral) einen Sinn hat, geht aus dem Umstand hervor, daß es als eine konvergente Reihe geschrieben werden kann, als deren Glieder die über die einzelnen Segmente γ_ν^i erstreckten Teilintegrale auf-treten. Diese Reihe ist, wie man sofort einsieht, in jedem inneren Teil-bereich von K absolut und gleichmäßig konvergent, und die Summe $\bar{u}$ ist somit nach dem WEIERSTRASSschen Reihensatz eine harmonische Funktion in K.

Bei Annäherung an einen beliebigen Punkt eines Bogens γ_ν^i, der Stetigkeitspunkt der Wertmenge $\bar{u}(\xi)$ ist, strebt $\bar{u}(x)$ gegen diesen Rand-wert, denn der von dem betreffenden Bogen γ_ν^i herrührende Teil des Integrals konvergiert nach den Ergebnissen von II, § 1 gegen den vor-gegebenen Randwert, während der Rest des Integrals verschwindet.

Die Funktion $\bar{u}(x)$ besitzt noch eine andere, für uns wichtige Eigen-schaft: sie ist ein *automorphes* Potential, das bei den Substitutionen der Gruppe $\sum$, welche der linear polymorphen Funktion $x = x(z)$ zugeordnet ist, invariant verbleibt. Um dies einzusehen, betrachten wir das einem inneren Punkt $e^{i\vartheta}$ eines Bogens γ_ν^i entsprechende Element des POISSON-schen Integrals. Führt man hier eine Substitution S der Gruppe $\sum$ aus, so verbleibt der erste Faktor $\bar{u}(e^{i\vartheta})$ gemäß der Definition der Rand-funktion $\bar{u}$ invariant. Was nun den zweiten Faktor, den Differential-ausdruck

$$\frac{1 - r^2}{1 + r^2 - 2r\cos(\vartheta - \varphi)}\, d\vartheta$$

betrifft, so ist er, wie schon in I, § 1 gezeigt wurde, eine *Invariante für überhaupt jede den Einheitskreis erhaltende Transformation*. Jedes Element des POISSONschen Integrals behält also bei den Substitutionen S seinen Wert, und dasselbe gilt somit auch für das Integral.

Aus dieser Invarianzeigenschaft folgt nun, daß die harmonische Funktion $u(z) \equiv \bar{u}(x(z))$ innerhalb G *eindeutig* ist. Denn läßt man den Punkt z, von einem beliebigen Punkt z_0 ausgehend, längs eines ge-schlossenen Weges in seine Anfangslage zurückkehren, so erleidet die Abbildungsfunktion $x(z)$ eine Substitution S der Gruppe $\sum$, und der Endwert von $u(z)$ wird also mit dem Anfangswert übereinstimmen.

Aus den oben auseinandergesetzten Stetigkeitseigenschaften der Abbildung $G \to K$ in den Randpunkten von G folgt ferner, daß $u(z)$ für $z \to \zeta$ dem betreffenden Randwert $u(\zeta)$ zustrebt. Die *harmonische Funktion $u(z)$ stellt somit eine Lösung der gestellten Randwertaufgabe dar.*

· Daß die derart hergestellte Funktion u andererseits die einzige Lösung des Problems ist, ergibt sich durch einen Beweis, der dem in Nr. 18 gegebenen nachgebildet werden kann.

Wir sind jetzt in der Lage, den am Ende des ersten Abschnitts in Aussicht gestellten Beweis dafür zu erbringen, daß die Bogen γ_ν^i, welche bei der Abbildung $G \to K$ den Randbogen Γ_ν entsprechen, die volle Kreisperipherie $|x| = 1$ ausfüllen. Das harmonische Maß der ganzen Berandung Γ ist konstant gleich 1. Nach obigem gestattet es andererseits die Darstellung

$$1 = \frac{1}{2\pi} \int\limits_{\gamma_\nu^i} \frac{1 - r^2}{1 + r^2 - 2r \cos(\vartheta - \varphi)}\, d\vartheta,$$

und es wird demnach für $r = 0$

$$\int\limits_{\gamma_\nu^i} d\vartheta = 2\pi,$$

woraus zu ersehen ist, daß das Maß der Bogen γ_ν^i tatsächlich den vollen Betrag 2π erreicht.

§ 3. Integraldarstellung der Lösung der Randwertaufgabe mittels des harmonischen Maßes.

21. Es sei α eine aus endlich vielen Randbogen des Gebietes G zusammengesetzte Punktmenge. Nach den Ergebnissen von § 2 dieses Abschnittes existiert *eine und nur eine innerhalb G harmonische und beschränkte Funktion, welche in jedem inneren Punkte von α den Randwert 1 annimmt, während sie in jedem inneren Punkt des zu α komplementären Teiles β der Berandung $\Gamma = \alpha + \beta$ verschwindet.*

In Analogie mit der Definition von Nr. 5 wollen wir den Wert dieser Funktion in einem inneren Punkt z von G das *harmonische Maß der Bogen α im Punkte z in bezug auf G* nennen; wir bezeichnen ihn durch $\omega(z, \alpha, G)$ oder, falls kein Mißverständnis zu befürchten ist, kürzer durch $\omega(z, \alpha)$.

Das harmonische Maß ω ist konstant gleich 1, falls α die ganze Berandung Γ umfaßt; andernfalls variiert es innerhalb G zwischen den Grenzen 0 und 1. Wenn α und β zwei punktfremde Bogen sind, so ist stets $\omega(z, \alpha) + \omega(z, \beta) = \omega(z, \gamma)$, wo γ die Vereinigungsmenge $\gamma = \alpha + \beta$ der Punkte von α und β bezeichnet; speziell gilt $\omega(z, \alpha) + \omega(z, \beta) \equiv 1$, falls α und β Komplementärbogen sind ($\alpha + \beta = \Gamma$). Das harmonische Maß ist also eine *additive* Funktion des gemessenen Randbogens.

Um das harmonische Maß in seiner Abhängigkeit von dem Bogen α näher zu untersuchen, denke man sich die Einheitsstrecke $0 \leq t < 1$ in p beliebige Teilstrecken $t_{\nu-1} \leq t < t_\nu$ $(\nu = 1, \ldots, p; t_0 = 0, t_p = 1)$ eingeteilt und, für jedes $\nu = 1, \ldots, p$, die ν-te Teilstrecke eineindeutig und stetig auf die Jordankurve Γ_ν bezogen, welche zur Berandung von G gehört $(\Gamma = \Gamma_1 + \cdots + \Gamma_p)$, so daß der Randpunkt $\zeta(t)$ von G den Rand Γ in positiver Richtung in bezug auf G durchläuft, wenn t stetig von 0 bis 1 wächst. Es sei $\alpha(t)$ derjenige Teil des Randes Γ, der dem Intervall $(0, t)$ entspricht.

Man beweist nun, daß $\omega(z, \alpha(t))$ für jedes feste z eine *monoton zunehmende* und *stetige* Funktion von t ist. Sei nämlich $\Delta t > 0$ und $\Delta \alpha$ derjenige Teil von Γ, welcher dem Intervall $t, t + \Delta t$ zugeordnet ist. Wegen der Additivität von ω ist $\Delta \omega = \omega(z, \alpha(t + \Delta t)) - \omega(z, \alpha(t))$ $= \omega(z, \Delta \alpha)$, also der Zuwachs $\Delta \omega$ positiv und ω somit zunehmend. Um den Endpunkt $\zeta(t)$ von $\Delta \alpha$ schlage man den kleinsten Kreis $|z - \zeta(t)| \leq \varrho_\Delta$, der diesen Bogen $\Delta \alpha$ enthält. Wegen der Stetigkeit des Randpunktes ζ als Funktion von t ist $\varrho_\Delta \to 0$ für $\Delta t \to 0$. Ist nun $|z - \zeta(t)| \leq d$ ein Kreis, der das ganze Gebiet G enthält, so hat man in

$$u(z) = \log \frac{d}{|\zeta - z|} : \log \frac{d}{\varrho_\Delta}$$

eine in G harmonische Funktion, die daselbst *nicht negativ* und im Kreise $|z - \zeta| < \varrho_\Delta$, also speziell auf dem Bogen $\Delta \alpha$, größer als 1 ist. Diese Funktion bildet somit eine Majorante des harmonischen Maßes $\Delta \omega = \omega(z, \Delta \alpha)$, und wegen $u(z) \to 0$ für ein festes z und $\Delta t \to 0$, $\varrho_\Delta \to 0$ gilt hierbei auch $\Delta \omega \to 0$. Das harmonische Maß ist rechtsseitig stetig; die linksseitige Stetigkeit ergibt sich durch eine vollkommen analoge Betrachtung.

Es besteht somit eine eineindeutige und stetige Zuordnung zwischen den Intervallen $0 \leq t < 1$ und $0 \leq \omega < 1$. Durchläuft ω dieses Intervall, so beschreibt also der Randpunkt $\zeta(t)$ den vollen Rand Γ in positiver Richtung und umgekehrt.

22. Nach dieser Vorbereitung können wir nun zeigen, daß die Lösung $u(z)$ des S. 22 vorgelegten Randwertproblems die Darstellung

$$u(z) = \int_0^1 u(\zeta)\, d\omega \qquad (2)$$

gestattet, mit $\omega = \omega(z, \alpha(t))$ und $\zeta = \zeta(t)$. Für den besonderen Fall, wo G der Einheitskreis ist, wurde dies bereits in Nr. 17 gezeigt; in diesem Falle geht nämlich die obige Darstellung in das POISSONsche Integral über. Im allgemeinen Fall sieht man durch eine der auf S. 23 durchgeführten vollkommen analogen Betrachtung leicht ein, daß das Integral die geforderten Randeigenschaften besitzt. Ferner ist $u(z)$ *beschränkt*; es variiert nämlich, wie aus (2) ersichtlich ist, zwischen der

oberen und unteren Grenze der als beschränkt vorausgesetzten Rand-
belegung $u(\zeta)$. Schließlich ist das Integral (2) eine innerhalb G *harmonische* Funktion.

Die letzte Eigenschaft ergibt sich am einfachsten als eine Folgerung
aus der Definition des Integrals als Grenzwert der Funktion

$$u_n(z) = \sum_1^n u(\zeta_\nu)\,\varDelta_\nu\,\omega$$

für $n \to \infty$, wo $\varDelta_\nu\,\omega$ $(\nu = 1, \ldots, n)$ die harmonischen Maße eines Systems
S_n von Teilbogen des Randes $\varGamma$ sind, auf denen die Punkte ζ_ν beliebig
zu nehmen sind, und die so gewählt werden müssen, daß ihre Durch-
messer (maximale Entfernung zwischen zwei Punkten ein und desselben
Bogens) für $n \to \infty$ verschwinden. Diese Näherungsfunktion ist eine
harmonische Funktion von z in G, und da die Konvergenz in jedem
inneren Teilbereich von G gleichmäßig ist[1], so folgt die Harmonizität
der Grenzfunktion $u(z)$ mit Hilfe des WEIERSTRASSschen Satzes über
gleichmäßig konvergente Folgen analytischer (oder harmonischer)
Funktionen.

Aus den oben bewiesenen Eigenschaften des Integrals geht hervor,
daß es, wie behauptet wurde, tatsächlich die Lösung des Randwertproblems darstellt.

§ 4. GREENsche Funktion und harmonisches Maß.

23. Unter gewissen spezielleren Voraussetzungen über den Rand $\varGamma$
des Gebietes G läßt sich für die Lösung $u(z)$ eine zweite Integraldarstellung mit Hilfe der GREEN*schen Funktion* $g(x, y)$ *des Gebietes G*
aufstellen. In diesem Paragraphen wollen wir einige grundlegende Eigenschaften dieser Funktion besprechen.

1. $g(x, y)$ ist eine innerhalb G harmonische Funktion des Punktes
$z = x$, außer für $x = y$, in welchem Punkt sie positiv unendlich ist, so
daß

$$g(x, y) + \log|x - y|$$

auch für $x = y$ harmonisch ist.

2. $g(x, y)$ verschwindet in jedem Randpunkt $x = \zeta$ des Gebietes G.

Gemäß dem Minimumprinzip ist $g(x, y)$, die in jedem Randpunkt
des in $x = y$ punktierten Gebietes nichtnegativ ist, in jedem inneren
Punkt von G *positiv*.

---

[1] Für den Beweis der Gleichmäßigkeit hat man zunächst die Unstetigkeitsstellen von $u(\zeta)$ durch kleine Bogen zu isolieren, die für einen gegebenen
inneren Bereich von G vom harmonischen Maß $<\varepsilon$ sind; der übrige Teil
der Summe unterscheidet sich dann vom Integral durch einen Betrag, der
kleiner ist als die Schwankung von $u(\zeta)$ auf den entsprechenden Bogen S_n.

Die unter 1 erwähnte, im ganzen Gebiete G harmonische Funktion hat die Randwerte $\log|\zeta - y|$ und läßt folglich nach (2) die Darstellung zu:

$$g(x, y) + \log|x - y| = \int \log|\zeta - y| \, d\omega(x, \alpha(t)).$$

Hieraus ist speziell ersichtlich, daß $g(x, y)$ auch in bezug auf die Veränderliche y harmonisch ist. Diese Bemerkung erlaubt auf eine wichtige Symmetrieeigenschaft der GREENschen Funktion zu schließen: Der Ausdruck $d(x, y) = g(x, y) - g(y, x)$ ist eine harmonische Funktion von sowohl x als y; läßt man zunächst x variieren, so hat $g(x, y)$ die Randwerte Null, während $g(y, x)$ jedenfalls nicht negativ ist. Also ist $\overline{\lim} d \leqq 0$ in jedem Randpunkt $x = \zeta$, und es folgt aus dem Maximumprinzip, daß dann überhaupt $d \leqq 0$ ist. Wiederholt man nun dieselbe Schlußweise für die Veränderliche y, so ergibt sich andererseits, daß $d \geqq 0$. Also muß $d(x, y)$ identisch verschwinden, und es gilt demnach die Symmetrie

$$g(x, y) = g(y, x).$$

24. Wir nehmen nun speziell an, daß die Randkurven Γ von G glatt[1] und die GREENsche Funktion daselbst stetig differenzierbar sind. Beide Voraussetzungen sind gleichzeitig z. B. dann erfüllt, wenn Γ analytisch ist; denn dann läßt sich $g(x, y)$ gemäß dem Spiegelungsprinzip harmonisch über Γ fortsetzen. Weiter setzen wir voraus, daß auch die mittels der Randwerte $u(\zeta)$ konstruierte harmonische Funktion $u(z)$ auf dem Rand Γ *stetig differenzierbar* sei[2]. Wir können dann von der GREENschen Integrationsformel

$$\int\limits_\Gamma \left(U \frac{\partial V}{\partial n} - V \frac{\partial U}{\partial n}\right) ds = -\int\limits_G (U \Delta V - V \Delta U) \, d\sigma$$

Gebrauch machen, wo U und V in G zweimal und auf dem Rande Γ einmal stetig differenzierbare Funktionen sind, ds das Bogenelement von Γ und $d\sigma$ das Flächenelement von G bezeichnet; Δ bedeutet den LAPLACEschen Operator, und die Ableitungen links sind nach der inneren Normale von Γ zu nehmen. Für $U(z)$ setze man die oben konstruierte Funktion $u(z)$ ein; als Funktion $V(z)$ nehme man die GREENsche Funktion $g(z, z_0)$ von G. Isoliert man nun den Pol $z = z_0$ durch einen kleinen Kreis vom Radius ϱ und setzt dann die Transformationsformel im übriggebliebenen Teil von G an, so ergibt sich unter Beachtung der Eigenschaft 1 der GREENschen Funktion durch

---

[1] Das heißt stetig und mit einer stetig veränderlichen Tangente versehen.

[2] Falls Γ analytisch ist, so ist hierzu hinreichend, daß die Randfunktion $u(\zeta)$ in bezug auf die Bogenlänge von Γ stetig differenzierbar ist.

den Grenzübergang $\varrho \to 0$ folgende Darstellung, wo wir statt z_0 einfach z geschrieben und den beweglichen Randpunkt durch ζ bezeichnet haben,

$$u(z) = \frac{1}{2\pi} \int\limits_{\Gamma} u(\zeta) \frac{\partial g(\zeta, z)}{\partial n} \, ds. \tag{3}$$

25. Setzen wir speziell die Randkurven Γ_ν *analytisch* an und halten die für die Gültigkeit der Formel (3) nötigen Voraussetzungen über das Verhalten der Funktion $u(z)$ auf Γ aufrecht, so können wir diese Formel auf eine einfachere Form bringen, wenn wir die zu $g(\zeta, z)$ konjugierte harmonische Funktion *in bezug auf die Veränderliche* ζ einführen. Diese Funktion $-h(\zeta, z)$ ist bis auf eine additive Konstante eindeutig bestimmt und gestattet nach I, Nr. 23 eine Entwicklung der Form

$$h(\zeta, z) = \arg(\zeta - z) + v(\zeta),$$

wo $v(\zeta)$ eine in der Umgebung von $\zeta = z$ eindeutige harmonische Funktion ist. Beschreibt ζ einen kleinen Kreis in positiver Umlaufsrichtung um den Pol z, so erhält h den Zuwachs 2π. Ist G mehrfach zusammenhängend, so erfährt auch $v(\zeta)$ im allgemeinen gewisse additive Zuwächse (Periodizitätsmoduln), wenn ζ die inneren Randkurven $\Gamma_2, \ldots, \Gamma_p$ umkreist.

Nach dem CAUCHY-RIEMANNschen Gleichungen ist in einem Randpunkt ζ

$$\frac{\partial g(\zeta, z)}{\partial n} = \frac{\partial h(\zeta, z)}{\partial s},$$

wo die letzte Ableitung in der positiven Richtung des Randbogenelements ds zu nehmen ist, und es wird also gemäß (3)

$$u(z) = \frac{1}{2\pi} \int\limits_{\Gamma} u(\zeta) \, dh(\zeta, z), \tag{4}$$

wobei der Punkt ζ den Rand in positiver Richtung durchläuft.

Ein Vergleich mit der Integraldarstellung (2) (Nr. 22) weist auf einen Zusammenhang zwischen der Funktion h und dem harmonischen Maß $\omega(z, \alpha)$ eines Bogens $\alpha = \alpha(\zeta)$ hin, der von einem willkürlichen festen Randpunkt ζ_0 und dem beweglichen Randpunkt ζ begrenzt wird. In der Tat findet man auch, wenn man das harmonische Maß des Randbogens $\alpha(\zeta_1)$ durch die Formel (4) darstellt, wobei man also $u(\zeta) = 1$ für alle Punkte von α und $u(\zeta) = 0$ für alle übrigen Randpunkte zu setzen hat,

$$\omega(z, \alpha) = \frac{1}{2\pi} \int\limits_{\zeta_0 \zeta_1} dh(\zeta, z) = \frac{1}{2\pi} \left(h(\zeta_1, z) - h(\zeta_0, z) \right)$$

Das harmonische Maß $\omega(z, \alpha)$ ist also gleich dem durch 2π dividierten Zuwachs, den die zur Greenschen Funktion $g(\zeta, z)$ (in bezug auf ζ) konjugierte harmonische Funktion $- h(\zeta, z)$ erfährt, wenn ζ den Bogen α in negativer Richtung durchläuft.

26. Dieses Resultat haben wir unter gewissen speziellen Stetigkeitsvoraussetzungen über den Rand Γ hergeleitet. Kehren wir nun wieder zu der ursprünglichen Annahme zurück, daß nämlich die Randkurven Γ_ν ganz beliebige Jordankurven sind, so existiert immer noch sowohl die Greensche Funktion von G und somit auch ihre konjugierte Funktion $- h$, wie auch das harmonische Maß eines jeden Randbogens α, und es entsteht also die Frage, ob der obige Zusammenhang auch unter diesen allgemeinen Voraussetzungen gilt. Es soll gezeigt werden, daß dies tatsächlich der Fall ist.

Zu diesem Zweck bildet man zuerst das Gebiet G auf ein Gebiet $\overline{G}$ mit lauter analytischen Randkurven $\overline{\Gamma}$ konform ab. Die Möglichkeit einer solchen Abbildung bestätigt man leicht mit Hilfe des Abbildungssatzes A. Dieser Satz besagt ja, daß eine konforme Abbildung von G auf ein Gebiet G^1 existiert, die eine der Randkurven, sei diese Γ_1, in den Einheitskreis überführt; die Kurven $\Gamma_2,.., \Gamma_p$ gehen dabei in gewisse Jordankurven $\Gamma_2',..., \Gamma_p'$ über. Wird ferner das Äußere von Γ_2' auf das Innere des Einheitskreises konform bezogen, so erhält man ein neues Bildgebiet G^2 von G, dessen Rand aus zwei analytischen Kurven (die Abbilder von Γ_1, und Γ_2) und aus p-2 Jordankurven besteht. Die Abbildung von G auf $\overline{G}$ setzt sich schließlich aus p Abbildungen obiger Art zusammen.

Nunmehr läßt es sich leicht zeigen, daß das harmonische Maß $\omega(z, \alpha)$ eines Randbogens α von G gleich dem durch 2π dividierten Zuwachs von $h(\zeta, z)$ auf diesem Bogen ist. Führt man nämlich die Abbildung von G auf $\overline{G}$ aus, so bleiben sowohl das harmonische Maß als auch die Greensche Funktion invariant (vgl. Nr. 31) und wegen der stetigen Zuordnung der Ränder von G und $\overline{G}$ schließt man, daß der obige, in $\overline{G}$ gültige Zusammenhang zwischen ω und h auch in G gilt. Gleichzeitig haben wir auch die Stetigkeit von h auf dem Rand von G bewiesen.

Die Niveaulinien von $g(x, y)$ und $h(x, y)$ sind, für eine feste Lage des Poles y, zueinander orthogonal. Für große Werte der Konstante $\lambda > 0$ schließt sich die Linie $g(x, y) = \lambda$ um den Pol $x = y$, erweitert sich bei abnehmenden λ, um im Falle eines mehrfach zusammenhängenden Gebietes G $(p > 1)$ für einen gewissen Wert λ sich selbst zu schneiden. Nachher zerfällt die Niveaulinie in mehrere getrennte, geschlossene Teile, deren Anzahl von einem gewissen Wert λ ab gleich p ist; diese p geschlossenen Kurven gehen für $\lambda \to 0$ in die p Randkurven Γ_ν stetig über. Dies alles ist mit Hilfe des Prinzips über das Minimum einer harmonischen Funktion leicht einzusehen.

Von besonderem Interesse sind diejenigen Punkte des Gebietes, in denen die Greenschen Niveaulinien sich selbst schneiden. *Die Anzahl dieser Punkte beträgt $p-1$.*

Um dies einzusehen, bemerke man, daß die analytische Funktion $f(x) = g(x, y) - ih(x, y)$ von x in jedem Punkt $x \neq y$ von G regulär und ihre Ableitung $f'(x)$ in G eindeutig ist. In jedem Punkt x, wo $f' \neq 0$, ist die von der Funktion f vermittelte Abbildung konform, und durch den Punkt geht also eine reguläre g-Linie und eine zu dieser senkrechte h-Linie. Ist dagegen $f'(x) = 0$ von der Ordnung $k \geq 1$, so ist jene Abbildung nicht konform; die Stelle x erscheint dann als Schnittpunkt von $k+1$ verschiedenen Zweigen einer g-Linie und von $k+1$ trennenden Zweigen einer h-Linie; die Tangenten dieser Zweige im Punkte x teilen die Ebene in gleiche Winkel der Größe $\dfrac{\pi}{2(k+1)}$. Die obenerwähnten Schnittpunkte der g-Linie sind also mit den Nullstellen von $f'(x)$ identisch.

Um die Anzahl dieser Stellen zu berechnen, nehme man jetzt eine so große Zahl $\lambda_1 > 0$ und eine so kleine Zahl $\lambda_2 > 0$, daß die Niveaulinie $g = \lambda$ für $\lambda = \lambda_1$ eine den Pol $x = y$ umgebende Jordankurve ist, während $g = \lambda_2$ in p getrennte Jordankurven zerfällt. In den Gebieten $g \geq \lambda_1$ und $g \leq \lambda_2$ ist dann sicher $f'(x) \neq 0$. Nach dem Prinzip der Variation des Arguments einer analytischen Funktion ist die Anzahl der Nullstellen von f' innerhalb des Gebietes $\lambda_1 > g > \lambda_2$ gleich dem Zuwachs von $\arg f'$ bei einem positiven Umlauf um den gesamten Gebietsrand, dividiert durch 2π. Nun ist, wenn ds ein Bogenelement einer g-Linie ist, $\dfrac{\partial g}{\partial s} = 0$ und daher, wenn man das Differential dx mit dem positiv gerichteten Element des Randes vom Gebiete $\lambda_1 > g > \lambda_2$ zusammenfallen läßt, in jedem Randpunkt

$$f'(x) = \frac{df}{dx} = -i \frac{dh}{dx},$$

somit $\arg f'(x) = -\arg dx + \text{const.}$ Bei einem positiven Umlauf erhält der Richtungswinkel dx den Zuwachs 2π auf der äußersten Kurve $g = \lambda_2$, während er auf jeder der $p-1$ inneren Kurven $g = \lambda_2$ und auf $g = \lambda_1$ um 2π abnimmt. Die gesamte Zunahme von $\arg f'$ ist somit gleich $2\pi(p-1)$, woraus ersichtlich wird, daß die gesamte Anzahl der Nullstellen von f', welche mit den Verzweigungsstellen der g-Linien zusammenfallen, tatsächlich gleich $p-1$ ist.

Über den Verlauf der h-Linien ist folgendes zu bemerken: Falls G einfach zusammenhängend ist, so ist $-g + ih$ einfach gleich dem Logarithmus der Abbildungsfunktion, welche G in den Einheitskreis überführt, so daß der Pol $x = y$ dem Nullpunkt entspricht. Die h-Linien erscheinen also als Bilder der Radien des Einheitskreises; sie strömen folglich vom Pole $x = y$ aus, so daß zwei Linien, welche den Werten h_1, h_2 entsprechen, sich unter dem Winkel $h_2 - h_1$ schneiden, und münden in bestimmte Randpunkte aus. Wenn der Randpunkt einen vollen Umlauf (in positiver Richtung) beschreibt, so nimmt der h-Wert um 2π zu.

Im Falle eines mehrfach zusammenhängenden Gebietes ist die Funktion

$$t = e^{-g+ih}$$

nicht mehr eindeutig in G. Beschränkt man sich jedoch auf ein Teilgebiet $g > \lambda > 0$, wo λ so groß gewählt wird, daß dieses Teilgebiet G_λ einfach zusammenhängend wird, so gibt die obige Exponentialfunktion eine eineindeutige und konforme Abbildung von G_λ auf den Kreis $|t| < e^{-\lambda}$, woraus zu ersehen ist, daß die h-Linien im Gebiete G_λ das oben beschriebene einfache Verhalten aufweisen. Auch im Falle eines mehrfach zusammenhängenden Gebietes gilt also, daß die vom Pole ausströmenden h-Linien dem Wertintervall $(0,2\pi)$ zugeordnet sind, so daß zwei den Werten h_1, h_2 entsprechende Linien einen Winkel der Größe $h_2 - h_1$ einschließen.

Außerhalb des Gebietes G_λ werden gewisse (endlich viele) h-Linien einander schneiden, und zwar in den oben besprochenen Verzweigungsstellen der g-Linien. Jede solche h-Linie spielt die Rolle einer *Grenzlinie*, welche die unmittelbar kleineren und größeren Werten entsprechenden h-Linien in zwei Gruppen teilt, die auf *verschiedenen* Randkurven Γ_ν enden. Durch jeden Verzweigungspunkt gehen mindestens zwei Zweige einer solchen Grenzlinie, und aus Segmenten dieser Zweige läßt sich stets ein Bogen zusammensetzen, der jene zwei Randkurven miteinander verbindet, ohne durch den

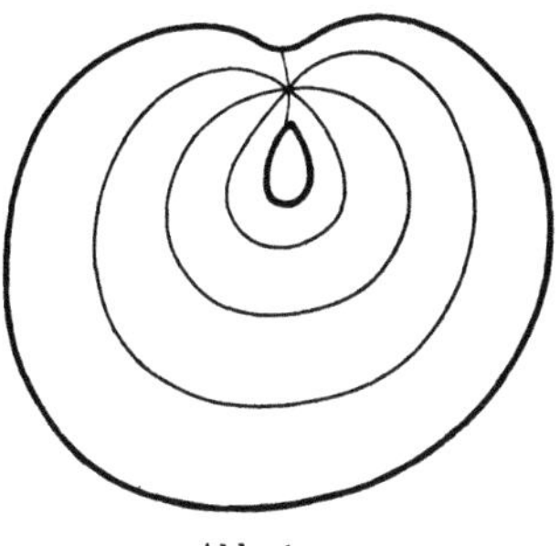

Abb. 4.

Pol zu gehen. Man vergleiche hierzu Abb. 4, welche den Verlauf der Grenzlinien im Falle $p = 2$ darstellt.

Aus dem obigen ergibt sich gleichzeitig eine neue geometrische Deutung des harmonischen Maßes:

Das harmonische Maß eines Randbogens in einem Punkt z ist gleich dem durch 2π dividierten Winkel, den die von z zu den Endpunkten des Bogens laufenden h-Linien einschließen.

§ 5. Über die Niveaulinien des harmonischen Maßes.

27. Falls G der Einheitskreis und α ein Peripheriebogen ist, der die volle Peripherie nicht umfaßt, so fallen die Niveaulinien K_λ:

$$\omega(z, \alpha, G) = \lambda \quad (0 \leq \lambda \leq 1)$$

mit denjenigen Kreisbogen zusammen, welche die Endpunkte von α verbinden. Durch konforme Abbildung schließt man hieraus, daß das System der Niveaulinien ein analoges Verhalten aufweist, wenn α ein Randbogen eines von einer Jordankurve Γ begrenzten Gebietes G ist: Die Linie K_λ endet in den Endpunkten von α und streicht einmal über die Fläche G, wenn λ von 0 bis 1 wächst.

28. In dem allgemeinen Fall, wo α aus mehreren (endlich vielen) Randbogen eines von endlich vielen Jordanbogen $\Gamma_\nu (\nu = 1, \ldots, p)$ begrenzten Gebietes G besteht, zerfallen die ω-Linien im allgemeinen in mehrere getrennte Zweige. Da $\omega = 1$ oder 0 in jedem inneren Punkt von α, bzw. von dem Komplementärbogen β ist, so können die Linien für $0 < \lambda < 1$ hier nicht enden. Es sind also nur zwei Fälle möglich: entweder sie enden in den Endpunkten von α, oder aber sind sie geschlossen, in welchem Falle sie einen oder mehrere Randbogen Γ_ν einschließen müssen (wie überhaupt jeder geschlossene Teilbogen einer Niveaulinie).

Wir betrachten nun die analytische Funktion

$$\varphi(z, \alpha, G) = \omega(z, \alpha, G) + i\bar{\omega}(z, \alpha, G)$$

wo $\bar{\omega}$ die zu ω konjugierte Funktion bezeichnet; $\bar{\omega}$ ist bis auf eine additive Konstante bestimmt. Im Falle eines mehrfach zusammenhängenden Gebietes $(p > 1)$ erhält sie auf geschlossenen Wegen Zuwächse, die von $p - 1$, den inneren Randkurven $\Gamma_2, \ldots, \Gamma_p$ entsprechenden Periodizitätsmoduln linear abhängig sind.

Wenn nun G speziell eine Halbebene und α ein Segment (z_1, z_2) ihrer Begrenzungsgeraden ist, so hat ω die Form

$$\frac{1}{\pi} \arg \frac{z - z_2}{z - z_1}$$

und es ist also

$$\varphi = \frac{i}{\pi} \log \frac{z - z_1}{z - z_2},$$

woraus zu sehen ist, daß diese Funktion das Innere von G auf den Parallelstreifen

$$0 < \omega < 1 \qquad\qquad (P)$$

der $\varphi = \omega + i\bar{\omega}$-Ebene eineindeutig und konform abbildet. Entsprechendes gilt somit auch, wenn G von einer beliebigen Jordankurve Γ begrenzt ist, auf welcher der Bogen α liegt. In der Abbildung $G \to P$ entsprechen die Unstetigkeitspunkte von $\omega(z)$ den unendlich fernen Randpunkten $\bar{\omega} = \pm \infty$.

29. Falls $p > 1$ oder α aus mehreren Bogen zusammengesetzt ist, so fallen die Werte der Funktion φ offenbar immer noch auf den Parallelstreifen P; die Abbildung ist aber nicht mehr im Innern von G ausnahmslos konform. Als Ausnahmestellen erscheinen die Nullstellen der Ableitung $\varphi'(z)$, die, wie aus den oben erklärten Eigenschaften von $\varphi(z)$

folgt, innerhalb G eindeutig und regulär ist. Diese Nullstellen sind Verzweigungsstellen der Niveaulinien $\omega = \lambda$.

Wir beweisen zunächst, daß die Verzweigungsstellen sich nicht gegen den Rand Γ häufen können. Zu diesem Zwecke nehmen wir einen Randpunkt ζ, der z. B. auf der äußersten Randkurve Γ_1 liegen möge, und bilden das von Γ_1 begrenzte Gebiet, das G als Teilgebiet enthält, auf die Halbebene $\Im x > 0$ konform ab. Die Funktion φ geht in eine, in einem Teilgebiet G^* dieser Halbebene definierte reguläre Funktion $\varphi^*(x)$ über; der Kurve Γ_1 entspricht die reelle Achse und dem Punkt ζ ein Punkt ξ, in dessen Umgebung das Verhalten von φ^* untersucht werden soll.

Wenn nun ζ ein Stetigkeitspunkt des harmonischen Maßes ω ist, so nimmt diese Funktion auf einem den Punkt ξ umgebenden Segment entweder den Wert 0 oder den Wert 1 an und ist also gemäß dem Spiegelungsprinzip in einer gewissen Umgebung $|x - \xi| \leqq r$ von ξ harmonisch; die Funktion φ^* ist also hier regulär. Ferner ist $\varphi^{*\prime}(\xi) \neq 0$. Denn φ^* nimmt für $x = \xi$ einen auf die Begrenzung des Parallelstreifens P fallenden Wert an, während seine Werte in dem Teil des Kreises $|x - \xi| \leqq r$ oberhalb der reellen Achse innerhalb P liegen. Wäre nun $\varphi^{*\prime}(\xi) = 0$, so müßte φ^* in diesem Halbkreis auch Werte außerhalb von P annehmen.

Da also $\varphi^{*\prime}(\xi) \neq 0$ ist, so kann man eine Umgebung von ξ finden, wo die Ableitung $\varphi^{*\prime}$ überall von Null verschieden ist. Dieser Umgebung entspricht in der z-Ebene eine Umgebung des Randpunktes ζ; hier ist $\varphi'(z) = \dfrac{d\varphi^*}{dx} \dfrac{dx}{dz}$, und da $\dfrac{dx}{dz}$ wegen der Konformität der Hilfsabbildung von Null verschieden ist, so schließt man, daß der Punkt ζ nicht ein Häufungspunkt der Nullstellen von φ' sein kann.

Dasselbe gilt auch, wenn ζ Endpunkt eines Bogens α ist. Sei ζ ein „Anfangspunkt" eines Bogens α; d. h. der Randpunkt bewege sich in *positiver* Umlaufsrichtung, wenn er, von ζ ausgehend, den Bogen α durchläuft. Der reelle Teil ω der transformierten Funktion $\varphi^*(x)$ nimmt dann auf dem Segment $0 < x - \xi < \varrho$ der reellen Achse den Wert 1, auf dem Segment $0 > x - \xi > -\varrho$ den Wert Null an (für hinreichend kleines $\varrho > 0$). Dieselbe Eigenschaft besitzt die Funktion

$$\varphi_1 = \frac{1}{i\pi} \log \frac{1}{\xi - x},$$

welche die obere Halbebene auf den Parallelstreifen P abbildet, so daß dem Teil $x > \xi$ der reellen Achse die Gerade $\omega = 1$, dem Teil $x < \xi$ die Gerade $\omega = 0$ zugeordnet ist. Also ist der reelle Teil von

$$\psi(x) = \varphi^* - \varphi_1$$

in jedem Punkt $0 < |x - \xi| \leqq \varrho$ der reellen Achse stetig und gleich Null, während er in der Umgebung von $x = \xi$ jedenfalls beschränkt ist. Folglich ist nach dem Spiegelungsprinzip $\psi(x)$ im Kreise $|x-\xi|\leqq\varrho$ regulär analytisch, und man hat also für φ^* die Entwicklung

$$\varphi^*(x) = \frac{1}{i\pi}\log\frac{1}{\xi-x} + \psi(x) \tag{5}$$

und

$$\varphi^{*\prime}(x) = \frac{1}{i\pi}\frac{1}{\xi-x} + \psi'(x),$$

woraus zu ersehen ist, daß die Funktion $\overline{\omega}(z,\alpha,G)$ für $z\to\zeta$ gegen $-\infty$ strebt und daß $\dfrac{d\varphi^*}{dx}$ den Grenzwert unendlich hat. Die Ableitung $\varphi'(z) = \dfrac{d\varphi^*}{dx}\dfrac{dx}{dz}$ ist somit in der Umgebung von ζ von Null verschieden.

Aus (5) ist weiter zu sehen, daß die Funktion $\varphi^*(x)$ den Halbkreis $|x-\xi|<r$, $\Im\,x>0$ auf ein gewisses Teilgebiet P_r von P eineindeutig und konform abbildet, sobald r hinreichend klein ist. Um dies streng zu beweisen, schreiben wir $x-\xi = re^{i\vartheta}$ und erhalten aus (5), wenn wir wieder $\varphi^* = \omega + i\overline{\omega}$ schreiben und $\psi = u + iv$ setzen,

$$\omega = -\frac{\vartheta}{\pi} + u + 1$$

und

$$\frac{\partial\omega}{\partial\vartheta} = -\frac{1}{\pi} + \frac{\partial u}{\partial\vartheta}.$$

Nach den Cauchy-Riemannschen Gleichungen ist hier $\dfrac{\partial u}{\partial\vartheta} = -r\dfrac{\partial v}{\partial r}$, wo $\dfrac{\partial v}{\partial r}$ wegen der Harmonizität von v in der Umgebung von $x=\xi$ beschränkt ist. Also strebt $\dfrac{\partial u}{\partial\vartheta}\to 0$ für $r\to 0$ und es ist folglich $\dfrac{\partial\omega}{\partial\vartheta}$ jedenfalls *negativ* für jedes hinreichend kleine r.

Wir nehmen nun r so klein an, daß die letzte Eigenschaft im Halbkreis $|x-\xi|\leqq r$ gilt. Auf dem Halbkreisbogen $|x-\xi|=r$ ist dann $\dfrac{\partial\omega}{\partial\vartheta}<0$, und der Punkt $\varphi^* = \omega + i\overline{\omega}$ beschreibt also, wenn $x = re^{i\vartheta}$ jenen Bogen durchläuft, einen Kurvenbogen b_r, der doppelpunktfrei ist und die Geraden $\omega = 0$, $\omega = 1$ miteinander verbindet. Dieser Querschnitt b_r teilt P in zwei einfach zusammenhängende Teile, von denen der untere, P_r, als Bild des Halbkreises erscheint. Aus obigem folgt, daß die Berandungen dieser beiden Gebiete eineindeutig und konform aufeinander bezogen sind. Daß auch die Inneren der Gebiete eineindeutig und konform einander entsprechen, folgt bei Beachtung der Relation

$$\left|\frac{d\varphi^*}{dx}\right|^2 \doteq \left(\frac{\partial\omega}{\partial r}\right)^2 + \frac{1}{r^2}\left(\frac{\partial\omega}{\partial\vartheta}\right)^2$$

in bekannter Weise aus dem Argumentprinzip oder auch daraus, daß sowohl φ^* im Halbkreis als auch seine Umkehrfunktion in P_r unbeschränkt fortsetzbar ist; beide definieren somit nach dem Monodromiesatz *eindeutige* Funktionen.

Es sei noch bemerkt: Wenn man einmal die Zahl r so klein gewählt hat, daß das obenstehende Resultat im Halbkreis $|x - \xi| < r$ für eine gewisse Wahl des Zweiges φ^* gilt, so besteht dasselbe Ergebnis für *alle* Zweige von φ^* in demselben Halbkreis. Zwei Zweige von φ^* unterscheiden sich nämlich nur durch eine additive, imaginäre Konstante und die Vertauschung von Zweigen hat also nur eine Parallelverschiebung des Gebietes P_r zur Folge.

Ein analoges Verhalten weist die Funktion in einem „Endpunkt" ζ eines Bogens α auf. Ein solcher Punkt ist dem unendlich fernen Punkt $\bar{\omega} = +\infty$ des Parallelstreifens P zugeordnet.

30. Wir isolieren nun sämtliche Unstetigkeitspunkte ζ durch kleine Bogen B, auf welchen $\bar{\omega} = \mathrm{const}$ ist. Nach obigem können diese so gewählt werden, daß sie einfach zusammenhängende Umgebungen jener Unstetigkeitspunkte abtrennen, in welchen die Ableitung φ' nicht verschwindet. Ferner können wir ein so kleines $\varepsilon > 0$ finden, daß die Kurven $\omega = \varepsilon$, $\omega = 1 - \varepsilon$ doppelpunktfrei sind und ein Teilgebiet von G definieren, das sämtliche Nullstellen von φ' enthält. Es sei G_ε das von diesen Kurven und den Bogen B begrenzte Gebiet. Für ein hinreichend kleines ε setzt sich die Berandung Γ_ε von G_ε aus p verschiedenen Jordankurven zusammen, entsprechend den p Randkurven Γ_ν.

Um jetzt die Anzahl der Nullstellen der Ableitung φ' zu bestimmen, berechnen wir den Zuwachs von $\arg \varphi' = \arg d\varphi - \arg dz$ für einen positiven Umlauf auf Γ_ε. Wenn auf Γ_ν insgesamt $2k_\nu$ $(k_\nu \geqq 0)$ Unstetigkeitspunkte liegen, so wird das Argument des Bogendifferentials $d\varphi$ auf Γ_ν um $k_\nu \cdot 2\pi$ zunehmen, das Argument von dz wiederum um 2π oder -2π, je nachdem $\nu = 1$ oder $\nu > 1$ ist. Der totale Zuwachs von $\arg \varphi'$ ist also $2\pi(\sum k_\nu + p - 2)$, und wir schließen infolgedessen mit Hilfe des Argumentprinzips:

Die Funktion $\varphi'(z)$ hat im Gebiete G insgesamt $n + p - 2$ Nullstellen, wo n die Anzahl derjenigen Bogen α ist, welche nicht mit einer ganzen Randkurve Γ_ν von G zusammenfallen.

Dieselbe Zahl gibt die Anzahl der Verzweigungsstellen der Niveaulinien des harmonischen Maßes $\omega(z, \alpha, G)$ an.

III. Funktionentheoretische Majorantenprinzipien.

§ 1. Prinzip vom harmonischen Maß.

31. Von den Ergebnissen der zwei ersten Abschnitte brauchen wir im vorliegenden Kapitel vor allem die Existenz des harmonischen Maßes $\omega(z, \alpha, G)$ eines Bogens α in bezug auf ein von endlich vielen Jordanbogen $(\alpha + \beta)$ begrenztes Gebiet G im Punkte z dieses Gebietes; dieses Maß ist durch folgende Bedingungen eindeutig bestimmt:

1. $\omega(z, \alpha, G)$ *ist in G harmonisch und beschränkt;*

2. *Auf α nimmt ω den Wert* 1, *auf dem Komplementärbogen β den Wert* 0 *an.*

Im folgenden werden wir das Verhalten des harmonischen Maßes bei konformen Abbildungen des gegebenen Gebietes G untersuchen.

Führt man eine *eineindeutige*, im Innern von G konforme und auf dem Rand $\Gamma = \alpha + \beta$ stetige Abbildung des Bereiches $G + \Gamma$ auf einen Bereich $G' + \Gamma'$ aus, so daß die Bogen α, β in die Bogen α', β' übergehen, so transformiert sich das harmonische Maß $\omega(z, \alpha, G)$ in eine Funktion des Bildpunktes z' von z. Da sich die Harmonizität einer Funktion bei konformen Abbildungen erhält, so ist diese letzte Funktion eine harmonische Funktion von z'; ferner ist ω beschränkt in G' und nimmt auf α' den Wert 1 an, während es auf β' verschwindet. Die transformierte Funktion stimmt somit mit dem harmonischen Maß $\omega(z', \alpha', G')$ überein, und es ist also

$$\omega(z', \alpha', G') = \omega(z, \alpha, G).$$

Das harmonische Maß ist gegenüber eineindeutigen konformen Abbildungen des Bezugsgebietes invariant.

Diese Eigenschaft gilt auch dann, wenn die Gebiete G und G' mehrfach überdeckt, also RIEMANNsche Flächenstücke sind.

32. Bei eindeutigen, aber nicht umgekehrt eindeutigen, d. h. *mehrwertigen* konformen Abbildungen verhält sich das harmonische Maß i. a. nicht mehr invariant. Als Beispiel transformieren wir den Einheitskreis $|z| \leq 1$, auf dessen Peripherie wir gewisse beliebige Bogen α wählen, durch die Funktion $z' = z^2$, welche $|z| \leq 1$ in $|z'| \leq 1$ und α in gewisse Bogen α' des Kreises $|z'| = 1$ überführt. Dann ist im allgemeinen nicht $\omega(z,\alpha)$ gleich $\omega(z', \alpha')$, wo beide Maße in bezug auf den Einheitskreis berechnet sind. Denn der Kreis $|z| \leq 1$ wird *eineindeutig* auf die zweiblättrige Kreisfläche $|z'| \leq 1$ abgebildet; und bei dieser Abbildung entspricht den über α' liegenden Bogen, welche in bezug auf den zweiblättrigen Kreis ebenfalls das harmonische Maß $\omega(z', \alpha')$ haben, eine Punktmenge von $|z| = 1$, welche, außer den Bogen α, i. a. noch gewisse andere Bogen $\bar{\alpha}$ enthält. Wegen der Invarianz des harmonischen Maßes gegenüber eineindeutigen Abbildungen ist nun das harmonische Maß dieser Punktmenge gleich dem Maß von α', also

$$\omega(z', \alpha') = \omega(z, \alpha) + \omega(z, \bar{\alpha}),$$

woraus zu sehen ist, daß das harmonische Maß der Bogen α sich durch unsere Abbildung *vergrößert* hat, außer in dem einzigen Fall, wo α die *Gesamtheit* der den Bogen α' zugeordneten Bogen enthält; d. h. falls α gegenüber dem Automorphismus $z | - z$, welcher den Wert $z' = z^2$ invariant läßt, selbst invariant ist.

33. Diese Vergrößerung des harmonischen Maßes ist nun eine allgemeine, für eindeutige, mehrwertige Abbildungen geltende Tatsache, die sich unter gewissen speziellen Voraussetzungen durch eine der oben durchgeführten analoge Betrachtung begründen ließe. Wir wollen indes dieses Prinzip, welches von großer funktionentheoretischer Bedeutung ist, sogleich in einer hinreichend allgemeinen, für die Anwendungen geeigneten Fassung aussprechen und beweisen[1]:

Prinzip von dem harmonischen Maß. *In einem von endlich vielen Jordanbogen Γ_z begrenzten Gebiet G_z sei eine eindeutige und reguläre analytische Funktion $w = w(z)$ gegeben, welche nachstehenden Bedingungen genügt:*

1. Die Werte w, welche $w(z)$ in G_z annimmt, fallen in ein von endlich vielen Jordanbogen Γ_w begrenztes Gebiet G_w.

2. In jedem Punkt ζ gewisser gegebener Teilbogen α_z von Γ_z ist $w(z)$ stetig und nimmt hier Werte an, die auf einen von endlich vielen Jordanbogen α_w begrenzten (oder gebildeten)[2] Teilbereich A_w von G_w fallen.

Unter diesen Voraussetzungen gilt in jedem Punkt z von G_z, wo $w(z)$ einen außerhalb A_w liegenden Wert annimmt.

$$\omega(z, \alpha_z, G_z) \leqq \omega(w(z), \alpha_w, G_w^*), \tag{1}$$

wo G_w^* dasjenige Teilgebiet von G_w ist, welches $w(z)$ enthält und von den Punkten Γ_w und α_w begrenzt wird.

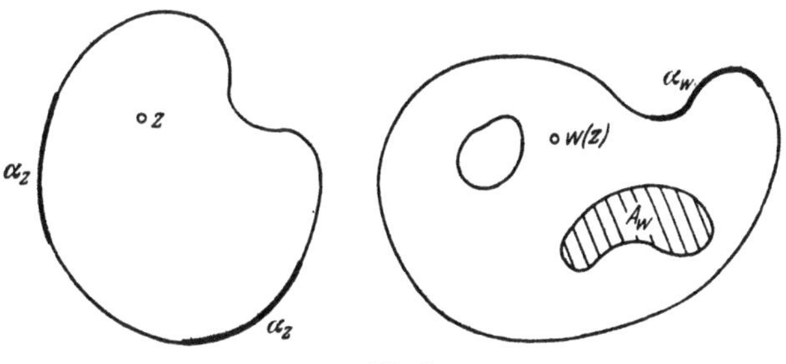

Abb. 5.

Beweis. Sei z ein Punkt, wo $w(z)$ außerhalb A_w fällt, und G_z^* dasjenige wohlbestimmte Teilgebiet von G_z, welches den Punkt z enthält und, außer von Γ_z, von der Punktmenge $\bar{\alpha}_z$ begrenzt wird, wo $w(z)$ Werte der Bogen α_w annimmt. Die Differenz

$$u(z) = \omega(w(z), \alpha_w, G_w^*) - \omega(z, \alpha_z, G_z) \tag{2}$$

ist in G_z^* harmonisch und eindeutig. Bezüglich der Randpunkte z^* von G_z^* sind vier Fälle zu unterscheiden.

---

[1] R. Nevanlinna [*12*].

[2] Wir beachten also auch die Möglichkeit, daß der „Bereich" A_w eindimensional, aus den Bogen α_w allein zusammengesetzt ist.

1. z^* liegt innerhalb G_z und gehört somit der Menge $\bar{\alpha}_z$ an. Hier ist $\omega(z^*, \alpha_z, G_z)$ harmonisch und jedenfalls ≤ 1. Die Funktion $\omega(w(z), \alpha_w, G_w^*)$ nähert sich wieder dem Wert 1, wenn der Punkt z (innerhalb G_z^*) gegen z^* strebt; denn $w(z)$ nimmt für $z = z^*$ einen Wert auf α_w an, und hier wird das betreffende harmonische Maß gleich 1[1]. Die Differenz $u(z)$ ist also im Randpunkt z^* stetig und nichtnegativ.

2. z^* gehört den Bogen α_z an. Dann nähert sich für $z \to z^*$ das erste (sowie auch das zweite) Glied rechts in (2) dem Grenzwert 1 und die Differenz $u(z)$ ist also wieder für $z = z^*$ nichtnegativ (sogar genau gleich Null).

3. z^* liegt auf den Komplementärbogen β_z von α_z. Hier verschwindet das zweite Glied der rechten Seite von (2), und da das erste Glied jedenfalls nichtnegativ ist, so schließt man, daß $\underline{\lim} u(z^*) \geqq 0$ ist.

4. z^* ist ein gemeinsamer Endpunkt von α_z und β_z; die Anzahl dieser Unstetigkeitspunkte ist nach Voraussetzung *endlich*.

Wir haben also gefunden, daß die beschränkte harmonische Funktion $u(z)$ in allen Randpunkten von G_z^*, außer höchstens endlich vielen, eine nichtnegative untere Grenze hat. Da u jedenfalls beschränkt ist, so ist nach dem Prinzip vom Minimum folglich überhaupt $u(z) \geq 0$, und es besteht also die Beziehung (1), was zu beweisen war.

34. Das in Nr. 32 betrachtete Beispiel zeigte uns schon, daß die Relation (1), selbst bei mehrwertigen Abbildungen, unter Umständen in eine Gleichheit übergeht. Nehmen wir für einen Augenblick an, daß dies für einen inneren Punkt z von G_z zutrifft. Da die harmonische Funktion $u(z) = \omega(w(z), \alpha_w, G_w^*) - \omega(z, \alpha_z, G_z)$ jedenfalls nichtnegativ ist, so muß sie nach dem Prinzip vom Minimum identisch verschwinden.

Die Beziehung (1) geht für einen inneren Punkt z des Gebietes G_z dann und nur dann in eine Gleichheit über, wenn für jedes Paar zugeordneter Punkte z und w

$$\omega(w, \alpha_w, G_w^*) = \omega(z, \alpha_z, G_z). \tag{3}$$

Es fragt sich nun, wenn G_z und G_w^* beliebige Gebiete und α_z, α_w gegebene Randpunktmengen derselben sind: Was für eine Funktion $w = w(z)$ wird durch die Gleichung (3) definiert?

Eine vollständige Antwort hierauf ergibt sich aus den Ergebnissen von II, § 5. Setzen wir $\varphi = \omega + i\bar{\omega}$, wo $\bar{\omega}$ die, bis auf eine reelle Konstante bestimmte, konjugierte Funktion von ω bezeichnet, so wird (3) äquivalent mit

$$\varphi(w, \alpha_w, G_w^*) = \varphi(z, \alpha_z, G_z) + i\mu, \tag{3'}$$

wo μ ein reeller Parameter ist.

Falls nun die linksstehende Funktion eine von Null verschiedene Ableitung hat, d. h. falls die zu G_w^* gehörige Zahl $n + p - 2 = 0$ ist (vgl.

---

[1] Durch eine eventuelle Erweiterung des Bereiches A_w kann man nämlich immer erreichen, daß w hierbei gegen einen inneren (Stetigkeitspunkt) von α_w strebt; nachträglich kann man dann wieder den Grenzübergang zu dem ursprünglichen Bereich A_w vornehmen.

Nr. 30), was dann und nur dann eintrifft, wenn entweder $p = 1$, $n = 1$ oder $n = 0$, $p = 2$ ist, so bildet diese Funktion das Gebiet G_w^* bzw., falls $p = 2$, die Überlagerungsfläche $G_w^{*\infty}$ ausnahmslos konform auf den Parallelstreifen $0 < \omega < 1$ ab, während der Wert von $\varphi(z, \alpha_z, G_z)$ jedenfalls innerhalb dieses Streifens variiert. Ein durch (3') gegebenes Funktionselement $w = w(z)$ läßt sich also in G_z unbeschränkt fortsetzen und definiert somit eine in jedem Punkt von G_z reguläre Funktion.

Falls G_z einfach zusammenhängend ist, so ist $w(z)$ eine im ganzen Gebiet G_z *eindeutige* Funktion, welche G_z auf eine endlich vielblättrige ($p = 1$) oder unendlich vielblättrige ($p = 2$) Überlagerungsfläche von G_w^* abbildet. Dieses Ergebnis besteht, wie immer der Parameter μ gewählt wird; eine Änderung des μ-Wertes hat nur eine Strömung der Punkte w längs den Niveaulinien von $\omega(w, \alpha_w, G_w^*)$ zur Folge.

Ist dagegen G_z mehrfach zusammenhängend, so wird die Funktion $w(z)$ i. a. nicht mehr eindeutig sein. Dies wird nur dann der Fall sein, wenn die Periodizitätsmoduln von $\overline{\omega}(z, \alpha_z, G_z)$ genaue Multipla der Periodizitätsmoduln von $\overline{\omega}(w, \alpha_w, G_w^*)$ sind, was nur für ganz spezielle Konfigurationen (G_z, G_w^*) zutrifft.

Falls die zu G_w^* gehörige Zahl $n + p - 2 > 0$ ist, so hat die Ableitung $\varphi'(w, \alpha_w, G_w^*)$ Nullstellen innerhalb G_w^*, und die Umkehrfunktion von φ hat im Streifen $0 < \omega < 1$ gewisse algebraische Windungsstellen. Die Gleichung (3') definiert jetzt w als eine Funktion von z, die innerhalb G_z mit algebraischem Charakter fortsetzbar ist, und nur unter ganz speziellen, sowohl die Periodizitätsmoduln, wie die Lage der Verzweigungsstellen der Niveaulinien der Funktionen $\omega(z, \alpha_z, G_z)$ und $\omega(w, \alpha_w, G_w^*)$ betreffenden Bedingungen in G_z eindeutig ist.

Bemerkung. Die Tatsache, daß die beim obigen Prinzip vorkommenden Extremalfunktionen $w(z, \mu)$ i. a. mehrdeutig sind, legt die Frage nahe, ob das Prinzip auch für *mehrdeutige* Funktionen $w(z)$ besteht. Eine Erweiterung in dieser Richtung ist tatsächlich möglich; so gilt z. B. das Prinzip, wenn $w(z)$ in jedem Punkt von G_z eindeutig ist, außer höchstens für gewisse Stellen, welche über endlich vielen Stellen des Gebietes G_z liegen. Auf derartige Verallgemeinerungen wollen wir indes hier nicht näher eingehen (vgl. HÖSSJER [1], TEICHMÜLLER [1]).

35. Es ist nützlich, das Prinzip über die Vergrößerung des harmonischen Maßes geometrisch zu deuten.

Unter den Voraussetzungen von Nr. 33 wird für jedes $0 < \lambda < 1$ der Punkt $w = w(z)$ innerhalb des Gebietes $1 > \omega(w, \alpha_w, G_w^*) > \lambda$ liegen, sobald z im Gebiet $1 > \omega(z, \alpha_z, G_z) > \lambda$ liegt. Dies gilt auch, wenn z auf die Niveaulinie $\omega(z, \alpha_z, G_z) = \lambda$ fällt, außer für die durch die Gleichung (3') definierten Funktionen $w = w(z, \mu)$ (falls diese eindeutig sind), welche die einem und demselben Wert λ entsprechenden Niveaulinien in G_z und G_w^* ineinander transformieren.

§ 2. Anwendungen auf den absoluten Betrag einer analytischen Funktion.

36. Zu einem ersten Spezialfall des Prinzips vom harmonischen Maß nehmen wir als Gebiet G_w einen Kreis $|w| < M$ und als Bereich A_w einen kleineren konzentrischen Kreis $|w| \leqq m < M$. Für das harmonische Maß $\omega(w, \alpha_w, G_w^*)$, wo α_w also die Kreislinie $|w| = m$ und G_w^* der Kreisring $m < |w| < M$ ist, hat man dann den Ausdruck

$$\omega = \frac{\log \dfrac{M}{|w|}}{\log \dfrac{M}{m}},$$

und unser Prinzip gibt den sogenannten[1]

Zweikonstantensatz. Es sei $w(z)$ eine im Gebiete G reguläre analytische Funktion, deren absoluter Betrag der Ungleichung

$$|w(z)| \leqq M$$

genügt, während in den Punkten gewisser gegebener Randbogen α von G

$$\overline{\lim} |w(z)| \leqq m < M.$$

Dann gilt in jedem Punkt des Gebietes $0 < \lambda < \omega(z, \alpha, G) < 1$ die Ungleichung

$$\log |w(z)| < \lambda \log m + (1 - \lambda) \log M.$$

Auf der Niveaulinie $\omega(z, \alpha, G) = \lambda$ $(0 < \lambda < 1)$ ist

$$\log |w(z)| \leqq \lambda \log m + (1 - \lambda) \log M.$$

Tritt hier Gleichheit für einen Wert z ein, so gilt dasselbe für alle z in G und für jedes λ $(0 \leqq \lambda \leqq 1)$ und die Funktion $w(z)$ hat die Form

$$w(z) = e^{i\mu} m^{\varphi(z)} M^{1 - \varphi(z)},$$

wo μ eine beliebige reelle Zahl und $\varphi(z)$ diejenige analytische Funktion ist, welche als reellen Teil das harmonische Maß $\omega(z, \alpha, G)$ hat.

37. Dieser Satz erlaubt eine interessante Folgerung in bezug auf den *Maximalbetrag* M_λ einer in G definierten Funktion $w(z)$ auf der Niveaulinie $\omega(z, \alpha, G) = \lambda$. Wir fixieren zwei Werte λ_1, λ_2 $(0 \leqq \lambda_1 < \lambda_2 \leqq 1)$ und betrachten das Gebiet

$$\lambda_1 < \omega(z, \alpha, G) < \lambda_2.$$

Das harmonische Maß der Bogen λ_2 in bezug auf dieses Gebiet ist offenbar gleich $\dfrac{\omega - \lambda_1}{\lambda_2 - \lambda_1}$, und der Zweikonstantensatz ergibt die für $\lambda_1 \leqq \lambda \leqq \lambda_2$ gültige Beziehung

$$\log M_\lambda \leqq \frac{(\lambda - \lambda_1) \log M_{\lambda_2} + (\lambda_2 - \lambda) \log M_{\lambda_1}}{\lambda_2 - \lambda_1}.$$

---

[1] F. u. R. Nevanlinna [1], A. Ostrowski [1].

Errichtet man also in jedem Punkt des Intervalls $\lambda_1 \leqq \lambda \leqq \lambda_2$ als Ordinate y die Zahl $\log M_\lambda$, so wird der Kurvenbogen $y = \log M_\lambda$, welcher die Punkte λ_1, $\log M_{\lambda_1}$ und λ_2, $\log M_{\lambda_2}$ verbindet, nicht oberhalb der diese Endpunkte verbindenden Sehne verlaufen, deren Ordinate durch die rechte Seite der obigen Ungleichung gegeben wird. Hieraus schließt man:

Der Logarithmus des Maximalbetrages $\log M_\lambda$ *ist eine konvexe Funktion des Parameters* λ. Er hat also eine monoton wachsende, bis auf abzählbar viele Sprungstellen stetige erste Ableitung $\dfrac{d \log M_\lambda}{d\lambda}$ und für fast alle Werte λ eine zweite Ableitung.

Nimmt man speziell auch G als einen Kreisring an, so wird ω eine lineare Funktion von $\log|z|$, und man findet den HADAMARD*schen Drei-kreissatz*, wonach der Logarithmus des Maximalbetrages

$$\max_{|z|=r} |w(z)| = M(r)$$

eine konvexe Funktion von $\log r$ ist.

38. Als zweite Anwendung betrachten wir eine analytische Funktion, die *innerhalb der Halbebene* $\Im z > 0$ *regulär und in jedem endlichen Punkt* $z = t$ *der reellen Achse beschränkt ist, so daß*

$$\overline{\lim} |w(z)| \leqq 1$$

für $z = t$ *gilt.*

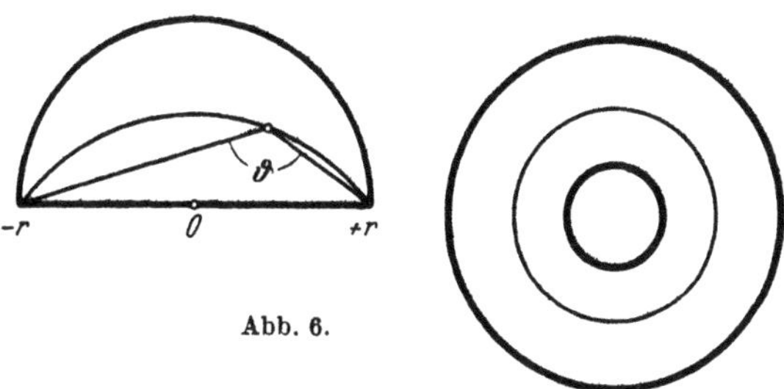

Abb. 6.

Den Maximalbetrag von $w(z)$ auf einem oberhalb der reellen Achse befindlichen Halbkreisbogen $|z| = r$ bezeichnen wir durch $M(r)$. Wir können dann das Prinzip ansetzen, indem wir das Innere dieses Halbkreisbogens als Gebiet G_z und den von $|w| = 1$ und $|w| = M(r)$ begrenzten Kreisring als Gebiet G_w nehmen. Für das harmonische Maß des Halbkreisbogens findet man den Wert

$$\omega = 2\left(1 - \frac{\vartheta}{\pi}\right) = 2\left(1 - \frac{1}{\pi} \arg \frac{z-r}{z+r}\right),$$

wo ϑ der Winkel ist, unter dem der Durchmesser $(-r, r)$ vom Aufpunkte z erscheint.

Der Zweikonstantensatz ergibt uns dann für jeden Punkt z des Halbkreises

$$\log|w(z)| \leqq 2\left(1 - \frac{\vartheta}{\pi}\right) \log M(r). \tag{4}$$

Fixiert man nun einen Punkt z, so wird aus der Figur sofort ersichtlich, daß $\omega = 2\left(1 - \dfrac{\vartheta}{\pi}\right)$ für $r \to \infty$ verschwinden wird. Eine leichte Rechnung ergibt uns die Entwicklung ($z = t + i\tau$)

$$\omega = \frac{2}{\pi}\left(\text{arc tg}\,\frac{\tau}{r+t} + \text{arc tg}\,\frac{\tau}{r-t}\right) \sim \frac{4\,r\,\tau}{\pi\,(r^2 - t^2)}\,.$$

Wir bezeichnen durch σ die untere Grenze

$$\sigma = \varliminf_{r=\infty} \frac{\log M(r)}{r}\,.$$

Es wird dann gemäß (4) ,wo wir, für ein festes z, den Wert r eine Folge von Werten r_1, r_2, ... durchlaufen lassen, die ins Unendliche wachsen und für die der Quotient $\dfrac{\log M}{r}$ gegen σ konvergiert,

$$\log|w(z)| \leqq \frac{4\,\sigma}{\pi}\,\tau\,.$$

Hieraus folgt insbesondere[1]:

Satz von Phragmén-Lindelöf. *Falls $w(z)$ in der oberen Halbebene regulär und in jedem endlichen Punkt der reellen Achse beschränkt ist, so daß hier* $\varlimsup |w(z)| \leqq 1$, *so sind nur zwei Fälle möglich:*

Entweder wächst der absolute Betrag $|w|$ für $|z| \to \infty$ so schnell ins Unendliche, daß die untere Grenze

$$\varliminf_{r=\infty} \frac{\log M(r)}{r}$$

positiv ausfällt, oder aber die Funktion ist beschränkt, so daß

$$|w(z)| \leqq 1$$

in jedem Punkt der Halbebene gilt.

Ferner ergibt sich der Zusatz[2]:

Falls unter den Voraussetzungen des obigen Satzes $w(z)$ auf einer Folge von Halbkreisbogen gegen Null strebt, so daß

$$\varliminf_{r=\infty} \frac{\log M(r)}{r} = -\infty,$$

so verschwindet $w(z)$ identisch.

39. Als dritte Anwendung betrachten wir eine in der oberen Halbebene beschränkte Funktion $w(z)\,(|w| \leqq 1)$, welche auf der positiven reellen Achse stetig ist und hier gegen einen bestimmten Grenzwert (z. B. gegen Null) strebt, wenn $z \to \infty$. Für ein gegebenes beliebig kleines $0 < \varepsilon\,(< 1)$ wird dann $|w(z)| < \varepsilon$ sein, sobald z auf der positiven reellen Achse einen gewissen Punkt $z = t_0$ passiert hat. Wir können also, wenn

---

[1] Phragmén, E. u. E. Lindelöf [1]. Eine noch schärfere Fassung dieses Satzes wurde von F. u. R. Nevanlinna [1] gegeben.

[2] Für weitere Ergebnisse aus demselben Ideenkreis vgl. F. u. R. Nevanlinna [1].

wir die obere Halbebene als Gebiet G_z und das erwähnte Segment der positiven reellen Achse als Bogen α wählen, den Zweikonstantensatz anwenden mit $M = 1$, $m = \varepsilon$, und finden

$$\log |w(z)| \leq \lambda \log \varepsilon \tag{5}$$

in jedem Punkt z des Gebietes $\lambda \leq \omega(z, \alpha, G_z) \leq 1$.

Nun sieht man unmittelbar ein, daß das harmonische Maß ω gleich dem durch π dividierten Betrag des Winkels ist, unter dem das *rechts* von t_0 liegende Segment der reellen Achse vom Punkte z erscheint $(\pi \omega = \pi - \arg(z - t_0))$, und das Gebiet $\lambda < \omega < 1$ besteht also aus dem Winkel, dessen Scheitel in $z = t_0$ liegt

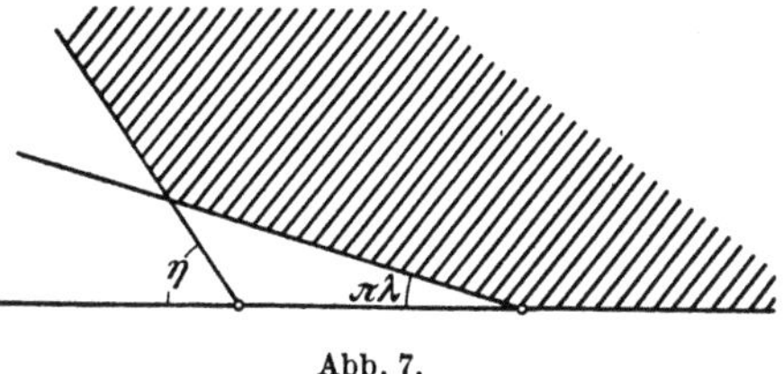

Abb. 7.

und der von der positiven reellen Achse und dem Halbstrahl $\arg(z - t_0) = \pi(1 - \lambda)$ begrenzt wird.

Wird also $\eta > 0$ beliebig gewählt, so gilt, sobald λ im Intervall $0 < \lambda < \dfrac{\eta}{\pi}$ genommen wird, die Beziehung (5) in jedem Punkt des Winkels $0 < \arg z < \pi - \eta$, der oberhalb des Strahls $\arg(z - t_0) = \pi(1 - \lambda)$ (im schraffierten Gebiet der Figur) liegt. Man folgert hieraus:

Wenn eine in der oberen Halbebene beschränkte Funktion auf der positiven reellen Achse für $z \to \infty$ gegen einen Grenzwert konvergiert, so strebt sie gleichmäßig gegen denselben Wert in jedem Winkel

$$0 < \arg z < \pi - \eta \qquad (\eta > 0).$$

Wir bemerken, daß sämtliche harmonische Maße, die wir hier gebraucht haben, zu so einfachen Gebieten gehören, daß die Bestimmung der entsprechenden Maße eine elementare Aufgabe ist, die unmittelbar zu lösen ist, ohne allgemeine Existenzsätze aus der Theorie der konformen Abbildung heranzuziehen.

§ 3. Prinzip vom hyperbolischen Maß.

40. Es sei $w(z)$ wieder eine innerhalb eines Gebietes G_z reguläre, eindeutige analytische Funktion, deren Werte für jeden Punkt z von G_z in ein Gebiet G_w der w-Ebene fallen. Es sei ferner z_0 und $w_0 = w(z_0)$ ein Paar von einander zugeordneten Punkten und $g(z, z_0, G_z)$ und $g(w, w_0, G_w)$ die GREENschen Funktionen der Gebiete G_z, G_w, welche die Punkte z_0 bzw. w_0 als Pole haben.

Wir fixieren eine Zahl $\lambda > 0$ und betrachten die Werte von $w(z)$ im Bereiche $g(z, z_0, G_z) \geq \lambda$; bezeichnet man das Minimum von $g(w(z), w_0, G_w)$ in diesem Bereich mit μ $(\mu \geq 0)$, so liegt also der Punkt $w = w(z)$ für dieselben Werte z im Bereiche $g(w, w_0, G_w) \geq \mu$. Wir können nun unser Prinzip ansetzen für die Gebiete $G'_z : 0 < g(z, z_0) < \lambda$ und G_w, indem wir als Bogen α_z die Niveaulinie $g = \lambda$, als Bogen α_w die Linie $g = \mu$ nehmen. Es wird dann

$$\omega(z, \alpha_z, G'_z) = \frac{1}{\lambda}\, g(z, z_0, G_z), \qquad \omega(w, \alpha_w, G^*_w) = \frac{1}{\mu}\, g(w, w_0, G_w),$$

und es gilt folglich für jeden Punkt z des Bereiches $0 < g < \lambda$

$$g\big(w(z), w_0, G_w\big) \geqq \frac{\mu}{\lambda}\, g(z, z_0, G_z).$$

Für die GREENschen Funktionen hat man die Entwicklungen

$$g(z, z_0, G_z) = \log\left|\frac{1}{z - z_0}\right| + u_1(z), \quad g(w, w_0, G_w) = \log\left|\frac{1}{w - w_0}\right| + u_2(w), \quad (6)$$

wo u_1 und u_2 für $z = z_0$ bzw. $w = w_0$ stetig sind. Weil nun $w(z)$ im Punkte z_0 regulär angenommen wurde, so ist der Ausdruck

$$\left|\frac{w - w_0}{z - z_0}\right|$$

in der Umgebung von z_0 beschränkt, und es folgt aus (6)

$$g(w, w_0, G_w) > g(z, z_0, G_z)(1 - \varepsilon)$$

mit $\varepsilon \to 0$ für $z \to z_0$. Also ist die obere Grenze des Quotienten $\frac{\mu}{\lambda}$ für $\lambda \to \infty$ sicher $\geqq 1$, und es wird somit

$$g(w(z), w_0, G_w) \geqq g(z, z_0, G_z)$$

für jeden Punkt z des Gebietes G_z.

Als Grenzfall unseres Prinzipes haben wir so das *Prinzip von* LINDELÖF gewonnen[1]:

Es seien G_z und G_w zwei Gebiete und z_0, w_0 innere Punkte derselben. Wenn $w(z)$ eine in G_z eindeutige, meromorphe Funktion ist, deren Werte in G_w fallen und die für $z = z_0$ den Wert $w = w_0$ annimmt, so wird jedem Punkt des Gebietes

$$g(z, z_0, G_z) > \lambda > 0$$

ein Punkt $w = w(z)$ des Gebietes

$$g(w, w_0, G_w) > \lambda$$

entsprechen.

41. Es wurde schon oben bemerkt, daß wir in unserer Darstellung Gewicht darauf legen, die innere Einheitlichkeit und den gegenseitigen Zusammenhang verschiedener wichtiger funktionentheoretischer Sätze hervorzuheben; in dieser Richtung liegt die *prinzipielle* Bedeutung des Satzes über das harmonische Maß. Strebt man dagegen zu möglichst *kurzen* Beweisen der verschiedenen Folgesätze, so bedeutet das Zurückgreifen auf das allgemeine Prinzip oft einen Umweg. Dies gilt auch für

---

[1] E. LINDELÖF [2].

das LINDELÖFsche Prinzip, das sich einfacher als oben begründen läßt, wenn man bemerkt, daß die Differenz $g(w(z), w_0, G_w) - g(z, z_0, G_z)$ innerhalb G_z harmonisch ist, außer möglicherweise für $z = z_0$ und in denjenigen Punkten, wo $w(z) = w(z_0)$, wo sie unendlich mit *positivem* Vorzeichen werden kann, und daß sie auf der Berandung von G_z eine nichtnegative untere Grenze hat. Die Anwendung des Prinzips des Minimums in dem in den Polen jener Differenz punktierten Gebiete G_z gibt das erwünschte Resultat.

Auf der Niveaulinie $g(z, z_0, G_z) = \lambda$ ist $g(w(z), w_0, G_w) \geqq \lambda$, wo Gleichheit für jedes z und jedes $\lambda > 0$ besteht, sobald sie in einem Punkt z und für einen Wert λ gilt. Die Funktion $w(z) = w(z, \mu)$ bestimmt man dann aus der Gleichung

$$g(z, z_0, G_z) - i h(z, z_0, G_z) = g(w, w_0, G_w) - i h(w, w_0, G_w) + i\mu,$$

wo $-h$ die konjugierte Funktion von g und μ ein reeller Parameter ist.

42. Die Extremalfunktionen $w(z, \mu)$ werden allerdings für mehrfach zusammenhängende Gebiete i. a. nicht eindeutig sein. In diesen Fällen erhält man eine exakte Abschätzung, wenn man die universellen Überlagerungsflächen G_z^∞ und G_w^∞ auf den Einheitskreis konform abbildet, wodurch die Extremalaufgabe auf *einfach* zusammenhängende Gebiete zurückgeführt wird, für welche das LINDELÖFsche Prinzip jedenfalls die bestmögliche Abschätzung gibt.

Diese letzte Bemerkung ist von großer Bedeutung, weil sie die Anwendung des Prinzips auch in solchen Fällen erlaubt, wo die Gebiete G_z und G_w eine so „schwache" Randpunktsmenge besitzen, daß sie *keine* GREEN*sche Funktion besitzen*; dies ist z. B. dann der Fall, wenn sie von isolierten Punkten begrenzt sind[1]. Als einzige Bedingung für die Anwendbarkeit des Prinzips erscheint so die Forderung, daß *die universellen Überlagerungsflächen* G_z^∞, G_w^∞ *auf den Einheitskreis abbildbar sind*, d. h. daß diese Flächen vom *hyperbolischen Typus* sind, was dann und nur dann der Fall ist, wenn die entsprechenden Randpunktsmengen mindestens *drei* Punkte enthalten (vgl. Nr. 12).

Eine besonders prägnante Form erhält das Prinzip von LINDELÖF, wenn man mit PICK [*1*] und CARATHÉODORY [*2*] auf diesen Flächen vom hyperbolischen Typus eine POINCARÉsche, nichteuklidische Maßbestimmung einführt, wie dies schon in I, § 1 für die Kreisfläche dargetan wurde.

43. Um zu dieser allgemeinen Formulierung zu gelangen, müssen wir etwas eingehender den einfachsten Fall besprechen, wo *sowohl* G_z *als* G_w *der Einheitskreis* ist. Setzt man dann $z_0 = w_0 = 0$, so geht das LINDELÖFsche Prinzip in das SCHWARZsche *Lemma* über, das am einfachsten

---

[1] Notwendig und hinreichend, damit ein schlichtes Gebiet G eine GREENsche Funktion besitzt, ist, daß seine Randpunktmenge nicht „vom harmonischen Maß Null" ist. Diese Frage wird im Abschnitt V näher untersucht.

direkt durch Anwendung des Maximalmodulprinzips auf die für $|z| < 1$ reguläre Funktion $\dfrac{w}{z}$ bewiesen wird:

Falls $w(z)$ *für* $|z| < 1$ *regulär und beschränkt ist:*

$$|w(z)| \leqq 1$$

und $w(0) = 0$, *so gilt*

$$|w(z)| \leqq |z|$$

für jedes $|z| < 1$. *Gleichheit trifft hier für einen Punkt* $z \neq 0$ *nur für die Funktion* $w = e^{i\vartheta} z$ *ein, wo* ϑ *eine reelle Konstante ist.*

Ersetzt man hier die Bedingung $w(0) = 0$ durch die allgemeinere: $w(z_0) = w_0(|w_0| < 1)$, so stimmen die Niveaulinien $g(z, z_0) = \lambda$ und $g(w, w_0) = \lambda$ mit den um z_0 und w_0 beschriebenen nichteuklidischen Kreisen vom nichteuklidischen Radius,

$$\frac{1}{2} \log \frac{1 + e^{-\lambda}}{1 - e^{-\lambda}}$$

über (vgl. Nr. 3), und das LINDELÖFsche Prinzip besagt somit, daß die nichteuklidische Distanz der Punkte z, z_0 mindestens so groß ist, wie die nichteuklidische Distanz der Bildpunkte w, w_0, und ferner, daß Invarianz dieser Distanz nur bei einer Transformation des Einheitskreises in sich selbst, also bei einer nichteuklidischen Bewegung vorkommt. Durch einen Grenzübergang ergibt sich hieraus, daß das Verhältnis von zwei nichteuklidisch gemessenen, durch die Transformation $w = w(z)$ einander zugeordneten Bogenelementen $|dw|$ und $|dz|$ höchstens gleich Eins ist.

Dies läßt sich auch direkt durch das Maximumprinzip folgendermaßen begründen. Ist $w_0 = w(z_0)$, so definiert der Quotient

$$\frac{w - w_0}{1 - \overline{w}_0\, w} : \frac{z - z_0}{1 - \overline{z}_0\, z}$$

eine für $|z| < 1$ reguläre Funktion, deren absoluter Betrag auf der Peripherie $|z| = 1$ die obere Grenze 1 hat; daraus folgt, daß ihr Betrag auch in jedem inneren Punkt des Einheitskreises höchstens gleich 1 ist, wobei Gleichheit nur dann zutrifft, falls der Quotient konstant gleich einer Zahl vom absoluten Betrag 1 ist, so daß die Funktion $w = w(z)$ diesen Kreis konform auf sich selbst abbildet. Für $z = z_0$ ergibt sich hieraus

$$\frac{|dw|}{1 - |w|^2} \leqq \frac{|dz|}{1 - |z|^2},$$

was gemäß der Definition des nichteuklidischen Bogenelementes (vgl. Nr. 3) die obige Behauptung enthält.

Durch Integration findet man hieraus folgenden Satz:

Wenn man den Einheitskreis $|z| < 1$ *durch eine reguläre analytische Transformation* $w = w(z)$ *abbildet, so daß* $|w| < 1$ *für* $|z| < 1$, *so wird die nichteuklidische Länge eines beliebigen Bogens verkleinert, außer wenn w(z) den Einheitskreis konform auf sich selbst abbildet, in welchem Fall die nichteuklidischen Längen erhalten werden.*

Diese interessante Formulierung des SCHWARZschen Lemmas rührt von G. PICK [1] her. Durch konforme Abbildung des Einheitskreises kann die nichteuklidische Maßbestimmung auf allgemeinere Gebiete übertragen werden, und so läßt sich das LINDELÖFsche Prinzip in einer entsprechenden allgemeinen, konformen Abbildungen gegenüber invarianten Formulierung aussprechen, worauf schon oben hingewiesen wurde.

44. Diese Übertragung gelingt in der Tat für jede einfach zusammenhängende RIEMANNsche Fläche F, *die vom hyperbolischen Typus* ist, die also auf den Einheitskreis eineindeutig und konform abbildbar ist; speziell also, wie oben bereits bemerkt wurde, für die universelle Überlagerungsfläche G^∞ eines schlichten, mehrfach zusammenhängenden Gebietes G, dessen Berandung mindestens *drei* Punkte enthält. Um die hyperbolische Länge $d\sigma$ eines Linienelementes dz, das von dem Punkt z der Fläche F ausgeht, in bezug auf diese Fläche F zu definieren, verfährt man einfach so, daß man F auf den Einheitskreis K abbildet; es möge hierbei z in den Punkt x übergehen ($|x| < 1$), so daß dz in das Linienelement dx transformiert wird. Die hyperbolische Länge $d\sigma$ wird dann als die hyperbolische Länge des transformierten Linienelementes dx erklärt, also

$$d\sigma = \frac{|dx|}{1 - |x|^2}. \tag{7}$$

Diese Erklärung erteilt der Größe $\frac{d\sigma}{|dz|}$ einen durch den Flächenpunkt z und die Fläche F eindeutig bestimmten Wert; denn die rechte Seite behält einen invarianten Wert, wie immer der Bildpunkt x von z im Einheitskreise K gewählt wird.

Nehmen wir nun insbesondere F als die universelle Überlagerungsfläche G^∞ eines schlichten Gebietes G mit mindestens drei Randpunkten an, so ist der Differentialquotient $\frac{d\sigma}{|dz|}$ nicht nur auf G^∞, sondern auch in der Grundfläche G *eindeutig* definiert; denn in zwei „übereinander" liegenden Punkten der Überlagerungsfläche G^∞ hat sowohl $|dz|$ als auch $d\sigma$, wegen der Invarianz des Ausdruckes (7) gegenüber eineindeutigen konformen Transformationen des Einheitskreises, gleiche Werte.

Durch (7) ist also nicht nur auf der Überlagerungsfläche G^∞, sondern auch auf der Grundfläche G eine hyperbolische Maßbestimmung eindeutig erklärt.

45. Sei nunmehr $w(z)$ eine analytische Funktion, die den Voraussetzungen des LINDELÖFschen Prinzips genügt, d. h. die in jedem Punkt eines Gebietes G_z regulär ist (bis auf eventuelle Pole) und hier Werte annimmt, die in ein gegebenes Gebiet G_w fallen. Wir transformieren die entsprechenden universellen Überlagerungsflächen G_z^∞ und G_w^∞ konform in den Einheitskreis $|x| < 1$ bzw. $|t| < 1$ und bilden die Funktion $t(w(z(x))) \equiv \varphi(x)$, welche für $|x| < 1$ unbeschränkt fortsetzbar ist und Werte aus der Kreisfläche $|t| < 1$ annimmt. Bezeichnen wir die hyperbolischen Längen von vier einander zugeordneten Linienelementen dx, dz, dw, dt bzw. durch $d\sigma_x, d\sigma_z, d\sigma_w, d\sigma_t$, so ist nach der definitionsmäßigen Invarianz dieser Länge gegenüber den Abbildungen $x \to z$ und $w \to t$, $d\sigma_x = d\sigma_z$ und $d\sigma_w = d\sigma_t$. Nach dem Pickschen Satz ist ferner $d\sigma_t \leqq d\sigma_x$, und es wird also schließlich

$$d\sigma_w \leqq d\sigma_z.$$

Gleichheit trifft hier dann und nur dann zu, wenn sich $t = \varphi(x)$ auf eine lineare Transformation reduziert, die den Einheitskreis invariant läßt, in welchem Fall die gegebene Funktion $w(z)$ eine eineindeutige und konforme Abbildung zwischen den universellen Überlagerungsflächen G_z^∞ und G_w^∞ bewerkstelligt. Diese Extremalfunktion ist allerdings im allgemeinen auf G_z nicht eindeutig. Es ist aber zu bemerken, daß die obige Überlegung nicht die *Eindeutigkeit* von $w(z)$ in G_z voraussetzt. Ist diese Funktion nur in G_z mit rationalem Charakter unbeschränkt fortsetzbar, so gilt dasselbe für die Funktion $t = \varphi(x)$, welche nach dem Monodromiesatz jedenfalls dann auch eindeutig ist.

Wir können das Ergebnis jetzt folgendermaßen zusammenfassen:

Prinzip des hyperbolischen Maßes. *Es seien G_z und G_w zwei schlichte Gebiete, welche mindestens drei Randpunkte haben, und $w(z)$ eine analytische Funktion, die innerhalb G_z unbeschränkt fortsetzbar ist, in der Weise, daß ihre Werte innerhalb G_w fallen. Ist dann l_z ein beliebiger Kurvenbogen auf G_z und l_w sein vermittels der Abbildung $w = w(z)$ erklärter Bildbogen in G_w, so ist die hyperbolische Länge von l_z (gemessen auf G_z) mindestens so groß wie die hyperbolische Länge von l_w (mit G_w als Maßgebiet).*

Die Längen sind einander gleich in dem einzigen Fall, wo $w = w(z)$ die universellen Überlagerungsflächen G_z^∞ und G_w^∞ eineindeutig aufeinander bezieht.

Im Falle einfach zusammenhängender Gebiete G_z und G_w decken sich die Prinzipien von Lindelöf und des hyperbolischen Maßes. Für mehrfach zusammenhängende Gebiete gibt dagegen das letztgenannte Prinzip vielfach eine schärfere Abschätzung als das Lindelöfsche. Nimmt man z. B. G_z einfach, G_w hingegen mehrfach zusammenhängend an, so wird die Greensche Niveaulinie

$$g(z, z_0, G_z) = \mu$$

gleichzeitig eine nichteuklidische Kreislinie vom Radius

$$\lambda = \frac{1}{2} \log \frac{1 + e^{-\mu}}{1 - e^{-\mu}}$$

darstellen. Entsprechendes gilt dagegen nicht im Gebiete G_w. Zieht man die uniformisierende Hilfsabbildung $w \to t$ heran, so sieht man nämlich leicht ein, daß das Gebiet $g(w, w_0, G_w) \geqq \mu$ die Kreisfläche vom nichteuklidischen Radius λ um den Mittelpunkt w_0 als *echtes Teilgebiet* enthält. Das Prinzip des hyperbolischen Maßes führt also im vorliegenden Falle zu einer engeren Einschränkung der Variabilität der Funktionswerte als der LINDELÖFsche Satz. Es sei ferner noch einmal betont, daß jenes Prinzip auch den Vorteil hat, für mehrdeutige Funktionen zu gelten und für jede Fläche anwendbar zu sein, deren universelle Überlagerungsfläche vom hyperbolischen Typus ist; unter diesen Flächen gibt es eine Menge von solchen, deren Randpunktmenge so schwach ist, daß sie keine GREENsche Funktion besitzen, und für welche also das LINDELÖFsche Prinzip versagt.

46. Bei verschiedenen Fragen spielt der Logarithmus des Quotienten zwischen der nichteuklidischen und euklidischen Länge eines Bogenelementes eine wichtige Rolle.

Setzt man $u(z, G) = \log \dfrac{d\sigma}{|dz|}$, so ist u eindeutig in G definiert und zwar unabhängig davon wie der Bildpunkt $x = x(z)$ von z bei der Hilfsabbildung $G^\infty \to K$ gewählt wird. Es ist

$$d\sigma = e^{u(z,G)} |dz| = e^{u(x,K)} |dx|$$

der gegenüber der erwähnten Abbildung invariante Wert der hyperbolischen Länge $d\sigma$ von dz und dx.

Hier ist

$$u(x, K) = \log \frac{1}{1 - |x|^2},$$

eine Größe, die nach Nr. 3 der Differentialgleichung

$$\Delta u = 4e^{2u} \tag{8}$$

genügt. Nun gilt allgemein für den LAPLACEschen Ausdruck $\Delta u(x)$, wenn man x *analytisch* transformiert: $x = x(t)$,

$$\Delta_t u(x(t)) = \Delta_x u \left| \frac{dx}{dt} \right|^2,$$

und man findet demnach, unter Beachtung der Relationen

$$u(z, G) = u(x, K) + \log \left| \frac{dx}{dz} \right|$$

und (8),

$$\Delta_z u(z, G) = \Delta_z u(x, K) = \Delta_x u(x, K) \left| \frac{dx}{dz} \right|^2 = 4e^{2u(x,K) + 2\log \left| \frac{dx}{dz} \right|}$$

Der Logarithmus $u(z, G)$ des Quotienten aus der hyperbolischen und der euklidischen Länge eines Bogenelements dz genügt also der Differentialgleichung $\Delta u = 4e^{2u}$, unabhängig von der Wahl des Bezugsgebietes G.

§ 4. Prinzip der Anzahlfunktionen[1].

47. Es sei $w(z)$ eine im Einheitskreise $|z| < 1$ definierte eindeutige und reguläre Funktion, die dort die Bedingungen $|w(z)| < 1$ und $w(0) = 0$ erfüllt. Das SCHWARZsche Lemma besagt dann, daß die Menge der Werte, die $w = w(z)$ in einer Kreisscheibe $|z| \leq r$ annimmt, in dem entsprechenden Wertevorrat der schlichten Funktionen $e^{i\vartheta} z$ enthalten ist. Wir werden jetzt diese Aussage verschärfen, so daß genauere Auskunft über die Beziehung zwischen der Mehrwertigkeit und dem Wertevorrat von $w(z)$ erhalten wird.

Es genüge also $w(z)$ im Einheitskreise den Bedingungen $w(0) = 0$ und $|w(z)| < 1$. Das von $w(z)$ erzeugte Abbild der Scheibe $|z| \leq r$ sei mit W_r bezeichnet; nach dem SCHWARZschen Lemma überlagert das Flächenstück W_r den Kreis $|w| \leq r$.

Bezeichnen wir die inverse Funktion von $w(z)$ mit $z(w)$, so stellt

$$\log \frac{r}{|z(w)|}$$

offenbar die GREENsche Funktion von W_r dar, wobei der Pol in einem über dem Nullpunkt $w = 0$ liegenden Punkt liegt. Mit Hilfe dieses Ausdruckes definieren wir nun eine Funktion $N(r, w)$ folgendermaßen: Wenn $P_1, P_2, \ldots, P_k$ sämtliche Punkte von W_r bezeichnen, die den Punkt w überlagern, so setzen wir

$$N(r, w) = \sum_{i=1}^{k} \log \frac{r}{|z(P_i)|}.$$

Hier wird das zu P_i gehörende Glied der Summe (n)-mal gezählt, falls P ein $(n-1)$-facher Windungspunkt der Fläche W_r ist. Wenn keine Punkte von W_r über w liegen, wird $N(r, w)$ gleich Null gesetzt.

Die so erhaltene Funktion $N(r, w)$ ist eine *subharmonische* Funktion von w, mit Ausnahme des logarithmischen Poles im Punkte $w = 0$. Um dies einzusehen, erinnern wir daran, daß eine nach oben beschränkte und halbstetige Funktion subharmonisch genannt wird, falls ihr Wert in keinem Punkt größer ist als ihr Mittelwert auf jeder genügend kleinen Kreisfläche, die den betrachteten Punkt als Mittelpunkt hat[2]. Aus der obigen Definition folgt, daß $N(r, w)$ diese Eigenschaft besitzt. Um das einzusehen, bemerke man nur, daß eine *harmonische* Funktion in jedem Punkt mit dem obenerwähnten Mittelwert übereinstimmt. Nun hat die Funktion $N(r, w)$ im Kreise $|w| \leq r$ ersichtlich die Randwerte Null. und in der Umgebung des Nullpunktes verhält sie sich wie $\log \frac{r}{|w|}$ + reguläre Funktion. Infolge der obigen Grundeigenschaft der subharmonischen

---

[1] Wegen dieses Prinzips vgl. O. LEHTO [7].
[2] F. RIESZ [1].

Funktionen wird $N(r, w)$ deshalb durch die GREENsche Funktion der Kreisscheibe $|w| \leqq r$ majoriert, d. h. es besteht die Ungleichung

$$N(r, w) \leqq \log \frac{r}{|w|}. \tag{9}$$

Nehmen wir nun an, daß die betrachtete Funktion $w(z)$ im Einheitskreis einen vorgegebenen Wert $w = a$ in den Punkten $z_1, z_2, \ldots$ annimmt. Falls die k ersten von diesen Punkten sich in $|z| \leqq r$ befinden, so haben wir definitionsgemäß

$$N(r, a) = \sum_{i=1}^{k} \log \frac{r}{|z_i|}.$$

Aus (9) folgt also

$$\sum_{i=1}^{k} \log \frac{r}{|z_i|} \leqq \log \frac{r}{|a|}. \tag{10}$$

Hieraus ergibt sich durch den Grenzübergang $r \to 1$:

Es sei $w(z)$ im Einheitskreise eindeutig und regulär, $w(0) = 0$ und $|w(z)| < 1$. Falls $w(z) = a$ in den Punkten $z_1, z_2, \ldots$ ($|z_i| < 1$), so gilt die Ungleichung

$$|a| \leqq \prod_i |z_i|,$$

wobei jedes z_i nach seiner Multiplizität mitgezählt wird.

Dieses Ergebnis stellt eine Verschärfung des SCHWARZschen Lemmas dar, wonach wir für jedes *einzelne* z_i die Ungleichung $|a| \leqq |z_i|$ haben.

Da die Beziehung (10) für jeden Wert a gilt, den $w(z)$ überhaupt annimmt, so erhält man das für die spätere Darstellung wichtige Korollar:

Es sei $w(z)$ eindeutig und regulär im Einheitskreise, $w(0) = 0$ und $|w(z)| < 1$. Ferner sei $a_1, a_2, \ldots$ eine beliebige Folge von komplexen Zahlen, von denen jede dem absoluten Betrage nach höchstens gleich $r\,(< 1)$ ist. Falls dann $z_1, z_2, \ldots$ solche Punkte in $|z| \leqq r$ bezeichnen, wo $w(z)$ irgendeinen der Werte $a_1, a_2, \ldots$ annimmt, so besteht die Ungleichung

$$\prod_j \frac{|a_j|}{r} \leqq \prod_i \frac{|z_i|}{r}.$$

48. Die obigen Ergebnisse lassen sich weitgehend verallgemeinern und in einer Form aussprechen, die sowohl anschaulich und für manche Anwendungen geeignet ist, wie jetzt ausgeführt werden soll.

Betrachten wir eine eindeutige meromorphe Funktion $w(z)$, die der Einfachheit halber wieder im Einheitskreis $|z| < 1$ definiert sei. Statt der obigen Beschränktheitsforderung soll jetzt angenommen werden, daß die Punkte $w = w(z)$ in ein schlichtes Teilgebiet G der w-Ebene fallen, wobei noch vorausgesetzt wird, daß die Berandung von G mindestens *drei* Punkte enthält. Nach dem RIEMANNschen Abbildungssatz kann der

Einheitskreis $|z| < 1$ umkehrbar eindeutig und konform auf die universelle Überlagerungsfläche G^∞ von G bezogen werden. Es bezeichne $w = \zeta(z)$ eine solche, durch die Bedingung $\zeta(0) = w(0)$ normierte Abbildung. Für die inverse Funktion wird im folgenden die Bezeichnung ζ^{-1} gebraucht.

Wir bilden nun die Funktion $\zeta^{-1}\big(w(z)\big)$ und betrachten den eindeutig bestimmten Zweig, der für $z = 0$ verschwindet. Dieser läßt sich im Einheitskreis $|z| < 1$ unbeschränkt fortsetzen und erzeugt somit nach dem Monodromiesatz eine eindeutige Funktion $\varphi(z)$, die für $|z| < 1$ ersichtlich die Bedingungen $\varphi(0) = 0$ und $|\varphi(z)| < 1$ erfüllt.

Es seien nun

$$z = s_1, s_2, \ldots, s_m \tag{11}$$

und

$$z = t_1, t_2, \ldots, t_n \tag{12}$$

sämtliche Punkte in $|z| \leq r$, wo $\zeta(z)$ bzw. $w(z)$ einen vorgegebenen Wert $a(\neq w(0))$ annehmen. Falls t_j einer der Punkte (12) ist, so gilt

$$\varphi(t_j) = \zeta^{-1}\big(w(t_j)\big) = \zeta^{-1}(a).$$

Nach dem SCHWARZschen Lemma ist $|\varphi(t_j)| \leq r$, so daß der Punkt $\zeta^{-1}(a)$ notwendig mit einem der Punkte (11) übereinstimmt. Mit anderen Worten, alle Werte, die $\varphi(z)$ in den Punkten (12) erhält, befinden sich unter den Zahlen (11). Das obige Korollar kann somit auf $\varphi(z)$ angewendet werden, und es ergibt sich

$$\sum_{j=1}^{n} \log \frac{r}{|t_j|} \leq \sum_{i=1}^{m} \log \frac{r}{|s_i|}. \tag{13}$$

Diese für die folgende fundamentale Beziehung läßt sich in eine anschaulichere Form bringen. Hierzu führen wir wieder die Bezeichnung

$$N(r, a) = \sum_j \log \frac{r}{|t_j|}$$

ein. Ferner sei $n(r, a)$ die Anzahl der Nullstellen (nach der Multiplizität gezählt) von $w(z) - a$ im Kreise $|z| \leq r$. Dann kann $N(r, a)$ als ein STIELTJES-Integral geschrieben werden, und es wird nach partieller Integration

$$N(r, a) = \sum_j \log \frac{r}{|t_j|} = \int_0^r \log \frac{r}{t}\, dn(t, a) = \int_0^r \frac{n(t, a)}{t}\, dt. \tag{14}$$

Die Funktion $N(r, a)$, die später in der „Wertverteilungslehre" eine zentrale Rolle spielen wird (vgl. S. 168), kann somit mit Recht: *Anzahlfunktion der a-Stellen* genannt werden; sie ist ein einfacher Mittelwert der Anzahlen $n(r, a)$ dieser Stellen im Kreise $|z| \leq r$.

Die Einführung der Anzahlfunktion erlaubt das Resultat·(13) auf folgende Weise zu formulieren:

Prinzip der Anzahlfunktionen. *Es sei $w = w(z)$ eine im Einheitskreise $|z| < 1$ eindeutige und meromorphe Funktion, deren Werte in ein schlichtes Teilgebiet G der w-Ebene, mit mindestens drei Randpunkten, fallen. Dann ist die zu $w(z)$ gehörige Anzahlfunktion $N(r, a)$ höchstens so groß wie die entsprechende Anzahlfunktion der Funktion $\zeta(z)$, welche den Einheitskreis $|z| < 1$ auf die universelle Überlagerungsfläche G^∞ von G derart abbildet, daß $\zeta(0) = w(0)$ ist.*

49. Mit Rücksicht auf gewisse Anwendungen ist es manchmal vorteilhaft, das obige Prinzip noch etwas anders auszusprechen. Zu diesem Zweck denken wir uns über einer abgeschlossenen Menge E von Punkten der w-Ebene eine nichtnegative Massenbelegung $\mu(w)$ verteilt, und zwar so regulär, daß das STIELTJES-Integral

$$\int_E N(r, a)\, d\mu(a)$$

endlich ausfällt.

Auf Grund der Formel (14) läßt sich dieses Integral in der Form

$$\int_E N(r, a)\, d\mu(a) = \int_0^r \frac{dt}{t} \int_E n(t, a)\, d\mu(a) = \int_0^r \frac{\Omega(t)}{t}\, dt \tag{15}$$

schreiben. Hier hat die Größe

$$\Omega(r) = \int_E n(r, a)\, d\mu(a)$$

folgende geometrisch-physikalische Bedeutung: $\Omega(r)$ *ist gleich der gesamten Masse, welche über demjenigen* RIEMANNsc*hen Flächenstück* W_r *verteilt ist, auf welches die Funktion* $w = w(z)$ *die Kreisscheibe* $|z| \leq r$ *abbildet*, wobei jedem über das Flächenelement e der w-Ebene liegenden Flächenelement von W_r die Masse $\mu(e)$ zugeordnet wird.

Mit Berücksichtigung der Formel (15) erhalten wir hieraus die folgende *integrierte Form des Prinzips der Anzahlfunktionen:*

Es sei $w(z)$ *eine für* $|z| < 1$ *eindeutige und meromorphe Funktion, deren Werte in ein schlichtes Teilgebiet* G *der* w-Ebene, *mit wenigstens drei Randpunkten, fallen. Dann ist das zu* $w(z)$ *gehörige Integral*

$$\int_0^r \frac{\Omega(t)}{t}\, dt$$

höchstens so groß wie das entsprechende Integral für die Funktion $\zeta(z)$, *welche den Einheitskreis auf die universelle Überlagerungsfläche von* G *derart abbildet, daß* $\zeta(0) = w(0)$ *ist.*

50. Wegen der Invarianz der GREENschen Funktion gegenüber konformen Abbildungen läßt sich die Anzahlfunktion von $w(z)$ auch in der Form

$$N(r, a) = \sum_{j=1}^{n} g(Q_j, w(0), W_r)$$

darstellen, wo $g(Q_j, w(0), W_r)$ diejenige GREENsche Funktion von W_r ist, deren Pol im Flächenpunkt $w(0)$ liegt, und $Q_1, Q_2, \ldots, Q_n$ alle über a gelegenen Punkte von W_r bezeichnen.

Aus dieser Darstellungsform der Anzahlfunktion schließt man, mit genau derselben Schlußweise wie oben, wo G der Einheitskreis war, daß $N(r, a)$ eine *subharmonische Funktion von a ist*. Ist der Rand von G so „stark", daß G eine GREENsche Funktion besitzt[1], so folgt daraus für $r < 1$ die Ungleichung

$$N(r, a) \leqq g\big(a, w(0), G\big).$$

Indem wir diese Beziehung mit dem obigen Prinzip kombinieren und den Grenzübergang $r \to 1$ vornehmen, erhalten wir die folgende Doppelungleichung:

$$\sum g(Q_j, w(0), W) \leqq \sum g(P_i, w(0), G^\infty) \leqq g\big(a, w(0), G\big) \,^2.$$

Hier bedeutet W die durch $w(z)$ erzeugte Bildfläche des Einheitskreises $|z| < 1$, und Q_j und P_i bezeichnen alle Punkte von W bzw. G^∞, die über a gelegen sind. Aus diesen Ungleichungen erhellt die gegenseitige Beziehung zwischen dem Prinzip der Anzahlfunktionen und dem LINDELÖFschen Prinzip. Das letztgenannte Prinzip besagt ja, daß für jeden einzelnen Punkt Q_j die Ungleichung $g(Q_j, w(0), W) \leqq g(a, w(0), G)$ g lt.

51. Die obigen Ergebnisse (LEHTO [1]) haben gewisse Berührungspunkte mit einigen funktionentheoretischen Sätzen von LITTLEWOOD [1] (vgl. hierzu auch F. RIESZ [2]), die ebenfalls auf die Verwendung subharmonischer Funktionen begründet sind.

Das Prinzip der Anzahlfunktionen läßt sich übrigens auch leicht mit Hilfe des gewöhnlichen Maximumprinzips für analytische Funktionen beweisen. Wenn nämlich die für $|z| < 1$ reguläre und beschränkte analytische Funktion $w = w(z)$ $\big(|w(z)| \leqq 1\big)$ für $z = z_1, z_2, \ldots$ den Wert $w = a \neq 0$ annimmt und für $z = 0$ verschwindet (vgl. Nr. 47), so ist die Funktion

$$\varphi(z) = \frac{w(z) - a}{1 - \overline{a}\, w(z)} : \prod_{i=1}^{n} \frac{z - z_i}{1 - \overline{z}_i z}$$

für $|z| < 1$ regulär und $\overline{\lim}\, |\varphi| \leqq 1$ in jedem Punkt des Kreises $|z| = 1$. Nach dem Maximumprinzip wird also $|\varphi(z)| \leqq 1$ für $|z| < 1$. Für $z = 0$ ergibt sich hieraus speziell

$$|a| \leqq \prod_i |z_i|;$$

das ist aber genau der Satz von Nr. 47.

---

[1] Vgl. die Fußnote auf S. 47.

[2] Diese Abschätzung ist genau, wie in VII, § 5, gezeigt wird.

§ 5. Sätze über Kreisgebiete.

52. Wir wenden uns einigen Erweiterungen des SCHWARZschen Lemmas zu. Nimmt man G_z und G_w als den Einheitskreis und α_z und α_w als zwei Randbogen an, so ergibt das Prinzip von dem harmonischen Maß ohne weiteres folgenden Satz (vgl. Nr. 35):

Wenn $|w(z)| \leqq 1$ ist für $|z| < 1$ und wenn ferner $w(z)$ auf einem Randbogen α_z stetig ist und hier Werte annimmt, die auf einen Randbogen α_w der Peripherie $|w| = 1$ fallen, so unterliegt die Variabilität des Punktes $w = w(z)$ folgender Einschränkung:

Wählt man den Punkt z innerhalb desjenigen Gebietes, das von dem Bogen α_z und einem Kreisbogen $K_\lambda(\alpha_z)$ begrenzt wird, der die Peripherie $|z| = 1$ in den Endpunkten von α_z unter dem Winkel $\lambda\pi\,(0 < \lambda < 1)$ schneidet, so wird der Bildpunkt $w = w(z)$ innerhalb desjenigen Zweiecks fallen, der von den Bogen α_w und $K_\lambda(\alpha_w)$ begrenzt wird.

Zwei Punkte der Bogen $K_\lambda(\alpha_z)$ und $K_\lambda(\alpha_w)$ entsprechen einander dann und nur dann, wenn $w = w(z)$ den Kreis $|z| \leqq 1$ in $|w| \leqq 1$ konform so transformiert, daß α_z in α_w übergeht.

Der Satz gilt unverändert, falls man die Gebiete G_z und G_w als beliebige Kreise (oder Halbebenen) wählt.

Nimmt man insbesondere $w(0) = 0$ an, so folgt unter den Voraussetzungen des obigen Satzes, daß α_w nicht kürzer sein kann als α_z; denn sonst würde der Bogen $K_\lambda(\alpha_w)$ zusammen mit α_w ein Zweieck begrenzen, das den Nullpunkt $w = 0$ nicht enthält, falls λ so gewählt wird, daß $K_\lambda(\alpha_z)$ durch $z = 0$ geht; das ist aber nach dem Satz nicht möglich. Dies ist das[1]

Lemma von LÖWNER. *Sei $|w| < 1$ für $|z| < 1$ und $w(0) = 0$. Wenn $w(z)$ auf einem Randbogen α_z stetig ist und hier Werte annimmt, die auf der Peripherie $|w| = 1$ liegen, so wird der Bildbogen α_w von α_z mindestens so lang wie α_z sein. Gleichheit gilt nur für*

$$w = e^{i\vartheta}z.$$

53. Der LÖWNERsche Satz besagt in Übereinstimmung mit unserem Prinzip, daß das harmonische Maß $\omega(0, \alpha_z)$ des Bogens α_z im Nullpunkte durch eine Transformation $w = w(z)$ obiger Art i. a. vergrößert wird; in der Tat sind die harmonischen Maße der zwei Bogen α_z und α_w im vorliegenden Fall nichts anderes als die betreffenden *Bogenlängen* dividiert durch 2π. Wir fixieren nun auf α_z einen beliebigen Punkt $z^* = e^{i\varphi}$; aus dem SCHWARZschen Spiegelungsprinzip folgt, daß $w(z)$ noch auf α_z, also speziell in z^*, analytisch ist; wählt man also mit z^* als Endpunkt einen Teilbogen α von α_z und bezeichnet den Bildbogen von α mit β, so ergibt sich, falls man $w(z^*) = e^{i\vartheta}$ schreibt, aus der Ungleichung

$$\frac{\omega(w(z), \beta)}{\omega(z, \alpha)} \geqq 1$$

---

[1] K. LÖWNER [1].

durch den Grenzübergang $\alpha \to 0$ die Beziehung

$$\left[\frac{d\omega(w,\beta)}{d\omega(z,\alpha)}\right]_{\alpha=0} \geq 1,$$

oder, unter Beachtung des Ausdruckes $d\omega$ (Nr. 4),

$$\frac{1-|w|^2}{|e^{i\vartheta}-w|^2}\,\frac{d\vartheta}{d\varphi} \geq \frac{1-|z|^2}{|e^{i\varphi}-z|^2}.$$

Hier ist $\dfrac{d\vartheta}{d\varphi}$ der absolute Betrag der Ableitung $w'(z)$ im Randpunkte $z = z^*$. Die geometrische Deutung dieser Ungleichung ist folgende:

Wenn der Punkt z innerhalb des Orizykels

$$O_{\lambda,\varphi}: \qquad \frac{1-|z|^2}{|e^{i\varphi}-z|^2} = \lambda \qquad (0 < \lambda < \infty)$$

liegt, so fällt der Punkt $w = w(z)$ in den Orizykel

$$O_{\lambda q,\vartheta}: \qquad \frac{1-|w|^2}{|e^{i\vartheta}-w|^2} = \lambda q,$$

wo $q = \dfrac{d\varphi}{d\vartheta} = \left|\dfrac{dz}{dw}\right|$ *für* $z = c^{i\varphi}$, $w = e^{i\vartheta}$.

54. Dies ist das JULIAsche *Lemma*[1], das indes unter wesentlich allgemeineren Voraussetzungen als den obigen besteht. Es läßt sich nämlich folgendes nachweisen:

Satz von JULIA-CARATHÉODORY. *Es seien* $z^* = e^{i\varphi}$ *und* $w^* = e^{i\vartheta}$ *zwei beliebige Punkte des Einheitskreises. Wenn* $w = w(z)$ *eine im Einheitskreise reguläre und beschränkte Funktion ist:*

$$|w(z)| \leq 1 \quad \text{für} \quad |z| < 1,$$

so existiert der endliche oder unendliche Grenzwert

$$c \equiv \lim_{z \to z^*} \left|\frac{e^{i\vartheta}-w(z)}{e^{i\varphi}-z}\right| \qquad (0 \leq c \leq \infty),$$

wenn der Punkt z dem Randpunkt $z^* = e^{i\varphi}$ in Winkelannäherung zustrebt, d. h. so daß er sich innerhalb eines von zwei aus diesem Randpunkt ausgehenden Sehnen des Einheitskreises gebildeten Winkels bewegt. Falls c endlich und $\neq 0$ ist, so gilt hierbei ferner

$$\arg \frac{e^{i\vartheta}-w(z)}{e^{i\varphi}-z} \to \vartheta - \varphi,$$

und es ist $w'(z) \to c\,e^{i(\vartheta-\varphi)}$.

Schließlich ist

$$\frac{1-|w|^2}{|e^{i\vartheta}-w|^2} \geq \frac{1}{c}\,\frac{1-|z|^2}{|e^{i\varphi}-z|^2}$$

für jeden Punkt $|z| < 1$, wobei Gleichheit dann und nur dann gilt, wenn w und z durch die Gleichung

$$\frac{1+e^{-i\varphi}z}{1-e^{-i\varphi}z} = c\,\frac{1+e^{-i\vartheta}w}{1-e^{-i\vartheta}w} + i\mu$$

---

[1] G. JULIA [*7*], C. CARATHÉODORY [*4*].

verbunden sind, in welchem Fall $w = w(z)$ also den Kreis $|z| \leq 1$ auf den Kreis $|w| \leq 1$ konform so abbildet, daß die gegebenen Randpunkte einander entsprechen und der Abbildungsmodul $\left|\dfrac{dw}{dz}\right|$ daselbst gleich c ist.

Für $c = 0$ ist identisch $w \equiv e^{i\vartheta}$.

Beweis[1]. Durch die linearen Transformationen

$$\frac{e^{i\varphi} + z}{e^{i\varphi} - z} \text{ u; d } \frac{e^{i\vartheta} + w}{e^{i\vartheta} - w} \tag{16}$$

werden die Einheitskreise $|z| \leq 1$, $|w| \leq 1$ zunächst auf die rechte Halbebene abgebildet. Wir können also vorerst eine Funktion $w(z) = u(z) + iv(z)$ von $z = x + iy$ betrachten, die für $x > 0$ einen nichtnegativen reellen Teil besitzt, und dann, nachdem wir sein asymptotisches Verhalten für $x \to \infty$ untersucht haben, wieder zum Einheitskreis übergehen.

Es sei für $0 < x < \infty$ die untere Grenze

$$\inf \frac{u(x + iy)}{x} = c \, ;$$

es ist $0 \leq c < \infty$, außer wenn $w \equiv \infty$, welchen Fall wir hier sogleich ausschließen.

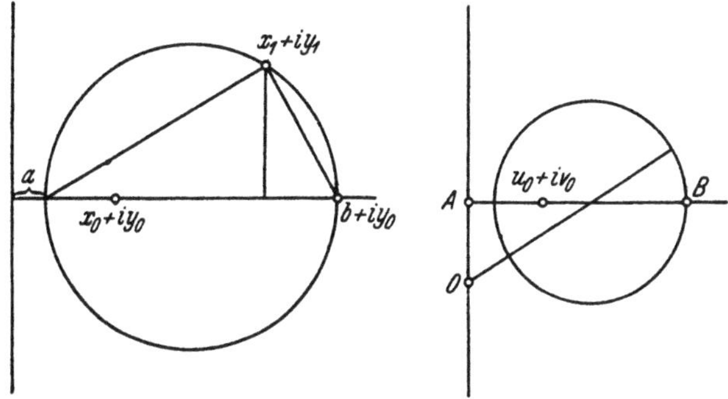

Abb. 8.

Wir nehmen zunächst $c = 0$ an. Seien dann $z_0 = x_0 + iy_0$, $z_1 = x_1 + iy_1$ zwei beliebige Punkte der Halbebene. Nach dem LINDELÖF-PICKschen Prinzip ist die nichteuklidische Entfernung zwischen $w(z_1)$ und $w(z_0)$ höchstens gleich dem nichteuklidischen Abstand der Punkte z_0 und z_1, wie es die Figur zum Ausdruck bringt, in der wir zwei „kongruente" nichteuklidische Kreise um $z_0 = x_0 + iy_0$ und $w(z_0) = w_0 = u_0 + iv_0$ gezeichnet haben, so daß der erste durch $z_1 = x_1 + iy_1$ geht; der zweite Kreis wird also den Punkt $w(z_1)$ enthalten.

Die Kreise gehen auseinander durch lineare Transformation

$$w = iv_0 + \frac{u_0}{x_0}(z - iy_0)$$

---

[1] Der Satz wurde in der obigen endgültigen Fassung von CARATHEODORY [4] gegeben. Der nachfolgende einfache Beweis rührt von LANDAU und VALIRON [7] her. Vgl. auch meine Note [15].

hervor. Aus der Figur sieht man, daß

$$|w(z_1)| \leqq OA + AB = |v_0| + \frac{u_0 b}{x_0}.$$

Hier ist

$$b = a + \frac{(x_1 - a)^2 + (y_1 - y_0)^2}{x_1 - a}$$

oder, da $a < x_0$, x_1,

$$b < x_1 + \frac{x_1^2 + (y_1 - y_0)^2}{x_1 - x_0} < x_1 \left(1 + \frac{1 + \left(\frac{|y_1|}{x_1} + \frac{|y_0|}{x_1} \right)^2}{1 - \frac{x_0}{x_1}} \right)$$

$$< x_1(3 + 2(k + 1)^2) = x_1 K,$$

wenn $x_1 > 2x_0$, $x_1 > |y_0|$ und $|y_1| < kx_1 (k > 0)$.

Ist also $\left| \frac{y_1}{x_1} \right| < k$, so gilt für jedes hinreichend große x_1

$$|w(z_1)| < |v_0| + K \frac{u_0}{x_0} x_1,$$

woraus für $x_1 \to \infty$ folgt

$$\overline{\lim_{z_1 \to \infty}} \left| \frac{w(z_1)}{z_1} \right| \leqq K \frac{u_0}{x_0}.$$

Dieses Resultat besteht, wie immer der Punkt z_1 im Winkel $\left| \frac{y}{x} \right| < k$ gegen Unendlich strebt. Da nun $c = 0$, so kann der Quotient $\frac{u_0}{x_0}$ beliebig klein gemacht werden und der Quotient $\frac{w}{z}$ hat also für $|z| \to \infty$ den Winkelgrenzwert Null.

Ist $c > 0$, so kann man die obige Überlegung auf die Funktion $w - cz$ anwenden, welche nach der Definition von c einen nichtnegativen reellem Teil $u - cx$ hat. Innerhalb eines beliebig großen Winkels $|y| < kx$ ist dann $\frac{w - cz}{z} \to 0$, also $\frac{w}{z} \to c$.

Wenn also $w(z)$ eine beliebige für $x > 0$ reguläre Funktion ist mit nichtnegativem reellen Teil, so hat der Quotient $\frac{w}{z}$ für $|y| < kx$, $x \to \infty$ einen reellen, nicht negativen Grenzwert c, der gleich $\varliminf \frac{u}{x}$ für $x > 0$ ist.

Es ist also

$$u(z) \geqq cx,$$

wo Gleichheit nur dann stehen kann, wenn $u(z) \equiv cx$ und also $w(z) \equiv cz + i\mu$, wo μ ein reeller Parameter ist.

Was nun die Ableitung $w'(z)$ betrifft, so findet man nach der CAUCHY-schen Integralformel für $0 < p < q < 1$ im Kreise $|z - r| \leqq pr$ die Ungleichung $(\zeta = r + qre^{i\vartheta})$

$$|w'(z)| \leqq \frac{qr}{2\pi} \int_0^{2\pi} \frac{|w(\zeta)|}{|\zeta - z|^2} d\vartheta.$$

Für ein gegebenes $\varepsilon > 0$ gilt nach obigem, wenn $c = 0$ ist,

$$\left| \frac{w(\zeta)}{\zeta} \right| < \varepsilon,$$

sobald r eine gewisse Schranke r_ε überschritten hat, und es wird somit, da $|\zeta| \leq (1 + q)\, r$ ist,

$$|w'(z)| \leq \varepsilon \frac{q(q+1)\, r^2}{(q\, r - |z - r|)^2},$$

also für $|z - r| \leq p\, r$

$$|w'(z)| \leq \varepsilon \frac{q(1 + q)}{(q - p)^2},$$

woraus zu sehen ist, daß $\lim w' = 0$, wenn z innerhalb des Winkels $|\arg z| < \arcsin p$ gegen Unendlich strebt.

Für ein endliches c ergibt sich wiederum

$$w' = c + (w' - c) = c + \frac{d}{dz}(w - c\, z) \to c$$

wie immer der Punkt in Winkelannäherung gegen $z = \infty$ konvergiert.

Geht man durch die Transformationen (16) zum Einheitskreis zurück, so findet man durch eine leichte Rechnung, deren Ausführung dem Leser überlassen wird, den JULIAschen Satz in der oben gegebenen Formulierung.

§ 6. Sätze von LANDAU und SCHOTTKY.

55. Als Anwendung des Prinzips über das hyperbolische Maß wollen wir die von LANDAU und SCHOTTKY gegebenen Verschärfungen des PICARDschen Satzes herleiten[1].

Es sei $w(z)$ eine für $|z| < R$ definierte Funktion. Nimmt man an, es gebe $p \geq 3$ Werte $a_1, a_2, \ldots, a_p$, welche die Funktion im Kreise $|z| < R$ nicht annimmt, so daß also $w(z) \neq a_\nu\ (\nu = 1, \ldots, p)$ gilt für die erwähnten Werte z, so läßt sich mittels des Prinzips des hyperbolischen Maßes eine Beziehung aufstellen, welche eine obere Schranke für den Radius R gibt mittels der Werte $w(0)$, $w'(0)$ und $a_1, \ldots, a_p$.

Die universelle Überlagerungsfläche der punktierten Ebene $w \neq a_\nu$ $(\nu = 1, \ldots, p)$ gehört, da voraussetzungsgemäß $p \geq 3$, zum hyperbolischen Typus, und es wird somit, wenn wir als Gebiete G_z und G_w bzw. $|z| < R$ und $w \neq a_\nu$ annehmen,

$$\frac{d\sigma_w}{d\sigma_z} \leq 1, \tag{17}$$

wo $d\sigma_z$ die hyperbolische Länge

$$d\sigma_z = \frac{R\, |dz|}{R^2 - |z|^2}$$

---

[1] E. LANDAU [1], F. SCHOTTKY [1].

eines Bogenelementes dz in bezug auf $|z| < R$ ist und $d\sigma_w$ die in bezug auf die punktierte Ebene G_w gemessene hyperbolische Länge des Bildbogens dw. Bezeichnet man, wie in I, § 3, durch $x = x(w; a_1, \ldots, a_p)$ die Funktion, welche die universelle Überlagerungsfläche G_w^∞ auf den Einheitskreis $|x| < 1$ konform abbildet, so daß der Punkt w in den Nullpunkt $x = 0$ übergeht, so wird ferner $d\sigma_w = d\sigma_x = |dx|$ und die Ungleichung (17) ergibt

$$\left| \frac{dx}{dw} \right| \leqq \frac{R}{R^2 - |z|^2} \left| \frac{dz}{dw} \right|$$

oder also

$$|w'(z)| \leqq \frac{R}{R^2 - |z|^2} |\zeta'(0; a_1, \ldots, a_p)|,$$

wo $\zeta(x; a_1, \ldots, a_p)$ die Umkehrfunktion von $x(w; a_1, \ldots, a_p)$, also diejenige automorphe Funktion bezeichnet, welche den Einheitskreis $|x| < 1$ so auf die Fläche G_w^∞ abbildet, daß der Nullpunkt in den Punkt $w = w(z)$ übergeht.

56. Für $z = 0$ folgt insbesondere die Beziehung

$$R \leqq \frac{|\zeta'(0; a_1, \ldots, a_p)|}{|w'(0)|}$$

welche den LANDAUschen Satz enthält:

Falls die für $|z| < R$ meromorphe Funktion $w(z)$, welche im Nullpunkte die Entwicklung

$$w(z) = c_0 + c_1 z + \cdots \qquad (c_1 \neq 0)$$

hat, von den $p \geqq 3$ Werten $a_1, \ldots, a_p$ verschieden ist, so gilt

$$R \leqq \frac{|\zeta'(0; a_1, \ldots, a_p)|}{|c_1|}, \tag{18}$$

wo $\zeta(x; a_1, \ldots, a_p)$ diejenige automorphe Funktion ist, welche den Einheitskreis $|x| < 1$ auf die universelle Überlagerungsfläche der punktierten Ebene $w \neq a_1, \ldots, a_p$ so abbildet, daß $x = 0$ in den Punkt $w = c_0$ übergeht.

Die gefundene obere Schranke hängt nur von den Ausnahmewerten $a_1, \ldots, a_p$ und den zwei Koeffizienten c_0 und c_1 ab. Sie läßt sich durch keine kleinere ersetzen. Denn aus dem Prinzip folgt, daß die Beziehung (18) dann und nur dann in eine Gleichheit übergeht, wenn $w(z)$ mit der Abbildungsfunktion $\zeta\left(\frac{z}{R}; a_1, \ldots, a_p\right)$ übereinstimmt, welche den Kreis $|z| < R$ in die Fläche G_w^∞ transformiert. Tatsächlich gilt ja für diese Funktion

$$c_1 = w'(0) = \frac{1}{R} \zeta'(0; a_1, \ldots, a_p),$$

was eingesetzt in (18) zu einer Identität führt.

Der LANDAUsche Satz enthält den PICARDschen als unmittelbaren Folgesatz. Ist nämlich $w(z)$ eine in jedem endlichen Punkt der Ebene meromorphe Funktion und nimmt man drei beliebige Werte a_1, a_2, a_3, so folgt aus jenem Satz, daß $w(z)$ mindestens einen dieser Werte für $|z| < R$ annehmen muß, sobald R größer als die in (18) stehende Schranke gewählt wird.

57. *Bemerkung.* Es ist evident, daß man den Landauschen Satz ohne Heranziehung des Prinzips über das hyperbolische Maß direkt begründen könnte durch Anwendung des Schwarzschen Lemmas auf die zusammengesetzte Funktion $x(w(z); a_1, \ldots, a_p)$, welche für $|z| < R$ regulär und beschränkt ist und für $z = 0$ verschwindet. Diese Bemerkung erlaubt auch eine obere Schranke für R aufzustellen für den Ausnahmefall, wo die Nullpunktsableitung $c_1 = w'(0)$ verschwindet, in welchem Fall die obige Abschätzung versagt. Hat man im Nullpunkte

$$w(z) = c_0 + c_k z^k + \cdots \qquad (k \geq 1,\ c_k \neq 0),$$

so hat die obige zusammengesetzte Funktion für $z = 0$ eine k-fache Nullstelle. Der Quotient

$$\frac{x(w(z); a_1, \ldots, a_p)}{z^k} = x'(c_0; a_1, \ldots, a_p)\, c_k + \cdots$$

ist für $|z| < R$ regulär und die obere Grenze ihres absoluten Betrages in jedem Randpunkt $|z| = R$ höchstens gleich R^{-k}. Nach dem Maximumprinzip wird also der Betrag des Quotienten auch für $|z| < R$ unterhalb dieser Schranke liegen, woraus für $z = 0$ folgt

$$R^k \leqq \frac{|\zeta'(0; a_1, \ldots, a_p)|}{|c_k|}.$$

58. Der Satz von Schottky ergibt sich durch Integration des Landauschen Satzes (in der Form (17)). Wählt man den Punkt z beliebig in der Kreisscheibe $|z| \leqq r$, so wird nach dem Prinzip des hyperbolischen Maßes der Funktionswert $w = w(z)$ in diejenige nichteuklidische, auf der Fläche G_w^∞ liegende Kreisfläche fallen, die als Mittelpunkt den Punkt $w(0) = c_0$ hat und deren (nichteuklidischer) Radius λ dem nichteuklidischen Radius von $|z| \leqq r$ gleich ist, also gleich

$$\lambda = \int_0^r \frac{R\, dt}{R^2 - t^2} = \frac{1}{2} \log \frac{R + r}{R - r}.$$

Die kleinste Entfernung der Peripherie dieser Kreisfläche von den p Randpunkten $a_1, \ldots, a_p$ der Fläche G_w ist eine Zahl $d\left[\dfrac{r}{R}, c_0; a_1, \ldots, a_p\right]$, die nur von der Lage dieser Randpunkte, von dem Funktionswert c_0 und vom Quotienten $\dfrac{r}{R}$ abhängig ist; mit wachsendem r nimmt d monoton ab. Um auch den Spezialfall bequem berücksichtigen zu können, wo einer der Werte a_ν unendlich ist, empfiehlt es sich, die Entfernung d in sphärischer Maßbestimmung zu bestimmen (wozu man also die w-Ebene durch stereographische Projektion auf die w-Kugel zu projizieren hat). Der SCHOTTKYsche Satz erhält dann nachstehende Fassung:

Wenn $w(z) = c_0 + c_1 z + \dots$ *für* $|z| < R$ *regulär ist und die* $p \geqq 3$ *Werte* $a_1, \dots, a_p$ *ausläßt, so hat die sphärische Entfernung des Punktes* $w = w(z)$ *von den Ausnahmewerten* a_ν *ein Minimum*

$$ d\left[\frac{|z|}{R}, c_0; a_1, \dots, a_p\right], $$

das nur von den in den Klammern stehenden Größen abhängig ist.

Durch das Obige ist für d auch der bestmögliche Wert hervorgegangen.

§ 7. Anwendungen zur Untersuchung von Grenz- und Häufungswerten beschränkter Funktionen.

59. Wir gehen wieder zum Prinzip des harmonischen Maßes zurück, so wie es in Nr. 33 ausgesprochen worden ist. Die Randpunktmenge α_z denken wir uns jetzt in zwei punktfremde Teilmengen α_z' und α_z'' zerlegt, welche beide aus einer endlichen Anzahl von Randbogen zusammengesetzt sind. In entsprechender Weise teilen wir das Gebiet A_w in zwei punktfremde Teilmengen A_w' und A_w'' des Gebietes G_w ein, welche von endlich vielen Jordanbogen α_w' und α_w'' begrenzt werden.

Nunmehr nehmen wir speziell an, daß die Funktion $w(z)$, deren Werte auf das Gebiet G_w fallen mögen, wenn z in G_z variiert, auf den Randbogen α_z stetig ist, und zwar so, daß ihre Randwerte auf α_z' in die Punktmenge A_w' und auf α_z'' in die Punktmenge A_w'' fallen. Lassen wir dann den Punkt z innerhalb G_z stetig einen Kurvenbogen l_z beschreiben, der die Bogen α_z' und α_z'' verbindet, so wird sich auch der Bildpunkt stetig bewegen auf einem Weg l_w, welcher innerhalb des Gebietes G_w verläuft und die Punktmengen A_w' und A_w'' verbindet (Abb. 9). Nach unserem Prinzip muß andererseits diese Bewegung derart vor sich gehen, daß jedesmal wenn der Funktionswert $w(z)$ außerhalb der zwei Gebiete A_w' und A_w'' liegt, *das harmonische Maß der Bogen* α_w', *der Bogen* α_w'' *und auch das der Vereinigungsmenge* $\alpha_w = \alpha_w' + \alpha_w''$, *gemessen im Punkte* $w = w(z)$ *in bezug auf dasjenige diesen Punkt enthaltende Restgebiet* G_w^*, *welches nach Abtrennung der Gebiete* A_w', A_w'' *aus* G_w *übrig bleibt, mindestens so groß wird wie das harmonische Maß bzw. der Mengen* α_z', α_z'' *und* $\alpha_z = \alpha_z' + \alpha_z''$ [1].

Es bezeichne $m(l_z)$ das Minimum des harmonischen Maßes $\omega(z, \alpha_z, G_z)$ auf einem Bogen l_z, welcher die Mengen α_z' und α_z'' verbindet, ohne aus G_z

---

[1] Vgl. R. NEVANLINNA. [*12*].

auszutreten; es ist also $m(l_z) \leqq 1$ und $= 1$ nur wenn α_z den ganzen Gebietsrand Γ_z umfaßt. Die obere Grenze sämtlicher solcher Minima sei

$$m_z = \sup m(l_z).$$

In entsprechender Weise bezeichnen wir durch $m(l_w)$ das Minimum des harmonischen Maßes $\omega(w, \alpha_w, G_w^*)$ auf einem Bogen l_w, welcher innerhalb eines beliebigen der Restgebiete G_w^* die Mengen A_w' und A_w'' verbindet, und durch m_w die obere Grenze der Zahlenmenge $m(l_w)$

$$m_w = \sup m(l_w) \qquad (0 < m_w \leqq 1).$$

Nach dem Prinzip vom harmonischen Maße gilt, wie immer der Bogen l_z gewählt wird,

$$m(l_z) \leqq m_w$$

und, da der Ausdruck links bei passender Wahl des Bogens beliebig wenig von der oberen Grenze m_z abweicht, also auch

$$m_z \leqq m_w. \tag{19}$$

Diese Beziehung enthält eine bemerkenswerte Einschränkung bezüglich der von den Mengen α', α'' und den Gebieten G gebildeten Konfigurationen. Liegen die Bogen α_z' und α_z'' in G_z verhältnismäßig „nahe" aneinander, so daß der Punkt z von jener zu dieser Menge gelangen kann, ohne daß das harmonische Maß $\omega(z, \alpha_z, G_z)$ sehr tief unter den Maximalbetrag 1 sinkt, so können auch die Bogen α_w' und α_w'' relativ zum Gebiete G_w^* nicht sehr „weit" voneinander entfernt sein, da ja das harmonische Maß $\omega(w(z), \alpha_w, G_w^*)$ nie unter den Betrag des erstgenannten Maßes sinken darf.

60. In folgendem Abschnitt werden wir uns in einigen speziellen Fällen mit den durch den obigen Satz bedingten Einschränkungen für die Konfiguration (α', α'', G) in den z- und w-Ebenen näher beschäftigen. Hier wollen wir nur einen besonders einfachen Fall behandeln, der zu interessanten Folgerungen leiten wird. Nehmen wir an, daß die zwei Bogenmengen α_z' und α_z'' in einen Randpunkt P_z zusammenstoßen, der dann eine eventuelle Unstetigkeitsstelle der Funktion $w(z)$ darstellt, so wird ja das harmonische Maß der Menge $\alpha_z = \alpha_z' + \alpha_z''$ in der Nähe von P_z beliebig wenig vom Maximalwerte 1 abweichen, woraus folgt, daß die obere Grenze $m_z = 1$ sein muß. Nach unserem Prinzip ist also dann auch $m_w = 1$. Man sieht unmittelbar ein, daß dies möglich ist, nur wenn einer der zwei nachstehenden Fälle eintritt:

1. Die Distanz zwischen den Mengen α_w' und α_w'' ist Null [1].

2. Die Bogen α_w' und α_w'' begrenzen ein Teilgebiet G_w^* von G_w, welches keine anderen Randbogen als jene aufweist. — Besitzt also G_w noch weitere Randstücke, so wird die eine Menge (z. B. α_w') durch die andere (α_w'') von diesen Randstücken isoliert.

---

[1] Um die Sonderstellung des unendlich fernen Punktes aufzuheben, empfiehlt es sich, die Distanzen auf der Kugel zu messen.

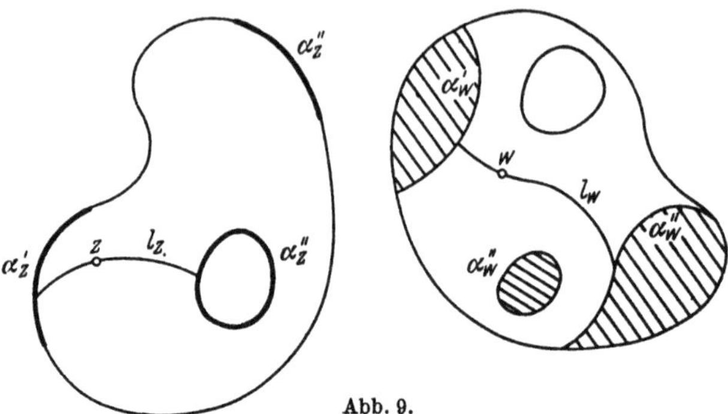

Abb. 9.

Eine Konfiguration wie z. B. die in Abb. 9 gegebene, wo die Mengen α_w' und α_w'' im Gebiete G_w isoliert „nebeneinander" liegen, ist also unter der gegebenen Voraussetzung (daß nämlich die Distanz zwischen α_z' und α_z'' verschwindet) nicht möglich.

Als Beispiel eines Falles, wo die Möglichkeit 2. vorliegt, nehmen wir $w(z) = e^z$ $(z = x + iy)$ und wählen als Gebiet G_z den Streifen $-1 < x < 1$, den wir noch längs der positiven imaginären Halbachse aufschlitzen. Nimmt man dann α_z' als die Gerade $x = -1$ und α_z'' als jene Halbachse $x = 0$, $y \geqq 0$, so kann man für G_w, α_w', α_w'' wählen bzw. den Kreisring $\frac{1}{e} < |w| < e$, die Kreislinie $|w| = \frac{1}{e}$ und die Kreislinie $|w| = 1$. Man sieht, daß in Übereinstimmung mit 2., die Kreise α_w' und α_w'' tatsächlich einen Ring G_w^* vollständig begrenzen (wo also das harmonische Maß von $\alpha_w' + \alpha_w''$ konstant $= 1$ ist), so daß der innere Kreis $\left(|w| = \frac{1}{e} \right)$ durch den äußeren ($|w| = 1$) von dem übrigen Rand des Gebietes G_w (d. h. vom Kreise $|w| = e$) getrennt wird.

61. Als Anwendung des obigen Ergebnisses betrachten wir ein Gebiet G, zu dessen Begrenzung zwei, in einem Punkt P zusammenstoßende Jordanbogen α_1 und α_2 gehören. In G sei eine eindeutige und beschränkte analytische Funktion $w(z)$ definiert ($|w| < M$). Wir nehmen an, $w(z)$ sei in jedem inneren Punkt von α_1 und α_2 stetig, und bezeichnen durch H_1 und H_2 die *Häufungsbereiche* von $w(z)$ für $z \to P$ auf α_1 bzw. α_2[1].

Nach unserem Satz können dann die Punktmengen H_1 und H_2 nicht „nebeneinander" im Kreise $|w| < M$ liegen. Sind sie punktfremd, so müssen sie also eingeschachtelt sein, so daß die eine die andere einhüllt und sie von der Peripherie $|w| = M$ trennt. Insbesondere wird also die Möglichkeit ausgeschlossen, daß beide Häufungsmengen sich auf *Punkte* reduzieren, woraus die Richtigkeit des nachstehenden wichtigen Konvergenzsatzes von LINDELÖF ersichtlich wird[2]:

---

[1] $H_\nu (\nu = 1,2)$ besteht also aus der Gesamtheit derjenigen Punkte w, denen der Funktionswert $w(z)$ in beliebiger Nähe von P auf α_ν beliebig nahe kommt. Nach dieser Definition ist H_ν entweder ein Punkt oder ein Kontinuum.

[2] E. LINDELÖF [3].

Wenn eine in der Umgebung eines singulären Punktes P eindeutige analytische Funktion längs zweier in P endenden Jordanbogen für $z \to P$ zwei verschiedenen Grenzwerten zustrebt, so kann die Funktion in der Umgebung von P nicht beschränkt sein.

62. Durch die Möglichkeit, die universelle Überlagerungsfläche der dreifach punktierten Ebene auf denEinheitskreis konform abzubilden, lassen sich die obigen Sätze auf eindeutige Funktionen erweitern, die in einem gegebenen einfach zusammenhängenden Gebiet G_z drei Werte a_1, a_2, a_3 auslassen. Nimmt eine derartige Funktion auf den Randbogen α'_z bzw. α''_z Werte an, welche in eine von gewissen Jordanbogen α'_w bzw. α''_w begrenzte Teilmenge G'_w bzw. G''_w der punktierten Ebene $w \neq a_1$, a_2, a_3 fallen, so wird durch Zusammensetzung mit der uniformisierenden Abbildungsfunktion $x = x(w;\, a_1,\, a_2,\, a_3)$ eine, ausgehend von einem beliebig festgelegten Anfangselement in G_z unbeschränkt fortsetzbare und also nach dem Monodromiesatz *eindeutige* Funktion

$$\varphi(z) \equiv x(w(z);\, a_1,\, a_2,\, a_3)$$

erklärt. Liegen nun die Bogen α'_w und α''_w „nebeneinander", d.h. gibt es einen geschlossenen, durch einen Randpunkt a_ν gehenden Weg, der diese Bogen voneinander trennt, so wird die Funktion $\varphi(z)$, deren Werte innerhalb des Einheitskreises $|x| < 1$ variieren, auf den Bogen α'_z und α''_z Randwerte annehmen, die auf zwei „nebeneinander" liegenden Bogenmengen α'_x und α''_x im Kreise $|x| < 1$ liegen; diese Mengen sind zwei wohlbestimmte unter den abzählbar vielen Bildern der Mengen α'_w und α''_w. Wenn nun α'_z und α''_z einen gemeinsamen Endpunkt haben, so ist dies nach obigem *nicht möglich*.

Hieraus folgt u. a., daß eine zwischen zwei in P endenden Jordanbogen α_1 und α_2 eindeutige analytische Funktion, welche für $z \to P$ auf diesen Bogen *verschiedene Grenzwerte* hat, nicht nur, wie oben gezeigt wurde, in der Umgebung von P Werte von beliebig großem Betrag, sondern überhaupt *jeden Wert* annehmen muß, außer höchstens *zwei* Werten. Daß andererseits unter obigen Voraussetzungen zwei solche Ausnahmewerte vorkommen können, zeigt wieder die Exponentialfunktion, welche auf der positiven und der negativen reellen Achse für $z \to \infty$ gegen die verschiedenen Grenzwerte 0 und ∞ strebt, welche gleichzeitig Ausnahmewerte der Funktion sind.

IV. Beziehungen zwischen nichteuklidischen und euklidischen Maßbestimmungen.

§ 1. Allgemeine Bemerkungen.

63. Die Anwendbarkeit verschiedener nichteuklidischer Maßbestimmungen (harmonisches Maß, hyperbolisches Maß) in der Funktionentheorie ist einerseits darin begründet, daß diese Maße *konforme*

Invarianten sind; so bezeichnen wir jede Größe, die sich gegenüber der Gruppe der konformen Abbildungen invariant verhält. Andererseits zeigt es sich bei verschiedenen Fragekomplexen, daß sich gewisse Erscheinungen gerade unter Anwendung von Begriffen der nichteuklidischen Geometrie scharf abgrenzen lassen; dies trifft z. B. bei der Charakterisierung verschiedener Extremaleigenschaften oft zu. Die Einführung solcher Maßbestimmungen liegt also durchaus in der Natur der Sache und es scheint deshalb von Bedeutung zu sein, die Theorie dieser Maße systematisch aufzubauen, ohne sich sogleich um die Frage zu kümmern, wie sich diese Maßbestimmungen zu den gewöhnlichen Maßen (euklidischen oder·sphärischen) verhalten.

Andererseits ist es evident, daß die im vorigen Abschnitt entwickelten Prinzipien erst dann zu ihrer vollen Anwendbarkeit gelangen können, wenn man die erwähnten Beziehungen bis zu einem gewissen Grade bewältigt. In konkreten, dem soeben erörterten Fragekreis angehörenden Problemen liegen gewöhnlich einige mehr oder weniger genaue Angaben über die euklidischen Maßverhältnisse der gegebenen geometrischen Konfigurationen (z. B. G_z, α_z, z) vor, und die allgemeinen Prinzipien lassen sich in solchen Fällen nur dann verwerten, wenn man aus den gegebenen Bestimmungsstücken entsprechende Bedingungen über die nichteuklidischen Maßverhältnisse der Abbildung ablesen kann und umgekehrt.

Nun sind die gegenseitigen Beziehungen zwischen den verschiedenen Maßen in den einfachsten Fällen unmittelbar auf Grund der Definitionen dieser Begriffe bekannt. So z. B. ist ja das harmonische Maß eines Bogens des Einheitskreises, im Nullpunkte gemessen, nichts anderes als der durch 2π dividierte Betrag des entsprechenden Zentriwinkels; und die hyperbolische Länge eines vom Nullpunkte ausgehenden Linienelementes (mit dem Einheitskreis als Bezugsgebiet) ist gleich der euklidischen Länge desselben Elements. Für allgemeinere Fälle, wo jene Beziehungen sich mit Hilfe elementarer Funktionen nicht genau ausdrücken lassen, ist zu bemerken, daß das Problem auf den Einheitskreis zurückgeführt werden kann, indem man die betreffenden Bezugsgebiete oder, ·falls diese mehrfach zusammenhängend sind, deren universelle Überlagerungsflächen auf jenen Kreis eineindeutig und konform abbildet. Hierbei verhält sich das harmonische bzw. hyperbolische Maß invariant; die euklidischen Maßverhältnisse ändern sich dagegen. So sieht man ein, daß das Problem des vorliegenden Abschnitts im Grunde identisch ist mit der Frage nach der *Verzerrung*, welche ein Gebiet im Innern und auf dem Rande erleidet, wenn es auf ein gegebenes Normalgebiet (z. B. auf den Einheitskreis) konform abgebildet wird. Als derartige Verzerrungsaussagen können die im folgenden zu besprechenden Sätze gedeutet werden. Hierbei werden wir allerdings die Theorie der Verzerrung nicht als eine selbständige Lehre vollständig darstellen, sondern vor allem dasjenige herausgreifen, was vom Standpunkt der Frage nach den gegenseitigen Relationen der verschiedenen Maßbestimmungen wesentlich ist.

§ 2. Carlemans Prinzip der Gebietserweiterung.

64. In vielen Fällen läßt sich das harmonische Maß eines Randbogens mit genügender Schärfe vermittels des nachstehenden Satzes abschätzen, von dem zuerst Carleman in seiner bekannten Arbeit über die asymptotischen Werte ganzer Funktionen Gebrauch gemacht hat und der späterhin von verschiedenen Autoren, namentlich von Ostrowski und Warschawski verwendet worden ist [1].

Prinzip der Gebietserweiterung. *Das harmonische Maß $\omega(z, \alpha, G)$ vergrößert sich, wenn man das Gebiet G über den zu α komplementären Teil β des Randes $\Gamma = \alpha + \beta$ erweitert.*

Dies bedeutet folgendes: Man ersetze das Gebiet G durch ein weiteres Gebiet G', das G als Teilgebiet enthält und dessen Berandung Γ', außer von den gegebenen Bogen α, aus gewissen Jordanbogen β' besteht, welche also entweder vollständig außerhalb G verlaufen oder teilweise mit Stücken der Bogen β zusammenfallen. *Dann gilt in G:*

$$\omega(z, \alpha, G) \leqq \omega(z, \alpha, G'), \tag{1}$$

und Gleichheit besteht hier nur für $G \equiv G'$.

Zum Beweis bildet man die Differenz $u(z) = \omega(z, \alpha, G') - \omega(z, \alpha, G)$, welche eine in G reguläre und beschränkte harmonische Funktion darstellt. In jedem inneren Punkt der (voraussetzungsgemäß endlich vielen) Bogen α werden die rechtsstehenden harmonischen Maße beide gleich 1 und daher $u = 0$. In den inneren Punkten von β ist wiederum $\omega(z, \alpha, G) = 0$, während $\omega(z, \alpha, G')$ jedenfalls nichtnegativ ausfällt und es ist somit hier $u \geqq 0$. Da diese Funktion in den noch übrigen Randpunkten (Endpunkten von α und β) beschränkt bleibt, so folgt aus dem Minimumprinzip, daß die Beziehung $u \geqq 0$ und folglich auch die Behauptung (1) in jedem Punkte des Gebiets G gilt. Gleichheit

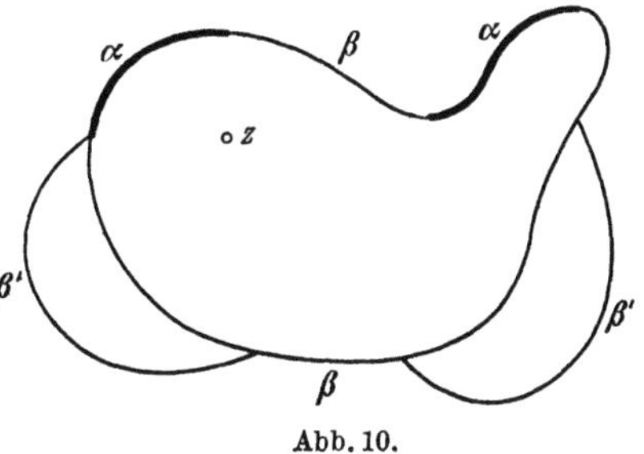

Abb. 10.

kommt für einen inneren Punkt z von G dann und nur dann in Betracht, wenn u identisch verschwindet. Da dies dann insbesondere für den Randbogen β gilt, wo ja $\omega(z, \alpha, G) = 0$, so ist daselbst auch $\omega(z, \alpha, G') = 0$, was offenbar nur so möglich ist, daß die Bogen β' und β und somit auch die Gebiete G' und G vollständig zusammenfallen Hiermit ist der Nachweis des Carlemanschen Prinzips beendet.

---

[1] T. Carleman [7], A. Ostrowski [3], S. Warschawski [7].

Da $\omega(z, \alpha, G) + \omega(z, \beta, G) = 1$, so folgt aus dem Prinzip weiter

$$\omega(z, \beta, G) \geqq \omega(z, \beta', G'). \tag{1'}$$

Das CARLEMANsche Verfahren liefert also ein Mittel, das harmonische Maß sowohl nach oben wie nach unten abzuschätzen.

Auf Grund der Bemerkungen in § 1 kann das obige Resultat so gedeutet werden: Wenn G und G' oder, falls sie mehrfach zusammenhängend sind, ihre universellen Überlagerungsflächen auf den Einheitskreis so abgebildet werden, daß z in den Nullpunkt übergeht, so wird der Menge α im ersten Falle (G) eine Randbogenmenge von kürzerer Gesamtlänge entsprechen als im letzten Falle (G').

65. Die Bedeutung des CARLEMANschen Prinzips beruht darauf, daß es oft gestattet, komplizierte Konfigurationen (G, α, z) durch einfachere (G', α, z) zu ersetzen, bei welchen die rechnerische Beherrschung der Beziehungen zwischen dem harmonischen Maß ω und den euklidischen Bestimmungsstücken der Konfiguration (G', α, z) ohne weiteres gelingt, so daß man Majoranten und Minoranten des harmonischen Maßes aufstellen kann.

Die direkte Anwendung dieser harmonischen Majoranten und Minoranten gestattet übrigens in vielen Fällen allgemeine Sätze elementar zu beweisen, ohne das Prinzip des harmonischen Maßes in seiner allgemeinsten Fassung heranzuziehen, in welcher Form dieses Prinzip nicht als „elementar" bezeichnet werden darf, weil es ja die ziemlich tiefliegenden Fundamentalsätze über konforme Abbildung und die Ränderzuordnung bei einer solchen Abbildung voraussetzt.

Um dies an einem Beispiel zu erläutern, beweisen wir, bei Benutzung des CARLEMANschen Gedankenganges, nachstehenden Grenzwertsatz über beschränkte Funktionen, der zur Begründung der Hauptsätze über die Ränderzuordnung bei konformer Abbildung mit Erfolg benutzt werden kann:

Es sei $w(z)$ eine in der rechten Halbebene reguläre und beschränkte analytische Funktion und l ein in dieser Halbebene verlaufender Jordanbogen, der im Nullpunkt $z = 0$ endet. Wenn dann $w(z)$ für $z \to 0$ auf l einen Grenzwert a hat, so gilt

$$\lim_{z=0} w(z) = a$$

gleichmäßig in jedem Winkel $|\arg z| < \dfrac{\pi}{2} - \delta \, (\delta > 0)$.

Beweis. Für ein beliebig gegebenes $0 < \varepsilon < 1$ können wir nach der Voraussetzung eine so kleine Zahl $r > 0$ finden, daß $|w - a| < \varepsilon$ in jedem in den Kreis $|z| \leqq r$ fallenden Punkt der Kurve l ist. Wir verfolgen l vom Nullpunkt bis zum ersten Schnittpunkt P_r mit dem Kreis $|z| = r$; durch diesen Teilbogen l_r von l zerfällt der Halbkreis $D_r(|z| \leqq r,\ s \geqq 0;\ z = s + it)$ in zwei Gebiete D_r' und D_r'', welche bzw. an die Segmente $(0, ir)$, $(0, -ir)$ der imaginären Achse grenzen.

Es sei nun $\omega(z, l_r, D'_r)$ das harmonische Maß von l_r in bezug auf D'_r, gemessen in einem inneren Punkte z dieses Gebietes. Nach dem Zweikonstantensatz gilt dann[1] (vgl. S. 42)

$$\log|w(z) - a| < \omega(z, l_r, D'_r) \log \varepsilon. \tag{2}$$

Hier wird das harmonische Maß von l_r mit Hilfe des Carlemanschen Prinzips nach unten abgeschätzt. Als Minorante ergibt sich das harmonische Maß desjenigen Teils der Berandung des Halbkreises D_r, der aus dem Segment $s_r(0, -ir)$ der imaginären Achse und dem Kreisbogen $(-ir, P_r)$ zusammengesetzt ist. Dieses Maß verkleinert sich noch, wenn man den letztgenannten Bogen wegläßt, und es wird somit

$$\omega(z, l_r, D'_r) > \omega(z, s_r, D_r). \tag{3}$$

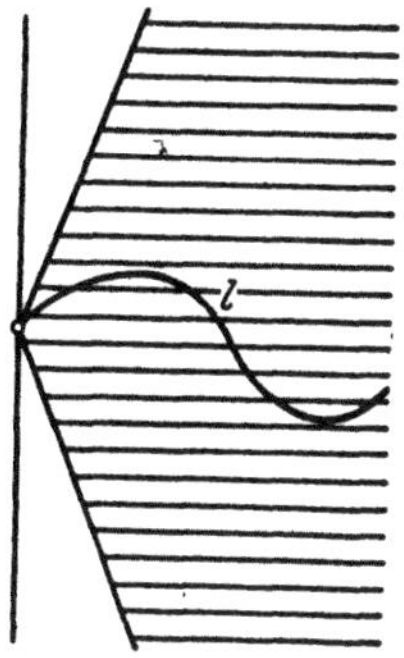

Abb. 11.

Nun könnte man leicht einen expliziten Ausdruck für das letzte harmonische Maß bestimmen. Für unsere Zwecke genügt es indessen folgendes zu bemerken. Ist $u(z)$ das harmonische Maß des Radius $(0, -i)$ des Halbkreises D_r, mit $r = 1$, so ist offenbar

$$\omega(z, s_r, D_r) = u\left(\frac{z}{r}\right).$$

Nun hat $u(z)$ im Kreissektor $|z| \leq \frac{1}{2}$, $-\frac{\pi}{2} \leq \arg z \leq \frac{\pi}{2} - \delta$ ein nur von δ abhängiges positives Minimum λ_δ, und es gilt dann auch, sobald z in den Sektor $S_r\left(|z| \leq \frac{r}{2}, -\frac{\pi}{2} \leq \arg z \leq \frac{\pi}{2} - \delta\right)$ fällt,

$$u\left(\frac{z}{r}\right) \geq \lambda_\delta.$$

Nunmehr folgt aus (2) und (3), daß

$$\log|w(z) - a| < \lambda_\delta \log \varepsilon$$

für jeden Wert z, der in den Durchschnitt des Sektors S_r und des Gebiets D'_r fällt.

Dasselbe Ergebnis findet man auch im Durchschnitt des Sektors $|z| \leq \frac{r}{2}$, $-\frac{\pi}{2} + \delta \leq \arg z \leq \frac{\pi}{2}$ mit dem Gebiet D''_r, und es wird also schließlich

$$|w(z) - a| < \varepsilon^{\lambda_\delta},$$

sobald $|z| \leq \frac{r}{2}$, $|\arg z| \leq \frac{\pi}{2} - \delta$, woraus die behauptete Konvergenzeigenschaft folgt.

Bei diesem Beweis haben wir den Umweg über das Prinzip vom harmonischen Maß gemacht, und insbesondere die nicht ganz elementare

---

[1] Da w voraussetzungsgemäß beschränkt ist, können wir ohne Einschränkung annehmen, es sei in der rechten Halbebene $|w - a| < 1$.

Tatsache der Existenz des harmonischen Maßes des Jordanbogens l_r benutzt. Wie oben bemerkt wurde, läßt sich dieser Umweg vermeiden, indem man das CARLEMANsche Prinzip direkt zur Konstruktion einer elementaren harmonischen Majorante verwendet. Der Beweis gestaltet sich dann einfach folgendermaßen:

Die Funktion

$$u\left(\frac{z}{r}\right)\log \varepsilon - \log|w(z) - a| \tag{4}$$

ist im Gebiete D'_r harmonisch bis auf die Nullstellen von $w - a$, in denen sie positiv unendlich wird. In der Nähe jedes Randpunktes von D'_r ist sie ferner nichtnegativ, außer höchstens der Unstetigkeitsstelle (0) von $u\left(\frac{z}{r}\right)$. In der Tat: auf l_r ist $0 < u < 1$ und $\log|w - a| < \log \varepsilon$, also die Differenz (4) positiv; auf dem übrigen Randteil verschwindet u, während $\log|w - a|$ hier eine nichtpositive obere Grenze hat. Da die Differenz schließlich in der Nähe des Unstetigkeitspunktes von u jedenfalls nach unten beschränkt bleibt, so ist gemäß dem Prinzip vom Minimum der Ausdruck (4) auch in jedem inneren Punkt von D'_r nichtnegativ. Der Beweis wird dann wie oben zu Ende geführt.

66. Als zweite Anwendung nehmen wir ein allgemeines Problem auf, das zuerst von CARLEMAN (l. c.) aufgestellt und untersucht wurde und später insbesondere von MILLOUX [1] behandelt worden ist, weshalb es oft das „MILLOUXsche Problem" genannt wird. Diese Aufgabe, die für verschiedene Anwendungen von Bedeutung ist, wird uns noch in den späteren Paragraphen dieses Abschnitts beschäftigen.

Problem von CARLEMAN-MILLOUX. *Man beschreibe um einen Randpunkt oder um einen äußeren Punkt ζ eines von endlich vielen Jordanbogen berandeten, einfach zusammenhängenden Gebiets G einen Kreis $|z - \zeta| \leq R$, und bezeichne mit α die innerhalb dieses Kreises liegende Randpunktmenge von G und mit G_R den Durchschnitt von G und jener Kreisscheibe. Es gilt für das harmonische Maß*

$$\omega(z, \alpha, G_R)$$

eine untere Schranke aufzustellen, die nur vom Radius R und dem Abstand $|z - \zeta|$ abhängt.

Zur Lösung[1] empfiehlt es sich, das Gebiet G durch $t = \log(\zeta - z)$ in ein in der $t = \sigma + i\tau$-Ebene gelegenes schlichtes Gebiet D zu transformieren, das den unendlich fernen Punkt $t = \infty$ als äußeren oder als Randpunkt haben wird. Es sei D_σ das Bild des Durchschnitts G_R und Θ_σ die Menge der auf der Geraden $\sigma = \log R$ liegenden Randpunkte von D_σ. Es gilt also dann das harmonische Maß der Bildbogen von α nach unten oder, was auf dasselbe herauskommt, das harmonische Maß des Komplements, d. h. gerade der Punktmenge Θ_σ, in bezug auf das Gebiet D_σ nach oben abzuschätzen.

---

[1] Für das Folgende vgl. CARLEMAN [1].

Zu diesem Zwecke machen wir von dem Erweiterungsprinzip Gebrauch, und zwar so, daß das Gebiet D_σ durch die Halbebene $\sigma \leqq \log R$ ersetzt wird. Das harmonische Maß der Bogenmenge Θ_σ vergrößert sich hierbei und wird einfach gleich der Summe der Winkel, unter denen diese Menge vom Aufpunkte $t_0 = \log(\zeta - z)$ erscheint, dividiert durch π (vgl. Nr. 39). Durch eine leichte Erwägung, die dem Leser überlassen wird, sieht man ferner ein, daß diese Winkelsumme bei gegebener Gesamtlänge $\Theta(\sigma)$ ($\sigma = \log R$) der Bogen ihr Maximum erreicht, wenn Θ_σ aus einem einzigen Segment besteht, das zur Geraden $\tau = \tau_0$ $(t_0 = \sigma_0 + i\tau_0)$ symmetrisch orientiert ist. Der entsprechende maximale Winkel ist dann gleich

$$2 \arctg \frac{\Theta(\sigma)}{2(\sigma - \sigma_0)},$$

und man hat also für das harmonische Maß der Menge Θ_σ die obere Schranke

$$\omega(t_0, \Theta_\sigma, D_\sigma) \leqq \frac{2}{\pi} \arctg \frac{\Theta(\sigma)}{2(\sigma - \sigma_0)}.$$

67. Dieses Ergebnis verdient wegen seiner großen Anwendbarkeit als ein selbständiger Satz ausgesprochen zu werden.

Satz von Carleman. *Es sei D ein in der $t = \sigma + i\tau$-Ebene gelegenes schlichtes, einfach zusammenhängendes Gebiet. $\Theta(\sigma)$ bezeichne die Gesamtlänge der innerhalb oder auf die Begrenzung von D fallenden Segmente Θ_σ der Geraden $\Re t = \sigma$ und D_σ denjenigen Teil von D, der links von dieser Geraden liegt.*

Unter diesen Voraussetzungen hat man für das harmonische Maß der Bogen Θ_σ die für jedes $t_0 = \sigma_0 + i\tau_0$, $\sigma_0 < \sigma$ gültige Abschätzung

$$\omega(t_0, \Theta_\sigma, D_\sigma) \leqq \frac{2}{\pi} \arctg \frac{\Theta(\sigma)}{2(\sigma - \sigma_0)}. \tag{5}$$

Wir bemerken noch, daß diese Beziehung wegen des Erweiterungsprinzips a fortiori gelten muß, wenn man links D_σ durch D und Θ_σ durch den rechts von diesen Querschnitten fallenden Randteil von D ersetzt.

Aus der obigen Herleitung folgt auch, daß die in (5) gegebene Schranke sich unter den gegebenen Voraussetzungen durch keine kleinere ersetzen läßt. In der Tat geht (5) in eine Gleichheit über, wenn man D als die Halbebene $\Re t \leqq \sigma$ nimmt und Θ_σ als die zur Geraden $\tau = \tau_0$ symmetrisch liegende Teilstrecke von der Länge $\Theta(\sigma)$ der Begrenzungsgeraden $R(t) = \sigma$ wählt.

68. Der Satz von Carleman enthält folgende Aussage über die Randverzerrung bei konformer Abbildung: Wenn das Gebiet D auf den Einheitskreis derart konform abgebildet wird, daß der Punkt $t_0 = \sigma_0 + i\tau_0$ in den Nullpunkt übergeht, so bildet sich die Randpunktmenge Θ_σ auf eine Peripheriebogenmenge ab, deren Gesamtlänge höchstens gleich

$$4 \arctan \frac{\Theta(\sigma)}{2(\sigma - \sigma_0)}$$

ist.

Dieses Resultat gestattet im Falle eines *konvexen* Gebietes D eine interessante Anwendung. Ist α ein beliebiger Randbogen eines solchen Gebiets, so erhält man für $\omega(t, \alpha, D)$ die obere Schranke $\frac{\gamma(t, \alpha)}{\pi}$, wo γ der Winkel ist unter dem der Bogen α vom Aufpunkte t erscheint. Also:

Wenn ein konvexes Gebiet D auf den Einheitskreis so konform abgebildet wird, daß der innere Punkt P in den Nullpunkt übergeht, so wird einem Randbogen, der vom Punkte P aus unter dem Winkel γ erscheint, ein Peripheriebogen entsprechen, dessen Länge kleiner als 2γ ist, außer wenn D eine Halbebene ist, für welche dieser Bildbogen genau gleich 2γ wird.

Da dieses Ergebnis besteht, wie klein immer der Bogen α gewählt wird, so gilt es auch für ein Bogendifferential. Nimmt man den Aufpunkt P als Anfangspunkt eines Polarkoordinatensystems (r, φ), in welchem die konvexe Randkurve von D die Gleichung $r = r(\varphi)$ hat, so ist also $d\omega \leqq \frac{1}{\pi} d\varphi$. Denkt man sich nun auf dem Rande eine Folge von nichtnegativen Randwerten $u(r, \varphi)$ gegeben, so bestimmt sich die durch diese Randwerte erklärte, in D harmonische Funktion durch (vgl. Nr. 22)

$$u(P) = \int u(r, \varphi) \, d\omega.$$

und es wird also

$$u(P) \leqq \frac{1}{\pi} \int u(r, \varphi) \, d\varphi$$

eine Abschätzung, die wegen ihrer Einfachheit und Genauigkeit bei der Untersuchung der Eigenschaften harmonischer Funktionen in der Umgebung eines singulären Randpunktes eines konvexen Gebietes sehr anwendbar ist.

69. Wir kehren zu der CARLEMANschen Ungleichung (5) zurück und wollen nachsehen, was aus ihr über die CARLEMAN-MILLOUXsche Frage (Nr. 66) geschlossen werden kann. Gehen wir durch die Variabeltransformation $t = \log(\zeta - z)$ zu der z-Ebene zurück, so ergibt sich für die in (5) stehende Majorante des harmonischen Maßes der Ausdruck ($\log R = \sigma$, $\log r = \sigma_0$)

$$\frac{2}{\pi} \arctan \frac{\Theta(R)}{2 \log \frac{R}{r}},$$

wo $R \Theta(R)$ die Länge der in das Gebiet G fallenden Kreisbogen $|z - \zeta| = R$ ist. Man gelangt also zu folgendem Ergebnis:

Satz 1. *Es sei G ein von endlich vielen Jordanbogen begrenztes schlichtes einfach zusammenhängendes Gebiet, das den Nullpunkt $z = 0$ nicht als* *inneren Punkt enthält. Wenn die Länge der in G fallenden Bogen des Kreises $|z| = R$ gleich $R\Theta(R)$ ist, so genügt das harmonische Maß der im Kreisäußeren $|z| \geqq R$ liegenden Randbogen β von G für jeden Gebietspunkt z, der in den Kreis $|z| < R$ fällt, der Ungleichung*

$$\omega(z, \beta, G) \leqq \frac{2}{\pi} \arctan \frac{\Theta(R)}{2\log \frac{R}{|z|}}. \tag{6}$$

Für das Maß des komplementären, in $|z| < R$ liegenden Teiles α der Berandung von G gilt somit

$$\omega(z, \alpha, G) \geqq \frac{2}{\pi} \arctan \frac{2\log \frac{R}{|z|}}{\Theta(R)}. \tag{6'}$$

Wegen $\Theta \leqq 2\pi$ gelten die Beziehungen (6) und (6') a fortiori, wenn man Θ durch 2π ersetzt.

Die Bedeutung dieses Resultats liegt darin, daß es für die betreffenden harmonischen Maße Schranken angibt, die für $|z| \leqq r < R$ allein durch das Verhältnis $\frac{r}{R}$ bestimmt sind, unabhängig vom Verlauf der Randkurve des Gebietes G sowie von der Wahl des Aufpunktes z im Kreise.

Die oben gegebenen Schranken sind, im Gegensatz zu der rechts in (5) stehenden, nicht die bestmöglichen. Überträgt man nämlich den dem Satz (5) entsprechenden Extremalfall auf die $z = e^t$-Ebene, so wird man allerdings zu einem harmonischen Maß gelangen, welches der in Satz 1 stehenden Schranke gleich ist, das aber nur auf der, der Halbebene $\Re t \leqq \sigma$ entsprechenden, unendlich vielblättrigen Kreisfläche $0 < |z| < R$, also nicht (wie Satz 1 voraussetzt) auf einem *schlichten* Gebiet G eindeutig ist.

70. Bei Anwendung von Satz 1 ergibt sich als Spezialfall des allgemeinen Zweikonstantensatzes (Nr. 36)[1]

Satz 2. *Es sei $w(z)$ eine in einem Gebiet der in Satz 1 erwähnten Art reguläre und beschränkte Funktion ($|w| \leqq 1$). In jedem Randpunkt des Gebietes, der innerhalb des Kreises*

$$|z| \leqq R$$

liegt, sei

$$\overline{\lim}|w(z)| \leqq m \qquad (0 < m < 1).$$

---

[1] Der Leser wird aufgefordert, den nachfolgenden Satz direkt als Folgerung des Minimumprinzips unter Betrachtung der harmonischen Funktion $\log|w|$ und Anwendung der oben konstruierten harmonischen Minorante zu beweisen. Dieser direkte Beweis hat den Vorteil, zu zeigen, daß der Satz ohne irgendwelche einschränkende Voraussetzungen über den Gebietsrand gilt.

Dann gilt in jedem Gebietspunkt z, der innerhalb jenes Kreises liegt, die Beziehung

$$|w(z)| \leq m^{\frac{2}{\pi} \operatorname{arc tg} \frac{\log \frac{R}{|z|}}{\pi}}.$$

Diese Abschätzung besteht auch, wenn auf dem Rande des Gebietes endlich viele Ausnahmepunkte liegen, für die die Gültigkeit der Ungleichung $\overline{\lim}|w(z)| \leq m$ nicht vorausgesetzt wird. Als ein Beispiel für die Anwendbarkeit des so erweiterten Satzes 2 beweisen wir folgenden Grenzwertsatz von LINDELÖF [3], der in der Theorie der Ränderzuordnung bei konformer Abbildung eine wichtige Rolle spielt.

Satz von LINDELÖF. *Sei G ein von einer Jordankurve begrenztes Gebiet, γ ein Randbogen desselben und ζ ein innerer Punkt von γ. Sei ferner w(z) eine innerhalb G erklärte, reguläre und beschränkte analytische Funktion, die auf dem Randbogen γ noch stetig ist, höchstens mit Ausnahme des Punktes ζ. Falls dann w(z) bei links- und rechtsseitiger Annäherung des Randpunktes ζ′ an den Punkt ζ ein und demselben Grenzwert a zustrebt, so ist w(z) auch im Punkte z = ζ stetig, d. h. es ist w(z) → a, wie immer der Punkt z im Bereiche G gegen den Randpunkt ζ konvergiert.*

Beweis. Ohne Einschränkung kann angenommen werden, daß $|w(z) - a| < 1$ innerhalb G sei. Für ein gegebenes, beliebig kleines ε $(0 < \varepsilon < 1)$ läßt sich nach der Voraussetzung eine Zahl $r > 0$ finden, so daß in jedem innerhalb $0 < |\zeta - \zeta'| < 2r$ liegenden Randpunkt ζ' die Beziehung $|w(\zeta') - a| < \varepsilon$ gilt. Nach Satz 2 ist dann für jeden in dem Kreis $|z - \zeta| < r$ gelegenen Gebietspunkt z

$$|w(z) - a| < \varepsilon^{\delta},$$

wo

$$\delta = \frac{2}{\pi} \operatorname{arc tg} \frac{\log 2}{\pi},$$

woraus die behauptete gleichmäßige Konvergenz hervorgeht.

71. Die in den obigen Sätzen gegebenen Abschätzungen lassen sich durch ein ebenfalls von CARLEMAN herrührendes Verfahren so abändern, daß sie nicht nur die Länge eines speziellen Querschnittes $\Re t = \sigma$ bzw. $|z| = R$ des Gebietes D bzw. G, sondern gewissermaßen die *mittlere* Länge eines solchen Querschnittes berücksichtigen, was für viele Anwendungen bedeutsam ist.

Bezeichnet man mit Θ_σ die Gesamtheit der Querschnitte $\Re t = \sigma$ des Gebietes D und mit $\Theta(\sigma)$ deren Gesamtlänge, so wird nach (5) für $\sigma' < \sigma$

$$\omega(\sigma' + i\tau, \Theta_\sigma, D_\sigma) \leq \frac{2}{\pi} \operatorname{arc tg} \frac{\Theta(\sigma)}{2(\sigma - \sigma')},$$

wo D_σ den links von Θ_σ liegenden Teil des Gebietes D bezeichnet[1]. Also ist

$$\frac{2}{\pi} \operatorname{arc tg} \frac{\Theta(\sigma)}{2(\sigma - \sigma')} \, \omega(t, \Theta_{\sigma'}, D_{\sigma'})$$

für $\Re t = \sigma$ mindestens so groß wie $\omega(t, \Theta_\sigma, D_\sigma)$, denn der zweite Faktor des Produktes wird hier gleich 1. Auf dem übrigen Teil des Randes von $D_{\sigma'}$ verschwinden definitionsgemäß beide obige harmonische Maße, woraus mittels des Maximumprinzips folgt

$$\omega(t_0, \Theta_\sigma, D_\sigma) \leqq \frac{2}{\pi} \operatorname{arc tg} \frac{\Theta(\sigma)}{2(\sigma - \sigma')} \, \omega(t_0, \Theta_{\sigma'}, D_{\sigma'}),$$

wie immer der Punkt t_0 im Gebiete $D_{\sigma'}$ gewählt wird. Schreibt man der Kürze halber statt $\omega(t_0, \Theta_\sigma, D_\sigma)$ kurz $\omega(t_0, \sigma)$, so wird also

$$\omega(t_0, \sigma) - \omega(t_0, \sigma') \leqq - \frac{2}{\pi} \operatorname{arc tg} \frac{2(\sigma - \sigma')}{\Theta(\sigma)} \, \omega(t_0, \sigma').$$

Hieraus wird ersichtlich, daß $\omega(t_0, \sigma)$ eine monoton abnehmende Funktion von σ ist[2] und als solche für fast alle Werte σ eine wohlbestimmte Ableitung hat. Durch Division mit $\sigma - \sigma'$ und den Grenzübergang $\sigma' \to \sigma$ findet man für diese Ableitung die Abschätzung

$$\frac{d\omega(t_0, \sigma)}{d\sigma} \leqq - \frac{4}{\pi \Theta(\sigma)} \, \omega(t_0, \sigma),$$

welche auch für diejenigen Werte σ besteht, für die w keine bestimmte Ableitung hat, wenn man $\dfrac{d\omega}{d\sigma}$ die obere linksseitige Derivierte bedeuten läßt.

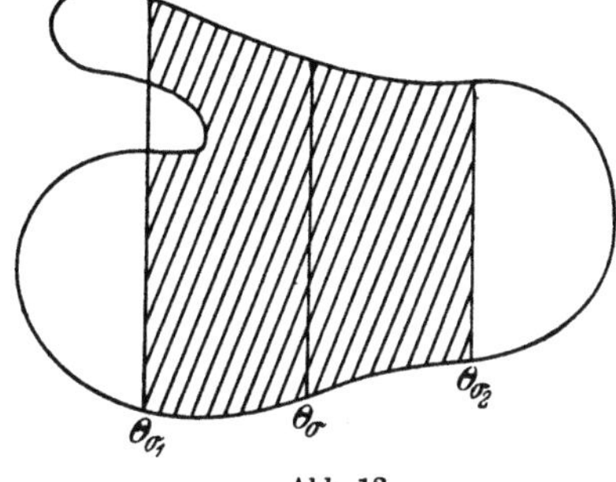

Abb. 12.

Durch Integration dieser Differentialungleichung zwischen den Grenzen σ_1 und σ_2 gelangt man zu folgendem Ergebnis:

Satz 3. *Unter den Voraussetzungen von Nr. 67 hat man für* $t_0 = \sigma_0 + i\tau_0$

$$\omega(t_0, \Theta_{\sigma_2}, D_{\sigma_2}) \leqq \omega(t_0, \Theta_{\sigma_1}, D_{\sigma_1}) \, e^{-\frac{4}{\pi} \int\limits_{\sigma_1}^{\sigma_2} \frac{d\sigma}{\Theta(\sigma)}} \tag{7}$$

wie immer die Zahlen $\sigma_0 \leqq \sigma_1 < \sigma_2$ *gewählt werden mögen.* D_σ *bezeichnet hierbei dasjenige links von der Geraden* $\Re t = \sigma$ *liegende Teilgebiet des gegebenen Gebietes* D, *welches den Punkt* $t = t_0$ *enthält.*

Um die Genauigkeit dieses Satzes zu prüfen, nehmen wir speziell D als den Parallelstreifen $|\tau| < \dfrac{\pi}{2}$ an. Eine einfache Rechnung ergibt

---

[1] D_σ besteht möglicherweise aus mehreren getrennten zusammenhängenden Teilgebieten. Wenn t ein Gebietspunkt ist, so verstehe man unter D_σ stets dasjenige jener Teilgebiete, welches diesen Punkt t enthält.

[2] Dies ist übrigens schon eine unmittelbare Folgerung aus dem Prinzip der Gebietserweiterung.

dann für das Maximum des harmonischen Maßes ω der Strecke $|\tau| \leqq \frac{\pi}{2}$, $\Re t = \sigma$ in bezug auf den Halbstreifen D_σ, gemessen auf dem Querschnitt $\Re t = \sigma_0$, $|\tau| < \frac{\pi}{2}$ den Wert

$$\frac{4}{\pi} \operatorname{arc\,tg} e^{(\sigma_0 - \sigma)}.$$

Die allgemeine Beziehung (7) liefert andererseits für den vorliegenden Spezialfall, wo $\sigma_2 = \sigma$, $\sigma_0 = \sigma_1$ und also $\omega(t_0, \Theta_{\sigma_1}, D_{\sigma_1}) = 1$ zu setzen ist, die obere Schranke

$$\omega \leqq e^{\frac{4}{\pi^2}(\sigma_0 - \sigma)},$$

welche für große Werte $\sigma - \sigma_0$ von richtiger Größenordnung ist. Ein Vergleich der im Exponenten stehenden Koeffizienten legt die Vermutung nahe, daß der vor dem Integral stehende Faktor $-\frac{4}{\pi}$ rechts in (7) durch den schärferen $-\pi$ ersetzt werden könnte. Daß dem tatsächlich so ist, soll in § 4 dieses Abschnitts gezeigt werden, wo wir auf die Frage über die Randverzerrung bei konformer Abbildung zurückkommen werden.

Bemerkt sei noch, daß die in (5) enthaltene Abschätzung asymptotisch, d. h. für $\sigma \to \infty$, viel ungenauer als (7) ist. In der Tat findet man nach (5) im oben betrachteten Beispiel für ω die Schranke

$$\frac{2}{\pi} \operatorname{arc\,tg} \frac{\pi}{2(\sigma - \sigma_0)},$$

welche für $\sigma \to \infty$ verschwindet wie $\frac{1}{\sigma}$, während die richtige Größenordnung ja doch $e^{-\sigma}$ ist.

72. Wir gehen zu der Beziehung (7) zurück und bemerken, daß eine analoge Ungleichung auch *rechts* von den Querschnitten Θ_{σ_2} gilt, d. h. wenn $\sigma_2 < \sigma_1 < \sigma_0$ und D_{σ_2} das *rechts* von Θ_{σ_2} liegende Teilgebiet von D ist, so bleibt (7) in Kraft, wenn man die Grenzen im Integral der rechten Seite vertauscht. Setzt man speziell $\sigma_1 = \sigma_0$ und also $\omega(t_0, \Theta_{\sigma_1}, D_{\sigma_1}) = 1$, so wird man durch Addition dieser zwei Ungleichungen auf folgendes Ergebnis geführt:

Es sei wie oben, D ein schlichtes Gebiet, Θ_σ die Menge der auf der Geraden $\Re t = \sigma$ gelegenen Querschnitte von D und $\Theta(\sigma)$ die Gesamtlänge derselben. Sei ferner D_{12} der von den Querschnittmengen Θ_{σ_1} und $\Theta_{\sigma_2}(\sigma_1 < \sigma_2)$ begrenzte Teil von D.

Unter diesen Voraussetzungen hat man für die Summe der harmonischen Maße der Querschnitte Θ_{σ_1}, Θ_{σ_2} gemessen in bezug auf D_{12} in einem inneren Punkt $t = \sigma + i\tau(\sigma_1 < \sigma < \sigma_2)$ die obere Schranke

$$\omega(t, \Theta_{\sigma_1}, D_{12}) + \omega(t, \Theta_{\sigma_2}, D_{12}) \leqq e^{-\frac{4}{\pi} \int_{\sigma_1}^{\sigma} \frac{ds}{\Theta(s)}} + e^{-\frac{4}{\pi} \int_{\sigma}^{\sigma_2} \frac{ds}{\Theta(s)}}$$

Wir wählen nun den Wert σ so, daß die zwei Integrale der Exponenten einander gleich werden. Man gelangt dann zu folgendem

Satz 4. *Wenn $\sigma_1 < \sigma_2$ und D_{12} der zwischen den Querschnitten Θ_{σ_1} und Θ_{σ_2} liegende Teil des Gebietes D ist, so läßt sich ein Querschnitt $\Theta_\sigma (\sigma_1 < \sigma < \sigma_2)$ finden, so daß die Summe ω_{12} der harmonischen Maße der Querschnitte Θ_{σ_1} und Θ_{σ_2} in jedem Punkt t des Querschnitts Θ_σ, in bezug auf dasjenige zusammenhängende Teilgebiet von D_{12}, welches den Punkt t enthält, der Ungleichung*

$$\omega_{12} \leqq 2\,e^{-\frac{2}{\pi} \int\limits_{\sigma_1}^{\sigma_2} \frac{ds}{\Theta(s)}} \tag{8}$$

genügt, wo $\Theta(\sigma)$ die Gesamtlänge der Querschnittmenge Θ_σ bezeichnet.

Bemerkung. Nach dem Erweiterungsprinzip besteht dieses Ergebnis a fortiori, wenn man ω_{12} die Summe der harmonischen Maße der außerhalb des Streifens $\sigma_1 \leqq \sigma \leqq \sigma_2$ liegenden Randbogen von D bedeuten läßt, welche also durch die Querschnitte Θ_{σ_1}, Θ_{σ_2} vom Aufpunkt t getrennt werden.

Es sei noch darauf aufmerksam gemacht, daß man zur Abschätzung der Größe ω_{12} auch (5) verwenden kann. Eine einfache Rechnung, die der Leser leicht nachprüfen kann, liefert das Resultat

$$\omega_{12} \leqq \frac{4}{\pi} \operatorname{arc\,tg} \frac{\Theta(\sigma_1) + \Theta(\sigma_2)}{2(\sigma_2 - \sigma_1)},$$

was für große Werte von $\sigma_2 - \sigma_1$ im allgemeinen bedeutend unschärfer als (8) ist.

73. Satz 4 erlaubt aus den allgemeinen Ergebnissen von III, § 7 einige interessante Schlüsse zu ziehen. Es sei D_{12} ein Gebiet, das, außer von gewissen Segmenten Θ_{σ_1} und Θ_{σ_2} der Geraden $x = \sigma_1$, $x = \sigma_2 (z = x + iy)$ von einer Anzahl von Jordanbogen begrenzt wird, von denen genau zwei, L_1 und L_2, die Begrenzungsgeraden $x = \sigma_1$, σ_2 verbinden (Abb. 13); zu jenen Bogen können, außer L_1 und L_2, auch gewisse L_3 gehören, welche nur eine der Begrenzungsgeraden $x = \sigma_1$, σ_2 begegnen. Wir nehmen ferner an, daß eine in D_{12} gegebene eindeutige Funktion $w(z)$ hier Werte annimmt, die in ein Gebiet G der w-Ebene fallen, welches von einer endlichen Anzahl Jordanbogen berandet ist. Auf L_1, L_2 und L_3 sei $w(z)$ stetig, und zwar möge es auf L_1 und L_2 Werte annehmen, die auf zwei vorgegebenen Punktmengen H_1 bzw. H_2 liegen, die eine *positive* Entfernung voneinander besitzen; die den Bogen L_3 entsprechenden Funktionswerte mögen entweder auf H_1 oder auf H_2 fallen. Durch eventuelle Erweiterung dieser Mengen H_1 und H_2 können wir erreichen, daß ihre Grenzpunkte aus einer endlichen Anzahl Jordanbogen α_1, α_2 bestehen, welche sich ebenfalls in positivem Abstand voneinander befinden. Die Menge $\alpha_1 + \alpha_2 = \alpha$ liegt möglicherweise teilweise oder vollständig auf dem Rand von G; wir setzen indes voraus, daß der zu α

komplementäre Randteil β von G *nicht leer* ist. Schließlich nehmen wir an, daß die Mengen α_1 und α_2 nicht ineinander geschachtelt sind, so daß also jedes der zusammenhängenden Gebiete G^*, das nach Entfernung der Mengen H_1', H_2 aus G übrig bleibt, außer von gewissen Bogen α_1, α_2 noch von gewissen anderen, zu β gehörigen Bogen begrenzt ist.

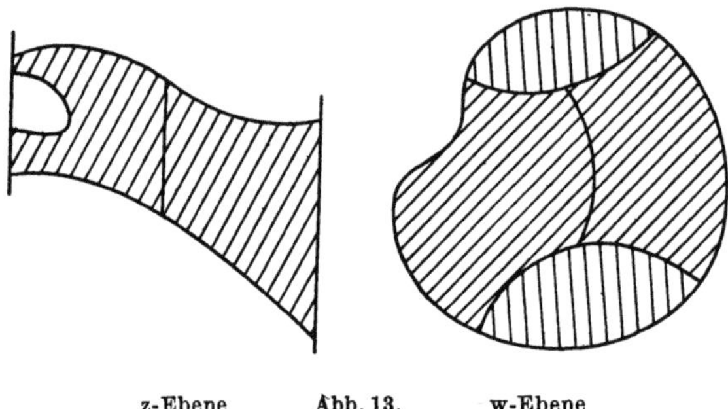

z-Ebene   Abb. 13.   w-Ebene

Jetzt bezeichnen wir (vgl. Nr. 59) durch $m(l)$ das Minimum des harmonischen Maßes der Bogenmenge $\alpha_1 + \alpha_2 = \alpha$ auf einem Bogen l, der innerhalb G^* die Mengen α_1 und α_2 verbindet (gemessen in bezug auf G^*), und setzen

$$m_w = \sup m(l),$$

wobei alle Wege l zur Konkurrenz zugelassen werden. Unter den obigen Voraussetzungen ist dann

$$0 < m_w < 1.$$

In analoger Weise sei $m(\sigma)$ das Minimum des harmonischen Maßes der Bogen $L_1 + L_2 + L_3$ auf der Geraden $x = \sigma$, gemessen in bezug auf D_{12}, und m_z die obere Grenze

$$m_z = \sup m(\sigma)$$

von $m(\sigma)$ für $\sigma_1 < \sigma < \sigma_2$. Nach dem Satz über die Vergrößerung des harmonischen Maßes (III, § 7) ist dann

$$m_z \leqq m_w. \tag{9}$$

Hier läßt sich m_z vermittels des Satzes 4 dieses Paragraphen weiter abschätzen. Nach der Ungleichung (8) findet man, wenn beachtet wird, daß das harmonische Maß von $L_1 + L_2 + L_3$ vermehrt um die harmonischen Maße von Θ_{σ_1} und Θ_{σ_2} gleich 1 ist, für das Minimum $m(\sigma)$, entsprechend einem geeignet gewählten Wert σ, und folglich auch für die obere Grenze m_z die untere Schranke

$$m_z \geqq 1 - 2e^{-\frac{2}{\pi}\int_{\sigma_1}^{\sigma_2}\frac{dx}{\Theta(x)}} \tag{10}$$

und es wird also gemäß (9)

$$\int_{\sigma_1}^{\sigma_2} \frac{dx}{\Theta(x)} \leqq K,\tag{11}$$

wo

$$K = \frac{\pi}{2}\log\frac{2}{1 - m_w}\tag{11'}$$

nur von m_w, also nur von der Konfiguration G, H_1, H_2 abhängig ist.

74. Eine interessante Aufgabe ist es nun, unter gegebenen speziellen Voraussetzungen über die Abbildung $w = w(z)$ auch m_w zu berechnen. Es gilt offenbar für diese Größe eine *obere* Schranke zu finden. Unter Anwendung des Erweiterungsprinzips soll dies für zwei besondere Fälle näher ausgeführt werden.

Wir nehmen vorerst an, daß die Funktion $w(z)$, welche in dem im Satz erwähnten Gebiet D_{12} regulär ist, folgenden speziellen Bedingungen genügt:

1. Auf den Bogen L_1 und L_2 nimmt $w(z) = u + iv$ Werte an, die bzw. in den Halbebenen $v \leqq -b$, $v \geqq b$ $(b > 0)$ liegen.

2. Auf den Bogen L_3 ist $|v| \geqq b$.

3. Es ist im ganzen Gebiet D_{12} $|u(z)| \leqq a\,(a > 0)$.

Unter diesen Voraussetzungen können wir den obigen Satz anwenden, in dem wir als Gebiet G den Streifen $|u| < a$, als Gebiete H_1, H_2 wiederum die von den Geraden $v = -b$ bzw. $v = b$ und $u = \pm a$ begrenzten Halbstreifen nehmen, so daß also die Bogen α_1, α_2 durch die Strecken $v = \pm b$, $|u| \leqq a$ dargestellt sind und G^* aus dem Rechteck $|u| \leqq a$, $|v| \leqq b$ besteht. m_w ist also jetzt die obere Grenze des Minimums des harmonischen Maßes der Strecken $v = \pm b$, $|u| \leqq a$ (in bezug auf das Rechteck) auf einer Kurve, die diese Strecken innerhalb des Rechtecks verbindet. Aus Symmetriegründen erhellt unmittelbar, daß diese obere Grenze im Nullpunkt erreicht wird. Vermittels des Erweiterungsprinzips findet man weiter, daß m_w kleiner ist als das harmonische Maß jener Strecken für $w = 0$, gemessen in bezug auf den vollen Streifen $|v| < b$.

Dieses Maß läßt sich einfach so berechnen, daß man den Streifen durch die Transformation

$$e^{\frac{\pi}{2b}w}$$

in die rechte Halbebene überführt, wobei jene zwei Strecken in die Strecken $\left(ie^{-\frac{\pi a}{2b}},\ ie^{\frac{\pi a}{2b}}\right)$ und $\left(-ie^{-\frac{\pi a}{2b}},\ -ie^{\frac{\pi a}{2b}}\right)$ der imaginären Achse übergehen. Das zu berechnende harmonische Maß wird nun einfach gleich der durch π dividierten Summe der Winkel, unter denen die letztgenannten Segmente vom Punkt 1 der reellen Achse aus erscheinen, wofür man den Wert

$$1 - \frac{4}{\pi} \arctg e^{-\frac{\pi a}{2b}}$$

findet[1]. Es wird also

$$1 - m_w \geqq \frac{4}{\pi} \arctg e^{-\frac{\pi a}{2b}}$$

und somit, gemäß (11) und (11′),

$$\int\limits_{\sigma_1}^{\sigma_2} \frac{dx}{\Theta(x)} \leqq \frac{\pi}{2} \log \frac{\pi}{2 \arctg e^{-\frac{\pi a}{2b}}} .$$

Da $\arctg t \geqq \frac{\pi}{4} t$ für $0 \leqq t \leqq 1$, so ergibt sich hieraus weiter die einfachere Abschätzung

$$\int\limits_{\sigma_1}^{\sigma_2} \frac{dx}{\Theta(x)} < \frac{\pi}{2} \log 2 + \frac{\pi^2}{4} \frac{a}{b} . \tag{12}$$

Nimmt man speziell D_{12} als ein von zwei Strecken Θ_{σ_1}, Θ_{σ_2} und zwei verbindenden Kurvenbogen L_1, L_2 begrenztes „Viereck" an, und denkt man sich dieses auf ein Rechteck mit den Seiten $2a$, $2b$ konform abgebildet, so daß die Kurvenbogen L_1, L_2 in zwei Segmente der (einander gegenüberliegenden) Seiten der Länge $2a$ übergehen, so hat man also, wenn $\Theta(x)$ die „Breite" des Streifens ist (d. h. die Länge des Querschnitts Θ_x), die Beziehung (12), welche zeigt, daß der Streifen D_{12} in der Längsrichtung (d. h. in der Richtung der x-Achse) nicht beliebig weit ausgedehnt sein kann. Hat der Streifen insbesondere dieselbe Breite ($2b$) und Länge ($2a$) wie das Rechteck, so wird der Ausdruck links gleich $\frac{a}{b}$; vermutlich kann also der Faktor $\frac{\pi^2}{4}$ vor dem Ausdruck $\frac{a}{b}$ rechts durch die kleinere 1 ersetzt werden[2].

75. Als zweites Beispiel für die allgemeine Beziehung (11) wählen wir die Gebiete G, H_1, H_2 folgendermaßen: G sei von einer Jordankurve Γ begrenzt; H_1, H_2 seien zwei Teilgebiete von G, welche von zwei punktfremden Querschnitten α', α'' aus demselben abgeschnitten werden. Das Restgebiet G^* wird außer von α', α'' von zwei Teilbogen β', β'' der Randkurve Γ berandet (Abb. 14).

Wir verbinden diese zwei Bogen β durch einen regulären Kurvenbogen l innerhalb G^*. Die Bogenlänge von l, berechnet von einem beliebig festgesetzten Anfangspunkt, sei s; sie soll auf l in der Richtung von β' nach β'' von s_1 bis s_2 zunehmen. Die kürzeste Entfernung eines Punktes $w = w_s$ von l zu den Randbogen α', α'' sei $\varrho(s)$.

---

[1] Eine genauere Abschätzung von m_w findet man unter Zuhilfenahme der elliptischen Funktionen durch konforme Abbildung des Rechtecks auf eine Halbebene.

[2] Mit anderen Methoden wurde das obige Problem behandelt von L. Ahlfors [6]. Vgl. auch G. Pólya [1].

Wir betrachten nun das harmonische Maß $\omega(w, \beta' + \beta'', G^*)$ und bezeichnen, wenn k eine beliebige Zahl des Intervalls $0 < k < 1$ bedeutet, mit $m(s)$ das Minimum von ω im Durchschnitt des Gebietes G^* mit dem Kreis

$$|w - w_s| \leqq k\varrho(s).$$

Zur Abschätzung von $m(s)$ machen wir von dem Ausdruck

$$u(w) = m(s)\,\frac{\log\dfrac{\varrho(s)}{|w - w_s|}}{\log\dfrac{1}{k}} \tag{13}$$

Gebrauch, welcher im Kreisring $k\varrho(s) \leqq |w - w_s| \leqq \varrho(s)$ harmonisch ist und auf dem inneren Kreis den Wert $m(s)$ annimmt, während er auf dem äußeren verschwindet. Ist nun w ein Gebietspunkt, der in diesem Kreisring liegt, so wird $\omega(w, \beta' + \beta'', G^*)$ sicher mindestens so groß ausfallen wie der Ausdruck (13) angibt. Der Durchschnitt D_s vom Kreisring mit G^* wird nämlich von drei Arten von Punkten w begrenzt: 1. von Punkten des Kreises $|w - w_s| = k\varrho(s)$; hier ist $\omega \geqq m(s)$ und $u(w) = m(s)$, also $\omega - u \geqq 0$; 2. von Punkten der Peripherie $|w - w_s| = \varrho(s)$, wo $\omega \geqq 0$ und $u = 0$, also $\omega - u \geqq 0$; 3. von Punkten der Bogen $\beta' + \beta''$, hier gilt $\omega = 1$, $u \leqq m(s) < 1$, somit wieder $\omega - u \geqq 0$. Bei Anwendung des Minimumprinzips ergibt sich dann, daß u tatsächlich eine Minorante von ω darstellt.

Nimmt man nun auf l einen Punkt $w_{s+\Delta s}$, so wird also für ein hinreichend kleines $\Delta s > 0$

$$m(s + \Delta s)$$

$$\geqq \frac{\log\dfrac{\varrho(s)}{\Delta r + k\varrho(s + \Delta s)}}{\log\dfrac{1}{k}}\,m(s),$$

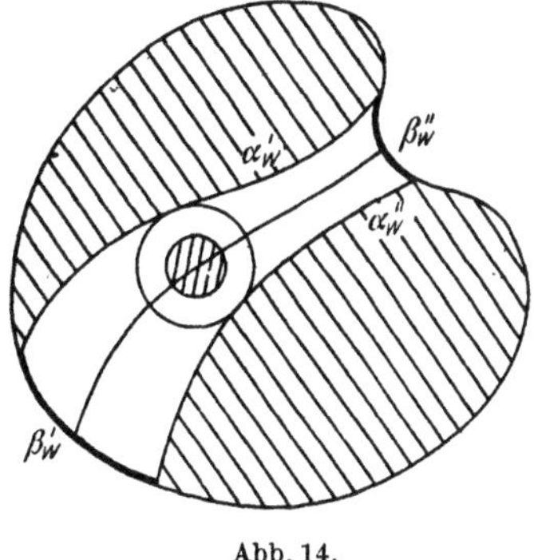

Abb. 14.

wo Δr der Abstand der Punkte $w_{s+\Delta s}$ und w_s ist. Unter Beachtung der Erklärung der Größe ϱ hat man ferner

$$\varrho(s + \Delta s) \leqq \varrho(s) + \Delta r,$$

und es wird folglich

$$m(s + \Delta s) \geqq \frac{\log\dfrac{1}{k} - \log\left(1 + \left(1 + \dfrac{1}{k}\right)\dfrac{\Delta r}{\varrho(s)}\right)}{\log\dfrac{1}{k}}\,m(s),$$

also

$$\frac{m(s+\Delta s)-m(s)}{\Delta r} \geqq -\frac{\left(1+\frac{1}{k}\right)m(s)}{\varrho(s)\log\frac{1}{k}}.$$

Durch den Grenzübergang $\Delta s \to 0$ findet man hieraus, da $\frac{\Delta s}{\Delta r} \to 1$ für die untere Ableitung $\frac{dm}{ds}$ die untere Schranke

$$\frac{dm}{ds} \geqq -\frac{1+\frac{1}{k}}{\log\frac{1}{k}}\cdot\frac{m(s)}{\varrho(s)}.$$

Setzt man hier $k=\frac{1}{e}$, $\dfrac{1+\frac{1}{k}}{\log\frac{1}{k}}=1+e<4$, so erhält man durch Integration zwischen den Grenzen s_1 und s

$$m(s) \geqq m(s_1)\, e^{-4\int_{s_1}^{s}\frac{ds}{\varrho(s)}}. \tag{14'}$$

Es gilt nun $m(s_1)$, d. h. das Minimum von $\omega(w,\beta'+\beta'',G^*)$ auf dem Kreis $|w-w_{s_1}| \leqq k\varrho(s_1)$ abzuschätzen, wo also w_{s_1} jetzt auf dem Randbogen β' gelegen ist. Hierzu können wir unmittelbar das Ergebnis von Satz 1, Nr. 69 verwenden. Die Beziehung (6') ergibt uns für $R=\varrho(s_1)$, $|z|=|w-w_{s_1}| \leqq \frac{\varrho(s_1)}{e}$

$$\omega \geqq \frac{2}{\pi}\operatorname{arc\,tg}\frac{1}{\pi} > \frac{1}{2\pi}$$

und somit $m(s_1) > \dfrac{1}{2\pi}$.

Durch eine ganz analoge Betrachtung findet man die Beziehung

$$m(s) \geqq m(s_2)\, e^{-4\int_{s}^{s_2}\frac{ds}{\varrho(s)}} \tag{14''}$$

mit $m(s_2) > \dfrac{1}{2\pi}$, und es wird durch Addition

$$m(s) > \frac{1}{4\pi}\left(e^{-4\int_{s_1}^{s}\frac{ds}{\varrho}}+e^{-4\int_{s}^{s_2}\frac{ds}{\varrho}}\right) \geqq \frac{1}{2\pi}\, e^{-2\int_{s_1}^{s_2}\frac{ds}{\varrho}}$$

Wir gelangen so zu

Satz 5. *Wenn das Gebiet G^* von einer Jordankurve $\alpha'+\beta''+\alpha''+\beta'$ begrenzt ist, deren Teilbogen α, β in der angegebenen Reihenfolge aufeinander folgen, so genügt das harmonische Maß der Bogen $\beta'+\beta''$ in* *jedem Punkt w eines Querschnitts l von G*, welcher die Bogen β verbindet, der Ungleichung*

$$\omega(w, \beta' + \beta'', G^*) > \frac{1}{2\pi} e^{-2 \int\limits_{s_1}^{s_2} \frac{ds}{\varrho(s)}} \tag{14}$$

wobei s die zwischen s_1 und s_2 variierende Bogenlänge von l ist und $\varrho(s)$ die kürzeste Entfernung desjenigen Punktes w_s von l von den Bogen α $+ \alpha''$ bezeichnet, welcher dem Parameterwert s entspricht.

76. Gehen wir nun zu der Frage von Nr. 74, S. 81 zurück, so finden wir aus (14) für die durch m_w bezeichnete obere Grenze der Minima des harmonischen Maßes $\omega(w, \alpha' + \alpha'', G^*)$ auf Kurven, welche α' und α'' verbinden, die obere Schranke

$$m_w < 1 - \frac{1}{2\pi} e^{-2 \int\limits_{s_1}^{s_2} \frac{ds}{\varrho(s)}}, \tag{15}$$

und die fundamentale Beziehung $m_z \leqq m_w$ gibt uns unter den Voraussetzungen von Nr. 73, mit Rücksicht auf (11) und (11'),

$$\int\limits_{\sigma_1}^{\sigma_2} \frac{d\sigma}{\Theta(\sigma)} \leqq \frac{\pi}{2} \log \frac{2}{1 - m_w} < \pi \int\limits_{s_1}^{s_2} \frac{ds}{\varrho(s)} + \frac{\pi}{2} \log 4\pi. \tag{16}$$

Hieraus folgert man speziell:

Satz 6. *Es sei G_z ein in der $z = x + iy$-Ebene gelegenes Gebiet, das von einer Jordankurve $\Gamma_z = \alpha'_z + \beta'_z + \alpha''_z + \beta''_z$ berandet ist, die aus vier Teilbogen α'_z, β'_z, α''_z, β''_z in der angegebenen Reihenfolge zusammengesetzt ist, so daß für $x_1 \leqq x \leqq x_2$ die Gerade $\Re z = x$ nur die zwei Bogen α'_z, α''_z trifft. Die totale Länge $\Theta(x)$ der innerhalb G_z liegenden Segmente dieser Geraden habe das Maximum*

$$\max \Theta(x) = \Theta \quad \text{für} \quad x_1 \leqq x \leqq x_2.$$

In G_z sei eine regulär analytische Funktion $w(z)$ von folgenden Eigenschaften gegeben:

1. $w(z)$ nimmt innerhalb G_z Werte an, die in ein von gewissen Jordankurven Γ_w berandetes Gebiet G_w fallen.

2. Auf den Randbogen α'_z, α''_z ist $w(z)$ stetig und nimmt hier Werte an, welche auf zwei punktfremde abgeschlossene Punktmengen H'_w bzw. H''_w fallen, die so liegen, daß sie durch einen Querschnitt des Gebietes G_w getrennt werden können. Es sei Q ein solcher Querschnitt, a die kürzeste Entfernung von Q zur Menge $H'_w + H''_w$ und b die Länge von Q.

Unter diesen Voraussetzungen gilt die Ungleichung

$$\frac{x_2 - x_1}{\Theta} < \pi \frac{b}{a} + C, \tag{17}$$

wo C eine numerische Konstante $\left(C < \frac{\pi}{2} \log 4\pi \right)$ ist.

Dieses Ergebnis ist eine unmittelbare Folgerung aus der allgemeinen Beziehung (16), wenn man hier als Gebiet G_w^* dasjenige Teilgebiet von G_w annimmt, welches von einem Kreis mit dem Radius a überstrichen wird, falls dessen Mittelpunkt den Bogen Q durchläuft. Die Mengen H_w' und H_w'' können dann nämlich durch diejenigen Teilgebiete H_1, H_2 ersetzt werden, in welche G_w durch das Streifengebiet G_w^* zerlegt wird, und von denen H_1 die Menge H_w', H_2 die Menge H_w'' enthält.

§ 3. Abschätzung des hyperbolischen Maßes durch Gebietserweiterung.

77. Jedem durch einen Punkt P eines Gebietes G vom hyperbolischen Typus gehenden Bogenelement der (euklidischen) Länge ds haben wir in Nr. 44 eine nichteuklidische Länge $d\sigma$ zugeordnet. Das Prinzip über das hyperbolische Maß (Nr. 45) besagt, daß die hierdurch erklärte nichteuklidische Bogenlänge durch eine analytische eindeutige Transformation $w = w(z)$ *verkleinert* wird, falls man als Bezugsgebiet in der z-Ebene ein Gebiet G_z, wo $w(z)$ eindeutig und analytisch ist, in der w-Ebene wiederum ein Gebiet G_w nimmt, wo die entsprechenden Werte w liegen. Nach dem in § 1 dieses Abschnitts angedeuteten Programm müssen wir, um das Prinzip auch für solche Fälle anwendbar zu machen, in denen die hyperbolische Maßbestimmung nicht elementar rechnerisch bewältigt werden kann, Mittel aufsuchen zur Aufstellung approximativer Beziehungen zwischen den hyperbolischen und euklidischen Maßverhältnissen der gegebenen Abbildungen.

Hierzu bietet uns das erwähnte Prinzip selbst eine einfache Methode, die in vielen Fällen zu anwendbaren Ergebnissen in der gewünschten Richtung führt. Es seien G_1 und G_2 Gebiete vom hyperbolischen Typus, und G_1 in G_2 als Teilgebiet enthalten. Wenn P ein innerer Punkt von G_1 ist, so gilt für die hyperbolischen Längen $d\sigma_1$ und $d\sigma_2$ eines entsprechenden Bogenelements ds, gemessen in bezug auf G_1 bzw. G_2,

$$d\sigma_1 \geqq d\sigma_2. \tag{18}$$

Dies ist tatsächlich eine spezielle Folgerung aus dem Prinzip über die Verkleinerung des hyperbolischen Maßes. Denn nimmt man $G_z \equiv G_1$, $G_w \equiv G_2$, so genügt die Funktion $w \equiv z$ sämtlichen Bedingungen unseres Satzes, und das Prinzip liefert uns unmittelbar die Beziehung (18), wo Gleichheit dann und nur dann zutrifft, wenn $G_1 \equiv G_2$ ist.

Läßt sich nun G_2 so wählen, daß die konforme Abbildung von G_2 (oder G_2^∞, falls G_2 mehrfach zusammenhängend ist), auf den Einheitskreis $E(|x| < 1)$ möglich ist, so ist durch (18) eine Minorante für das hyperbolische Maß $d\sigma_1$ gegeben. Ist nämlich $x(z)$ diejenige einwertige

Funktion, welche die genannte Abbildung so ausführt, daß P in den Nullpunkt $x = 0$ übergeht, so wird definitionsgemäß (vgl. Nr. 44)

$$d\sigma_2 = |dx| = \left|\frac{dx}{dz}\right| ds,$$

wo $ds = |dz|$ und die Ableitung $\dfrac{dx}{dz}$ im Punkte P zu nehmen ist. Es wird also

$$\frac{d\sigma_1}{ds} \geq \left|\frac{dx}{dz}\right|_P = \frac{1}{|z'(0)|},$$

wo $z(x)$ diejenige Funktion ist, welche den Einheitskreis $|x| < 1$ so auf G_2^∞ konform abbildet, daß $x = 0$ dem Punkt P zugeordnet wird.

In analoger Weise findet man Majoranten für das Verhältnis $\dfrac{d\sigma_1}{ds}$.

78. Der Koebesche Verzerrungssatz. Als Anwendung untersuchen wir die Verzerrung bei konformer Abbildung des Einheitskreises $|z| < 1$ auf ein *schlichtes* Gebiet D, das den Unendlichkeitspunkt nicht enthält. Die abbildende Funktion

$$w(z) = z + a_2 z^2 + \cdots \tag{19}$$

sei derart normiert, daß die Nullpunkte einander entsprechen und der entsprechende Abbildungsmodul gleich 1 ist, was durch eine Ähnlichkeitstransformation des Gebietes stets erreicht werden kann. Die kürzeste Entfernung des Nullpunktes $w = 0$ vom Rande Γ von D sei gleich d[1].

Satz von Koebe. *Wenn die Potenzreihe* (19) *für $|z| < 1$ konvergiert und den Einheitskreis schlicht abbildet, so ist die kürzeste Entfernung d des Randes des Bildgebiets vom Nullpunkt größer als eine positive numerische Konstante k* (Koebesche Konstante).

Beweis. Sei $de^{i\delta}$ ein Randpunkt des schlichten Bildgebietes D, der in der Entfernung d vom Nullpunkt liegt. Wir transformieren w durch die Wurzel

$$w_1 = \sqrt{d - we^{-i\delta}} = \sqrt{d} + bz + \cdots, \tag{20}$$

welche für $w = 0$ den positiven Wert $\sqrt{d}$ annimmt. Die derart definierte Funktion w_1 ist für $|z| < 1$ unbeschränkt fortsetzbar, also eindeutig (Monodromiesatz) und, infolge der Einwertigkeit von $w(z)$, einwertig; sie bildet somit den Einheitskreis auf ein schlichtes Gebiet D_1 der w_1-Ebene eineindeutig und konform ab. Wenn w_1 ein innerer Punkt von D_1 ist ($w_1 \neq 0$), so liegt $-w_1$ nicht in D_1. Denn sonst würden diese Werte, vermöge der Transformation $w_1 = w_1(z)$, zwei verschiedenen Punkten z_1 und z_2 entsprechen; diesen würden dann in der w-Ebene die gleichen Werte $w = e^{i\delta}(d - w_1^2)$ zugeordnet sein, was wegen der vorausgesetzten Einwertigkeit von $w(z)$ unmöglich ist.

---

[1] P. Koebe [*1*].

Da nun der Kreis $|w| < d$ in D liegt, so wird von der ihm durch (20) zugeordneten Lemniskate

$$|d - w_1^2| < d$$

die rechts von der imaginären Achse befindliche Hälfte H_1 dem Gebiet D_1 zugehören, während die symmetrische, links liegende Hälfte H_2 keinen Punkt von D_1 enthält. Entfernt man also aus der w_1-Ebene das Gebiet H_2, so hat man im Restgebiet D_1^* ein Majorantgebiet zu D_1. Eine noch bequemere Majorante erhält man, wenn man D_1 durch

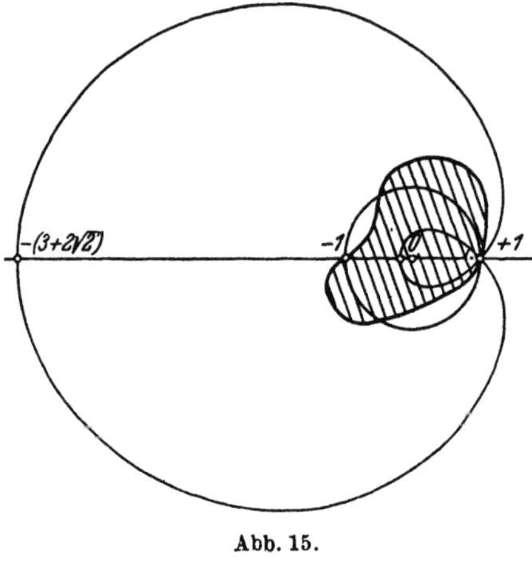

Abb. 15.

$$x = x(z) = \frac{\sqrt{d} - w_1}{\sqrt{d} + w_1}$$
$$= \frac{e^{-i\delta}}{4d} z + \cdots \qquad (21)$$

transformiert. Als Bildgebiet ergibt sich ein schlichtes Gebiet D_x, das vollständig in D_x^*, dem Bildgebiet von D_1^*, liegt. Für die größte Nullpunktsentfernung des Randes von D_x^* ergibt sich der Wert $3 + 2\sqrt{2} < 6$ und man hat also

$$|x(z)| < 6$$

für $|z| < 1$.

Mittels des Prinzips des hyperbolischen Maßes (oder, was gleichbedeutend damit ist, des SCHWARZschen Lemmas) ergibt sich nunmehr für die Nullpunktsableitung $x'(0)$ die Beziehung

$$|x'(0)| = \frac{1}{4d} < 6, \qquad d > \frac{1}{24}, \qquad (22)$$

womit die Existenz der behaupteten universellen Konstante nachgewiesen ist.

79. Das Bildgebiet D_x hat als Abbild des Gebietes D_1 vermöge der Transformation (21) die Eigenschaft, daß es kein Paar von Punkten x_1, x_2 enthält, welche durch die Beziehung

$$x_1 x_2 = 1$$

verbunden sind. Aus Symmetriegründen erwartet man, daß der größtmögliche Wert des Abbildungsmoduls $|x'(0)| = \frac{1}{4d}$ dann vorkommt, wenn D_x der Einheitskreis ist und also $x \equiv z$, $|x'(0)| = 1$; für die KOEBEsche Konstante würde sich dann der genaue Wert $\frac{1}{4}$ ergeben. Das entsprechende Bildgebiet D in der w-Ebene ist die mit einem Schlitz:

$\arg w = \delta, |w| \geqq \frac{1}{4}$ versehene Vollebene, welche nach (20) und (21) vermittels der Transformation

$$e^{-i\delta} z = \frac{1 - \sqrt{1 - 4w\,e^{-i\delta}}}{1 + \sqrt{1 - 4w\,e^{-i\delta}}}, \qquad w = \frac{z}{(1 + z\,e^{-i\delta})^2}$$

auf den Einheitskreis $|z| < 1$ abgebildet wird. Wir werden sogleich die Richtigkeit dieser Vermutung nachweisen.

Für die kürzeste Nullpunktsentfernung d des Randes des Gebietes D, welches durch die Transformation (19) als Bild des Einheitskreises erhalten wird, findet man andererseits unmittelbar eine genaue *obere* Schranke. Beachtet man nämlich, daß die Umkehrfunktion $z = z(w)$ den Kreis $|w| < d$ auf ein Teilgebiet des Einheitskreises abbildet, so ergibt sich unter Anwendung des SCHWARZschen Lemmas die Abschätzung

$$\left| \frac{z}{w} \right| \leqq \frac{1}{d},$$

also für $z = w = 0$

$$d \leqq 1, \tag{22'}$$

wo Gleichheit dann und nur dann besteht, wenn $w \equiv z$ und D also mit dem Einheitskreis zusammenfällt.

80. Wir werden jetzt den genauen Wert der KOEBEschen Konstante ermitteln unter Anwendung eines einfachen von ERHARD SCHMIDT herrührenden Verfahrens[1]. Oben wurde gezeigt, daß ein schlichtes Gebiet D_w, welches den Nullpunkt, dagegen nicht den unendlich fernen Punkt als inneren Punkt enthält, und dessen Berandung vom Nullpunkt die kürzeste Entfernung d hat, auf ein Gebiet D_x von folgenden Eigenschaften schlicht und konform abgebildet werden kann:

A. Wenn der Punkt x in D_x liegt, so liegt der Punkt $\frac{1}{x}$ außerhalb D_x.
B. D_x hat den Punkt $x = 1$ als Randpunkt.

Diese Abbildung läßt sich ferner so normieren, daß $x = 0$ für $w = 0$ und

$$\left| \frac{dx}{dw} \right| = \frac{1}{4d} \quad \text{für} \quad w = x = 0.$$

Unter der Annahme, daß die Funktion $w(z) = z + a_2 z^2 + \cdots$ den Einheitskreis auf D_w konform abbildet, soll jetzt also gezeigt werden, daß $d \geqq \frac{1}{4}$. Zu diesem Zwecke bemerke man, daß die Funktion $\frac{x}{z}$ für $|z| < 1$ regulär und von Null verschieden ist. Es wird folglich nach dem GAUSSschen Mittelwertsatz für $x = R e^{i\Phi}$, $z = r e^{i\varphi}$ ($r < 1$)

$$\log \frac{1}{4d} = \frac{1}{2\pi} \int_0^{2\pi} \log \frac{R}{r}\, d\varphi. \tag{23}$$

---

[1] Den SCHMIDTschen Beweis findet man bei CARATHEODORY [5]. Vgl. auch H. GRUNSKY [7].

Andererseits stellt das Integral

$$\int\limits_{\varphi\,=\,0}^{2\pi} \log\frac{R}{r}\, d(\Phi - \varphi) = I(r)$$

den Flächeninhalt desjenigen Gebietes D' dar, auf welches ein beliebiger Zweig der Funktion $\log\frac{x}{z}$ den Kreis $|z| \leqq r$ abbildet. Dieser Ausdruck ist somit *nichtnegativ*, und es wird

$$\int \log\frac{R}{r}\, d\Phi = \int \log\frac{R}{r}\, d\varphi + I(r)\,. \tag{24}$$

Aus (23) und (24) folgt nun

$$\log\frac{1}{4d} = \frac{1}{2\pi} \int\limits_{\varphi\,=\,0}^{2\pi} \log R\, d\Phi - \log r - \frac{1}{2\pi} I(r)\,. \tag{25}$$

Das letzte Integral kann in folgender Weise gedeutet werden:

Man denke sich aus dem Gebiet $D_x(r)$, in welches der Kreis $|z| < r$ durch die Abbildung $z \to x$ transformiert wird, eine kleine Kreisscheibe $|x| \leqq R_0$ entfernt. Wird nun das Restgebiet aufgeschlitzt längs eines radialen Querschnitts, der die zwei Randkurven $|x| = R_0$ und $|x| = R(\Phi)$ (welche als Bild von $|z| = r$ erscheint) verbindet, so wird dieses aufgeschlitzte Ringgebiet durch irgendeinen Zweig von $\log x$ auf ein Gebiet $D_0(r)$ abgebildet, dessen Flächeninhalt offenbar gleich

$$\int\limits_{\varphi\,=\,0}^{2\pi} \log R\, d\Phi + 2\pi \log\frac{1}{R_0}$$

ist. Unter Anwendung der Eigenschaft A des Gebiets D_x läßt sich zeigen, daß dieser Flächeninhalt andererseits nicht größer als das zweite Glied des obigen Ausdrucks ist. Dies sieht man am einfachsten derart ein, daß in der w-Ebene ein beliebiges Gebiet D^* genommen wird, welches $D(r)$ (das Bildgebiet von $|z| < r$) enthält, und von einem vom Randpunkt $d e^{i\delta}$ von D bis zu $w = \infty$ verlaufenden *Schlitz* begrenzt wird. Transformiert man dieses Gebiet gleichzeitig mit D auf die x-Ebene, so erhält man als Bild ein Gebiet D_x^*, welches $D_x(r)$ enthält und dessen Rand durch die Beziehung $x' = \frac{1}{x}$ in sich selbst übergeht. Die Gleichung des Randes sei $R = R^*(\Phi)$. Verfährt man nun mit D_x^* wie oben mit $D_x(r)$, so erhält man als Bild in der $\log x$-Ebene ein Gebiet D_0^*, welches $D_0(r)$ als Teilgebiet enthält und dessen Flächeninhalt also

$$\int\limits_{\Phi\,=\,0}^{2\pi} \log R^*\, d\Phi + 2\pi \log\frac{1}{R_0} > \int\limits_{\varphi\,=\,0}^{2\pi} \log R\, d\Phi + 2\pi \log\frac{1}{R_0}$$

Wegen der erwähnten Eigenschaft der Randkurve $R = R^*(\Phi)$ verschwindet jedoch das erste Integral, und es wird somit

$$\frac{1}{2\pi} \int\limits_{\varphi=0}^{2\pi} \log R \, d\Phi < 0 \, .$$

Nach (25) erhalten wir nunmehr

$$\log \frac{1}{4d} < - \log r - \frac{1}{2\pi} I(r)$$

und also für $r \to 1$

$$d \geqq \frac{1}{4} \, e^{\frac{I}{2\pi}} \, , \tag{26}$$

wo I der Flächeninhalt desjenigen Gebietes ist, auf welches die Funktion $\log \frac{x}{z}$ den Kreis $|z| < 1$ abbildet.

Hieraus folgt nun

$$d \geqq \frac{1}{4} \, ,$$

und es wird $d = \frac{1}{4}$ dann und nur dann, wenn $I = 0$. Dies ist nur so möglich, daß $x = cz$, wo c konstant ist. Da nun das vermittels der Abbildung $z \to x$ erhaltene Bildgebiet D_x den Punkt $x = 1$ als Randpunkt hat, so wird $|c| = 1$ und D_x fällt mit dem Einheitskreis zusammen. Dann ist aber D das KOEBEsche Schlitzgebiet; für dieses und nur für dieses Bildgebiet erreicht also die kürzeste Nullpunktsentfernung ihr Minimum $\frac{1}{4}$.

81. Ist man einmal im Besitz des genauen Wertes der KOEBEschen Konstante, so gelangt man auch zu den genauen Verzerrungsformeln von PICK, welche Schranken für den Betrag der Abbildungsfunktion und ihrer Ableitung geben. Dies geschieht durch folgende einfache Erwägung.

Es sei $w = w(z)$ eine Funktion, welche den Einheitskreis $|z| < 1$ auf ein schlichtes, im Endlichen gelegenes Gebiet D konform abbildet. Unter a und b zwei beliebige Punkte verstanden, denken wir uns durch diese Punkte einen Orthogonalkreis $C(a, b)$ zu $|z| = 1$ gelegt und schlitzen den Einheitskreis längs desjenigen Bogens von $C(a, b)$ auf, der b mit $|z| = 1$ verbindet und den Punkt a nicht enthält. Der aufgeschlitzte Einheitskreis $E(a, b)$ wird auf dasjenige Teilgebiet $D(a, b)$ von D schlicht abgebildet, welches aus diesem Gebiet entsteht, wenn man D längs des Bildbogens von $C(a, b)$ aufschneidet.

Wir bilden jetzt $E(a, b)$ auf den vollen Einheitskreis so ab, daß a in den Nullpunkt übergeht. Durch die Transformation

$$z_1^2 = \frac{z - b}{1 - \bar{b} z} \, e^{-i\alpha} \, ,$$

wo $\alpha = \arg\dfrac{b-a}{1-\bar{b}a}$, wird $E(a, b)$ zunächst auf den oberen Halbkreis $|z_1| < 1$ abgebildet, so daß $z = a$ dem Punkt $z_1 = c = i\sqrt{\left|\dfrac{a-b}{1-\bar{b}a}\right|}$ entspricht. Durch die Beziehung

$$t = \frac{z_1 - c}{1 - \bar{c}\,z_1} \cdot \frac{1 - c\,z_1}{z_1 - \bar{c}}$$

führt man nun den Halbkreis weiter in den Einheitskreis $|t| < 1$ über, so daß $c \to 0$. Die gesuchte Transformation $t = t(z)$ ergibt sich nun durch Zusammensetzung der zwei obigen Abbildungen. Es wird für $z = a$, $t = 0$

$$\left|\frac{dt}{dz}\right| = |t'(a)| = \left|\frac{dz_1}{dz}\right|\left|\frac{dt}{dz_1}\right|$$

$$= \frac{1}{4\,|a-b|} \cdot \frac{(1 - |b|^2)\,(|1 - \bar{b}\,a| + |a - b|)}{|1 - \bar{a}\,b|\,(|1 - \bar{b}\,a| - |a - b|)}.$$

Nun hat man in

$$\varphi(t) = \frac{w(z(t)) \cdot t'(a)}{w'(a)} - \frac{w(a)\,t'(a)}{w'(a)} = t + c_2\,t^2 + \cdots$$

eine Funktion, welche den Kreis $|t| < 1$ auf dasjenige schlichte Gebiet $D_1(a, b)$ konform abbildet, welches aus $D(a, b)$ durch die Transformation

$$w_1 = \frac{t'(a)}{w'(a)}\,(w - w(a))$$

hervorgeht und dessen Rand eine kürzeste Nullpunktsentfernung höchstens vom Betrag

$$d = \left|\frac{t'(a)}{w'(a)}\right|\,|w(a) - w(b)|$$

hat. Nach dem obigen Satz ist dieser Ausdruck $\geqq \dfrac{1}{4}$, und es wird somit

$$|w'(a)|\left|\frac{a-b}{w(a) - w(b)}\right|\left|\frac{1 - \bar{a}\,b}{1 - |b|^2}\right| \frac{|1 - \bar{b}\,a| - |a - b|}{|1 - \bar{b}\,a| + |a - b|} \leqq 1. \tag{27}$$

Aus dieser Beziehung, die zu verschiedenen interessanten Folgerungen leitet, schließen wir zunächst für $a = 0$, $b = z$, $w(0) = 0$, daß

$$\frac{|w'(0)|\,|z|}{|w(z)|\,(1 + |z|)^2} \leqq 1$$

ist, oder also, falls $w = z + a_2 z^2 + \ldots$, d. h. $w'(0) = 1$,

$$|w(z)| \geqq \frac{|z|}{(1 + |z|)^2}. \tag{28}$$

Ferner ergibt sich für $b = 0$, $a = z$:

$$\left|\frac{w'(z)}{w(z)}\right| \leqq \frac{1}{|z|}\,\frac{1 + |z|}{1 - |z|}, \tag{29}$$

woraus durch Integration von 0 bis $z = |z|\,e^{i\varphi}$ längs des Radius $\arg z = \varphi$

$$|w(z)| \leqq \frac{|z|}{(1 - |z|)^2}. \tag{30}$$

Um noch eine untere Schranke für den Betrag der logarithmischen Ableitung zu ermitteln, betrachte man für ein gegebenes z die von t abhängige Funktion

$$w\left(\frac{t+z}{1+\bar{z}\,t}\right) = w(z) + w'(z)(1-|z|^2)\,t + \dots,$$

welche den Einheitskreis $|t|<1$ schlicht abbildet. Nach (30) wird also

$$\frac{\left|w\left(\dfrac{t+z}{1+\bar{z}\,t}\right) - w(z)\right|}{|w'(z)|\,(1-|z|^2)} \leqq \frac{|t|}{(1-|t|)^2}\,,$$

oder für $t=-z$

$$\left|\frac{w'(z)}{w(z)}\right| \geqq \frac{1}{|z|}\cdot\frac{1-|z|}{1+|z|}\,. \tag{31}$$

Durch Multiplikation der Formeln (31) und (28), sowie (29) und (30) erhalten wir noch

$$\frac{1-|z|}{(1+|z|)^3} \leqq |w'(z)| \leqq \frac{1+|z|}{(1-|z|)^3}\,. \tag{32}$$

Alle diese Formeln enthalten genaue Schranken, welche bei dem Koebeschen Extremalgebiet, und nur bei diesem erreicht werden.

82. Zum Schluß machen wir auf eine spezielle Folgerung aus den obigen Formeln aufmerksam. Aus (28) folgt

$$|1+a_2 z+a_3 z^2+\cdots| \leqq 1+2|z|+3|z|^2+\cdots,$$

also, falls $a_2 \neq 0$, für $z=e^{-i\alpha}|z|$ $(\alpha=\arg a_2)$

$$1+|a_2|\,|z|+(z^2) \leqq 1+2|z|+(z^2),$$

wo (x) jede Größe angibt, die dividiert durch x für $x=0$ endlich verbleibt. Folglich wird

$$|a_2| \leqq 2+(|z|)$$

und

$$|a_2| \leqq 2. \tag{33}$$

Aus dieser Ungleichung lassen sich umgekehrt sämtliche obigen Verzerrungsformeln einfach ableiten [1].

§ 4. Verzerrungssätze von Ahlfors[2].

83. In der $z=x+iy$-Ebene denken wir uns ein einfach zusammenhängendes Gebiet G gegeben, welches den unendlich fernen Punkt nicht enthält. Es seien $Z_1=X_1+iY_1$ und $Z_2=X_2+iY_2$ $(X_1<X_2)$ zwei erreichbare Randpunkte von G; hierbei werden auch die Möglichkeiten $X_1=-\infty$, $X_2=+\infty$ mitberücksichtigt.

---

[1] G. Pick [2], R. Nevanlinna [1].
[2] L. Ahlfors [1].

Die Gerade $\Re z = x$ hat ein oder mehrere Segmente mit dem Gebiet G gemeinsam. Eine jede dieser Strecken ist ein Querschnitt[1] Q des einfach zusammenhängenden Gebietes G und zerlegt dieses somit in zwei einfach zusammenhängende Gebiete, deren Punkte durch Q voneinander getrennt werden. Wir werden im folgenden einige wichtige Eigenschaften dieser Querschnitte zusammenfassen.

Wir verbinden Z_1 und Z_2 durch einen Querschnitt $z = z(t)$ $(0 \leqq t \leqq 1;$ $Z_1 = z(0)$, $Z_2 = z(1))$. Man kann diesen ohne Einschränkung derart wählen, daß er aus einer abzählbaren Menge von Strecken zusammengesetzt ist, von denen keine der y-Achse parallel ist und deren Endpunkte sich höchstens in Z_1, Z_2 häufen. Wir beweisen:

I. Wenn $z_1 = x_1 + i y_1$, $z_2 = x_2 + i y_2$ $(x_1 < x_2)$ zwei Gebietspunkte sind, so gibt es auf der Geraden $\Re z = x$ $(x_1 < x < x_2)$ mindestens einen Querschnitt Q_x, der z_1 und z_2 trennt.

Verbindet man nämlich z_1 und z_2 durch einen in G verlaufenden Polygonzug C, so wird die Gerade $\Re z = x$ von diesem in einer ungeraden Anzahl von Punkten geschnitten. Unter den aus dieser Geraden gelegenen Querschnitten existiert also mindestens einer, der dieselbe Eigenschaft besitzt, und dieser trennt z_1 von z_2.

Der Satz gilt auch dann, wenn z_1, z_2 erreichbare Randpunkte sind.

Wir betrachten speziell für ein gegebenes $X_1 < x < X_2$ diejenigen Querschnitte Q_x, welche die Punkte Z_1 und Z_2 trennen. Da der vorgegebene Polygonzug C jede Gerade $\Re z = x$ in einer endlichen Anzahl von Punkten trifft, so muß es unter den Querschnitten Q_x einen wohlbestimmten geben, dem der Punkt $z(t)$ zuerst begegnet, wenn t von 0 bis 1 wächst; dies möge für die Werte $t = t(x)$, $z_x = z(t(x))$ eintreten. Der betreffende Querschnitt Q_x sei durch Θ_x, seine Länge durch $\Theta(x)$ bezeichnet.

Die Funktion $\Theta(x)$ ist im allgemeinen von komplizierter Beschaffenheit. Es läßt sich jedoch beweisen:

II. Wenn die Berandung von G in den beiden Endpunkten des Querschnitts Θ_x eine zur y-Achse nicht parallele Tangente hat, so ist $\Theta(x)$ für den betreffenden Wert x stetig.

Beweis. Die obige Regularitätsbedingung sei für $\Re z = x_0$ erfüllt. Die Endpunkte des Querschnitts Θ_{x_0} liegen dann auf zwei in einer Umgebung von $x = x_0$ stetigen Zweigen $y = y_1(x)$ und $y = y_2(x)$ der Begrenzung von G. Es sei $\overline{\Theta}_x$ derjenige auf der Geraden $\Re z = x$ gelegene Querschnitt von G, dessen Endpunkte auf $y = y_1$ und $y = y_2$ liegen. Die Länge $\overline{\Theta}(x) = y_2(x) - y_1(x)$ von $\overline{\Theta}_x$ ist eine für $x = x_0$ stetige Funktion von x, und es genügt also zu zeigen, daß der Querschnitt $\overline{\Theta}_x$

---

[1] So bezeichnen wir jeden stetigen Jordanbogen, dessen Endpunkte Randpunkte sind, während alle übrigen Punkte innerhalb des Gebietes gelegen sind.

mit dem oben definierten Querschnitt Θ_x übereinstimmt, sobald $|x - x_0|$ kleiner als eine gegebene positive Zahl h wird.

Der Querschnitt Θ_{x_0} zerlegt das Gebiet G in zwei Teilgebiete G_1 und G_2, von denen G_1 den Punkt Z_1 als Randpunkt besitzt. Es sei t_0 die untere Grenze derjenigen Werte von t, für welche der Punkt $z(t)$ von C zu dem offenen Gebiet G_2 gehört. Wir können nun um den Wert t_0 ein Intervall

$$\Delta\,(t_0 - \varepsilon \leq t \leq t_0 + \varepsilon)$$

abgrenzen, so daß der Polygonzug C innerhalb Δ höchstens für $t = t_0$ einen Eckpunkt hat und

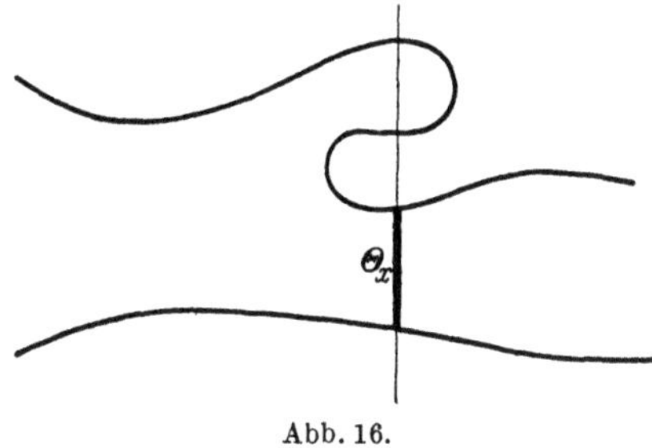
Abb. 16.

daß der Querschnitt $\overline{\Theta}_x$ von C in einer ungeraden Anzahl von Punkten geschnitten wird, sobald $t = t(x)$ in Δ liegt.

Wir wählen nun aus der dem Intervall Δ entsprechenden Umgebung von x_0 einen Wert x und bezeichnen mit $z_\nu = z(t_\nu)$ $(\nu = 1, 2, \ldots, n)$, die gemeinsamen Punkte von C mit der Geraden $\Re z = x$. Aus dem Obigen folgt, daß genau *einer* der Werte t_ν im Intervall Δ liegt; der entsprechende Punkt liegt auf dem Querschnitt $\overline{\Theta}_x$. Stimmt der Querschnitt $\overline{\Theta}_x$ nicht mit Θ_x überein, so muß also unter den Werten $t_\nu < t_0 - \varepsilon$ mindestens einer existieren, der einen die Punkte Z_1, Z_2 trennenden, von $\overline{\Theta}_x$ verschiedenen Querschnitt Q'_x bestimmt. Aus der Wahl von t_0 folgt, daß Q'_x in G_1 gelegen ist.

Wäre nun $\overline{\Theta}_x$ für beliebig kleine Werte von $|x - x_0|$ von Θ_x verschieden, so könnten wir eine Folge von Querschnitten Q'_k $(k = 1, 2, \ldots,$ $x_k \to x_0$ für $k \to \infty)$ wählen, deren Häufungsmenge dann wenigstens einen auf der Geraden $\Re z = x_0$ gelegenen, die Punkte Z_1, Z_2 trennenden Querschnitt von G_1 enthalten müßte[1]. Dies führt aber zu einem Widerspruch, denn Θ_{x_0} ist definitionsgemäß der erste die Punkte Z_1, Z_2 trennende Querschnitt, den der Polygonzug C schneidet, wenn t das Intervall $(0,1)$ durchläuft. Der Satz ist damit bewiesen.

84. Unter der Voraussetzung, daß das Gebiet G in jedem endlichen Randpunkt der in der vorigen Nummer (Satz II) aufgestellten Regularitätsbedingung genügt, außer höchstens für isolierte Punkte, sei $w = u + iv = w(z)$ eine Funktion, welche das Innere von G auf den

---

[1] Man sieht nämlich unmittelbar ein, daß die Häufungsmenge der Querschnitte Q'_{x_k} das Gebiet G in gewisse Teilgebiete zerlegt, von denen ein gewisses (G') den Punkt Z_1 als Randpunkt und Z_2 als äußerer Punkt besitzt. Der Rand von G' wird also von C in einer ungeraden Anzahl von Punkten geschnitten und enthält demnach wenigstens einen Querschnitt, der die Punkte Z_1, Z_2 trennt.

Streifen $|v| < \dfrac{a}{2}$ $(a > 0)$ konform so abbildet, daß der Randpunkt Z_1 in den Punkt $u = -\infty$, der Randpunkt Z_2 in $u = +\infty$ übergeht. Der Querschnitt Θ_x geht hierbei in einen stetigen Kurvenbogen L_x über, welcher die zwei Begrenzungsgeraden $v = \pm \dfrac{a}{2}$ des Streifens miteinander verbindet. Der größte bzw. kleinste Wert von u auf L_x sei durch $u_2(x)$ bzw. $u_1(x)$ bezeichnet. Diese Größen sind offenbar als wachsende Funktionen von x definiert.

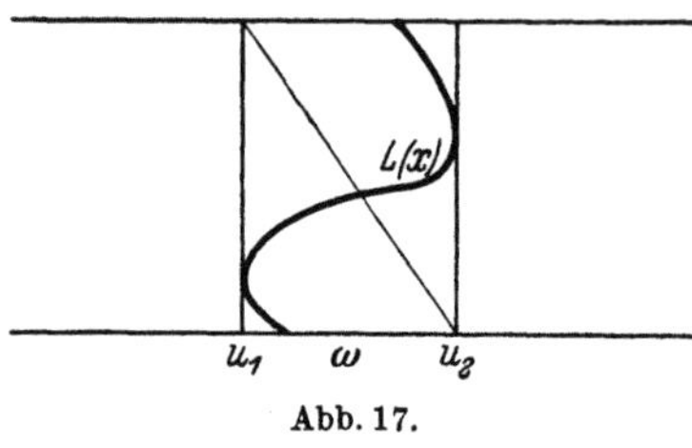

Abb. 17.

Um nun die Funktionen u_1, u_2 näher zu untersuchen, bemerke man, daß die Länge des Bogens L_x mindestens gleich der Diagonale des umschriebenen Rechtecks $u_1 \leqq u \leqq u_2$, $|v| \leqq \dfrac{a}{2}$, d. h. mindestens gleich

$$\sqrt{a^2 + \omega^2}$$

ist, mit $\omega = \omega(x) = u_2(x) - u_1(x)$. Andererseits ergibt sich für diese Länge der Ausdruck

$$\int_{\Theta_x} |w'(z)|\, dy,$$

der gemäß der Schwarzschen Ungleichung[1] höchstens gleich

$$\sqrt{\int_{\Theta_x} dy \int_{\Theta_x} |w'|^2\, dy}$$

ist. Zusammenfassend wird somit

$$a^2 + \omega(x)^2 \leqq \int_{\Theta_x} dy \int_{\Theta_x} |w'(z)|^2\, dy = \Theta(x) \int_{\Theta_x} |w'(z)|^2\, dy.$$

---

[1] Die Schwarzsche Ungleichung lautet:

$$\left(\int_a^b g(x)\, h(x)\, dx \right)^2 \leqq \int_a^b g(x)^2\, dx \int_a^b h(x)^2\, dx. \tag{34}$$

Ihre Begründung erfolgt einfach vermittels der Lagrangeschen Identität

$$\left(\sum_1^n a_\mu b_\mu \right)^2 = \sum_1^n a_\mu^2 \sum_1^n b_\mu^2 - \sum_{\mu < \nu} (a_\mu b_\nu - a_\nu b_\mu)^2,$$

wonach

$$(\Sigma a_\mu b_\mu)^2 \leqq \Sigma a_\mu^2 \Sigma b_\mu^2$$

folgt. Gleichheit tritt hier dann und nur dann ein, wenn die Zahlen a_μ zu den Zahlen b_μ proportional sind.

Durch einen Grenzübergang ergibt sich

$$\left(\int_a^b g(x)\, h(x)\, dx \right)^2 = \int_b^a g(x)^2\, dx \int_a^b h(x)^2\, dx - \int_a^b dy \int_a^y (g(x)\, h(y) - g(y)\, h(x))^2\, dx.$$

Die Beziehung (34) gilt hiernach, und zwar so, daß Gleichheit dann und nur dann vorkommt, wenn das Verhältnis $g : h$ konstant ist (außer höchstens für eine Wertmenge x vom Maße Null).

Wir dividieren durch Θ und integrieren dann in bezug auf x zwischen den Grenzen x_1 und $x_2 (X_1 < x_1 < x_2 < X_2)$, was erlaubt ist, da $\Theta(x)$ unter den aufgestellten Regularitätsbedingungen höchstens isolierte Unstetigkeitsstellen aufweisen kann (vgl. Nr. 83). Man erhält also

$$a^2 \int_{x_1}^{x_2} \frac{dx}{\Theta(x)} + \int_{x_1}^{x_2} \frac{\omega(x)^2}{\Theta(x)}\, dx \leqq \int\int_{\Theta x}^{x_2}\int_{x_1} |w'(z)|^2 dx\, dy.$$

Der rechtsstehende Ausdruck stellt den Flächeninhalt $A(x_1,\ x_2)$ desjenigen schlichten Gebiets dar, welches der Bogen L_x beschreibt, wenn x stetig von x_1 bis x_2 wächst. Da diese Fläche als Teil im Rechteck $|v| \leqq \frac{a}{2}$, $u_1(x_1) \leqq u \leqq u_2(x_2)$ enthalten ist, so ist $A(x_1,\ x_2) \leqq a\big(u_2(x_2) - u_1(x_1)\big) = a\big(u_1(x_2) - u_2(x_1) + \omega(x_1) + \omega(x_2)\big)$, und es wird

$$u_1(x_2) - u_2(x_1) \geqq a \int_{x_1}^{x_2} \frac{dx}{\Theta(x)} + \frac{1}{a} \int_{x_1}^{x_2} \frac{\omega^2}{\Theta}\, dx - \omega(x_1) - \omega(x_2). \quad (35)$$

Um dieses Ergebnis auf eine brauchbare Form zu bringen, soll jetzt die Schwankung ω von u auf L_x weggeschafft werden. Wir fixieren einen beliebigen Wert $x_0 (X_1 < x_0 < X_2)$ und setzen

$$\frac{1}{a} \int_{x_0}^{x} \frac{\omega^2}{\Theta}\, dx \equiv \lambda(x). \quad (36)$$

Sei ferner m eine beliebige positive Zahl und, für ein gewisses $x > x_0$,

$$\lambda(x) < \omega(x) - m. \quad (37)$$

Dann wird

$$\omega^2 = a\Theta\, \frac{d\lambda}{dx} > (\lambda(x) + m)^2$$

und somit

$$\frac{dx}{\Theta(x)} \leqq \frac{a\, d\lambda}{(\lambda + m)^2}.$$

Hieraus folgt, daß das Integral

$$\int \frac{dx}{\Theta(x)} \quad (38)$$

erstreckt über diejenigen Intervalle rechts von x_0, wo die Ungleichung (37) besteht, höchstens gleich

$$a \int_{0}^{\infty} \frac{d\lambda}{(\lambda + m)^2} = \frac{a}{m} \quad (39)$$

ist. In genau derselben Weise sieht man ein, daß das Integral (38) über diejenigen Werte $x < x_0$ erstreckt, für welche die Ungleichung

$$-\lambda(x) < \omega(x) - m \quad (40)$$

besteht, höchstens gleich dem Ausdruck (39) ist.

Wir wählen jetzt x_0 im Intervall $x_1 < x_0 < x_2$, so daß

$$\int\limits_{x_1}^{x_0}\frac{dx}{\Theta(x)} = \int\limits_{x_0}^{x_2}\frac{dx}{\Theta(x)} = \frac{1}{2}\int\limits_{x_1}^{x_2}\frac{dx}{\Theta(x)}$$

Falls dann

$$\int\limits_{x_1}^{x_2}\frac{dx}{\Theta(x)} > \frac{2a}{m} \tag{41}$$

ist, so seien x_1', x_2' $(x_1 < x_1' < x_2' < x_2)$ die durch die Gleichungen

$$\int\limits_{x_1}^{x_1'}\frac{dx}{\Theta} = \int\limits_{x_2'}^{x_2}\frac{dx}{\Theta} = \frac{a}{m}$$

definierten Zahlen. Es existiert dann im Intervall (x_1, x_1') eine Zahl ξ_1 und im Intervall (x_2', x_2) eine Zahl ξ_2, so daß

$$-\lambda(\xi_1) \geqq \omega(\xi_1) - m, \qquad \lambda(\xi_2) \geqq \omega(\xi_2) - m$$

und daher

$$\frac{1}{a}\int\limits_{\xi_1}^{\xi_2}\frac{\omega^2}{\Theta}\,dx = \lambda(\xi_2) - \lambda(\xi_1) \geqq \omega(\xi_1) + \omega(\xi_2) - 2m\,.$$

Die Beziehung (35), angewandt im Intervall $\xi_1 \leqq x \leqq \xi_2$, ergibt dann also

$$u_1(\xi_2) - u_2(\xi_1) \geqq a\int\limits_{\xi_1}^{\xi_2}\frac{dx}{\Theta} - 2m,$$

woraus, da u_1 und u_2 wachsende Funktionen sind und $x_1 < \xi_1$, $\xi_2 < x_2$ ist,

$$u_1(x_2) - u_2(x_1) \geqq a\int\limits_{x_1}^{x_2}\frac{dx}{\Theta} - 2m - a\int\limits_{x_1}^{\xi_1}\frac{dx}{\Theta} - a\int\limits_{\xi_2}^{x_2}\frac{dx}{\Theta}$$

$$\geqq a\int\limits_{x_1}^{x_2}\frac{dx}{\Theta} - 2m - \frac{2a^2}{m}\,.$$

Setzt man speziell $m = a$, so folgt hieraus der[1]

Satz von Ahlfors. *Ist*

$$\int\limits_{x_1}^{x_2}\frac{dx}{\Theta(x)} > 2\,,$$

so wird

$$u_1(x_2) - u_2(x_1) \geqq a\int\limits_{x_1}^{x_2}\frac{dx}{\Theta(x)} - 4a\,. \tag{42}$$

Daß der vor dem Integral stehende Faktor a durch keinen kleineren ersetzt werden kann, wird ersichtlich, wenn man als Gebiet G einen zur

---

[1] Wegen einer Erweiterung vgl. R. Nevanlinna [15].

x-Achse parallelen Streifen von konstanter Breite Θ wählt. Es wird dann $w = \dfrac{a\,z}{\Theta}$ und

$$u_1(x_2) - u_2(x_1) = \frac{a(x_2 - x_1)}{\Theta} = a \int_{x_1}^{x_2} \frac{dx}{\Theta}.$$

85. Mit Hilfe eines dem AHLFORSschen Satz verwandten, früheren Verzerrungssatzes von GRÖTZSCH [*1*] und [*2*] hat TEICHMÜLLER [*2*] die bestmögliche Abschätzung von $\dfrac{u_1(x_2) - u_2(x_1)}{a}$ nach *unten* durch eine Funktion von $\displaystyle\int_{x_1}^{x_2} \frac{dx}{\Theta(x)}$ gegeben. Wir wollen hier die Hauptzüge der TEICHMÜLLERschen Methode zusammenfassen.

Das zwischen den Querschnitten Θ_{x_1} und Θ_{x_2} liegende Teilgebiet von G wird zuerst auf ein Rechteck R mit den Seitenlängen c und d konform so abgebildet, daß die Querschnitte Θ_{x_1}, Θ_{x_2} in die Seiten der Länge d übergehen. Dies ist offenbar nur dann möglich, wenn das Verhältnis $\dfrac{c}{d}$ einen bestimmten, von G, x_1 und x_2 abhängigen Wert hat.

Bei der betrachteten Abbildung geht jeder Querschnitt $\Theta_x\,(x_1 \leqq x \leqq x_2)$ in einen Bogen über, dessen Länge mindestens gleich d ist. Es ergibt sich in ähnlicher Weise wie in Nr. 84 die Abschätzung

$$\int_{x_1}^{x_2} \frac{dx}{\Theta(x)} \leqq \frac{c}{d},$$

wo Gleichheit für alle Wertpaare x_1, x_2 nur dann besteht, wenn G ein Parallelstreifen $a_1 < y < a_2$ ist.

Es gilt nun für den Ausdruck $\dfrac{u_1(x_2) - u_2(x_1)}{a}$ eine von $\dfrac{c}{d}$ abhängige untere Schranke zu finden. Man kann diese Aufgabe auf ein Problem über Ringgebiete in folgender Weise zurückführen: Wir bilden das Rechteck R auf einen konzentrischen Halbkreisring konform so ab, daß die den Querschnitten Θ_{x_1}, Θ_{x_2} entsprechenden Seiten in den Halbkreisbogen übergehen. Nach Spiegelung an dem Durchmesser haben wir einen Kreisring K mit dem Radienquotienten $e^{\pi \frac{c}{d}}$.

Wir betrachten nun dasjenige Gebiet der w-Ebene, dessen Begrenzung aus den w-Bildern (L_{x_1}, L_{x_2}) der Querschnitte Θ_{x_1}, Θ_{x_2} und aus zwei auf den Geraden $v = \dfrac{a}{2}$, $v = -\dfrac{a}{2}$ gelegenen Strecken besteht. Wird dieses Gebiet mittels der Funktion $\zeta = e^{\frac{\pi w}{a} + \frac{\pi i}{2}}$ auf ein Gebiet der $\zeta (= \xi + i\eta)$-Ebene abgebildet und das Bildgebiet noch an der ξ-Achse gespiegelt, so entsteht ein zweifach zusammenhängendes Gebiet D, das die Punkte $\zeta = 0$ und $\zeta = \infty$ voneinander trennt. Der entfernteste Randpunkt des $\zeta = 0$ enthaltenden Komplementärkontinuums von D hat von $\zeta = 0$ den Abstand $r_1 = e^{\pi \frac{u_2(x_1)}{a}}$, der nächste Randpunkt des $\zeta = \infty$ enthaltenden Komplementärkontinuums hat von $\zeta = 0$ den Abstand $r_2 = e^{\pi \frac{u_1(x_2)}{a}}$.

Unsere Aufgabe wird nun durch den nachstehenden Satz gelöst, auf dessen Beweis wir hier verzichten müssen (vgl. hierzu die oben zitierten Untersuchungen von TEICHMÜLLER und GRÖTZSCH):

Ist das zweifach zusammenhängende Gebiet D, von dessen Komplementärkontinuen das eine den Punkt $\zeta = 0$, das andere $\zeta = \infty$ enthält, auf einen konzentrischen Kreisring mit gegebenem Radienquotienten konform abbildbar, so liegt das Verhältnis $\frac{r_1}{r_2}$ der oben definierten Extremalentfernungen unterhalb einer von D unabhängigen positiven Grenze. Diese Grenze wird dann erreicht, wenn D die von $-r_1$ bis 0 und von r_2 bis $+\infty$ längs der reellen Achse aufgeschlitzte Ebene ist.

Weil nun das betrachtete Gebiet D mit den Extremalentfernungen $e^{\pi \frac{u_2(x_1)}{a}}$, $e^{\pi \frac{u_1(x_2)}{a}}$ auf den Kreisring K mit dem Radienquotienten $e^{\pi \frac{c}{d}}$ konform abbildbar ist, so finden wir für den Ausdruck $\frac{u_1(x_2) - u_2(x_1)}{a}$ die bestmögliche Abschätzung, wenn wir das Gebiet D durch das oben definierte Extremalgebiet ersetzen. Die explizite Durchführung führt auf elliptische Funktionen; als eine Näherungsformel ergibt sich z. B.

$$\frac{u_1(x_2) - u_2(x_1)}{a} > \int_{x_1}^{x_2} \frac{dx}{\Theta(x)} - \frac{4\log 2}{\pi} - \frac{1}{\pi} \log \frac{1}{1 - 8e^{-\pi \int_{x_1}^{x_2} \frac{dx}{\Theta(x)}}}. \tag{42'}$$

86. Der Satz von AHLFORS enthält eine Aussage über die Verzerrung in der Nähe der über $w = \infty$ liegenden Randpunkte des Streifens $|v| < \frac{a}{2}$, falls dieser auf das Gebiet G konform abgebildet wird. Unter Anwendung ähnlicher Betrachtungen gelangt man aber auch zu den klassischen Verzerrungsformeln, welche die Deformation bei schlichten konformen Abbildungen im *Innern* der Gebiete bestimmen.

Sei $$s = f(t) = c_1 t + c_2 t^2 + \cdots \tag{43}$$

eine für $|t| < 1$ reguläre Funktion, welche den Einheitskreis E_t auf ein schlichtes Gebiet D_s konform abbildet. Man schneide D_s längs der positiven reellen Achse von $s = 0$ bis zum nächsten Randpunkt auf, E_t wiederum längs der Bildkurve γ dieses Schnittes, und bilde die aufgeschnittenen Gebiete durch zwei beliebig festgelegte Zweige der Funktionen $w = \log s$ und $z = x + iy = \log t$ auf zwei Streifengebiete D_w und E_z konform ab.

Es sei nun Z_1 der unendlich ferne, und Z_2 ein beliebiger, auf der imaginären Achse befindlicher Randpunkt von E_z. Wie in Nr. 83 definieren wir jetzt einen zur y-Achse parallelen Querschnitt Θ_x von E_z, der die Randpunkte Z_1 und Z_2 trennt; seine Länge $\Theta(x)$ ist offenbar $\leq 2\pi$ und seine Bildkurve l_x in dem Gebiete D_w hat eine Länge $l(x) \geqq 2\pi$. Das in Nr. 84 befolgte Verfahren ergibt nun die für jedes $x < 0$ gültige Ungleichung

$$\int_x^0 l^2\,dx \leqq 2\pi A(x). \tag{44}$$

wo $A(x)$ der Flächeninhalt desjenigen Teilgebiets von D_w ist, welches durch die Kurve l_x abgetrennt wird und rechts von dieser liegt.

Diese Ungleichung wollen wir jetzt verwenden, um den genauen Wert der Koebe*schen Konstante* zu bestimmen, die bereits in § 3, Nr. 80 vermittels einer anderen Methode ermittelt wurde. Wir sahen dort: Wenn die für $|t| < 1$ konvergente Potenzreihe

$$\varphi(t) = t + a_2 t^2 + \cdots$$

den Einheitskreis auf ein schlichtes Gebiet abbildet, dessen Berandung die kürzeste Nullpunktsentfernung d hat, so ergibt die Zusammensetzung dieser Funktion φ mit einer einfachen Wurzeloperation (S. 88) eine Funktion $f(t)$, deren Nullpunktsentwicklung (43) als ersten Koeffizienten

$$c_1 = \frac{e^{-i\delta}}{4\,d} \quad (\delta \text{ reell}) \tag{45}$$

hat, und die den Einheitskreis E_t auf ein schlichtes Gebiet D_s abbildet, welches den Punkt $s = 1$ als Randpunkt hat, die ganze Strecke $(0,1)$ der reellen Achse enthält und nachstehende spezielle Eigenschaft besitzt: Wenn der Punkt s innerhalb D_s liegt, so liegt der Punkt $\frac{1}{s}$ außerhalb D_s.

Wir führen nun die Abbildung von D_s auf D_w aus und bezeichnen mit $u_1(x)$ den kleinsten Wert, mit $u_1(x) + \omega(x)$ den größten Wert des reellen Teiles u von w auf dem Querschnitt l_x. Um eine Abschätzung für den Flächeninhalt $A(x)$ zu finden, bezeichnen wir mit $\sigma(u_0)$ die Gesamtlänge der auf der Geraden $u = u_0$ liegenden Querschnitte von D_w. Wegen der obenerwähnten speziellen Eigenschaft von D_s gilt dann $\sigma(u) + \sigma(-u) \leqq 2\pi$ für $|u| \leqq |u_1(x)|$ und $\sigma(u) = 0$ für $u > -u_1(x)$. Es ist also

$$A(x) \leqq -2\pi u_1(x). \tag{46}$$

Unter Beachtung der Ungleichung

$$(l(x))^2 \geqq 4\pi^2 + \omega^2 \tag{47}$$

ergibt sich nun aus (44) die Abschätzung

$$-x + \frac{1}{4\pi^2}\int_x^0 \omega^2\,dx \leqq -u_1(x). \tag{48}$$

Für
$$u_1(x) = \min_{\log|t| = x} \log|f(t)|$$

hat man aber nach (43) die Entwicklung

$$u_1(x) = \log|c_1| + x + \varepsilon(x), \tag{49}$$

wo $\varepsilon(x)$ für $x \to -\infty$ verschwindet, und es wird also nach (45) und (48)

$$-\log|c_1| = \log(4d) \geqq \frac{1}{4\pi^2} \int_{-\infty}^{0} \omega^2\, dx$$

oder

$$d \geqq \frac{1}{4} e^{\frac{1}{4\pi^2} \int_{-\infty}^{0} \omega^2\, dx} \geqq \frac{1}{4}. \tag{50}$$

Die Grenze $\frac{1}{4}$ kann nur dann erreicht werden, wenn $\omega \equiv 0$, d. h. wenn bei der Abbildung $t \to s$ die Kreise $|t| = $ const. in konzentrische Kreise $|s| = $ const. verwandelt werden. Es ist also dann $\frac{\partial u}{\partial y} = -\frac{\partial v}{\partial x} = 0$ und, da $\frac{\partial u}{\partial x} = \frac{\partial v}{\partial y}$ und $\Delta u = \frac{\partial^2 u}{\partial x^2} = 0$, $\Delta v = \frac{\partial^2 v}{\partial y^2} = 0$, $u = ax + b_1$, $v = ay + b_2$,

$$w = u + iv = az + b, \quad \text{mit} \quad b = b_1 + ib_2.$$

Nun ist aber nach (49) $b_1 = \log(4d) = 0$, $a = 1$, und somit $w = z + ib_2$, $s = e^{ib_2} \cdot t$. Der Wert $d = \frac{1}{4}$ kommt also nur bei dieser speziellen Abbildung vor; das entsprechende Bildgebiet in der φ-Ebene ist dann das KOEBEsche Extremalgebiet (vgl. Nr. 79).

§ 5. Das Problem von CARLEMAN-MILLOUX.

87. In § 2 dieses Abschnitts haben wir unter Anwendung des Erweiterungsprinzips für das harmonische Maß einige Abschätzungen gegeben, welche, ohne die bestmöglichen zu sein, immerhin einen Genauigkeitsgrad besitzen, der für viele Anwendungen als genügend betrachtet werden kann. Im folgenden sollen einige anschließende Extremalprobleme, die zu dem schon in § 2 behandelten Problem von CARLEMAN und MILLOUX in enger Beziehung stehen, genau gelöst werden. Die zur Anwendung kommende, von BEURLING und vom Verfasser herrührende Methode[1] gründet sich auf eine Integraldarstellung des harmonischen Maßes, welche jetzt aufgestellt werden soll.

Wir gehen von einem Gebiet G aus, dessen Berandung vorerst aus einer endlichen Anzahl analytischer Bogen Γ zusammengesetzt angenommen werden soll. Durch endlich viele analytische Jordanbogen β, die sich entweder innerhalb G schließen oder Querschnitte von G sind, trennen wir nun gewisse Teilgebiete ab, so daß aus G ein

---

[1] A. BEURLING [7], R. NEVANLINNA [11].

zusammenhängendes Teilgebiet G^* übrigbleibt. Die Berandung Γ^* von G^* besteht aus einem Teil α von Γ sowie aus den Bogen β.

Es gilt nun das harmonische Maß der Randkurven α in bezug auf G^* durch die GREENsche Funktion $g(\zeta, z)$ von G auszudrücken. Zu diesem Zweck wenden wir die GREENsche Transformationsformel (Nr. 24) mit $U = g$, $V = \omega(\zeta, \alpha, G^*)$ im Gebiete G^* an, aus dem zuvor der Pol $\zeta = z$ durch einen kleinen Kreis vom Radius ϱ isoliert worden ist. Durch den Grenzübergang $\varrho \to 0$ findet man dann

$$2\pi\, \omega(z, \alpha, G^*) = \int_\alpha \frac{\partial g(\zeta, z)}{\partial n}\, ds - \int_\beta g\, \frac{\partial \omega(\zeta, \alpha, G^*)}{\partial n}\, ds$$

oder, wegen

$$\int_\alpha \frac{\partial g(\zeta, z)}{\partial n}\, ds = \int_\alpha dh(\zeta, z) = 2\pi\, \omega(z, \alpha, G)$$

und $\dfrac{\partial \omega}{\partial n} = \dfrac{\partial \overline{\omega}}{\partial s}$, wo $-h$ die zu g und $-\overline{\omega}$ die zum harmonischen Maß ω konjugierte harmonische Funktion ist, schließlich

$$\omega(z, \alpha, G^*) = \omega(z, \alpha, G) - \frac{1}{2\pi} \int_\beta g(\zeta, z)\, d\overline{\omega}(\zeta, \alpha, G^*). \tag{51}$$

Wir haben diese Darstellung unter der Voraussetzung hergeleitet, daß die Bogen α und β analytisch sind. Tatsächlich gilt die Formel auch wenn α und β aus einer endlichen Anzahl von Jordanbogen zusammengesetzt sind. Genau wie in Nr. 26 sieht man zunächst ein, daß die zu ω konjugierte Funktion $-\overline{\omega}$ noch auf dem Rande β stetig ist; da ω hier verschwindet, somit gegen das Innere des Gebietes G zunimmt, so muß auch $\overline{\omega}$ stetig wachsen, wenn der Punkt ζ die Bogen β in positiver Richtung durchläuft. Man setze nun die Formel (51) in demjenigen Teilgebiet G_ε^* von G^* an, das von den analytischen Kurven $\omega(z, \alpha, G^*)$ $= 1 - \varepsilon \left(\frac{1}{2} > \varepsilon > 0\right)$ und $\omega = \varepsilon$ begrenzt wird. Das harmonische Maß der ersteren Bogen α_ε in bezug auf G_ε^* ergibt sich als eine *lineare* Funktion von ω:

$$\omega(z, \alpha_\varepsilon, G_\varepsilon^*) = \frac{\omega(z, \alpha, G^*) - \varepsilon}{1 - 2\varepsilon}.$$

Setzt man diesen Ausdruck ein und nimmt dann unter Berücksichtigung der Stetigkeit der GREENschen Funktion auf dem Rande $\alpha + \beta$ den Grenzübergang $\varepsilon \to 0$ vor, so ergibt sich in der Grenze die Formel (51).

Man sieht, daß diese Formel, welche in der Folge eine wichtige Rolle spielen wird, das Prinzip über die Gebietserweiterung als unmittelbaren Folgesatz in sich schließt. In der Tat ist das Integral rechts in (51), wegen $d\overline{\omega} \geqq 0$, nichtnegativ, und es ist also

$$\omega(z, \alpha, G^*) \leqq \omega(z, \alpha, G),$$

was gerade das Erweiterungsprinzip enthält.

88. Wir stellen uns nun folgende Aufgabe[1] (Problem von CARLEMAN-MILLOUX):

Es sei G ein schlichtes Gebiet von der Art, daß jeder Kreis $|z| = r\,(0 \leqq r \leqq R)$ mindestens einen Punkt enthält, der nicht zu G gehört. Sei ferner $u(z)$ eine innerhalb G eindeutige harmonische Funktion, welche nachstehenden Bedingungen genügt:

1. *Innerhalb G ist $u(z) \geqq 0$.*

2. *In jedem im Kreise $|z| < R$ gelegenen Randpunkt z von G ist*

$$\underline{\lim}\, u(z) \geqq 1.$$

Es gilt, für $0 \leqq r \leqq R$, eine nur von r abhängige, auf dem Kreise $|z| = r$ gültige untere Schranke der Funktion $u(z)$ zu finden.

Vorbemerkung. Falls die Berandung von G so regulär ist, daß man vom harmonischen Maß der innerhalb $|z| < R$ liegenden Randbogen α von G sprechen kann (dies ist z. B. dann der Fall, wenn G von lauter Jordanbogen begrenzt ist), so handelt es sich also um eine Abschätzung nach unten des harmonischen Maßes $\omega(z, \alpha, G)$ für $|z| = r\,(0 \leqq r \leqq R)$. Als trivial kann der Fall beiseite gelassen werden, wo sämtliche Randpunkte von G und also auch G selbst innerhalb des Kreises $|z| < R$ gelegen sind, denn dann umfaßt α den ganzen Rand von G, und es ist also $\omega \equiv 1$. Nehmen wir also an, daß G Randpunkte enthält, die außerhalb jenes Kreises oder auf diesem liegen. Nach dem Erweiterungsprinzip wird dann ω nicht größer, wenn man G durch sein innerhalb des Kreises $|z| < R$ liegendes Teilgebiet G_R ersetzt, und es genügt somit, das harmonische Maß $\omega(z, \alpha, G_R)$ nach unten abzuschätzen. Fixiert man nun einen inneren Punkt $z = r e^{i\varphi}$ von G_R, scheint es anschaulich fast evident zu sein, daß das harmonische Maß der Bogen α in diesem Punkt möglichst klein ausfällt, wenn sämtliche Punkte α dem Aufpunkt $r e^{i\varphi}$ diametral gegenüberstehen, so daß also α aus dem Radius $(0, -R e^{i\varphi})$ und G_R aus dem längs dieser Strecke aufgeschlitzten Kreis $|z| < R$ besteht. Daß dies tatsächlich der Fall ist, wird aus der unten folgenden exakten Lösung des CARLEMAN-MILLOUXschen Problems hervorgehen. Um die dieser Lösung zugrunde liegende anschauliche Idee klarer hervortreten zu lassen, sollen hier einige vorbereitende heuristische Bemerkungen vorausgeschickt werden, die den Schlüssel zur Lösung geben, obwohl sie für das Nachfolgende nicht unbedingt notwendig sind.

Wir stellen uns zunächst folgende einfachere Aufgabe: Gegeben sei eine Funktion $u(z)$, die im Gebiete $|z| < R$ nichtnegativ und harmonisch ist, außer in gewissen logarithmischen Polen z_ν, die auf vorgegebenen Kreisen $|z| = r_\nu\,(0 < r_\nu < R; \nu = 1, \ldots, n)$ gelegen sind; und zwar gelte in z_ν

$$u(z) = \delta_\nu \log \frac{1}{|z - z_\nu|} + \text{harmonische Funktion},$$

---

[1] Vgl. hierzu, außer den oben genannten Arbeiten von BEURLING und vom Verfasser, E. LANDAU [*3*], W. FENCHEL [*1*], E. SCHMIDT [*1*].

wo δ_ν vorgegebene positive Zahlen sind. Es soll für $|z| = r$ eine nur von den Zahlen r, δ_ν und r_ν abhängige untere Schranke von $u(z)$ gefunden werden.

Nun sieht man unmittelbar ein, daß die Differenz

$$u(z) - \sum \delta_\nu g(z, z_\nu),$$

wo

$$g(z, z_\nu) = \log \left| \frac{R^2 - \bar{z}_\nu\, z}{R(z - z_\nu)} \right|$$

die Greensche Funktion des Kreises $|z| \leqq R$ ist, eine für $|z| < R$ harmonische Funktion ist, die in jedem Punkt der Peripherie $|z| = R$ eine nichtnegative untere Grenze hat und die also im ganzen Kreis $|z| < R$ nichtnegativ sein muß, so daß

$$u(z) \geqq \sum \delta_\nu g(z, z_\nu).$$

Für die Greensche Funktion g gilt aber, wie leicht zu bestätigen ist,

$$\log \frac{R^2 + |z_\nu|\,|z|}{R(|z| + |z_\nu|)} \leqq g(z, z_\nu) \leqq \log \frac{R^2 - |z_\nu|\,|z|}{R\,|\,|z| - |z_\nu|\,|}$$

oder $\qquad\qquad g(-|z|,\, |z_\nu|) \leqq g(z, z_\nu) \leqq g(|z|,\, |z_\nu|), \qquad\qquad (52)$

wo Gleichheit links nur für $\arg z = \arg z_\nu + \pi$, rechts nur für $\arg z = \arg z_\nu$ besteht. Also ist

$$u(re^{i\varphi}) \geqq \sum \delta_\nu\, g(-r,\, r_\nu). \qquad\qquad (53)$$

Hiermit ist die Hilfsaufgabe vollständig gelöst. Durch dieses Ergebnis wird aber auch der Weg zur Lösung des ursprünglichen Problems angebahnt. Denkt man sich nämlich die Anzahl der Werte r_ν unbeschränkt wachsen und sucht man die Zahlen δ_ν so zu wählen, daß die rechts in (53) stehende Summe sich einem Integral nähert, das, wenn anstatt $-r$ die Variable z geschrieben wird, eine Funktion darstellt, welche auf dem Radius $(0, R)$ den Randwert 1 annimmt, eine Funktion also, die nichts anderes als das harmonische Maß dieses Radius in bezug auf das längs desselben aufgeschlitzten Kreis $|z| < R$ ist, so wird die Ungleichung (53) gerade die in Aussicht gestellte Lösung des Problems enthalten; zugleich ist mit den obigen Bemerkungen ein Verfahren vorgezeichnet zur Begründung jener Ungleichung, welche aus (53) durch Grenzübergang entstehen wird. Es kommt alles auf die Möglichkeit des Grenzüberganges an; daß dieser tatsächlich gelingt, wird durch die Integraldarstellung des harmonischen Maßes gezeigt, welche in Nr. 87 hergeleitet worden ist.

Wir gehen nun an die direkte Lösung des Problems von Carleman-Milloux. In der Formel (51) S. 103 nehme man für G den Kreis $|z| < R$ und für G^* dasjenige Teilgebiet dieses Kreises, welches entsteht, wenn man den Kreis längs des durch den Radius $(0, R)$ definierten Schlitzes β aufschneidet; der Bogen α ist also durch die volle Kreisperipherie $|z| = R$

gegeben. Es ist also $\omega(z, \alpha, G) \equiv 1$, und da $\omega(z, \beta, G^*) = 1 - \omega(z, \alpha, G^*)$, so wird

$$\omega(z) = -\frac{1}{2\pi} \int_\beta g(\zeta, z) \, d\,\bar\omega(\zeta), \tag{54}$$

wo wir kürzer $\omega(z) \equiv \omega(z, \beta, G^*)$ und $\bar\omega(\zeta) \equiv \bar\omega(\zeta, \beta, G^*)$ geschrieben haben.

Für das harmonische Maß $\omega(z)$ hat man andererseits den expliziten Ausdruck

$$\omega(z) = \frac{2}{\pi} \Re \left(\frac{1}{i} \log \frac{i(\sqrt{R} - \sqrt{z})}{\sqrt{R} + \sqrt{z}} \right) = \frac{2}{\pi} \arcsin \frac{R - |z|}{|R - z|},$$

und es ist also für ein reelles, positives z

$$\bar\omega(z) = \frac{2}{\pi} \log \frac{\sqrt{R} - \sqrt{z}}{\sqrt{R} + \sqrt{z}}$$

bis auf eine additive Konstante. Setzt man diesen Wert in (54) ein und beachtet man, daß der Schlitz β mit zwei Ufern versehen ist, so wird schließlich

$$\omega(z) = \frac{2}{\pi^2} \int_{t=0}^{R} g(z, t) \, d \log \frac{\sqrt{R} + \sqrt{t}}{\sqrt{R} - \sqrt{t}}, \tag{55}$$

mit

$$g(z, t) = \log \left| \frac{R^2 - z t}{R(z - t)} \right|.$$

Es sei jetzt $z = r e^{i\varphi} \ (0 < r < R)$ ein innerer Punkt des Gebietes G, wo die gegebene Funktion $u(z)$ die auf S. 104 aufgezählten Eigenschaften besitzt. Wir fixieren für jedes $0 \leq t \leq R$ einen äußeren oder Randpunkt $\zeta = t e^{i\vartheta}$ des Gebietes G und nehmen vorerst an, daß dies derart geschehen kann, daß die hierdurch definierte Funktion $\vartheta = \vartheta(t)$ meßbar ist. Es sei dann

$$v_\varrho(z) = \frac{2}{\pi^2} \int_{t=0}^{\varrho} g(z, \zeta) \, d \log \frac{\sqrt{R} + \sqrt{t}}{\sqrt{R} - \sqrt{t}} \quad (0 < \varrho < R).$$

Man sieht unmittelbar ein, daß diese Funktion nachstehenden Bedingungen genügt:

1. $v_\varrho(z)$ *ist in jedem Punkt* $z \neq \zeta$ *des Kreises* $|z| < R$ *harmonisch.*
2. $v_\varrho(z)$ *verschwindet für* $|z| = R$.

Neben diesen evidenten Eigenschaften hat v_ϱ noch die folgende:

3. *Für* $|z| < R$ *ist* $v_\varrho(z) \leq 1$.

Zum Beweise machen wir von den elementaren Abschätzungen (52) Gebrauch. Nach der rechtsstehenden Beziehung wird unter Beachtung der Formel (55)

$$v_\varrho(z) \leq \frac{2}{\pi^2} \int_0^R g(|z|, t) \, d \log \frac{\sqrt{R} + \sqrt{t}}{\sqrt{R} - \sqrt{t}} = \omega(|z|) = 1.$$

Wir betrachten nun den innerhalb des Kreises $|z| < R$ gelegenen Teil G_R des Gebietes G. Unter Beachtung der Voraussetzungen des vorgelegten Problems folgt aus den oben genannten Eigenschaften 1., 2. und 3., daß die Differenz $u(z) - v_\varrho(z)$, welche eine in G_R harmonische Funktion darstellt, in jedem Randpunkt von G_R eine nichtnegative untere Grenze hat. Nach dem Minimumprinzip ist also $u(z) \geqq v_\varrho(z)$ in jedem Punkt von G_R. Ferner ergibt sich bei Anwendung der ersten Bedingung (52)

$$u(r\,e^{i\varphi}) \geqq v_\varrho(r\,e^{i\varphi}) \geqq \frac{2}{\pi^2} \int_0^\varrho g(-r,t)\,d\log\frac{\sqrt{R}+\sqrt{t}}{\sqrt{R}-\sqrt{t}}\,,$$

woraus für $\varrho \to R$ folgt $(v_R = \lim v_\varrho)$:

$$\left.\begin{aligned}
u(r\,e^{i\varphi}) \geqq v_R(r\,e^{i\varphi}) &\geqq \frac{2}{\pi^2} \int_0^R g(-r,t)\,d\log\frac{\sqrt{R}+\sqrt{t}}{\sqrt{R}-\sqrt{t}} \\
&= \omega(-r) = \frac{2}{\pi}\arcsin\frac{R-r}{R+r}\,.
\end{aligned}\right\} \tag{56}$$

Es soll noch gezeigt werden, daß die rechtsstehende untere Schranke nur dann von der Funktion u erreicht werden kann, wenn G der von 0 bis $-Re^{i\varphi}$ radial aufgeschlitzte Kreis $|z| < R$ und $u(z) \equiv \omega(-z\,e^{-i\varphi})$ ist. Nach (52) erfordert das Bestehen der Gleichheit $v_R(r\,e^{i\varphi}) = \omega(-r)$, daß $\vartheta = \varphi + \pi$ außer höchstens für eine Nullmenge von t-Werten. Hieraus folgt, daß die Strecke $(0, -Re^{i\varphi})$ keinen inneren Punkt von G enthalten kann. In der Vergleichsfunktion v_ϱ kann daher $\vartheta(t) = \varphi + \pi$ gesetzt werden und es wird somit $v_R(z) = \omega(-z\,e^{-i\varphi})$. Soll nun die in G_R harmonische und nach (56) nichtnegative Funktion $u - v_R$ im inneren Punkt $z = r\,e^{i\varphi}$ verschwinden, so muß gemäß dem Minimumprinzip identisch

$$u(z) \equiv v_R(z) \equiv \omega(-z\,e^{-i\varphi})$$

sein. Hiermit ist auch der das Gleichheitszeichen betreffende Teil des Problems gelöst worden.

Die oben gegebene Lösung gründet sich auf die Voraussetzung, daß die Funktion $\vartheta(t)$ meßbar konstruiert werden kann. Falls die Berandung von G so kompliziert ist, daß dies nicht gelingen sollte, so modifiziere man die Definition von $\vartheta(t)$ folgendermaßen: Nachdem ein innerer Punkt $z = r\,e^{i\varphi}$ von G_R fixiert worden ist, nehme man eine positive Zahl ε und, außerhalb oder auf dem Rand von G, eine Punktmenge $\zeta_n = t_n\,e^{i\vartheta_n}$ $(n = 0, 1, \ldots; t_0 = 0, t_n < t_{n+1}, t_n \to R$ für $n \to \infty)$, so daß $u(z) > 1 - \varepsilon$ für $|z - \zeta_n| \leqq t_{n+1} - t_n$, was gemäß der Voraussetzung 2 möglich ist; jede Differenz $t_{n+1} - t_n$ soll hierbei kleiner als die kürzeste Entfernung von $z = r\,e^{i\varphi}$ zum Rande von G_R gewählt werden. Dann setze man $\vartheta(t) = \vartheta_{n+1}$ für $t_n \leqq t < t_{n+1}$.

Mit dieser Funktion $\vartheta(t)$ wiederhole man nun die Konstruktion der Hilfsfunktion v_ϱ. Die Lösung erfolgt dann wie oben; nur wird diesmal das Minimumprinzip auf die Funktion $u - v_\varrho$ in jenem Teilgebiet von G_R angewandt, das den Punkt $r e^{i\varphi}$ enthält und von den Punkten $\zeta = t e^{i\vartheta}$ begrenzt wird. Durch den Grenzübergang $\varepsilon \to 0$ gelangt man dann zum Endergebnis, das dem obigen genau gleich lautet.

Bemerkung. Aus den oben stehenden Erörterungen folgt nicht nur (56), sondern sogar die schärfere Beziehung

$$u(r\,e^{i\varphi}) \geqq \omega(-r) + \frac{2}{\pi^2} \int\limits_0^R \log \left| \frac{(R^2 - \zeta z)\,(t + r)}{(\zeta - z)\,(R^2 + t\,r)} \right| \, d \log \frac{\sqrt{R} + \sqrt{t}}{\sqrt{R} - \sqrt{t}}$$

$$\geqq \omega(-r) + \frac{r\,(R - r)}{\pi^2\,R^3\,\sqrt{R}} \int\limits_0^R \sqrt{t}\,\cos^2 \frac{\vartheta(t) - \varphi}{2}\, dt.$$

89. Das CARLEMAN-MILLOUXsche Problem und die oben gegebene Lösungsmethode lassen sich in verschiedener Richtung verallgemeinern. Zu einer naheliegenden Erweiterung gelangt man, wenn die oben gemachte Annahme über den Rand des Gebietes G durch folgende etwas allgemeinere ersetzt wird:

Es existiert eine Folge von Intervallen Δ_ν: $r'_\nu - r_\nu$ $(\nu = 1, 2, \ldots, n;$ $0 \leqq r_\nu < r'_\nu < r_{\nu+1} \leqq R)$, so daß jeder Kreis $|z| = r$ für $r_\nu \leqq r \leqq r'_\nu$ mindestens einen Rand- oder äußeren Punkt des Gebietes G enthält.

Es gilt dann der

Satz 1. *Falls die Funktion $u(z)$ in dem oben definierten Gebiet G den Voraussetzungen 1 und 2, S. 104 genügt, so ist in jedem inneren Punkt z ($|z| < R$) des Gebietes*

$$u(z) \geqq \omega(-|z|), \tag{57}$$

wo $\omega(z)$ das harmonische Maß desjenigen Teilgebietes G_Δ des Kreises $|z| < R$ bezeichnet, das entsteht, falls dieser Kreis längs der Strecken Δ_ν der positiven reellen Achse aufgeschlitzt wird.

Gleichheit kommt in (57) dann und nur dann in Betracht, wenn G aus diesem Schlitzgebiet durch eine Drehung um den Winkel φ hervorgeht, und zwar dann für alle Werte z des Radius $(0, -R e^{i\varphi})$.

Der Beweis wird genau in derselben Weise wie oben erbracht unter Anwendung der aus (54) fließenden Darstellung

$$\omega(z, \Delta) = \frac{1}{2\pi} \int\limits_\Delta g(\zeta, z)\, d\bar\omega(\zeta, \Delta)$$

für das harmonische Maß der Schlitze; hier bedeutet g die GREENsche Funktion des Kreises $|z| < R$ und $\bar\omega$ die zu ω konjugierte harmonische Funktion; die Integration ist über die Menge Δ in positiver Richtung zu führen ($d\bar\omega \geqq 0$).

90. Die oben angestellten Betrachtungen legen folgende, von BEUR-LING [*1*] gelöste Frage nahe:

Wie sollen die Intervalle Δ bei gegebener Gesamtlänge m $(0 < m < R)$ auf dem Radius $(0, R)$ gelegen sein, damit das harmonische Maß $\omega\,(0, \Delta)$ möglichst klein ausfällt?

Es ist fast einleuchtend, daß diese Extremallage dann vorliegt, wenn die Strecken Δ möglichst weit vom Nullpunkt liegen und somit ein einziges Intervall $(R - m, R)$ bilden. Es soll dies jetzt streng gezeigt werden.

Für den Beweis empfiehlt es sich, neben dem gewöhnlichen Maß

$$m = \int_\Delta dr = \sum (r'_\nu - r_\nu)$$

der Intervalle Δ, deren logarithmisches Maß

$$l = \int_\Delta d \log r = \log \frac{r'_1 \cdots r'_n}{r_1 \cdots r_n}$$

einzuführen. Es ist

$$r'_\nu - r_\nu = r'_\nu \left(1 - e^{- \log \frac{r'_\nu}{r_\nu}} \right),$$

woraus zu ersehen ist, daß das logarithmische Maß eines Intervalls (r_ν, r'_ν) sich verkleinert, wenn das Intervall sich vom Nullpunkt entfernt. Die logarithmische Länge der Intervallfolge Δ von der gegebenen Gesamtlänge m erreicht also ihr Minimum l_0, wenn Δ mit der Strecke $(R - m, R)$ zusammenfällt. Gemäß obiger Identität ist aber für diese besondere Lage

$$m = R(1 - e^{-l_0}),$$

und es gilt also zwischen dem gewöhnlichen und dem logarithmischen Maß einer Punktmenge Δ der Strecke $(0, R)$ allgemein die Beziehung

$$m \leqq R(1 - e^{-l}), \tag{58}$$

wo Gleichheit nur im obenerwähnten speziellen Fall eintrifft.

Nach dieser vorbereitenden Bemerkung nehmen wir vorerst an, daß Δ aus einem einzigen Intervall (r_1, r'_1) $(0 < r_1 < r'_1 < R)$ besteht. Wir vergleichen das harmonische Maß $\omega(z, \Delta)$ dieser Strecke mit dem harmonischen Maß $\omega(z, \Delta_0)$ des Segments

$$\Delta_0 : \qquad \left(R\,e^{-l} = \frac{r_1}{r'_1}\,R,\,R \right),$$

welches dieselbe logarithmische Länge l hat wie die Strecke Δ. Zu diesem Zwecke beachte man, daß $\omega\left(z\,\frac{r'_1}{R},\,\Delta \right)$ eine im Schlitzgebiet G_{Δ_0} harmonische und nichtnegative Funktion ist, die auf Δ_0 den Wert 1 annimmt. Die Randwerte von

$$\omega\left(z\,\frac{r'_1}{R},\,\Delta \right) - \omega(z, \Delta_0)$$

sind somit nichtnegativ und man schließt also nach dem Maximumprinzip, daß diese Differenz in G_{Δ_0} nichtnegativ sein muß und daß also speziell für $z = 0$

$$\omega(0, \Delta) \geqq \omega(0, \Delta_0), \tag{59}$$

wo Gleichheit dann und nur dann besteht, wenn $\Delta \equiv \Delta_0$ ist.

Falls Δ aus mehreren Teilintervallen zusammengesetzt ist, so setze man folgendes Reduktionsverfahren an. Es ist

$$\omega(z, \Delta) = \omega_1(z) + \omega_2(z),$$

wo

$$\omega_1(z) = \frac{1}{\pi} \int\limits_{\zeta = r_1}^{r_1'} g(\zeta, z)\, d\,\overline{\omega}(\zeta, \Delta)$$

und $\omega_2 = \omega(z, \Delta) - \omega_1(z)$ also in analoger Weise durch ein über die Gesamtheit der übrigen Strecken erstrecktes Integral definiert ist.

Der Ausdruck

$$v(z) = \omega_1\left(\frac{r_1'}{r_2}z\right) + \omega_2(z)$$

stellt eine in den außerhalb der Strecken

$$\Delta_1: \qquad \left(\frac{r_1 r_2}{r_1'}, r_2\right), \quad (r_\nu, r_\nu') \qquad\qquad (\nu = 2, \ldots, n)$$

gelegenen Punkten $|z| < R$ harmonische, nichtnegative Funktion von z dar. Um ihre Randwerte zu untersuchen, bemerke man, daß die GREENsche Funktion $g(t, r)\,(0 < r < t < R)$ mit wachsendem r zunimmt und daß folglich für $|z| = r$, $\frac{r_1 r_2}{r_1'} < r < r_2$ gilt

$$v(r) = \omega_1\left(\frac{r_1' r}{r_2}\right) + \omega_2(r) > \omega_1\left(\frac{r_1' r}{r_2}\right) + \omega_2\left(\frac{r_1' r}{r_2}\right) = \omega\left(\frac{r_1' r}{r_2}, \Delta\right) = 1.$$

Andererseits ist, für $0 < t < r < R$, $g(t, r)$ eine mit wachsendem r abnehmende Funktion, und es gilt also für $r_\nu < r < r_\nu'\ (\nu \geqq 2)$

$$v(r) > \omega_1(r) + \omega_2(r) = \omega(r, \Delta) = 1.$$

Aus obigem folgt, daß die im Gebiete G_{Δ_1} harmonische Funktion $v(z) - \omega(z, \Delta_1)$ nichtnegative Randwerte hat, und man schließt also unter Anwendung des Minimumprinzips, daß $v(0) = \omega(0, \Delta) > \omega(0, \Delta_1)$. Das harmonische Maß $\omega(0, \Delta)$ wird also verkleinert, wenn man die n-Strecken Δ durch die $n - 1$-Strecken Δ_1 ersetzt, welche die gleiche logarithmische Länge l wie jene Δ besitzen.

Wiederholt man nun den obigen Schluß $(n - 1)$-mal, so kommt man auf den Fall eines einzigen Intervalls Δ von der gegebenen logarithmischen Länge l zurück, und es läßt sich folgender Satz aussprechen:

Wenn die gegebenen Strecken Δ das logarithmische Gesamtmaß l haben, so ist

$$\omega(0, \Delta) \geqq \omega(0, \Delta_0), \tag{60}$$

wo Δ_0 das Intervall

$$\Delta_0: \qquad (Re^{-l},\, R)$$

bezeichnet. Gleichheit kommt nur im Falle $\Delta \equiv \Delta_0$ vor.

Unter Verwendung der Beziehung (58) folgt hieraus weiter, daß für eine Menge Δ von gegebenem Maß ein analoges Ergebnis besteht:

Falls die Intervalle Δ die Gesamtlänge $m\,(0 < m < R)$ haben, so gilt

$$\omega(0, \Delta) \geqq \omega(0, \Delta_0), \tag{60'}$$

wo Δ_0 das Intervall $(R - m,\, R)$ bezeichnet, und zwar gilt das Gleichheitszeichen nur für $\Delta \equiv \Delta_0$.

91. Die in den Formeln (60) und (60′) stehende Größe $\omega(0, \Delta_0)$, wo Δ_0 das Intervall (ϱ, R) $(\varrho = R - m = Re^{-l})$ der positiven reellen Achse bedeutet, ist leicht zu berechnen. Führt man nämlich die lineare Transformation

$$\frac{R^2(z + \varrho)}{R^2 + z\varrho} \tag{61}$$

aus, welche den Kreis $|z| < R$ in sich überführt, so daß die Strecke $(0, R)$ in (ϱ, R) übergeht und $z = -\varrho$ dem Nullpunkt entspricht, so folgt wegen der Invarianz des harmonischen Maßes gegenüber konformen Abbildungen

$$\omega(0, \Delta_0) = \omega(-\varrho) = \frac{2}{\pi} \arcsin \frac{R - \varrho}{R + \varrho}$$

$$= \frac{2}{\pi} \arcsin \frac{e^l - 1}{e^l + 1} = \frac{2}{\pi} \arcsin \frac{1 - \Theta}{1 + \Theta},$$

wo $m = (1 - \Theta) R\ (0 \leqq \Theta \leqq 1)$.

Die Beziehungen (60) und (60′) lassen sich also in die Ungleichung

$$\omega(0, \Delta) \geqq \frac{2}{\pi} \arcsin \frac{1 - \Theta}{1 + \Theta} \tag{62}$$

zusammenfassen. Diese gilt für jede Punktmenge Δ der Strecke $(0, R)$, deren Gesamtmaß der Zahl $(1 - \Theta) R$, oder deren logarithmisches Gesamtmaß dem Wert $l = \log \frac{1}{\Theta}$ gleich (oder größer) ist. Gleichheit tritt nur dann ein, wenn Δ mit der Strecke $(\Theta R, R)$ zusammenfällt.

Noch eine weitere Deutung dieses Ergebnisses ist der Beachtung wert. Es sei $\overline{\Delta}$ die zu Δ komplementäre Punktmenge der Strecke $(0, R)$; ihre in bezug auf den Kreis $|z| \leqq R$ bestimmte *hyperbolische Länge*

$$R \int\limits_{\overline{\Delta}} \frac{dr}{R^2 - r^2}$$

erreicht für ein gegebenes $m = (1 - \Theta) R$ offenbar ihr Minimum λ, wenn $\overline{\Delta}$ mit der Strecke $(0, \Theta R)$ zusammenfällt, und zwar ist

$$\lambda = \frac{1}{2} \log \frac{1 + \Theta}{1 - \Theta}.$$

Man schließt hieraus:

Die Beziehung (62) gilt, sobald diejenigen Punkte $\bar{\mathit{\Delta}}$ der Strecke $(0, R)$, welche von den Intervallen $\mathit{\Delta}$ nicht überdeckt werden, ein hyperbolisches Maß haben, das höchstens gleich

$$\lambda = \frac{1}{2} \log \frac{1 + \Theta}{1 - \Theta} \tag{63}$$

ist. Gleichheit besteht nur, wenn $\bar{\mathit{\Delta}}$ mit der Strecke $(0, \Theta R)$ identisch ist.

92. In Verbindung mit den Sätzen von Nr. 90, 91 ergibt sich nun

Satz 2. *Es sei $R > 0$, $0 \leq \Theta \leq 1$ und G ein Gebiet, das den Nullpunkt $z = 0$ enthält und außerdem einer der nachfolgenden drei Bedingungen genügt:*

a) *Das Maß derjenigen Werte r $(0 \leq r \leq R)$, für welche die Kreislinie $|z| = r$ mindestens einen Rand- oder äußeren Punkt von G enthält, beträgt mindestens $(1 - \Theta) R$.*

b) *Das logarithmische Maß der unter* a) *erwähnten Wertmenge $Q(r)$ ist nicht kleiner als $\log \dfrac{1}{\Theta}$.*

c) *Das in bezug auf den Kreis $|z| \leq R$ gemessene nichteuklidische (hyperbolische) Maß der zu $Q(r)$ komplementären Wertmenge $P(r)$, die also aus sämtlichen Werten r des Intervalls $(0 \leq r < R)$ besteht, für welche die Kreislinie $|z| = r$ vollständig innerhalb G verläuft, ist höchstens gleich* $\lambda = \dfrac{1}{2} \log \dfrac{1 + \Theta}{1 - \Theta}$.

Sei ferner $u(z)$ eine Funktion mit folgenden Eigenschaften:

1. *$u(z)$ ist in G eindeutig, harmonisch und nichtnegativ.*

2. *In jedem innerhalb des Kreises $|z| < R$ liegenden Randpunkt von G ist $\varliminf u(z) \geq 1$.*

Unter diesen Bedingungen ist

$$u(0) \geq \frac{2}{\pi} \arcsin \frac{1 - \Theta}{1 + \Theta}, \tag{64}$$

wo Gleichheit dann und nur dann besteht, wenn G die längs der, durch die Ungleichung $\Theta R \leq |z| \leq R$ definierten Strecke Δ_φ eines beliebigen Radius $\arg z = \varphi$ aufgeschnittene Kreisfläche $|z| < R$ ist, und $u(z)$ das in bezug auf dieses Schlitzgebiet G_{Δ_φ} bestimmte harmonische Maß der Strecke Δ_φ bedeutet.

Wir machen auf zwei unmittelbare Folgesätze dieses allgemeinen Satzes aufmerksam.

Die Voraussetzungen 1. und 2. sind speziell dann erfüllt, wenn man $u(z)$ durch das harmonische Maß $\omega(z, \alpha, G)$ derjenigen Randpunkte α von G ersetzt, welche in $|z| < R$ fallen. Unter Beachtung der mehrmals erwähnten geometrischen Bedeutung des harmonischen Maßes bei konformer Abbildung des Bezugsgebietes auf ein Kreisgebiet, folgt der

Satz 3. *Wenn G ein Gebiet von der im obigen Satz angegebenen Art und α die Menge seiner im Kreise $|z| < R$ liegenden Randpunkte ist, so*

*wird bei konformer Abbildung von G (oder der universellen Überlagerungs-
fläche G^∞ von G, falls dieses Gebiet mehrfach zusammenhängend ist) auf
den Einheitskreis $|x| < 1$, so daß der Nullpunkt invariant bleibt, die
Menge α in eine Punktmenge α' der Peripherie $|x| = 1$ übergehen, deren
Gesamtlänge mindestens*

$$4\arcsin\frac{1-\Theta}{1+\Theta}$$

beträgt. Gleichheit kommt nur im Falle des Schlitzgebietes $G_{\varDelta\varphi}$ in Betracht.

Eine zweite unmittelbare Anwendung bezieht sich auf den Zweikonstantensatz:

Satz 4. *Es sei $w(z)$ eine analytische Funktion, welche in dem oben
definierten Gebiet G nachstehenden Bedingungen genügt:*

1. $w(z)$ ist innerhalb G eindeutig und regulär.

*2. In jedem inneren Punkt von G gilt $|w(z)| < 1$ und in jedem, im
Kreise $|z| < R$ liegenden Randpunkt von G: $\overline{\lim}|w| \leqq \delta$, wo δ eine vor-
gegebene Zahl des Intervalles $(0 < \delta < 1)$ ist.*

Unter diesen Voraussetzungen ist für $z = 0$

$$|w(0)| \leqq \delta^{\frac{2}{\pi}\arcsin\frac{1-\Theta}{1+\Theta}},$$

wo Gleichheit nur für das Gebiet $G_{\varDelta\varphi}$ und für die Funktion

$$\log w(z) = \frac{2\log\delta}{\pi i}\log\left(i\,\frac{\sqrt{R - z\Theta e^{-i\varphi}} - \sqrt{z e^{-i\varphi} - R\Theta}}{\sqrt{R - z\Theta e^{-i\varphi}} + \sqrt{z e^{-i\varphi} - R\Theta}}\right)$$

*besteht, deren absoluter Betrag auf der Peripherie $|z| = R$ konstant gleich 1,
und auf der Strecke $\varDelta_\varphi$ konstant gleich δ ist.*

93. Für manche Anwendungen ist es wichtig auch für von Null
verschiedene Punkte z des Kreises $|z| < R$ ähnliche Abschätzungen zu
kennen. Aus den obenstehenden Sätzen lassen sich derartige Beziehungen
ableiten, indem man den Kreis $|z| < R$ auf sich so abbildet, daß der
gegebene Punkt z_0 in den Nullpunkt übergeht. Am einfachsten geschieht
dies unter Anwendung der hyperbolischen Maßbestimmung, welche
gegenüber solchen Transformationen invariant ist. Aus Satz 2 schließt
man unmittelbar

Satz 5. *Das Gebiet G, welches den Punkt $z_0(|z_0| < R)$ als inneren
Punkt enthält, möge folgende Eigenschaft besitzen: Das Maß derjenigen
Werte ϱ, für welche die hyperbolische Kreislinie $K_\varrho(z_0)$, mit z_0 als Mittelpunkt und mit einem Radius von der hyperbolischen Länge ϱ, vollständig
innerhalb G verläuft, ist höchstens gleich λ.*

*Wenn dann die Funktion u den Bedingungen 1 und 2 des Satzes 2 ge-
nügt, so wird*

$$u(z_0) \geqq \frac{2}{\pi}\arcsin e^{-2\lambda}. \tag{65}$$

Gleichheit kommt nur dann vor, wenn G ein Schlitzgebiet ist, das so
aus dem Kreis $|z| < R$ entsteht, daß man diesen von einem beliebigen

Punkt P_λ der Kreislinie $K_\lambda(z_0)$ bis zur Peripherie $|z| = R$ längs der Verlängerung der nichteuklidischen Strecke $(0, P_\lambda)$ aufschneidet. Die entsprechende Extremalfunktion u ist das harmonische Maß dieses Schlitzes.

Im Falle eines einfach zusammenhängenden Gebietes G schließt man, daß die Ungleichung für jede Funktion u besteht, die in G den Bedingungen 1, 2 von Satz 2 genügt, wobei λ die kürzeste nichteuklidische Entfernung vom Punkte z_0 bis zum Rande von G bezeichnet; als Bezugsgebiet der nichteuklidischen Maßbestimmung wird nach wie vor der beliebig vorgegebene Kreis $|z| = R$ benutzt.

V. Punktmengen vom harmonischen Maß Null.

§ 1. Definition der Punktmengen vom harmonischen Maß Null.

94. Auf die Möglichkeit einer Erweiterung der Theorie des harmonischen Maßes wurde bereits im II. Abschnitt hingewiesen. Eine unmittelbare Verallgemeinerung ergibt sich schon auf Grund der Betrachtungen jenes Abschnitts, wenn man, unter Festhaltung der Voraussetzung, daß das gegebene Bezugsgebiet von einer endlichen Anzahl Jordanbogen Γ berandet ist, die Punktmenge α nicht als eine Menge von Randbogen, sondern als eine beliebige Punktmenge auf Γ annimmt. Bildet man wiederum die universelle Überlagerungsfläche G^∞ von G auf den Einheitskreis K konform ab, so wird der Menge α eine gewisse Menge α_x von Punkten der Peripherie $|x| = 1$ eineindeutig zugeordnet. Gesetzt diese Menge sei meßbar, so nennen wir α in bezug auf G *harmonisch meßbar*. Unter Anwendung der Theorie des POISSONschen Integrals in der erweiterten Form, in welcher sie von FATOU [1] auf Grund der LEBESGUEschen Maßtheorie entwickelt worden ist, und in welcher sie später (Abschnitt VII) zur Sprache kommen wird, könnte man nun das harmonische Maß $\omega(z, \alpha, G)$ in genauer Analogie mit den Erklärungen des II. Abschnitts definieren. Es würde uns indes zu weit führen, hier auf derartige Erweiterungen einzugehen. Uns interessieren vor allem die Mengen vom harmonischen Maß Null; diese werden unter den obigen Voraussetzungen folgendermaßen erklärt:

Die Punktmenge α ist in bezug auf G vom harmonischen Maß Null, wenn die Bildpunktmenge α_x das (lineare) Maß Null hat, d. h. falls α_x durch eine Folge von Bogen von beliebig kleiner Gesamtlänge überdeckt werden kann.

Nach dieser Definition kommt der Wert Null dem harmonischen Maße $\omega(z, \alpha, G)$ einer Randpunktmenge α unabhängig von der Wahl des Aufpunktes z zu.

95. Dagegen verbleibt das Verschwinden des harmonischen Maßes in dem Sinne relativ, daß es eine vom Bezugsgebiet G abhängige Eigenschaft ist. Man könnte Beispiele von Punktmengen α angeben, die relativ zu einem Gebiet harmonische Nullmengen sind, während sie relativ zu einem anderen Gebiet ein positives harmonisches Maß erhalten. Im folgenden werden wir einige besondere Punktmengen sehr allgemeiner Natur in Betracht ziehen, für welche das Verschwinden des harmonischen Maßes so definiert werden kann, daß es ein *absolutes* Merkmal der Punktmenge wird.

Wir betrachten zunächst eine *abgeschlossene* Punktmenge α, welche die Vollebene nicht umfaßt. Die zu α komplementäre Punktmenge G besteht aus einem oder mehreren (jedenfalls abzählbar vielen) zusammenhängenden Gebieten; im letzteren Falle werden je zwei der verschiedenen Teilgebiete G durch ein zu α gehöriges Kontinuum getrennt.

Wir entfernen nun aus G einen kleinen, von einer Jordankurve β begrenzten oder gebildeten Bereich, und bezeichnen das übrigbleibende, an β grenzende, zusammenhängende Teilgebiet von G mit G_β. Alsdann fassen wir eine Folge von Teilgebieten G^n von G ins Auge, welche von je endlich vielen Jordanbogen α_n begrenzt werden, ineinander geschachtelt sind und G ausschöpfen:

$$G^1 \subset G^2 \subset \cdots; \; G^n \to G,$$

so daß also jedes vorgegebene Teilbereich B von G in G^n enthalten ist, sobald n hinreichend groß ist.

Bezeichnet man durch G^n_β das von α_n und der Hilfskurve β berandete zusammenhängende Teilgebiet von G^n, so können wir das harmonische Maß $\omega(z, \alpha_n, G^n_\beta)$ der Bogen α_n in bezug auf G^n_β bilden. Nach dem Erweiterungsprinzip (IV, § 2) nimmt diese Größe, deren Werte im Intervall $(0,1)$ liegen, mit wachsendem n monoton ab, und es existiert somit in jedem Punkte des Gebietes G_β der Grenzwert $\lim \omega(z, \alpha_n, G^n_\beta)$, den wir in natürlicher Weise als das *harmonische Maß der Punktmenge α in bezug auf das Gebiet G_β* definieren und demgemäß durch $\omega(z, \alpha, G_\beta)$ bezeichnen. Wir werden zeigen, daß diese Grenzfunktion, die ihrer Definition nach in jedem inneren Punkte von G_β der Bedingung $0 \leqq \omega < 1$ genügt, daselbst *harmonisch* ist. Dies wird mit Hilfe des nachstehenden allgemeinen Satzes geschehen, der auch später zur Anwendung kommen wird und das Wesentliche eines klassischen, von HARNACK herrührenden Prinzips enthält.

Hilfssatz. *Es sei $u(z)$ eine in einem zusammenhängenden Gebiet D eindeutige harmonische und nichtnegative Funktion. Wenn z_0 ein innerer Punkt und B ein Teilbereich von D ist, der einschließlich seines Randes ganz innerhalb D liegt, so existiert eine nur von der Konfiguration (z_0, B, D) abhängige Zahl $0 < k < 1$, so daß die Beziehungen*

$$k\,u(z_0) \leqq u(z) \leqq \frac{1}{k}\,u(z_0) \tag{1}$$

in jedem Punkte des Bereiches B gelten.

Es bedeutet keine Einschränkung, anzunehmen, daß der Bereich B zusammenhängend ist und den Punkt z_0 enthält, denn dies kann stets durch geeignete Erweiterung von B erreicht werden. Die kürzeste Entfernung zwischen den Rändern von B und D ist eine positive Zahl d. Wir überdecken die Ebene mit einem Quadratnetz, das z_0 als einen Eckpunkt hat und dessen Seitenlänge $r < \dfrac{d}{4}$ genommen wird. Diejenigen Quadrate, die mindestens einen inneren oder Randpunkt mit B gemeinsam haben, bilden eine zusammenhängende, den Bereich B überdeckende Polygonfläche P. Jeder Randpunkt von P hat von mindestens einem Punkt des Bereiches B einen Abstand $\leq r\sqrt{2} < 2r$. Also liegt P vollständig in D und hat von der Berandung desselben eine kürzeste Entfernung $> d - 2r > 2r$.

Nunmehr fassen wir die auf P gelegenen Eckpunkte $z_0,\ z_1,\ \ldots,\ z_m$ ins Auge und überdecken das Polygon P, und somit auch B, durch die $m + 1$ Kreise $|z - z_\nu| \leq 2r\,(\nu = 0,\ 1,\ \ldots,\ m)$, welche andererseits sämtlich innerhalb D liegen. Mittels des Poissonschen Integrals erhalten wir

$$u(z_0 + t e^{i\varphi}) = \frac{1}{2\pi} \int\limits_0^{2\pi} u(z_0 + 2r e^{i\vartheta}) \, \frac{4r^2 - t^2}{4r^2 + t^2 - 4rt \cos(\vartheta - \varphi)} \, d\vartheta$$

und es wird, da der Kern des Integrals für $|t| \leq r$ zwischen den Grenzen $(\tfrac{1}{3},\ 3)$ variiert und da ferner

$$\frac{1}{2\pi} \int\limits_0^{2\pi} u(z_0 + 2r e^{i\vartheta}) \, d\vartheta = u(z_0), \qquad \frac{u(z_0)}{3} \leq u(z_0 + t e^{i\varphi}) \leq 3 u(z_0).$$

Diese Beziehung besteht somit insbesondere in den zu z_0 benachbarten Eckpunkten z_ν. Durch schrittweise Wiederholung dieses Schlusses in den verschiedenen Überdeckungskreisen gelangen wir zu dem Ergebnis, daß die behauptete Relation (1) sicher dann im ganzen Bereich B gilt, wenn die Konstante k gleich 3^{-m} gesetzt wird.

96. Wir gehen nun zu der monoton abnehmenden Folge $\omega(z, \alpha_n, G_\beta^n)$ zurück und fixieren einen beliebigen Punkt z_0 und einen Teilbereich B von G_β. Sobald n eine gewisse Schranke überschritten hat, werden z_0 und B in G_β^n enthalten sein. Da nun der Grenzwert

$$\omega(z_0,\ \alpha,\ G_\beta) = \lim \omega(z_0,\ \alpha_n,\ G_\beta^n)$$

existiert, so wird für $\varepsilon > 0$ und $z = z_0$ die Differenz

$$u_{m,\,n}(z) = \omega(z,\ \alpha_n,\ G_\beta^n) - \omega(z,\ \alpha_m,\ G_\beta^m),$$

welche für $m > n$ eine in B nichtnegative harmonische Funktion darstellt, kleiner als ε sein, sobald n hinreichend groß gewählt wird. Für dieselben Werte n wird dann in einem beliebigen Teilbereich B_0 von B,

$$u_{m,\,n}(z) < \frac{1}{k}\,\varepsilon$$

sein, wo k die durch die Konfiguration $(z_0,\ B_0,\ B)$ bestimmte, im Hilfs-satz erwähnte Konstante ist. Hiermit ist gezeigt worden, daß die Kon-vergenz der Folge $\omega(z,\ \alpha_n,\ G_\beta^n)$ in B_0 gleichmäßig und folglich die Grenz-funktion $\omega(z,\ \alpha,\ G_\beta)$ in G_β harmonisch ist.

Wichtig ist zu bemerken, daß der Ausdruck $\omega(z,\ \alpha,\ G_\beta)$, den wir der Punktmenge α als das harmonische Maß zugeordnet haben, unabhängig von der Wahl der Folge G_β^n ist. Ist nämlich $G_\beta'^n$ eine zweite Näherungs-folge, welche das Gebiet G_β ebenfalls ausschöpft, so können wir für ein gegebenes m eine so große Zahl n finden, daß das Näherungsgebiet G_β^n das Gebiet $G_\beta'^m$ als Teilgebiet enthält, und es ist dann gemäß dem Er-weiterungsprinzip

$$\omega(z,\ \alpha_n,\ G_\beta^n) < \omega(z,\ \alpha_m',\ G_\beta'^m)$$

und also die Grenzfunktion der linksstehenden Folge nicht größer als der Grenzwert der rechten Seite. Eine Ungleichung in entgegengesetzter Richtung findet man aber in genau derselben Weise, woraus die Identität der Grenzfunktionen folgt.

97. *Bemerkung.* Die Frage liegt nahe, ob die Konstruktion des harmonischen Maßes $\omega(z,\ \alpha,\ G_\beta)$, unter Vermeidung des obigen Nähe-rungsprozesses, nicht direkter mittels einer Methode möglich wäre, welche dem bei der Herstellung der harmonischen Maße einer Jordan-kurve benutzten Verfahren ähnlich ist. Dies ist tatsächlich der Fall, erfordert aber allgemeinere Hilfssätze über die konforme Abbildung von Überlagerungsflächen als die in den Abschnitten I—IV angewandten, weshalb wir oben einen elementareren Weg eingeschlagen haben.

Es lohnt sich indes, auch jenes direkte Verfahren mit einigen Worten anzudeuten. Zum Gebiet G_β läßt sich die einfach zusammenhängende universelle Überlagerungsfläche G_β^∞ konstruieren und diese kann mittels einer linear polymorphen Funktion $x = x(z)$ auf den Einheitskreis $|x| < 1$ abgebildet werden. Der Jordankurve β wird eine abzählbare Menge von punktfremden Segmenten β_ν' der Peripherie $|x| = 1$ entsprechen. Setzt man dann

$$\omega(x,\ \beta') = \sum \omega(x,\ \beta_\nu'),$$

wo $\omega(x,\ \beta_\nu')$ das harmonische Maß des Bogens β_ν' in bezug auf den Ein-heitskreis ist, so stellt ω eine harmonische Funktion von x dar, welche auf den Bogen β_ν' gleich 1 wird und, wie man mittels des sog. Fatouschen Satzes (VII, § 3) leicht beweisen könnte, auf der komplementären Rand-punktmenge α' fast überall, d. h. höchstens mit Ausnahme einer Null-menge, verschwindet. Es liegt infolgedessen nahe $\omega(x,\alpha') \equiv 1 - \omega(x,\beta')$ als das harmonische Maß von α' zu definieren. Führt man nun $x = x(z)$ ein, so läßt es sich beweisen, daß die Funktion $\omega(x(z),\ \alpha')$ mit dem oben definierten Maß $\omega(z,\ \alpha,\ G_\beta)$ übereinstimmt.

98. Was nun die Eigenschaften des harmonischen Maßes $\omega(z,\ \alpha,\ G_\beta)$ betrifft, so bemerken wir zunächst, daß ω auf der Hilfskurve β ver-schwinden muß. Dies folgt in der Tat unmittelbar daraus, daß die

Näherungsfunktion $\omega(z, \alpha_n, G_\beta^n)$ dieselbe Eigenschaft besitzt und für $n \to \infty$ monoton abnimmt.

Über das Verhalten von $\omega(z, \alpha, G_\beta)$ auf der gegebenen Punktmenge α können dagegen keine sicheren Schlüsse gezogen werden. Die Näherungsfunktionen nehmen auf den Rändern α_n allerdings den Wert 1 an, da sie aber monoton abnehmen, so darf man nicht erwarten, daß die Grenzfunktion auf α stetig und gleich 1 sei. Es kann sogar der extreme Fall eintreten, daß ω identisch verschwindet. Dies trifft z. B. dann zu, wenn α aus *einem* Punkt, z. B. aus $z = 0$ besteht. Nimmt man dann als Hilfskurve z. B. den Kreis $|z| = 1$ und als Näherungsgebiet den Kreisring $r < |z| < 1$, so wird die entsprechende Näherungsfunktion gleich dem harmonischen Maß $\log|z| : \log r$ des Kreises $|z| = r$ in bezug auf den Kreisring und strebt für $r \to 0$ gegen Null.

Wenn dagegen ω nicht identisch verschwindet, so hat $\underline{\lim}\,\omega$ auf α eine *positive* untere Schranke. Umgibt man nämlich α durch eine in G_β verlaufende geschlossene Kurve β_0, so hat ω auf β_0 ein positives Minimum $\Theta(< 1)$. Sei nun z_0 ein beliebiger Punkt desjenigen Teilgebietes G_0 von G_β, welches von α und β_0 begrenzt wird. Wir nehmen n so groß, daß sowohl β_0 wie z_0 in G_β^n enthalten sind. Da $\omega(z, \alpha_n, G_\beta^n)$ sicher größer als $\omega(z, \alpha, G_\beta)$ ist, so gilt auf β_0

$$\omega(z, \alpha_n, G_\beta^n) > \Theta.$$

Auf α_n nimmt dieses harmonische Maß den Wert 1 an und man schließt gemäß dem Minimumprinzip, daß die obige Ungleichung im Punkte z_0 gelten muß. Für $n \to \infty$ ergibt sich hieraus, daß auch $\omega(z_0, \alpha, G_\beta) \geqq \Theta$, woraus die Behauptung folgt.

Es lohnt sich noch zu bemerken, daß das harmonische Maß von α auch folgendermaßen definiert werden kann:

$\omega(z, \alpha, G_\beta)$ ist gleich der oberen Grenze derjenigen in G_β harmonischen Funktionen $v(z)$, welche auf β verschwinden und innerhalb G_β kleiner als 1 sind.

Da ω selber zu der Klasse (v) gehört, so genügt es zu zeigen, daß in G_β

$$\omega(z, \alpha, G_\beta) - v(z) \geqq 0,$$

wenn v eine beliebige Funktion der betrachteten Klasse bezeichnet. In der Tat gilt im Näherungsgebiet G_β^n, als eine unmittelbare Folgerung des Minimumprinzips, $\omega(z, \alpha_n, G_\beta^n) - v(z) \geqq 0$, und die Behauptung folgt nun durch den Grenzübergang $n \to \infty$.

99. Der obenerwähnte, besondere Fall, wo die Grenzfunktion $\omega(z, \alpha, G_\beta)$ *identisch verschwindet*, wird in der Folge unser Interesse in Anspruch nehmen. Wir werden hier diesen Fall etwas näher untersuchen.

Zunächst folgt aus dem Minimumprinzip, daß wenn das harmonische Maß ω für einen Punkt verschwindet, dies für jeden Punkt zutreffen muß. Die Eigenschaft der gegebenen Punktmenge, eine „harmonische

Nullmenge" zu sein, ist also unabhängig von der Lage des Aufpunktes z. Das gleiche gilt nun aber auch in bezug auf die Hilfskurve β:

Wenn für eine gewisse in G gelegene Hilfskurve β

$$\omega(z, \alpha, G_\beta) = 0,$$

so gilt dasselbe für jede Hilfskurve β in G.

Beweis. Es sei $\omega(z, \alpha, G_\beta) = 0$ und β^* eine beliebige zweite in G liegende Hilfskurve; es gilt zu zeigen, daß auch $\omega(z, \alpha, G_{\beta^*}) = 0$. Wir wählen einen zusammenhängenden Teilbereich T_0 von G, der sowohl β als β^* enthält und von einer Jordankurve γ_0 begrenzt wird, und ziehen innerhalb T_0 eine Jordankurve γ_1, welche β und β^* umgibt. Die Kurven γ_0 und β^* begrenzen ein Teilgebiet G_0 von G. Es sei

$$\Theta = \max \omega(z, \gamma_0, G_0) \text{ für } z \text{ auf } \gamma_1.$$

Dieses Maximum liegt im Intervall $0 < \Theta < 1$.

Nunmehr wählen wir eine beliebige Zahl $\varepsilon > 0$ und können dann ein Näherungsgebiet G^n von G finden derart, daß die Ungleichung $\omega(z, \alpha_n, G_\beta^n) < \varepsilon$ besteht, wie immer der Punkt z im Bereich T_0 auch gewählt wird. Speziell gilt dies also auf der Kurve γ_0.

Mit demselben Gebiet G^n bilden wir nun zusammen mit der Hilfskurve β^* das harmonische Maß $\omega(z, \alpha_n, G_{\beta^*}^n)$; die Maxima dieser Größe auf den Kurven γ_0 und γ_1 seien bzw. λ_0 und λ_1; diese liegen zwischen Null und Eins. Die Differenz

$$\omega(z, \alpha_n, G_{\beta^*}^n) - \omega(z, \alpha_n, G_\beta^n)$$

ist eine in dem von der Kurve γ_1 und dem Bogen α_n begrenzten gemeinsamen Teilgebiet G_1^n der Gebiete G_β^n und $G_{\beta^*}^n$ harmonische Funktion, welche auf α_n verschwindet und auf γ_1 kleiner als λ_1 ausfällt. Nach dem Maximumprinzip ist diese Größe also kleiner als λ_1 im ganzen Gebiet G_1^n und somit speziell auf γ_0, woraus folgt, daß $\lambda_0 \leqq \lambda_1 + \varepsilon$.

Nunmehr bilden wir den Ausdruck

$$\omega(z, \alpha_n, G_{\beta^*}^n) - \lambda_0 \omega(z, \gamma_0, G_0),$$

der eine im Gebiete G_0 harmonische Funktion definiert. Auf der Begrenzungskurve β^* verschwindet er und auf γ_0 nimmt er nichtpositive Werte an. Gemäß dem Maximumprinzip ist die Größe also auch innerhalb G_0 nichtpositiv, und hieraus ergibt sich, wenn wir z mit demjenigen Punkt der Kurve γ_1 zusammenfallen lassen, wo $\omega(z, \alpha_n, G_{\beta^*}^n)$ sein Maximum λ_1 erreicht, $\lambda_1 \leqq \lambda_0 \Theta$. Verbindet man dies mit der oben gegebenen Relation $\lambda_0 \leqq \lambda_1 + \varepsilon$, so folgt, daß

$$\lambda_1 \leqq \frac{\Theta}{1 - \Theta} \varepsilon,$$

und es wird also a fortiori

$$\omega(z, \alpha_n, G_{\beta^*}^n) \leqq \frac{\Theta}{1 - \Theta} \varepsilon$$

für jeden Punkt der Kurve γ_1. Da ε hier beliebig klein gewählt werden kann, so muß also $\omega(z, \alpha, G_{\beta*}) = 0$ auf der Kurve γ_1 sein, wodurch die Behauptung $\omega(z, \alpha, G_{\beta*}) \equiv 0$ nachgewiesen ist.

100. Der obige Satz zeigt, daß das Verschwinden des harmonischen Maßes eine von der Wahl der Hilfskurve β unabhängige Eigenschaft der Punktmenge α ist, sofern β stets innerhalb eines und desselben zusammenhängenden Teils des Komplementes G von α genommen wird. Daß dies tatsächlich keine Einschränkung bedeutet, wird aus folgendem Satz hervorgehen:

Wenn die Menge α ein Kontinuum enthält, so ist

$$\omega(z, \alpha, G_\beta) > 0$$

in jedem inneren Punkt z von G.

Nimmt man nämlich einen beliebigen Punkt z_0 von G, so wird voraussetzungsgemäß dasjenige zusammenhängende Teilgebiet G_0 von G, welches jenen Punkt enthält, von einem gewissen Kontinuum K begrenzt. Durch eine eventuelle Quadratwurzeltransformation (vgl. Nr. 79) kann man dann erreichen, daß G_0 äußere Punkte hat. Als Majorantgebiet sämtlicher Näherungsgebiete G_β^n kann man dann das von β und von einer außerhalb von G_0 verlaufenden Jordankurve α_0 begrenzte Ringgebiet D_0 einführen, und es wird zufolge des Erweiterungsprinzips

$$\omega(z, \alpha_n, G_\beta^n) > \omega(z, \alpha_0, D_0) > 0$$

wie immer z innerhalb G_0 gewählt wird, woraus die Behauptung folgt.

Wenn also umgekehrt

$$\omega(z, \alpha, G_\beta) \equiv 0$$

sein soll, so kann die Menge α kein Kontinuum enthalten. Sie ist „punkthaft", und ihre komplementäre Punktmenge G bildet ein *einziges zusammenhängendes Gebiet.*

Aus den obenstehenden Sätzen ist hervorgegangen, daß das Verschwinden bzw. Nichtverschwinden des harmonischen Maßes $\omega(z, \alpha, G_\beta)$ sowohl von der Lage des Aufpunktes als von der Wahl der Hilfskurve unabhängig ist und also einzig und allein durch die Stärke der gegebenen abgeschlossenen Punktmenge α bedingt ist. Wir sagen deswegen:

Falls eine abgeschlossene Punktmenge α die Eigenschaft $\omega(z, \alpha, G_\beta) = 0$ besitzt, so heißt sie eine Menge vom *absoluten harmonischen Maße Null.*

Als Kriterium für eine derartige Punktmenge ergibt sich aus den obigen Ausführungen:

Die Menge α ist vom harmonischen Maß Null im absoluten Sinne dann und nur dann, wenn für eine vorgegebene, im Komplementärgebiete G liegende Jordankurve β und für einen inneren Punkt z von G

$$\omega(z, \alpha, G_\beta) = \lim_{n = \infty} \omega(z, \alpha_n, G_\beta^n) = 0.$$

Ferner gelten folgende Sätze:

Jede abgeschlossene Teilmenge einer harmonischen Nullmenge hat wieder das harmonische Maß Null.

Es folgt dies in der Tat unmittelbar aus dem obigen Kriterium.

Die Vereinigungsmenge von zwei harmonischen Nullmengen ist wieder eine harmonische Nullmenge.

Es seien nämlich α_1 und α_2 zwei Nullmengen. Wenn β eine in dem zur Vereinigungsmenge $\alpha_1 + \alpha_2 = \alpha$ komplementären Gebiet G gezogene Hilfskurve ist, so lassen sich zu einer beliebig kleinen Zahl $\varepsilon > 0$ zwei Näherungsgebiete G' und G'' und ein Punkt z finden, so daß

$$\omega(z, \alpha_1', G_\beta') < \frac{\varepsilon}{2}, \qquad \omega(z, \alpha_2'', G_\beta'') < \frac{\varepsilon}{2},$$

wo α_1' und α_2'' die Berandungen von G' und G'' bezeichnen.

Nimmt man nun den Durchschnitt D von G' und G'' als Näherungsgebiet D von G, und bezeichnet man dessen Rand mit α' (die Näherungsgebiete können derart gewählt werden, daß nicht nur α_1', α_2'' sondern auch α' aus endlich vielen Jordanbogen bestehen), so wird der Ausdruck

$$\omega(z, \alpha', D_\beta) - \omega(z, \alpha_1', G_\beta') - \omega(z, \alpha_2'', G_\beta'')$$

auf β verschwinden und auf α' jedenfalls nichtpositiv ausfallen, woraus dem Maximumprinzip gemäß folgt, daß im betrachteten Punkt z

$$\omega(z, \alpha', D_\beta) < \varepsilon,$$

woraus die Behauptung folgt.

Im vorstehenden ist der Begriff des absoluten harmonischen Maßes für beliebige *abgeschlossene* Punktmengen erklärt worden. Durch die Einführung „innerer" und „äußerer" harmonischer Maße wäre es möglich, die entsprechenden Begriffe für beliebige Punktmengen zu erklären. Da jedoch derartige Erweiterungen von geringer sachlicher Bedeutung für unsere Zwecke sind, soll hierauf nicht näher eingegangen werden.

§ 2. Punktmengen von der Kapazität Null.

101. In diesem Abschnitt wollen wir die Punktmengen vom absoluten Maß Null vermittels eines anderen, von der obigen Methode verschiedenen potentialtheoretischen Verfahrens einführen.

Wir fassen ein von endlich vielen Jordanbogen Γ begrenztes Gebiet G ins Auge, das den unendlich fernen Punkt $z = \infty$ enthält. Die zugehörige GREENsche Funktion $g(z, \infty)$ hat in der Umgebung des Poles $z = \infty$ eine Entwicklung

$$g(z, \infty) = \log|z| + u(z)$$

wo $u(z)$ für $z = \infty$ stetig ist und einen endlichen Wert

$$\gamma = u(\infty) \tag{2}$$

annimmt, der im folgenden eine wichtige Rolle spielen wird. Aus Gründen, die im nächstfolgenden Paragraphen näher auseinandergesetzt werden sollen, nennt man γ die ROBINsche Konstante von G und die Größe

$$C = e^{-\gamma}$$

die *Kapazität des zu G komplementären Bereiches $\bar{G}$*[1].

Falls G_1 und G_2 zwei Gebiete obiger Art sind und G_1 als Teilgebiet in G_2 enthalten ist, so gilt für die zugehörigen GREENschen Funktionen g_1, g_2, für die ROBINschen Konstanten γ_1, γ_2 und für die Kapazitäten C_1, C_2

$$g_1(z, \infty) \leqq g_2(z, \infty), \quad \gamma_1 \leqq \gamma_2, \quad C_1 \geqq C_2.$$

Die Differenz $g_2 - g_1$ ist nämlich in G_1 regulär harmonisch und für $z = \infty$ gleich $\gamma_2 - \gamma_1$. Da sie ferner auf der Berandung von G_1 nichtnegative Randwerte annimmt, so ist sie überall in G_1 nichtnegativ, und speziell folgt für $z = \infty$ hieraus $\gamma_2 - \gamma_1 \geqq 0$, und damit die Behauptung.

102. Die obige Erklärung der Kapazität eines Bereiches $\bar{G}$ setzt die Existenz der GREENschen Funktion des Außengebietes G voraus, welche ja nur unter besonderen, die Berandung Γ betreffenden Regularitätsbedingungen sichergestellt ist. Durch einen Grenzübergang, der dem in § 1 durchgeführten vollkommen analog ist, läßt sich dieser Begriff für ganz beliebige abgeschlossene Punktmengen definieren.

Sei α eine beschränkte abgeschlossene Punktmenge und G dasjenige der zu α komplementären, zusammenhängenden Gebiete, welches den unendlich fernen Punkt enthält. Wie in Nr. 95 betrachten wir dann eine Folge von ineinander geschachtelten Teilgebieten G_n von G, welche für $n \to \infty$ dieses Gebiet ausschöpfen. Die zu G_n gehörende GREENsche Funktion sei

$$g_n(z, \infty) = \log|z| + u_n(z)$$

und

$$\gamma_n = u_n(\infty)$$

die entsprechende ROBINsche Konstante.

Läßt man nun n monoton wachsen, so nimmt $g_n(z)$ monoton zu und es existiert somit für jeden Punkt von G der endliche oder unendliche Grenzwert

$$g(z, \infty) \equiv \lim g_n(z, \infty).$$

Unter Anwendung des in Nr. 95 dargestellten Hilfssatzes beweist man unmittelbar, daß dieser Grenzübergang in jedem Teilbereich von G gleichmäßig vor sich geht.

Die Grenzfunktion $g(z, \infty)$ ist entweder in jedem endlichen Punkt von G harmonisch oder es ist $g(z, \infty) \equiv \infty$.

---

[1] Vgl. hierzu SZEGÖ [7], PÓLYA und SZEGÖ [7],   DE LA VALLÉE-POUSSIN [7], FROSTMAN [7], [3].

Wie in Nr. 96 sieht man ein, daß das Ergebnis dieses Grenzprozesses unabhängig von der Wahl der Näherungsfolge G_n ist.

Falls g endlich ist, so definieren wir sie als die GREENsche Funktion von G. Für $z = \infty$ hat sie eine Entwicklung

$$g(z, \infty) = \log|z| + u(z),$$

wobei $u(z) = \lim u_n(z)$ in einer Umgebung von $z = \infty$ harmonisch ist; der Grenzwert

$$\gamma = \gamma(\alpha) = u(\infty) = \lim \gamma_n$$

wird als die ROBINsche *Konstante* von G erklärt und die *Kapazität* $C(\alpha)$ der gegebenen Punktmenge α wird gleich

$$C(\alpha) = e^{-\gamma}$$

gesetzt.

103. Die GREENsche Funktion $g(z, \infty)$ ist offenbar in G nichtnegativ. Was ihr Verhalten auf der Berandung α betrifft, so kann man nicht schließen, daß sie hier überall verschwindet. Es können im Gegenteil Fälle eintreten, wo sie in gewissen Punkten α positive Werte annimmt; dies ist z. B. immer in einem isolierten Punkt von α der Fall; eine solche Singularität ist nämlich hebbar: dort ist also $g(z)$ harmonisch und gemäß dem Minimumprinzip positiv.

Jedenfalls ist aber $g(z)$ in der Umgebung von α nach oben beschränkt. Ist nämlich $|z| = \varrho$ ein Kreis, der die Menge α umfaßt, so ist gemäß dem Maximumprinzip für jeden Punkt z von G_n, der in $|z| \leqq \varrho$ liegt, $g_n(z, \infty) \leqq M_n$, wo M_n das Maximum von g_n auf $|z| = \varrho$ bezeichnet. Für $n \to \infty$ strebt die monoton wachsende Zahlenfolge M_n einem endlichen Grenzwert M zu und es gilt also, für die erwähnten Werte z, $g_n \leqq M$, also auch $g = \lim g_n \leqq M$, was zu beweisen war.

Genau wie in Nr. 98 kann man weiter beweisen, daß sich $g(z, \infty)$ durch nachstehende Minimumeigenschaft auszeichnet: g ist in jedem Punkt z von G gleich der unteren Grenze derjenigen harmonischen Funktionen $v(z)$, welche in jedem endlichen Punkt von G harmonisch und positiv sind und in $z = \infty$ eine Entwicklung

$$v = \log|z| + v_\infty(z)$$

haben, wo $v_\infty(z)$ für $z = \infty$ harmonisch ist.

Die Kapazität $C(\alpha)$ ist nach obigem die untere Grenze der Kapazitäten sämtlicher abgeschlossenen Mengen, welche α als Teilmenge enthalten.

104. Falls G keine endliche GREENsche Funktion besitzt, so gilt

$$u_n(z) = g_n(z, \infty) - \log|z| \to \infty,$$

und zwar gleichmäßig in jedem Teilbereich von G. Speziell wird also

$$\gamma_n = u_n(\infty) \to \infty$$

sein. Die ROBINsche Konstante γ von G wird dann gleich $+\infty$ und *die Kapazität $e^{-\gamma}$ von $\overline{G}$ verschwindet.*

Ein beliebiges Gebiet läßt sich immer durch eine Polygonfolge P_n ausschöpfen, z. B. so, daß P_n als die Vereinigungsmenge der in G_n liegenden Quadrate eines Quadratnetzes von der Seitenlänge 2^{-n} ($n = 1, 2, \ldots$) definiert wird. Hieraus ergibt sich folgendes wichtige Kriterium:

Damit eine abgeschlossene Punktmenge α von der Kapazität Null sei, ist notwendig und hinreichend, daß sich die Menge für jedes $\varepsilon > 0$ durch endlich viele Polygonflächen überdecken läßt, deren Gesamtkapazität $< \varepsilon$ ist.

105. Die Mengen von verschwindender Kapazität sind für uns von besonderem Interesse. Es besteht nämlich der beachtenswerte Zusammenhang, daß *eine Menge vom absoluten harmonischen Nullmaß stets von der Kapazität Null ist und umgekehrt.* Dieser wichtige Satz könnte schon hier bewiesen werden; da indes der Nachweis sich einfacher gestaltet unter Anwendung einer Integraldarstellung der GREENschen Funktion, die uns auch späterhin nützlich sein wird, wollen wir zunächst jene Integralformel herleiten.

Sei $g(\zeta, z)$ die GREENsche Funktion eines Gebietes G der ζ-Ebene, das von endlich vielen Jordanbogen Γ berandet ist und den Punkt $\zeta = \infty$ als inneren Punkt enthält. Die in bezug auf die Veränderliche ζ konjugierte harmonische Funktion sei $- h(\zeta, z)$.

Wenn der Punkt $z \neq \infty$ in G liegt, so ist der Ausdruck $\log |\zeta - z|$ eine in G harmonische Funktion von ζ, mit Ausnahme der Stellen $\zeta = z$ und $\zeta = \infty$, wo er negativ bzw. positiv logarithmisch unendlich wird. Also ist die Summe

$$u(\zeta, z) \equiv \log |\zeta - z| + g(\zeta, z) - g(\zeta, \infty) \tag{3}$$

überall in G harmonisch, und es ergibt sich folglich, unter Anwendung der GREENschen Formel,

$$u(\zeta, z) = \frac{1}{2\pi} \int_\Gamma \log |\zeta^* - z| \, dh(\zeta^*, \zeta), \tag{4}$$

wo ζ^* den Rand Γ von G im positiven Sinn durchläuft.

Besonders interessant wird diese Formel für $\zeta = \infty$. Die GREENsche Funktion $g(\zeta, \infty)$ hat in der Umgebung des Poles $\zeta = \infty$ eine Entwicklung der Form

$$g(\zeta, \infty) = \log |\zeta| + \gamma + \varepsilon\left(\frac{1}{\zeta}\right),$$

wo γ die ROBINsche Konstante des Gebietes G ist und $\varepsilon \to 0$ für $\zeta \to \infty$. Setzt man dies in den Ausdruck u ein, so wird für $\zeta \to \infty$

$$u(\infty, z) = g(\infty, z) - \gamma,$$

und es folgt aus (4), wenn man statt ζ^* einfacher ζ schreibt und die Symmetriebeziehung $g(\infty, z) = g(z, \infty)$ beachtet,

$$g(z, \infty) - \gamma = \frac{1}{2\pi} \int_\Gamma \log |\zeta - z| \, dh(\zeta, \infty). \tag{5}$$

Liegt der Punkt z *außerhalb* G, so kann das Glied $g(\zeta, z)$ in dem Ausdruck (3) gestrichen werden, ohne daß $u(\zeta, z)$ aufhört, eine in G harmonische Funktion von ζ zu sein. Die Anwendung der GREENschen Formel führt uns dann, statt zu (5), zu der einfacheren Beziehung

$$\gamma = \frac{1}{2\pi} \int\limits_{\Gamma} \log \frac{1}{|\zeta - z|} \, dh(\zeta, \infty). \tag{5'}$$

Falls der Parameterpunkt z außerhalb G variiert, so behält also der rechtsstehende Mittelwert einen konstanten Wert, der gleich der ROBIN-schen Konstante von G ist.

Falls schließlich z auf den Rand Γ fällt, so stimmen die linken Seiten der Formeln (5) und (5') miteinander überein. Um zu zeigen, daß die Beziehung (5') auch dann gilt, braucht man nur nachzuweisen, daß das rechtsstehende Integral eine stetige Funktion von z ist. Wir wollen hier auf diese Frage, die in diesem Zusammenhang von unwesentlicher Bedeutung ist, und die bei Anwendung der in IV. Abschnitt behandelten Hilfsmittel leicht erledigt werden könnte, nicht näher eingehen.

106. Aus (5) folgt eine einfache, wichtige Ungleichung, indem man für einen gegebenen Punkt z von G den Integranden durch seinen kleinsten bzw. größten Wert ersetzt.

Es gilt
$$\log d_1(z) \leqq g(z, \infty) - \gamma \leqq \log d_2(z), \tag{6}$$

wo d_1, d_2 den kleinsten bzw. größten Abstand des Punktes z von dem Gebietsrand Γ bezeichnet.

Unter Anwendung dieser Beziehungen wollen wir jetzt den in Nr. 105 in Aussicht gestellten Beweis dafür erbringen, daß die Klasse der harmonischen Nullmengen mit der Klasse der Punktmengen von verschwindender Kapazität identisch ist.

Sei also α eine abgeschlossene beschränkte Punktmenge; durch eine Ähnlichkeitstransformation, die ohne Einfluß auf den zu untersuchenden Zusammenhang ist, verlegen wir α in das Innere des Kreises $|z| < 1$. Mit G bezeichnen wir dasjenige von α berandete, zusammenhängende Gebiet, welches den Punkt $z = \infty$ enthält. Wir wählen eine Zahl $\varrho > 1$ und ein den Punkt $z = \infty$ enthaltendes Näherungsgebiet G' von G, welches von endlich vielen, innerhalb $|z| < 1$ verlaufenden Jordanbogen α' begrenzt wird.

Wir bezeichnen dann durch $g'(z, \infty)$ die GREENsche Funktion von G' und durch $\omega_\varrho(z, \alpha')$ das harmonische Maß von α' in bezug auf das innerhalb $|z| < \varrho$ liegende Teilgebiet G'_ϱ von G'.

Ist nun α von *positiver Kapazität* und also die ROBINsche Konstante $\gamma (> 0)$ endlich[1], so wählen wir $\varrho = 1 + e^{2\gamma}$ und bezeichnen mit M_r und

---

[1] Da G und G' das Kreisäußere $|z| \geqq 1$ enthalten, welches die ROBINsche Konstante Null hat, so sind ihre ROBINschen Konstanten positiv.

m_r das Maximum und Minimum von $g'(z, \infty)$ auf dem Kreis $|z| = r$. Die Differenz

$$g' - (1 - \omega_\varrho) m_\varrho$$

ist offenbar in G'_ϱ harmonisch und auf dem Rande nichtnegativ. Nach dem Minimumprinzip gilt also dasselbe auch innerhalb G'_ϱ, und es wird folglich, wenn wir für z den Punkt z_1 des Kreises $|z| = 1$ nehmen, wo $g' = m_1$ ist,

$$(1 - \omega_\varrho(z_1, \alpha')) m_\varrho \leqq m_1.$$

Als Minimum der für $|z| \geqq 1$ harmonischen Funktion $u(z) = g' - \log|z|$ auf $|z| = 1$ ist $m_1 \leqq u(\infty) = \gamma' < \gamma$, wo γ' die ROBINsche Konstante von G' ist. Ferner ist gemäß (6) $m_\varrho \geqq \log(\varrho - 1) + \gamma' = 2\gamma + \gamma' > 2\gamma$. Also wird

$$1 - \omega_\varrho(z_1, \alpha') \leqq \tfrac{1}{2},$$

und es gilt somit, für jedes Näherungsgebiet G', daß das Maximum des harmonischen Maßes von α' auf $|z| = 1$ (in bezug auf G'_ϱ) nicht kleiner als $\tfrac{1}{2}$ ist. Dasselbe besteht folglich auch für den Grenzwert $\omega(z, \alpha, G_\varrho)$, dem jenes Maß zustrebt, falls man G' gegen G konvergieren läßt. Hieraus geht hervor, daß das harmonische Maß von α *positiv* ist.

Wenn umgekehrt α von der Kapazität Null und also $\gamma = \lim \gamma' = \infty$ ist, so nehme man $\varrho > 1$ beliebig an und findet, daß die Differenz

$$(1 - \omega_\varrho) M_\varrho - g'$$

in G'_ϱ nichtnegativ ist. Setzt man hier für z den Punkt des Kreises $|z| = 1$ ein, wo g' sein Maximum $> \gamma'$ erreicht, so wird, da nach (6)

$$M_\varrho \leqq \log(\varrho + 1) + \gamma'$$

gilt,

$$\gamma' \leqq (\log(\varrho + 1) + \gamma')(1 - \omega_\varrho) \leqq \log(\varrho + 1) + \gamma'(1 - \omega_\varrho)$$

und somit

$$\min_{|z|=1} \omega_\varrho \leqq \frac{\log(\varrho + 1)}{\gamma'}.$$

Für $\alpha' \to \alpha$ strebt γ' ins Unendliche und das Minimum des harmonischen Maßes ω_ϱ auf $|z| = 1$ also gegen Null, woraus zu sehen ist, daß das harmonische Maß $\omega(z, \alpha, G_\varrho) = \lim \omega_\varrho$ identisch verschwindet.

Eine abgeschlossene Punktmenge ist dann und nur dann vom absoluten harmonischen Maß Null, wenn sie die Kapazität Null hat.

107. Daß die abgeschlossenen Punktmengen vom harmonischen Maß Null identisch sind mit denjenigen der Kapazität Null, gilt nach dem oben Gesagten unter der Voraussetzung, daß die Punktmengen beschränkt sind.

Sofern diese Voraussetzung nicht erfüllt ist, kann die gegebene Menge α durch eine geeignete lineare Transformation $S(z)$ in eine beschränkte Punktmenge übergeführt werden. Es soll dann α als eine Menge von der Kapazität Null erklärt werden, falls α' eine solche Menge ist. Ob diese Definition die Fallunterscheidung $C(\alpha) \gtreqless 0$ eindeutig festlegt, ist allerdings nicht unmittelbar einleuchtend; denn es muß die Möglichkeit berücksichtigt werden, daß das Verschwinden oder Nichtverschwinden der Kapazität $C(\alpha')$ der transformierten Menge von der Wahl der benutzten linearen Transformation abhängig sein könnte.

Daß diese Möglichkeit tatsächlich ausgeschlossen ist, muß besonders bewiesen werden. Ein Nachweis könnte direkt mittels der in diesen Paragraphen eingeführten Begriffe gegeben werden. Am einfachsten folgt dies indes aus dem oben bewiesenen Äquivalenzsatz. Da nämlich das harmonische Maß eineindeutigen konformen Abbildungen gegenüber invariant verbleibt, so führt eine beliebige lineare Transformation stets eine harmonische Nullmenge in eine Menge über, die ebenfalls vom harmonischen Maß Null ist. Hieraus folgt unmittelbar, daß zwei beschränkte Mengen, die lineare Transformierte ein und derselben Menge α sind, entweder beide von positiver oder beide von verschwindender Kapazität sind.

108. Eine weitere wichtige Folgerung aus dem obigen Äquivalenzsatz ist nach § 1, Nr. 100, daß die Kapazität einer abgeschlossenen Menge, die Vereinigungsmenge einer abzählbaren Anzahl von Mengen von der Kapazität Null ist, verschwindet.

Diese Eigenschaft läßt sich auch einfach direkt beweisen als eine Folgerung aus nachstehendem Hilfssatz, der an sich nicht ohne Interesse ist.

Hilfssatz 1. *Falls α_1, α_2, ..., α_n abgeschlossene, innerhalb des Kreises* $|z| < \tfrac{1}{2}$ *gelegene Punktmengen sind, so gilt für die Vereinigungsmenge* $\alpha = \sum \alpha_\nu$

$$\frac{1}{\gamma(\alpha)} \leqq \sum \frac{1}{\gamma(\alpha_\nu)}.$$

Es genügt, diese Beziehung für den Fall aufzustellen, daß die Mengen α_ν von endlich vielen analytischen Bogen berandet sind; allgemeinere Punktmengen und die entsprechenden Kapazitäten lassen sich nämlich mittels solcher speziellen Mengen bzw. ihrer Kapazitäten beliebig genau approximieren.

Bezeichnet G_ν das von α_ν begrenzte, den unendlich fernen Punkt enthaltende Gebiet, so wird

$$\gamma(\alpha_\nu) = \int\limits_{\alpha_\nu} \log \frac{1}{|z - \zeta|} \, d\mu_\nu(\zeta)$$

für jeden Punkt z von α_ν, falls für $2\pi\mu_\nu(\zeta)$ die in der Integraldarstellung (5') enthaltene Belegung $h_\nu(\zeta, \infty)$ substituiert wird, wo $-h_\nu$ die zur GREENschen Funktion $g_\nu(\zeta, \infty)$ von G_ν konjugierte harmonische Funktion ist.

Andererseits gilt, wie immer die nichtnegative Belegung $\mu(\zeta)$ vom Gesamtbetrage 1 über die Vereinigungsmenge auch verteilt wird,

$$\gamma(\alpha) \geqq \min_{z \text{ auf } \alpha} \left(\int_\alpha \log \frac{1}{|z-\zeta|} \, d\mu \right). \tag{7}$$

Denn die Summe aus dem rechtsstehenden Integral und der Greenschen Funktion $g(z, \infty)$ von G ist in G harmonisch; für $z = \infty$ ist ihr Wert gleich $\gamma(\alpha)$ und auf der Berandung α verschwindet g. Die Beziehung (7) folgt hieraus mit Hilfe des Minimumprinzips.

Nimmt man nun n Zahlen δ_ν des Intervalls $0 \leqq \delta_\nu \leqq 1$, so daß $\sum \delta_\nu = 1$, und setzt man $\mu = \sum \delta_\nu \mu_\nu$, so wird

$$\int_\alpha \log \frac{1}{|z-\zeta|} \, d\mu = \sum \delta_\nu \int_\alpha \log \frac{1}{|z-\zeta|} \, d\mu_\nu$$

und weiter, da $|z-\zeta| < 1$ und der Integrand also jedenfalls nichtnegativ ist,

$$\int_\alpha \log \frac{1}{|z-\zeta|} \, d\mu_\nu \geqq \int_{\alpha_\nu} \log \frac{1}{|z-\zeta|} \, d\mu_\nu = \gamma(\alpha_\nu),$$

sobald z auf α_ν liegt.

Somit wird für z auf α_ν

$$\min \int_\alpha \log \frac{1}{|z-\zeta|} \, d\mu \geqq \min \left(\delta_\nu \int_{\alpha_\nu} \log \frac{1}{|z-\zeta|} \, d\mu_\nu \right) = \delta_\nu \gamma(\alpha_\nu),$$

woraus gemäß (7) ersichtlich wird, daß

$$\gamma(\alpha) \geqq \min \left(\delta_\nu \gamma(\alpha_\nu) \right) \quad (\nu = 1, \ldots, n).$$

Für

$$\delta_\nu = \frac{1}{\gamma(\alpha_\nu)} \frac{1}{\displaystyle\sum_1^n \frac{1}{\gamma(\alpha_\nu)}}$$

werden nun alle Zahlen $\delta_\nu \gamma(\alpha_\nu)$ einander gleich, und man gelangt so zu der nachzuweisenden Beziehung.

Aus obigem folgert man leicht den

Hilfssatz 2. *Es sei α_ν eine Folge von abgeschlossenen, in $|z| < \frac{1}{2}$ gelegenen Punktmengen. Dann gilt für jede abgeschlossene Teilmenge α der Vereinigungsmenge $\sum \alpha_\nu$*

$$\frac{1}{\gamma(\alpha)} \leqq \sum_1^\infty \frac{1}{\gamma(\alpha_\nu)}. \tag{8}$$

Falls die rechtsstehende Reihe divergent ist, so ist die Behauptung trivial. Andernfalls nehme man eine beliebige positive Zahl $\varepsilon < 1$ und überdecke jede Menge α_ν durch ein Gebiet A_ν, dessen Berandung in $|z| < \frac{1}{2}$ verläuft und aus endlich vielen analytischen Bogen α_ν' zusammengesetzt ist, so daß

$$\frac{1}{\gamma(\alpha_\nu')} < \frac{1}{\gamma(\alpha_\nu)} + \frac{\varepsilon}{2^{\nu+1}}.$$

Da α abgeschlossen ist, so gibt es unter den Bereichen $A_\nu + \alpha'_\nu$ gewisse endlich viele, $A_{\nu_i} + \alpha'_{\nu_i}$ $(i = 1, \ldots, m)$, welche jene Menge α bereits überdecken[1]. Ist dann A die Vereinigungsmenge dieser Bereiche, so wird nach Hilfssatz 1

$$\frac{1}{\gamma(\alpha)} \leqq \frac{1}{\gamma(A)} \leqq \sum_{i=1}^{m} \frac{1}{\gamma(\alpha'_{\nu_i})} < \sum_{1}^{\infty} \frac{1}{\gamma(\alpha_\nu)} + \varepsilon$$

und die Behauptung ergibt sich für $\varepsilon \to 0$.

Aus (8) folgt speziell, daß jede abgeschlossene Teilmenge α der Vereinigungsmenge $\sum \alpha_\nu$ von der Kapazität Null ist, falls sämtliche α_ν diese Eigenschaft besitzen. Dies gilt tatsächlich ohne die zusätzliche Voraussetzung, daß jene Mengen im Kreise $|z| < \frac{1}{2}$ liegen. Zerlegt man sämtliche vorkommenden Mengen in zwei Teilmengen, entsprechend dem Kreisinnern $|z| \leqq r < \frac{1}{2}$ und dem Kreisäußern $|z| \geqq r$, so kann das Kreisäußere durch eine lineare Transformation in das Innere abgebildet werden und so lassen sich auch in diesem Fall die Voraussetzungen des Hilfssatzes erfüllen.

§ 3. GREENsche Funktion und logarithmisches Potential.

109. Auf einem beschränkten Bereich E der z-Ebene sei eine Massenbelegung vom Gesamtbetrag Eins mit der Flächendichte $\varrho(z)$ verteilt. Falls ϱ stetig ist, so definiert das *logarithmische Potential*

$$u(z) = \int_E \log \frac{1}{|\zeta - z|} \, d\mu, \tag{9}$$

wo $d\mu = \varrho(\zeta)\, df_\zeta$ das vom Flächenelement df_ζ getragene Massenelement bezeichnet, eine Funktion $u(z)$, welche nachstehende Eigenschaften besitzt:

1. Auf E genügt u der POISSONschen Gleichung $\Delta u = -2\pi\varrho$.

2. Außerhalb E ist $u(z)$ regulär harmonisch, außer für $z = \infty$, wo sie logarithmisch unendlich wird:

$$u(z) = -\log|z| + \varepsilon\left(\frac{1}{z}\right) \qquad (\varepsilon \to 0 \text{ für } z \to \infty).$$

Durch diese zwei Eigenschaften ist u eindeutig bestimmt.

110. Das logarithmische Potential u der Massenbelegung μ läßt sich durch die Formel (9) auch unter allgemeineren Voraussetzungen über diese Belegung bilden. Es sei E eine beschränkte, abgeschlossene Punktmenge der Ebene und (e) eine Menge von Teilmengen derselben von folgender Art:

1. Wenn die endlich oder abzählbar unendlich vielen Mengen e_1, $e_2, \ldots$ zu (e) gehören, so gilt dasselbe für ihre Vereinigungsmenge $\sum e_n$.

---

[1] HEINE-BORELscher Überdeckungssatz.

2. Die in bezug auf E komplementäre Punktmenge $\bar{e}$ von e gehört wieder zur Menge (e).

3. Der Durchschnitt von einer Menge e mit einem beliebigen offenen oder abgeschlossenen Quadrat (oder Kreis) gehört zu (e).

Jeder Menge e sei eine nichtnegative Zahl $\mu(e)$ zugeordnet, so daß die Bedingung der Additivität erfüllt ist: Falls e_1, e_2, ... punktfremde Teilmengen von (e) sind, so ist

$$\mu(e_1 + e_2 + \cdots) = \mu(e_1) + \mu(e_2) + \cdots \tag{10}$$

Es sei nun $\varphi(z)$ eine auf E definierte, stetige und beschränkte Funktion der komplexen Variablen z. Das STIELTJESsche Integral

$$\int_E \varphi(\zeta)\,d\mu(\zeta) \tag{11}$$

wird in bekannter Weise als die Grenze einer Summe

$$\sum \varphi(\zeta_\nu)\,\varDelta\mu_\nu(\zeta)$$

für $n \to \infty$ erklärt, wo die Punkte ζ_ν und die Massen $\varDelta\mu_\nu$ einer Einteilung der Ebene in punktfremde, quadratförmige Gebiete entsprechen, deren Seitenlänge für $n \to \infty$ verschwindet; der Grenzwert ist unabhängig von der Wahl dieser Quadratgebiete und der Punkte ζ_ν.

Falls $\varphi(\zeta)$ nicht stetig ist, so läßt sich das Integral im LEBESGUE-STIELTJESschen Sinn definieren, sofern $\varphi(\zeta)$ in bezug auf die Belegung μ *meßbar* ist, d. h. sofern die Menge der Punkte E, wo $\varphi < \lambda$ ist, für jedes λ zu der gegebenen Mengenklasse (e) gehört. Schaltet man zwischen die obere Grenze M und die untere Grenze m von φ die Zahlen $\lambda_1 \leqq \lambda_2 \leqq \cdots \leqq \lambda_{n-1}$ ein, so ergibt sich das Integral (11) als Grenzwert der Summe

$$\sum_0^n \lambda_\nu \varDelta_\nu \mu \qquad (\lambda_0 = m,\ \lambda_n = M),$$

wo $\varDelta_\nu\mu$ die über der durch die Beziehungen $\lambda_{\nu-1} \leqq \varphi < \lambda_\nu$ definierten Punktmenge e_ν verteilte Masse ist, indem man n ins Unendliche wachsen läßt, so daß die Differenzen $\lambda_\nu - \lambda_{\nu-1}$ gleichzeitig gegen Null streben.

Wenn φ nicht beschränkt ist und z. B. eine unendliche obere Grenze hat, so nehme man eine endliche Zahl M und setze $\varphi_M = \varphi$ oder M, je nachdem $\varphi \leqq M$ oder $\varphi > M$ ist. Man erklärt dann das Integral (11) als den Grenzwert des entsprechenden Integrals von φ_M, indem man M über alle Grenzen wachsen läßt. Hierbei muß der Fall mitberücksichtigt werden, daß dieser Grenzwert $+\infty$ ist.

111. Die oben erörterten Begriffe gestatten für eine Belegung $\mu \geqq 0$ der erklärten Art, das logarithmische Potential als das STIELTJES-Integral

$$u(z) = \int_E \log\frac{1}{|z - \zeta|}\,d\mu(\zeta)$$

zu definieren. Man sieht unmittelbar ein, daß $u(z)$ die charakteristische Eigenschaft 2 des logarithmischen Potentials besitzt. Dagegen kann von einer Erfüllung der Bedingung 1 auf E nicht mehr die Rede sein, denn hier ist $u(z)$ selbst nicht ausnahmslos endlich oder stetig.

Jedenfalls ist aber $u(z)$ auf E eine nach unten *halbstetige* Funktion; es ist also, falls $m(r)$ die untere Grenze von $u(z)$ im Kreise $|z-a| \leqq r$ bezeichnet, $m(r) \to u(a)$ für $r \to 0$. Sei zunächst $u(a)$ endlich; für ein gegebenes $\varepsilon > 0$ existiert dann eine Zahl $\varrho > 0$, so daß das Teilintegral

$$u_\varrho(z) = \int\limits_{|\zeta-a| \geqq \varrho,} \log \frac{1}{|z-\zeta|} d\mu(\zeta)$$

für $z = a$ größer als $u(a) - \varepsilon$ ausfällt. In demselben Kreis ist $u_\varrho(z)$ eine stetige Funktion von z und die untere Grenze dieser Funktion für $z = a$ ist somit gleich $u_\varrho(a) > u(a) - \varepsilon$. Da schließlich $u(z) \geqq u_\varrho(z)$ für $|z-a| < \varrho$, sobald $\varrho < \frac{1}{2}$ gewählt wird, so gilt jene Ungleichung a fortiori für die untere Grenze $m(0) = \lim\limits_{r=0} m(r)$ der Funktion $u(z)$ im Punkte $z = a$. Man hat also $u(a) - \varepsilon \overset{r=0}{<} m(0) \leqq u(a)$, woraus für $\varepsilon \to 0$ die Behauptung $u(a) = m(0)$ folgt. — Im Fall $u(a) = +\infty$ gestaltet sich der Beweis ganz analog.

112. Wir gehen nun zu den Voraussetzungen von § 2, Nr. 101 dieses Abschnitts zurück und betrachten also wieder ein von endlich vielen Jordanbogen Γ begrenztes Gebiet G und die entsprechende GREENsche Funktion $g(z, \infty) = \log|z| + \gamma + \varepsilon\left(\frac{1}{z}\right)$, für welche wir die Formeln (5) und (5′) hergeleitet haben; γ ist die ROBINsche Konstante von G. Faßt man $\frac{h}{2\pi}$ als eine auf den Rand Γ verteilte Belegung auf, so daß

$$\frac{1}{2\pi} \left(h(\zeta, \infty) - h(\zeta_0, \infty) \right)$$

den Wert der Belegung eines Randbogens (ζ_0, ζ) angibt, den der Randpunkt (ζ) bei einem positiven Umlauf auf Γ, in der Richtung von ζ_0 nach ζ durchläuft [1], so hat also das entsprechende logarithmische Potential der positiven Einheitsbelegung

$$\frac{1}{2\pi} \int\limits_\Gamma \log \frac{1}{|z-\zeta|} dh(\zeta, \infty) \tag{12}$$

in einem Punkt z von G den Wert $- g(z, \infty) + \gamma$, während es in dem zu G komplementären Bereich $\overline{G}$ konstant gleich γ ist.

Es liegt nun nahe zu fragen, wie sich dieses besondere Potential zu anderen Potentialen verhält, welche beliebigen, über den komplementären Bereich $\overline{G}$ verteilten Belegungen μ vom Gesamtbetrage eins entsprechen. Vor allem interessiert uns hier die Frage, wie sich die extremen Werte dieser Potentiale auf dem Bereiche $\overline{G}$ zueinander verhalten.

---

[1] Die Belegung von (ζ_0, ζ) ist offenbar gleich dem Wert des harmonischen Maßes dieses Bogens in bezug auf G, gemessen im Punkte $z = \infty$.

113. Um Wiederholungen zu vermeiden, wollen wir sogleich den allgemeinen Fall betrachten, wo G ein ganz beliebiges den unendlich fernen Punkt $z = \infty$ enthaltendes Gebiet ist. Angenommen, daß G nicht die volle Ebene umfaßt, ist das Komplement von G eine beschränkte, abgeschlossene Punktmenge E.

Es sei nun μ eine beliebige, nichtnegative Massenbelegung vom Gesamtbetrage 1, welche über E verteilt wird, und

$$u(z) = \int_E \log \frac{1}{|z - \zeta|}\, d\mu(\zeta)$$

das zugehörige Potential. Da $u(z)$ nach unten halbstetig ist, so erreicht es auf der abgeschlossenen Menge E ein wohlbestimmtes Minimum m. Die obere Grenze von $\overline{\lim}\, u(z)$ auf E sei $M\,(m \leq M \leq \infty)$.

Der Fall $m = \infty$ ist ausgeschlossen, sofern die Punktmenge E von *positiver* Kapazität ist. Nach § 2 hat G nämlich dann eine endliche Greensche Funktion

$$g(z, \infty) = \log|z| + \gamma + \varepsilon\left(\frac{1}{z}\right),$$

wo γ die Robinsche Konstante ist. Man betrachte nun den Ausdruck

$$v(z) = g(z, \infty) + u(z),$$

der eine im ganzen Gebiet G harmonische Funktion ist. In jedem Randpunkt ζ gilt $\underline{\lim} g \geq 0$, $\underline{\lim} u \geq m$, also auch $\underline{\lim} v \geq m$, und es folgt aus dem Minimumprinzip, daß $v \geq m$ für jeden Punkt von G gilt. Für $z = \infty$ ergibt sich hieraus speziell, daß $v(\infty) = \gamma \geq m$.

Ist nun G speziell von einer endlichen Anzahl von Jordanbogen berandet, so ist auf jenen Bogen $g = 0$, und die Anwendung des Maximumprinzips auf die Summe $v(z)$ ergibt die Beziehung $v(\infty) = \gamma \leq M$.

Dies gilt aber auch in dem allgemeinsten Fall, wo E eine beliebige abgeschlossene, beschränkte Punktmenge ist. Im Außengebiete G, welches den Punkt $z = \infty$ enthält, bestimme man ein Näherungsgebiet G_1, dessen Berandung die obige Regularitätsbedingung erfüllt; dann ist die entsprechende Robinsche Konstante γ_1 höchstens gleich der oberen Grenze $M_1(\geq M)$ des Potentials $u(z)$ auf dem zu G_1 komplementären Bereich $\bar{G}_1$. Da nun u eine für $z \neq \infty$ in G reguläre, für $z = \infty$ negativ unendliche harmonische Funktion ist, so ist nach dem Prinzip vom Maximum $u < M$ in jedem Punkt von G, und somit $M_1 \leq M$. Folglich wird $\gamma_1 \leq M$ und, da $\gamma_1 \to \gamma$ für $G_1 \to G$, auch $\gamma \leq M$, was zu beweisen war.

Wenn $u(z)$ das logarithmische Potential einer beliebigen über der abgeschlossenen beschränkten Punktmenge E ausgebreiteten nichtnegativen Einheitsbelegung ist, mit dem Minimum m und mit der oberen Grenze M auf E, so gilt

$$m \leq \gamma \leq M, \tag{13}$$

wo γ die Robinsche Konstante von E ist.

114. Das sog. *Problem von* ROBIN [1] verlangt die Bestimmung einer nichtnegativen Einheitsbelegung μ einer gegebenen Punktmenge E, so daß das entsprechende Potential in jedem Punkt von E einen konstanten Wert annimmt. Aus dem vorstehenden Satz ist zu ersehen, daß dieser Wert kein anderer als die ROBINsche Konstante γ sein kann. Ferner folgt aus den Ausführungen in § 2, daß das ROBINsche Problem sicher dann lösbar ist, wenn E von endlich vielen Jordanbogen begrenzt (oder zusammengesetzt) ist. In der Tat erklärt die dem Potential $-g(z, \infty) + \gamma$ entsprechende Belegung $\mu \left(d\mu = \dfrac{dh}{2\pi} \right)$ eine Lösung des Problems (vgl. Nr. 112).

Bevor wir zu der Frage nach der Existenz eines ROBINschen Gleichgewichtspotentials im allgemeinen Fall einer beliebigen, abgeschlossenen Punktmenge E übergehen, soll erst noch gezeigt werden, wie man die ROBINsche Konstante des Außengebietes G von einem speziellen Potential ausgehend durch Grenzübergang bestimmen kann. Wir wollen dies an der Hand eines von SZEGÖ [1] herrührenden Verfahrens ausführen, das zu bemerkenswerten Zusammenhängen führen wird. Im folgenden wird nur der Fall betrachtet, wo G von einer endlichen Anzahl von Jordanbogen berandet ist, unsere Überlegungen lassen sich aber leicht auf beliebige Gebiete G ausdehnen.

Es seien $z_1, \ldots, z_n$ beliebige Punkte der Ebene und μ eine Belegung, welche durch die Vorschrift erklärt wird, daß sie für jede Punktmenge e, welche genau $m (0 \leq m \leq n)$ jener Punkte enthält, den Wert $\dfrac{m}{n}$ haben soll. Das zugehörige Potential wird dann gleich dem Mittelwert

$$\frac{1}{n} \sum_1^n \log \frac{1}{|z - z_\nu|}.$$

Man betrachte nun das Minimum dieses Ausdrucks auf dem Komplementbereich E von G und bestimme ein Punktsystem $z_1, \ldots, z_n$, für welches dieses Minimum seinen größten Wert γ_n annimmt. Das entsprechende Potential sei $u_n(z)$.

Wir bilden nun den Ausdruck

$$v_n(z) = u_n(z) + g(z, \infty) - \gamma_n$$

und schließen wie oben, unter Anwendung des Minimumprinzips, daß v_n eine in G nichtnegative, harmonische Funktion ist. In der Tat: auf der Berandung von G ist $u_n \geq \gamma_n$ und $g = 0$, also jedenfalls $v_n \geq 0$. Da ferner v_n in G harmonisch ist, mit Ausnahme derjenigen Punkte z_ν, welche eventuell in G liegen und wo $v_n = +\infty$ wird, so ergibt sich mit Hilfe des erwähnten Prinzips, daß v_n überall in G nichtnegativ ist. Man hat also speziell

$$v_n(\infty) = \gamma - \gamma_n \geq 0.$$

---

[1] G. ROBIN [1].

Für $n \to \infty$ ist $\gamma_n \to \gamma$. Um dies einzusehen, gehen wir von der Darstellung (12) der GREENschen Funktion von G aus. Für ein gegebenes $\varepsilon > 0$ können wir eine so große Zahl n_ε finden, daß die Schwankung von $\log|\zeta - z|$, wie immer der Punkt z auf der Niveaulinie $g = \varepsilon$ auch gewählt wird, auf jedem Teilbogen Γ' von Γ kleiner als ε ausfällt, sobald nur

$$\frac{1}{2\pi} \int_{\Gamma'} dh(\zeta, \infty) \leqq \frac{1}{n_\varepsilon}.$$

Teilt man nun Γ in $n \geqq n_\varepsilon$ Teilbogen, auf denen die Variation von $\mu_0 = \dfrac{h}{2\pi}$ genau gleich $\dfrac{1}{n}$ ist, und nimmt man auf den Teilbogen je einen Randpunkt ζ_ν $(\nu = 1, \ldots, n)$, so unterscheidet sich das Integral (12) vom Mittelwert

$$\frac{1}{n} \sum_1^n \log \frac{1}{|\zeta_\nu - z|}$$

um eine Größe vom Betrage $< \varepsilon$, und zwar für jede Lage des Punktes z auf der Linie $g(z, \infty) = \varepsilon$. Hier gilt also

$$\frac{1}{n} \sum_1^{n} \log \frac{1}{|\zeta_\nu - z|} \geqq \gamma - 2\varepsilon.$$

Diese Ungleichheit besteht nach dem Minimumprinzip auch *innerhalb* des von der Niveaulinie $g = \varepsilon$ begrenzten, zum Außengebiet $g > \varepsilon$ komplementären Gebietes und also speziell auf E. Für die obere Grenze γ_n gilt folglich

$$\gamma_n \geqq \gamma - 2\varepsilon,$$

sobald $n > n_\varepsilon$. In Verbindung mit dem früheren Resultat $\gamma_n \leqq \gamma$ folgt nun die behauptete Beziehung $\gamma_n \to \gamma$ für $n \to \infty$.

115. Es lohnt sich zu bemerken, daß die Näherungsfunktion u_n folgendermaßen erklärt werden kann:

$$e^{-u_n(z)} = \sqrt[n]{|t_n(z)|},$$

wo t_n dasjenige Polynom n-ten Grades

$$t_n = z^n + a_1 z^{n-1} + \cdots + a_n$$

ist, dessen Maximum M_n auf E möglichst klein wird: dies ist das sog. TSCHEBYSCHEFFsche *Polynom* n-ten Grades der Punktmenge E[1]. Aus dem obigen folgt nun für $n \to \infty$

$$\lim_{n=\infty} \sqrt[n]{M_n} = e^{-\gamma},$$

wo γ die ROBINsche Konstante ist. (SZEGÖ [1]).

---

[1] G. FABER [1].

Die Existenz des Grenzwerts $\lim M_n^{1/n}$ hatte FEKETE schon früher nachgewiesen und diesen als *transfiniten Durchmesser* von E bezeichnet[1]. Durch den obigen Zusammenhang hat sich die Identität der Kapazität und des transfiniten Durchmessers der Punktmenge E herausgestellt[2].

116. Wir gehen wieder zu dem allgemeinen Fall über und betrachten also eine beliebige abgeschlossene, beschränkte Punktmenge E. Es soll im folgenden gezeigt werden, daß die GREENsche Funktion des den Punkt $z = \infty$ enthaltenden Außengebietes G von E sich als das logarithmische Potential einer über E verteilten Massenbelegung darstellen läßt. Der folgende Beweis rührt von DE LA VALLÉE-POUSSIN[3] her.

Man überdecke die Ebene mit einem Netz von Quadraten Q_n von der Seitenlänge $\dfrac{1}{2^n}$, so daß für jedes $n = 1, 2, \ldots$ die Quadrate Q_n in vier Quadrate Q_{n+1} zerfallen. Es sei E_n derjenige Bereich, der aus sämtlichen abgeschlossenen Quadraten Q_n zusammengesetzt wird, welche mindestens einen Punkt mit E gemeinsam haben. Dasjenige zusammenhängende, zu E_n komplementäre Polygongebiet G_n, welches den unendlich fernen Punkt enthält, ist ein Teilgebiet des entsprechenden, von E berandeten Außengebietes G. Wir bilden die GREENsche Funktion

$$g_n(z, \infty) = \log|z| + \gamma_n + \varepsilon\left(\frac{1}{z}\right)$$

von G_n und wissen dann gemäß § 1 und § 2, daß die ROBINsche Konstante γ_n für $n \to \infty$ gegen die ROBINsche Konstante γ von G strebt, ferner, daß $g_n(z, \infty)$ in jedem Teilbereich von G gleichmäßig gegen $+\infty$ oder gegen die GREENsche Funktion $g(z, \infty)$ von G konvergiert, je nachdem E von der Kapazität Null ($\gamma = +\infty$) oder von positiver Kapazität ($\gamma < +\infty$) ist.

Für g_n hat man die Darstellung

$$-g_n(z, \infty) + \gamma_n = \int\limits_{E_n} \log \frac{1}{|\zeta - z|}\, d\mu_n(\zeta), \qquad (14')$$

wo μ_n die vermittels der zu g_n konjugierten Funktion $-h_n$ erklärte, über den äußeren Rand des Polygons E_n verteilte positive Einheits-

---

[1] M. FEKETE [7]. Hier wird auch folgende interessante, mit der obigen äquivalente Erklärung des transfiniten Durchmessers angeführt: Man nehme auf E n Punkte $z_1, \ldots, z_n$ und bilde das Produkt sämtlicher $\dbinom{n}{2} = \dfrac{n(n-1)}{2}$ gegenseitigen Entfernungen zwischen zwei von jenen Punkten. Für eine bestimmte Lage der Punkte z_ν erreicht das Produkt sein Maximum m_n. Für $n \to \infty$ strebt die $\dbinom{n}{2}$-te Wurzel von m_n gegen den transfiniten Durchmesser von E.

[2] Vgl. hierzu G. PÓLYA und G. SZEGÖ [7]. In dieser inhaltsreichen Arbeit befindet sich auch eine Zusammenstellung der Literatur (bis 1930), welche sich auf den Kapazitätsbegriff und den transfiniten Durchmesser bezieht.

[3] C. DE LA VALLÉE-POUSSIN [7].

belegung ist $(2\pi d\mu_n = dh_n)$. Auf E_n nimmt das rechtsstehende Integral den konstanten Wert γ_n an.

Aus der Folge der gleichmäßig beschränkten, additiven Mengenfunktionen μ_n läßt sich nach einem allgemeinen Satz der Theorie der Mengenfunktionen eine konvergente Teilfolge auswählen[1]. Die Grenzfunktion μ ist eine über die Randpunkte ζ von E verteilte nichtnegative Belegung, die für die Klasse der im BORELschen Sinne meßbaren Teilmengen (e) von E additiv ist [Eigenschaft (10) Nr. 110].

Sei nun $\gamma < +\infty$ und z ein innerer Punkt von G. Da der Integrand $\log \dfrac{1}{|\zeta - z|}$ des Integrals (14') hier stetig ist, so läßt sich der Grenzübergang $n \to \infty$ unter dem Integral ausführen (vgl. DE LA VALLÉE-POUSSIN [1]) und man hat also, da andererseits $g_n \to g$, $\gamma_n \to \gamma$, für die GREENsche Funktion des Gebietes G die Darstellung

$$-g(z, \infty) + \gamma = \int_E \log \frac{1}{|\zeta - z|}\, d\mu(\zeta). \tag{14}$$

In ähnlicher Weise findet man in jedem *inneren* Punkt z des zu G komplementären Bereiches $\bar{G}$ (falls es solche Punkte gibt)

$$u(z) = \int_E \log \frac{1}{|z - \zeta|}\, d\mu(\zeta) = \gamma.$$

Sei schließlich z ein Randpunkt von G. In beliebiger Nähe von z gibt es Punkte des Gebietes G, wo wegen $g > 0$ und gemäß (14) die Beziehung $u < \gamma$ gilt. Folglich ist die untere Grenze von u im Randpunkte z höchstens gleich γ und, da $u(z)$ als eine nach unten halbstetige Funktion gleich dieser unteren Grenze ist, wird in jedem Randpunkt von G

$$u(z) \leqq \gamma.$$

Daß das Ungleichheitszeichen hier wesentlich ist, folgt aus der Bemerkung von Nr. 103, § 2. Falls nämlich G einen isolierten Randpunkt hat, so ist hier g harmonisch und > 0, somit tatsächlich $u < \gamma$.

---

[1] Vgl. hierzu C. DE LA VALLÉE-POUSSIN [1], Note. Über den Beweisgang, dessen vollständige Wiedergabe hier zu weit führen würde, sei folgendes bemerkt: Die abzählbar vielen Quadrate $Q_1, Q_2, \ldots$ lassen sich in eine Folge $Q^1, Q^2, \ldots$ anordnen, und es läßt sich unter Anwendung des BOLZANO-WEIERSTRASSschen Häufungspunktsatzes und des sog. Diagonalverfahrens eine Folge $\mu_{\nu_1}, \mu_{\nu_2}, \ldots$ erklären, die in jedem Quadrat Q konvergiert. Die Grenzfunktion μ ist für jede abgeschlossene oder offene Teilmenge e von E definiert und wird infolgedessen mindestens für die Familie der im BORELschen Sinne meßbaren Teilmengen (e) von E (vgl. z. B. H. LEBESGUE [1]) als eine additive nichtnegative Mengenfunktion vom Gesamtbetrage 1 erklärt. Vgl. auch O. FROSTMAN [3]. In dieser Arbeit findet man eine vortreffliche Darstellung der Theorie der Kapazität von Punktmengen.

117. Falls G von endlich vielen Jordanbogen berandet ist, so erschien die ROBINsche Konstante γ einerseits als das Maximum der Minima, andererseits als das gleich große Minimum der oberen Grenzen sämtlicher logarithmischer Potentiale $u(z)$ auf der Punktmenge E, welche von einer über E verteilten, nichtnegativen Einheitsbelegung herrühren. In dem obenbetrachteten allgemeinen Fall, wo E eine beliebige abgeschlossene, beschränkte Punktmenge von positiver Kapazität ist, stellt die der Funktion $-g(z, \infty) + \gamma$ entsprechende Belegung μ einen extremen Fall dar, insofern als das von ihr erzeugte Potential die kleinstmögliche obere Grenze γ besitzt. Dagegen können Ausnahmepunkte von E vorkommen, wo das extremale Potential *kleiner* als γ ausfällt. Solche Punkte sind z. B. stets die isolierten, an das Außengebiet G grenzenden Punkte der Menge E.

Jedenfalls ist also die ROBINsche Konstante γ gleich dem Minimum der oberen Grenze sämtlicher oben definierter Potentiale $u(z)$ auf E.

§ 4. Verhalten einer analytischen Funktion in der Umgebung einer Punktmenge vom harmonischen Maß Null.

118. In der Theorie der Singularitäten harmonischer und analytischer Funktionen spielen die Punktmengen vom harmonischen Maß Null oder, was nach den Erörterungen der vorhergehenden Abschnitte dasselbe bedeutet, von der Kapazität Null eine wichtige Rolle. Es sollen hier einige in dieser Richtung liegende Sätze besprochen werden.

Nach dem in Abschnitt III dargestellten fundamentalen Prinzip vergrößert sich das harmonische Maß durch eine analytische Abbildung. Diese Tatsache legt die Vermutung nahe, daß eine Punktmenge von positiver Kapazität durch eine analytische Transformation stets in eine Punktmenge übergeführt wird, die ebenfalls positive Kapazität hat. Dies ist auch unter den unten folgenden Bedingungen tatsächlich der Fall.

Satz 1. *Es sei $w(z)$ eine in einem Gebiet G_z eindeutige meromorphe Funktion und α_z eine in G_z gelegene abgeschlossene Punktmenge. Falls diejenige Punktmenge α_w, auf welche die Funktion $w = w(z)$ die Menge α_z abbildet, eine harmonische Nullmenge ist, so gilt dasselbe auch für die Menge α_z, es sei denn daß $w(z)$ konstant ist.*

Beweis. Die Menge α_w ist als Bildmenge einer abgeschlossenen Punktmenge selber abgeschlossen. Da sie voraussetzungsgemäß vom harmonischen Maß Null ist, hat sie als Komplement ein zusammenhängendes Gebiet G_w. In diesem wählen wir eine Kreisscheibe $\varDelta_w$ und entfernen aus G_z sämtliche Punkte z, in denen $w(z)$ auf $\varDelta_w$ fällt. Angenommen, daß $w(z)$ nicht konstant ist, bleibt aus G_z ein Gebiet $G_\varDelta$ übrig, das aus einem oder mehreren zusammenhängenden Teilen besteht, welche von den Bildpunkten der Randpunkte gewisser Gebiete $\varDelta_w$ und von gewissen Teilen der Berandung von G_z begrenzt sind. Da die Teilgebiete $G_\varDelta$ sich nur gegen den Rand von G_z häufen können, während die abgeschlossene Punktmenge α_z im Innern von G_z liegt, so folgert man, daß höchstens endlich viele der Gebiete G_Δ Punkte α_z enthalten können. Mit Berücksichtigung der in Nr. 108 besprochenen Additivitätseigenschaft der Mengen vom harmonischen Maß Null, genügt es jetzt zu zeigen, daß die in einem beliebigen der Gebiete G_Δ befindliche, notwendigerweise abgeschlossene Teilmenge der gegebenen Menge α_z das harmonische Maß Null hat.

Zu diesem Zweck fixieren wir ein Gebiet G_Δ und wählen in demselben einen beliebigen Punkt $z^*(w(z^*) \neq \alpha_w)$. Sei ferner β_z eine in G_Δ gelegene geschlossene Jordankurve, welche die Punkte z^* und α_z umgibt, und D_z das innerhalb von β_z liegende Teilgebiet von G_Δ, welches also sowohl α_z als z^* enthält. Entfernt man nun aus D_z noch die Punkte α_z, so bleibt ein Restgebiet G_z' übrig, in bezug auf welches man das harmonische Maß $\omega(z, \alpha_z, G_z')$ bilden kann. Es gilt zu zeigen, daß dieses Maß identisch verschwindet.

Da α_w eine harmonische Nullmenge ist, können wir ein von endlich vielen Jordanbogen α_w' begrenztes Teilgebiet D_w von G_w finden, so daß, für ein vorgegebenes $\varepsilon > 0$,

$$\omega(w^*, \alpha_w', D_w') < \varepsilon,$$

wo $w^* = w(z^*)$ und D_w' den Durchschnitt des Gebietes D_w mit dem Äußeren der Kreisscheibe Δ_w bezeichnet. Wir schließen alsdann aus dem Gebiet G_z' alle Punkte z aus, wo $w = w(z)$ außerhalb D_w' liegt, und bezeichnen mit D_z' dasjenige der nachbleibenden Teilgebiete von G_z', welches den Punkt z^* enthält. Die Berandung von D_z' besteht aus Punkten, die entweder auf der Jordankurve β_z oder auf den Bildkurven α_z' der Bogen α_w' liegen.

Wir vergleichen nun die durch die Ausdrücke

$$\omega(z, \alpha_z, G_z') \quad \text{und} \quad \omega\big(w(z), \alpha_w', D_w'\big)$$

definierten, in D_z' harmonischen Funktionen miteinander. In den Randpunkten β_z von D_z' verschwindet die erste Funktion, während die zweite hier, wie überhaupt, nichtnegativ ist; auf den Randbogen α_z' ist wiederum die erste Funktion, wie überhaupt, höchstens gleich 1, während hier die zweite Funktion offenbar denselben Wert 1 erreicht. Also ist die erste dieser Funktionen höchstens gleich der zweiten auf der ganzen Berandung von D_z'; zufolge dem Maximumprinzip muß dasselbe dann auch im Innern von D_z' gelten, woraus für $z = z^*$ folgt:

$$\omega(z^*, \alpha_z, G_z') \leq \omega(w^*, \alpha_w', D_w') < \varepsilon.$$

Die Zahl ε kann aber beliebig klein gewählt werden, und es wird also $\omega(z^*, \alpha_z, G_z') = 0$. und somit überhaupt $\omega(z, \alpha_z, G_z') = 0$, was zu beweisen war

119. Ein klassischer CAUCHY-RIEMANNscher Satz, von dem wir schon mehrmals Gebrauch gemacht haben (I, § 3) besagt, daß eine harmonische oder analytische Funktion, welche in der Umgebung einer isolierten Stelle $z = a$ eindeutig und beschränkt ist, an dieser Stelle auch harmonisch bzw. analytisch sein muß. Eine wichtige Frage ist nun, wieweit dieser Satz über „hebbare Singularitäten" verallgemeinert werden kann. Wie mächtig muß eine abgeschlossene Punktmenge α sein, damit eine in der Umgebung dieser Menge eindeutige und beschränkte Funktion existiert, welche mindestens eine Teilmenge von α als Singularität hat? Für harmonische Funktionen wird dieses Problem durch nachstehenden Satz von MYRBERG [1] restlos gelöst [1]:

Satz 2. *Es sei α eine abgeschlossene Punktmenge der Ebene. Falls sie vom harmonischen Maß Null ist, so ist jede in der Umgebung von α eindeutige und beschränkte harmonische Funktion in jedem Punkt von α harmonisch. Ist dagegen α von positivem harmonischem Maß, so gibt es in der Umgebung von α eindeutige und beschränkte harmonische Funktionen, die nicht in allen Punkten von α harmonisch sind.*

Sei α vom harmonischen Maß Null und $u(z)$ in der Umgebung von α eindeutig und beschränkt. Man schlage um α eine Jordankurve β und bestimme vermittels der GREENschen Formel (II, Nr. 25) eine harmonische Funktion $u_0(z)$, welche in dem von β berandeten Gebiet G_β, also speziell in den Punkten α harmonisch ist und auf β dieselben Randwerte wie $u(z)$ annimmt. Wir behaupten, daß $u(z) = u_0(z)$ in jedem Punkt $z \neq \alpha$ von G_β gilt.

Um dies einzusehen, nehmen wir einen beliebigen Punkt $z_0 \neq \alpha$ von G_β und konstruieren für ein gegebenes $\varepsilon > 0$ ein Teilgebiet D des von α begrenzten Gebietes G, so daß sowohl β als z_0 in D enthalten sind und

$$\omega(z_0, \delta, D_\beta) < \varepsilon,$$

wo δ der aus endlich vielen Jordanbogen zusammengesetzte Rand von D ist und D_β den Durchschnitt der Gebiete G_β und D bezeichnet.

Es sei nun M die obere Grenze von $|u|$ auf G_β; es gilt dann auch $|u_0| \leq M$ und die Differenz $v(z) = u(z) - u_0(z)$ ist also ihrem absoluten Betrag nach höchstens gleich $2M$. Wir bilden alsdann den Ausdruck $v + 2M\omega$. Er verschwindet auf der Kurve β und ist auf dem Bogen δ nichtnegativ. Also nimmt er überhaupt in D_β nur nichtnegative Werte an, und es gilt somit speziell

$$v(z_0) \geq -2M\omega(z_0) > -2M\varepsilon.$$

Für $\varepsilon \to 0$ folgt hieraus $v(z_0) \geq 0$.

Eine umgekehrte Beziehung ($v(z_0) \leq 0$) ergibt sich, wenn die obige Schlußweise auf die Funktion $v - 2M\omega$ angewandt wird, und es muß also, wie behauptet wurde, $v(z_0) = u(z_0) - u_0(z_0) = 0$ sein.

---

[1] Vgl. hierzu J. W. LINDEBERG [1].

Da also $u(z)$ mit $u_0(z)$ identisch ist, ist $u(z)$ in jedem Punkt α harmonisch, was zu beweisen war.

Der zweite Teil des Satzes folgt unmittelbar aus den Ergebnissen des ersten Paragraphen. Hat nämlich α positives harmonisches Maß, so stellt der Ausdruck

$$\omega(z, \alpha, D_\beta),$$

wo D_β dasjenige Teilgebiet von G_β ist, welches von G_β übrig bleibt, falls die Punkte α ausgeschlossen werden, eine in D_β harmonische, positive und beschränkte Funktion dar. Sie kann nicht in jedem Punkt α harmonisch sein, denn sonst würde sie identisch verschwinden, da sie ja auf der Begrenzungskurve β von G_β gleich Null ist.

120. Im Laufe der vorhergehenden Darstellung haben wir wiederholt von einer wichtigen Erweiterung des Prinzips vom Maximum für eine harmonische oder analytische Funktion Gebrauch gemacht. Um schließen zu können, daß eine in einem Gebiet G harmonische Funktion $u(z)$ daselbst kleiner als eine gegebene Zahl M ist, genügt es zu wissen, daß $\overline{\lim} u(\zeta) \leq M$ in jedem Randpunkt ζ gilt, außer möglicherweise für eine endliche Anzahl von Randpunkten ζ, sofern u auch in der Umgebung dieser Ausnahmepunkte beschränkt bleibt. Hier erhebt sich nun die Frage, wie mächtig diese Ausnahmemenge angenommen werden darf, ohne daß das erweiterte Prinzip seine Gültigkeit einbüßt. Auch für dieses Problem spielen die harmonischen Nullmengen eine entscheidende Rolle. Es gilt nämlich die[1]

Erweiterung des Maximumprinzips. *Es sei $u(z)$ eine im Gebiete G harmonische und nach oben beschränkte Funktion. Falls dann M eine so große Zahl ist, daß*

$$\overline{\lim} u(\zeta) \leq M \tag{15}$$

in jedem Randpunkt ζ von G, außer höchstens für eine Menge α vom harmonischen (absoluten) Maß Null, so ist $u(z) \leq M$ in jedem Punkt von G.

Zum Beweis nehmen wir einen beliebigen Punkt z_0 von G. Angenommen, es wäre $u(z_0) > M$, so können wir gemäß (15) einen Punkt z_1 von G finden, so daß $u(z_1) < u(z_0)$. Wir schlagen um z_1 einen kleinen Kreis β, so daß $u(z) \leq M_1$ ($M < M_1 < u(z_0)$) in jedem Punkt von β gilt.

Nach dieser Vorbereitung wählen wir eine beliebig kleine Zahl $\varepsilon > 0$ und bezeichnen mit G' ein Teilgebiet des zu α komplementären Gebietes, derart daß

$$\omega(z_0, \alpha', G'_\beta) < \varepsilon,$$

wobei α' die Berandung von G' ist und G'_β den Durchschnitt von G' mit dem Äußeren der Kreislinie β bezeichnet.

---

[1] Ein anderes allgemeines Kriterium ist von E. Phragmén und E. Lindelöf [7] gegeben worden.

Sei nun $K \geqq M$ die voraussetzungsgemäß endliche obere Grenze von $u(z)$ in G. Wir bilden den Ausdruck

$$v(z) = u(z) - M - (K - M)\,\omega(z, \alpha', G'_\beta),$$

der eine im Durchschnittsgebiet D von G und G'_β harmonische Funktion ist. D hat einen zusammenhängenden Teil D_0, der den Punkt z_0 enthält; die Randpunkte ζ von D_0 liegen entweder auf der Berandung Γ von G oder auf den Begrenzungsbogen α' und β von G'_β. In den erstgenannten Punkten, die nach unserer Konstruktion keinen Punkt der Menge α enthalten, gilt nach (15) $\overline{\lim}\,v \leqq 0$; auf α' ist ω stetig gleich 1 und u höchstens gleich K, also wieder $\overline{\lim}\,v \leqq 0$; auf β schließlich wird $u \leqq M_1$ und $\omega = 0$, also $\overline{\lim}\,v \leqq M_1 - M$. Nach dem Maximumprinzip ist also, überall in D_0, $v \leqq M_1 - M$, woraus für $z = z_0$ folgt:

$$u(z_0) \leqq M_1 + (K - M)\,\omega(z_0, \alpha', G'_\beta)$$
$$\leqq M_1 + (K - M)\,\varepsilon,$$

oder da ε beliebig klein gemacht werden kann, $u(z_0) \leqq M_1$, wider die oben gemachte Festsetzung. Dieser Widerspruch zeigt, daß, wie behauptet wurde, $u(z_0) \leqq M$ sein muß.

Wenn keinerlei zusätzliche Voraussetzungen über die Lage der Ausnahmemenge α im Verhältnis zu den übrigen Randpunkten gemacht werden, so läßt sich das obige Prinzip, sofern es sich um den Umfang der Menge α handelt, nicht weiter verschärfen. Ist nämlich α eine beliebige Menge von positivem harmonischem Maß, so läßt sich immer ein Gebiet G angeben, das eine Teilmenge von α zu Randpunkten hat, und wo eine harmonische Funktion u konstruiert werden kann, welche in jedem von α verschiedenen Randpunkt von G z. B. der Ungleichung $\overline{\lim}\,u \leqq 0$ genügt, ohne im Inneren ausnahmslos nichtpositiv zu sein.

Es genügt, eine Teilmenge der gegebenen Menge zu betrachten, welche ebenfalls positives harmonisches Maß hat und ein zusammenhängendes Gebiet begrenzt. Schließt man aus letzterem eine kleine Kreisscheibe β aus, so stellt das harmonische Maß $\omega(z, \alpha, G)$ der betrachteten Teilmenge α in bezug auf das Restgebiet G eine in G harmonische Funktion dar, welche in jedem von α verschiedenen Randpunkt von G, d. h. auf β, verschwindet, im Innern von G jedoch *positiv* ist.

In diesem Beispiel hat α eine positive Entfernung vom übrigen Teil der Berandung (β). Ist diese Bedingung nicht erfüllt, so stellt der obige Satz im allgemeinen nicht mehr die schärfstmögliche Form des Maximumprinzips dar. Die „absoluten'' harmonischen Nullmengen können in diesem Fall durch die zum Bezugsgebiet G relativen Nullmengen ersetzt werden, von denen in § 1 dieses Kapitels kurz die Rede war. Diese relativen Nullmengen können einen mächtigeren Umfang haben als die absoluten; hierauf werden wir noch im folgenden zurückkommen. Auf eine erschöpfende Darstellung dieser Zusammenhänge, wie auch auf eine nähere Darstellung des Maximumprinzips in der angedeuteten allgemeineren Fassung müssen wir allerdings verzichten. Um ein richtiges Verständnis der wahren Bedeutung der harmonischen Maßbestimmung für diese und andere Fragen der Funktionentheorie zu gewinnen, ist es jedenfalls notwendig, den Unterschied zwischen „relativen" und „absoluten" harmonischen Maßen nicht aus dem Auge zu verlieren.

121. Als Korollar des obigen Satzes können wir folgendes Theorem beweisen, das als eine Erweiterung eines bekannten klassischen Satzes von LIOUVILLE betrachtet werden kann:

Satz 3. *Falls eine außerhalb einer harmonischen Nullmenge α_z eindeutige analytische Funktion $w(z)$ im Gebiete $z \neq \alpha_z$ Werte ausläßt, die eine Menge α_w von positivem harmonischem Maß bilden, so reduziert sich die Funktion auf eine Konstante.*

Aus der Annahme, daß $w(z)$ nicht konstant wäre, läßt sich ein Widerspruch in folgender Weise herleiten: Aus der zu α_w komplementären, offenen, nicht leeren Punktmenge schließen wir eine kleine Kreisscheibe $\varDelta_w$ aus; das an $\varDelta_w$ grenzende Restgebiet sei G_w. Aus dem gegebenen Gebiet $z \neq \alpha_z$ entfernen wir ebenfalls sämtliche Gebiete $\varDelta_z$, in denen der Wert $w = w(z)$ auf $\varDelta_w$ fällt und bezeichnen mit G_z ein beliebiges der von der Punktmenge α_z und den Randkurven der Gebiete $\varDelta_z$ begrenzten zusammenhängenden Restgebiete.

Wir bilden alsdann das harmonische Maß $\omega(w, \alpha_w, G_w)$, welches eine in G_w *positive*, nicht konstante Funktion ist. Andererseits ist auch die zusammengesetzte Funktion $\omega(w(z), \alpha_w, G_w)$ in G_z harmonisch. In denjenigen Randpunkten, welche auf die Begrenzungen der Gebiete $\varDelta_z$ liegen, *verschwindet* diese Funktion. Die übrigen Randpunkte von G_z gehören zur Menge α_z und bilden somit eine Menge vom harmonischen Maß Null. Da die betrachtete Funktion in G jedenfalls beschränkt ist ($\omega \leq 1$), so schließt man nach dem erweiterten Maximumprinzip auf $\omega \leq 0$ oder, da ω nichtnegativ ist, $\omega(w(z), \alpha_w, G_w) = 0$ in jedem Punkt von G_z. Da der entsprechende Punkt $w = w(z)$ auf das Gebiet G_w fällt, und $\omega(w, \alpha_w, G_w)$ hier positiv ist, so ist der in Aussicht gestellte Widerspruch hergestellt. Die Funktion $w(z)$ muß sich also auf eine Konstante reduzieren, was zu beweisen war.

§ 5. Hilfssätze über additive Mengenfunktionen.

122. Um in der Theorie der harmonischen Nullmengen weiter vordringen zu können, benötigen wir einige Hilfssätze aus der Theorie der reellen Funktionen, welche die in § 3 dargelegte Theorie weiterführen. Diese Hilfssätze spielen auch bei anderen funktionentheoretischen Fragen eine wichtige Rolle.

Die Sätze dieses Paragraphen sind unter Weiterführung älterer Ideen von P. BOUTROUX und BLOCH im wesentlichen von HENRI CARTAN gegeben worden; wir folgen hier einer von AHLFORS herrührenden Darstellung [1].

In der komplexen Ebene denken wir uns eine beschränkte Punktmenge E gegeben und auf jeder meßbaren Teilmenge e von E eine Belegung $\mu\,(\geqq 0)$ definiert, welche vollständig additiv ist: Wenn die Menge e in endlich oder abzählbar unendlich viele punktfremde Teilmengen $e_1, e_2, \ldots$ zerlegt wird, so ist

$$\mu\,(e) = \mu\,(e_1) + \mu\,(e_2) + \cdots$$

Den Gesamtwert $\mu\,(E)$ der Belegung wollen wir der Einfachheit halber wieder gleich der Einheit voraussetzen.

Durch $\mu\,(r, a)$ bezeichne man die Belegung, welche der im Innern eines um den Punkt a mit dem Radius r beschriebenen Kreises liegenden Teilmenge von E entspricht. Es gilt dann der

Hilfssatz. *Es sei $h\,(r)$ eine beliebige, für $0 \leqq r \leqq \infty$ stetige, mit r zunehmende Funktion, mit*

$$h\,(0) = 0, \qquad h\,(\infty) > 1. \tag{16}$$

Dann gilt für $r > 0$ die Beziehung

$$\mu\,(r, a) \leqq h\,(r) \tag{17}$$

in jedem Punkt a der Ebene, außer höchstens für eine Menge A die sich durch eine Folge von Kreisen $C_1, C_2, \ldots$ überdecken läßt, für deren Radien $r_1, r_2, \ldots$ die Ungleichung besteht:

$$\sum h\,(r_n) \leqq 6. \tag{17'}$$

Beweis. Es sei für ein gegebenes $r > 0$

$$\lambda_1\,(r) = \overline{\lim_{a}}\, \mu\,(r, a)$$

die obere Grenze von $\mu\,(r, a)$ für variables a. Diese, gemäß ihrer Definition mit r zunehmende Funktion ist höchstens gleich $\lambda_1\,(\infty) = \mu\,(E) = 1$, und somit ist nach (16)

$$\lambda_1\,(r) \leqq h\,(r) \tag{18}$$

für alle hinreichend großen Werte von r.

Wenn nun die obige Ungleichung für alle $r > 0$ gilt, so besteht die behauptete Beziehung (17) für alle Werte $a \neq \infty$.

Im entgegengesetzten Fall sei r_1 die obere Grenze der Werte r, für welche $\lambda_1\,(r) > h\,(r)$; es ist $0 < r_1 < \infty$, und die Beziehung (17) besteht für jedes $r > r_1$. Es ist also $\lambda_1\,(r_1 - 0) \geqq h\,(r_1) \geqq \lambda_1\,(r_1 + 0)$ und somit, da andererseits $\lambda_1\,(r_1 - 0) \leqq \lambda_1\,(r_1 + 0)$, notwendigerweise $\lambda_1\,(r_1 - 0) = \lambda_1\,(r_1 + 0)$ und

$$\lambda_1\,(r_1) = h\,(r_1). \tag{18'}$$

---

[1] A. BLOCH [*3*], H. CARTAN [*1*], L. AHLFORS [*3*].

Danach wählen wir irgendeinen Punkt a_1, wofür

$$\lambda_1(r_1) \leqq \mu(r_1, a_1) + \tfrac{1}{2},$$

und schlagen um a_1 einen Kreis C_1 mit dem Radius r_1. Es sei alsdann $\lambda_2(r)$ die obere Grenze von $\overline{\mu}(r, a)$ für alle Punkte a, die außerhalb C_1 liegen:

$$\lambda_2(r) = \overline{\lim}\,\mu(r, a) \qquad (a \text{ außerhalb } C_1).$$

Da nun $\lambda_2(r)$ seiner Definition zufolge nicht größer als $\lambda_1(r)$ sein kann, und die Beziehung (18) für alle $r \geqq r_1$ gilt, so ist auch

$$\lambda_2(r) \leqq h(r) \tag{19}$$

für $r \geqq r_1$.

Wenn nun diese Beziehung für alle $r > 0$ gilt, so besteht die Behauptung (17) für jedes $r > 0$, wo immer der Punkt a außerhalb des Kreises C_1 auch liegen mag, dessen Radius r_1 die Bedingung (18') erfüllt.

Im entgegengesetzten Fall sei r_2 die obere Grenze der Werte r, für welche $\lambda_2(r) > h(r)$; es ist $0 < r_2 \leqq r_1$, und die Beziehung (19) gilt für $r \geqq r_2$. Speziell wird

$$\lambda_2(r_2) = h(r_2).$$

Man nehme dann einen Punkt a_2, so daß

$$\lambda_2(r_2) \leqq \mu(r_2, a_2) + \tfrac{1}{4},$$

schlage um a_2 einen Kreis C_2 mit dem Radius r_2 und bezeichne

$$\lambda_3(r) = \overline{\lim}\,\mu(r, a) \qquad (a \text{ außerhalb } C_1, C_2).$$

Es ist $\lambda_3(r) \leqq \lambda_2(r)$ und daher

$$\lambda_3(r) \leqq h(r)$$

für $r \geqq r_2$.

Ist nun die letzte Beziehung für alle Werte $r > 0$ in Kraft, so wird die Beziehung (17) für jedes a außerhalb der Kreise C_1, C_2 bestehen, deren Radien den Gleichheiten $\lambda_1(r_1) = h(r_1)$, $\lambda_2(r_2) = h(r_2)$ genügen.

Im entgegengesetzten Fall läßt sich das eingeleitete Rekursionsverfahren weiterführen. Man bestimmt derart der Reihe nach die Kreise $C_1, C_2, \ldots$; der Radius r_ν und der Mittelpunkt a_ν von C_ν werden hierbei durch folgende Vorschriften bestimmt:

Es sei

$$\lambda_\nu(r) = \overline{\lim}\,\mu(r, a) \qquad (a \text{ außerhalb } C_1, \ldots, C_{\nu-1}) \tag{20}$$

und $r_\nu > 0$ die obere Grenze der Werte von r, wofür $\lambda_\nu(r) > h(r)$; es ist dann $r_1 \geqq r_2 \geqq \cdots \geqq r_\nu$,

$$\lambda_\nu(r_\nu) = h(r_\nu) \quad \text{und} \quad \lambda_\nu(r) \leqq h(r) \text{ für } r \geqq r_\nu. \tag{21}$$

Der Mittelpunkt a_ν wird außerhalb der Kreise $C_1, \ldots, C_{\nu-1}$ beliebig gewählt, so daß

$$\lambda_\nu(r_\nu) \leqq \mu(r_\nu, a_\nu) + \frac{1}{2^\nu}, \tag{22}$$

was nach der Definition der Größe $\lambda_\nu(r)$ möglich ist.

Nach (21) gilt für $r \geqq r_\nu$
$$\mu(r, a) \leqq h(r), \tag{23}$$
wie immer der Punkt a außerhalb der Kreise $C_1, \ldots, C_{\nu-1}$ auch liegt.

Wenn nun für ein gewisses ν diese Beziehung für sämtliche Werte $r > 0$ besteht (a außerhalb $C_1, \ldots, C_\nu$), so bricht das Verfahren ab. Es gilt dann nur noch zu zeigen, daß die Radien die behauptete Eigenschaft $\sum_1^\nu h(r_i) < 6$ besitzen.

Um dies einzusehen, bemerke man, daß der Konstruktion nach ein jeder der Mittelpunkte a_ν außerhalb aller Kreise $C_\mu \neq C_\nu$ liegt. Hieraus folgt, daß jeder beliebige Punkt z der Ebene höchstens von *fünf* Kreisen überdeckt wird; verbindet man nämlich z mit den Mittelpunkten der überdeckenden Kreise, so bilden immer je zwei der Verbindungsstrecken wegen der erwähnten Eigenschaft der Mittelpunkte einen Winkel $> \dfrac{\pi}{3}$, woraus die Behauptung folgt.

Nach (21) und (22) ist nun
$$\sum_1^\nu h(r_i) = \sum_1^\nu \lambda_i(r_i) \leqq \sum_1^\nu \mu(r_i, a_i) + \sum_1^\nu \frac{1}{2^i}. \tag{24}$$

Wenn e_k diejenige Teilmenge von E ist, deren Punkte von den Kreisen $C_1, \ldots, C_\nu$ mindestens k-mal überdeckt werden, so ist wegen der Additivität von μ, und da nur die Werte $k \leqq 5$ in Betracht kommen,
$$\sum_1^\nu \mu(r_i, a_i) = \sum_{k=1}^5 \mu(e_k) \leqq 5\,\mu(E) = 5, \tag{24'}$$
und es ergibt sich aus (24) die Behauptung
$$\sum h(r_i) \leqq 6. \tag{17'}$$

Setzt sich dagegen das Rekursionsverfahren in infinitum fort, so erhält man eine unendliche Folge von Kreisen $C_\nu\,(|z - a_\nu| \leqq r_\nu)$. Ist dann a ein Punkt außerhalb aller dieser Kreise (falls es solche Punkte a gibt) so besteht hier die Beziehung (17) für jedes $r > 0$. Nach obigem besteht sie in der Tat sicher für $r > r_\nu$, wo ν beliebig groß genommen werden kann. Es bleibt also nur noch $r_\nu \to 0$ für $\nu \to \infty$ nachzuweisen.

Dies folgt unmittelbar daraus, daß die Summe $\sum_1^\nu h(r_i)$ nach (24) und (24') für jedes ν kleiner als 6 ist. Es ist also $h(r_\nu) \to 0$ und folglich auch $r_\nu \to 0$ für $\nu \to \infty$. Gleichzeitig ergibt sich die behauptete Relation
$$\sum_1^\infty h(r_\nu) \leqq 6.$$

Hiermit ist der Hilfssatz vollständig bewiesen.

123. Als leichtes Korollar des Hilfssatzes ergibt sich nun der CARTAN-sche Satz. Es sollen ihm hier einige Bemerkungen über STIELTJES-Integrale vorausgeschickt werden.

Außer der weiter oben erklärten, monoton wachsenden stetigen Funktion $h(r)$ betrachten wir eine für $r > 0$ erklärte, monoton abnehmende Funktion $g(r) > 0$. Dann gilt für $0 < r < \varrho$ die Formel der partiellen STIELTJES-Integration

$$\int\limits_{t=r}^{t=\varrho} g(t)\,dh(t) = g(\varrho)h(\varrho) - g(r)h(r) - \int\limits_{t=r}^{t=\varrho} h(t)\,dg(t), \qquad (25)$$

wo $g(\varrho) = g(\varrho - 0)$ und $g(r) = g(r + 0)$. Hieraus folgt, daß die Integrale

$$\int\limits_{t=0}^{\varrho} g\,dh \quad \text{und} \quad \int\limits_{t=r}^{\varrho} h\,dg$$

gleichzeitig endlich oder unendlich sind und, im erstgenannten Fall,

$$\int\limits_{t=0}^{t=\varrho} g\,dh = g(\varrho)h(\varrho) - \int\limits_{t=0}^{t=\varrho} h\,dg.$$

In der Tat gilt, wenn der Grenzwert

$$\int\limits_0^\varrho g\,dh = \lim \int\limits_r^\varrho g\,dh$$

endlich ist, für jedes $0 < r < \varrho$

$$g(r)h(r) = g(r)\int\limits_0^r dh \leqq \int\limits_0^r g\,dh \to 0$$

für $r \to 0$, und die behauptete Beziehung folgt aus (25) für $r \to 0$.
Wenn umgekehrt

$$\int\limits_0^\varrho h\,dg$$

endlich ist, so gilt für $0 < r < r_1 < \varrho$:

$$\int\limits_r^{r_1} h\,|dg| \geqq h(r)(g(r) - g(r_1)),$$

also

$$h(r)g(r) \leqq h(r)g(r_1) + \int\limits_0^{r_1} h\,|dg|,$$

woraus $h(r)g(r) \to 0$ für $r \to 0$ folgt. Die Behauptung ergibt sich hieraus wie oben.

124. Auf der Menge E sei nun, außer der Belegung μ, eine nichtnegative meßbare Funktion $f(z)$ des Punktes z gegeben, die endlich ist außer höchstens für eine Menge e_0, mit $\mu(e_0) = 0$. Für jedes $r \gtrless 0$ ist die durch die Ungleichung $f > r$ bestimmte Menge e_r von Punkten z meßbar. Durch die Beziehung

$$\mu(e_r) = \varphi(r)$$

wird φ als eine nichtnegative, mit wachsendem r monoton abnehmende Funktion von r erklärt; es ist $\varphi(r) \to 0$ für $r \to \infty$.

Unter diesen Voraussetzungen ist das LEBESGUE-STIELTJESsche Integral von $f(z)$ in bezug auf die Belegung μ und erstreckt über E (vgl. Nr. 110):

$$\int_E f(z)\,d\mu$$

wohlbestimmt als der Grenzwert

$$\int_E f(z)\,d\mu = -\int_{r=0}^{\infty} r\,d\varphi(r) = -\lim_{\varrho=\infty} \int_0^{\varrho} r\,d\varphi \tag{26}$$

Wir wollen annehmen, daß dieses Integral *endlich* ist. Für ein beliebiges $\varrho > 0$ wird dann durch partielle Integration

$$\int_0^{\varrho} r\,d\varphi = \varrho\,\varphi(\varrho) - \int_0^{\varrho} \varphi(r)\,dr. \tag{27}$$

Lassen wir nun ϱ unbeschränkt wachsen, so nähert sich der absolute Betrag des Integrals links dem endlichen Grenzwert (26). Ferner beweist man, wie oben, daß $\varrho\,\varphi(\varrho) \to 0$ für $\varrho \to \infty$. Man schließt hieraus, daß auch das Integral rechts in (27) gegen einen endlichen Grenzwert strebt, und daß also

$$\int_E f(z)\,d\mu = -\int_0^{\infty} r\,d\varphi(r) = \int_0^{\infty} \varphi(r)\,dr. \tag{28}$$

125. Im folgenden betrachten wir von einem Parameter a abhängige Funktionen von der Form

$$f(z) = g(|z - a|),$$

wo $g(r) \geqq 0$ eine monoton abnehmende Funktion von $r > 0$ ist, so daß

$$g(0) = \lim_{r=0} g(r) = \infty.$$

Wir fügen noch die Annahme hinzu, daß g für $r \to 0$ so langsam wächst, daß das STIELTJES-Integral

$$\int_0^{\varrho} g\,dh$$

endlich ist, wobei h eine Funktion von der im Hilfssatz erklärten Art ist.

Satz von H. CARTAN. *Unter den oben gemachten Voraussetzungen über die Funktionen g, h und μ ist*

$$\int_E g(|z - a|)\,d\mu(z) < \int_{h=0}^{h=1} g(r)\,dh(r), \tag{29}$$

außer möglicherweise für eine Menge von Punkten a, die man mittels einer Folge von Kreisen mit den Radien $r_1, r_2, \ldots$ überdecken kann, für welche

$$\sum h(r_\nu) \leqq 6.$$

Zum Beweise bestimme man die Zahl ϱ durch die Gleichung $h(\varrho) = 1$. Es wird dann nach (28), für ein gegebenes a,

$$\int\limits_{E} g(|z-a|)\,d\mu = \int\limits_{r=0}^{\infty} \mu\big(g(|z-a|) > r\big)\,dr = \int\limits_{0}^{v(\varrho)} + \int\limits_{g(\varrho)}^{\infty},$$

wo $\mu(g > r)$ die Belegung derjenigen Teilmenge von E ist, wo $g(|z-a|) > r$. Hier ist, wegen $\mu \leqq 1$,

$$\int\limits_{0}^{g(\varrho)} \mu(g > r)\,dr \leqq g(\varrho)$$

und, unter Anwendung von (17), da $dg \leqq 0$,

$$\int\limits_{g(\varrho)}^{\infty} \mu(g > t)\,dt = - \int\limits_{r=0}^{\varrho} \mu\big(g(|z-a|) > g(r)\big)\,dg(r)$$

$$= - \int\limits_{r=0}^{\varrho} \mu(r, a)\,dg(r)$$

$$\leqq - \int\limits_{r=0}^{\varrho} h(r)\,dg(r)$$

$$= -g(\varrho) + \int\limits_{h=0}^{h=1} g\,dh,$$

außer für eine Kreisfolge, deren Radien r_v der Bedingung (17′) genügen.

Durch Addition der zwei letzten Beziehungen ergibt sich dann die Behauptung.

§ 6. Metrische Eigenschaften einer Punktmenge vom harmonischen Maß Null.

126. Wie in der allgemeinen Theorie des harmonischen Maßes erhebt sich auch für die harmonischen Nullmengen die Frage, wie sich das harmonische Maß zu anderen metrischen Bestimmungen derselben Mengen verhält. In den vorhergehenden Paragraphen haben wir dieses Problem bereits gestreift; wir fanden nämlich, daß eine Menge von endlich vielen Punkten stets das harmonische Maß Null hat, während ein Kontinuum immer von positivem harmonischem Maß ist. Der Sprung von endlich vielen zu kontinuierlich vielen Punkten ist indes ein gewaltiger, und es soll deswegen in der Folge der Versuch gemacht werden, durch Heranziehung geeigneter Maßbestimmungen die harmonischen Nullmengen möglichst genau metrisch zu charakterisieren.

Zuerst wollen wir eine einfache hinreichende Bedingung angeben, damit eine Punktmenge α vom harmonischen Maß Null sei. Diese Beziehung ergibt sich als Korollar eines von Lindeberg [1] schon im Jahre 1918 bewiesenen Satzes. Als eine hinreichende Bedingung, damit eine in der Umgebung einer Punktmenge α eindeutige und beschränkte harmonische Funktion noch in den Punkten α harmonisch sei, fand LINDEBERG folgendes[1]:

Für jedes $\varepsilon > 0$ soll die Punktmenge α durch eine Folge von Kreisscheiben C_ν überdeckt werden können, deren Radien r_ν der Beziehung

$$\sum \frac{1}{\underset{+}{\log \frac{1}{r_\nu}}} < \varepsilon \tag{30}$$

genügen.

Man sagt, eine solche Menge sei vom *logarithmischen Maß Null.*
Vergleicht man nun diesen LINDEBERGschen Satz mit dem in § 4 gegebenen Satz 2 und dessen Zusatz (Nr. 119), so folgt

Satz 1. *Eine abgeschlossene Punktmenge vom logarithmischen Maß Null ist auch vom harmonischen Maß Null.*

Der Satz ist eine leichte Folgerung aus dem Hilfssatz von § 2 dieses Abschnitts. Wenn die gegebene Punktmenge α vom logarithmischen Maß Null innerhalb des Kreises $|z| < \frac{1}{2}$ gelegen ist, was ohne Einschränkung angenommen werden darf, so überdecke man sie durch eine Folge von Kreisen C_ν mit den Radien r_ν. Die Kapazität $e^{-\gamma}$ von α ist höchstens gleich der Kapazität der Vereinigungsmenge der Überdeckungskreise C_ν. Die Kapazität von C_ν ist aber gleich r_ν und es wird also nach dem erwähnten Hilfssatz

$$\frac{1}{\gamma} < \sum \frac{1}{\log \frac{1}{r_\nu}},$$

woraus ersichtlich ist, daß $\gamma = \infty$ sein muß, was zu beweisen war.

127. Einige allgemeine Bemerkungen über die Messung der Inhalte von Punktmengen sind uns hier nötig. Eine Menge α heißt *vom Flächenmaß* bzw. *linearen Maß* Null, falls sie sich durch eine Kreisfolge C_ν überdecken läßt, so daß die Summe

$$\sum r_\nu^2 \quad \text{bzw.} \quad \sum r_\nu$$

beliebig klein ausfällt. Allgemeiner heißt sie vom *λ-dimensionalen Maß* Null $(\lambda > 0)$, falls entsprechendes für die Summe

$$\sum r_\nu^\lambda$$

gilt. Wenn α vom λ_1-dimensionalen Maß Null ist, so ist auch ihr λ_2-dimensionales Maß gleich Null, sofern $\lambda_1 < \lambda_2$ ist.

Wir haben oben noch „logarithmische Nullmengen" eingeführt. Eine solche Menge ist offenbar stets eine λ-dimensionale Nullmenge, und zwar für jedes $\lambda > 0$.

Es ist für unsere Zwecke nützlich, folgende allgemeine Erklärung aufzustellen[2]:

Sei $h(r)$ eine für $r > 0$ stetige und monoton wachsende Funktion von r und $h(0) = 0$.

---

[1] Vgl. auch P. J. MYRBERG [1].   [2] F. HAUSDORFF [1].

Jeder Punktmenge α kann eine nichtnegative, endliche oder unendliche Zahl $m(\alpha, h)$, *das h-Maß der Menge α*, folgendermaßen zugeordnet werden. Man überdecke α durch eine beliebige Folge von Kreisen C_ν mit den Radien $r_\nu \leq \varepsilon\,(\varepsilon > 0)$ und bezeichne mit $m_\varepsilon(\alpha, h) \geq 0$ die untere Grenze der entsprechenden Summen $\sum h(r_\nu)$. Diese Zahl nimmt mit abnehmendem ε monoton zu. Man setzt $m(\alpha, h)$ gleich dem Grenzwert $\lim\limits_{\varepsilon = 0} m_\varepsilon(\alpha, h)\,(0 \leq m(\alpha, h) \leq +\infty)$. Für $h = \pi r^2$ findet man das (äußere) Flächenmaß, für $h = 2r$ das lineare Maß, für $h = \dfrac{1}{\log\dfrac{1}{r}}$ das logarithmische Maß.

128. Wir gehen dazu über, *notwendige* metrische Bedingungen für Punktmengen vom harmonischen Maß Null aufzustellen. Dies gelingt einfach mit Hilfe der Resultate der beiden letzten Paragraphen.

Sei α eine abgeschlossene, beschränkte Punktmenge vom harmonischen Maß Null; es bedeutet keine wesentliche Einschränkung, wenn wir die Annahme hinzufügen, daß α im Kreise $|z| < \tfrac{1}{2}$ liegt. Wir breiten über diesen Kreis eine nichtnegative Belegung μ vom Gesamtbetrag 1 aus und bilden das Potential

$$u(z) = \int\limits_{|\zeta|<\frac{1}{2}} \log\left|\frac{1}{\zeta - z}\right| d\mu.$$

Da die ROBINsche Konstante $\gamma(\alpha) = +\infty$ ist, so wissen wir (§ 2 und § 3), daß die Belegung μ so gewählt werden kann, daß das Minimum von u auf α beliebig groß wird[1].

Sei nun $g(|z - \zeta|) = \tfrac{1}{2}(|\log|z - \zeta|| - \log|z - \zeta|)$. g ist als eine nichtnegative, monoton abnehmende Funktion von $|z - \zeta|$ erklärt, so daß $g(0) = \infty$. Sie erfüllt also die Bedingungen des CARTANschen Satzes.

Sei ferner $h(r)$ eine für $r \geq 0$ definierte monoton zunehmende, stetige Funktion von r, welche für $r \to 0$ so schnell gegen Null konvergiert, daß das Integral

$$\int\limits_0^{} \frac{h(r)}{r}\,dr = - \int\limits_{r=0}^{} h(r)\,dg(r)$$

endlich ist. Ersetzen wir nun h durch die Funktion λh, wo λ so groß ist, daß $\lambda h(\infty) > 1$, so können wir das Integral

$$\int\limits_\zeta \tfrac{1}{2}(|\log|z - \zeta|| - \log|z - \zeta|)\,d\mu$$

---

[1] Nimmt man nämlich ein von endlich vielen Jordanbogen begrenztes Näherungsgebiet G_1 des Außengebietes G von α, und löst für G_1 das ROBINsche Problem, so wird das Gleichgewichtspotential auf dem zu G_1 komplementären Bereich, und also speziell auf α einen konstanten Wert annehmen, der für $G_1 \to G$ ins Unendliche wächst.

mittels des CARTANschen Satzes nach oben abschätzen, und finden

$$
u(z) \leq \lambda \int\limits_{h=0}^{h=\frac{1}{\lambda}} g(r)\,dh = g(\varrho) - \lambda \int\limits_{r=0}^{r=\varrho} h(r)\,dg(r) \\
= \frac{1}{2}\left(|\log\varrho| - \log\varrho\right) + \lambda\cdot\int\limits_0^\varrho \frac{h(r)}{r}\,dr
$$

(31)

für jedes z, außer möglicherweise für die Punkte gewisser Kreise C_ν, deren Radien r_ν der Ungleichung

$$
\sum h(r_\nu) \leq \frac{6}{\lambda}
$$

genügen; hierbei bedeutet ϱ die durch die Gleichung $h(\varrho) = \frac{1}{\lambda}$ eindeutig bestimmte positive Zahl.

Aus dem obigen Ergebnis schließt man, daß die gegebene Menge α das h-Maß Null haben muß. Ist nämlich $\varepsilon > 0$, so fixieren wir λ, so daß außer $\lambda h(\infty) > 1$ auch die Bedingung $\frac{6}{\lambda} < \varepsilon$ erfüllt ist. Sodann gibt es eine Belegung μ, für welche das Potential u in jedem Punkt von α größer als die Zahl

$$
\frac{1}{2}\left(|\log\varrho| - \log\varrho\right) + \lambda\int\limits_0^\varrho \frac{h(r)}{r}\,dr
$$

wird. Andererseits ist nach obigem u höchstens gleich dieser Zahl in jedem Punkt z außerhalb der Kreise C_ν. Also wird α von diesen Kreisen überdeckt, und da ferner

$$
\sum h(r_\nu) \leq \frac{6}{\lambda} < \varepsilon
$$

ist, so verschwindet das h-Maß von α, was zu beweisen war.

Satz 2. *Eine Punktmenge vom harmonischen Maß Null ist vom h-Maß Null für jede Maßfunktion h, bei welcher das Integral*

$$
\int\limits_0 \frac{h(r)}{r}\,dr
$$

(32)

endlich ist[1].

Als zulässige Funktion h kann man z. B. $h = r^\lambda\,(\lambda > 0)$ nehmen. Eine harmonische Nullmenge ist also stets vom λ-dimensionalen Maß Null. Man kann sogar

$$
h = \frac{1}{\log\frac{1}{r}\,\log_2\frac{1}{r}\cdots\left(\log_k\frac{1}{r}\right)^{1+\eta}}
$$

setzen, wo $\log_k$ der k-mal iterierte Logarithmus und $\eta > 0$ ist. Man sieht also, daß *die gefundene notwendige Bedingung sich sehr nahe an die obige*

---

[1] Vgl. hierzu P. J. MYRBERG [1], [3], L. AHLFORS [3], [11], J. GILLIS [1].

hinreichende Bedingung anschließt (Nr. 126). Dem logarithmischen Maß entspricht nämlich die Maßfunktion

$$h = \frac{1}{\log \frac{1}{r}},$$

für welche das Integral (32) allerdings schon unendlich wird; das Verschwinden des harmonischen Maßes gestattet uns also nicht den Schluß zu ziehen, daß die gegebene Menge α vom logarithmischen Maß Null ist.

129. Ein interessantes Beispiel für die oben erörterten Zusammenhänge liefern uns die sog. CANTOR*schen Punktmengen.* Diese werden durch das folgende einfache Konstruktionsprinzip erklärt:

Aus der Einheitsstrecke $\varDelta\,(0 \leqq z \leqq 1)$ entferne man eine offene Strecke $\overline{\varDelta}_1$ von der Länge $\varDelta\left(1 - \frac{1}{p}\right) = 1 - \frac{1}{p}\,(p > 1)$, so daß beiderseits eine abgeschlossene Teilstrecke $\varDelta_1$ von der Länge $\frac{\varDelta}{2p} = \frac{1}{2p}$ übrig bleibt; wir sagen kurz, diese zwei Strecken $\varDelta_1$ seien durch die Operation (p) aus $\varDelta$ hervorgegangen.

Die Vereinigungsmenge der Strecken $\varDelta_1$ heiße $E(p)$. Wiederholt man die Operation (p) auf den Strecken $\varDelta_1$, so erhält man eine aus vier abgeschlossenen, gleichen Teilstrecken $\varDelta_2$ der Gesamtlänge $\frac{1}{p^2}$ bestehende Teilmenge $E(p^2)$ von $E(p)$. Dieser Prozeß läßt sich weiter unbeschränkt fortsetzen, und man definiert in dieser Weise eine unendliche Folge von ineinander geschachtelten Punktmengen

$$E(p^{\nu}) \qquad (\nu = 0,1,\ldots;\ E(p^0) \equiv \varDelta),$$

von denen $E(p^{\nu})$ aus 2^{ν} punktfremden, abgeschlossenen Teilstrecken $\varDelta_{\nu}$ der Länge $(2p)^{-\nu}$ zusammengesetzt ist. Die komplementäre Menge $\overline{E}(p^{\nu})$ enthält $2^{\nu} - 1$ offene Intervalle $\overline{\varDelta}_{\nu}$ von der Gesamtlänge $1 - p^{-\nu}$.

Der Durchschnitt sämtlicher Mengen $E(p^{\nu})$ oder, was auf dasselbe herauskommt, das Komplement der Vereinigungsmenge der komplementären Intervalle $\overline{\varDelta}_{\nu}$ ist eine abgeschlossene, nirgends dichte, perfekte Punktmenge $E(p^{\infty})$. Der Umfang dieser CANTOR*schen Menge* soll jetzt näher untersucht werden.

130. Zunächst ist $E(p^{\infty})$ als eine abgeschlossene, perfekte Menge von der Mächtigkeit des Kontinuums. Was nun das *Maß* der Menge betrifft, so bemerke man, daß sie sich durch die Intervallfolge $E(p_{\nu})$ von der Gesamtlänge $\frac{1}{p^{\nu}}$ überdecken läßt; jedenfalls ist sie also vom linearen Maß Null. Dies hindert nicht, daß ihr harmonisches Maß *positiv* ausfällt; daß dem tatsächlich so ist, soll jetzt bewiesen werden.

Wir betrachten zu diesem Zwecke die Folge der ROBIN*schen* Konstanten $\gamma_0 \leqq \gamma_1 \leqq \cdots$ der Überdeckungsmengen $E(p^0), E(p^1), \ldots$; da diese Mengen als Grenze die CANTOR*sche* Menge $E(p^{\infty})$ haben, so ist

$\lim \gamma_\nu$ gleich der ROBINschen Konstante γ jener Menge, und es gilt also zu zeigen, daß γ endlich ist.

Das Anwachsen der Zahlen γ_ν überblickt man leicht mit Hilfe folgender einfachen Bemerkung: Es seien G und G' zwei Gebiete, welche den Punkt ∞ enthalten und durch eine Ähnlichkeitstransformation $z' = az + b$ ineinander übergeführt werden können. Wenn $g(z, \infty) = \log|z| + \gamma + \varepsilon\left(\frac{1}{z}\right)$ die GREENsche Funktion von G ist, so ist $g\left(\frac{z' - b}{a}, \infty\right) = \log|z'|$ $+ \gamma - \log|a| + \varepsilon\left(\frac{1}{z'}\right)$ die GREENsche Funktion von G', und die ROBINsche Konstante γ' von G' ist also gleich $\gamma - \log|a|$.

Die Menge $E(p^n)$ setzt sich aus zwei, durch die Strecke $\bar{\Delta}_1$ getrennte, kongruente Teilmengen E_1 und E_2 zusammen, welche im Verhältnis $1 : 2p$ der Menge $E(p^{n-1})$ ähnlich sind. Es ist also

$$\gamma(E_1) = \gamma(E_2) = \gamma_{n-1} + \log 2p. \tag{33}$$

Andererseits hat man für diese ROBINschen Konstanten die Integralausdrücke

$$\gamma(E_i) = \int\limits_{E_i} \log \frac{1}{|z - \zeta|}\, d\mu_i(\zeta) \qquad (i = 1, 2),$$

wo z auf E_i beliebig gewählt werden darf. Hier ist das dem Element $|d\zeta|$ entsprechende Differential $d\mu_i$ gleich dem harmonischen Maß jenes Bogenelementes, gemessen in bezug auf das Außengebiet von E_i im Punkte $z = \infty$. In zwei, in bezug auf den Mittelpunkt $\zeta = \frac{1}{2}$ symmetrischen Punkten der Mengen E_1 und E_2 sind die Differentialquotienten $\left|\frac{d\mu_1}{d\zeta}\right|$ und $\left|\frac{d\mu_2}{d\zeta}\right|$ einander gleich.

Wir setzen nun das Integral

$$u(z) = \int\limits_{E(p^n)} \log \frac{1}{|z - \zeta|}\, d\mu(\zeta)$$

mit der Belegung $\mu = \frac{1}{2}(\mu_1 + \mu_2)$ vom Gesamtbetrage 1 an. Nach § 3 liegt die ROBINsche Konstante γ_n zwischen dem Maximum und Minimum, welches dieses Integral auf $E(p^n)$ erreicht.

Es ist

$$u(z) = \frac{1}{2} \int\limits_{E_1} \log \frac{1}{|z - \zeta|}\, d\mu_1 + \frac{1}{2} \int\limits_{E_2} \log \frac{1}{|z - \zeta|}\, d\mu_2.$$

Hier ist $0 \leqq \log \frac{1}{|z - \zeta|} \leqq \log \frac{p}{p - 1}$, sobald z auf E_1 und ζ auf E_2 liegt, und es wird also, für z auf E_1,

$$\frac{1}{2} \int\limits_{E_1} \log \frac{1}{|z - \zeta|}\, d\mu_1 = \frac{\gamma(E_1)}{2} \leqq u(z) \leqq \frac{\gamma(E_1)}{2} + \frac{1}{2} \log \frac{p}{p - 1}.$$

Dieselbe Relation gilt wegen der Symmetrie auch auf E_2.

Setzen wir nun

$$d = \log \frac{p}{p-1}, \tag{34}$$

so folgt in Verbindung mit (33)

$$\gamma_{n-1} + \log 2p \leqq 2\gamma_n \leqq \gamma_{n-1} + \log 2p + d. \tag{35}$$

Durch wiederholte Anwendung dieser Beziehung wird schließlich, da $\gamma_0 = \log 4$ die ROBINsche Konstante der Einheitsstrecke ist[1],

$$\frac{\log 4}{2^n} + \log 2p \cdot \sum_1^n \frac{1}{2^\nu} \leqq \gamma_n \leqq \frac{\log 4}{2^n} + (\log 2p + d) \sum_1^n \frac{1}{2^\nu},$$

also

$$\log 2p + \frac{\log \dfrac{2}{p}}{2^n} \leqq \gamma_n \leqq \log 2p + \frac{\log \dfrac{2}{p}}{2^n} + d.$$

Die ROBINsche Konstante γ der Menge $E(p^\infty)$ genügt also den Ungleichungen

$$\log 2p \leqq \gamma \leqq \log 2p + d = \log \frac{2p^2}{p-1}.$$

Die entsprechende Kapazität liegt zwischen den Grenzen

$$\frac{1}{2p} - \frac{1}{2p^2} \leqq C\big(E(p^\infty)\big) \leqq \frac{1}{2p}.$$

131. Eine Modifikation des obigen Verfahrens liegt auf der Hand. Man nehme eine Folge von Zahlen

$$p_0 = 1, \, p_1, \, p_2, \ldots \qquad (p_\nu > p > 1 \text{ für } \nu \geqq 1)$$

und definiere, ausgehend von der Einheitsstrecke $E(p_0)$, eine Folge von Punktmengen

$$E(p_0 p_1 \ldots p_n) \qquad (n = 0, 1, \ldots),$$

von denen $E(p_0 p_1)$ aus $E(p_0)$, $E(p_0 p_1 p_2)$ aus $E(p_0 p_1)$ usw. durch die Operation (p_1), (p_2) usw. entstehen. Die Menge $E(p_0 \ldots p_n)$ besteht aus 2^n gleichen abgeschlossenen Strecken von der Gesamtlänge

$$\frac{1}{p_0 p_1 \ldots p_n}$$

Als Durchschnittsmenge dieser Folge erhalten wir wieder eine abgeschlossene, nirgends dichte, perfekte Menge $E(p_0 p_1 \ldots)$ von der Mächtigkeit des Kontinuums.

Das Maß dieser Menge läßt sich wie oben abschätzen. Bezeichnet man durch $\gamma_{n\nu}$ die ROBINsche Konstante von $E(p_0 p_\nu p_{\nu+1} \ldots p_n)$ ($\nu = 1, \ldots, n$), wobei also $\gamma_{n1} = \gamma_n$ die abzuschätzende Konstante ist, so findet man mittels Wiederholung der obigen Schlußweise [vgl. (35)]

$$\gamma_{n2} + \log 2p_1 \leqq 2\gamma_{n1} \leqq \gamma_{n2} + \log 2p_1 + d,$$

---

[1] Dies bestätigt man leicht durch eine explizite Berechnung der GREENschen Funktion des Außengebietes.

wo $d = \log \dfrac{p}{p-1}$. Wendet man nun diese Beziehung statt auf $(\gamma_{n1}, \gamma_{n2})$ auf das Paar $(\gamma_{n2}, \gamma_{n3})$, $(\gamma_{n3}, \gamma_{n4})$ usw. an, so folgt durch Auflösung der erhaltenen Ungleichungen schließlich

$$\frac{\log 4}{2^n} + \sum_1^n \frac{\log 2p_\nu}{2^\nu} \leqq \gamma_n \leqq \frac{\log 4}{2^n} + \sum_1^n \frac{\log 2p_\nu + d}{2^\nu}.$$

Für $n \to \infty$ geht hieraus hervor:

Satz 3. *Die Punktmenge* $E(p_0 p_1 \ldots)$ *ist dann und nur dann vom harmonischen Maß Null, wenn die Reihe*

$$\sum_1^\infty \frac{\log p_\nu}{2^\nu} \tag{36}$$

divergent ist.

132. Dieses Resultat gestattet eine interessante Prüfung der Genauigkeit der obigen zwei allgemeinen Bedingungen für das Verschwinden bzw. Nichtverschwinden des harmonischen Maßes einer beliebigen Punktmenge.

Wir bezeichnen mit

$$t_n = \frac{2^{-n}}{p_0 p_1 \ldots p_n} \tag{37}$$

die Länge des Intervalls $\varDelta_n$ der Überdeckungsmenge $E(p_0 p_1 \ldots p_n)$ und definieren eine stetige, monoton abnehmende Funktion $n(t)$ von t $(0 < t \leqq 1)$, so daß

$$n(t) = \nu \quad \text{für} \quad t = t_\nu \qquad (\nu = 0, 1, \ldots). \tag{38}$$

Wie $n(t)$ zwischen den Werten t_ν und $t_{\nu+1}$ gewählt wird, ist für unseren Zweck ohne Belang; es erbietet indes einen gewissen Vorteil, $n(t)$ so festzulegen, daß

$$\frac{dn}{dt} \geqq -\frac{1}{t} \frac{1}{\log 2p}. \tag{38'}$$

Dies kann stets z. B. dadurch erreicht werden, daß man n als eine lineare Funktion von $\log t$ im Intervall $(t_\nu, t_{\nu+1})$ bestimmt, denn dann wird

$$n(t) = \nu + \frac{\log \dfrac{t_\nu}{t}}{\log \dfrac{t_\nu}{t_{\nu+1}}}$$

und daher

$$\frac{dn}{dt} = -\frac{1}{t} \frac{1}{\log \dfrac{t_\nu}{t_{\nu+1}}} = -\frac{1}{t} \frac{1}{\log 2p_{\nu+1}} \geqq -\frac{1}{t} \frac{1}{\log 2p}.$$

Die Funktion

$$\varphi(t) = 2^{-n(t)}$$

genügt folgenden Bedingungen:

1. $\varphi(t)$ ist im Intervall $0 < t \leqq 1$ positiv und monoton zunehmend.
2. Es ist $\dfrac{d \log \varphi}{d \log t} < \Theta < 1$.
3. Für $t = t_n (n = 0, 1, \ldots)$ gilt $\varphi(t_n) = 2^{-n}$.

Jede solche Funktion $\varphi(t)$ nennen wir zu der CANTOR*schen Menge* *E* $(p_0 p_1 \ldots)$ *assoziiert.*

Sei umgekehrt $\varphi(t)$ eine beliebige Funktion, welche die zwei ersten Eigenschaften 1. und 2. besitzt. Setzt man dann

$$n(t) = \frac{1}{\log 2} \log \frac{1}{\varphi(t)}, \quad \text{wobei } n'(t) > \frac{\Theta}{-t \log 2},$$

so wird $n(t)$ stetig wachsend das Intervall $(0, \infty)$ durchlaufen, wenn t stetig von 1 zu 0 herabsinkt. Die Folge der Wurzeln $t_\nu \, (> 0)$ der Gleichungen $n(t) = \nu \, (\nu = 0, 1, \ldots; \, t_0 = 1)$ ist also mit wachsendem ν monoton abnehmend, und es ist wegen 2.

$$-1 = \int\limits_{t=t_{\nu+1}}^{t_\nu} dn > -\frac{\Theta}{\log 2} \log \frac{t_\nu}{t_{\nu+1}},$$

und folglich

$$\frac{t_\nu}{t_{\nu+1}} > 2^{\frac{1}{\Theta}}.$$

Setzt man also $p_0 = 1$ und für $\nu \geqq 1$

$$2 p_\nu = \frac{t_\nu - 1}{t_\nu},$$

so ist damit eine unendliche Folge

$$p_1, \, p_2, \, \ldots$$

von Zahlen $p_n > 2^{\frac{1}{\Theta} - 1} > 1$ definiert, so daß *die gegebene Funktion* $\varphi(t)$ *zu der* CANTOR*schen Punktmenge* *E* $(p_0 p_1 \ldots)$ *assoziiert ist.*

133. Wir beweisen nun den Satz:

Satz 4. *Eine* CANTOR*sche Menge* *E* $(p_0 p_1 \ldots)$ *hat positives endliches h-Maß in derjenigen Maßbestimmung, wo als Maßfunktion h die assoziierte Funktion* φ *benutzt wird.*

Sei in der Tat (I_ν) eine Menge offener Intervalle, welche die CANTORsche Menge überdecken. Wegen der Abgeschlossenheit dieser Menge gibt es dann *endlich viele* (m) punktfremde I_ν, welche bereits diese Eigenschaft besitzen,[1] und es genügt also zu zeigen, daß die entsprechende Summe

$$\sum_{\nu=1}^{m} \varphi\left(\frac{r_\nu}{2}\right),$$

wo r_ν die Länge des Intervalls I_ν ist, über einer von der Wahl der Überdeckungsfolge (I_ν) unabhängigen *positiven* Schranke liegt.

Tatsächlich ist es hinreichend, dies für die Summe

$$\sum_{1}^{m} \varphi(r_\nu)$$

____

[1] Dies folgt aus dem HEINE-BORELschen Überdeckungssatz.

zu zeigen. Diese ist allerdings größer als die obige Summe; es gilt aber nach der Eigenschaft 2 von φ

$$\log \frac{\varphi(r)}{\varphi\left(\frac{r}{2}\right)} < \int_{r/2}^{r} d\log t = \log 2,$$

also $\varphi(r) < 2\varphi\left(\frac{r}{2}\right)$, so daß

$$\sum \varphi\left(\frac{r_\nu}{2}\right) > \frac{1}{2}\sum \varphi(r_\nu)$$

Da E abgeschlossen ist, so enthält I_ν ein abgeschlossenes Teilintervall $\bar{I}_\nu$, das die in I_ν liegenden Punkte E überdeckt und deren Endpunkte P'_ν, P''_ν zu E gehören. Der Konstruktion von E zufolge sind diese zwei Punkte zugleich, von einem gewissen n ab, Endpunkte gewisser ineinandergeschachtelter Intervalle $\varDelta_n$. Es sei n_ν die größere der ganzen Zahlen n'_ν und n''_ν, welche so bestimmt sind, daß $\varDelta_{n'_\nu}$ und $\varDelta_{n''_\nu}$ die *größten* an P'_ν und P''_ν grenzenden Intervalle $\varDelta_n$ ($n = 1, 2, \ldots$) sind, welche in $\bar{I}_\nu$ liegen, und sei n die größte der endlich vielen Zahlen n_ν ($\nu = 1, \ldots, m$). Dann ist *die Überdeckungsfolge $E(p_0 p_1 \ldots p_n)$ vollständig in den Intervallen $\bar{I}_\nu$, und also auch in I_ν, enthalten.*

Es sei nun q_ν die Anzahl der in I_ν gelegenen Intervalle $\varDelta_n$; es ist also

$$\sum_{\nu=1}^{n} q_\nu = 2^n.$$

Sei ferner λ_ν die kleinste ganze Zahl, für welche I_ν mindestens *ein* Intervall $\varDelta_{\lambda_\nu}$ enthält; es ist also $\lambda_\nu \leq n$. Dann ist, da die Länge t_{λ_ν} dieses Intervalls $\leq r_\nu$ ist,

$$\varphi(r_\nu) \geq \varphi(t_{\lambda_\nu}) = 2^{-\lambda_\nu}.$$

Zwei aufeinanderfolgende gleiche Intervalle $\varDelta_i$ gehören nicht immer einem und demselben der Intervalle $\varDelta_{i-1}$ an; von zwei aufeinanderfolgenden Paaren hat aber stets das eine diese Eigenschaft. Würde nun I_ν *drei* Intervalle $\varDelta_{\lambda_\nu}$ enthalten, so würde es auch ein $\varDelta_{\lambda-1}$ überdecken, im Widerspruch zu der Definition von λ_ν. Es läßt sich also zu dem Intervall I_ν eine Gruppe G_ν von vier aufeinanderfolgenden Intervallen $\varDelta_{\lambda_\nu}$ finden, von denen mindestens eines zu I_ν gehört, und welche zusammen *sämtliche q_ν in I_ν enthaltenen Intervalle $\varDelta_n$ überdecken.* Jedes $\varDelta_{\lambda_\nu}$ enthält aber genau $2^{n-\lambda_\nu}$ Intervalle $\varDelta_n$; die Gruppe G_ν hat deren somit genau $2^{n-\lambda_\nu+2}$, und es ist also

$$q_\nu \leq 2^{n-\lambda_\nu+2} \quad \text{oder} \quad 2^{-\lambda_\nu} \geq \frac{q_\nu}{2^{n+2}}.$$

Hieraus folgt nun, daß

$$\sum_1^m \varphi(r_\nu) \geq \sum_1^m 2^{-\lambda_\nu} \geq \frac{1}{2^{n+2}} \sum_1^m q_\nu = \frac{1}{4},$$

womit die Behauptung erwiesen ist.

Andererseits ist das φ-Maß der Menge E sicher endlich, denn für die Überdeckungsintervalle $\varDelta_n$ der Länge t_n gilt

$$\sum \varphi(t_n) = 2^n \varphi(t_n) = 1.$$

Das φ-Maß der CANTOR*schen Menge* $E(p_0 p_1 \ldots)$ *liegt also zwischen den Grenzen* $\frac{1}{8}$ *und* 1.

134. Mit Hinblick auf die allgemeinen Kriterien für das Verschwinden der Kapazität, welche oben hergeleitet wurden, untersuchen wir nun die Konvergenz des Integrals

$$\int_0^1 \frac{\varphi(t)}{t}\, dt.$$

Es ist

$$\int_{t_n}^1 \frac{\varphi(t)}{t}\, dt = \sum_{\nu=1}^n \int_{t_\nu}^{t_{\nu-1}} \frac{\varphi(t)}{t}\, dt$$

und

$$\varphi(t_\nu) \log \frac{t_{\nu-1}}{t_\nu} \leq \int_{t_\nu}^{t_{\nu-1}} \frac{\varphi(t)}{t}\, dt \leq \varphi(t_{\nu-1}) \log \frac{t_{\nu-1}}{t_\nu}$$

oder, da $\varphi(t_\nu) = 2^{-\nu}$ und $\frac{t_{\nu-1}}{t_\nu} = 2 p_\nu$,

$$\sum_{\nu=1}^n \frac{\log 2 p_\nu}{2^\nu} \leq \int_{t_n}^1 \frac{\varphi(t)}{t}\, dt \leq 2 \sum_{\nu=1}^n \frac{\log 2 p_\nu}{2^\nu}.$$

Satz 5. *Das Integral*

$$\int_0 \frac{\varphi(t)}{t}\, dt$$

und die Reihe

$$\sum^\infty \frac{\log p_\nu}{2^\nu}$$

sind gleichzeitig konvergent oder divergent.

Aus dem oben bewiesenen Satz folgert man:

Satz 6. *Die* CANTOR*sche Menge* $E(p_0 p_1 \ldots)$ *hat dann und nur dann positives harmonisches Maß, wenn das mittels der assoziierten Maßfunktion $\varphi(t)$ gebildete Integral*

$$\int_0 \frac{\varphi(t)}{t}\, dt \tag{39}$$

konvergent ist.

Einen Teil des letzten Satzes hätte man als Folgerung des allgemeinen Kriteriums von Satz 2 ableiten können. Die Menge E hat nämlich positives φ-Maß. Ist nun das Integral (39) konvergent, so muß gemäß Satz 2 das harmonische Maß von E, im Einklang mit dem obigen Satz 6, positiv sein.

Satz 6 zeigt aber weiterhin, daß das allgemeine Kriterium von Satz 2 nicht verschärft werden kann:

Wenn $h(r)$ eine beliebige Maßfunktion ist, welche den Bedingungen 1., 2., 3. von Nr. 132 genügt und für welche das Integral

$$\int_0 \frac{h(r)}{r}\,dr$$

divergent ist, so gibt es stets Mengen, die zwar von positivem h-Maß, aber vom harmonischen Maß Null sind.

Diejenige CANTORsche Menge, welche der Maßfunktion $h(r)$ assoziiert ist, besitzt nämlich diese Eigenschaften.

Wählt man z. B. $h(r) = \dfrac{1}{\log\dfrac{1}{r}\cdots\log_k\dfrac{1}{r}}$ $(k > 1)$, so ist die zugeordnete

CANTORsche Menge vom harmonischen Maß Null. Sie hat endliches h-Maß und, wie man bei Anwendung der Relation

$$h(r)\log\frac{1}{r} \to 0 \quad \text{für} \quad r \to 0$$

leicht einsieht, *unendliches logarithmisches Maß.* Unser Resultat beweist also, daß das oben gegebene Kriterium von LINDEBERG (Satz 1) eine hinreichende, aber keineswegs eine notwendige Bedingung für das Verschwinden des harmonischen Maßes ist.

135. Die obigen Ergebnisse scheinen darauf hinzuweisen, daß die Divergenz des Integrals

$$\int_0 \frac{h(r)}{r}\,dr$$

eine hinreichende Bedingung für das Verschwinden des harmonischen Maßes einer Punktmenge von endlichem h-Maß sei. Dies ist aber nicht der Fall; man kann, wie URSELL [1] gezeigt hat, geschlossene Punktmengen konstruieren, die von endlichem h-Maß und von positivem harmonischem Maß sind, sobald $h(r)$ eine Maßfunktion ist, die der Bedingung

$$\varlimsup_{r=0} h(r)\log\frac{1}{r} = 0$$

genügt.

Um diese Behauptung zu beweisen, müssen wir etwas allgemeinere Punktmengen als die CANTORschen Mengen in Betracht ziehen. Eine geeignete Erweiterung ergibt sich, wenn die Operation (p) durch eine Operation (n, ϱ) folgender Art ersetzt wird:

Es sei E eine Menge, die aus endlich vielen abgeschlossenen, gleichen Strecken $\varDelta$ der reellen Achse besteht. Aus jeder Strecke $\varDelta$ entferne man $n - 1$ gleiche offene Strecken so, daß n Strecken $\varDelta_1$ der Länge ϱ übrigbleiben. Wir sagen, die Vereinigungsmenge $E(n, \varrho)$ der $\varDelta_1$-Strecken sei aus E durch die Operation (n, ϱ) hervorgegangen.

Wir wählen nun eine Folge von positiven ganzen Zahlen

$$n_0 = 1, n_1, n_2, \ldots, n_k, \ldots$$

und eine Folge von positiven Zahlen

$$\varrho_0 = 1, \varrho_1, \varrho_2, \ldots, \varrho_k, \ldots,$$

wo $2 n_k \varrho_k < \varrho_{k-1}$. Von der Einheitsstrecke $E(n_0, \varrho_0)$ ausgehend konstruieren wir dann die Punktmengen $E(n_0, n_1, \ldots, n_k; \varrho_0, \varrho_1, \ldots, \varrho_k) = E_k$ so, daß E_k aus E_{k-1} durch die Operation (n_k, ϱ_k) entsteht.

Um eine Abschätzung für die ROBINsche Konstante γ_k der Menge E_k zu erhalten, wählen wir zuerst eine beliebige Strecke $\varDelta_{k-1}$ aus der Menge E_{k-1} und betrachten die auf $\varDelta_{k-1}$ gelegene Teilmenge E_k^{k-1} von E_k. Die Menge E_k^{k-1} besteht aus n_k Strecken $\varDelta_k$ der Länge ϱ_k; die gegenseitige Entfernung von zwei nebeneinanderliegenden $\varDelta_k$-Strecken ist $\dfrac{\varrho_{k-1} - n_k \varrho_k}{n_k - 1}$.

Wir können nun die ROBINsche Konstante γ_k^{k-1} von E_k^{k-1} nach oben mittels einer Schlußweise abschätzen, die von der in Nr. 130 angewandten nur darin unterscheidet, daß hier statt der zwei Teilmengen E_i die n_k Strecken $\varDelta_k$ betrachtet werden. Nehmen wir der Einfachheit halber noch an, daß n_k eine ungerade Zahl ist, so ergibt sich die Abschätzung

$$\gamma_k^{k-1} < \frac{1}{n_k}\left(\gamma_k^k + 2 \sum_{v=1}^{\frac{n_k-1}{2}} \log \frac{n_k - 1}{v(\varrho_{k-1} - n_k \varrho_k)}\right),$$

wo $\gamma_k^k = \log \dfrac{4}{\varrho_k}$ die ROBINsche Konstante der Strecke $\varDelta_k$ ist. Wegen $2 n_k \varrho_k < \varrho_{k-1}$ ist

$$\sum_{v=1}^{\frac{n_k-1}{2}} \log \frac{n_k - 1}{v(\varrho_{k-1} - n_k \varrho_k)} < \frac{n_k - 1}{2} \log \frac{2(n_k - 1)}{\varrho_{k-1}} - \log \left(\frac{n_k - 1}{2}\right)!$$

Beachtet man, daß

$$\log \left(\frac{n_k - 1}{2}\right)! > \frac{n_k - 1}{2} \log \frac{n_k - 1}{2e}$$

so wird also

$$\gamma_k^{k-1} < \frac{1}{n_k}\left(\log \frac{4}{\varrho_k} + (n_k - 1) \log \frac{4e}{\varrho_{k-1}}\right)$$

Wir ziehen nun diejenige Teilmenge E_k^{k-2} von E_k in Betracht, die auf einer gegebenen Strecke $\varDelta_{k-2}$ der Menge E_{k-2} gelegen ist. In derselben Weise wie oben erhalten wir dann für die ROBINsche Konstante γ_k^{k-2} von E_k^{k-2} die Abschätzung

$$\gamma_k^{k-2} < \frac{1}{n_{k-1}}\left(\gamma_k^{k-1} + (n_{k-1} - 1) \log \frac{4e}{\varrho_{k-2}}\right) < \frac{1}{n_k n_{k-1}} \log \frac{4}{\varrho_k}$$
$$+ \frac{n_{k-1}}{n_k n_{k-1}} \log \frac{4e}{\varrho_{k-1}} + \frac{n_{k-1} - 1}{n_{k-1}} \log \frac{4e}{\varrho_{k-2}}.$$

Mittels k-maliger Wiederholung der obigen Schlußweise ergibt sich schließlich für die ROBINsche Konstante von E_k die obere Schranke

$$\gamma_k = \gamma_k^0 < \frac{1}{n_1 \ldots n_k} \log \frac{4}{\varrho_k} + \sum_{\nu=1}^{k} \frac{n_\nu - 1}{n_1 \ldots n_\nu} \log \frac{4e}{\varrho_\nu - 1}.$$

Wir lassen nun k unbeschränkt wachsen und bezeichnen mit E_∞ die Durchschnittsmenge der Folge $E_1, \ldots, E_k, \ldots$. Unter den Annahmen daß jede n_k eine ungerade Zahl ≥ 3 ist und daß die Ungleichung $2 n_k \varrho_k < \varrho_{k-1}$ für jedes k gilt, haben wir das folgende Ergebnis:

Das harmonische Maß der Menge E_∞ ist positiv, wenn die Reihe

$$\sum_{k=1}^{\infty} \frac{\log \dfrac{1}{\varrho_k}}{n_1 \ldots n_k} \tag{40}$$

konvergiert.

Es sei nun $h(r)$ eine Maßfunktion, für welche

$$\varlimsup_{r=0} h(r) \log \frac{1}{r} = 0 \tag{41}$$

gilt. Wir behaupten, daß bei geeigneter Wahl der Zahlen n_k, ϱ_k das h-Maß der Menge E_∞ endlich und ihr harmonisches Maß positiv ist. Dies ist der Fall, wenn die Bedingungen (40) und

$$n_1 \ldots n_k h(\varrho_k) < M < \infty \tag{42}$$

gleichzeitig erfüllt sind.

Aus der Voraussetzung (41) folgt, daß wir eine monoton abnehmende Folge von positiven Zahlen

$$L_r: \quad r_0 = 1, r_1, r_2, \ldots, r_\nu, \ldots, \qquad \lim_{\nu \to \infty} r_\nu = 0$$

wählen können, so daß die Reihe

$$\sum_{\nu=1}^{\infty} h(r_\nu) \log \frac{1}{r_\nu} \tag{43}$$

konvergent ist. Wir führen nun die folgende Bezeichnung ein: Sind α und β positive Zahlen, so sei $L_r(\alpha, \beta): r_{\nu_1}, r_{\nu_2}, \ldots, r_{\nu_k}, \ldots$ die durch die Bedingungen

$$h(r_{\nu_k}) < \alpha, \quad \frac{r_{\nu_k}}{h(r_{\nu_k})} < \beta \tag{44}$$

bestimmte Teilfolge von L_r.

Es ist zu bemerken, daß hier nur der Fall betrachtet werden muß, wo jede Folge $L_r(\alpha, \beta)$ alle zu L_r gehörigen Zahlen r_ν von einem gewissen ν an enthält. Sonst wäre nämlich $\varlimsup_{r=0} \frac{r}{h(r)} > 0$ und dann hätte z. B die Einheitsstrecke endliches h-Maß.

Wir setzen nun zuerst $\alpha = \frac{1}{3}$, $\beta = \frac{1}{2}$ und wählen aus der Folge $L_r(\frac{1}{3}, \frac{1}{2})$ eine beliebige Zahl, die mit ϱ_1 bezeichnet wird. Es sei n_1 die größte ungerade Zahl $< \dfrac{1}{h(\varrho_1)}$. Dann ist wegen (44)

$$\frac{1}{2n_1} < h(\varrho_1) < \frac{1}{n_1} \quad \text{und} \quad \varrho_1 < \frac{1}{2n_1}.$$

Nun setze man $\alpha = \dfrac{1}{3n_1}$, $\beta = \dfrac{n_1\varrho_1}{2}$ und wähle aus $L_r\left(\dfrac{1}{3n_1}, \dfrac{n_1\varrho_1}{2}\right)$ eine Zahl ϱ_2. Ist n_2 die größte ungerade Zahl $< \dfrac{1}{n_1 h(\varrho_2)}$, so gilt

$$\frac{1}{2n_1 n_2} < h(\varrho_2) < \frac{1}{n_1 n_2} \quad \text{und} \quad \varrho_2 < \frac{\varrho_1}{2n_2}.$$

Wird dieser Prozeß unbeschränkt fortgesetzt so, daß wir immer aus der Folge $L_r\left(\dfrac{1}{3n_1 \ldots n_{k-1}}, \dfrac{n_1 \ldots n_{k-1}\varrho_{k-1}}{2}\right)$ eine Zahl ϱ_k wählen und mit n_k die größte ungerade Zahl $< \dfrac{1}{n_1 \ldots n_{k-1} h(\varrho_k)}$ bezeichnen, so erhalten wir eine Teilfolge $L_\varrho: \varrho_1, \ldots, \varrho_k, \ldots$ von L_r und eine Folge von ungeraden ganzen Zahlen $L_n: n_1, \ldots, n_k, \ldots$, derart, daß die Bedingungen

$$\varrho_k < \frac{\varrho_{k-1}}{2n_k}, \quad n_k \geq 3, \quad \frac{1}{2} < n_1 \ldots n_k h(\varrho_k) < 1 \tag{45}$$

erfüllt sind. Die Folgen L_ϱ und L_n besitzen die geforderten Eigenschaften (40), (42), denn die Ungleichung rechts in (45) stimmt mit (42) überein und die Konvergenz der Reihe (40) folgt aus der linksseitigen Ungleichung (45) unter Beachtung, daß die Reihe (43) konvergent ist. Der Satz von URSELL ist somit bewiesen.

Was die Bedingung (41) betrifft, so kann man zeigen, daß sie für die Existenz einer Punktmenge von endlichem h-Maß und positivem harmonischem Maß auch notwendig ist. Dies ist in der Tat eine unmittelbare Folge der nachstehenden, von ERDÖS und GILLIS [1] bewiesenen Verschärfung des LINDEBERGschen Satzes:

Eine abgeschlossene Punktmenge von endlichem logarithmischem Maß ist vom harmonischen Maß Null.

Der Beweis dieses Satzes wird hier weggelassen, weil die dafür nötigen Überlegungen ziemlich schwer zu überblicken sind.

Aus den obigen Ausführungen ergibt sich zusammenfassend:

Werden alle Maßfunktionen $h(r)$ in drei Klassen eingeteilt, je nachdem

1°. $$\int_0^{} \frac{h(r)}{r}\, dr < \infty,$$

2°. $$\int_0^{} \frac{h(r)}{r}\, dr = \infty, \quad \lim_{r=0} h(r) \log \frac{1}{r} = 0$$

oder

3° $$\lim_{r=0} h(r) \log \frac{1}{r} > 0$$

gilt, so bestehen zwischen dem harmonischen Maß und den h-Massen einer geschlossenen Punktmenge E die folgenden Beziehungen:

Falls h die Eigenschaft 1° besitzt und das h-Maß von E positiv ist, so hat E positives harmonisches Maß.

Ist dagegen h eine Maßfunktion mit der Eigenschaft 3° und hat E endliches h-Maß, so ist E vom harmonischen Maß Null.

Wenn h schließlich zu der Klasse 2° gehört, so kann man aus dem h-Maß einer Punktmenge keine allgemeinen Schlüsse über das harmonische Maß derselben ziehen.

VI. Erster Hauptsatz der Theorie der meromorphen Funktionen.

§ 1. Poisson-Jensensche Formel.

136. Im vorliegenden und in den nachfolgenden Abschnitten werden wir uns mit der Theorie derjenigen analytischen Funktionen beschäftigen, welche in jedem Punkt eines gegebenen schlichten Gebietes G von *rationalem Charakter*, oder wie man es kürzer ausdrückt, *meromorph* sind. Eine solche Funktion $w = w(z)$ ist also bis auf Pole in G regulär; sind diese in unendlicher Anzahl vorhanden, so häufen sie sich gegen den Rand $\varGamma$ von G. Wir werden uns ferner auf den einfachsten Fall beschränken, wo G *einfach* zusammenhängend ist; nach dem Monodromiesatz ist dann $w(z)$ eindeutig in G.

Man hat zwei wesentlich verschiedene Fälle zu betrachten, je nachdem die Berandung $\varGamma$ aus nur einem Punkt (parabolischer Fall) oder aus einem Kontinuum (hyperbolischer Fall) besteht. Nach dem Hauptsatz der Theorie der konformen Abbildung läßt sich G dann auf die punktierte Ebene $|z| < \infty$ oder auf einen endlichen Kreis $|z| < R < \infty$ konform abbilden, und es bedeutet also keine wesentliche Einschränkung, wenn wir uns von vornherein an diese Normalgebiete halten.

Wir betrachten also eine analytische Funktion $w = w(z)$, welche in dem endlichen oder unendlichen Kreis $|z| < R \leqq \infty$ meromorph ist. Der Ausdruck $\log|w|$ ist dann für dieselben Werte z harmonisch, mit Ausnahme der Pole b_ν und der Nullstellen α_μ von w, wo er logarithmische positive bzw. negative Pole besitzt, so daß die Differenz

$$\log|w| - k_\nu \log\left|\frac{1}{z - b_\nu}\right| \quad \text{bzw.} \quad \log|w| - h_\mu \log|z - \alpha_\mu|,$$

wo k_ν bzw. h_μ die Vielfachheit des Poles b_ν bzw. der Nullstelle α_μ bezeichnet, für $z = b_\nu$ bzw. $z = \alpha_\mu$ harmonisch ist.

Sei nun ϱ eine Zahl des Intervalls $0 < \varrho < R$, so daß die Funktion w auf dem Kreis $|z| = \varrho$ von Null und Unendlich verschieden ist. In jedem Pol b_ν bzw. in jeder Nullstelle α_μ des Kreises $|z| < \varrho$ ist der Ausdruck

$$g(z, b_\nu) - \log\left|\frac{1}{z - b_\nu}\right| \qquad \text{bzw.} \qquad g(z, \alpha_\mu) + \log|z - \alpha_\mu|,$$

wo

$$g(z, \zeta) = \log\left|\frac{\varrho^2 - \bar{\zeta}z}{\varrho(z - \zeta)}\right|$$

die Greensche Funktion des Kreises $|z| \leqq \varrho$ bezeichnet, harmonisch. Der Ausdruck

$$\log|w(z)| - \sum_{|b_\nu| < \varrho} g(z, b_\nu) + \sum_{|a_\mu| < \varrho} g(z, a_\mu),$$

wo die Summation über sämtliche in $|z| < \varrho$ gelegene Pole und Nullstellen zu erstrecken ist, unter Beachtung der entsprechenden Vielfachkeiten (d.h. jedes Glied soll so oft mitgezählt werden, wie die Multiplizität des betreffenden Poles bzw. Nullstelle angibt), definiert folglich eine für $|z| \leqq \varrho$ harmonische Funktion. Wendet man auf sie die Poissonsche Integralformel an (II, § 1), und beachtet man, daß die Greensche Funktion für $|z| = \varrho$ verschwindet, so wird also[1] $(z = re^{i\varphi})$

$$\left.\begin{aligned}\log|w(re^{i\varphi})| &= \frac{1}{2\pi}\int_0^{2\pi} \log|w(\varrho e^{i\vartheta})|\, \frac{\varrho^2 - r^2}{\varrho^2 + r^2 - 2\varrho r \cos(\vartheta - \varphi)}\, d\vartheta \\ &+ \sum_{|b_\nu| < \varrho} \log\left|\frac{\varrho^2 - \bar{b}_\nu z}{\varrho(z - b_\nu)}\right| - \sum_{|a_\mu| < \varrho} \log\left|\frac{\varrho^2 - \bar{a}_\mu z}{\varrho(z - a_\mu)}\right|.\end{aligned}\right\} \quad (1)$$

Dieses Ergebnis wurde unter der Voraussetzung hergeleitet, daß die Peripherie $|z| = \varrho$ weder einen Pol b_ν noch eine Nullstelle a_μ enthält. Nun sieht man sofort ein, daß sämtliche Glieder in (1) auch für die ausgeschlossenen Werte ϱ stetig sind, woraus man schließt, daß die Formel für jedes $\varrho < R$ gilt.

137. Setzt man speziell $z = 0$, so geht (1) über in

$$\log|w(0)| = \frac{1}{2\pi}\int_0^{2\pi} \log|w(\varrho e^{i\vartheta})|\, d\vartheta + \sum_{|b_\nu| < \varrho} \log\frac{\varrho}{|b_\nu|} - \sum_{|a_\mu| < \varrho} \log\frac{\varrho}{|a_\mu|}. \quad (2')$$

Dies ist die Formel von Jensen[2]. Die allgemeine Beziehung (1), welche den Wert von $\log|w|$ in einem inneren Punkt z des Kreises $|z| < \varrho$ gibt als Funktion der Randwerte, sowie der im Kreise gelegenen Nullstellen und Pole, kann als eine Zusammenfassung der Formeln von Poisson und von Jensen betrachtet werden, weshalb sie kurz als die *Poisson-Jensensche Formel* bezeichnet werden soll. Addiert man in (1)

---

[1] Vgl. T. Carleman [7] und F. u. R. Nevanlinna [7].
[2] J. L. Jensen [7].

beiderseits· noch die in bezug auf die Veränderliche z konjugiert harmonischen Funktionen, multipliziert mit i, so ergibt sich (vgl. Nr. 4)

$$\left.\begin{aligned}
\log w(z) &= \frac{1}{2\pi} \int_0^{2\pi} \log |w(\varrho e^{i\vartheta})| \frac{\varrho e^{i\vartheta} + z}{\varrho e^{i\vartheta} - z} d\vartheta \\
&+ \sum_{|b_\nu| < \varrho} \log \frac{\varrho^2 - \overline{b}_\nu z}{\varrho(z - b_\nu)} - \sum_{|a_\mu| < \varrho} \log \frac{\varrho^2 - \overline{a}_\mu z}{\varrho(z - a_\mu)} + iC,
\end{aligned}\right\} \quad (1')$$

wo

$$C = \arg w(0) - \sum_{|b_\nu| < \varrho} \arg\left(-\frac{\varrho}{b_\nu}\right) + \sum_{|a_\mu| < \varrho} \arg\left(-\frac{\varrho}{a_\mu}\right) + 2 n\pi.$$

Die Formeln (1), (2') und (1') werden in der folgenden Theorie eine grundlegende Rolle spielen.

Wenn der Nullpunkt $z = 0$ entweder eine Nullstelle oder ein Pol von $w(z)$ ist, so werden die Ausdrücke beiderseits in der Jensenschen Formel unendlich. Um diesen Übelstand zu beseitigen, wende man, falls w die Entwicklung

$$w(z) = c_\lambda z^\lambda + c_{\lambda+1} z^{\lambda+1} + \cdots \qquad (c_\lambda \neq 0)$$

hat, die Formel (2') auf den Ausdruck $w z^{-\lambda}$ an. Es wird so

$$\left.\begin{aligned}
\log |c_\lambda| &= \frac{1}{2\pi} \int_0^{2\pi} \log |w(\varrho e^{i\vartheta})| d\vartheta \\
&+ \sum_{0 < |b_\nu| < \varrho} \log \frac{\varrho}{|b_\nu|} - \sum_{0 < |a_\mu| < \varrho} \log \frac{\varrho}{|a_\mu|} - \lambda \log \varrho.
\end{aligned}\right\} \quad (2'')$$

Diese Beziehung läßt sich auf eine für viele Anwendungen günstige Form bringen, wenn man die Anzahlen $n(r, \infty)$, $n(r, 0)$ der Pole und der Nullstellen von w im abgeschlossenen Kreis $|z| \leq r$ einführt, wobei jede Stelle so oft gezählt wird, wie ihre Multiplizität angibt. Die Summen rechts lassen sich dann als Stieltjes-Integrale schreiben, und es wird nach partieller Integration

$$\begin{aligned}
\sum_{0 < |b_\nu| < \varrho} \log \frac{\varrho}{|b_\nu|} &= \int_{r=0}^{\varrho} \log \frac{\varrho}{r} d\big(n(r, \infty) - n(0, \infty)\big) \\
&= \int_0^{\varrho} \frac{n(r, \infty) - n(0, \infty)}{r} dr
\end{aligned}$$

und in analoger Weise

$$\sum_{0 < |a_\mu| < \varrho} \log \frac{\varrho}{|a_\mu|} = \int_0^{\varrho} \frac{n(r, 0) - n(0, 0)}{r} dr.$$

Die JENSENsche Formel erhält jetzt die Form

$$\log|c_\lambda| = \frac{1}{2\pi}\int\limits_0^{2\pi} \log|w(\varrho\,e^{i\vartheta})|\,d\vartheta + \int\limits_0^\varrho \frac{n(r,\infty) - n(0,\infty)}{r}\,dr \\ - \int\limits_0^\varrho \frac{n(r,0) - n(0,0)}{r}\,dr + (n(0,\infty) - n(0,0))\log\varrho. \qquad (2''')$$

Die POISSON-JENSENsche Formel haben wir oben als einen Folgesatz der POISSONschen Integralformel hergeleitet. Man hätte jene Formel auch direkt durch Anwendung der GREENschen Transformationsformel (II, § 4) gewinnen können, in derselben Weise wie die speziellere POISSON-sche Formel. Wir wollen dies für die JENSENsche Formel näher ausführen, wobei wir von der GAUSSschen Transformationsformel

$$\int\limits_\Gamma \frac{\partial u}{\partial n}\,ds = -\int\limits_G \Delta u\,d\sigma$$

ausgehen, welche sich aus der GREENschen Formel für $V = 1$ ergibt; diese Beweismethode verdient speziell hervorgehoben zu werden, da sie uns in der Folge bei gewissen verwandten Fragen wichtige Dienste leisten wird[1]. Wir wenden die GAUSSsche Formel auf die Funktion $\log|w|$ an, indem wir als Gebiet G die Kreisfläche $|z| < r < R$ nehmen, aus der die Pole b_ν und Nullstellen a_μ isoliert werden durch kleine Kreise vom Radius δ; für $|z| = r$ wird $w \neq 0, \infty$ angenommen. Läßt man dann δ gegen Null streben, so ergibt sich durch eine einfache Rechnung

$$r\frac{d}{dr}\int\limits_0^{2\pi} \log|w(re^{i\varphi})|\,d\varphi = 2\pi(n(r,0) - n(r,\infty)).$$

Durch Division mit r und nachfolgender Integration zwischen den Grenzen $r_0, r\,(0 < r_0 < r < R)$ findet man

$$\frac{1}{2\pi}\int\limits_0^{2\pi} \log|w(r_0 e^{i\varphi})|\,d\varphi = \frac{1}{2\pi}\int\limits_0^{2\pi} \log|w(re^{i\varphi})|\,d\varphi + \int\limits_{r_0}^r \frac{n(t,\infty) - n(t,0)}{t}\,dt,$$

und hieraus weiter für $r_0 \to 0$ die JENSENsche Formel $(2''')$.

§ 2. Die charakteristische Funktion.

138. Unter den im vorhergehenden Paragraphen gemachten Voraussetzungen werden wir jetzt die JENSENsche Formel auf eine für die folgenden Anwendungen zweckmäßige Form bringen.

---

[1] Für diese Beweismethode vgl. E. LINDELÖF [7].

Hierzu führen wir folgende einfache Bezeichnung ein: Wenn α eine nichtnegative Zahl ist, so sei $\overset{+}{\log}\alpha$ die größere der Zahlen $\log\alpha$ und 0; es ist also

$$\log\alpha = \overset{+}{\log}\alpha - \overset{+}{\log}\frac{1}{\alpha}, \qquad |\log\alpha| = \overset{+}{\log}\alpha + \overset{+}{\log}\frac{1}{\alpha}$$

und ferner, wie man leicht bestätigt,

$$\left.\begin{aligned}
\overset{+}{\log}(\alpha_1\cdot\alpha_2\cdots\alpha_p) &\leqq \sum_{1}^{p}\overset{+}{\log}\alpha_\nu, \\
\overset{+}{\log}\sum_{1}^{p}\alpha_\nu &\leqq \sum_{1}^{p}\overset{+}{\log}\alpha_\nu + \log p.
\end{aligned}\right\} \tag{3}$$

Wir setzen nun in der JENSENschen Formel $\log|w| = \overset{+}{\log}|w| - \overset{+}{\log}\left|\frac{1}{w}\right|$ und schreiben noch der Kürze wegen

$$\left.\begin{aligned}
N(r, w) = N(r, \infty) &= \int_0^r \frac{n(t, \infty) - n(0, \infty)}{t}\,dt + n(0, \infty)\log r, \\
m(r, w) = m(r, \infty) &= \frac{1}{2\pi}\int_0^{2\pi}\overset{+}{\log}|w(r e^{i\varphi})|\,d\varphi.
\end{aligned}\right\} \tag{4}$$

Es wird dann[1]

$$m(r, w) + N(r, w) = m\left(r, \frac{1}{w}\right) + N\left(r, \frac{1}{w}\right) + \log|c_\lambda|. \tag{2}$$

Wir nehmen jetzt eine beliebige Zahl $a \neq \infty$ und wenden die obige Beziehung auf die Funktion $w - a$ an, in dem wir die Anzahl der Wurzeln der Gleichung $w - a = 0$ im Kreise $|z| \leqq r$ durch $n(r, a)$ bezeichnen und

$$\left.\begin{aligned}
N(r, a) = N\left(r, \frac{1}{w-a}\right) &= \int_0^r \frac{n(t, a) - n(0, a)}{t}\,dt + n(0, a)\log r, \\
m(r, a) = m\left(r, \frac{1}{w-a}\right) &= \frac{1}{2\pi}\int_0^{2\pi}\overset{+}{\log}\left|\frac{1}{w(r e^{i\varphi}) - a}\right|\,d\varphi
\end{aligned}\right\} \tag{4'}$$

setzen. Es wird dann

$$m(r, w - a) + N(r, w - a) = m\left(r, \frac{1}{w-a}\right) + N\left(r, \frac{1}{w-a}\right) + \text{const.} \tag{5}$$

Hier ist

$$N(r, w - a) = N(r, w)$$

und nach (3)

$$\overset{+}{\log}|w - a| \leqq \overset{+}{\log}|w| + \overset{+}{\log}|a| + \log 2,$$

$$\overset{+}{\log}|w| \leqq \overset{+}{\log}|w - a| + \overset{+}{\log}|a| + \log 2,$$

$$|m(r, w - a) - m(r, w)| \leqq \overset{+}{\log}|a| + \log 2,$$

---

[1] R. NEVANLINNA [4].

woraus nach (5)

$$m(r, a) + N(r, a) = m(r, \infty) + N(r, \infty) + \varphi(r, a),$$

wo $\overset{+}{|\varphi(r,a)|} \leqq \log|a| + \log 2 + |\log|c||$, und c der erste nicht verschwindende Koeffizient der Laurententwicklung von $w - a$ im Nullpunkte $z = 0$ ist.

Bezeichnen wir noch

$$T(r, w) = T(r) = m(r, \infty) + N(r, \infty), \tag{6}$$

so können wir zusammenfassend folgendes Ergebnis aussprechen:

Erster Hauptsatz. *Zu jeder im Kreise $|z| < R \leqq \infty$ meromorphen Funktion $w(z)$ läßt sich für $0 \leqq r < R$ eine Funktion $T(r, w)$ erklären, so daß für jedes endliche oder unendliche a die Beziehung*

$$m(r, a) + N(r, a) = T(r) + \varphi(r, a), \tag{I}$$

besteht, wo

$$\overset{+}{|\varphi(r,a)|} \leqq \log|a| + |\log|c|| + \log 2$$

für jedes r des Intervalls $(0, R)$ gilt; c ist der erste nichtverschwindende Koeffizient der Laurententwicklung von $w(z) - a$.

139. Dieses Ergebnis zeigt, daß eine für $|z| < R$ meromorphe Funktion in ihrem Verhalten gegenüber verschiedenen komplexen Zahlen a (der Wert $a = \infty$ nicht ausgeschlossen) eine bemerkenswerte Symmetrie aufweist: *Die Summe $m(r, a) + N(r, a)$ behält für verschiedene Werte a einen invarianten, durch den Ausdruck $T(r)$ gegebenen Betrag*, bis auf additive Größen, die für $r < R$ beschränkt sind.

Von den zwei konstituierenden Gliedern dieser invarianten Summe gibt die Größe $N(r, a)$ an, wie dicht die Wurzeln der Gleichung $w = a$ im Mittel im Kreise $|z| < R$ liegen. Diese *Anzahlfunktion der a-Stellen*[1] wächst mit r um so schneller, je größer die Anzahl jener Stellen ist.

Das erste Glied $m(r, a)$, welches als der Mittelwert von $\overset{+}{\log}\left|\dfrac{1}{w - a}\right|$ (bzw. $\overset{+}{\log}|w|$, falls $a = \infty$) auf der Peripherie $|z| = r$ definiert ist, erhält wesentliche Beiträge nur von denjenigen Bogen dieser Peripherie, wo der Funktionswert sehr wenig von dem gegebenen Wert a abweicht. Der Betrag dieser *Schmiegungsfunktion* kann also als ein Maß für die mittlere Abweichung des Funktionswertes w vom Werte a auf der Kreislinie $|z| = r$ betrachtet werden.

Sind die a-Stellen einer meromorphen Funktion für ein gewisses a relativ spärlich, so findet dies also einen analytischen Ausdruck darin, daß die entsprechende Anzahlfunktion $N(r, a)$ für $r \to R$ relativ langsam anwächst; im extremen Fall, wo a ein PICARDscher Ausnahme-

---

[1] Es sei bemerkt, daß diese Anzahlfunktion mit der auf S. 54 eingeführten Funktion $N(r, a)$ identisch ist, mit Ausnahme des einzigen Wertes $a = w(0)$.

wert der Funktion ist (so daß $w \neq a$ für $|z| < R$ ist), wird $N(r, a) \equiv 0$. Dieser Mangel an a-Stellen findet aber einen Ersatz dadurch, daß die Funktion im Mittel sehr wenig von dem betreffenden Wert a abweicht; die entsprechende Schmiegungsfunktion $m(r, a)$ wird also relativ groß ausfallen, so daß die Summe $m(r, a) + N(r, a)$ ihren für die gegebene Funktion w charakteristischen Betrag $T(r, w)$ erreicht.

Wegen der großen Bedeutung der Größe T für die asymptotischen Eigenschaften der zugehörigen meromorphen Funktion nennen wir sie die *charakteristische Funktion* oder auch die *Charakteristik* von $w(z)$.

Es geht aus obigem hervor, daß wenn man als *Ausnahmewerte* einer Funktion w solche Werte a bezeichnet, welche die Funktion überhaupt nicht, oder mindestens relativ selten annimmt, man einseitig darauf acht gibt, wie oft die Funktion den Wert a wirklich erreicht. Berücksichtigt man aber „die totale Affinität der Funktion $w(z)$ zum Werte a", welche nicht allein durch das Vorhandensein von a-Stellen, sondern auch durch die Stärke der mittleren Konvergenz der Funktion gegen den Wert a charakterisiert wird, so verschwindet die Ausnahmestellung dieses besonderen Wertes: die Affinität ist gleich stark für alle Werte a.

Der erste Hauptsatz gibt einen exakten Ausdruck für diese merkwürdige Invarianzeigenschaft einer meromorphen Funktion an, welche für ein richtiges Verständnis der asymptotischen Eigenschaften derselben bedeutungsvoll ist; hierin liegt die große prinzipielle Wichtigkeit dieses allgemeinen Satzes. Außerdem stellt er auch ein bequemes technisches Hilfsmittel dar, welches das Operieren mit meromorphen Funktionen in hohem Grad erleichtert.

Wenn auch das Verhalten einer meromorphen Funktion in dem oben erklärten Sinn allen komplexen Werten a gegenüber vollkommen symmetrisch ist, so bleibt die Frage nach den *Ausnahmewerten* der Funktion als ein Problem von größtem Interesse übrig.

Nachdem wir im Besitze des ersten Hauptsatzes sind, wird diese Hauptfrage der sog. *Wertverteilungstheorie* zusammenfallen mit der Frage nach der relativen Größe der zwei Komponenten $m(r, a)$ und $N(r, a)$ in der invarianten Summe $m + N$. Über diese Frage gibt der erste Hauptsatz keinen Aufschluß, und es wird in der Folge eine unserer wichtigsten Aufgaben sein, diesen Satz in jener Richtung zu ergänzen.

140. Als Beispiel betrachten wir zuerst die Exponentialfunktion $w = e^z$, welche die Werte $a = 0$ und ∞ als vollständige PICARDsche Ausnahmewerte hat. Eine leichte Rechnung gibt[1]:

$$N(r, a) = 0, \quad m(r, a) = \frac{r}{\pi} \quad \text{für} \quad a = 0, \infty,$$

$$N(r, a) = \frac{r}{\pi} + O(1), \quad m(r, a) = O(1) \quad \text{für} \quad a \neq 0, \infty.$$

---

[1] Wir benutzen hier die LANDAUsche Schreibweise $O(\varphi(r))$ für jede Größe, welche dividiert durch $\varphi(r)$ *beschränkt* ist.

Es ist also die charakteristische Funktion gleich

$$T(r) = \frac{r}{\pi}.$$

und, in Übereinstimmung mit dem ersten Hauptsatz,

$$m(r, a) + N(r, a) = T(r) + O(1) \text{ für jedes } a.$$

Man sieht, daß die zwei Ausnahmewerte 0, ∞ die Eigenschaft haben, daß die Exponentialfunktion sich diesen Werten für $z \to \infty$ schnell annähert. Sie sind *asymptotische Werte*, oder wie wir nach dem Vorschlag von ULLRICH sagen, *Zielwerte* der Funktion in jedem·inneren Winkel der linken bzw. rechten Halbebene.

Ein in vielen Hinsichten lehrreiches Beispiel liefert uns die **ganze Funktion**

$$w = \int\limits_0^z e^{-t^p} dt,$$

wo p eine ganze Zahl $\geqq 1$ ist. Der Integrand strebt für $|t| \to \infty$ in den Winkeln

$$\left| \arg t - \frac{\nu \pi}{p} \right| < \frac{\pi}{2p} - \varepsilon \qquad (\nu = 0, 1, \ldots, 2p - 1) \qquad (\varepsilon > 0) \qquad (W_\nu)$$

gegen Null oder Unendlich, je nachdem ν gerade oder ungerade ist: In jenen Winkeln hat das Integral w je einen endlichen Zielwert

$$a_\mu = e^{\frac{2\mu\pi i}{p}} \int\limits_0^\infty e^{-r^p} dr \qquad \left(\mu = \frac{\nu}{2} = 0, 1, \ldots, p - 1 \right),$$

in diesen strebt w dagegen gegen Unendlich.

Diese Ausnahmestellung der $p + 1$ Werte $a_0, a_1, \ldots, a_{p-1}, a_p = \infty$ zeigt sich auch im Verhalten der entsprechenden Fundamentalgrößen m und N.

In der Tat findet man durch partielle Integration

$$\int\limits_0^z e^{-t^p} dt = - \frac{e^{-z^p}}{p z^{p-1}} (1 + \varepsilon);$$

wo $\varepsilon \to 0$, wenn $z \to \infty$ in den Winkeln $W_{2\mu+1} (\mu = 0, \ldots, p - 1)$, und es ergibt sich also in denselben Winkeln $(z = r e^{i\varphi})$

$$\log |w| \sim - r^p \cos p\, \varphi,$$

und daraus

$$m(r, \infty) \sim \frac{r^p}{\pi}.$$

Da $N(r, \infty)$ identisch verschwindet, wird dieser Ausdruck ebenfalls den Betrag der charakteristischen Funktion angeben:

$$T(r, w) \sim \frac{r^p}{\pi}.$$

Wenn der Punkt z im Winkel W_0 liegt, so ergibt sich

$$\int_0^z e^{-t^p} dt - \int_0^\infty e^{-r^p} dr = - \int_z^\infty e^{-t^p} dt$$

$$= - \frac{e^{-z^p}}{p z^{p-1}} + \frac{p-1}{p} \int_z^\infty \frac{e^{-t^p}}{t^p} dt \sim - \frac{e^{-z^p}}{p z^{p-1}}$$

auf jedem in W_0 liegenden Halbstrahl. Es wird somit

$$\log |w(z) - a_0| \sim - r^p \cos p\,\varphi$$

und daher

$$m(r, a_0) \sim \frac{r^p}{p\,\pi}.$$

In ähnlicher Weise findet man

$$m(r, a_\mu) \sim \frac{r^p}{p\,\pi}$$

für $\mu = 0, 1, \ldots, p - 1$.

Schließlich ergibt sich für jedes endliche $a \neq a_\mu$

$$m(r, a) = \varepsilon r^p, \qquad \text{wo} \quad \varepsilon \to 0 \quad \text{für} \quad r \to \infty.$$

Unter Anwendung des ersten Hauptsatzes erhält man also:

$$m(r, a) \sim \frac{r^p}{\pi}, \qquad N(r, a) = 0 \quad \text{für} \quad a = a_p = \infty,$$

$$m(r, a) \sim \frac{r^p}{p\,\pi}, \qquad N(r, a) = \left(1 - \frac{1}{p}\right) \frac{r^p}{\pi} \quad \text{für} \quad a = a_0, \ldots, a_{p-1},$$

$$m(r, a) \sim \varepsilon r^p, \qquad N(r, a) \sim \frac{r^p}{\pi} \quad \text{für} \quad a \neq a_\nu.$$

Die Anzahlfunktion $N(r, a)$ wächst also für die p Zielwerte $a_0, \ldots, a_{p-1}$ und a_p besonders schwach an.

141. Die obigen Beispiele scheinen darauf hinzuweisen, daß von den zwei Gliedern der Summe $m + N$ die Anzahlfunktion N im allgemeinen, d. h. für die Mehrzahl der Werte a, im Verhältnis zur Schmiegungsfunktion m relativ groß ist, und daß also die Bezeichnung „Ausnahmewert" mit Recht für diejenigen Werte a vorbehalten werden kann, für welche umgekehrt die Dichtigkeit der a-Stellen relativ klein ist. Als ein erstes Resultat in dieser Richtung kann der PICARDsche Satz betrachtet werden; es wird aus der nachfolgenden Untersuchung hervorgehen, daß die obige allgemeine Vermutung tatsächlich für ausgedehnte Funktionsklassen zutrifft.

Andererseits ist es einleuchtend, daß derartige Sätze nicht ohne jede Einschränkung für eine für $|z| < R$ meromorphe Funktion bestehen können. Es ist nämlich zu beachten, daß die obigen Bemerkungen über die relative Größe der Funktionen m, N und T nur dann einen Sinn haben, wenn die charakteristische Funktion T nicht für $|z| < R$ *beschränkt* ist; wäre dies nämlich der Fall, so würde ja im ersten Hauptsatz die Größe φ

nicht mehr die Rolle eines unwesentlichen Restgliedes spielen, und die für die vorhergehenden Betrachtungen wesentliche Invarianzeigenschaft der Summe $m + N$ wird dann sinnlos. Aus der nachfolgenden, näheren Analyse der charakteristischen Funktion wird hervorgehen, daß $T(r, w)$ für eine in der ganzen endlichen Ebene $z \neq \infty$ (Fall $R = \infty$) meromorphe Funktion, die nicht konstant ist, für $r \to \infty$ stets *unbeschränkt wächst*. Im Falle einer in einem endlichen Kreise $|z| < R < \infty$ meromorphen Funktion braucht dies dagegen nicht mehr der Fall zu sein. Da die Charakteristik T, wie wir bald sehen werden, die bemerkenswerte Eigenschaft hat, eine wachsende Funktion von r zu sein, so existiert jedenfalls der Grenzwert $\lim T$ für $r \to R$, und es wird eine für viele Eigenschaften der meromorphen Funktion entscheidendes Merkmal der Funktion sein, ob dieser Grenzwert endlich oder unendlich ausfällt.

142. Ehe wir die Charakteristik einer näheren Untersuchung unterwerfen, sollen hier sogleich einige ihrer Eigenschaften zusammengestellt werden, die sich als unmittelbare Folgerungen aus der Definition dieser Größe ergeben.

Aus den Beziehungen (3) schließen wir zunächst: Wenn $w_1, \ldots, w_n$ für $|z| < R$ meromorphe Funktionen sind, so genügt die Schmiegungsfunktion $m(r, \infty)$ ihres Produktes der Ungleichung

$$m(r, w_1 \cdots w_n) \leqq \sum_1^n m(r, w_\nu).$$

Da ferner, wie man unmittelbar einsieht,

$$N(r, w_1 \cdots w_n) \leqq \sum_1^n N(r, w_\nu),$$

so erhält man durch Addition

$$T(r, w_1 \cdots w_n) \leqq \sum_1^n T(r, w_\nu).$$

Speziell wird. wenn $k \neq 0$ eine beliebige Konstante ist,

$$|T(r, kw) - T(r, w)| \leqq |\log|k||.$$

In ähnlicher Weise folgt aus der zweiten der Beziehungen (3)

$$T(r, w_1 + \cdots + w_n) \leqq \sum_1^n T(r, w_\nu) + \log n.$$

Unter Anwendung derselben Beziehungen findet man speziell

$$|T(r, w - a) - T(r, w)| \leqq \overset{+}{\log}|a| + \log 2.$$

Ferner ist, für $w = c_\lambda z^\lambda + \cdots (c_\lambda \neq 0)$, nach der JENSENschen Formel (2)

$$T(r, w) = T\left(r, \frac{1}{w}\right) + \log|c_\lambda|$$

Da nun eine beliebige lineare Transformierte

$$S(w) = \frac{\alpha w + \beta}{\gamma w + \delta} \qquad (\alpha\delta - \beta\gamma \neq 0)$$

von w sich aus einer Ähnlichkeitstransformation und aus einer Inversion zusammensetzen läßt, so schließt man aus den obigen Beziehungen, daß die Charakteristiken

$$T(r, w) \quad \text{und} \quad T\big(r, S(w)\big)$$

sich um eine additive Größe unterscheiden, die für $r < R$ *beschränkt* ist.

Die letzte Bemerkung erlaubt uns, die Charakteristik einer *rationalen Funktion* $w(z)$ von der Ordnung m einfach zu berechnen. Durch eine vorbereitende lineare Transformation kann man erreichen, daß w für $|z| \to \infty$ gegen einen endlichen Wert strebt. Für alle hinreichend großen Werte r ist also die Schmiegungsfunktion $m(r, \infty)$ beschränkt und, da die Gesamtanzahl der Pole von w gleich m ist, $N(r, \infty) \sim m \log r$, also

$$T(r) \sim m \log r.$$

§ 3. Geometrische Deutung der charakteristischen Funktion.

143. Man verdankt SHIMIZU und AHLFORS eine interessante geometrische Interpretation der Charakteristik $T(r)$, welche neues Licht auf die Bedeutung dieser Fundamentalgröße wirft und zugleich in einfacher Weise zu einigen wichtigen Eigenschaften derselben führt[1].

Unabhängig von den Entwicklungen der zwei ersten Paragraphen dieses Abschnittes gelangt man zu dieser Deutung, wenn man in der w-Ebene, deren Punkte die Werte der gegebenen, für $|z| < R \leqq \infty$ meromorphen Funktion darstellen, eine sphärische Metrik einführt, so daß man diese Ebene auf die RIEMANNsche Kugel projiziert und als die sphärische Länge eines Bogenelementes $|dw| = ds$ die Länge $d\sigma$ des zugeordneten Linienelementes auf der Kugel erklärt, wie dies in I, § 1 näher ausgeführt wurde. Es wird dann

$$d\sigma = \frac{|dw|}{1 + |w|^2}.$$

Bildet man nun (vgl. S. 5) das Verhältnis $\dfrac{d\sigma}{|dw|}$ der sphärischen und der euklidischen Länge des Bogenelementes dw, so wird der Logarithmus des Quotienten

$$u(w) = \log \frac{|dw|}{d\sigma} = \log(1 + |w|^2)$$

---

[1] T. SHIMIZU [1], L. AHLFORS [2]. Auf die Möglichkeit einer solchen Deutung hatte schon früher A. BLOCH [2] hingewiesen.

eine für jedes endliche w stetige und nichtnegative Funktion darstellen, welche der Differentialgleichung

$$\Delta u = 4e^{-2u} = \frac{4}{(1 + |w|^2)^2}$$

genügt.

Im unendlich fernen Punkt $w = \infty$ wird $u(w)$ logarithmisch unendlich, so daß

$$u(w) = 2\log|w| + \varepsilon\left(\frac{1}{w}\right),$$

wo $\varepsilon\left(\dfrac{1}{w}\right)$ für $w \to \infty$ verschwindet.

Nach dieser Vorbereitung setze man für w die gegebene meromorphe Funktion $w = w(z)$ ein. Es wird dann

$$v(z) = u\big(w(z)\big)$$

eine für $|z| < R$ stetige Funktion, mit Ausnahme der Pole b_ν von $w(z)$, wo $v(z) = 2k_\nu \log\left|\dfrac{1}{z - b_\nu}\right| +$ stetige Funktion, unter k_ν die Vielfachheit des Poles b_ν verstanden.

In Analogie mit dem in Nr. 137 zur Herleitung der JENSENschen *Formel* angewandten Verfahren setzen wir die GAUSSsche Transformationsformel an im Kreise $|z| \leq r$, aus dem zuerst die Pole b_ν durch kleine Kreise vom Radius δ isoliert werden sollen. Da der LAPLACEsche Ausdruck beim Übergang zu der Veränderlichen z in

$$\Delta_z v = \Delta_z u\big(w(z)\big) = \Delta_w u \,|w'(z)|^2$$

transformiert wird, so ergibt sich durch den Grenzübergang $\delta \to 0$

$$r\frac{d}{dr}\int_0^{2\pi} v(r\,e^{i\varphi})\,d\varphi + 4\pi\,n(r, \infty) = 4\int_{|z|<r} \frac{|w'(z)|^2}{(1 + |w|^2)^2}\,df,$$

wo $df = r\,dr\,d\varphi$ das Flächenelement in der z-Ebene bezeichnet.

Der Integrand rechts stellt das Verhältnis zwischen der sphärisch gemessenen Bildfläche von df und dem euklidisch gemessenen Flächeninhalt von df dar. Der Ausdruck

$$A(r) = \frac{1}{\pi}\int_{|z|<r} \frac{|w'|^2}{(1 + |w|^2)^2}\,df$$

gibt also den durch die gesamte Kugeloberfläche π dividierten Inhalt desjenigen über der Kugel ausgebreiteten RIEMANNschen Flächenstücks F_r an, auf welches die Kreisfläche $|z| < r$ durch die Funktion $w = w(z)$ abgebildet wird.

Dividiert man nun die obige Beziehung beiderseits durch $4\pi r$ und integriert man dann zwischen den Grenzen r_0 und $r\,(0 < r_0 < r < R)$, so wird

$$\frac{1}{4\pi}\int_0^{2\pi} v(r\,e^{i\varphi})\,d\varphi + \int_{r_0}^r \frac{n(t, \infty)}{t}\,dt = \int_{r_0}^r \frac{A(t)}{t}\,dt + \frac{1}{4\pi}\int_0^{2\pi} v(r_0\,e^{i\varphi})\,d\varphi.$$

Setzt man hier noch den Ausdruck von v ein und läßt man r_0 gegen Null streben, so ergibt sich schließlich

$$\frac{1}{2\pi} \int\limits_0^{2\pi} \log \sqrt{1 + |w(r\, e^{i\varphi})|^2}\, d\varphi + N(r, \infty) = \int\limits_0^r \frac{A(t)}{t}\, dt \\ + \log \sqrt{1 + |w(0)|^2}. \tag{7}$$

Falls $z = 0$ ein Pol von w ist, hat man das konstante Glied rechts in (7) durch $\log |c_\lambda|$ zu ersetzen, wo c_λ dieselbe Bedeutung wie in der JENSEN-schen Formel hat. ·

144. Wir wollen jetzt das Integral links in (7) etwas näher betrachten. Man rechnet leicht nach, daß der chordale Abstand $k(w, \infty)$ zwischen denjenigen Punkten der RIEMANNschen Kugel, welche den Punkten w und ∞ entsprechen, gleich

$$k(w, \infty) = \frac{1}{\sqrt{1 + |w|^2}}$$

ist. Das Integral

$$\frac{1}{2\pi} \int\limits_0^{2\pi} \log \sqrt{1 + |w(r\, e^{i\varphi})|^2}\, d\varphi = \frac{1}{2\pi} \int\limits_0^{2\pi} \log \frac{1}{k(w, \infty)}\, d\varphi \tag{8}$$

bedeutet also den Mittelwert vom Logarithmus des reziproken Wertes der chordalen Entfernung zwischen den Punkten w und ∞. Diese nicht-negative Größe erhält also wesentliche Beiträge von denjenigen Bogen des Kreises $|z| = r$, wo $|w|$ groß wird, und sie kann also als ein Maß für die mittlere Annäherung des Funktionswertes w an den Wert ∞ dienen, genau wie die oben eingeführte Schmiegungsfunktion

$$m(r, \infty) = \frac{1}{2\pi} \int\limits_0^{2\pi} \overset{+}{\log} |w(r\, e^{i\varphi})|\, d\varphi.$$

In der Tat unterscheiden sich diese zwei Ausdrücke auch ihren Beträgen nach nur sehr wenig voneinander: Man sieht unmittelbar ein, daß der Mittelwert (8) stets größer als $m(r, \infty)$ ist; der Unterschied ist aber beschränkt und erreicht seinen maximalen Wert $\log \sqrt{2}$ für $|w| = 1$.

145. Wir werden jetzt untersuchen, wie sich die Formel (7) transformiert, wenn man eine *Kugeldrehung*

$$w_1 = \frac{1 + \bar{a}\, w}{w - a} \tag{9}$$

ausführt, welche die Werte w_1, ∞ in w, a überführt. Setzen wir jene Formel zuerst für die durch (9) definierte Funktion $w_1 = w_1(z)$ an, und ersetzen wir dann w_1 durch den Ausdruck (9), so ist erstens zu bemerken, daß der sphärische Flächeninhalt $A(t)$ offenbar bei der Drehung *invariant* bleibt. Die Größe N links geht in $N(r, a)$ über und der chordale Abstand $k(w_1, \infty)$ transformiert sich in den chordalen Abstand zwischen w und a:

$$k(w, a) = \frac{1}{\sqrt{1 + \left|\dfrac{1 + \bar{a}\,w}{w - a}\right|^2}} = \frac{|w - a|}{\sqrt{1 + |a|^2}\,\sqrt{1 + |w|^2}}\,. \tag{10}$$

Die Beziehung (7) geht also über in

$$\frac{1}{2\pi} \int_0^{2\pi} \log \frac{1}{k(w(r\,e^{i\varphi}), a)}\, d\varphi + N(r, a) = \int_0^r \frac{A(t)}{t}\, dt + \log \frac{1}{k(w(0), a)}\,, \tag{11}$$

wo das letzte Glied durch

$$\log \frac{1 + |a|^2}{|c|} = \log \lim_{z = 0} \frac{|z|^\lambda}{k(w, a)}$$

ersetzt werden soll, falls w für $z = 0$ eine λ-fache a-Stelle hat; c ist der erste nicht verschwindende Koeffizient der Taylorschen Entwicklung von $w - a$.

Man bestätigt wieder leicht, daß der Mittelwert von $|\log k(w, a)|$ stets größer als der oben eingeführte Mittelwert

$$m(r, a) = \frac{1}{2\pi} \int_0^{2\pi} \overset{+}{\log} \left| \frac{1}{w(r\,e^{i\varphi}) - a} \right| d\varphi$$

ist, andererseits aber auch kleiner als dieser Ausdruck vermehrt um eine hinreichend große, nur von a abhängige Größe.

Für viele Fragen empfiehlt es sich nun, die Schmiegung der Funktion w an den Wert a, statt durch $m(r, a)$, durch den Mittelwert von $|\log k(w, a)|$ zu messen. Überhaupt ist zu bemerken, daß es bei solchen Maßfunktionen auf *beschränkte* additive Glieder nicht ankommt; man könnte also, ohne Mißverständnisse zu befürchten, überhaupt jede Größe, welche sich vom Mittelwert m um ein solches Glied unterscheidet, als Schmiegungsfunktion benutzen und sogar mit demselben Buchstaben m bezeichnen. Demnach setzen wir jetzt

$$m(r, a; w) = \frac{1}{2\pi} \int_0^{2\pi} \log \frac{1}{k(w(r\,e^{i\varphi}), a)}\, d\varphi - \log \frac{1}{k(w(0), a)}\,, \tag{12}$$

wo k durch die Formel (10) definiert ist.

Wenn $w(0) = a$ ist, so hat man das letzte Glied rechts durch den endlichen Grenzwert

$$\lim_{z = 0} \log \frac{|z|^\lambda}{k(w, a)}$$

zu ersetzen, wo λ die Vielfachheit der a-Stelle $z = 0$ bezeichnet. Durch diese Vorschriften ist die neue Schmiegungsfunktion m für jedes endliche oder unendliche a definiert.

146. Zusammenfassend gilt also:

Wenn die Größe $N(r, a; w) \equiv N(r, a)$ durch die Beziehung (4') und der Ausdruck $m(r, a; w)$ durch die Formel (12) definiert wird, so gilt für jedes $0 \leq r < R$

$$m(r, a; w) + N(r, a; w) = \int_0^r \frac{A(t)}{t}\, dt, \tag{I'}$$

wo $A(t)$ die durch π dividierte Fläche desjenigen über der RIEMANN*schen Kugel ausgebreiteten* RIEMANN*schen Flächenstücks F_t bezeichnet, auf welche die Funktion $w(z)$ die Kreisfläche $|z| \leq t$ abbildet.*

Dieser Satz, der im wesentlichen als identisch mit dem ersten Hauptsatz betrachtet werden kann, deckt in schöner Weise die Symmetrie im Verhalten einer meromorphen Funktion gegenüber allen Werten a auf. Der Vorteil dieser neuen Fassung des Hauptsatzes liegt darin, daß sie die frühere angenäherte Invarianz der Summe $m + N$ in eine exakte verwandelt hat. Als *charakteristische Funktion T* können wir nun, mit ebenso großem Recht wie die Summe $m(r, \infty) + N(r, \infty)$, das Integral

$$\int_0^r \frac{A(t)}{t}\, dt \tag{13}$$

definieren, welches von jener Summe sich um eine additive Größe unterscheidet, deren Betrag

$$\log \sqrt{2} + \log \frac{1}{k(w(0), \infty)}$$

nicht übersteigt.

Wir werden im folgenden den Ausdruck (13) als die *sphärische Normalform der Charakteristik $T(r)$* bezeichnen, und für ihn, wo keine Mißverständnisse zu befürchten sind, ebenfalls die abgekürzte Bezeichnung $T(r)$ benutzen.

147. Durch diese Modifikation in der Definition der Charakteristik $T(r)$ werden, außer einer interessanten geometrischen Deutung dieser Größe, zugleich einige neue wichtige Eigenschaften derselben gewonnen.

Die Summe $T(r) = m(r, a; w) + N(r, a; w)$ ist eine wachsende Funktion von r und eine konvexe Funktion von $\log r$.

In der Tat ist nach (I')

$$\frac{d(m + N)}{d\log r} = A(r),$$

also gleich dem mit wachsendem r zunehmenden sphärischen Flächeninhalt von F_r, woraus die Behauptung folgt.

Dieses Resultat ist nicht trivial, denn von den zwei Gliedern der invarianten Summe ist allerdings N schon eine wachsende und konvexe Funktion von $\log r$, der Mittelwert m dagegen hat i. a. nicht diese Eigenschaft. Für ein Polynom z. B., wird der Ausdruck $m(r, 0; w)$ offenbar für alle hinreichend großen Werte r verschwinden, während er für jeden Wert r, für welchen das Polynom eine Nullstelle hat, sicher positiv ausfällt.

Es ist nicht ohne Interesse, zu bemerken, daß der obige Satz über die Summe $m + N$ auch dann gilt, wenn man die Schmiegungsfunktion durch die ursprüngliche, einfache Definition (4') erklärt. Dies läßt sich nach verschiedenen Methoden beweisen; der nachfolgende Nachweis rührt von H. Cartan her[1].

Wir nehmen vorerst an, daß der Wert $w(0)$ der gegebenen meromorphen Funktion endlich sei. Wendet man dann die Jensensche Formel auf die Funktion $w(z) - e^{i\vartheta}$ an, wo ϑ eine beliebige reelle Zahl ist, so wird

$$\frac{1}{2\pi}\int\limits_0^{2\pi}\log|w(r\,e^{i\varphi}) - e^{i\vartheta}|\,d\varphi + N(r, \infty) = N(r, e^{i\vartheta}) + \log|w(0) - e^{i\vartheta}|\,.$$

Wir multiplizieren diese Identität mit $\dfrac{d\vartheta}{2\pi}$ und integrieren von 0 bis 2π. Es wird dann erstens

$$\frac{1}{2\pi}\int\limits_0^{2\pi} N(r, \infty)\,d\vartheta = N(r, \infty)\,,$$

und nach dem Gaussschen Mittelwertsatz, falls $|w(0)| \geqq 1$,

$$\frac{1}{2\pi}\int\limits_0^{2\pi}\log|e^{i\vartheta} - w(0)|\,d\vartheta = \log|w(0)|\,,$$

während im Falle $|w(0)| < 1$, nach demselben Satz,

$$\frac{1}{2\pi}\int\limits_0^{2\pi}\log|e^{i\vartheta} - w(0)|\,d\vartheta = \frac{1}{2\pi}\int\limits_0^{2\pi}\log|w(0)\,e^{-i\vartheta} - 1|\,d\vartheta$$

$$= \frac{1}{2\pi}\int\limits_0^{2\pi}\log||w(0)|e^{i\vartheta} - 1|\,d\vartheta = \log 1 = 0\,,$$

so daß also ohne jede Einschränkung

$$\frac{1}{2\pi}\int\limits_0^{2\pi}\log|w(0) - e^{i\vartheta}|\,d\vartheta = \overset{+}{\log}|w(0)|\,. \tag{14}$$

Ferner wird für $z = r e^{i\varphi}$

$$\frac{1}{2\pi}\int\limits_0^{2\pi} d\vartheta\,\frac{1}{2\pi}\int\limits_0^{2\pi}\log|w(z) - e^{i\vartheta}|\,d\varphi = \frac{1}{2\pi}\int\limits_0^{2\pi} d\varphi\,\frac{1}{2\pi}\int\limits_0^{2\pi}\log|w - e^{i\vartheta}|\,d\vartheta\,.$$

---

[1] H. Cartan [2].

Hier ist der Wert des letzten Integrals gemäß (14) gleich $\overset{+}{\log}|w(re^{i\varphi})|$, und das betreffende Glied wird also gleich

$$\frac{1}{2\pi}\int\limits_0^{2\pi}\overset{+}{\log}|w(re^{i\varphi})|\,d\varphi = m(r,\infty).$$

Zusammenfassend haben wir also durch Integration der JENSEN-schen Formel gefunden

$$T(r) \equiv m(r,\infty) + N(r,\infty) = \frac{1}{2\pi}\int\limits_0^{2\pi} N(r,e^{i\vartheta})\,d\vartheta + \overset{+}{\log}|w(0)|. \quad (15)$$

Diese Formel gilt auch für den Anfangswert $w(0) = \infty$; man hat nur das konstante Glied $\overset{+}{\log}|w(0)|$ rechts durch $\overset{+}{\log}|c|$ zu ersetzen, wo c der erste nicht verschwindende Koeffizient der Laurententwicklung von w im Nullpunkte ist.

Da N eine wachsende, konvexe Funktion von $\log r$ ist, so folgt, daß auch das Integral rechts in (15) und somit auch der Ausdruck $T(r)$ dieselbe Eigenschaft hat, was zu beweisen war.

Die an sich interessante CARTANsche Beziehung (15) kann auch in bemerkenswerter Weise geometrisch gedeutet werden. Das Integral rechts ist gleich

$$\int\limits_0^{2\pi} N(r,e^{i\vartheta})\,d\vartheta = \int\limits_0^r \frac{dt}{t}\int\limits_0^{2\pi} n(t,e^{i\vartheta})\,d\vartheta.$$

Hier bedeutet das innere Integral offenbar die gesamte Länge $l(t)$ derjenigen Bogen des Einheitskreises $|w| = 1$, welche von den Funktionswerten w für $|z| \leq t$ überdeckt werden, wobei jeder Bogen so oft mitgezählt wird, wie die Anzahl der Überdeckungen angibt, oder anders ausgedrückt: $l(t)$ ist die gesamte Länge derjenigen Bogen des RIEMANN-schen Flächenstücks F_t, welche sich auf den Einheitskreis $|w| = 1$ projizieren.

Es ist also

$$\frac{dT(r)}{d\log r} = l(r), \quad (16)$$

wo $l(r)$ die Gesamtlänge der über dem Kreis $|w| = 1$ liegenden Bogen der Fläche F_r ist.

§ 4. Verallgemeinerungen.

148. Die zuletzt besprochene Integrationsmethode von H. CARTAN läßt sich in bemerkenswerter Weise verallgemeinern. Wir denken uns über einer beschränkten, abgeschlossenen Menge E von Punkten der Ebene eine nichtnegative Belegung μ vom Gesamtbetrage 1 verteilt.

Wenn dann $w(z)$ eine für $|z| < R \leq \infty$ meromorphe Funktion ist, so setze man die JENSENsche Formel

$$\frac{1}{2\pi} \int\limits_0^{2\pi} \log|w(r\,e^{i\varphi}) - a|\,d\varphi + N(r, \infty) = N(r, a) + \log|w(0) - a|$$

an $(a \neq \infty,\, w(0) \neq \infty)$, multipliziere beiderseits mit $d\mu(a)$ und integriere über die Punktmenge E. Es wird

$$u(w(0)) + N(r, \infty) = \frac{1}{2\pi} \int\limits_0^{2\pi} u(w(r\,e^{i\varphi}))\,d\varphi + \int\limits_E N(r, a)\,d\mu, \qquad (17)$$

wo

$$u(w) = \int\limits_E \log\left|\frac{1}{w - a}\right|\,d\mu$$

das logarithmische Potential der Massenbelegung μ im Punkte w ist. In der obigen allgemeinen Fassung wurde die Beziehung (17) von O. FROSTMAN angegeben[1].

Auf die Bedeutung des Integrals

$$\int\limits_E N(r, a)\,d\mu = \int\limits_0^r \frac{\Omega(t)}{t}\,dt,$$

wo

$$\Omega(t) = \int\limits_E n(t, a)\,d\mu,$$

ist schon früher auf S. 55 hingewiesen worden.

149. Die allgemeine Beziehung (17), die uns in der Folge noch wichtige Dienste leisten wird, enthält die Ergebnisse von § 3 als spezielle Fälle. Setzt man zuerst $d\mu$ gleich dem durch π dividierten sphärischen Flächenelement $(a = |a|\,e^{i\alpha})$

$$d\mu = \frac{|a|\,d|a|\,d\alpha}{\pi(1 + |a|^2)^2},$$

so wird

$$u(w) = -2 \int\limits_0^{|w|} \frac{|a|\log|w|}{(1 + |a|^2)^2}\,d|a| - 2 \int\limits_{|w|}^{\infty} \frac{|a|\log|a|}{(1 + |a|^2)^2}\,d|a| = \log\frac{1}{\sqrt{1 + |w|^2}}.$$

Ferner wird $\Omega(r)$ gleich dem sphärischen Flächeninhalt $A(r)$ der RIEMANNschen Fläche F_r, und die Beziehung (17) geht also über in

$$\frac{1}{2\pi} \int\limits_0^{2\pi} \log\sqrt{1 + |w(r\,e^{i\varphi})|^2}\,d\varphi + N(r, \infty) = \int\limits_0^r \frac{A(t)}{t}\,dt$$

$$+ \log\sqrt{1 + |w(0)|^2}\,,$$

was mit dem ersten Hauptsatz in der SHIMIZU-AHLFORSschen Form (7), § 3 übereinstimmt.

---

[1] O. FROSTMAN [2], [3].

Für eine zweite Anwendung der Fundamentalbeziehung (17) nehmen wir als Menge E' eine beliebige Punktmenge *von positivem harmonischem Maß*. Setzt man dann für μ eine Belegung ein, welche das ROBINsche Problem für die Menge E löst (Nr. 116), so wird das Potential $u(w)$ gleich der Summe

$$u(w) = -g(w, \infty) + \gamma,$$

wo g die GREENsche Funktion des vom E berandeten Außengebiets ist und γ die entsprechende ROBINsche Konstante bezeichnet. Wählt man E insbesondere als die Kreislinie $|w| = 1$, so wird $-u$ für $|w| \geq 1$ gleich der GREENschen Funktion $\log|w|$ des Kreisäußern und $u = 0$ für $|w| \leq 1$; ferner wird $d\mu = \dfrac{d\vartheta}{2\pi}$. Man findet also den CARTANschen Satz wieder.

Falls E positive Kapazität hat, so besteht ebenfalls ein einfacher Zusammenhang zwischen dem Mittelwert des oben betrachteten Gleichgewichtspotentials u und der Schmiegungsfunktion $m(r, \infty)$. Angenommen, daß die Punktmenge E im Kreise $|a| \leq R(R \geq 1)$ liegt, so wird für $|w| \geq 2R$

$$\log\frac{2}{3} \leq \log\frac{1}{1+\left|\dfrac{a}{w}\right|} \leq \log\left|\frac{w}{w-a}\right| \leq \log\frac{1}{1-\left|\dfrac{a}{w}\right|} \leq \log 2,$$

und daher, wegen

$$u(w) = \log\left|\frac{1}{w}\right| + \int\limits_{E} \log\left|\frac{w}{w-a}\right| d\mu,$$

$$u(w) = \log\left|\frac{1}{w}\right| + \langle\log 2\rangle.$$

Für $|w| \leq 2R$ ist wiederum einerseits (vgl. Nr. 116) $u \leq \gamma$, andererseits, da u sein Minimum auf der Kreislinie $|w| = 2R$ erreicht, $u(w) \geq -\log 2R - \log 2$, somit

$$|u(w)| < |\gamma| + \log 4R < |\gamma| + \log 6R - \overset{+}{\log}|w|.$$

Zusammenfassend gilt also für jedes w

$$u(w) = -\overset{+}{\log}|w| + \langle|\gamma| + \log 6R\rangle,$$

und es wird folglich

$$\frac{1}{2\pi}\int\limits_{0}^{2\pi} u(w(r\,e^{i\varphi}))\,d\varphi = -m(r, \infty) + \langle|\gamma| + \log 6R\rangle. \qquad (17')$$

Führt man dies in die Fundamentalbeziehung (17) ein, so gelangt man zu folgendem Satz:

Wenn E eine Punktmenge von positivem harmonischem Maß und μ eine nichtnegative, über E ausgebreitete Massenbelegung von der Gesamtmasse 1 ist, welche das ROBINsche Problem für E löst, so genügt die charakteristische Funktion $T(r)$ einer beliebigen für $|z| < R \leqq \infty$ meromorphen Funktion der Beziehung

$$T(r) = \int\limits_E N(r, a)\, d\mu + O(1). \tag{18}$$

Hieraus ergibt sich für $T(r)$ eine neue physikalische Deutung, welche als eine Verallgemeinerung der im § 3 angegebenen Interpretation von CARTAN betrachtet werden kann, und diese als Spezialfall enthält.

Sei E eine beliebige Punktmenge von positivem harmonischem Maß. Verteilt man über E eine nichtnegative Einheitsmasse, so daß das von ihr erzeugte Potential auf E eine möglichst kleine obere Grenze hat, so ist die Charakteristik T(r) einer beliebigen meromorphen Funktion bis auf ein beschränktes Glied gleich dem Mittelwert

$$\int\limits_0^r \frac{\Omega(t)}{t}\, dt,$$

wo Ω gleich der gesamten Masse ist, welche die Bildfläche F_r von $|z| \leqq r$ trägt, wenn man jedes Flächenelement von F_r mit dem über demselben liegenden Massenelement $d\mu$ belegt.

150. Wir haben oben darauf aufmerksam gemacht, daß der erste Hauptsatz, welcher die Invarianz der Summe $m(r, a) + N(r, a)$ für alle Werte a behauptet, keinen Aufschluß über die relative Größe der zwei Glieder m und N gibt. Der obige Satz zeigt nun, daß die Anzahlkomponente N i. a. die *Hauptkomponente* der Summe $m + N$ ist. Integriert man nämlich jene Summe, die bis auf ein beschränktes Glied gleich der Charakteristik $T(r) = m(r, a) + N(r, a)$ ist, nach Multiplikation mit $d\mu$ über die Punktmenge E, so wird

$$T(r) = \int\limits_E N(r, a)\, d\mu + \int\limits_E m(r, a)\, d\mu + O(1),$$

woraus unter Beachtung von (18) folgt:

Das über eine Punktmenge E von positivem harmonischem Maß erstreckte Integral

$$\int\limits_E m(r, a)\, d\mu,$$

wo μ die zu E gehörige ROBINsche Belegung ist, ist für jedes r beschränkt.

Dieser Satz soll später noch näher analysiert werden. Hier begnügen wir uns damit, einen unmittelbaren Folgesatz der allgemeinen Beziehung (18) hervorzuheben:

Wenn die Anzahlfunktion $N(r, a)$ für eine Menge von Werten a von positivem harmonischem Maß gleichmäßig beschränkt ist, so ist auch die Charakteristik $T(r)$ beschränkt.

Für eine in der ganzen Ebene $z \neq \infty$ meromorphe Funktion $w(z)$ hat dieser Satz wenig Interesse; die Beschränktheit von $N(r, a)$ bedeutet ja hier, daß $N = 0$, die Beschränktheit von T wiederum, daß $w(z)$ sich auf eine Konstante reduziert (dies soll in VII, § 1 gezeigt werden). Nach dem PICARDschen Satz ergibt sich indes die Konstanz von $w(z)$ schon als Folgerung des Verschwindens von $N(r, a)$ für *drei* verschiedene Werte a.

Dagegen ist das obige Resultat von großer Bedeutung, falls $w(z)$ nur in einem *endlichen* Kreis meromorph ist. Hier spielen die Funktionen von beschränkter Charakteristik eine hervorragende Rolle, wie aus dem nächstfolgenden Abschnitt hervorgehen wird, wo wir auch eine wichtige Anwendung aus dem obigen Satz geben werden.

Ohne die ROBINsche Belegung einzuführen, läßt sich der obige Satz auch ganz einfach dadurch begründen, daß die Subharmonizität der Anzahlfunktion ausgewertet wird. In der Tat, es sei $N(r, a) < M < \infty$ in einer abgeschlossenen Punktmenge E von positivem harmonischem Maß. Es bedeutet natürlich keine Einschränkung anzunehmen, daß das Komplement von E zusammenhängend, d. h. ein Gebiet ist; dies sei mit G bezeichnet.

Aus den Betrachtungen von III, § 4 folgt, daß $N(r, a) - M$ in G durch die GREENsche Funktion $g(a, w(0), G)$ majoriert wird. Setzt man $d\mu$ gleich dem durch π dividierten sphärischen Flächenelement, so erhält man somit durch Integration über die Ebene

$$\int N(r, a)\, d\mu \leqq M + \int\limits_{G} g(a, w(0), G)\, d\mu.$$

Hier ist die linke Seite nach dem SHIMIZU-AHLFORSschen Satz gleich $T(r)$, während die rechte Seite eine endliche von r unabhängige Zahl ist. Also ist $T(r)$ beschränkt.

151. Wir haben gefunden, daß der Mittelwert

$$\int\limits_{0}^{r} \frac{\Omega(t)}{t}\, dt = \int\limits_{(a)} N(r, a)\, d\mu(a),$$

wo Ω die von der Bildfläche F_r getragene Masse bezeichnet, bei besonderer Wahl der über die Grundebene (w-Ebene) ausgebreiteten, nichtnegativen Einheitsmasse μ im wesentlichen gleich der Charakteristik $T(r)$ wird. Es ist für spätere Zwecke wichtig zu bemerken, daß dieser Mittelwert für eine ganz beliebige Einheitsbelegung μ *nicht wesentlich größer* als T ausfallen kann. Auf Grund des ersten Hauptsatzes, nach welchem $N(r, a) \leqq N(r, a) + m(r, a) < T(r) + O(1)$ ist, scheint dies fast einleuchtend zu sein. Indes ist die Größe $O(1)$ bei Anwendung der ursprünglichen Definition $T(r) = m(r, \infty) + N(r, \infty)$ der Charakteristik nicht gleichmäßig beschränkt und die Abschätzung muß deshalb genau ausgeführt werden.

Eine brauchbare Grundlage hierfür bietet uns die sphärische, exakt invariante Normalform [VI, § 3 (11)]

$$T(r) = \int_0^r \frac{A(t)}{t}\, dt = N(r, a) + \frac{1}{2\pi} \int_0^{2\pi} \log \frac{1}{k(w(r\,e^{i\varphi}), a)}\, d\varphi - \log \frac{1}{k(w_0, a)}$$

der Charakteristik, wo

$$k(w, a) = \frac{|w - a|}{\sqrt{1 + |w|^2}\,\sqrt{1 + |a|^2}}$$

den chordalen Abstand der Projektionen von w und a auf der RIEMANN-schen Kugel bezeichnet und $w_0 = w(0)$ ist. Wegen $k \leq 1$ wird

$$N(r, a) \leq T(r) + \log \frac{1}{k(w_0, a)}$$

und also

$$\int_{(a)} N(r, a)\, d\mu \leq T(r) + P(w_0), \tag{19}$$

wo

$$P(w) = \int_{(a)} \log \frac{1}{k(w, a)}\, d\mu$$

das „sphärisch-logarithmische" Potential[1] der Belegung μ definiert, welches aus dem gewöhnlichen logarithmischen Potential

$$u(w) = \int_{(a)} \log \frac{1}{|w - a|}\, d\mu$$

hervorgeht durch Addition des Zusatzgliedes

$$\log \sqrt{1 + |w|^2} + \int_{(a)} \log \sqrt{1 + |a|^2}\, d\mu\,.$$

Die Beziehung (19) wird uns in der allgemeinen Wertverteilungs-lehre (IX) noch wichtige Dienste leisten. Bei den Anwendungen hat man stets die Massenbelegung μ so zu wählen, daß der Potentialwert $P(w_0)$, der den größten möglichen Überschuß des Integrals $\int \Omega\, d\log r$ über die Charakteristik $T(r)$ angibt, *endlich* ausfällt.

Eine bemerkenswerte, elegante Verallgemeinerung der obigen Theorie auf das BORELsche Problem über Nullstellendichte und Schmiegungs-eigenschaften von Linearkombinationen $\sum_1^n \alpha_\nu f_\nu$ von n ganzen Funktionen ist von H. und J. WEYL [1] gegeben worden. Für $n = 2$ findet man die obigen Ergebnisse wieder. Diese Theorie der „meromorphen Kurven" ist später von AHLFORS [3] und von H. WEYL weitergeführt worden. Ich verweise auf die ausgezeichnete zusammenfassende Darstellung von H. WEYL [1].

---

[1] Vgl. hierzu L. AHLFORS [8].

VII. Beschränktartige Funktionen.

§ 1. Quotientendarstellung einer Funktion von beschränkter Charakteristik.

152. Da die charakteristische Funktion $T(r)$ einer für $|z| < R \leqq \infty$ meromorphen Funktion mit wachsendem r zunimmt, so existiert jedenfalls der Grenzwert

$$T(R) = \lim_{r=R} T(r),$$

und man hat zwei Fälle zu unterscheiden, je nachdem $T(R) = \infty$ oder $T(R) < \infty$ ist.

Sei zunächst $R = \infty$. Die Charakteristik $T(r)$ unterscheidet sich vom Integral

$$\int_0^r \frac{A(t)}{t}\, dt$$

um ein beschränktes Glied. Wenn w nicht konstant ist, so ist der sphärische Flächeninhalt $A(t)$ der Bildfläche des Kreises $|z| \leqq t$ für jedes $t > 0$ positiv und, wenn r_0 eine beliebige positive Zahl bezeichnet, $A(r) > A(r_0) > 0$ für $r > r_0$. Also ist für $r > r_0$

$$\int_0^r \frac{A(t)}{t}\, dt > \int_{r_0}^r \frac{A(t)}{t}\, dt > A(r_0) \log \frac{r}{r_0}$$

und daher

$$\varliminf_{r=\infty} \frac{T(r)}{\log r} > 0;$$

daraus folgt der Satz:

Wenn die charakteristische Funktion $T(r)$ einer in der Ebene $z \neq \infty$ meromorphen Funktion beschränkt ist, oder allgemeiner, wenn schon

$$\lim_{r=\infty} \frac{T(r)}{\log r} = 0,$$

so reduziert sich die Funktion w auf eine Konstante.

153. Bei der nachfolgenden Untersuchung der Funktionen von beschränkter Charakteristik können wir uns also an Funktionen halten, die nur in einem *endlichen* Kreis meromorph sind. Es bedeutet dann keine weitere Einschränkung anzunehmen, daß dieser der Einheitskreis ist.

Sei also $w(z)$ für $|z| < 1$ meromorph und

$$T(1) = \lim_{r=1} T(r) \quad \text{endlich.}$$

Wir wählen im Kreise $|z| < \varrho < 1$ einen Punkt $z_0 = r_0 e^{i\varphi_0}$ und bezeichnen durch $g_\varrho(z, z_0)$ die GREENsche Funktion

$$g_\varrho(z, z_0) = \log \left| \frac{\varrho^2 - z\bar{z}_0}{\varrho(z - z_0)} \right|$$

dieses Kreises und durch $-h(z, z_0)$ ihre, in bezug auf die Veränderliche z bestimmte, konjugierte harmonische Funktion.

Unter der Annahme, daß z_0 keine Null- oder Unendlichkeitsstelle der Funktion $w(z)$ ist, welche nichtkonstant vorausgesetzt wird, setzen wir die POISSON-JENSENsche Formel an:

$$\log|w(z_0)| = \frac{1}{2\pi}\int\limits_0^{2\pi}\log|w(\varrho\, e^{i\vartheta})|\,\frac{\varrho^2 - r_0^2}{\varrho^2 + r_0^2 - 2\varrho\, r_0\cos(\vartheta - \varphi_0)}\, d\vartheta$$

$$+ \sum_{|b_\nu|<\varrho} g_\varrho(z_0, b_\nu) - \sum_{|a_\mu|<\varrho} g_\varrho(z_0, a_\mu),$$

wo a_μ und b_ν die Nullstellen und Pole von $w(z)$ bezeichnen. Schreibt man hier $\log|w| = \overset{+}{\log}|w| - \overset{+}{\log}\left|\frac{1}{w}\right|$ und ferner

$$\left.\begin{aligned}
U_\varrho(r\, e^{i\varphi}, w) &= \frac{1}{2\pi}\int\limits_0^{2\pi}\overset{+}{\log}|w(\varrho\, e^{i\vartheta})|\,\frac{\varrho^2 - r^2}{\varrho^2 + r^2 - 2\varrho\, r\cos(\vartheta - \varphi)}\, d\vartheta,\\
V_\varrho(z, w) &= \sum_{|b_\nu|<\varrho} g_\varrho(z, b_\nu),\\
W_\varrho(z, w) &= U_\varrho(z, w) + V_\varrho(z, w),
\end{aligned}\right\} \tag{1}$$

so wird also

$$\log|w(z)| = W_\varrho(z, w) - W_\varrho\left(z, \frac{1}{w}\right). \tag{2}$$

Die Größe $W_\varrho(z, w)$ ist nichtnegativ und harmonisch in $|z| < \varrho$, außer für die Pole b_ν, wo sie logarithmisch unendlich wird; für $z = 0$ geht sie in die charakteristische Funktion $T(\varrho, w)$ über; dies setzt voraus, daß $z = 0$ kein Pol von $w(z)$ ist, was ohne wesentliche Einschränkung angenommen werden kann.

154. Wir beweisen nun:

Der Ausdruck $W_\varrho(z_0, w)$ ist eine wachsende Funktion von ϱ.

Beweis. Es sei r eine beliebige Zahl des Intervalles $0 < r_0 < r < \varrho$. Da der Ausdruck W_ϱ nichtnegativ ist, so wird nach (2)

$$\overset{+}{\log}|w(z)| \leqq W_\varrho(z, w)$$

für $|z| = r$, also

$$U_r(z_0, w) = \frac{1}{2\pi}\int\limits_0^{2\pi}\overset{+}{\log}|w(r\, e^{i\varphi})|\,\frac{r^2 - r_0^2}{r^2 + r_0^2 - 2r\, r_0\cos(\varphi - \varphi_0)}\, d\varphi$$

$$\leqq \frac{1}{2\pi}\int\limits_0^{2\pi} W_\varrho(r\, e^{i\varphi}, w)\,\frac{r^2 - r_0^2}{r^2 + r_0^2 - 2r\, r_0\cos(\varphi - \varphi_0)}\, d\varphi.$$

Zur Auswertung des letzten Integrals bemerke man, daß der Ausdruck $V_r(z, w)$, welcher für $|z| < r$ dieselben Pole wie $W_\varrho(z, w)$ hat, auf der Peripherie $|z| = r$ verschwindet, so daß also die Randwerte von W_ϱ durch diejenigen von $W_\varrho - V_r$ ersetzt werden können. Da nun diese

Differenz für $|z| < r$ harmonisch ist, so ergibt die POISSONsche Integralformel für das obige Integral den Wert $W_\varrho(z_0, w) - V_r(z_0, w)$. Es wird somit

$$U_r(z_0, w) \leqq W_\varrho(z_0, w) - V_r(z_0, w)$$

oder also

$$\cdot U_r(z_0, w) + V_r(z_0, w) \equiv W_r(z_0, w) \leqq W_\varrho(z_0, w),$$

womit der Nachweis zu Ende geführt ist.

Hierdurch haben wir gleichzeitig einen neuen Beweis für die Monotonie der Fundamentalgröße $T(r, w) \equiv W_r(0, w)$ erhalten.

155. Aus dem obigen Satz schließen wir nun für jeden Punkt des Einheitskreises auf die Existenz des endlichen oder unendlichen Grenzwerts

$$\lim_{r \to 1} W_r(z, w) \equiv W(z, w).$$

Nun ist dieser Grenzwert für $z = 0$ gleich $T(1) = \lim_{r=1} T(r)$, also nach Voraussetzung *endlich*. Hieraus schließt man, unter Anwendung der Monotonie von W_r, nach dem Prinzip von HARNACK (vgl. V, § 1), daß die Konvergenz von W_r für $|z| \leqq \varrho < 1$ gleichmäßig ist. Die Grenzfunktion $W(z, w)$ ist somit als eine in jedem Punkt des Einheitskreises nichtnegative und harmonische Funktion erklärt, mit Ausnahme der Pole b_ν, wo sie das gleiche Verhalten wie $\log|w|$ aufweist.

In ähnlicher Weise geht die Existenz der harmonischen, nichtnegativen Grenzfunktion

$$\lim_{r=1} W_r\left(z, \frac{1}{w}\right) \equiv W\left(z, \frac{1}{w}\right) \tag{3}$$

hervor, so daß also die harmonische Funktion $\log|w|$ für $|z| < 1$ als Differenz von zwei daselbst nichtnegativen harmonischen Funktionen

$$\log|w| = W(z, w) - W\left(z, \frac{1}{w}\right) \tag{3'}$$

dargestellt ist.

Es erhebt sich die Frage, ob die zwei Glieder U_ϱ und V_ϱ, als deren Summe der Ausdruck W_ϱ definiert ist, schon für sich allein für $\varrho \to 1$ konvergieren. Daß dies tatsächlich der Fall ist, geht für die Funktion V_ϱ hervor durch die oben auf W_ϱ angewandte Schlußweise (HARNACKsches Prinzip). Hierzu hat man nur zu bemerken, daß $V_\varrho(z, w)$, wie aus seiner Definition unmittelbar hervorgeht, eine mit ϱ wachsende Funktion ist, und daß ferner

$$V_\varrho(0, w) = N(\varrho, w) \leqq T(\varrho),$$

woraus die Existenz des Grenzwerts $\lim V_\varrho = V$ für $z = 0$, $\varrho \to 1$ erhellt. Man schließt also, daß die Reihe

$$V(z, w) = \sum_{|b_\nu| < 1} g(z, b_\nu) = \sum \log\left|\frac{1 - \bar{b}_\nu z}{z - b_\nu}\right| \tag{4}$$

für $|z| \leqq r < 1$ gleichmäßig konvergent ist.

Schließlich wird

$$U(z, w) \equiv \lim_{\varrho = 1} U_\varrho(z, w) = W(z, w) - V(z, w).$$

Wir fügen jetzt zu $W(z, w)$ seine konjugierte harmonische Funktion $i\overline{W}(z, w)$. Wenn die in dieser enthaltene additive Konstante in geeigneter Weise gewählt wird, so ergibt sich

$$\log w = (W(z, w) + i\overline{W}(z, w)) - \left(W\left(z, \frac{1}{w}\right) + i\overline{W}\left(z, \frac{1}{w}\right)\right),$$

oder falls noch

$$f(z, w) = e^{-W(z, w) - i\overline{W}(z, w)} \tag{5}$$

gesetzt wird,

$$w(z) = \frac{f\left(z, \dfrac{1}{w}\right)}{f(z, w)} \tag{5'}$$

Hier sind $f(z, w)$ und $f\left(z, \dfrac{1}{w}\right)$ für $|z| < 1$ reguläre und beschränkte Funktionen, $|f| \leq 1$, von denen jene in den Polen b_ν, diese in den Nullstellen a_μ von $w(z)$ verschwindet.

Führt man die konjugierten Funktionen $\overline{U}$ und $\overline{V}$ der einzelnen Glieder U und V von W ein, so erhält man eine weitere Zerlegung des Ausdrucks rechts in (5). Was besonders die Funktion $\overline{V}$ betrifft, so läßt sie sich mit Hilfe der Summendarstellung (4) von V als eine konvergente Reihe darstellen, deren Glieder die konjugierten Funktionen $-h(z, b_\nu)$ der GREENschen Funktionen $g(z, b_\nu)$ sind; um Konvergenz zu erzielen, hat man nur die willkürliche additive Konstante in $h(z, b_\nu)$ so zu wählen, daß Konvergenz für *einen* Wert z; z. B. für $z = 0$, stattfindet. Dies erreicht man am einfachsten so, daß man h durch die Bedingung $h(0, b_\nu) = 0$ normiert. Durch diese Vorschrift ergibt sich

$$V(z, w) + i\overline{V}(z, w) = \sum_{|b_\nu| < 1} \log \frac{1 - \overline{b}_\nu z}{|b_\nu| - z\, e^{-i\beta\nu}} \quad (b_\nu = |b_\nu| e^{i\beta\nu}). \tag{6}$$

Setzt man dann noch

$$\varphi(z, w) = e^{-U(z, w) - i\overline{U}(z, w)}, \tag{7}$$

so wird die beschränkte Funktion

$$f(z, w) = \varphi(z, w)\pi(z, w)$$

mit

$$\pi(z, w) = \prod_{|b_\nu| < 1} \frac{|b_\nu| - z\, e^{-i\beta_\nu}}{1 - \overline{b}_\nu z} \tag{8}$$

als Produkt von zwei für $|z| < 1$ beschränkten Funktionen φ und π dargestellt, von denen φ nullstellenfrei ist, während π in sämtlichen Polen b_ν von $w(z)$ verschwindet. Solche Produkte π linearer Transformationen, welche den Einheitskreis invariant lassen, sind schon von POINCARÉ in der Theorie der automorphen Funktionen eingeführt worden; ihre Bedeutung für die allgemeine Theorie der beschränkten Funktionen ist zuerst von BLASCHKE erkannt worden, weshalb man sie oft als BLASCHKE-*Produkte* bezeichnet[1]. Diese besonderen beschränkten Funktionen zeichnen sich durch interessante Eigenschaften in der Nähe des Randes $|z| = 1$ aus, worauf wir später noch näher zurückkommen werden.

Zusammenfassend haben wir den[2]

Satz. *Falls die Charakteristik $T(r)$ einer im Einheitskreise meromorphen Funktion $w(z)$ für $r < 1$ beschränkt ist, so läßt sich w als Quotient*

$$w(z) = \frac{f\left(z, \frac{1}{w}\right)}{f(z, w)} = \frac{\varphi\left(z, \frac{1}{w}\right)\pi\left(z, \frac{1}{w}\right)}{\varphi(z, w)\,\pi(z, w)} \tag{9}$$

von zwei durch die Formeln (3) *und* (5) *definierten beschränkten Funktionen f ($|f| \le 1$) darstellen, welche sich als Produkte von zwei durch die Formeln* (7) *und* (8) *erklärten und wieder für $|z| < 1$ beschränkten Funktionen φ, π ($|\varphi| \le 1, |\pi| \le 1$) schreiben lassen.*

Eine Funktion, die als Quotient von zwei beschränkten Funktionen darstellbar ist, wollen wir kurz *beschränktartig* nennen. *Jede für $|z| < 1$ meromorphe Funktion von beschränkter Charakteristik $T(r)$ ist also beschränktartig.*

156. Umgekehrt gilt aber auch:

Jede für $|z| < 1$ beschränktartige analytische Funktion $w(z)$ hat eine beschränkte Charakteristik $T(r)$.

Beweis. Sei $w(z)$ für $|z| < 1$ beschränktartig, d. h.

$$w(z) = \frac{\psi_1(z)}{\psi_2(z)}, \tag{10}$$

wo ψ_1 und ψ_2 im Einheitskreise beschränkt sind. Es bedeutet keine Einschränkung anzunehmen, daß $|\psi_1| \le 1$, $|\psi_2| \le 1$, denn dies kann stets durch Division des Zählers und Nenners mit einer passenden Konstante erreicht werden.

Um jetzt nachzuweisen, daß die Charakteristik $T(r, w)$ für $r < 1$ beschränkt ist, wählen wir einen beliebigen Punkt z_0 des Einheitskreises. Nach (10) gilt für jedes $|z| < 1$

$$\overset{+}{\log}|w(z)| \le \overset{+}{\log}\left|\frac{1}{\psi_2(z)}\right|,$$

und es wird somit[1]

$$U_r(z_0, w) \le U_r\left(z_0, \frac{1}{\psi_2}\right)$$

für $|z_0| < r < 1$. Andererseits ist, da die Funktion ψ_2 in jedem Pol von $w(z)$ verschwindet,

$$V_r(z_0, w) \le V_r\left(z_0, \frac{1}{\psi_2}\right)$$

---

[1] H. POINCARÉ [2], W. BLASCHKE [1].　　[2] R. NEVANLINNA [3].

und es ergibt sich folglich durch Addition, unter Anwendung der Formel
von POISSON-JENSEN,

$$W_r(z_0, w) \leqq W_r\left(z_0, \frac{1}{\psi_2}\right) = W_r(z_0, \psi_2) + \log\left|\frac{1}{\psi_2(z_0)}\right|,$$

oder also, da $W_r(z, \psi_2)$ wegen der Beschränktheit von ψ_2 identisch verschwindet,

$$W_r(z_0, w) \leqq \log\left|\frac{1}{\psi_2(z_0)}\right| \tag{11}$$

Wenn nun $\psi_2(0) \neq 0$, so ergibt sich für $z_0 = 0$, daß

$$W_r(0, w) \equiv T(r, w) \leqq \log\left|\frac{1}{\psi_2(0)}\right|$$

für jedes $r < 1$ gilt, woraus die behauptete Beschränktheit von $T(r, w)$
folgt.

Ist dagegen $\psi_2(0) = 0$, so wird man durch Multiplikation der Funktion w mit einer passenden Potenz von z auf den Fall $\psi_2(0) \neq 0$ zurückgeführt, und da die Charakteristik $T(r, w)$ sich hierbei nur um ein für
$r < 1$ beschränktes additives Glied ändert, ergibt sich das erwünschte
Resultat wie oben.

*Hinreichend und notwendig, damit eine für $|z| < 1$ meromorphe
Funktion beschränktartig sei, ist, daß die zugehörige charakteristische
Funktion $T(r)$ für $r \to 1$ beschränkt ist.*

Wenn w für $|z| < 1$ beschränktartig ist, so läßt sie offenbar unend-
lich viele Darstellungen der Form

$$w = \frac{\psi_1}{\psi_2} \tag{12}$$

zu, wo $|\psi_1| \leqq 1$ und $|\psi_2| \leqq 1$. Denn wenn eine solche Darstellung gegeben
ist, gelangt man zu einer neuen derselben Art einfach so, daß man
Zähler und Nenner mit einer beliebigen für $|z| < 1$ beschränkten Funk-
tion ψ ($|\psi| \leqq 1$) multipliziert. Unter allen möglichen Darstellungen der
Form (12) zeichnet sich die durch die obige Konstruktion gewonnene
spezielle Darstellung (9) durch folgende Extremaleigenschaft aus:
Es ist für jedes $|z| < 1$

$$|f(z, w)| \geqq |\psi_2(z)|, \qquad \left|f\left(z, \frac{1}{w}\right)\right| \geqq |\psi_1(z)|. \tag{13}$$

Dies ist eine unmittelbare Folgerung aus der Beziehung (11), wenn
man r gegen Eins streben läßt. Es wird so

$$W(z, w) \leqq \log\left|\frac{1}{\psi_2(z)}\right|,$$

oder wegen $\log|f(z, w)| = -W(z, w)$

$$|f(z, w)| \geqq |\psi_2(z)|.$$

Die zweite der Relationen (13) ergibt sich, wenn man dieselbe Schlußweise auf die Funktion $\frac{1}{w}$ anwendet.

Mit Hilfe des Maximumprinzips folgt weiter leicht: Wenn in den Beziehungen (13) Gleichheit für einen Punkt z des Einheitskreises gilt, so muß sie identisch bestehen, und es wird dann $\psi_2 = e^{i\alpha} f(z, w)$, $\psi_1 = e^{i\alpha} f\left(z, \dfrac{1}{w}\right)$.

§ 2. Poisson-Stieltjessche Integraldarstellung einer beschränktartigen Funktion.

157. Die Darstellung einer beschränktartigen Funktion, welche im ersten Paragraphen abgeleitet wurde, erlaubt uns, das Verhalten einer solchen Funktion am Rande $|z| = 1$ näher zu untersuchen. Als Grundlage wird uns eine Integraldarstellung dienen, die als eine Erweiterung der gewöhnlichen Poissonschen Formel betrachtet werden kann.

Wir betrachten eine für $|z| < 1$ reguläre analytische Funktion $w(z) = u(z) + iv(z)$; für jedes $|z| < \varrho < 1$ erlaubt sie die Poissonsche Darstellung

$$w(z) = \frac{1}{2\pi} \int\limits_0^{2\pi} u(\varrho\, e^{i\vartheta}) \, \frac{\varrho\, e^{i\vartheta} + z}{\varrho\, e^{i\vartheta} - z} \, d\vartheta + i\,v(0).$$

Solange über das Randverhalten von $u(z)$ keine besonderen Voraussetzungen gemacht worden sind, ist der Grenzübergang $\varrho \to 1$ unter dem Integralzeichen nicht möglich. Wir werden daher der harmonischen Funktion $u(z)$ eine zweckmäßige einschränkende Bedingung auferlegen; es soll vorausgesetzt werden, daß der Mittelwert von $|u(z)|$ auf den Kreisen $|z| = r < 1$ gleichmäßig beschränkt ist:

$$\int\limits_0^{2\pi} |u(r\, e^{i\varphi})|\, d\varphi < M \quad \text{für} \quad r < 1. \tag{14}$$

158. Die derart definierte Klasse von harmonischen Funktionen ist identisch mit der Menge derjenigen Funktionen, welche im Einheitskreise als *Differenz von zwei nichtnegativen harmonischen Funktionen geschrieben werden können.* Es ist dies eine unmittelbare Folgerung aus § 1. Wenn nämlich $w = u + iv$ für $|z| < 1$ regulär ist, so ist

$$\left.\begin{aligned}
T(r, e^w) = m(r, e^w) &= \frac{1}{2\pi} \int\limits_0^{2\pi} \frac{|u(r\, e^{i\varphi})| + u(r\, e^{i\varphi})}{2} \, d\varphi \\
&= \frac{1}{4\pi} \int\limits_0^{2\pi} |u(r\, e^{i\varphi})|\, d\varphi + \frac{u(0)}{2}
\end{aligned}\right\} \tag{15}$$

und e^w ist also dann und nur dann beschränktartig, wenn das Integral (14) beschränkt ist. Dann und nur dann läßt sich somit e^w als Quotient von zwei (von Null verschiedenen) beschränkten Funktionen φ_2 und φ_1 ($|\varphi_\nu| < 1$, $\nu = 1, 2$) darstellen, und w sich also auf die Form $w = w_1 - w_2$

bringen, wo $w_1 = -\log \varphi_1$ und $w_2 = -\log \varphi_2$ *nichtnegative Realteile* besitzen.

Aus unseren Ergebnissen (§ 1, Nr. 156) folgt ferner, daß unter allen möglichen Darstellungen $w = w_1 - w_2$ eine besondere existiert, welche durch die Extremaleigenschaft ausgezeichnet ist, daß die Realteile von w_1 und w_2 *möglichst klein* sind. Diese Extremalfunktionen w_1 und w_2 sind als die Grenzwerte

$$w_\nu(z) = \lim_{\varrho=1} \frac{1}{2\pi} \int_0^{2\pi} u_\nu(\varrho\, e^{i\vartheta}) \frac{\varrho\, e^{i\vartheta} + z}{\varrho\, e^{i\vartheta} - z}\, d\vartheta \qquad (\nu = 1, 2) \qquad (16)$$

bestimmt, wo

$$u_1 = \tfrac{1}{2}(|u| + u), \qquad u_2 = \tfrac{1}{2}(|u| - u)$$

ist (vgl. Nr. 154).

Es verdient noch bemerkt zu werden, daß das Integral (14), wie aus dem Zusammenhang (15) unmittelbar ersichtlich wird, mit r monoton zunimmt, so daß es jedenfalls für $r = 1$ einen bestimmten, endlichen oder unendlichen Grenzwert hat.

159. Durch diese Resultate haben wir die Untersuchung derjenigen analytischen Funktionen, welche der Bedingung (14) genügen, auf die Betrachtung einer analytischen Funktion $w = u + iv$ zurückgeführt, welche für $|z| < 1$ einen *nichtnegativen Realteil* u hat. Auf Funktionen dieser Art werden wir uns beschränken, wenn wir im folgenden dazu übergehen, die in Aussicht gestellte Integralformel herzuleiten.

Wir fixieren eine Zahl r_0 des Intervalls $0 < r_0 < 1$ und setzen

$$w_1(r\, e^{i\varphi}) = \int_{r_0}^{r\, e^{i\varphi}} \frac{w(z)}{i\, z}\, dz = \int_{r_0}^{r} \frac{w(t)}{i\, t}\, dt + \int_0^{\varphi} w(r\, e^{i\vartheta})\, d\vartheta, \qquad (17)$$

wodurch w_1 als eine für $0 < |z| < 1$ reguläre (in der Umgebung von $z = 0$ vieldeutige) Funktion definiert ist. Wir betrachten im folgenden denjenigen Zweig dieser Funktion, welcher durch die Bedingung $-\beta < \varphi \leqq 2\pi + \beta$ festgelegt wird $\left(0 < \beta < \frac{\pi}{2}\right)$.

Für den reellen Teil u_1 von w_1 hat man den Ausdruck

$$u_1(r\, e^{i\varphi}) = \Re\left(w_1(r\, e^{i\varphi})\right) = \int_{r_0}^{r} \frac{v(t)}{t}\, dt + \int_0^{\varphi} u(r\, e^{i\vartheta})\, d\vartheta.$$

Es ist also

$$\frac{\partial u_1}{\partial \varphi} = u(r\, e^{i\varphi}) \geqq 0.$$

Wie schnell kann $|w_1|$ für $|z| \to 1$ wachsen? Eine obere Schranke für diesen Betrag erhalten wir aus (17), wenn wir schreiben

$$w_1(r\, e^{i\varphi}) = \int_{r_0}^{r_0 e^{i\varphi}} \frac{w(z)}{i\, z}\, dz + \int_{r_0 e^{i\varphi}}^{r\, e^{i\varphi}} \frac{w(z)}{i\, z}\, dz.$$

Es wird hiernach für $r_0 < r < 1$

$$|w_1(r\,e^{i\varphi})| \leq \int_0^\varphi |w(r_0\,e^{i\vartheta})|\,|d\vartheta| + \frac{1}{r_0}\int_{r_0}^r |w(t\,e^{i\varphi})|\,dt. \qquad (18)$$

Für den Betrag $|w|$ hat man wieder nach der Poissonschen Formel für $|z| < \varrho < 1$

$$|w(z)| \leq \frac{\varrho + |z|}{\varrho - |z|}\,\frac{1}{2\pi}\int_0^{2\pi} u(\varrho\,e^{i\vartheta})\,d\vartheta + |v(0)| = \frac{\varrho + |z|}{\varrho - |z|}\,u(0) + |v(0)|$$

oder also für $\varrho \to 1$

$$|w(z)| \leq \frac{1 + |z|}{1 - |z|}\,u(0) + |v(0)| \qquad (19)$$

Führt man dies in (18) ein, so wird für $0 \leq \varphi < 2\pi$

$$|w_1(r\,e^{i\varphi})| \leq 2\pi\,u(0)\,\frac{1 + r_0}{1 - r_0} + 2\pi\,|v(0)| + \frac{|v(0)|}{r_0} + \frac{2u(0)}{r_0}\log\frac{1 - r_0}{1 - r}. \qquad (20)$$

Hieraus ist ersichtlich, daß $|w_1(z)|$ in der Nähe von $|z| = 1$ höchstens von der Größenordnung $\log\dfrac{1}{1-r}$ ist, während $|w|$ wie $\dfrac{1}{1-r}$ ins Unendliche wachsen kann; die in (19) gegebene obere Schranke ist nämlich genau, wie das Beispiel

$$w = \frac{1 + z}{1 - z} .$$

zeigt, für welches $u(0) = 1$, $v(0) = 0$ ist. Die Integralfunktion w_1 wächst also für $|z| \to 1$ weniger schnell ins Unendliche als w; wegen dieser „regularisierenden" Wirkung der Integration bedeutet es einen Vorteil, jene Integralfunktion einzuführen.

Ein noch einfacheres Verhalten weist die durch wiederholte Integration gewonnene Funktion

$$w_2(r\,e^{i\varphi}) = u_2 + i\,v_2 = \int_{r_0}^{r\,e^{i\varphi}} \frac{w_1(z)}{i\,z}\,dz$$

auf. Bei Anwendung der Abschätzung (20) sieht man nämlich unmittelbar ein, daß $w_2(z)$ auf der Peripherie $|z| = 1$ stetig ist. Speziell existiert somit der *stetige Grenzwert*

$$u_2(e^{i\varphi}) = \lim_{r=1} u_2(r\,e^{i\varphi}) \qquad (21)$$

des Realteils

$$u_2(r\,e^{i\varphi}) = \int_{r_0}^r v_1(t)\,\frac{dt}{t} + \int_0^\varphi u_1(r\,e^{i\vartheta})\,d\vartheta. \qquad (22)$$

Um die Eigenschaften der Grenzfunktion $u_2(\varphi)$ näher zu untersuchen, bemerken wir, daß für $r < 1$

$$0 \leq u(r\,e^{i\varphi}) = \frac{\partial u_1}{\partial \varphi} = \frac{\partial^2 u_2}{\partial \varphi^2}$$

gilt, wonach also u_2 eine *konvexe* Funktion von φ ist, so daß für $\varphi_1 \leqq \varphi_2 \leqq \varphi_3$

$$\begin{vmatrix} u_2(r\,e^{i\,\varphi_1}) & u_2(r\,e^{i\,\varphi_2}) & u_2(r\,e^{i\,\varphi_3}) \\ \varphi_1 & \varphi_2 & \varphi_3 \\ 1 & 1 & 1 \end{vmatrix} \leqq 0.$$

Durch den Grenzübergang $r \to 1$ findet man nun, daß dieselbe Beziehung auch für $u_2(e^{i\varphi})$ gilt, und man schließt infolgedessen, daß auch $u_2(e^{i\varphi})$ eine konvexe Funktion von φ darstellt. Folglich hat sie eine rechtsseitige und eine linksseitige Ableitung $u_2'(e^{i(\varphi+0)})$ bzw. $u_2'(e^{i(\varphi-0)})$ und es ist

$$u_2'\big(e^{i(\varphi-0)}\big) \leqq u_2'\big(e^{i(\varphi+0)}\big),$$

wo das Gleichheitszeichen für alle φ, außer höchstens für eine abzählbare Menge von Werten, besteht. Setzt man

$$\psi(\varphi) = \tfrac{1}{2}\big(u_2'(e^{i(\varphi+0)}) + u_2'(e^{i(\varphi-0)})\big), \tag{23}$$

so ist also ψ als eine monoton wachsende Funktion von φ eindeutig erklärt.

Wir behaupten nun, daß

$$\lim_{r=1} u_1(r\,e^{i\varphi}) = \psi(\varphi) \tag{24}$$

für jede Stetigkeitsstelle φ von $\psi(\varphi)$ gilt. Setzt man nämlich für $r \leqq 1$

$$\varDelta(r\,e^{i\varphi}, h) = \frac{u_2(r\,e^{i(\varphi+h)}) - u_2(r\,e^{i\varphi})}{h}$$

so gibt es, sofern φ eine Stetigkeitsstelle von $\psi(\varphi)$ ist, wegen der Konvexität von u_2 für jedes $\varepsilon > 0$ eine so kleine Zahl $h > 0$, daß

$$0 \leqq \varDelta(e^{i\varphi}, h) - \psi(\varphi) < \frac{\varepsilon}{2}, \qquad 0 \leqq \psi(\varphi) - \varDelta(e^{i\varphi}, -h) < \frac{\varepsilon}{2}$$

Ferner ist für hinreichend große Werte $r < 1$

$$\big|\varDelta(e^{i\varphi}, h) - \varDelta(r\,e^{i\varphi}, h)\big| < \frac{\varepsilon}{2}, \qquad \big|\varDelta(e^{i\varphi}, -h) - \varDelta(r\,e^{i\varphi}, -h)\big| < \frac{\varepsilon}{2},$$

woraus folgt, daß sowohl $\varDelta(r\,e^{i\varphi}, h)$ als auch $\varDelta(r\,e^{i\varphi}, -h)$ im Intervall $(\psi - \varepsilon, \psi + \varepsilon)$ liegt.

Andererseits ist

$$\varDelta(r\,e^{i\varphi}, -h) \leqq u_1(r\,e^{i\varphi}) \leqq \varDelta(r\,e^{i\varphi}, h)$$

und man schließt also, daß auch $u_1(r\,e^{i\varphi})$ für hinreichend wenig von 1 abweichende Werte r in das oben erwähnte Intervall fällt, woraus die Behauptung (24) folgt.

Unter Beachtung der Beziehung

$$\int\limits_{\vartheta=0}^{2\pi} d\,u_1(\varrho\,e^{i\vartheta}) = \int\limits_0^{2\pi} u(\varrho\,e^{i\vartheta})\,d\vartheta = 2\pi\,u(0) \tag{25}$$

findet man aus der Poissonschen Formel durch partielle Integration

$$w(z) = \frac{\varrho + z}{\varrho - z}\, u(0) + \frac{1}{2\pi} \int\limits_0^{2\pi} u_1(\varrho\, e^{i\vartheta})\, \frac{2i z \varrho\, e^{i\vartheta}}{(\varrho\, e^{i\vartheta} - z)^2}\, d\vartheta + i\, v(0)$$

für $|z| < \varrho < 1$. Lassen wir nun ϱ gegen 1 streben, so konvergiert das erste Glied rechts gegen

$$\frac{1 + z}{1 - z}\, u(0).$$

Wir behaupten, daß das Integral den Grenzwert

$$\frac{1}{2\pi} \int\limits_0^{2\pi} \psi(\vartheta)\, \frac{2i z\, e^{i\vartheta}}{(e^{i\vartheta} - z)^2}\, d\vartheta$$

hat.

Da $u_1(\varrho\, e^{i\vartheta})$ nach (25) für $0 \leq \vartheta < 2\pi$ höchstens gleich $2\pi u(0)$ ist, und die Grenzfunktion ψ also ebenfalls die obere Schranke $2\pi u(0)$ hat, so folgt, daß die Integrale

$$\int\limits_0^{2\pi} u_1(\varrho\, e^{i\vartheta})\, \frac{\varrho\, e^{i\vartheta}}{(\varrho\, e^{i\vartheta} - z)^2}\, d\vartheta \quad \text{und} \quad \int\limits_0^{2\pi} u_1(\varrho\, e^{i\vartheta})\, \frac{e^{i\vartheta}}{(e^{i\vartheta} - z)^2}\, d\vartheta$$

für $\varrho \to 1$ beliebig wenig voneinander abweichen. Es erübrigt also zu zeigen, daß die Differenz

$$\int\limits_0^{2\pi} \frac{e^{i\vartheta}\, (u_1(\varrho\, e^{i\vartheta}) - \psi(\vartheta))}{(e^{i\vartheta} - z)^2}\, d\vartheta \tag{26}$$

für $\varrho \to 1$ verschwindet.

Zu diesem Zwecke wählen wir eine Zahl $\varepsilon > 0$ und teilen das Intervall $(0,\, 2\pi)$ in $n > \frac{1}{\varepsilon^2}$ gleiche Teile. Da die Variation der monoton wachsenden Funktion u_1 in demselben Intervall gleich $2\pi u(0)$ ist, so ist die Anzahl k derjenigen Teilintervalle, wo der Zuwachs von u_1 größer als ε ist, höchstens gleich $\frac{2\pi u(0)}{\varepsilon}$; dasselbe gilt auch für die Funktion $\psi(\vartheta)$. Unter den betrachteten n Teilintervallen gibt es, für jedes $\varrho < 1$, höchstens

$$2k < \frac{4\pi u(0)}{\varepsilon}$$

solche, wo die Variation von entweder $u_1(\varrho e^{i\vartheta})$ oder $\psi(\vartheta)$ größer als ε wird. In den übrigen Teilintervallen sind die entsprechenden Variationen also höchstens gleich ε.

Wir wählen nun in jedem der n Teilintervalle eine Stetigkeitsstelle ϑ und können dann eine Zahl $\varrho_0 < 1$ finden, so daß für $\varrho_0 \leq \varrho < 1$

$$|u_1(\varrho e^{i\vartheta}) - \psi(\vartheta)| < \varepsilon,$$

für jeden dieser n Werte ϑ gilt. Dann wird also

$$|u_1(\varrho e^{i\vartheta}) - \psi(\vartheta)| < 3\varepsilon$$

in jedem Teilintervalle, außer möglicherweise für die $2k$ Ausnahmeintervalle, für welche jedenfalls

$$|u_1(\varrho e^{i\vartheta}) - \psi(\vartheta)| \leq 2\pi u(0)$$

gilt, weil ja beide Funktionen in ein und demselben Intervall von der Länge $2\pi u(0)$ variieren.

Für den absoluten Betrag des Integrales (26) finden wir somit die obere Grenze

$$\frac{1}{(1-|z|)^2} \int_0^{2\pi} |u_1(\varrho\, e^{i\vartheta}) - \psi(\vartheta)|\, d\vartheta \leq \frac{1}{(1-|z|)^2}\left(2\pi\, u(0)\,\frac{4\pi k}{n} + 6\pi\,\varepsilon\right)$$

$$\leq \frac{2\pi\,\varepsilon}{(1-|z|)^2}\left(8\pi^2(u(0))^2 + 3\right),$$

womit die Behauptung erwiesen ist.

Es gilt also für jedes $|z| < 1$ die Darstellung

$$w(z) = \frac{1+z}{1-z}\, u(0) + \frac{1}{2\pi} \int_0^{2\pi} \psi(\vartheta)\, \frac{2iz\, e^{i\vartheta}}{(e^{i\vartheta} - z)^2}\, d\vartheta + i\, v(0). \qquad (27)$$

Da ψ eine monotone Funktion ist, so können wir partiell integrieren, und erhalten schließlich

$$w(z) = \frac{1}{2\pi} \int_{\vartheta=0}^{2\pi} \frac{e^{i\vartheta} + z}{e^{i\vartheta} - z}\, d\psi(\vartheta) + i\, v(0), \qquad (28)$$

wo das Integral im STIELTJESschen Sinne zu verstehen ist. Dies ist die in Aussicht gestellte POISSON-STIELTJESsche *Integraldarstellung*[1].

Wir erinnern noch daran, daß die monotone Funktion $\psi(\vartheta)$ hier als der Grenzwert der Summe

$$\int_{r_0}^{r} v(t)\, \frac{dt}{t} + \int_0^{\vartheta} u(re^{i\varphi})\, d\varphi$$

für $r \to 1$ definiert ist. Hieraus ist zu ersehen, daß der erste, von ϑ unabhängige Teil einen endlichen Grenzwert

$$\psi_0 = \int_{r_0}^{1} v(t)\, \frac{dt}{t}$$

haben muß, und man könnte also, da es nach (28) nur auf die *Variation* der Funktion ψ ankommt, die in dieser Formel stehende monotone Funktion ψ ebensogut als den Grenzwert

$$\psi(\vartheta) = \lim_{r=1} \int_0^{\vartheta} u(r\, e^{i\varphi})\, d\varphi$$

definieren.

---

[1] Vgl. hierzu G. C. EVANS [1], G. HERGLOTZ [1], A. OSTROWSKI [2], C. CARATHEODORY [3].

Die Formel (28) stellt den allgemeinen Ausdruck der für $|z| < 1$ regulären analytischen Funktionen von nichtnegativem Realteil dar. Wir haben in der Tat gefunden, daß jede Funktion dieser Art eine Darstellung (28) zuläßt. Andererseits definiert diese Formel, falls auf der rechten Seite eine beliebige monoton wachsende, für $0 \leq \vartheta \leq 2\pi$ beschränkte Funktion ψ eingesetzt wird, eine analytische Funktion, die für $|z| < 1$ regulär ist und hier den nichtnegativen reellen Teil

$$u(re^{i\varphi}) = \frac{1}{2\pi} \int_0^{2\pi} \frac{1 - r^2}{1 + r^2 - 2r \cos(\vartheta - \varphi)} \, d\psi(\vartheta)$$

hat.

160. Eine analoge Darstellung gilt auch für die allgemeine Klasse der im Einheitskreis regulären Funktionen $w(z) = u + iv$, für welche die Bedingung (14) gilt. Eine solche Funktion läßt sich ja als Differenz von zwei analytischen Funktionen w_1 und w_2 schreiben, deren Realteile für $|z| < 1$ nichtnegativ sind. Stellt man diese Funktionen in der Form (28) dar und sind die zugehörigen monotonen Funktionen jetzt ψ_1 und ψ_2, so erhält man für ihre Differenz w die Poisson-Stieltjessche Integraldarstellung (28), wo

$$\psi(\vartheta) = \psi_1(\vartheta) - \psi_2(\vartheta)$$

als Differenz von zwei beschränkten monotonen Funktionen eine *Funktion von beschränkter Schwankung* ist.

Wenn umgekehrt ψ eine beliebige Funktion von beschränkter Schwankung ist, so kann sie bekanntlich als Differenz von zwei beschränkten monotonen Funktionen ψ_1 und ψ_2 geschrieben werden. Die Formel (28) definiert dann also eine Funktion $w = u + iv$, welche als Differenz von zwei Funktionen w_1, w_2 mit nichtnegativen Realteilen dargestellt werden kann, und genügt somit einer Bedingung der Form (14). In der Tat wird

$$\int_0^{2\pi} |u(re^{i\varphi})| \, d\varphi = \int_0^{2\pi} |\Re(w_1 - w_2)| \, d\varphi \leq \int_0^{2\pi} (\Re(w_1) + \Re(w_2)) \, d\varphi$$
$$= 2\pi \Re(w_1(0) + w_2(0)),$$

so daß also die Bedingung (14) erfüllt ist.

Die Formel (28), wo ψ eine Funktion von beschränkter Schwankung bezeichnet, ist der allgemeine Ausdruck einer für $|z| < 1$ regulären analytischen Funktion $w = u + iv$, für welche das Integral

$$\int_0^{2\pi} |u(re^{i\varphi})| \, d\varphi \tag{29}$$

für $r < 1$ beschränkt ist.

161. *Bemerkung.* Aus der Beziehung (15) schließt man, daß das Integral (29) eine monoton wachsende Funktion von r ist, was man auch einfach direkt beweisen könnte. Es hat also stets für $r \to 1$ einen

Grenzwert; die Darstellung (28) gilt aber dann und nur dann, wenn dieser Grenzwert endlich ist.

Unter Anwendung der Ergebnisse von § 1 ist es leicht zu zeigen, daß die Funktion ψ als Grenzwert des Integrals

$$\psi(\vartheta) = \lim_{r \to 1} \int_0^\vartheta u(r\,e^{i\varphi})\,d\varphi$$

definiert werden kann.

162. Zusammenfassend gilt also der

Satz. *Es sei* $w(z) = u + iv$ *für* $|z| < 1$ *regulär und der Grenzwert*

$$\lim_{r \to 1} \int_0^{2\pi} |u(r\,e^{i\varphi})|\,d\varphi = M$$

endlich. Dann existiert für $0 \leq \vartheta \leq 2\pi$ *der Grenzwert*

$$\psi(\vartheta) = \lim_{r \to 1} \int_0^\vartheta u(r\,e^{i\varphi})\,d\varphi,$$

höchstens mit Ausnahme einer abzählbaren Menge von Werten ϑ. *Die Funktion* ψ *ist von beschränkter Schwankung, und es gilt für* $z = r\,e^{i\varphi}, r < 1$

$$w(r\,e^{i\varphi}) = \frac{1}{2\pi} \int_{\vartheta=0}^{2\pi} \frac{e^{i\vartheta}+z}{e^{i\vartheta}-z}\,d\psi(\vartheta) + i\,v(0), \qquad (30)$$

wo das Integral im STIELTJES*schen Sinne zu verstehen ist.*

Unter allen Darstellungen einer Funktion von beschränkter Schwankung

$$\psi(\vartheta) = \int_{\vartheta=0}^\vartheta d\psi(\vartheta)$$

als Differenz von zwei monoton wachsenden Funktionen ψ_1, ψ_2 gibt es eine wohlbestimmte

$$\psi(\vartheta) = \psi_1(\vartheta) - \psi_2(\vartheta) \qquad (\psi(0) = \psi_1(0) = \psi_2(0) = 0), \quad (31)$$

welche die Eigenschaft besitzt, daß ψ_1 und ψ_2 möglichst klein sind; das extremale Funktionenpaar ψ_1, $-\psi_2$ erweist sich bekanntlich als die positive bzw. negative Variation von ψ im Intervalle $(0, \vartheta)$. Alle übrigen Darstellungen erhält man aus dieser besonderen, indem man zu ψ_1 und ψ_2 eine willkürliche monotone Funktion ψ_3 addiert. Die totale Variation von ψ im Intervall $(0, \vartheta)$ ist gleich $\psi_1 + \psi_2$.

Führt man nun den Ausdruck (31) in (30) ein, so erscheint der Realteil $u(z)$ von $w(z)$ als Differenz der für $|z| < 1$ harmonischen und nichtnegativen Funktionen

$$u_\nu(z) = \frac{1}{2\pi} \int_0^{2\pi} \frac{1 - r^2}{1 + r^2 - 2r\cos(\vartheta - \varphi)}\,d\psi_\nu(\vartheta) \qquad (\nu = 1, 2), \quad (32)$$

und zwar erhält man hier zwei Funktionen von möglichst kleinem Betrag, wenn man für ψ_1 und $-\psi_2$ die obengenannte positive bzw. negative

Variation von ψ einsetzt. Hieraus folgt, daß die entsprechenden Funktionen u_ν mit den auf S. 190 besprochenen Extremalfunktionen übereinstimmen, die andererseits als die Realteile der Grenzwerte (16) definiert sind. Setzt man beide Ausdrücke für $z = 0$ einander gleich, so wird

$$2\pi\, u_1(0) = \psi_1(2\pi) = \lim \tfrac{1}{2} \int_0^{2\pi} |u(r\,e^{i\varphi})|\,d\varphi + \pi\, u(0) = \tfrac{1}{2}(M + 2\pi\, u(0))$$

und

$$2\pi\, u_2(0) = \psi_2(2\pi) = \tfrac{1}{2}(M - 2\pi\, u(0)),$$

also

$$\int_0^{2\pi} |d\,\psi(\vartheta)| = \psi_1(2\pi) + \psi_2(2\pi) = \lim_{r \to 1} \int_0^{2\pi} |u(r e^{i\varphi})|\,d\varphi \qquad (33)$$

Die totale Variation von $\psi(\vartheta)$ im Intervall $(0, 2\pi)$ ist gleich dem Grenzwert (33).

163. Eine wichtige Frage gilt der *Unität* der Darstellung (30). Tatsächlich läßt eine gegebene Funktion im wesentlichen eine einzige solche Darstellung zu: d. h. wenn ψ_1 von beschränkter Schwankung ist und

$$w(z) = \frac{1}{2\pi} \int_0^{2\pi} \frac{e^{i\vartheta} + z}{e^{i\vartheta} - z}\, d\,\psi_1(\vartheta) \qquad (34)$$

gesetzt wird, so ist $\psi_1(\vartheta)$ in jedem Stetigkeitspunkt (bis auf eine additive Konstante) gleich der Funktion

$$\psi(\vartheta) = \lim_{r \to 1} \int_0^{\vartheta} u(r\,e^{i\varphi})\,d\varphi,$$

wo u den reellen Teil von w bezeichnet.

Nimmt man nämlich in (34) beiderseits den reellen Teil, so ergibt sich nach partieller Integration

$$u(r\,e^{i\varphi}) = \frac{1 - r^2}{1 + r^2 - 2r\cos\varphi}\, u(0)$$
$$- \frac{1}{2\pi} \int_0^{2\pi} \psi_1(\vartheta)\, \frac{d}{d\vartheta}\left(\frac{1 - r^2}{1 + r^2 - 2r\cos(\vartheta - \varphi)} \right) d\vartheta,$$

und es wird also unter Anwendung der Symmetrie des Kerns $K(r;\varphi,\vartheta)$ des Poissonschen Integrals in bezug auf die Veränderlichen φ und ϑ

$$\left.\begin{aligned}
\int^{\alpha} u(r\,e^{i\varphi})\,d\varphi &= 2\pi\, u(0)\, \omega(r;0,\alpha) \\[2mm]
&+ \frac{1}{2\pi} \int_0^{2\pi} \psi_1(\vartheta)\,(K(r;\alpha,\vartheta) - K(r;0,\vartheta))\,d\vartheta,
\end{aligned}\right\} \qquad (35)$$

wo $\omega(re^{i\varphi};\ \vartheta_1,\ \vartheta_2)$ das harmonische Maß

$$\omega = \frac{1}{2\pi}\int_{\vartheta_1}^{\vartheta_2} K(r;\varphi,\vartheta)\,d\vartheta$$

des Bogens $(e^{i\vartheta_1}, e^{i\vartheta_2})$ im Punkte $re^{i\varphi}$ bezeichnet. Läßt man hier r gegen 1 konvergieren, so strebt $\omega(r;\ 0,\ \alpha)$ gegen $1/2$ und das Integral auf der rechten Seite von (35), wie aus den elementaren Eigenschaften des Poissonschen Integrals folgt (vgl. II, § 1), gegen

$$\frac{\psi_1(\alpha+0)+\psi_1(\alpha-0)}{2} - \frac{\psi_1(+0)+\psi_1(2\pi-0)}{2},$$

woraus die Richtigkeit der Behauptung hervorgeht.

Zugleich sehen wir, daß das Integral (35) auch für die Unstetigkeitsstellen von $\psi(\vartheta)$ einen wohlbestimmten Grenzwert hat, nämlich den Mittelwert $\frac{1}{2}\big(\psi(\vartheta+0)+\psi(\vartheta-0)\big)$.

164. Im Integral (30) hat ψ als eine Funktion von beschränkter Schwankung für fast alle ϑ eine endliche Ableitung $\psi'(\vartheta)$. Man fragt sich nun, unter welchen Bedingungen das Stieltjessche Integral sich als ein gewöhnliches Lebesguesches Integral schreiben läßt, so daß also $d\psi$ einfach durch $\psi'\,d\vartheta$ ersetzt wird. Dies gilt bekanntlich dann und nur dann, wenn ψ eine *vollstetige* Funktion von ϑ ist, d. h. wenn zu jedem $\varepsilon>0$ eine Zahl $\delta>0$ existiert, so daß die Variation von ψ auf jeder meßbaren Punktmenge (ϑ) von kleinerem Maß als δ den Betrag ε nicht übersteigt.

Nun läßt sich eine Funktion ψ von beschränkter Schwankung stets als Summe von drei Funktionen

$$\psi = \psi_1 + \psi_2 + \psi_3$$

schreiben, die sämtlich von beschränkter Variation sind, und zwar so, daß ψ_1 *vollstetig* ist und $\psi' = \psi_1'$ für fast alle ϑ gilt, ψ_2 *stetig* und ψ_3 eine *Sprungfunktion* ist, deren Variation in jedem Intervall gleich der Summe der Beträge der Sprünge ist, welche ψ an seinen Unstetigkeitsstellen in diesem Intervall aufweist. Die stetige Funktion ψ_2 ist, falls sie nicht konstant ist, nicht vollstetig; ihre Ableitung verschwindet fast überall[1]. Dasselbe gilt für die Ableitung des dritten Bestandteils, der Sprungfunktion ψ_3.

---

[1] Nichtkonstante, stetige Funktionen ψ von beschränkter Schwankung und mit fast überall verschwindender Ableitung existieren tatsächlich. Ein einfaches Beispiel dafür kann unter Anwendung des Cantorschen Verfahrens zur Bildung perfekter, nirgends dichter Punktmengen folgendermaßen konstruiert werden (V, § 6). Man belege das Intervall $(0, t)$ mit einer positiven Masse $h_n(t)$, so daß man alle 2^n Intervalle $\varDelta_n$ der Näherungsmenge $E(p^n)$ $(p>2)$ mit einer homogenen Masse vom Betrage 2^{-n} überdeckt. Die Grenzfunktion $h(t) = \lim h_n$ ist eine monotone, stetige Funktion von t, welche die Variation 1 hat und deren Ableitung h' für alle t verschwindet, außer in den Punkten der Cantorschen Nullmenge $E(p^\infty)$.

Im nächstfolgenden Paragraphen werden wir eine einschränkende Bedingung für das Verhalten der harmonischen Funktion u angeben, welche das Verschwinden der Bestandteile ψ_2 und ψ_3, somit die Vollstetigkeit von ψ bewirkt.

165. Bevor wir zu einer näheren Analyse des POISSON-STIELTJESschen Integrals übergehen, wollen wir noch den allgemeinen Ausdruck einer für $|z| < 1$ beschränktartigen Funktion angeben, zu dem man durch Zusammenfassung der bisherigen Ergebnisse des vorliegenden Abschnitts gelangt:

Jede für $|z| < 1$ beschränktartige Funktion $w(z)$ kann in der Form

$$w(z) = \frac{\pi_1(z)}{\pi_2(z)}\, e^{\frac{1}{2\pi}\int_0^{2\pi}\frac{e^{i\vartheta}+z}{e^{i\vartheta}-z}\,d\psi(\vartheta) + i\lambda}$$

dargestellt werden, wo ψ eine Funktion von beschränkter Schwankung und π_1, π_2 BLASCHKE-Produkte sind.

166. Für eine in der oberen Halbebene $y > 0$ $(z = x + iy)$ beschränktartige Funktion $w(z)$ gilt eine analoge Formel, die entweder durch eine konforme Transformation der Halbebene auf den Einheitskreis aus der obigen Darstellung abgeleitet oder auch direkt, mittels einer der vorhergehenden analogen Beweismethode aufgestellt werden kann. Man findet

$$w(z) = \frac{\pi_1(z)}{\pi_2(z)}\, e^{\frac{1}{\pi}\int_{-\infty}^{+\infty}\frac{d\psi(t)}{z-t} + i\lambda}$$

wo das Produkt

$$\pi_1(z) = \prod_n e^{i\omega_n}\frac{z - a_n}{z - \bar{a}_n} \qquad \left(\omega_n = \arg\frac{i - \bar{a}_n}{i + a_n}\right)$$

mittels der Nullstellen a_n $(n = 1, 2, \ldots)$ und π_2 ähnlich mittels der Pole b_m $(m = 1, 2, \ldots)$ von $w(z)$ gebildet ist.

§ 3. Satz von Fatou.

167. Im Besitze der Integraldarstellung von § 2 sind wir jetzt imstande, einen wichtigen klassischen Satz von FATOU zu beweisen, nach welchem eine im Einheitskreise harmonische, beschränkte Funktion fast überall auf dem Rande $|z| = 1$ wohlbestimmte radiale Grenzwerte besitzt[1]. Tatsächlich gilt dasselbe auch noch für viel allgemeinere harmonische Funktionen. Wir stellen uns zunächst die Aufgabe, den Satz in folgender Fassung zu beweisen:

Satz von Fatou. *Wenn $u(z)$ eine für $|z| < 1$ harmonische Funktion ist derart, daß das Integral*

$$\int_0^{2\pi} |u(re^{i\varphi})|\, d\varphi$$

---

[1] P. FATOU [7].

für $r < 1$ beschränkt ist, so existiert der endliche Grenzwert

$$\lim_{r=1} u(r e^{i\varphi})$$

für jedes φ, außer möglicherweise für eine Wertmenge vom (linearen) Maß Null.

Nach den Ergebnissen von § 2 existiert, unter den obigen Voraussetzungen, eine Funktion $\psi(\vartheta)$ von beschränkter Schwankung

$$\int_{-\pi}^{+\pi} |d\,\psi(\vartheta)| < M,$$

so daß

$$u(r e^{i\varphi}) = \frac{1}{2\pi} \int_{\vartheta=-\pi}^{+\pi} \frac{1 - r^2}{1 + r^2 - 2r \cos(\vartheta - \varphi)}\, d\psi(\vartheta). \tag{36}$$

Die Behauptung ergibt sich als eine Folgerung der zwei nachstehenden Tatsachen:

1. Nach einem allgemeinen Satz der Theorie der reellen Funktionen hat $\psi(\vartheta)$ als eine Funktion von beschränkter Variation eine wohlbestimmte endliche Ableitung $\psi'(\vartheta)$ für jedes ϑ, außer höchstens für eine Wertmenge vom Maße Null (vgl. Nr. 164).

2. Wenn für einen Wert ϑ die Ableitung $\psi'(\vartheta)$ endlich ist, so ist

$$\lim_{r=1} u(r e^{i\vartheta}) = \psi'(\vartheta).$$

Der Lehrsatz 1 soll als bekannt vorausgesetzt werden[1]. Dagegen werden wir die Behauptung 2 unter Anwendung der POISSON-STIELTJESschen Integraldarstellung vollständig begründen.

Wir fixieren also eine Stelle ϑ, für welche die Ableitung $\psi'(\vartheta)$ einen bestimmten, endlichen Wert hat; ohne wesentliche Einschränkung können wir z. B. $\vartheta = 0$ voraussetzen. Es gilt dann wegen $\psi(0) = 0$

$$\psi(\vartheta) = \psi'(0)\,\vartheta + \psi_0(\vartheta)\,\vartheta, \tag{37}$$

wo $\psi_0 \to 0$ für $\vartheta \to 0$.

Die POISSON-STIELTJESsche Integralformel nimmt nach einer partiellen Integration, wegen

$$\frac{1}{2\pi} \int_{-\pi}^{+\pi} d\psi(\vartheta) = u(0),$$

für $\varphi = 0$, $r < 1$ die Gestalt

$$u(r) = \frac{1 - r}{1 + r}\, u(0) - \frac{1}{2\pi} \int_{-\pi}^{+\pi} \psi(\vartheta)\, \frac{d}{d\vartheta} \left(\frac{1 - r^2}{1 + r^2 - 2r \cos\vartheta} \right) d\vartheta$$

an. Für $r \to 1$ verschwindet das erste Glied der rechten Seite, und es erübrigt also zu beweisen, daß das zweite Glied für $r \to 1$ gegen den

____
[1] Vgl. z. B. H. LEBESGUE [1].

Wert $\psi'(0)$ konvergiert. Führt man hier den Ausdruck (37) ein, so ergibt das erste Glied nach partieller Integration

$$- \psi'(0)\frac{1-r}{1+r} + \psi'(0)\frac{1}{2\pi}\int\limits_{-\pi}^{+\pi}\frac{1-r^2}{1+r^2-2r\cos\vartheta}\,d\vartheta = \psi'(0) - \psi'(0)\frac{1-r}{1+r}.$$

Da dieser Ausdruck für $r \to 1$ gegen $\psi'(0)$ strebt, so genügt es, nunmehr den Nachweis dafür zu erbringen, daß das von dem zweiten Glied $\psi_0(\vartheta)\,\vartheta$ der Summe (37) herrührende Integral

$$- \frac{1}{2\pi}\int\limits_{-\pi}^{+\pi}\psi_0(\vartheta)\,\vartheta\,\frac{d}{d\vartheta}\left(\frac{1-r^2}{1+r^2-2r\cos\vartheta}\right)d\vartheta \qquad (38)$$

für $r \to 1$ verschwindet.

Zu diesem Zweck fixiere man, für ein gegebenes $\varepsilon > 0$, eine so kleine positive Zahl $\vartheta_0 < \pi$, daß

$$|\psi_0(\vartheta)| < \varepsilon \quad\text{für}\quad |\vartheta| \leq \vartheta_0,$$

und zerlege das Intervall $(-\pi, \pi)$ in drei Teile: $(-\pi, -\vartheta_0)$, $(-\vartheta_0, \vartheta_0)$, (ϑ_0, π).

Für das dem mittleren Teil entsprechende Integral findet man, da der Faktor

$$-\vartheta\,\frac{d}{d\vartheta}\left(\frac{1-r^2}{1+r^2-2r\cos\vartheta}\right) = \frac{(1-r^2)\,2r\,\vartheta\sin\vartheta}{(1+r^2-2r\cos\vartheta)^2}$$

nichtnegativ ist,

$$\frac{1}{2\pi}\left|\int\limits_{-\vartheta_0}^{+\vartheta_0}\right| < \frac{\varepsilon}{2\pi}\int\limits_{-\vartheta_0}^{+\vartheta_0}\vartheta\,\frac{d}{d\vartheta}\left(\frac{r^2-1}{1+r^2-2r\cos\vartheta}\right)d\vartheta$$

$$= -\frac{\varepsilon\,\vartheta_0}{\pi}\frac{1-r^2}{1+r^2-2r\cos\vartheta_0} + \frac{\varepsilon}{2\pi}\int\limits_{-\vartheta_0}^{\vartheta_0}\frac{1-r^2}{1+r^2-2r\cos\vartheta}\,d\vartheta$$

$$< \frac{\varepsilon}{2\pi}\int\limits_{-\pi}^{\pi}\frac{1-r^2}{1+r^2-2r\cos\vartheta}\,d\vartheta = \varepsilon.$$

Ferner wird, wenn m die obere Grenze von $|\psi_0|$ für $|\vartheta| \leq \pi$ bezeichnet,

$$\frac{1}{2\pi}\left|\int\limits_{\vartheta_0}^{\pi}\right| \leq \frac{m}{2\pi}\int\limits_{\vartheta_0}^{\pi}\vartheta\,\frac{d}{d\vartheta}\left(\frac{r^2-1}{1+r^2-2r\cos\vartheta}\right)d\vartheta$$

$$\leq \frac{m}{2}\left(\frac{1-r^2}{1+r^2-2r\cos\vartheta_0}\frac{\vartheta_0}{\pi} - \frac{1-r}{1+r}\right) + \frac{m}{2\pi}\int\limits_{\vartheta_0}^{\pi}\frac{1-r^2}{1+r^2-2r\cos\vartheta}\,d\vartheta.$$

Hier strebt das erste Glied rechts für $r \to 1$ gegen Null. Dasselbe gilt aber auch für das letzte Integral, wo der Nenner

$$1+r^2-2r\cos\vartheta \geq 1+r^2-2r\cos\vartheta_0 = \sin^2\vartheta_0 + (r-\cos\vartheta_0)^2 \geq \sin^2\vartheta_0$$

eine positive untere Schranke hat.

Es existiert also eine Zahl r_0 des Intervalls $(0, 1)$, so daß

$$\frac{1}{2\pi} \left| \int_{\vartheta_0}^{\pi} \right| < \varepsilon \quad \text{für} \quad r_0 \leqq r < 1$$

Für den dem Teilintervall $(-\pi, -\vartheta_0)$ entsprechenden Teil des zu untersuchenden Integrals findet man genau dieselben Abschätzungen wie für das Intervall (ϑ_0, π), und zusammenfassend gilt somit, daß der absolute Betrag des Ausdrucks (38) kleiner als 3ε wird, für $r_0 \leqq r < 1$. Dieser Ausdruck verschwindet also für $r \to 1$, und der Beweis des FATOU-schen Satzes ist so zu Ende geführt.

168. Durch den bewiesenen Satz hat die Theorie des POISSONschen Integrals eine beachtenswerte Erweiterung erhalten. Wir haben gesehen (II, § 1), daß dieses Integral das DIRICHLETsche Problem für den Kreisfall löst, unter der Annahme, daß die vorgegebenen' Randwerte $u(\vartheta)$ *stetig* sind. Ferner gilt das allgemeine Resultat, daß das POISSONsche Integral

$$\frac{1}{2\pi} \int_0^{2\pi} u(\vartheta) \frac{1 - r^2}{1 + r^2 - 2r\cos(\vartheta - \varphi)} d\vartheta \tag{39}$$

an einer Unstetigkeitsstelle ϑ von u, wo die Grenzwerte $u(\vartheta \pm 0)$ existieren, den radialen Grenzwert $\frac{1}{2}\big(u(\vartheta + 0) + u(\vartheta - 0)\big)$ hat.

Es sei nun $u(\vartheta)$ eine beliebige, für $0 \leqq \vartheta \leqq 2\pi$ definierte meßbare Funktion, für welche das LEBESGUEsche Integral

$$\int_0^{2\pi} |u(\vartheta)| \, d\vartheta$$

endlich ist[1]. Setzt man das Integral (39) an, so wird es eine für $|z| < 1$ *harmonische Funktion $u(r e^{i\varphi})$ darstellen, welche für $r \to 1$ den vorgegebenen Wert $u(\varphi)$ anstrebt, außer höchstens für eine Nullmenge von Werten φ.*

Schreibt man nämlich $\psi(\varphi) = \int_0^{\varphi} u(\vartheta)\, d\vartheta$, so ist $\frac{d\psi}{d\varphi} = u(\varphi)$ für fast alle φ, und nach dem obigen Grenzwertsatz hat also $u(z)$ für jeden solchen Wert φ den radialen Grenzwert $u(\varphi)$[2].

169. Wir sind jetzt auch imstande, die am Schluß von § 2 berührte Frage zu lösen. Wir haben gesehen: Wenn $u(z)$ für $|z| < 1$ harmonisch und das Integral

$$\int_0^{2\pi} |u(r e^{i\varphi})| \, d\varphi$$

---

[1] Für jede meßbare Funktion $u(\vartheta)$ existiert das Integral $\int_{|u| \leqq M} |u| \, d\vartheta$, wo M endlich ist. Dieses Integral strebt für $M \to \infty$ gegen einen Grenzwert, der entweder endlich oder unendlich ist.

[2] Dies gilt sogar bei Winkelannäherung, wie aus später folgenden Sätzen geschlossen werden kann.

für $r < 1$ gleichmäßig beschränkt ist, so strebt das Integral

$$\psi(r,\vartheta) = \int\limits_0^\vartheta u(re^{i\varphi})\,d\varphi$$

für $r \to 1$ gegen einen Grenzwert $\psi(\vartheta)$, der als eine Funktion von beschränkter Schwankung als eine Summe $\psi(\vartheta) = \psi_1 + \psi_2 + \psi_3$ geschrieben werden kann, so daß 1. ψ_1 vollstetig und dem LEBESGUEschen Integral

$$\int\limits_0^\vartheta \psi'(\vartheta)\,d\vartheta$$

gleich ist; 2. ψ_2 stetig und ψ_2' fast überall gleich Null ist; 3. ψ_3 konstant ist, mit Ausnahme der Sprungstellen von ψ. Es gilt zu entscheiden, .wann ψ vollstetig und daher $\psi_2 = \psi_3 \equiv 0$ ist.

Nach den Ergebnissen dieses Paragraphen ist $\psi'(\vartheta)$ fast überall gleich dem Grenzwert $u(\vartheta) = \lim u(re^{i\vartheta})$. *Die Bestandteile ψ_2 und ψ_3 verschwinden also dann und nur dann, wenn*

$$\psi(\vartheta) \equiv \lim_{r \to 1} \int\limits_0^\vartheta u(re^{i\varphi})\,d\varphi = \int\limits_0^\vartheta u(\varphi)\,d\varphi, \tag{40}$$

d. h. dann und nur dann, wenn die Reihenfolge der Integration und des Grenzübergangs ($r \to 1$) vertauscht werden darf.

Nun gilt in der Theorie der reellen Funktionen folgender allgemeine Satz: Falls die Folge der meßbaren Funktionen $f_n(x)$ für $n \to \infty$ fast überall auf einer Punktmenge E einen Grenzwert $f(x) = \lim f_n(x)$ hat, so gilt

$$\lim_{n \to \infty} \int\limits_E f_n(x)\,dx = \int\limits_E f(x)\,dx$$

dann und nur dann, wenn die Integrale

$$\int f_n(x)\,dx \tag{41}$$

auf E *gleichmäßig vollstetig sind*, d. h. wenn zu jedem $\varepsilon > 0$ eine Zahl $\delta > 0$ existiert, so daß

$$\int\limits_e |f_n(x)|\,dx < \varepsilon,$$

sobald das Maß der (in E enthaltenen) Menge e kleiner als δ ist.

Hieraus schließt man, daß die Funktion $\psi(\vartheta)$ dann und nur dan vollstetig ist und die Eigenschaft (40) besitzt, wenn das Integral

$$\int\limits_0^\vartheta |u(re^{i\varphi})|\,d\varphi$$

für $r < 1$ *gleichmäßig vollstetig* ist.

Für eine *beschränkte* harmonische Funktion ist die Bedingung der gleichmäßigen Vollstetigkeit offenbar stets erfüllt. Als Beispiel einer nichtbeschränkten Funktion, welche diese Eigenschaft nicht besitzt, führen wir die für $|z| < 1$ harmonische und positive Funktion

$$u(r\,e^{i\varphi}) = \frac{1 - r^2}{1 + r^2 - 2r\cos\varphi}$$

an. Sie hat für $r \to 1$ den Grenzwert Null, außer wenn $\varphi = 0$ ist; für diesen Wert strebt sie gegen Unendlich, und zwar so rasch, daß das Integral

$$\int\limits_{-\delta}^{+\delta} u(r\,e^{i\varphi})\,d\varphi$$

für *jedes* $\delta > 0$ gegen den Grenzwert 2π konvergiert. Für diese Funktion ist auch die Größe $\psi(\vartheta)$ keineswegs vollstetig: sie reduziert sich nämlich auf eine Sprungfunktion, welche im Punkte $\vartheta = 0$ einen Sprung vom Betrage 2π aufweist, sonst aber konstant ist.

170. Eine für $|z| < 1$ reguläre *beschränkte analytische* Funktion hat nach dem FATOUschen Satz fast überall auf $|z| = 1$ wohlbestimmte radiale Grenzwerte. Denn sowohl der reelle wie der imaginäre Teil besitzt diese Eigenschaft außer möglicherweise für eine Punktmenge, welche als Vereinigungsmenge von zwei Nullmengen selber vom Maße Null ist. Wir können sogar schließen, daß diese Grenzwerte bei Winkelannäherung (vgl. Nr. 65) existieren; dies ist in der Tat auch eine unmittelbare Folgerung aus dem in Nr. 65 bewiesenen Grenzwertsatz.

Die Ergebnisse aus § 1 und 2 dieses Abschnitts gestatten dieses Resultat wesentlich zu erweitern. Sei zunächst $w = u + iv$ eine im Einheitskreise reguläre, analytische Funktion, welche die Bedingung (14) von § 2 erfüllt. Sie läßt sich als Differenz $w = w_1 - w_2$ von zwei Funktionen w_1 und w_2 von nichtnegativem Realteil schreiben. Durch eine lineare Transformation S, welche die rechte Halbebene auf den Einheitskreis abbildet, werden diese Funktionen in zwei beschränkte analytische Funktionen transformiert, und da diese fast überall auf $|z| = 1$ bestimmte Winkelgrenzwerte haben, so gilt also dasselbe für w_1 und w_2.

Hieraus läßt sich der Schluß ziehen, daß auch die Differenz $w_1 - w_2$ bestimmte Winkelgrenzwerte hat, mit möglicher Ausnahme erstens derjenigen Punkte E_1, wo entweder w_1 oder w_2 keinen Grenzwert haben, und zweitens derjenigen Randpunktmenge E_2, wo sowohl w_1 als w_2 einen unendlichen radialen Grenzwert haben. Die Menge E_1 ist eine Nullmenge. Läßt sich nun dasselbe über E_2 aussagen?

Hierzu ist zu bemerken, daß *der reelle Teil u* der Funktion w nach dem FATOUschen Satz *endliche* Grenzwerte fast überall auf der Peripherie hat. Dasselbe können wir nicht ohne weiteres vom imaginären Teil der Funktion behaupten. Wir werden im folgenden Paragraphen einen allgemeinen Satz beweisen, durch welchen die Frage entschieden werden könnte. Der Vollständigkeit halber geben wir schon hier die folgende einfache Lösung an.

Wir betrachten die Gesamtheit derjenigen Punkte E, wo eine Funktion w mit nichtnegativem reellem Teil, bei radialer Annäherung, gegen Unendlich strebt. Dann ist $\log|w+1|$ offenbar eine nichtnegative harmonische Funktion, die in den Punkten E den radialen Grenzwert ∞ hat. Also ist nach dem Fatouschen Satz E notwendigerweise vom Maße Null.

Hieraus folgt, daß auch die oben durch E_2 bezeichnete Menge das Maß Null hat, und wir schließen also, daß eine für $|z| < 1$ reguläre analytische Funktion $w = u + iv$, für welche das Integral

$$\int_0^{2\pi} |u(r e^{i\varphi})|\, d\varphi$$

beschränkt ist, für $r \to 1$ einem endlichen Grenzwert zustrebt, fast überall auf $|z| = 1$.

171. Vermittels der Normaldarstellung (Nr. 165) einer beschränktartigen Funktion $w(z)$ läßt sich der Fatousche Satz auch auf eine solche Funktion erweitern. Bringt man w auf diese Form

$$w = e^f \frac{\pi_1}{\pi_2}, \tag{42}$$

so gehört der Exponent f zu der in Nr. 170 betrachteten Funktionenklasse und hat also, fast überall auf $|z| = 1$, endliche Winkelgrenzwerte. Dasselbe gilt aber auch für die Blaschkeschen Produkte π_1, π_2, welche ja im Einheitskreise beschränkt sind. Also hat nach (42) auch w dieselbe Eigenschaft mit möglicher Ausnahme derjenigen Punkte der Peripherie $|z| = 1$, wo π_2 den Grenzwert Null besitzt. Daß dies höchstens für eine Nullmenge stattfinden kann, ergibt sich aus nachstehender, an sich bemerkenswerter Eigenschaft jener Produkte:

Ein Blaschke-Produkt $\pi(z)$ hat fast überall auf der Peripherie $|z| = 1$ Winkelgrenzwerte vom absoluten Betrag 1.

Nach der Jensenschen Formel ist nämlich für $\varrho < 1$

$$\frac{1}{2\pi} \int_0^{2\pi} \log|\pi(\varrho e^{i\varphi})|\, d\varphi = \int_0^{\varrho} \frac{n(r)}{r}\, dr + \log|\pi(0)| = -\int_{\varrho}^{1} \frac{n(r)}{r}\, dr,$$

unter $n(r)$ die Anzahl der in $|z| \leqq r$ liegenden Nullstellen von $\pi(z)$ verstanden. Da aber hier die rechte Seite für $\varrho \to 1$ verschwindet, so schließt man:

Für ein Blaschke-Produkt verschwindet das Integral

$$\int_0^{2\pi} \log|\pi(r e^{i\varphi})|\, d\varphi$$

für $r \to 1$.

Hieraus folgt leicht die obige Behauptung. Da $|\pi| < 1$ für $|z| < 1$, so ist der Grenzwert $\lim \log|\pi(r e^{i\varphi})|$ für $r \to 1$, falls er existiert, höchstens gleich Null. Gesetzt, er wäre für eine Wertmenge (φ) von positivem

Maß *negativ*, so zerlege man diese Menge in eine abzählbare Anzahl von Teilmengen $(\varphi)_n$ $(n = 1, 2, \ldots)$, von denen $(\varphi)_n$ alle Werte φ umfaßt, für welche dieser Grenzwert $\leq -\dfrac{1}{n}$ ist. Nach einem allgemeinen Satz der Theorie der reellen Funktionen[1] sind sämtliche $(\varphi)_n$ meßbar. Es gibt außerdem ein endliches n, für welches auch $(\varphi)_n$ von positivem Maß ist, denn sonst müßte ja die Menge (φ) als Vereinigungsmenge einer abzählbaren Menge von Nullmengen selber eine Nullmenge sein.

Ein bekannter Satz aus der Theorie der reellen Funktionen lehrt nun, daß die Menge $(\varphi)_n$ eine Teilmenge enthält, deren Maß sich beliebig wenig vom Maß der Menge $(\varphi)_n$ unterscheidet, und auf der die Annäherung an die entsprechenden radialen Grenzwerte *gleichmäßig* ist[1]. Sei e_n eine solche Teilmenge von *positivem* Maß μ. Es ist dann, sobald r eine gewisse Zahl $r_0 < 1$ überschritten hat, $\log |\pi(r e^{i\varphi})| < -\dfrac{1}{2n}$ für jedes φ der Menge e_n, und es wird somit für dieselben Werte r

$$\int\limits_0^{2\pi} \log |\pi(r e^{i\varphi})| \, d\varphi \leq \int\limits_{e_n} \log |\pi| \, d\varphi \leq -\frac{\mu}{2n}.$$

Das linksstehende Integral könnte hiernach nicht für $r \to 1$ verschwinden. Dieser Widerspruch zeigt, daß, wie behauptet wurde, tatsächlich $\pi \to 1$ für fast alle Werte φ gelten muß.

Die so bewiesene Eigenschaft der BLASCHKE-Produkte π findet ihre natürliche Erklärung darin, daß π als Grenzwert eines endlichen Produktes π_n gewonnen wird, das auf $|z| = 1$ stetig ist und hier überall den absoluten Betrag 1 hat.

Aus der Darstellung (42) erhalten wir jetzt folgendes zusammenfassende Ergebnis.

Satz. *Eine für* $|z| < 1$ *beschränktartige Funktion hat fast überall auf dem Kreise* $|z| = 1$ *wohlbestimmte endliche Winkelgrenzwerte.*

Dieser allgemeine Satz enthält als Spezialfälle sämtliche obige, die Existenz der Randwerte betreffenden Sätze.

§ 4. Über die Randwertmenge einer beschränktartigen Funktion.

172. Eine für $|z| < 1$ beschränktartige Funktion hat fast überall auf $|z| = 1$ wohlbestimmte Winkelgrenzwerte. In diesem Paragraphen werden wir die Menge E dieser Randwerte einer näheren Analyse unterziehen.

Ein erstes Resultat über die Randwertmenge E ergibt sich, wenn man beachtet, daß eine beschränktartige Funktion nach dem in Nr. 170 bewiesenen Satz den Winkelgrenzwert ∞ höchstens für eine Nullmenge der

---

[1] Vgl. z. B. H. LEBESGUE [7].

Peripherie $|z| = 1$ besitzen kann. Ist nämlich $a \neq \infty$ und $w(z)$ nicht identisch gleich a, so hat auch der Ausdruck $\dfrac{1}{w - a}$ eine beschränkte Charakteristik, und das obige Resultat ist somit auf diese Funktion anwendbar. Man gelangt so zu dem

Satz von F. und M. Riesz[1]. *Falls eine für $|z| < 1$ beschränktartige Funktion einen konstanten radialen Grenzwert auf einer Punktmenge von positivem Maß auf $|z| = 1$ hat, so ist die Funktion identisch gleich dieser Konstante.*

Zur Begründung dieses Satzes hätte auch folgende einfache Bemerkung dienen können. Für eine beschränktartige, nichtkonstante Funktion w ist die Schmiegungsfunktion $m(r, a)$ für jedes a beschränkt. Wenn nun für eine Punktmenge (φ) von positivem Maß der Peripherie $w(re^{i\varphi}) \to a$ strebt, so gilt nach dem in Nr. 171 zitierten allgemeinen Satz der Theorie der reellen Funktionen dasselbe gleichmäßig für eine Teilmenge von (φ), welche ebenfalls positives Maß hat. Für $r \to 1$ strebt aber dann der Ausdruck $m(r, a)$, welcher ja als Mittelwert von $\overset{+}{\log} \left| \dfrac{1}{w - a} \right|$ definiert ist, gegen Unendlich. Dieser Widerspruch zeigt die Richtigkeit des Rieszschen Satzes auf.

173. Aus dem Satz von Riesz schließt man, daß die Randwertmenge einer nichtkonstanten, beschränktartigen Funktion *nicht abzählbar* sein kann; denn eine abzählbare Randwertmenge kann eine solche Funktion nur auf einer Punktmenge auf $|z| = 1$ besitzen, die als Vereinigungsmenge von abzählbar vielen Nullmengen selber eine Nullmenge ist.

Wir gehen nun daran, einen allgemeinen Satz zu beweisen, der die Frage nach dem Maß der Menge E vollständig löst[2].

Satz. *Es sei E_w die Menge der radialen Randwerte, welche eine für $|z| < 1$ beschränktartige, nichtkonstante Funktion $w(z)$ auf einer gegebenen Menge E_z der Peripheriepunkte $|z| = 1$ annimmt. Falls dann das (lineare) Maß von E_z positiv ist, so ist das innere harmonische Maß von E_w ebenfalls positiv, d. h. es gibt eine abgeschlossene Teilmenge von E_w, welche positives harmonisches Maß besitzt.*

Beweis. Angenommen, daß die Punktmenge E_z von positivem Maß ist, können wir eine abgeschlossene Teilmenge E_z' desselben finden, welche ebenfalls von positivem Maß ist und auf welcher die Grenzwerte

$$\lim_{r=1} w(re^{i\varphi}) = w(e^{i\varphi})$$

gleichmäßig existieren. Hieraus folgt, daß die Menge E_w' dieser Randwerte *abgeschlossen* ist.

---

[1] Die Gebrüder Riesz haben diesen Satz für den besonderen Fall einer beschränkten Funktion bewiesen {7}.

[2] Der nachstehende Satz wurde, als Erweiterung eines älteren Satzes (R. Nevanlinna [7]) von O. Frostman [1] und dem Verfasser [13] unabhängig voneinander bewiesen.

Durch eine lineare Transformation der Veränderlichen w, welche weder die vorausgesetzte Beschränktartigkeit von $w(z)$, noch das Verschwinden bzw. Nichtverschwinden der Kapazität von E'_w stört, verlegen wir den Punkt $w = w(0)$ in den unendlich fernen Punkt der Ebene, und behalten für die Bildmenge von E'_w die frühere Bezeichnung E'_w bei. Wir überdecken nun die w-Ebene durch ein Netz abgeschlossener Quadrate Q_n ($n = 1, 2, \ldots$) mit der Seitenlänge 1 und setzen die Menge E'_z als Vereinigungsmenge aus den unendlich vielen Teilmengen E^n_z zusammen, für welche die entsprechenden Randwerte w auf Q_n fallen. Da E'_z von positivem Maß ist, so muß mindestens eine der meßbaren Mengen E^n_z dieselbe Eigenschaft besitzen. Durch eine Translation verschieben wir schließlich das entsprechende Quadrat Q_n in den Kreis $|w| < 1$.

Vermittels dieser einfachen Vorbereitungen haben wir eine nichtkonstante, beschränktartige Funktion $w(z)$ von folgender Art erhalten:

1. Auf einer Punktmenge E_z der Peripherie $|z| = 1$ vom positiven Maß $2\pi\mu > 0$ strebt w radial gleichmäßig gegen gewisse Grenzwerte E_w.

2. Die Punktmenge E_w ist abgeschlossen und liegt im Kreise $|w| < 1$.

3. Es ist $w(0) = \infty$.

Es gilt nun zu beweisen, daß E_w von positivem harmonischem Maß ist.

Zu diesem Zweck betrachten wir dasjenige von E_w begrenzte, zusammenhängende Gebiet D, welches den unendlich fernen Punkt enthält, und wählen ein beliebiges Teilgebiet D_w desselben, das ebenfalls $w = \infty$ als inneren Punkt hat und von endlich vielen, im Kreise $|w| < 1$ verlaufenden analytischen Jordanbogen Γ_w begrenzt wird. Die GREENsche Funktion von D_w sei

$$g(w, \infty) = \log|w| + \gamma + \varepsilon\left(\frac{1}{w}\right),$$

wo γ die ROBINsche Konstante von D_w ist. Wir erinnern daran, daß diese Funktion für jeden Punkt w des Gebietes D_w der Ungleichung

$$g(w, \infty) \overset{+}{\leqq} \log|w| + \gamma + \log 2 \tag{43}$$

genügt [V, § 2, Ungleichung (6), wo für d_2 der Ausdruck $|w| + 1$ eingesetzt werden kann].

Nunmehr fassen wir die Gesamtheit derjenigen Punkte z des Einheitskreises ins Auge, in denen der Funktionswert $w(z)$ auf D_w fällt; diese Punktmenge hat als Teilmenge ein wohlbestimmtes zusammenhängndes Gebiet D_z, welches den Nullpunkt enthält und einerseits von den Bildkurven Γ_z von Γ_w, andererseits von gewissen Punkten der Peripherie $|z| = 1$ begrenzt wird. Die Bogen Γ_z sind analytisch und häufen sich, falls sie in unendlicher Anzahl vorkommen, gegen den Rand $|z| = 1$.

Die Funktion $g(w(z), \infty)$ ist in D_z harmonisch, mit Ausnahme der Pole $z_0 = 0$, z_1, z_2, $\ldots$ von $w(z)$, in denen sie eine Entwicklung $g = -\lambda \log|z - z_\nu| + \text{harm. Funktion hat, wobei } \lambda$ die Multiplizitätdes

Poles z_ν bedeutet. Speziell gilt für $z = 0$, falls w hier die Laurententwicklung

$$w(z) = \frac{c_0}{z^{n_0}} + \frac{c_1}{z^{n_0-1}} + \cdots \qquad (c_0 \neq 0)$$

hat,

$$g\big(w(z), \infty\big) = n_0 \log \frac{1}{|z|} + \log|c_0| + \gamma + \varepsilon(z),$$

wo $\varepsilon \to 0$ für $z \to 0$.

Wir setzen jetzt die GREENsche Formel

$$\int \left(u \frac{\partial v}{\partial n} - v \frac{\partial u}{\partial n} \right) ds = 0$$

an in demjenigen Gebiet, welches als Durchschnitt D_z^r von D_z mit dem Kreis $|z| < r < 1$ definiert ist, indem wir

$$u = g\big(w(z), \infty\big), \quad v = \log \frac{r}{|z|}$$

setzen und die Pole $z = z_\nu$ zuerst durch kleine Kreise isolieren. Läßt man diese nachträglich gegen jene Pole konvergieren, so wird, da g auf den Bogen Γ_z und v auf der Kreislinie $|z| = r$ verschwindet, nach einer leichten Rechnung

$$\log|c_0| + \gamma \leqq \frac{1}{2\pi} \int\limits_{(\varphi)_r} g\big(w(r\,e^{i\varphi}), \infty\big)\, d\varphi - \frac{1}{2\pi} \int\limits_{\Gamma_z'} \log \frac{r}{|z|} \frac{\partial g}{\partial n}\, ds + N(r, \infty),$$

wo $(\varphi)_r$ die Teilbogen der Peripherie $|z| = r$ und Γ_z' die Teilbogen der oben definierten Bogen Γ_z bezeichnen, welche das Gebiet D_z^r (in endlicher Anzahl) begrenzen.

Die in der Richtung der inneren Normale der Bogen Γ_z genommene Ableitung $\frac{\partial g}{\partial n}$ ist offenbar $\geqq 0$ und das über Γ_z' erstreckte Integral also ebenfalls nichtnegativ. Unter Beobachtung der Relation (43) wird also

$$\log|c_0| + \gamma \leqq \frac{1}{2\pi} \int\limits_{(\varphi)_r} g\big(w(r\,e^{i\varphi}), \infty\big)\, d\varphi + N(r, \infty)$$

$$\leqq \frac{1}{2\pi} \int\limits_0^{2\pi} \overset{+}{\log}|w(r\,e^{i\varphi})|\, d\varphi + N(r, \infty) + \log 2 + \gamma\, m_r.$$

$$= \log 2 + \gamma\, m_r + T(r, w),$$

wo m_r das Integral

$$m_r = \frac{1}{2\pi} \int\limits_{(\varphi)_r} d\varphi$$

bezeichnet.

Man wähle nun r so groß, daß die Werte $w(r\,e^{i\varphi})$ für die der Menge E_z entsprechenden φ-Werte außerhalb des Gebietes D_w liegen, was gemäß den Voraussetzungen 1 und 2 möglich ist. Da der Wert $w(re^{i\varphi})$ für jedes φ der Menge $(\varphi)_r$ auf den Bereich D_w fällt, so sind die diesen zwei Mengen entsprechenden Werte $re^{i\varphi}$ punktfremd, und es gilt also

$$m_r = \frac{1}{2\pi}\int\limits_{(\varphi)_r} d\varphi \leqq \frac{1}{2\pi}\int\limits_0^{2\pi} d\varphi - \frac{1}{2\pi}\int\limits_{E_z} d\varphi = 1 - \mu.$$

Also wird

$$\mu\gamma \leqq \log 2 - \log|c_0| + T(1, w),$$

woraus zu ersehen ist, daß die ROBINsche Konstante des Gebietes D_w unter einer endlichen, von der Wahl von D_w unabhängigen Grenze liegt. Hieraus folgt, daß die ROBINsche Konstante γ_0 des Gebietes D, welche als die obere Grenze der ROBINschen Konstanten γ der Näherungsgebiete D_w definiert ist, ebenfalls endlich ist.

Die Kapazität $e^{-\gamma_0}$ der Begrenzungsmenge hat sich also als positiv erwiesen, womit der Beweis zu Ende geführt ist.

Daß dieser Grenzwertsatz, solange keine zusätzlichen Annahmen über die Struktur der Rundwertmenge gemacht werden, keiner weiteren Verschärfung fähig ist, wird aus dem nachstehenden Paragraphen hervorgehen. Es wird sich nämlich herausstellen, daß zu jeder Menge E_w von positivem harmonischem Maß eine für $|z| < 1$ beschränktartige Funktion konstruiert werden kann, deren Winkelgrenzwerte auf $|z| = 1$ sämtlich in der gegebenen Menge E_w enthalten sind[1].

§ 5. Anwendung auf die konforme Abbildung der universellen Überlagerungsfläche eines schlichten Gebietes.

174. Über einem schlichten, mehrfach zusammenhängenden Gebiet G denken wir uns die einfach zusammenhängende Überlagerungsfläche G^∞ konstruiert (vgl. I, § 2). Nach dem allgemeinen RIEMANNschen Abbildungssatz B (I, § 2), kann diese Fläche durch eine linear polymorphe Funktion $x(z)$ auf die schlichte Kreisfläche $|x| < 1$ umkehrbar eindeutig und konform bezogen werden, sofern der triviale Fall ausgeschlossen wird, wo die Berandung Γ aus zwei isolierten Punkten besteht, und wo der Logarithmus die entsprechende Überlagerungsfläche nicht in den Einheitskreis, sondern in die punktierte Ebene abbildet.

Die Umkehrfunktion $z(x)$ ist für $|x| < 1$ automorph in bezug auf eine Gruppe von linearen Transformationen S, welche mittels endlich oder unendlich vieler Fundamentalsubstitutionen erzeugt werden können, je nachdem der Zusammenhang von G von endlicher oder unendlicher Ordnung ist (I, § 2).

---

[1] Verschärfungen der Sätze über die Randwerte von besonderen Klassen beschränkter und beschränktartiger Funktionen sind gegeben worden von O. FROSTMAN [4] und L. CARLESON [1]. Unter allgemeineren Voraussetzungen ist das Randverhalten meromorpher Funktionen von E. F. COLLINGWOOD und M. L. CARTWRIGHT [1] untersucht worden.

Wir treffen jetzt folgende Fallunterscheidung:

Das Gebiet G heißt *beschränktartig* oder *nichtbeschränktartig*, je nachdem die Abbildungsfunktion $z = z(x)$ beschränktartig oder nicht beschränktartig ist.

Es gilt dann das interessante Kriterium[1]:

Satz 1. *Das Gebiet G ist dann und nur dann beschränktartig, wenn seine Berandung Γ positives harmonisches Maß hat.*

Daß die automorphe Abbildungsfunktion $z(x)$ von beschränkter Charakteristik T ist, falls die Randpunktmenge Γ von positivem harmonischem Maß ist, folgt unmittelbar daraus, daß $z(x)$ für $|x| < 1$ keinen Punkt dieser Menge Γ annimmt, in Verbindung mit dem nachstehenden allgemeinen Satz, der einen speziellen Fall des Satzes in VI, § 4, S. 182, darstellt:

Falls eine für $|x| < 1$ meromorphe Funktion $z(x)$ eine Menge von Werten ausläßt, deren harmonisches Maß positiv ist, so ist sie beschränktartig.

Um den Beweis von Satz 1 zu Ende zu bringen, gilt es noch zu zeigen, daß die Randpunktmenge Γ von positivem harmonischem Maß ist, sobald die Charakteristik $T\big(r, z(x)\big)$ für $r < 1$ beschränkt ist.

Aus der Beschränktheit von T folgt gemäß dem ersten Hauptsatz, daß sämtliche der Funktion $z(x)$ zugeordnete Anzahlfunktionen $N(r, a)$ ebenfalls beschränkt sind. Wir nehmen einen beliebigen inneren Punkt a von G und bezeichnen durch x_1, x_2, ... dessen Bildpunkte im Einheitskreise $|x| < 1$. Aus der Beschränktheit von $N(r, a)$ ergibt sich (§ 1), daß die Summe

$$s(x) = \sum_{|x_\nu| < 1} \log \left| \frac{1 - \bar{x}_\nu\, x}{x - x_\nu} \right|$$

eine für $|x| < 1$ nichtnegative und harmonische Funktion von x ist, mit Ausnahme der Punkte x_ν, wo

$$s(x) = \log \frac{1}{|x - x_\nu|} + \text{stetige Funktion}.$$

Ferner ist $s(x)$ automorph in bezug auf die Gruppe der linearen Transformationen S, durch welche die Zweige der linear polymorphen Abbildungsfunktion $x(z)$ verbunden sind. Man bestätigt in der Tat, daß die Ausführung einer Transformation S auf die Variable x nur die Reihenfolge der Glieder der Summe verändert, und den Wert von $s(x)$ also unverändert beläßt.

Gehen wir nun durch die Substitution $x = x(z)$ zur z-Ebene über, so wird $s\big(x(z)\big)$ also eine in G *eindeutige* und harmonische Funktion sein, außer für $z = a$, wo s einen positiven logarithmischen Pol hat:

$$s\big(x(z)\big) = \log \frac{1}{|z - a|} + \text{stetige Funktion};$$

---

[1] R. Nevanlinna [*12*].

für $a = \infty$ hat man hier $\log \dfrac{1}{|z - a|}$ durch $\log |z|$ zu ersetzen. Schließlich gilt im ganzen Gebiet G $s \geqq 0$.

Hiermit haben wir die Existenz einer endlichen, nichtkonstanten, nichtnegativen und in jedem Punkt $z \neq a$ des Gebietes G harmonischen Funktion nachgewiesen. Hieraus folgt nun, daß die Randpunktmenge Γ positive Kapazität hat. Um dies einzusehen beschreibe man um den Pol $z = \bar{a}$ einen kleinen Kreis C_r vom Radius r und bezeichne mit m_r das Minimum von $s(x(z))$ auf der Kreisscheibe $|z - a| \leqq r$. Würde nun Γ vom harmonischen Maß Null sein, so könnte man das erweiterte Minimumprinzip von Nr. 120 in dem außerhalb von C_r liegenden Teilgebiet von G anwenden. Es würde dann $s \geqq m_r$ im ganzen Gebiete G sein, was andererseits wegen $m_r \to \infty$ für $r \to 0$ unmöglich ist. Dieser Widerspruch zeigt, daß Γ von positivem harmonischem Maß ist. Der Beweis ist hiermit vollendet.

175. In diesem Zusammenhang ist noch folgendes zu beachten: Die Funktion $s(x)$ hat als Logarithmus eines BLASCHKE-Produktes fast überall auf dem Rand $|x| = 1$ verschwindende radiale Grenzwerte. Da die zusammengesetzte Funktion $s(x(z))$ ferner in G harmonisch und nichtnegativ ist, und für $z = a$ unendlich wird wie $\log \dfrac{1}{|z - a|}$, so liegt die Vermutung nahe, daß sie identisch ist mit der GREENschen Funktion des Gebietes G. Daß dies tatsächlich der Fall ist, wird am einfachsten so bewiesen, daß man zeigt, daß $s(x(z))$ kleiner als jede andere in G nichtnegative und harmonische Funktion $u(z)$ ist, welche im Punkte a einen ähnlichen logarithmischen Pol hat; durch diese Extremaleigenschaft zeichnet sich ja die GREENsche Funktion aus (V, § 2, Nr. 103).

Sei also $u(z)$ eine derartige, von s verschiedene Funktion. Dann wird $u(z(x))$ in $|x| < 1$ harmonisch sein, mit Ausnahme der Punkte x_ν, wo u eine ähnliche Entwicklung hat wie $s(x)$. Die Differenz

$$u(z(x)) - \sum_{|x_\nu| < \varrho} \log \left| \frac{\varrho^2 - \bar{x}_\nu x)}{\varrho(x_\nu - x)} \right|$$

ist also für $|x| < \varrho < 1$ harmonisch; auf $|x| = \varrho$ ist sie offenbar nichtnegativ, und dasselbe gilt somit auch für $|x| < \varrho$. Durch den Grenzübergang $\varrho \to 1$ finden wir, daß auch der Grenzwert

$$u(z(x)) - s(x)$$

für $|x| < 1$ nichtnegativ ist. Tatsächlich ist er sogar positiv. Denn wenn er für einen Punkt x verschwinden würde, so folgt aus dem Minimumprinzip $u \equiv s$, was der Voraussetzung widerspricht. Also ist $u > s$, und s ist folglich die GREENsche Funktion von G.

Diese mittels der Abbildungsfunktion $x(z)$ der universellen Überlagerungsfläche gewonnene Produktdarstellung der GREENschen Funktion ist schon von POINCARÉ [2] gegeben worden[1].

---

[1] Vgl. hierzu auch P. J. MYRBERG [7].

176. Im Hilfssatz von Nr. 174 haben wir auf die Beschränktartigkeit einer für $|z| < 1$ meromorphen Funktion $w(z)$ geschlossen als eine Folge davon, daß die Funktion eine Wertmenge von positiver Kapazität ausläßt. Der zuletzt bewiesene Satz zeigt, daß dieses Resultat, insoweit es sich um das Maß der Ausnahmewerte handelt, nicht verschärft werden kann. In der Tat: falls Γ eine beliebige *harmonische Nullmenge* ist, so liefert die automorphe Funktion $z(x)$, die den Kreis $|x| < 1$ auf die universelle Überlagerungsfläche G^∞ des von Γ berandeten Gebietes G konform abbildet, ein Beispiel einer *nichtbeschränktartigen* Funktion, die keinen Wert der Menge Γ annimmt.

177. Wie verhält es sich nun mit der automorphen Abbildungsfunktion $z(x)$ auf dem Rande $|x| = 1$? Hierüber gilt der bemerkenswerte[1]

Satz 2. *Die Menge der Werte $\varphi\,(0 \leqq \varphi < 2\pi)$, für welche der Winkelgrenzwert*

$$z(e^{i\varphi}) = \lim_{x \to e^{i\varphi}} z(x) \tag{44}$$

existiert, hat das Maß 2π oder Null, je nachdem das Gebiet beschränktartig oder nichtbeschränktartig ist.

Der erste Teil der Behauptung ist eine unmittelbare Folgerung aus dem FATOUschen Satz. Um den zweiten Teil zu beweisen, bezeichnen wir, unter der Voraussetzung, daß G nichtbeschränktartig und die Randpunktmenge Γ also von der Kapazität Null ist, durch (φ) die Menge der Werte φ, für welche der Winkelgrenzwert (44) existiert. Nach einem allgemeinen Satz der Theorie der reellen Funktionen ist (φ) jedenfalls meßbar und wir können also das LEBESGUESCHE Integral $(x = r e^{i\varphi})$

$$u(x) = \frac{1}{2\pi} \int\limits_{(\varphi)} \frac{1 - r^2}{1 + r^2 - 2r\cos(\vartheta - \varphi)}\, d\vartheta$$

ansetzen. Wenn das Maß μ von (φ) zwischen Null und 2π liegt, so definiert u eine für $|x| < 1$ harmonische und beschränkte Funktion $(0 \leqq u \leqq 1)$, die nach dem FATOUschen Satz fast überall auf der Menge (φ) den radialen Grenzwert 1 hat. Da u für $x = 0$ den Wert

$$\frac{1}{2\pi} \int\limits_{(\varphi)} d\varphi = \frac{\mu}{2\pi} < 1$$

annimmt, so ist u andererseits nicht konstant gleich 1.

Übt man auf x eine Substitution S der zur Funktion $x(z)$ gehörigen Transformationsgruppe aus, so bleibt die der Menge (φ) entsprechende Punktmenge $(e^{i\varphi})$ *invariant*; denn wegen des automorphen Charakters von $z(x)$ hat diese Funktion für jedes φ der transformierten Menge $S(e^{i\varphi})$ einen Winkelgrenzwert, und da die Menge (φ) andererseits als die Gesamtheit der Werte φ definiert ist, für welche jener Grenzwert existiert, so müssen also die ursprüngliche und die transformierte Wertmenge (φ) übereinstimmen. Da das Differential des oben erwähnten

---

[1] R. NEVANLINNA [*12*].

Poissonschen Integrals überhaupt jeder linearen, den Einheitskreis erhaltenden Transformation gegenüber invariant ist (I, § 1), so schließt man, daß $u(x)$ ein in bezug auf die Gruppe (S) automorphes Potential ist.

Aus den oben zusammengestellten Eigenschaften von u ersieht man, daß die Funktion $u(x(z))$ im Gebiete G eindeutig, harmonisch und beschränkt ist, ohne konstant zu sein. Dies ist aber wegen Satz 2 (V, § 4) nicht möglich. Es kann also nicht $0 < \mu < 2\pi$ sein.

Um die Unmöglichkeit der Gleichheit $\mu = 2\pi$ nachzuweisen, überdecken wir die $z = \sigma + it$-Ebene durch das Netz der Quadrate $Q(m, n, p)$

$$\frac{m}{p} \leqq \sigma < \frac{m+1}{p}, \quad \frac{n}{p} \leqq t < \frac{n+1}{p} \quad (m, n = 0, \pm 1, \ldots),$$

und bezeichnen durch $(\varphi)_{mnp}$ die jedenfalls meßbare Teilmenge von (φ), für welche die Randwerte von $z(x)$ auf das Quadrat $Q(m, n, p)$ fallen; die Summe der Maße von $(\varphi)_{mnp}$, wo p gegeben ist und die m, n alle ganzen Zahlen durchlaufen, ist gleich dem Maß μ von (φ), welches jetzt gleich 2π angenommen ist. Wir lassen jetzt p die Werte 1, 2, ... durchlaufen, und behaupten, daß für mindestens *eine* endliche Wertkombination m, n, p das Maß der Menge $(\varphi)_{mnp}$ zwischen Null und 2π liegt.

Im entgegengesetzten Fall gibt es für jedes p *ein* wohlbestimmtes Quadrat Q_{mnp}, für welches das entsprechende Maß genau gleich 2π ist. Diese Quadrate sind ineinandergeschachtelt und haben also einen einzigen gemeinsamen Punkt z_0. Aus der Definition des Punktes z_0 folgt, daß die Werte φ, für welche der Randwert $z(e^{i\varphi})$ in den Kreisring $\frac{1}{n} \geqq |z - z_0| \geqq \frac{1}{n+1}$ fällt, eine *Nullmenge* bilden. Infolgedessen hat $z(x)$ fast überall auf dem Rand $|x| = 1$ den Grenzwert z_0. Daß dies zu einem Widerspruch führt, wird jetzt folgendermaßen eingesehen.

Unter der Annahme, daß G *mehr als drei* Randpunkte hat, fixieren wir drei solche, von z_0 verschiedene Punkte z_1, z_2, z_3, und konstruieren die universelle Überlagerungsfläche der dreifach punktierten Ebene $z \neq z_\nu\,(\nu = 1, 2, 3)$. Diese wird durch die inverse Funktion $w = w(z)$ der Modulfunktion auf den Einheitskreis $|w| < 1$ abgebildet. Wir fixieren für $x = 0$ einen beliebigen der Werte $w(z(0))$. Der so bestimmte Funktionszweig $w(z(x))$ ist, da $z(x)$ die kritischen Werte z_1, z_2, z_3 vermeidet, im Einheitskreis $|x| < 1$ unbeschränkt fortsetzbar und stellt also nach dem Monodromiesatz eine daselbst eindeutige Funktion dar, welche *beschränkt* ist und fast überall auf $|x| = 1$ einen Randwert $w = w(z_0)$ hat. Die Menge dieser Randwerte ist also *abzählbar*, was gemäß dem Rieszschen Satz die Konstanz von $w(z(x))$ zur Folge hat. Dies ist jedoch unmöglich, da sowohl $w(z)$ als $z(x)$ nicht konstant sind.

Vorausgesetzt, daß Γ mehr als drei Punkte enthält, haben wir also die Existenz eines Quadrates Q aufgezeigt, derart, daß die Menge der Werte φ, für welche die Randwerte von $z(x)$ auf Q fallen, ein zwischen 0 und 2π liegendes Maß hat. Nun können wir mit dieser Menge weiter, wie oben mit (φ) im Falle $0 < \mu < 2\pi$, verfahren und stoßen so auf den in Aussicht gestellten Widerspruch.

Hiermit ist der Nachweis dafür erbracht worden, daß die Randwerte von $z(x)$ höchstens für eine Nullmenge existieren, sofern G mindestens vier Punkte enthält.

Ist diese Bedingung nicht erfüllt, so haben wir es, da der triviale Fall, wo G höchstens zwei Punkte hat, ein für allemal ausgeschlossen wurde, mit der Modulfunktion $z(x)$ zu tun. Dieser Fall läßt sich am einfachsten so erledigen, daß man zwei von den drei Randpunkten von G als Windungspunkte einer zweiblättrigen, über die z-Ebene ausgebreiteten RIEMANNschen Fläche nimmt, und diese durch eine Quadratwurzeloperation auf die schlichte w-Ebene abbildet. Hierdurch wird die Modulfunktion in eine automorphe Funktion transformiert, die den Kreis $|x| < 1$ auf die universelle Überlagerungsfläche der *vierfach* punktierten w-Ebene konform abbildet. Der Beweis wird derart auf den oben behandelten Fall zurückgeführt.

178. Die Randwerte der Abbildungsfunktion liegen jedenfalls auf der Randpunktmenge Γ. Dies wird wie in dem früher (I, § 3) behandelten Spezialfall bewiesen. Ist nämlich z_0 ein innerer Punkt von G, so kann man um denselben eine ganz in G liegende Kreisscheibe K_0 abgrenzen. Die Bilder dieser Kreise liegen isoliert im Einheitskreise $|x| < 1$. Bewegt sich also der Punkt x stetig gegen den Rand $|x| = 1$, so muß der Bildpunkt $z = z(x)$ immer wieder aus dem Kreise K_0 heraustreten und kann also nicht gegen den Mittelpunkt z_0 konvergieren.

Auf eine nähere Untersuchung der Zuordnung zwischen den Randpunkten Γ und den Peripheriepunkten $|x| = 1$ soll hier nicht eingegangen werden [1].

VIII. Meromorphe Funktionen endlicher Ordnung.
§ 1. Ordnung einer meromorphen Funktion.

179. Wir hatten im Laufe der vorhergehenden Darstellung schon mehrmals Gelegenheit, zu bestätigen, daß der Grad der Transzendenz einer meromorphen Funktion sich im Anwachsen der Charakteristik $T(r)$ widerspiegelt. Faßt man diejenigen meromorphen Funktionen, für welche die Charakteristik von einer bestimmten Größenordnung ist, zu einer Klasse zusammen, so wird die Struktur der Funktionen einer solchen Klasse um so komplizierter sein, je höher jene Wachstumsordnung ist. So haben wir gefunden, daß die Funktionen, welche im Einheitskreis eine beschränkte Charakteristik haben, unter allen für $|z| < 1$ meromorphen Funktionen sich durch gewisse einfache Eigen-

---

[1] Unter Beachtung der oben bewiesenen Sätze, nach welchen eine beschränktartige Funktion fast überall Randwerte besitzt, die eine Menge positiver innerer Kapazität bilden, ist die Wertverteilung beschränktartiger Funktionen neuerdings von O. LEHTO [2] untersucht worden.

schaften auszeichnen. Sie haben z. B. fast überall auf der Peripherie $|z| = 1$ bestimmte Randwerte, während Entsprechendes für nicht-beschränktartige Funktionen i. a. nicht mehr gilt. Im Falle einer in der ganzen Ebene $z \neq \infty$ meromorphen Funktion hat wiederum die Beschränktheit der Charakteristik das Konstantwerden der Funktion zur Folge. Die rationalen Funktionen besitzen die Eigenschaft $T(r) = O(\log r)$, und für eine transzendente Funktion wächst das Verhältnis $T(r) : \log r$ für $r \to \infty$ über alle Grenzen[1].

180. Aus der Menge der transzendenten meromorphen Funktionen grenzt sich eine besondere Klasse durch gewisse charakteristische Eigenschaften natürlich ab; es ist dies die Klasse der meromorphen Funktionen von *endlicher Ordnung*. Um das Anwachsen einer solchen Funktion sogleich mit nötiger Präzision definieren zu können, sollen vorerst gewisse einfache Hilfsbegriffe zusammengestellt werden.

Sei $s(r)$ eine für $r > 0$ definierte, positive, monoton zunehmende Funktion von r. Wenn die obere Grenze

$$\varlimsup_{r = \infty} \frac{\log s(r)}{\log r} = \lambda$$

endlich ist, so heißt $s(r)$ *von der Ordnung r^λ* oder kürzer auch: *von der Ordnung λ*. Dies ist also dann und nur dann der Fall, wenn für jedes $\varepsilon > 0$

$$s(r) < r^{\lambda + \varepsilon}$$

für alle hinreichend großen Werte r, während

$$s(r) > r^{\lambda - \varepsilon}$$

für beliebig große Werte r gilt. Wenn jene obere Grenze unendlich ist, so ist $s(r)$ *von unendlicher Ordnung*.

Man teilt die Funktionen von der endlichen Ordnung λ in drei Unterklassen ein: $s(r)$ ist vom *Maximal-*, *Mittel-* oder *Minimaltypus*[2] der Ordnung λ, je nachdem die obere Grenze

$$\varlimsup_{r = \infty} \frac{s(r)}{r^\lambda}$$

unendlich, endlich und positiv, oder Null ist.

Es ist ferner zweckmäßig, den Minimaltypus einer positiven Ordnung λ näher zu differenzieren durch Unterscheidung der *Konvergenzklasse* und der *Divergenzklasse*[3], welche charakterisiert sind durch die Konvergenz bzw. Divergenz des Integrals

$$\int^{\infty} \frac{s(r)}{r^{\lambda+1}} \, dr. \tag{1}$$

Die Funktion $r^\lambda (\log r)^\mu$ z. B. ist für jedes μ von der Ordnung λ, und zwar für $\mu > 0$ vom Maximaltypus, für $\mu = 0$ vom Mitteltypus und für

<hr>

[1] Dies soll in § 2 des vorliegenden Abschnitts bewiesen werden.

[2] A. PRINGSHEIM [7], E. LINDELÖF [7]. Wir ziehen die von LINDELÖF vorgeschlagene Benennung „Mitteltypus" (type moyen) dem PRINGSHEIMschen Terminus „Normaltypus" vor.

[3] G. VALIRON [7].

$\mu < 0$ vom Minimaltypus; für $0 > \mu \geq -1$ gehört sie zur Divergenz-klasse, für $\mu < -1$ dagegen zur Konvergenzklasse.

Während also eine Funktion vom Minimaltypus nicht immer zur Konvergenzklasse gehört, gilt das Umgekehrte ausnahmslos. Ist nämlich das Integral (1) konvergent, so wird für $\varepsilon > 0$, sobald r hinreichend groß ist,

$$\varepsilon > \int\limits_r^\infty \frac{s(t)}{t^{\lambda+1}}\,dt \geq s(r)\int\limits_r^\infty \frac{dt}{t^{\lambda+1}} = \frac{s(r)}{\lambda\,r^\lambda}\,,$$

und $s(r)$ ist folglich vom Minimaltypus.

Unter Anwendung dieser Eigenschaft geht die Richtigkeit folgenden Kriteriums hervor.

Die Funktion $s(r)$ ist dann und nur dann von der Ordnung λ, wenn das Integral

$$\int\limits^\infty \frac{s(r)}{r^{\mu+1}}\,dr$$

für $\mu > \lambda$ konvergent, für $\mu < \lambda$ dagegen divergent ist.

Wir erklären jetzt:

Definition. *Eine für $z \neq \infty$ meromorphe Funktion ist von derselben Ordnung, demselben Typus und derselben Klasse wie ihre charakteristische Funktion $T(r)$.*

So ist z. B. tg$z$ von der Ordnung Eins, e^{-z^k} und seine in § 2 von Abschnitt VI betrachtete Integralfunktion von der Ordnung k, die doppelt-periodischen Funktionen sind von der Ordnung 2, und zwar sind diese Funktionen sämtlich vom Mitteltypus der betreffenden Ordnungen. Die Gamma-funktion und die RIEMANNsche Zetafunktion gehören dem Maximaltypus der Ordnung Eins an. Weitere Beispiele folgen in § 3 dieses Abschnitts.

181. Für eine *ganze transzendente Funktion* $w(z)$ lassen sich diese Begriffe ebensogut mit Hilfe des Logarithmus des *Maximalbetrages*

$$M(r) = \max_{|z|=r} |w(z)|$$

erklären. Für eine solche Funktion ist nämlich $N(r, \infty) \equiv 0$, und daher

$$T(r) = m(r, \infty) \equiv \frac{1}{2\pi}\int\limits_0^{2\pi} \overset{+}{\log}\,|w(r\,e^{i\varphi})|\,d\varphi \leq \log M(r)\,,$$

während andererseits für $z = r\,e^{i\varphi}$ und $r < \varrho$ [vgl. (1), Nr. 136]

$$\log|w(z)| = \frac{1}{2\pi}\int\limits_0^{2\pi} \log|w(\varrho\,e^{i\vartheta})|\,\frac{\varrho^2 - r^2}{\varrho^2 + r^2 - 2\varrho\,r\cos(\vartheta - \varphi)}\,d\vartheta$$

$$- \sum \log\left|\frac{\varrho^2 - a_\nu z}{\varrho(z - a_\nu)}\right|$$

$$\leq \frac{1}{2\pi}\int\limits_0^{2\pi} \overset{+}{\log}\,|w(\varrho\,e^{i\vartheta})|\,\frac{\varrho^2 - r^2}{\varrho^2 + r^2 - 2\varrho\,r\cos(\vartheta - \varphi)}\,d\vartheta$$

$$\leq \frac{\varrho + r}{\varrho - r}\,m(\varrho, \infty)\,,$$

also

$$T(r) \leq \log M(r) \leq \frac{\varrho + r}{\varrho - r}\, T(\varrho)\,.$$

Setzt man hier $r = \Theta \varrho\, (0 < \Theta < 1)$, so folgt:

Die Größen $T(r)$ und $\log M(r)$ sind für eine ganze Funktion von derselben Ordnung, demselben Typus und derselben Klasse.

Wegen der Invarianz der Charakteristik T gegenüber linearen Transformationen $S(w)$, ist die Ordnung (Typus, Klasse) einer meromorphen Funktion einer solchen Transformation gegenüber invariant.

Unter Anwendung der Relation (vgl. Nr. 142)

$$T(r, w_1 w_2) \leq T(r, w_1) + T(r, w_2)$$

folgt ferner, daß die Ordnung λ eines Produktes höchstens gleich der größeren Ordnung der Faktoren w_1 und w_2 ist. Dasselbe gilt wegen $T\left(r, \frac{1}{w_2}\right) = T(r, w_2) + O(1)$ auch für den Quotienten $w = \frac{w_1}{w_2}$. Sind nun w_1 und w_2 von *ungleicher* Ordnung λ_1 und λ_2 (und z. B. $\lambda_1 > \lambda_2$), so ist also $\lambda \leq \lambda_1$, und andererseits, da w_1 als Quotient (bzw. Produkt) der Funktionen w und w_2 geschrieben werden kann, auch $\lambda_1 \leq \max(\lambda, \lambda_2)$, so daß also $\lambda = \lambda_1$ sein muß.

Die Ordnung des Produktes (des Quotienten) von zwei meromorphen Funktionen w_1 und w_2 der Ordnung λ_1 bzw. λ_2 ist $\leq \max(\lambda_1, \lambda_2)$ und sicher gleich dieser Zahl, sobald $\lambda_1 \neq \lambda_2$.

Mittels der Beziehung $T(r, w_1 + w_2) \leq T(r, w_1) + T(r, w_2) + \log 2$ (vgl. S. 172) zeigt man ferner, daß Entsprechendes für *die Summe* $w_1 + w_2$ gilt.

Aus dem ersten Hauptsatz $T(r) \sim m(r, a) + N(r, a)$ schließt man, daß sowohl die Schmiegungsfunktion $m(r, a)$ wie die Anzahlfunktion $N(r, a)$ für jedes a höchstens von der Ordnung (Typus, Klasse) der gegebenen meromorphen Funktion $w(z)$ ist. Mindestens eine dieser Größen erreicht jene Ordnung; daß dies im allgemeinen, das heißt, für die große Majorität der a-Werte, für die *Anzahlfunktion* zutrifft, wird sich später ergeben. Was auf Grund der bisherigen Resultate uns vorläufig über die relative Größe der Komponenten m und N bekannt ist, ist vor allem im PICARDschen Satze enthalten, wonach $N(r, a)$ höchstens für *zwei* Werte a verschwinden kann, sofern vom trivialen Fall einer konstanten Funktion $w(z)$ abgesehen wird. Ferner zeigen die Ergebnisse von VI, § 4, daß die Größe N für „fast alle" Werte a den vollen Betrag der Charakteristik erreicht.

182. In welcher Art und Weise die Wachstumsschnelligkeit der Anzahlfunktion $N(r, a)$ mit der Verteilung der a-Stellen zusammenhängt, geht deutlicher hervor aus nachstehendem Hilfssatz.

Bezeichnen $r_1(a),\ r_2(a),\ \ldots$ die wachsend geordneten Beträge der *a-Stellen der meromorphen Funktion* $w(z)$, *so sind für* $\mu > 0$ *die drei Ausdrücke*

$$\int\limits^{\infty} \frac{N(r,a)}{r^{\mu+1}}\, dr, \quad \int\limits^{\infty} \frac{n(r,a)}{r^{\mu+1}}\, dr \quad \text{und} \quad \sum^{\infty} \left(\frac{1}{r_\nu(a)}\right)^{\mu} \tag{2}$$

gleichzeitig endlich oder unendlich.

Es ist nämlich erstens für $0 < r_0 < r$

$$\int\limits_{r_0}^{r} \frac{n(t,a)}{t^{\mu+1}}\, dt = \int\limits_{t=r_0}^{r} \frac{d\,N(t,a)}{t^{\mu}} = \frac{N(r,a)}{r^{\mu}} - \frac{N(r_0,a)}{r_0^{\mu}} + \mu \int\limits_{r_0}^{r} \frac{n(t,a)}{t^{\mu+1}}\, dt,$$

woraus unmittelbar hervorgeht, daß die Konvergenz des zweiten Integrals (2) die Konvergenz des ersten zur Folge hat. Wenn dieses Integral wieder konvergent ist, so gilt, wie oben bewiesen wurde, $N(r,a)\,r^{-\mu} \to 0$ für $r \to \infty$; die rechte Seite der obigen Beziehung ist also für $r \to \infty$ endlich, und dasselbe gilt somit für das zweite Integral (2), welche also mit dem ersten Integral gleichzeitig konvergent oder divergent ist.

Mittels der Beziehung

$$\sum_{r_0 < r_\nu \leqq r} \left(\frac{1}{r_\nu(a)}\right)^{\mu} = \int\limits_{t=r_0}^{r} \frac{d\,n(t,a)}{t^{\mu}} = \frac{n(r,a)}{r^{\mu}} - \frac{n(r_0,a)}{r_0^{\mu}} + \mu \int\limits_{r_0}^{r} \frac{n(t,a)}{t^{\mu+1}}\, dt$$

beweist man in entsprechender Weise, daß das zweite Integral und die Reihe in (2) entweder beide konvergent oder beide divergent sind, womit der Hilfssatz vollständig begründet ist.

Man schließt jetzt, daß die Ordnungen (Typen, Klassen) der Ausdrücke N und n dieselben sind und ferner, unter Anwendung des oben gegebenen Kriteriums:

Wenn die Ordnung der meromorphen Funktion $w(z)$ *gleich* λ *ist, so ist die Reihe*

$$\sum \left(\frac{1}{r_\nu(a)}\right)^{\mu} \tag{3}$$

für jedes a konvergent, sobald $\mu > \lambda$.

Wenn $w(z)$ *zur Konvergenzklasse der Ordnung* λ *gehört, so gilt dasselbe noch für* $\mu = \lambda$.

Wenn die Reihe (3) für einen gewissen Wert μ konvergent ist, so wird μ *Konvergenzexponent* der Zahlenfolge $r_\nu(a)$ genannt. Die untere Grenze der Konvergenzexponenten heißt *Grenzexponent*. Das obige Ergebnis besagt also, daß *der Grenzexponent der a-Stellen einer meromorphen Funktion höchstens gleich der Ordnung* λ *dieser Funktion ist. Falls diese zur Konvergenzklasse gehört, so ist der Grenzexponent gleichzeitig auch Konvergenzexponent, sofern er* $= \lambda$ *ist.*

Gibt es Fälle, wo der Grenzexponent der a-Stellen für irgendwelche Werte a *kleiner* als die Ordnung ausfällt? Daß dies für mindestens *zwei* Werte a zutreffen kann, zeigt uns das Beispiel

$$w(z) = w_1(z)\, e^{z^{\lambda}},$$

wo $\lambda > 0$ *ganzzahlig* und $w_1(z)$ eine beliebige meromorphe Funktion von einer Ordnung $\lambda_1 < \lambda$ ist. Das Produkt ist von der *höheren* Ordnung λ (vgl. oben S. 220). Die Funktion $w(z)$ hat aber mit $w_1(z)$ gemeinsame Nullstellen und Pole, und die Reihe (3) ist also für die zwei Werte $a = 0, \infty$ konvergent, sobald $\mu > \lambda_1$. Für diese Werte ist folglich der Grenzexponent kleiner als die Ordnung λ.

Daß andererseits die Anzahl solcher Ausnahmewerte nicht größer als zwei sein kann, folgt aus einer zuerst von Borel[1] gegebenen Erweiterung des Picardschen Satzes, welche im Abschnitt X bewiesen werden soll.

Die obige Funktion $w(z)$ war von *ganzzahliger* Ordnung. Für *nichtganzzahlige* endliche Ordnungen gelten noch einfachere Gesetze, welche in § 4 dieses Abschnitts besprochen werden sollen.

§ 2. Kanonische Darstellung einer meromorphen Funktion endlicher Ordnung.

183. Aus der Poisson-Jensenschen Formel läßt sich nach einem von F. Nevanlinna[2] angegebenen Verfahren eine in der ganzen punktierten Ebene gültige Darstellung einer meromorphen Funktion endlicher Ordnung als Quotient von zwei Weierstrassschen kanonischen Produkten herleiten.

Sei $w(z)$ eine meromorphe Funktion von endlicher Ordnung mit den Nullstellen a_μ und Polen b_ν $(\mu, \nu = 1, 2, \ldots)$. Es gibt dann eine endliche *ganze Zahl* $q \geqq 0$, so daß

$$\lim_{r=\infty} \frac{T(r)}{r^{q+1}} = 0. \tag{4}$$

Wir stellen $w(z)$ im Kreise $|z| \leqq \varrho$ dar durch die Poisson-Jensensche Formel (1') (VI, § 1) und finden dann nach $(q+1)$-maliger Differentiation[3]

$$D^{(q+1)} \log w(z) = \sum_{|a_\mu| < \varrho}' \frac{(-1)^q q!}{(z - a_\mu)^{q+1}} - \sum_{|b_\nu| < \varrho} \frac{(-1)^q q!}{(z - b_\nu)^{q+1}} + S_\varrho(z) + I_\varrho(z),$$

wo

$$S_\varrho(z) = q! \sum_{|a_\mu| < \varrho} \left(\frac{\bar{a}_\mu}{\varrho^2 - \bar{a}_\mu z} \right)^{q+1} - q! \sum_{|b_\nu| < \varrho} \left(\frac{\bar{b}_\nu}{\varrho^2 - \bar{b}_\nu z} \right)^{q+1}$$

$$I_\varrho(z) = \frac{(q+1)!}{2\pi} \int_0^{2\pi} \log|w(\varrho e^{i\vartheta})| \frac{2\varrho e^{i\vartheta} d\vartheta}{(\varrho e^{i\vartheta} - z)^{q+2}}.$$

184. Es wird sich zeigen, daß die Ausdrücke S_ϱ und I_ϱ für $\varrho \to \infty$ verschwinden. Für $|z| \leqq r < \varrho$ ist nämlich, da $|a_\mu| < \varrho$,

$$\left| \frac{\bar{a}_\mu}{\varrho^2 - \bar{a}_\mu z} \right| \leqq \frac{|a_\mu|}{\varrho^2 - |a_\mu| r} < \frac{1}{\varrho - r}$$

---

[1] E. Borel [1].   [2] F. Nevanlinna [1], R. Nevanlinna [4].
[3] Wir können den Anfangswert $w(0) \neq 0, \infty$ annehmen. Dies kann stets durch Division der Funktion w durch eine Potenz z^α erreicht werden.

und daher

$$\left| \sum \left(\frac{\bar{a}_\mu}{\varrho^2 - \bar{a}_\mu z} \right)^{q+1} \right| \leqq \frac{n(\varrho,0)}{(\varrho-r)^{q+1}} = \frac{n(\varrho,0)}{\varrho^{q+1}} \left(\frac{1}{1-\dfrac{r}{\varrho}} \right)^{q+1}$$

Hier ist

$$n(\varrho,0) = n(\varrho,0) \int\limits_\varrho^{e\varrho} \frac{dt}{t} \leqq \int\limits_\varrho^{e\varrho} \frac{n(t,0)}{t}\, dt \leqq N(e\varrho,0) < T(e\varrho) + O(1),$$

woraus vermöge der Voraussetzung (4)

$$\frac{n(\varrho,0)}{\varrho^{q+1}} \to 0 \quad \text{für} \quad \varrho \to \infty$$

folgt.

Die zweite im Ausdrucke S_ϱ stehende, von den Polen b_ν herrührende Summe läßt sich auf ähnliche Weise abschätzen, und es ergibt sich also, daß $S_\varrho(z)$ für $\varrho \to \infty$ verschwindet, und zwar gleichmäßig für $|z| \leqq r$.

Für den Ausdruck I_ϱ gilt für $|z| \leqq r < \varrho$

$$|I_\varrho(z)| \leqq \frac{(q+1)!\,\varrho}{\pi(\varrho-r)^{q+2}} \int\limits_0^{2\pi} \left| \log|w(\varrho\,e^{i\vartheta})| \right| d\vartheta = \frac{2(q+1)!}{\left(1-\dfrac{r}{\varrho}\right)^{q+2}} \frac{m(\varrho,0) + m(\varrho,\infty)}{\varrho^{q+1}}$$

$$< \frac{4(q+1)!}{\left(1-\dfrac{r}{\varrho}\right)^{q+2}} \frac{T(\varrho) + O(1)}{\varrho^{q+1}},$$

und es wird gleichmäßig für $|z| \leqq r$

$$I_\varrho(z) \to 0 \quad \text{für} \quad \varrho \to \infty.$$

Zusammenfassend wird

$$D^{(q+1)} \log w(z) = (-1)^{q+1} q! \lim_{\varrho=\infty} \left\{ \sum_{|b_\nu|<\varrho} \left(\frac{1}{z-b_\nu} \right)^{q+1} - \sum_{|a_\mu|<\varrho} \left(\frac{1}{z-a_\mu} \right)^{q+1} \right\},$$

woraus nach $(q+1)$-maliger Integration, welche wegen der Gleichmäßigkeit der Konvergenz rechts gliedweise ausgeführt werden kann, schließlich

$$\log w(z) = \sum_0^q c_\nu z^\nu + \lim_{\varrho=\infty} \left\{ \sum_{|a_\mu|<\varrho} \left[\log\left(1 - \frac{z}{a_\mu}\right) + \frac{z}{a_\mu} + \cdots + \frac{1}{q}\left(\frac{z}{a_\mu}\right)^q \right] \right.$$

$$\left. - \sum_{|b_\nu|<\varrho} \left[\log\left(1 - \frac{z}{b_\nu}\right) + \frac{z}{b_\nu} + \cdots + \frac{1}{q}\left(\frac{z}{b_\nu}\right)^q \right] \right\}.$$

Hier ist $\nu!\, c_\nu = D^{(\nu)} \log w(0)$. Wir haben also das Ergebnis:

Es sei $w(z)$ eine meromorphe Funktion endlicher Ordnung mit den Nullstellen $a_1, a_2, \ldots$ und den Polen $b_1, b_2, \ldots$. Sei ferner $T(r)$ ihre Charakteristik und q eine so große ganze Zahl, daß

$$\lim_{r=\infty} \frac{T(r)}{r^{q+1}} = 0.$$

Unter diesen Bedingungen hat $w(z)$ *die in jedem endlichen Gebiete der Ebene gleichmäßig konvergente Darstellung*

$$w(z) = z^{\alpha}\, e^{\sum\limits_{0}^{q} c_{\nu} z^{\nu}} \cdot \lim_{\varrho=\infty} \frac{\prod\limits_{|a_{\mu}|<\varrho}\left(1-\dfrac{z}{a_{\mu}}\right) e^{\frac{z}{a_{\mu}}+\cdots+\frac{1}{q}\left(\frac{z}{a_{\mu}}\right)^{q}}}{\prod\limits_{|b_{\nu}|<\varrho}\left(1-\dfrac{z}{b_{\nu}}\right) e^{\frac{z}{b_{\nu}}+\cdots+\frac{1}{q}\left(\frac{z}{b_{\nu}}\right)^{q}}} \tag{5}$$

wo α *eine ganze Zahl ist*[1].

185. Die obigen Annahmen genügen noch nicht, um die Konvergenz der *einzelnen*, im Zähler und Nenner stehenden kanonischen Produkte zu sichern. Hierfür ist nämlich die Konvergenz der Reihen

$$\sum \left|\frac{1}{a_{\mu}}\right|^{q+1} \quad \text{und} \quad \sum \left|\frac{1}{b_{\nu}}\right|^{q+1} \tag{6}$$

erforderlich, oder was gleichbedeutend ist, die Konvergenz der Integrale

$$\int^{\infty} \frac{N(r,a)}{r^{q+2}}\, dr \qquad\qquad (a=0,\infty)$$

Die Voraussetzung (4) dagegen sagt nur aus, daß $T(r)$ und somit auch $N(r,a)$ höchstens vom Minimaltypus der Ordnung $q+1$ ist.

Gehört aber $T(r)$ höchstens der *Konvergenzklasse* der Ordnung $q+1$ an, d. h. ist das Integral

$$\int^{\infty} \frac{T(r)}{r^{q+2}}\, dr$$

konvergent, so sind beide Reihen (6), und daher auch die entsprechenden kanonischen Produkte absolut und für jedes $|z| \leqq r$ gleichmäßig konvergent.

Wenn das Integral

$$\int^{\infty} \frac{T(r)}{r^{q+2}}\, dr \tag{7}$$

konvergent ist, so hat man

$$w(z) = z^{\alpha}\, e^{\sum\limits_{0}^{q} c_{\nu} z^{\nu}} \frac{\prod\limits^{\infty} E\left(\dfrac{z}{a_{\mu}}, q\right)}{\prod\limits^{\infty} E\left(\dfrac{z}{b_{\nu}}, q\right)}, \tag{8}$$

wo E *den Primfaktor von* WEIERSTRASS

$$E(u,q) = (1-u)\, e^{u+\frac{u^{2}}{2}+\cdots+\frac{u^{q}}{q}}$$

bezeichnet.

---

[1] Dieser Satz zeigt, daß die Beziehung $T(r) = O(\log r)$ nicht nur eine notwendige, sondern auch eine hinreichende Bedingung dafür ist, daß eine meromorphe Funktion w sich auf eine rationale Funktion reduziert (vgl. VI, § 2, Nr. 142). Aus jener Beziehung folgt nämlich, daß (4) mit $q=0$ erfüllt ist. Da $N(r,0)$ und $N(r,\infty)$ nach dem ersten Hauptsatz ebenfalls von der Ordnung $O(\log r)$ sind, so ist die Nullstellen- und Polanzahl *endlich*, und der Ausdruck rechts in (5) wird eine *rationale* Funktion.

Diese kanonische Darstellung zeigt, daß eine meromorphe Funktion endlicher Ordnung bis auf einen Exponentialfaktor

$$e^{P(z)},$$

wo P ein Polynom ist, durch ihre Nullstellen und Pole bestimmt ist. Die asymptotischen Eigenschaften der Funktion hängen also wesentlich von der Verteilung jener zwei Stellensorten ab. Um diesen Zusammenhang aufzuklären, müssen wir die Beziehungen zwischen dem Anwachsen und der Nullstellendichte eines kanonischen Produktes einem näheren Studium unterziehen.

§ 3. Einige Eigenschaften der kanonischen Produkte.

186. Zur Abschätzung des absoluten Betrages eines kanonischen Produktes soll der WEIERSTRASSsche Primfaktor $E(u, q)$ zunächst untersucht werden. Falls $q = 0$ ist, so haben wir einfach die evidente Beziehung

$$\log |E(u, 0)| \leqq \log(1 + |u|) \tag{9}$$

zu benutzen.

Ist dagegen $q \geqq 1$, so gilt für $|u| \leqq \dfrac{q}{q+1}$

$$\log |E(u, q)| \leqq \sum_{q+1}^{\infty} \frac{|u|^{\nu}}{\nu} \leqq \frac{|u|^{q+1}}{q+1} (1 + |u| + \cdots) = \frac{|u|^{q+1}}{q+1} \frac{1}{1 - |u|}$$

$$\leqq |u|^{q+1}.$$

Für $|u| > \dfrac{q}{q+1}$ ist wiederum, wegen $\log(1 + |u|) < |u|$,

$$\log |E(u, q)| \leqq |u|^q \left(\frac{1}{q} + \frac{1}{q-1} \left| \frac{1}{u} \right| + \cdots + \frac{1}{2} \left| \frac{1}{u} \right|^{q-2} + 2 \left| \frac{1}{u} \right|^{q-1} \right)$$

$$\leqq |u|^q \left[2 \left(1 + \frac{1}{q} \right)^{q-1} + \sum_{\nu=2}^{q} \frac{1}{\nu} \left(1 + \frac{1}{q} \right)^{q-\nu} \right]$$

$$\leqq |u|^q \left(1 + \frac{1}{q} \right)^q \left(2 + \sum_{2}^{q} \frac{1}{\nu} \right) \leqq e(2 + \log q)|u|^q$$

$$\leqq \frac{|u|^{q+1}}{1 + |u|} 3e(2 + \log q).$$

Diese obere Schranke ist aber für $|u| \leqq \dfrac{q}{q+1}$ größer als $|u|^{q+1}$, wir haben also den[1]

Satz. *Der* WEIERSTRASSsche *Primfaktor genügt für* $q \geqq 1$ *der Ungleichung*

$$\log |E(u, q)| \leqq \frac{p|u|^{q+1}}{1 + |u|}, \tag{10}$$

wo

$$p = 3e(2 + \log q).$$

---

[1] Vgl. E. BOREL [7], G. VALIRON [3].

187. Sei nun a_1, a_2, ..., a_ν, ... eine nach wachsenden Beträgen geordnete Folge von Zahlen derart, daß die Reihe

$$\sum^{\infty} \left| \frac{1}{a_\nu} \right|^q,$$

wo q eine ganze Zahl ist, divergent ist, während die Reihe

$$\sum^{\infty} \left| \frac{1}{a_\nu} \right|^{q+1}$$

konvergiert. Unter diesen Voraussetzungen ist das unendliche Produkt

$$\prod^{\infty} E\left(\frac{z}{a_\nu}, q \right)$$

in jedem endlichen Bereich der Ebene gleichmäßig konvergent und stellt also eine für $z = a_\nu$ verschwindende ganze Funktion dar. Die ganze Zahl q wird das *Geschlecht* des kanonischen Produktes genannt.

Bezeichnet $n(r)$ die Anzahl der im Kreise $|z| \leqq r$ liegenden Nullstellen a_ν, so sind die Integrale

$$\int^{\infty} \frac{n(r)}{r^{\mu+1}} \, dr \quad \text{und} \quad \int^{\infty} \frac{N(r)}{r^{\mu+1}} \, dr$$

für $\mu = q$ divergent und für $\mu = q + 1$ konvergent. Die *Ordnung* λ der Größen $n(r)$ und $N(r)$, welche gleich dem Grenzexponenten der Zahlenfolge $|a_\nu|$ ist, liegt im Intervalle $q \leqq \lambda \leqq q + 1$, und die Ordnung des kanonischen Produkts, d. h. die Ordnung seiner Charakteristik $T(r)$ oder auch der Größe $\log M(r)$, ist also *mindestens gleich* λ.

Wir gehen jetzt dazu über, den Betrag des kanonischen Produktes nach oben abzuschätzen. Unter Anwendung des Hilfssatzes (10) findet man für $q \geqq 1$

$$\log M(r) \leqq p \sum_1^{\infty}{}' \frac{r^{q+1}}{|a_\nu|^q(|a_\nu| + r)} = p r^{q+1} \int\limits_{t=0}^{\infty} \frac{d\,n(t)}{t^q(t + r)}$$

$$= p r^{q+1} \int\limits_0^{\infty} \frac{q r + (q + 1)t}{t^{q+1}(t + r)^2} \, n(t) \, dt$$

$$\leqq p(q + 1) r^{q+1} \int\limits_0^{\infty} \frac{n(t)\,dt}{t^{q+1}(t + r)}$$

$$\leqq p(q + 1) r^q \left(\int\limits_0^{r} \frac{n(t)}{t^{q+1}} \, dt + r \int\limits_r^{\infty} \frac{n(t)}{t^{q+2}} \, dt \right).$$

Die letzte obere Schranke ist auch im Falle $q = 0$ brauchbar, wie man leicht bestätigt, wenn man bei der obigen Abschätzung von der Beziehung (9) ausgeht. Zusammenfassend gilt demnach:

Der Maximalbetrag $M(r)$ eines kanonischen Produktes vom Geschlecht q genügt der Ungleichung

$$\log M(r) < k r^q \left(\int_0^r \frac{n(t)}{t^{q+1}}\, dt + r \int_r^\infty \frac{n(t)}{t^{q+2}}\, dt \right), \tag{11}$$

wo $k = 3e(q+1)(2+\log q)$.

188. Diese Ungleichung zeigt, daß die Ordnung von $\log M(r)$ nicht höher als die Ordnung von $n(r)$ sein kann, und da auch das Umgekehrte besteht, so hat man also das Ergebnis:

Die Ordnung eines kanonischen Produktes von endlichem Geschlecht stimmt mit der Ordnung seiner Nullstellenanzahl $n(r)$ überein.

Was nun den Typus und die Klasse des Produkts betrifft, so hat man hier zwei Fälle zu unterscheiden, je nachdem die Ordnung λ ganzzahlig oder nichtganzzahlig ist. Wir fassen zuerst den letztgenannten Fall $q < \lambda < q+1$ ins Auge. Man bestätigt dann unmittelbar an Hand der Beziehung (11), daß $\log M(r)$ nicht von höherem Typus als $n(r)$ sein kann. Dasselbe gilt aber auch für die Klasse, denn man hat den Satz[1]:

Für ein kanonisches Produkt nichtganzzahliger Ordnung λ sind die Integrale

$$\int^\infty \frac{\log M(r)}{r^{\lambda+1}}\, dr \quad und \quad \int^\infty \frac{n(r)}{r^{\lambda+1}}\, dr \tag{12}$$

gleichzeitig konvergent oder divergent.

Mit Rücksicht auf die Resultate von § 1 genügt es zu beweisen, daß die Konvergenz des zweiten Integrals die Konvergenz des ersten Integrals nach sich zieht. Dies ergibt sich in der Tat als eine leichte Folgerung der Beziehung (11), welche wir in der Form

$$\log M(r) < k\big(\varphi(r) + \psi(r)\big) \tag{13}$$

schreiben, mit

$$\varphi(r) = r^q \int_0^r \frac{n(t)}{t^{q+1}}\, dt, \qquad \psi(r) = r^{q+1} \int_r^\infty \frac{n(t)}{t^{q+2}}\, dt.$$

Es ist nämlich

$$\int_0^r \frac{\varphi(t)}{t^{\lambda+1}}\, dt = -\frac{1}{\lambda-q}\, \frac{1}{r^{\lambda-q}} \int_0^r \frac{n(t)}{t^{q+1}}\, dt + \frac{1}{\lambda-q} \int_0^r \frac{n(t)}{t^{\lambda+1}}\, dt,$$

woraus zu sehen ist, daß das Integral

$$\int^\infty \frac{\varphi(r)}{r^{\lambda+1}}\, dr$$

konvergent ist, sofern das zweite Integral (12) endlich ist.

---

[1] G. Valiron [7].

Unter derselben Voraussetzung ist

$$\int\limits_0^r \frac{\psi(t)}{t^{\lambda+1}}\,dt = \frac{r^{q+1-\lambda}}{q+1-\lambda}\int\limits_r^\infty \frac{n(t)}{t^{q+2}}\,dt + \frac{1}{q+1-\lambda}\int\limits_0^r \frac{n(t)}{t^{\lambda+1}}\,dt.$$

Die Größe $n(r)$ ist aber vom Minimaltypus der Ordnung λ, und der Ausdruck rechts strebt also für $r \to \infty$ gegen einen endlichen Grenzwert. Es folgt hieraus die Konvergenz des Integrals

$$\int\limits^\infty \frac{\psi(r)}{r^{\lambda+1}}\,dr$$

und weiter, mit Rücksicht auf (13), die behauptete Endlichkeit des Integrals

$$\int\limits^\infty \frac{\log M(r)}{r^{\lambda+1}}\,dr.$$

Die Typen und die Klassen der Größen $\log M(r)$ *und* $n(r)$ *sind für ein kanonisches Produkt nichtganzzahliger Ordnung einander gleich.*

189. Dieser Satz gilt nicht ausnahmslos für ganzzahlige Ordnungen. Daß hier eine Erhöhung des Typus oder der Klasse von $\log M(r)$ im Vergleich zu $n(r)$ möglich ist, soll jetzt durch ein Beispiel gezeigt werden.

Es seien λ eine positive, α eine beliebige reelle Zahl und

$$\varphi(r;\lambda,\alpha) \equiv r^\lambda (\log r)^\alpha. \tag{14}$$

Für $r \geqq e^{\frac{|\alpha|}{\lambda}}$ ist φ mit r monoton wachsend. Schränken wir die Variabilität des Parameters r auf $r \geqq r_0 > e^{2\pi + \frac{|\alpha|}{\lambda}}$ ein, so wird also die Gleichung

$$\varphi(r) = v$$

für jede ganze Zahl $v \geqq v_0 = [\varphi(r_0) + 1]$ eine wohlbestimmte Wurzel r_v haben[1]; sei noch $r_1 = \cdots = r_{v_0-1} = r_{v_0}$.

Um das Anwachsen der monotonen Zahlenfolge $r_1, r_2, \ldots$ zu untersuchen, bemerke man, daß die Anzahl der Werte r_v, welche den Wert $r \geqq r_1$ nicht übersteigen, gleich

$$n(r) = [\varphi(r)]$$

ist. Da die Differenz $\varphi - n$ demnach höchstens den Betrag 1 hat, so sind die Integrale

$$\int\limits^\infty \frac{n(r)}{r^{\mu+1}}\,dr \quad \text{und} \quad \int\limits^\infty \frac{\varphi(r;\lambda,\alpha)}{r^{\mu+1}}\,dr$$

für jedes $\mu > 0$ gleichzeitig konvergent oder divergent. Also ist das erste Integral und somit die Reihe

$$\sum_{v=1}^\infty \left(\frac{1}{r_v}\right)^\mu$$

---

[1] Wie üblich bezeichnet $[a]$ die größte ganze Zahl $\leqq a$.

für $\mu > \lambda$ konvergent und für $\mu < \lambda$ divergent. Für $\mu = \lambda$ tritt Konvergenz oder Divergenz ein, je nachdem $\alpha < -1$ oder $\alpha \geqq -1$ ist. Die *größte ganze Zahl* q, für welche Divergenz stattfindet, ist also gleich $q = [\lambda]$, falls λ nichtganzzahlig, α beliebig oder falls λ ganzzahlig, $\alpha \geqq -1$ ist. Dagegen wird $q + 1 = \lambda$ sein, falls λ ganzzahlig und $\alpha < -1$ ist.

190. Mit den derart bestimmten Zahlen q und r_ν setzen wir nun das kanonische Produkt vom Geschlechte q

$$f(z; \lambda, \alpha) = \prod_{\nu=1}^{\infty} E\left(-\frac{z}{r_\nu}, q\right)$$

an. Um das asymptotische Verhalten dieser in den Punkten $-r_\nu$ der negativen reellen Achse verschwindenden ganzen Funktion zu untersuchen, schneiden wir die Ebene von $-r_1$ bis $-\infty$ geradlinig auf. Nimmt man im Ausdruck

$$\log f = \sum_{\nu=1}^{\infty} \log E\left(-\frac{z}{r_\nu}, q\right)$$

überall denjenigen Zweig des Logarithmus, welcher für $z = 0$ verschwindet, so ist $\log f(z; \lambda, \alpha)$ hierdurch als eine in der aufgeschnittenen Ebene D reguläre und eindeutige Funktion definiert.

Es gilt

$$\log f(z; \lambda, \alpha) = \int_{t=r_1}^{\infty} \log E\left(-\frac{z}{t}, q\right) dn(t) = -\int_{r_1}^{\infty} n(t) \, d \log E\left(-\frac{z}{t}, q\right)$$
$$= (-1)^q z^{q+1} \int_{r_1}^{\infty} \frac{n(t)}{t^{q+1}} \frac{dt}{t+z}, \tag{15}$$

und da $n(t) \sim \varphi$, so wird das asymptotische Verhalten von $\log f$, wie später genau bewiesen werden soll, von den asymptotischen Eigenschaften des Integrals

$$I(z; \lambda, \alpha) = \int_{r_1}^{\infty} \frac{\varphi(t)}{t^{q+1}} \frac{dt}{t+z}$$

im wesentlichen bestimmt.

Eine vorbereitende Abschätzung für den Betrag dieses Integrals wird uns nötig sein. Schränkt man den Punkt z auf den Winkelraum

$$|\arg z| \leqq \pi - \delta \qquad (0 < \delta < \pi) \tag{W}$$

ein, so wird $|t + z|$ mindestens gleich der größeren der Zahlen $t \sin \delta$ und $|z| \sin \delta$ sein, und jedenfalls

$$|t + z| \geqq \frac{\sin \delta}{2} (t + |z|).$$

Folglich ist in (W) für $|z| = r$

$$|I(z; \lambda, \alpha)| \leqq \frac{2}{\sin \delta} \int_{r_1}^{\infty} \frac{\varphi(t)}{t^{q+1}} \frac{dt}{t+r}.$$

Ferner ergibt sich für $r > r_1$

$$\int_{r_1}^{\infty} \frac{\varphi(t; \lambda, \alpha)}{t^{q+1}} \frac{dt}{t+r} \leq \frac{1}{r} \int_{r_1}^{r} \frac{\varphi\, dt}{t^{q+1}} + \int_{r}^{\infty} \frac{\varphi\, dt}{t^{q+2}}.$$

Durch partielle Integration wird für $\lambda > q$

$$(\lambda - q) \int_{r_1}^{r} \frac{\varphi(t; \lambda, \alpha)}{t^{q+1}}\, dt = r^{\lambda - q}(\log r)^{\alpha} - r_1^{\lambda - q}(\log r_1)^{\alpha} - \alpha \int_{r_1}^{r} \frac{\varphi(t; \lambda, \alpha - 1)}{t^{q+1}}\, dt.$$

Da das linksstehende Integral voraussetzungsgemäß für $r \to \infty$ unbeschränkt wächst und der Ausdruck $\varphi(t; \lambda, \alpha - 1)$ für $t \to \infty$ im Vergleich mit $\varphi(t; \lambda, \alpha)$ verschwindend klein wird, so ist auch das rechtsstehende Integral im Vergleich mit dem linksstehenden unendlich klein, und es wird also

$$\int_{r_1}^{r} \frac{\varphi(t; \lambda, \alpha)}{t^{q+1}}\, dt \sim \frac{r^{\lambda - q}}{\lambda - q}(\log r)^{\alpha} = \frac{\varphi(r; \lambda, \alpha)}{(\lambda - q)\, r^{q}}.$$

Eine ähnliche Betrachtung lehrt, daß für $\lambda < q + 1$

$$\int_{r}^{\infty} \frac{\varphi(t; \lambda, \alpha)}{t^{q+2}}\, dt \sim \frac{\varphi(r; \lambda, \alpha)}{(q + 1 - \lambda)\, r^{q+1}},$$

und es wird also zusammenfassend im Winkelraume W

$$I(z; \lambda, \alpha) = O(\varphi(r; \lambda, \alpha) r^{-q-1}) \tag{16}$$

für $q < \lambda < q + 1$.

Für $\lambda = q$, $\alpha > -1$[1] wird

$$\int_{r_1}^{r} \frac{\varphi\, dt}{t^{q+1}} \sim \frac{(\log r)^{\alpha+1}}{\alpha + 1}, \qquad \int_{r}^{\infty} \frac{\varphi\, dt}{t^{q+2}} \sim \frac{(\log r)^{\alpha}}{r}$$

und

$$I(z; q, \alpha) = O\left(\frac{(\log r)^{\alpha+1}}{r}\right). \tag{16'}$$

Schließlich findet man für $\lambda = q + 1$, $\alpha < -1$

$$I(z; q + 1, \alpha) = O((\log r)^{\alpha+1}). \tag{16''}$$

Durch eine ähnliche Schlußweise läßt sich auch das Integral

$$\int_{r_1}^{\infty} \frac{n(t) - \varphi(t; \lambda, \alpha)}{t^{q+1}} \frac{dt}{t + z}$$

abschätzen, unter Beachtung der Beziehung $|n - \varphi| \leq 1$. Dieser Ausdruck ist für $q > 0$ höchstens von der Größenordnung $O\left(\frac{1}{r}\right)$ und für

---

[1] Der Wert $\alpha = -1$ würde eine besondere Behandlung erfordern, weshalb wir ihn der Kürze wegen im folgenden ausschließen.

$q = 0$ von der Ordnung $O\left(\frac{\log r}{r}\right)$. Führt man dies in (15) ein, so wird also im Winkelraum W

$$\log f(z; \lambda, \alpha) = (-1)^q z^{q+1} I(z; \lambda, \alpha) + O(|z|^q + \log|z|). \qquad (17)$$

191. Um jetzt eine genauere Entwicklung des Integrals $I(z; \lambda, \alpha)$ zu finden, betrachten wir die Funktion $\varphi(t; \lambda, \alpha)$ für komplexwertige t und beschränken uns hierbei auf dasjenige Gebiet D_1 der t-Ebene, welches aus dem Kreisäußeren $|t| > r_1$ entsteht, wenn dieses Gebiet von r_1 bis ∞ längs der positiven reellen Achse aufgeschlitzt wird. Auf dem oberen Schnittrand wählen wir $\arg t = 0$ und φ reell; hierdurch ist ein in D_1 eindeutiger Funktionszweig festgelegt, und es ist, sofern der Punkt z außerhalb des Strahls $(-r_1, -\infty)$ liegt, nach dem CAUCHYschen Lehrsatz

$$(-1)^{q+1} \frac{2\pi i\, \varphi(-z; \lambda, \alpha)}{z^{q+1}} = \int_\Gamma \frac{\varphi(t; \lambda, \alpha)}{t^{q+1}} \frac{dt}{t+z},$$

wobei die Integration im positiven Sinn um den Rand Γ von D_1 auszuführen ist[1].

Man hat

$$\int_\Gamma = \int_{r_1}^\infty \frac{\varphi}{t^{q+1}} \frac{dt}{t+z} - \int_{r_1}^\infty \frac{\varphi_1}{t^{q+1}} \frac{dt}{t+z} + \int_{|z|=r_1}, \qquad (18)$$

wo

$$\varphi_1(t; \lambda, \alpha) = \varphi(t e^{2\pi i}; \lambda, \alpha) = e^{2\pi i\lambda}(\log t + 2\pi i)^\alpha t^\lambda$$

$$= e^{2\pi i\lambda} \varphi(t; \lambda, \alpha)\left(1 + \frac{2\pi i}{\log t}\right)^\alpha$$

den Wert von φ auf dem unteren Schnittrand bezeichnet. Da $\log t > \log r_1$ und $r_1 \geqq r_0 > e^{2\pi + \frac{|\alpha|}{\lambda}}$ (vgl. Nr. 189), so hat man

$$\left(1 + \frac{2\pi i}{\log t}\right)^\alpha = 1 + \frac{2\pi\alpha i}{\log t} + \frac{\psi(t)}{(\log t)^2},$$

wo $\psi(t)$ für $r_1 \leqq t$ *beschränkt* ist, und es wird also, da das letzte Glied in (18) von der Größenordnung $O\left(\frac{1}{|z|}\right)$ ist,

$$\left.\begin{aligned}
2\pi i \frac{\varphi(-z; \lambda, \alpha)}{(-z)^{q+1}} &= I(z; \lambda, \alpha)(1 - e^{2\pi i\lambda}) - 2\pi\alpha i e^{2\pi i\lambda} I(z; \lambda, \alpha - 1) \\
&\quad - e^{2\pi i\lambda} \int_{r_1}^\infty \frac{\varphi(t; \lambda, \alpha - 2)\psi(t)}{t^{q+1}(t+z)}\, dt + O\left(\frac{1}{|z|}\right).
\end{aligned}\right\} \qquad (19)$$

Sei nun $q < \lambda < q + 1$. Unter Anwendung der vorbereitenden Abschätzung (16) folgt, daß das Integral rechts in (19) und der Ausdruck

---

[1] Man hat zuerst diesen Satz in demjenigen Teil von D_1 anzuwenden, der innerhalb $|t| = R > r_1$ liegt; für $R \to \infty$ wird dann der diesem Kreis entsprechende Teil des Integrals verschwinden. Dies gilt auch für $\lambda = q + 1$, sofern nur $\alpha < 0$ ist, was für das Folgende wichtig ist.

$I(z; \lambda, \alpha - 1)$ in W von der Größenordnung $O(|z|^{-q-1}\varphi(|z|; \lambda, \alpha - 1))$ sind, und es wird also, da diese Größen somit im Vergleich mit dem Ausdruck links in (19) verschwindend klein sind,

$$I(z; \lambda, \alpha) \sim - \frac{\pi e^{-\pi i \lambda}}{\sin \pi \lambda} \frac{\varphi(-z; \lambda, \alpha)}{(-z)^{q+1}} \sim \frac{\pi z^{\lambda-q-1}(\log z)^{\alpha}}{\sin \pi \lambda}(-1)^q,$$

wo $|\arg z| \leqq \pi - \delta$ zu nehmen ist.

Im Falle $\lambda = q$ wird das erste Glied rechts in (19) verschwinden. Ersetzt man dann α durch $\alpha + 1$, so wird für $\alpha + 1 > 0$

$$I(z; \lambda, \alpha) \sim \frac{(-1)^q}{\alpha + 1} \frac{\varphi(-z; \lambda, \alpha + 1)}{z^{q+1}} \sim \frac{(\log z)^{\alpha+1}}{(\alpha + 1)z}.$$

Für $\lambda = q + 1$, $\alpha + 1 < 0$ erhält man schließlich

$$I(z; \lambda, \alpha) \sim - \frac{(\log z)^{\alpha+1}}{\alpha + 1}.$$

Führt man diese Entwicklungen in (17) ein, so gelangt man zu folgendem Ergebnis:

Das kanonische Produkt $f(z; \lambda, \alpha)$ vom Geschlecht q, dessen Nullstellenanzahl $n(r)$ von der Größenordnung

$$n(r) \sim r^{\lambda}(\log r)^{\alpha} \tag{20}$$

ist, hat im Winkelraum $|\arg z| \leqq \pi - \delta (0 < \delta < \pi)$ die asymptotische Entwicklung

$$\log f(z; \lambda, \alpha) = \frac{\pi}{\sin \pi \lambda} z^{\lambda}(\log z)^{\alpha}\left(1 + \varepsilon\left(\frac{1}{z}\right)\right), \tag{20'}$$

falls $q < \lambda < q + 1$, und

$$\log f(z; \lambda, \alpha) \sim \frac{(-1)^{\lambda}}{\alpha + 1} z^{\lambda}(\log z)^{\alpha+1}, \tag{20''}$$

falls $\lambda = q$, $\alpha + 1 > 0$ oder $\lambda = q + 1$, $\alpha + 1 < 0$[1].

192. Übereinstimmend mit dem Satz von Nr. 188 sind bei der ganzen Funktion $f(z; \lambda, \alpha)$ die Größen $\log M(r)$ [oder $T(r)$] und $n(r)$ für eine nichtganzzahlige Ordnung λ von derselben Klasse und Typus. Entsprechendes gilt dagegen nicht mehr für ganzzahlige Ordnungen, bei denen eine Erhöhung des Typus oder der Klasse von $\log M(r)$ vorkommen kann. So zeigen uns die Beziehungen (20) und (20''), daß für $\lambda = q$, $-1 < \alpha < 0$ die Größe $\log M(r)$ [bzw. $T(r)$] vom *Maximaltypus* der Ordnung q ist, während die Nullstellenanzahl dem *Minimaltypus* derselben Ordnung angehört. Und für $\lambda = q + 1$, $-2 \leqq \alpha < -1$ gehört $\log M(r)$ [bzw. $T(r)$] der *Divergenzklasse*, $n(r)$ dagegen der *Konvergenzklasse* vom Minimaltypus der Ordnung $q + 1$ an.

---

[1] Vgl. E. LINDELÖF [1]. Im Falle $\lambda = q$, $\alpha + 1 = 0$ findet man durch eine besondere elementare Abschätzung $\log f(z; q, -1) \sim z^{\lambda} \log \log z$.

§ 4. Das Geschlecht einer meromorphen Funktion.

193. Wir gehen zur allgemeinen Theorie der meromorphen Funktionen endlicher Ordnung zurück und betrachten eine Funktion $w(z)$, für welche das Integral

$$\int^{\infty} \frac{T(r)}{r^{q+2}}\, dr \tag{21}$$

konvergent ist, wobei q eine ganze Zahl ≥ 0 ist. Nach dem Satz von § 2, Nr. 185 können wir dann w in der Normalform (8) darstellen. Wegen der Konvergenz des Integrals (21) sind die mittels der Nullstellen a_ν und der Pole b_ν gebildeten Reihen

$$\sum \left| \frac{1}{a_\nu} \right|^{k+1}, \qquad \sum \left| \frac{1}{b_\nu} \right|^{k+1}$$

für $k = q$ beide konvergent. Wir bezeichnen nun durch $k = k_1 \leq q$ und $k = k_2 \leq q$ die *kleinsten ganzen Zahlen*, wofür diese Reihen noch konvergieren. Man kann dann in den kanonischen Produkten rechts in (8) den Primfaktor $E\left(\frac{z}{a_\nu}, q\right)$ bzw. $E\left(\frac{z}{b_\nu}, q\right)$ durch $E\left(\frac{z}{a_\nu}, k_1\right)$ bzw. $E\left(\frac{z}{b_\nu}, k_2\right)$ ersetzen und die dabei verschwindenden Exponentialfaktoren mit dem vorangehenden Exponentialfaktor $e^{\Sigma c_\nu z^\nu}$ vereinigen. In dieser Weise gelangt man zu der konvergenten Darstellung

$$w(z) = z^\alpha e^{P_h(z)}\, \frac{\Pi\, E\left(\dfrac{z}{a_\nu}, k_1\right)}{\Pi\, E\left(\dfrac{z}{b_\nu}, k_2\right)}, \tag{22}$$

wo P_h ein Polynom vom Grade $h \leq q$ und k_1 bzw. k_2 das Geschlecht der kanonischen Produkte bezeichnen.

Der Begriff des Geschlechts, der bisher nur für ein kanonisches Produkt erklärt worden ist, wird nun für eine beliebige meromorphe Funktion folgendermaßen definiert:

Definition. *Das Geschlecht einer meromorphen Funktion endlicher Ordnung ist gleich der größten der in der Normaldarstellung (22) vorkommenden ganzen Zahlen* h, k_1, k_2.

194. Wenn die Funktion $w(z)$ von der Ordnung λ ist, so ist das Integral (21) sicher konvergent, falls man die ganze Zahl q durch die Bedingung $q \leq \lambda < q + 1$ festlegt. Dann hat man für w die Darstellung (22), woraus zu sehen ist, daß das Geschlecht von w nicht größer als λ ist:

Das Geschlecht einer meromorphen Funktion ist höchstens gleich der Ordnung derselben.

Sei umgekehrt $w(z)$ vom Geschlecht q; in der Darstellung (22) wird also dann $\max(h, k_1, k_2) = q$ sein. Zur Abschätzung der Ordnung von

$w(z)$ bemerke man, daß dessen charakteristische Funktion höchstens gleich der Summe der charakteristischen Funktionen der einzelnen Faktoren der Produktdarstellung (22) ist. Bezeichnet man durch π_1 und π_2 die im Zähler und Nenner stehenden kanonischen Produkte, so wird

$$T(r, z^\alpha) = O(\log r), \qquad T(r, e^{P_h}) = O(r^h)$$

und

$$T\left(r, \frac{1}{\pi_2}\right) = T(r, \pi_2) + O(1),$$

also

$$T(r, w) < T(r, \pi_1) + T(r, \pi_2) + O(\log r + r^h). \tag{23}$$

In § 3 haben wir aber gefunden, daß die Ordnung eines kanonischen Produktes höchstens gleich dem Geschlecht, vermehrt um die Einheit, ist. Die Glieder rechts in der letzten Ungleichung sind also höchstens von der Ordnung $q + 1$, und man schließt folglich:

Die Ordnung einer meromorphen Funktion vom Geschlecht q ist höchstens gleich $q + 1$.

Zusammenfassend gilt also:

Das Geschlecht einer meromorphen Funktion von nichtganzzahliger Ordnung λ ist gleich der größten ganzen Zahl $q < \lambda$.

195. Ist dagegen die Ordnung λ ganzzahlig, so ist das Geschlecht entweder gleich λ oder gleich $\lambda - 1$. Um Näheres über diese Fallunterscheidung zu erfahren, bemerke man, daß ein kanonisches Produkt vom Geschlecht q, für welches ja das Integral

$$\int\limits^{\infty} \frac{n(r)}{r^{q+2}}\, dr$$

definitionsgemäß konvergent ist, der Ungleichung (11) von § 3 genügt, woraus unmittelbar zu sehen ist, daß es höchstens zum *Minimaltypus* der Ordnung $q + 1$ gehört. Es folgt hieraus, mit Rücksicht auf die Beziehung (23), *daß eine Funktion $w(z)$, welche zum Mittel- oder Maximaltypus der ganzzahligen Ordnung λ gehört, auch vom Geschlecht λ ist.*

Wie verhält sich in dieser Hinsicht eine Funktion vom *Minimaltypus* der ganzzahligen Ordnung λ? Man hat hier zwei Fälle zu unterscheiden, je nachdem die Charakteristik T zur Konvergenz- oder Divergenzklasse gehört. Im ersteren Fall folgt aus dem Darstellungssatz von § 2, Nr. 185, daß das Geschlecht gleich $\lambda - 1$ ist. Ist dagegen das Integral

$$\int\limits^{\infty} \frac{T(r)}{r^{\lambda+1}}\, dr$$

divergent, so schließt man aus dem allgemeinen Satz von Nr. 184 (§ 2), daß das Geschlecht gleich λ ist, außer wenn beide Funktionen $N(r, 0)$, $N(r, \infty)$ [bzw. $n(r, 0)$, $n(r, \infty)$] zur Konvergenzklasse gehören.

196. Zusammenfassend haben wir also das Ergebnis:

Wenn die Charakteristik $T(r)$ einer meromorphen Funktion $w(z)$ von ganzzahliger Ordnung $\lambda \geqq 1$ der Beziehung

$$\overline{\lim_{r=\infty}} \frac{T(r)}{r^\lambda} > 0$$

genügt, so ist $w(z)$ vom Geschlechte λ.

Falls dagegen
$$\lim_{r=\infty} \frac{T(r)}{r^\lambda} = 0,$$

so hat man zwei Fälle zu unterscheiden, je nachdem das Integral

$$\int\limits^{\infty} \frac{T(r)}{r^{\lambda+1}}\, dr \tag{24}$$

konvergent oder divergent ist.

Im ersteren Fall ist das Geschlecht gleich $\lambda - 1$. Im letzteren Fall ist $w(z)$ vom Geschlechte $\lambda - 1$, wenn die Reihen

$$\sum \left(\frac{1}{r_\nu(0)}\right)^\lambda \quad \text{und} \quad \sum \left(\frac{1}{r_\nu(\infty)}\right)^\lambda$$

beide konvergent sind, dagegen vom Geschlechte λ, wenn mindestens eine dieser Reihen divergent ist.

Das Geschlecht ist also durch die Ordnung eindeutig bestimmt, außer in dem Fall, wo $T(r)$ zum Minimaltypus der ganzzahligen Ordnung λ gehört. Ist aber dies der Fall und gehört $T(r)$ zur Divergenzklasse, so kommen die zwei Fälle der obengenannten Alternative tatsächlich vor. So ist das oben betrachtete kanonische Produkt $f(z; \lambda, \alpha)$ für $\lambda = q + 1$ vom Geschlechte $q = \lambda - 1$, falls $-1 > \alpha \geqq -2$. Dagegen wird der Quotient
$$\frac{f(z; \lambda, \alpha)}{f(z + 1; \lambda, \alpha)},$$
der für $\lambda = q$, $0 > \alpha > -1$ zum Minimaltypus der Ordnung λ gehört, das Geschlecht λ haben.

Wir werden später sehen (X), daß der Fall, wo das Geschlecht einer Funktion von der Divergenzklasse des Minimaltypus einer ganzzahligen Ordnung niedriger als die Ordnung ausfällt, als eine Ausnahme zu betrachten ist, die nur dann eintritt, wenn die Nullstellen und die Pole der Funktion im Verhältnis zu den übrigen Stellensorten besonders spärlich verteilt sind.

197. Als letzte Anwendung der kanonischen Darstellung einer meromorphen Funktion wollen wir noch einige Sätze zusammenstellen, die sich auf die Ordnung der Größen $N(r, a)$ bzw. $n(r, a)$ oder, was auf dasselbe herauskommt, auf den Grenzexponenten der Reihe

$$\sum_\nu \left(\frac{1}{r_\nu(a)}\right)^\mu$$

für verschiedene Werte a beziehen. Aus dem ersten Hauptsatz folgt, daß jene Ordnung bzw. jener Grenzexponent für keinen Wert a die

Ordnung λ der gegebenen meromorphen Funktion übersteigen kann. Um eine in entgegengesetzter Richtung gehende Abschätzung zu gewinnen, muß wieder die Fallunterscheidung zwischen den ganzzahligen und den nichtganzzahligen Ordnungen berücksichtigt werden.

Wenn λ zwischen den ganzen Zahlen q und $q+1$ liegt, so schreibe man $w(z)$ in der kanonischen Form (22). Die Beziehung (23) lehrt, daß die Ordnung λ höchstens gleich der höheren der Ordnungen der kanonischen Produkte π_1 und π_2 ist. Die Ordnung eines solchen Produktes ist wiederum gleich der Ordnung der betreffenden Nullstellenanzahl, und man schließt folglich, daß mindestens eine der Größen $n(r, 0)$, $n(r, \infty)$ genau von der Ordnung λ ist.

Vermittels einer linearen Transformation, welche die Ordnung λ nicht abändert, lassen sich die besonderen Werte $0, \infty$ durch zwei ganz beliebige Werte ersetzen, und man gelangt so zu folgendem Ergebnis:

Für eine meromorphe Funktion nichtganzzahliger Ordnung λ ist die Größe $N(r, a)$ bzw. $n(r, a)$ ebenfalls von der Ordnung λ, außer höchstens für einen einzigen Wert.

Entsprechendes gilt für die Klasse und den Typus.

Ein Ausnahmewert kann tatsächlich vorkommen. Einen solchen Wert stellt z. B. $a = \infty$ für jede ganze Funktion dar.

198. Die obigen Schlüsse versagen, falls λ eine ganze Zahl ≥ 1 ist. Für eine solche Ordnung kann ja schon eine Erhöhung der Klasse oder des Typus eines kanonischen Produkts relativ zu der Nullstellendichte desselben vorkommen. Vor allem ist aber zu bemerken, daß die Ordnung beider kanonischen Produkte in (22) unter den Wert λ sinken kann oder daß sogar beide Produkte fehlen können. Die Rolle des Hauptgliedes der rechten Seite wird in solchen Fällen von dem vorangehenden Exponentialfaktor übernommen. Dieser Faktor ist vom Mitteltypus der Ordnung λ. Meromorphe Funktionen vom Mitteltypus einer ganzzahligen Ordnung können also zwei Ausnahmewerte aufzeigen, für welche die Ordnung von $N(r, a)$ bzw. $n(r, a)$ niedriger als λ ist. Bei dem Maximaltypus einer ganzzahligen Ordnung kann wieder eine Typenerniedrigung für zwei verschiedene Ausnahmewerte vorkommen. Dies ist z. B. für das kanonische Produkt $f(z; \lambda, \alpha)$ der Fall, wenn $\lambda = q$, $-1 < \alpha < 0$. Dann ist nämlich $n(r, 0)$ vom Minimaltypus, während $n(r, \infty)$ identisch verschwindet. Falls eine Funktion zum Minimaltypus einer ganzzahligen Ordnung gehört, so kann die *Klasse* von $n(r, a)$ für *zwei* Werte sinken. So ist das erwähnte kanonische Produkt für $\lambda = q+1$, $-2 \leq \alpha < -1$ von der Divergenzklasse des Minimaltypus der Ordnung λ, während $n(r, \infty) \equiv 0$ und $n(r, 0)$ zur Konvergenzklasse jener Ordnung gehört.

Daß andererseits für ganzzahlige Ordnungen die Anzahl der Ausnahmewerte obiger Art nicht größer als zwei sein kann, ist der wesentliche Inhalt des Satzes von PICARD-BOREL (X, § 1), auf den schon früher in verschiedenen Zusammenhängen hingewiesen worden ist.

IX. Zweiter Hauptsatz der Theorie der meromorphen Funktionen.

§ 1. Einleitende Bemerkungen.

199. Nachdem wir durch den ersten Hauptsatz in Besitz der wichtigen Symmetrieeigenschaft einer für $|z| < R \leqq \infty$ meromorphen Funktion $w(z)$ gelangt sind, welche sich in der Invarianz der Summe $m(r, a) + N(r, a)$ kundgibt, haben wir als ein Hauptziel dieser Theorie die nähere Untersuchung der relativen Stärke der beiden Glieder, der Schmiegungskomponente $m(r, a)$ und der Anzahlkomponente $N(r, a)$ aufgestellt. Im vorhergehenden sind bereits einzelne in dieser Richtung gehende Resultate erreicht worden:

1. Der PICARDsche Satz zeigt, daß für eine nichtkonstante, in der Ebene $z \neq \infty$ meromorphe Funktion die Anzahlfunktion höchstens für zwei Werte a verschwinden kann.

2. Für meromorphe Funktionen endlicher, nichtganzzahliger Ordnung gibt es höchstens einen PICARDschen Ausnahmewert, und es gelten die schärferen Sätze von VIII, § 4.

3. Daß die Anzahlfunktion $N(r, a)$ i. a., d. h. für die große Mehrzahl der Werte a, im Vergleich zu der Schmiegungsfunktion $m(r, a)$ groß ist, geht aus den Mittelwertsätzen von VI, § 3, 4 hervor.

200. In diesem Abschnitt soll eine allgemeine Beziehung hergeleitet werden, die ich wegen ihrer großen Bedeutung als den zweiten Hauptsatz der Theorie der meromorphen Funktionen bezeichnet habe[1]. Dieser Satz, der zu weitgehenden Folgerungen über die Wertverteilung einer meromorphen Funktion führt, ist ziemlich tiefliegend und die Rechnungen, die mit den verschiedenen heute bekannten Beweisen desselben verknüpft sind, sind nicht leicht zu überblicken. Im Interesse der Anschaulichkeit und Leichtverständlichkeit sollen deshalb im folgenden einige vorbereitende Bemerkungen vorausgeschickt werden.

Hierzu sei zunächst daran erinnert, daß für den klassischen PICARDschen Satz wesentlich verschiedene Beweisarten vorliegen. Der natürlichste und einfachste Beweis stammt von PICARD selbst: er fußt auf die Anwendung der Modulfunktion (vgl. hierzu Nr. 12). Die zweite Gruppe von Beweisen vermeidet die Modulfunktion und ist insofern als „elementarer" zu betrachten; die Einschränkung auf weniger transzendente analytische Hilfsmittel führt aber andererseits gewisse Komplikationen mit sich, die vom Standpunkte der Leichtverständlichkeit einen Nachteil bedeuten.

Die Verschärfung und Erweiterung des PICARDschen Satzes, die im Laufe der Entwicklung der Theorie der ganzen Funktionen gegeben worden sind (BOREL, WIMAN, VALIRON) bauen auf „elementare" Methoden

---

[1] R. NEVANLINNA [4].

letztgenannter Art, und dasselbe gilt dem Beweis, den ich zur Begründung des „zweiten Hauptsatzes" verwendet habe. Eine andere Beweismethode, die sich direkter an den ursprünglichen „nichtelementaren" Beweis von PICARD anschließt, ist von meinem Bruder FRITHJOF NEVANLINNA gegeben worden; es scheint mir, daß diese Beweisidee den wahren Inhalt des zweiten Hauptsatzes am klarsten hervorheben läßt.

Wegen der Bedeutung des zweiten Hauptsatzes ist es wohl am Platze, hier beide Beweismethoden im einzelnen zu diskutieren, mit den Modifikationen und Ergänzungen, welche sie durch spätere Untersuchungen erhalten haben, von denen in erster Linie diejenigen von L. AHLFORS und K. I. VIRTANEN zu nennen sind. Wir fangen mit den „elementaren" Methoden an; diejenigen Leser, welche vorziehen, sich direkt im Anschluß an die „nichtelementare" Methode von PICARD (F. NEVANLINNA, K. I. VIRTANEN) zu orientieren, können die nachfolgende Darstellung überspringen und die weitere Lektüre mit Nr. 205 beginnen.

§ 2. Elementare Herleitung des zweiten Hauptsatzes.

Wir knüpfen an ein besonderes Beispiel, die in VI, § 2 betrachtete ganze Funktion

$$w(z) = \int_0^z e^{-t^p}\,dt \qquad\qquad (p \geqq 1), \qquad\qquad (1)$$

an. Sie hat in jedem Sektor $W_\nu\left(\left|\arg z - \dfrac{\nu\pi}{p}\right| < \dfrac{\pi}{2p}; \nu = 0, 1, \dots, 2p-1\right)$ einen wohlbestimmten, *asymptotischen Wert* oder *Zielwert*, und zwar ist dieser gleich Unendlich für die p ungeraden Werte des Index ν und gleich

$$a_\nu = e^{\tfrac{2\nu\pi i}{p}} \int_0^\infty e^{-t^p}\,dt = e^{\tfrac{2\pi\nu i}{p}}\,\Gamma\left(1 + \frac{1}{p}\right)$$

in $W_{2\nu}\,(\nu = 0, 1, \dots, p-1)$.

Wir haben ferner gesehen, daß da, wo das Integral (1) ins Unendliche wächst, auch der Betrag seiner Ableitung $w' = e^{-z^p}$ über alle Grenzen wächst, und zwar mit einer Schnelligkeit, die annähernd dieselbe wie für $w(z)$ ist. Hieraus folgt, daß jeder Sektor $W_{2\nu-1}$, zu den Mittelwerten $m(r, w)$ und $m(r, w')$, welche die mittlere Konvergenzstärke der Funktionen w und w' gegen den unendlichen Wert messen, mit ungefähr den gleichen Beträgen beitragen. Die Winkelräume $W_{2\nu}$ sind dagegen vom Standpunkt des Anwachsens der Funktionen von geringer Bedeutung, denn hier sind w und w' beschränkt. Aus all diesem folgt, daß die obigen Schmiegungsfunktionen von ein und derselben Größenordnung sind, welche man (vgl. Nr. 140) auf

$$m(r, w) \sim m(r, w') \sim \frac{r^p}{\pi}$$

berechnet.

In den Sektoren $W_{2\nu}$, wo $w(z)$ die endlichen Zielwerte a_ν ($\nu = 0, \ldots,$ $p - 1$) hat, strebt die Ableitung $w'(z)$ gegen Null. Wieder aber gilt, daß die Schnelligkeit der Konvergenz in beiden Fällen ein und dieselbe ist: wo $w(z)$ vom Werte a_ν wenig abweicht, da unterscheidet sich $w'(z)$ wenig und mit annähernd demselben Betrag von Null. Der Sektor $W_{2\nu}$ liefert also zu den Schmiegungsfunktionen $m\left(r, \dfrac{1}{w - a_\nu}\right)$ und $m\left(r, \dfrac{1}{w'}\right)$ ungefähr gleiche Beiträge, für welche wir den asymptotischen Wert $\dfrac{r^p}{p\pi}$ gefunden haben. Dies macht allein schon den vollen Betrag der Größe $m\left(r, \dfrac{1}{w - a_\nu}\right)$ aus, denn die anderen Sektoren $W_\mu (\mu \neq 2\nu)$, wo ja $w(z)$ gegen andere Zielwerte strebt, tragen zu jenem Mittelwert nicht wesentlich bei. Es wird also

$$m\left(r, \frac{1}{w - a_\nu}\right) \sim \frac{r^p}{p\pi},$$

während die Schmiegungsfunktion $m\left(r, \dfrac{1}{w'}\right)$, welche von allen p Sektoren $W_{2\nu} (\nu = 0, \ldots, p - 1)$ gleiche Beiträge erhält, sich auf

$$m\left(r, \frac{1}{w'}\right) \sim \sum_1^p m\left(r, \frac{1}{w - a_\nu}\right) \sim \frac{r^p}{\pi}$$

addiert.

201. Was wir so im speziellen Fall der ganzen Funktion (1) beobachtet haben, besteht nun mit gewissen Modifikationen ganz allgemein.

Sei also $w(z)$ jetzt eine beliebige meromorphe Funktion. Es scheint allgemein zu gelten, daß die Ableitung $w'(z)$ auf demjenigen Bogen des Kreises $|z| = r$, wo $|w(z)|$ groß ist, ebenfalls einen großen Betrag hat, so daß die Schmiegungsfunktionen $m(r, w)$ und $m(r, w')$, welche das mittlere Anwachsen der Funktionen ins Unendliche charakterisieren, asymptotisch einander gleich werden[1]

$$m(r, w) \sim m(r, w').$$

Denken wir uns nun, daß, wie dies im obenstehenden Beispiel der Fall war, die Funktion $w(z)$ auf dem Kreis $|z| = r$ gewisse *endliche* Werte $a_\nu (\nu = 1, \ldots, p)$ besonders stark approximiert, und daß in Übereinstimmung mit dem oben gefundenen, auf denjenigen Bogen B_ν, wo die Differenz $w - a_\nu$ sehr klein ist, der Wert der Ableitung w' von derselben Größenordnung ist, so daß die über jene Bogen erstreckten Integrale von $\overset{+}{\log}\left|\dfrac{1}{w - a_\nu}\right|$ und $\overset{+}{\log}\left|\dfrac{1}{w'}\right|$ annähernd einander gleich sind. Nun liegen die verschiedenen Bogen $B_\nu (\nu = 1, \ldots, p)$ offenbar getrennt neben-

---

[1] Tatsächlich ist dem Verfasser kein Beispiel einer transzendenten Funktion bekannt, wo diese asymptotische Gleichheit nicht streng gelten würde.

einander auf der Peripherie $|z| = r$. Integriert man also über diese Kreislinie, so wird folglich der Mittelwert von $\overset{+}{\log}\left|\dfrac{1}{w'}\right|$ approximativ gleich der *Summe* der Mittelwerte von $\overset{+}{\log}\left|\dfrac{1}{w - a_\nu}\right|$ ($\nu = 1, \ldots, p$) sein, so daß also

$$m\left(r, \frac{1}{w'}\right) \sim \sum_1^p m\left(r, \frac{1}{w - a_\nu}\right).$$

Die Einführung der Ableitung w' hat also die Wirkung, daß alle diejenigen Werte a, für welche die Schmiegungsfunktion $m(r, a)$ der Funktion $w(z)$ einen bedeutenden Betrag erreicht, in nur *zwei* Werten der Ableitung $w'(z)$ gleichsam gesammelt werden, nämlich in ∞ und 0, und zwar entspricht hierbei die Unendlichkeitskomponente $m(r, w)$ der Unendlichkeitskomponente $m(r, w')$ während die Schmiegungsfunktionen $m(r, a)$, welche den endlichen Werten a entsprechen, sich zu der Nullkomponente $m\left(r, \dfrac{1}{w'}\right)$ der Ableitung addieren[1].

202. Hieraus ergibt sich eine Bedingung zwischen den betrachteten Schmiegungsfunktionen m von $w(z)$. Denn die Unendlichkeits- und Nullkomponente der Ableitung w' sind ja durch den *ersten Hauptsatz* miteinander verbunden, und zwar so, daß

$$m(r, w') + N(r, w') \sim m\left(r, \frac{1}{w'}\right) + N\left(r, \frac{1}{w'}\right),$$

wo $N(r, w')$ und $N\left(r, \dfrac{1}{w'}\right)$ die Anzahlfunktionen der Pole und Nullstellen der Ableitung w' sind. Nun war

$$m(r, w) \sim m(r, w'), \quad m\left(r, \frac{1}{w'}\right) \sim \sum_1^p m\left(r, \frac{1}{w - a_\nu}\right),$$

und es wird somit

$$m(r, w) + N(r, w') \sim \sum_1^p m\left(r, \frac{1}{w - a_\nu}\right) + N\left(r, \frac{1}{w'}\right).$$

Aus Gründen, die weiterhin ersichtlich werden, formen wir diese Beziehung noch um, indem wir beiderseits die Größe $2N(r, w) + m(r, w)$ hinzufügen. Man findet dann

$$2m(r, w) + 2N(r, w) \sim m(r, w) + \sum_1^p m\left(r, \frac{1}{w - a_\nu}\right) + N_1(r),$$

mit

$$N_1(r) = N\left(r, \frac{1}{w'}\right) + (2N(r, w) - N(r, w')), \tag{2}$$

eine Größe, die eine einfache, später zu erklärende Bedeutung hat.

---

[1] Die Idee, die Ableitung als Vergleichsfunktion einzuführen, geht auf BOREL [7] zurück. Dieser Gedanke ist grundlegend für den BORELschen Beweis derjenigen Erweiterung des PICARDschen Satzes, welche unter dem Namen „Satz von PICARD-BOREL" bekannt ist. E. ULLRICH [7] hat in seiner Beweisanordnung des zweiten Hauptsatzes die Bedeutung der Ableitung als Sammelstelle der Ausnahmewerte besonders deutlich hervorgehoben.

In jener Beziehung können wir noch die Summe $m(r, w) + N(r, w)$ durch die charakteristische Funktion $T(r, w)$ ersetzen, und man erhält schließlich

$$2\, T(r) \sim \sum_1^{p+1} m(r, a_\nu) + N_1(r),\tag{3}$$

wo $a_{p+1} = \infty$ gesetzt ist und N_1 die Bedeutung (2) hat.

Diesem Ergebnis lag wesentlich die Vermutung zugrunde, daß die Werte von $|w|$ und $|w'|$ sich nicht bedeutend voneinander unterscheiden, falls sie groß sind, und daß ein gleiches für $\left|\dfrac{1}{w-a}\right|$ und $\left|\dfrac{1}{w'}\right|$ gilt, wo w nicht viel vom endlichen Werte a abweicht. Wenn dies auch mit großer Wahrscheinlichkeit gilt, sind wir doch nur imstande, sozusagen die eine Hälfte dieser Hypothese streng zu begründen. Auf Grund eines allgemeinen Satzes über die Schmiegungsfunktion $m\left(r, \dfrac{w'}{w}\right)$ der logarithmischen Ableitung, der uns späterhin noch eingehender beschäftigen wird, geht hervor, daß, wo $|w(z)|$ groß ist, $|w'(z)|$ *nicht wesentlich größer* ist, und ferner, daß auf einem Bogen des Kreises $|z| = r$, wo $w(z)$ im Mittel nur wenig vom Wert $a \neq \infty$ abweicht, die Ableitung w' sich im Mittel auch *nicht mehr* von Null unterscheidet.

An Stelle der jener Hypothese entsprechenden asymptotischen *Gleichheit* ist also nur eine *Ungleichheit* bekannt. Dies hat zur Folge, daß die Beziehung (3), welche wir oben als eine asymptotische Gleichung geschrieben haben, in eine asymptotische Ungleichheit übergeht: die linke Seite ist, bis auf unwesentliche Zusatzglieder, nicht kleiner als die rechtsstehende Summe. *Dies ist der zweite Hauptsatz.*

203. Wir verlassen jetzt das Gebiet der heuristischen Betrachtungen und gehen daran, den in Aussicht gestellten Satz streng zu beweisen. Um die Bedeutung der einzelnen Deduktionen der nachfolgenden Herleitung zu verstehen, empfiehlt es sich, dieselben jeweils mit den analogen Schritten in der vorangehenden Beweisskizze zu vergleichen, die uns als anschauliches Vorbild vorschwebt.

Es sei also $w(z) = c_0 + c_k z^k + \cdots (c_0 \neq 0, c_k \neq 0)$ eine für $|z| < R \leq \infty$ meromorphe Funktion und $a_1, \ldots, a_p$ ein System von $p \geq 2$ verschiedenen, endlichen komplexen Zahlen.

Zunächst werden die Schmiegungsfunktionen $m(r, w)$ und $m(r, w')$ miteinander verglichen. Mittels der elementaren Beziehungen (3) von VI, § 2 findet man unmittelbar

$$m(r, w') = m\left(r, w\,\frac{w'}{w}\right) \leq m(r, w) + m\left(r, \frac{w'}{w}\right).\tag{4}$$

Zur Abschätzung des Mittelwertes $m\left(r, \dfrac{1}{w'}\right)$ betrachte man die Summe

$$f(z) = \sum_{\nu=1}^p \frac{1}{w(z) - a_\nu}\,.$$

Es wird

$$m(r, f) = m\left(r, f w' \frac{1}{w'}\right) \leqq m\left(r, \frac{1}{w'}\right) + m\left(r, \sum \frac{w'}{w - a_\nu}\right). \qquad (5)$$

Andererseits ist für ein gegebenes $\mu\,(= 1, \ldots, p)$

$$f = \frac{1}{w - a_\mu}\left(1 + \sum_{\nu \neq \mu} \frac{w - a_\mu}{w - a_\nu}\right).$$

Ist $\delta = \min\left(|a_h - a_k|,\, 1\right)\,(h \neq k)$, so wird in jedem Punkt z, wo

$$|w(z) - a_\mu| < \frac{\delta}{2p}\left(\leqq \frac{1}{2p}\right), \qquad (6)$$

für $\nu \neq \mu$

$$|w - a_\nu| \geqq |a_\mu - a_\nu| - |w - a_\mu| > \delta - \frac{\delta}{2p} \geqq \frac{3\delta}{4},$$

also

$$\sum_{\nu \neq \mu}\left|\frac{w - a_\mu}{w - a_\nu}\right| < p\,\frac{2}{3p} = \frac{2}{3},$$

so daß

$$\left|1 + \sum_{\nu \neq \mu} \frac{w - a_\mu}{w - a_\nu}\right| > \frac{1}{3}.$$

Hieraus folgt

$$\overset{+}{\log}|f(z)| > \overset{+}{\log}\left|\frac{1}{w - a_\mu}\right| - \log 3$$

in jedem Punkt z, wo die Bedingung (6) erfüllt ist.

Diejenigen Bogen der Peripherie, welche durch (6) bestimmt sind, sind für verschiedene Werte μ punktfremd, und man schließt somit, daß

$$m(r, f) \geqq \frac{1}{2\pi} \sum_{\mu=1}^{p} \int_{|w - a_\mu| < \frac{\delta}{2p}} \overset{+}{\log}|f(r e^{i\varphi})|\,d\varphi$$

$$> \frac{1}{2\pi} \sum_{1}^{p} \int_{|w - a_\mu| < \frac{\delta}{2p}} \left(\overset{+}{\log}\left|\frac{1}{w(r e^{i\varphi}) - a_\mu}\right| - \log 3\right) d\varphi.$$

Ferner ist

$$\frac{1}{2\pi} \int_{|w - a_\mu| < \frac{\delta}{2p}} \overset{+}{\log}\left|\frac{1}{w - a_\mu}\right| d\varphi = m(r, a_\mu) - \frac{1}{2\pi} \int_{|w - a_\mu| \geqq \frac{\delta}{2p}} \overset{+}{\log}\frac{1}{|w - a_\mu|}\,d\varphi$$

$$\geqq m(r, a_\mu) - \log \frac{2p}{\delta},$$

und es wird schließlich

$$m(r, f) > \sum_{1}^{p} m(r, a_\mu) - p \log \frac{2p}{\delta} - \log 3,$$

oder in Verbindung mit (5)

$$m\left(r, \frac{1}{w'}\right) > \sum_{\nu=1}^{p} m(r, a_\nu) - m\left(r, \sum \frac{w'}{w - a_\nu}\right) - p \log \frac{2p}{\delta} - \log 3. \qquad (7)$$

Addiert man nun zu den Beziehungen (4) und (7) beiderseits die Größe $N(r, w')$ bzw. $N\left(r, \frac{1}{w'}\right)$, so erhält man bei Anwendung des ersten Hauptsatzes

$$T(r, w') = T\left(r, \frac{1}{w'}\right) + \log|k\,c_k|$$

folgendes Resultat, welches als ein besonderer Hilfssatz ausgesprochen werden soll[1]:

Die Charakteristik $T(r, w')$ der Ableitung der meromorphen Funktion $w(z)$ liegt zwischen den Grenzen

$$m(r, w) + \overset{\bullet}{N}(r, w') + m\left(r, \frac{w'}{w}\right)$$

und

$$\sum_1^p m\left(r, \frac{1}{w - a_\nu}\right) + N\left(r, \frac{1}{w'}\right) - m\left(r, \sum_1^p \frac{w'}{w - a_\nu}\right) - p \log\frac{2p}{\delta} - \log\frac{3}{k\,|c_k|}\,.$$

Läßt man den Ausdruck $T(r, w')$ fort und führt den Ausdruck (2) ein, so ergibt sich hieraus folgende *vorbereitende Fassung des zweiten Hauptsatzes*:

Es sei

$$w(z) = c_0 + c_k z^k + \cdots \qquad\qquad (c_k \neq 0)$$

für $|z| < R \leqq \infty$ meromorph. Wenn $a_1, \ldots, a_p\,(p \geqq 2)$ endliche, untereinander verschiedene Zahlen sind, so gilt

$$\sum_1^{p+1} m(r, a_\nu) < 2\,T(r, w) - N_1(r) + S(r). \qquad\qquad (8)$$

Hier ist $N_1(r)$ gleich dem Ausdruck (2), $a_{p+1} = \infty$ und

$$S(r) < m\left(r, \frac{w'}{w}\right) + m\left(r, \sum_1^p \frac{w'}{w - a_\mu}\right) + p \log\frac{2p}{\delta} + \log\frac{3}{k\,|c_k|}\,, \qquad (8')$$

wo δ die kleinste der Zahlen 1 und $|a_h - a_k|\ (h \neq k)$ bezeichnet[2].

204. Wir wollen die Glieder der rechten Seite dieser wichtigen Beziehung sogleich einer näheren Betrachtung unterziehen. Der Ausdruck N_1 setzt sich aus zwei Gliedern zusammen, von denen $N\left(r, \frac{1}{w'}\right)$, die Anzahlfunktion der Nullstellen von w', Beiträge von sämtlichen Stellen z erhält, wo $w(z)$ irgendeinen endlichen Wert a *mehrfach* annimmt, und zwar so, daß jede k-fache Stelle als eine $(k-1)$-fache Nullstelle von w' auf-

---

[1] Die Bedeutung dieser allgemeinen Doppelungleichung für die Frage nach der Wertverteilung der *Ableitung* einer meromorphen Funktion ist von E. ULLRICH [7] hervorgehoben worden. Vgl. auch E. F. COLLINGWOOD [7].

[2] Der Verfasser hat diese Beziehung zuerst für *ganze* Funktionen im Falle $p = 3$ bewiesen (1923). Auf die Möglichkeit der Erweiterung auf den allgemeinen Fall $p > 3$ (bei ganzen Funktionen) wurde ich im Jahre 1924 von J. E. LITTLEWOOD durch eine briefliche Mitteilung aufmerksam gemacht. Unabhängig davon wurde diese Erweiterung von E. F. COLLINGWOOD [7] angegeben.

tritt. Genau dieselbe Bedeutung hat das zweite Glied $2\,N\,(r, w) - N\,(r, w')$ in bezug auf die mehrfachen ∞-Stellen von $w(z)$. In einem k-fachen Pol von w hat nämlich w' ebenfalls einen Pol, und zwar von der Multiplizität $k+1$, so daß der Pol zu dem betreffenden Glied insgesamt mit der Vielfachheit $k-1$ beiträgt.

Der Ausdruck $N_1(r)$ mißt die Anzahl der mehrfachen Stellen von $w(z)$. Er kann in der Form

$$N_1(r) = \int\limits_0^r \frac{n_1(t) - n_1(0)}{t}\,dt + n_1(0)\log r \qquad (9)$$

geschrieben werden, wo $n_1(r)$ die Anzahl der mehrfachen Stellen von $w(z)$ im Kreise $|z| \leq r$ angibt, so daß jede k-fache Stelle $(k-1)$-fach gezählt wird.

Was das letzte Glied $S(r)$ in (8) anbelangt, so spielt dasselbe die Rolle eines unwesentlichen Restgliedes, im Falle $R < \infty$ jedoch nur, sofern die Charakteristik T für $r \to R$ hinreichend schnell ins Unendliche wächst. Es wird sich nämlich zeigen, daß sobald eine gewisse kritische Wachstumsgrenze überschritten ist, $S(r)$ im wesentlichen von der Größenordnung $\log T(r)$ ist. Dies gilt im Falle $R = \infty$, wo $w(z)$ also eine in der ganzen Ebene $z \neq \infty$ meromorphe Funktion ist, ohne irgendwelche zusätzlichen Bedingungen.

§ 3. Anwendung der verallgemeinerten PICARDschen Methode zur Aufstellung des zweiten Hauptsatzes.

205. Wir kommen nun zu der „nichtelementaren" Methode von PICARD, so wie sie von F. NEVANLINNA [2] erweitert worden ist, und knüpfen unsere Darstellung an eine Beweisvariante, die neuerdings von K. I. VIRTANEN [1] angegeben worden ist.

Es soll auf diesem Wege zunächst eine Beziehung hergeleitet werden, die dem zweiten Hauptsatz nahekommt und den wesentlichen Inhalt dieses Satzes schon enthält. Zu diesem Zweck wird aus dem Prinzip des hyperbolischen Maßes in folgender Weise Gebrauch gemacht.

Man betrachte eine im Kreise $|z| < R \leq \infty$ meromorphe Funktion $w(z)$, die gewisse gegebene Werte $a_1, \ldots, a_q$ in den Punkten $z_i^1, \ldots, z_i^q$ $(i = 1, 2, \ldots)$ jenes Kreises annimmt. Die Funktion $w(z)$ bildet dann die in den Punkten z_i^k punktierte Kreisfläche $K_r\,(|z| < r \leq R)$ auf eine Überlagerungsfläche $\overline{G}_r$ der in $a_1, \ldots, a_q$ punktierten Ebene G konform ab.

Ist die Anzahl q der Punkte a_k mindestens gleich drei, so läßt sich in G eine hyperbolische Maßbestimmung erklären, wie in Nr. 44 ausgeführt worden ist. Man bezeichne mit $d\sigma_w = \varrho_w^2\,df_w$ das Flächenelement dieser Metrik (df_w ist das euklidische Flächenelement). In entsprechender Weise wird auf der punktierten Kreisfläche K_R das hyperbolische Flächenelement $d\sigma_z = \varrho_z^2\,df_z$ erklärt.

Da die Funktion $w(z)$ in K_R nur solche Werte annimmt, die innerhalb G liegen, so folgt aus dem Prinzip des hyperbolischen Maßes (Nr. 45), daß die Ungleichung

$$d\sigma_w \leqq d\sigma_z$$

für $w = w(z)$ gilt. Multipliziert man die beiden Seiten dieser Ungleichung mit $\log\dfrac{r}{|z|}$ und integriert die rechte Seite über K_r, die linke Seite über das Bildgebiet $\overline{G}_r$, so ergibt sich

$$\int\limits_{\overline{G}_r} \log \frac{r}{|z(w)|}\, d\sigma_w \leqq \int\limits_{K_r} \log \frac{r}{|z|}\, d\sigma_z. \tag{10}$$

Diese Ungleichung hat nur dann einen Sinn, wenn die Integrale endlich sind. Es soll später gezeigt werden, daß dies tatsächlich der Fall ist, sofern keiner der Werte $a_1, \ldots, a_q$ gleich $w(0)$ ist. Der Einfachheit halber werden im folgenden alle Rechnungen unter dieser Annahme durchgeführt.

Bezeichnet man mit $z_1(w), \ldots, z_n(w)$ diejenigen Werte, welche die Funktion $z(w)$ in den über einen Punkt w gelegenen Punkten der Überlagerungsfläche $\overline{G}_r$ annimmt $(w(z_1) = \cdots = w(z_n) = w)$, so ist

$$\sum_{i=1}^{n} \log \frac{r}{|z_i(w)|} = N(r, w),$$

und es gilt

$$\int\limits_{\overline{G}_r} \log \frac{r}{|z(w)|}\, d\sigma_w = \int\limits_{\gamma} N(r, w)\, d\sigma_w,$$

wo G wie oben die punktierte w-Ebene bezeichnet. Die Beziehung (10) läßt sich nun in der Form

$$\int\limits_{G} N(r, w)\, d\sigma_w \leqq \int\limits_{K_r} \log \frac{r}{|z|}\, d\sigma_z$$

$$= \int\limits_{0}^{r}\int\limits_{0}^{2\pi} \log \frac{r}{|z|}\, \varrho_z^2\, |z|\, d|z|\, d\varphi \qquad (z = |z|\, e^{i\varphi}) \tag{10'}$$

schreiben.

Um das asymptotische Verhalten der obigen Integrale für $r \to R$ zu untersuchen ist es nötig, die Größen ϱ_z und ϱ_w in der Nähe der singulären Stellen z_i^k, a_k abzuschätzen. Mit Rücksicht auf das Prinzip der Gebietserweiterung (Nr. 64) genügt es hier, das singuläre Verhalten jener Größen für folgende zwei einfache Typen von Flächen G zu untersuchen:

1^0. G ist die in einem Punkt punktierte Kreisfläche $K\,(0 < |z| < c)$.

2^0. G ist die in drei Punkten (a_1, a_2, a_3) punktierte Ebene E.

Im Falle 1^0 ist

$$x(z) = \frac{1 + \log \dfrac{z}{c}}{1 - \log \dfrac{z}{c}}$$

eine Funktion, welche die universelle Überlagerungsfläche von K auf den Einheitskreis $|x| < 1$ konform abbildet. Man findet für ϱ_z den Ausdruck

$$\varrho_z = \frac{|x'(z)|}{1 - |x|^2} = \frac{1}{2|z| \log \dfrac{c}{|z|}} .$$

Im Falle 2^0 können wir die schon in Nr. 13 aufgestellte Entwicklung der Abbildungsfunktion $x(z)$ benutzen. Wählt man die Abbildung z. B. so, daß der Punkt a_1 in $x = -1$ übergeht, so hat $x(z)$ in der Umgebung von a_1 die Form

$$x(z) = \frac{1 + \log \psi(z)}{1 - \log \psi(z)} ,$$

wo $\psi(z)$ eine in der Umgebung von a_1 reguläre, in a_1 verschwindende Funktion ist. Für ϱ_z findet man den Ausdruck

$$\varrho_z = \frac{|\psi'(z)|}{2|\psi| \log \dfrac{1}{|\psi|}} = \frac{k(1 + \varepsilon(z - a_1))}{|z - a_1| \log \dfrac{1}{|z - a_1|}} ,$$

wo k eine Konstante ist und $\varepsilon(z - a_1) \to 0$ für $z \to a_1$.

Aus den behandelten extremen Fällen schließt man nun allgemein:

In der Umgebung eines isolierten Randpunktes a gilt

$$\log \varrho_z = \log \frac{1}{|z - a|} - \log \log \frac{1}{|z - a|} + C + \varepsilon(z - a). \qquad (11)$$

$\Big($Falls $a = \infty$, so gilt $\log \varrho_z = \log \dfrac{1}{|z|} - \log \log |z| + C + \varepsilon\Big(\dfrac{1}{z}\Big).\Big)$

Aus der so gefundenen asymptotischen Entwicklung von ϱ_z sieht man sofort, daß die beiden Integrale in (10') endlich sind.

Wir wollen nun die rechte Seite dieser Ungleichung näher analysieren. Zu diesem Zweck soll von der Differentialgleichung $\varDelta \log \varrho_z = 4\varrho_z^2$ Gebrauch gemacht werden (vgl. Nr. 46).

Wir bilden zuerst die Funktion

$$u(z) = \log \varrho_z - \sum_{|z_i^k| < r} \log \frac{|r^2 - \bar{z}_i^k z|}{r|z - z_i^k|} , \qquad (12)$$

die auf $|z| = r$ dieselben Randwerte wie $\log \varrho_z$ besitzt und in $|z| < r$ der Differentialgleichung $\varDelta u = 4\varrho_z^2$ genügt, außer in den Punkten z_i^k, wo sie negativ unendlich wird, so daß $u(z) + \log \log \dfrac{1}{|z - z_i^k|}$ in z_i^k beschränkt bleibt. Um das Integral

$$\int\limits_{K_r} \log \frac{r}{|z|} \varrho_z^2 \, df_z = \frac{1}{4} \int\limits_{K_r} \log \frac{r}{|z|} \varDelta u(z) \, df_z \qquad (13)$$

in ein Linienintegral zu verwandeln, isolieren wir die Punkte z_i^k durch kleine Kreise $\varkappa_i^k (|z - z_i^k| = \delta)$ und bezeichnen mit $g_\delta(z, 0)$ die GREENsche Funktion des übriggebliebenen Teilgebietes K_δ von K_r. Für $\delta \to 0$ konvergiert $g_\delta(z, 0)$ gegen $\log \frac{r}{|z|}$, und zwar gleichmäßig in jedem festen K_{δ_0}. Aus dem Spiegelungsprinzip folgt ferner, daß auf $|z| = r$ auch die Normalableitung $\frac{\partial g_\delta}{\partial n} = \frac{\partial g_\delta}{\partial |z|}$ gleichmäßig gegen $-\frac{1}{r}$ strebt.

Die GREENsche Formel gibt uns jetzt

$$\int\limits_{K_\delta} g_\delta(z)\, \varrho_z^2\, df_z = \frac{1}{4} \int\limits_{K_\delta} g_\delta(z)\, \Delta u(z)\, df_z$$

$$= -\frac{1}{4} \int\limits_{|z|=r} u(z)\, \frac{\partial g_\delta}{\partial n}\, ds - \frac{\pi}{2} u(0) + \frac{1}{4} \sum_{i,k} \int\limits_{\varkappa_i^k} u(z)\, \frac{\partial g_\delta}{\partial n}\, ds. \qquad (14)$$

Für $\delta \to 0$ konvergiert hier die linke Seite gegen das Integral (13) und das erste Glied der rechten Seite strebt gegen $\frac{1}{4} \int\limits_{|z|=r} u(z)\, d\varphi\ (z = r\, e^{i\varphi})$ Das letzte Glied strebt gegen Null. Denn die Summe

$$\sum_{i,k} \int\limits_{\varkappa_i^k} u(z)\, \frac{\partial g_\delta(z, \varkappa)}{\partial n}\, ds = v(\varkappa)$$

ist eine in K_δ harmonische Funktion, deren Randwerte auf $\varkappa_i^k$ von der Größenordnung $\log \log \frac{1}{|\varkappa - z_i^k|}$ sind und die auf $|z| = r$ verschwindet. Nach dem Maximumprinzip gilt also $|v(\varkappa)| < \varepsilon(\delta) \sum_{i,k} \log \frac{|r^2 - \bar{z}_i^k z|}{r\, |z - z_i^k|}$ in $K_\delta (\varepsilon(\delta) \to 0$ für $\delta \to 0)$, woraus die Behauptung $v(0) \to 0$ für $\delta \to 0$ unmittelbar folgt.

Die Gleichung (14) geht somit für $\delta \to 0$ in

$$\int\limits_{K_r} \log \frac{r}{|z|}\, \varrho_z^2\, df_z = -\frac{\pi}{2} u(0) + \frac{1}{4} \int\limits_{|z|=r} u(z)\, d\varphi \qquad (15)$$

über.

Setzt man den Ausdruck (15) in (10') ein und beachtet, daß $u(z) = \log \varrho_z$ auf $|z| = r$ gilt und daß $u(0) = \log \varrho_z(0) - \sum_{|z_i^k| < r} \log \frac{r}{|z_i^k|}$

$= \log \varrho_z(0) - \sum_{k=1}^{q} \bar{N}(r, a_k)$ ist, wo $\bar{N}(r, a_k)$ sich von $N(r, a_k)$ darin unterscheidet, daß die mehrfachen a_k-Stellen von $w(z)$ in $\bar{N}$ nur *einfach* mitgezählt worden sind, so erhält man

$$\int\limits_{G} N(r, w)\, d\sigma_w \leqq \frac{\pi}{2} \sum_{k=1}^{q} \bar{N}(r, a_k) + \frac{1}{4} \int\limits_{|z|=r} \log \varrho_z\, d\varphi - \frac{\pi}{2} \log \varrho_z(0). \quad (10'')$$

Die linke Seite dieser Ungleichung soll nun mit der Charakteristik $T(r)$ in Vergleich gesetzt werden. Zu diesem Zweck machen wir aus den Ergebnissen von Nr. 151 Gebrauch. Es wurde dort die für eine beliebige Massenbelegung σ geltende Ungleichung

$$\int\limits_{(w)} N(r, w)\, d\sigma \leqq T(r) \int\limits_{(w)} d\sigma + P\big(w(0)\big) \tag{16}$$

bewiesen, wo $P(w)$ das sphärisch-logarithmische Potential der Belegung σ ist. Setzt man $d\sigma_w = d\sigma$, so besitzt $P(w)$ in $w = w(0)$ unter der Voraussetzung $a_k \neq w(0)$ einen endlichen Wert, sei dieser $P\big(w(0)\big) = C$. Es gilt somit

$$\int\limits_{G} N(r, w)\, d\sigma_w \leqq D\, T(r) + C, \tag{17}$$

wo D den hyperbolischen Flächeninhalt der in $a_1, \ldots, a_q$ punktierten Ebene bezeichnet.

Um für das Integral (17) eine Abschätzung nach unten zu finden, führen wir das sphärische Flächenelement $d\mu\,(\int d\mu = 1)$ ein und bestimmen die Belegung σ in (16) durch die Vorschrift:

$d\sigma = d\mu - \varepsilon\, d\sigma_w$ in demjenigen Gebiet G_ε, wo $d\mu > \varepsilon\, d\sigma_w$;

$d\sigma = d\mu$ in den Komplementärbereichen von G_ε.

Die Beziehung (16) gibt uns dann

$$\int\limits_{G} N(r, w)\, d\sigma = \int\limits_{G} N(r, w)\, d\mu - \varepsilon \int\limits_{G_\varepsilon} N(r, w)\, d\sigma_w$$

$$\leqq T(r)\,\Big(1 - \varepsilon \int\limits_{G_\varepsilon} d\sigma_w\Big) + K, \tag{18}$$

wo K eine endliche Konstante ist.

Hier ist aber definitionsgemäß $\int\limits_{G} N(r, w)\, d\mu = T(r)$, und man erhält

$$\int\limits_{G} N(r, w)\, d\sigma_w \geqq T(r) \int\limits_{G_\varepsilon} d\sigma_w - \frac{K}{\varepsilon}. \tag{19}$$

206. Wir nehmen nun an, daß die Charakteristik $T(r)$ für $r \to R$ gegen unendlich strebt, und setzen $\varepsilon = \dfrac{1}{\sqrt{T(r)}}$. Beachtet man noch, daß $\lim\limits_{\varepsilon \to 0} \int\limits_{G_\varepsilon} d\sigma_w = \int\limits_{G} d\sigma_w = D$, so folgt aus (19) und (17)

$$\int\limits_{G} N(r, w)\, d\sigma_w = D\, T(r)\,\big(1 + \varepsilon(T)\big), \tag{20}$$

wo $\varepsilon(T) \to 0$ für $T \to \infty$.

Aus einem bekannten Satz über den Flächeninhalt eines Polygons in der hyperbolischen Geometrie folgt, daß der hyperbolische Flächeninhalt der in $a_1, \ldots, a_q$ punktierten Ebene $D = (q - 2)\,\dfrac{\pi}{2}$ ist[1]. Aus (10'') und (20) ergibt sich dann das Resultat:

---

[1] Vgl. die Fußnote auf S. 260.

Falls die Charakteristik $T(r)$ nicht beschränkt ist, so gilt

$$\lim_{r \to R} \frac{1}{T(r)} \left(\sum_{k=1}^{q} N_0(r, a_k) + \frac{1}{2\pi} \int_{|z|=r} \log \varrho_z \, d\varphi \right) \geq q - 2. \qquad (21)$$

Dieses Resultat enthält bereits einen wesentlichen Teil derjenigen Folgesätze des zweiten Hauptsatzes, welche später genau zur Diskussion unter der Benennung „Defektrelationen" kommen werden. Um auf dem obigen Wege den zweiten Hauptsatz in seinem vollen Umfang herzuleiten, hat man noch gewisse besondere Abschätzungen nötig, die auch für die „elementare" Methode wesentlich sind und die in der Folge aufgestellt werden sollen.

§ 4. Die Fundamentalbeziehung.

207. Der zur Vollendung des Beweises des zweiten Hauptsatzes erforderliche Hilfssatz über die logarithmische Ableitung einer meromorphen Funktion wurde vom Verfasser[1] zuerst unter Anwendung der POISSON-JENSENschen Formel bewiesen. Heute kennt man mehrere verschiedene Beweise desselben. Hier werden wir ihn als Folgesatz einer allgemeinen Beziehung herleiten, die im Prinzip von F. NEVANLINNA[2] herrührt. Die im Text folgende Fassung derselben schließt sich einer später von AHLFORS[3] gegebenen Darstellung eng an.

Wie in VI, § 4 breiten wir über die w-Ebene eine nichtnegative Massenbelegung μ vom Gesamtbetrage 1·aus und bilden den Ausdruck

$$\Omega(r) = \int_{(a)} n(r, a) \, d\mu,$$

wo $n(r, a)$, wie üblich, die Anzahl der a-Stellen einer gegebenen, für $|z| < R \leq \infty$ meromorphen Funktion $w(z)$ im Kreise $|z| \leq r < R$ bezeichnet. Belegt man jedes Flächenelement der mehrfach erwähnten RIEMANNschen Fläche F_r, worauf die Kreisscheibe $|z| < r$ durch die Funktion $w(z)$ abgebildet wird, mit dem über demselben liegenden Massenelement $d\mu$, so bedeutet $\Omega(r)$ die gesamte, vom Flächenstück F_r getragene Masse. In VI, § 4 haben wir gesehen, daß das Integral

$$Q(r) = \int_0^r \frac{\Omega(t)}{t} \, dt$$

dieser Masse nicht wesentlich größer ist als die Charakteristik $T(r)$ von $w(z)$, und dies bei jeder Wahl der Belegung μ, sofern das von ihr erzeugte sphärische Potential

$$P(w) = \int_{(a)} \log \frac{1}{k(w, a)} \, d\mu,$$

---

[1] R. NEVANLINNA [4], [5].   [2] F. NEVANLINNA [4].   [3] L. AHLFORS [7].

wo $k(w, a)$ den sphärischen, chordalen Abstand der Punkte w und a bezeichnet, im Punkte $w = w_0 = w(0)$ *endlich* ausfällt. Es gilt dann nämlich [VI, § 4, (19)]

$$Q(r) \leqq T(r) + P(w_0), \qquad (22)$$

wo für $T(r)$ die sphärische Normalform der Charakteristik zu nehmen ist.

Bei besonderer Wahl der Belegung μ geht diese Beziehung sogar in eine asymptotische *Gleichheit* über. Dies gilt nicht nur, falls man $d\mu$ als das sphärische Flächenelement nimmt (dann ist exakt $Q \equiv T$), sondern nach VI, § 4 auch dann, wenn man die Belegung μ über eine beliebige Punktmenge (a) von positivem harmonischem Maß so verteilt, daß ihr logarithmisches Potential auf (a) ein möglichst kleines Maximum erhält (ROBINsche Belegung).

208. Durch die Methode von F. NEVANLINNA-L. AHLFORS erhält man für $\Omega(r)$ eine *Abschätzung nach unten*. Dies fordert indes, daß die Belegung μ gewissen zusätzlichen Stetigkeitsbedingungen genügt. Wir setzen voraus:

1. Die Mengenfunktion μ ist vollstetig. Sie hat dann fast überall in der a-Ebene eine nichtnegative, endliche *Dichte* $\varrho(a)$, und der einer (meßbaren) Punktmenge e entsprechende Belegungswert $\mu(e)$ ist gleich dem LEBESGUEschen Integral

$$\mu(e) = \int_e \varrho(a)\, d\sigma_a,$$

wo $d\sigma_a$ das Flächenelement bezeichnet. Speziell ist das über die Vollebene erstreckte Integral

$$\int \varrho(a)\, d\sigma_a = 1.$$

Die Masse $\Omega(r)$ des Flächenstücks F_r kann nun in der Form

$$\Omega(r) = \int n(r, a)\, \varrho(a)\, d\sigma_a = \int_{|z| \leqq r} |w'(z)|^2 \varrho(w(z))\, d\sigma_z$$

geschrieben werden, wo $d\sigma_z$ das Flächenelement $r\, dr\, d\varphi$ im Punkte $z = re^{i\varphi}$ bezeichnet.

2. Die Belegung $\varrho(a)$ ist so regulär, daß die Ableitung $\Omega'(r)$ endlich und gleich

$$\Omega'(r) = r \int_0^{2\pi} |w'(re^{i\varphi})|^2 \varrho(w(re^{i\varphi}))\, d\varphi \qquad (23)$$

ist.

209. Unter diesen noch recht allgemeinen Voraussetzungen über die Massenbelegung μ gilt der

Hilfssatz 1. *Für jedes* $0 \leqq r < R$ *ist*

$$\frac{1}{2\pi} \int_0^{2\pi} \log\left(|w'(re^{i\varphi})|^2 \varrho(w)\right) d\varphi \leqq \log \frac{\Omega'(r)}{2\pi r} \qquad (24)$$

und

$$\frac{1}{2\pi} \int_0^{2\pi} \overset{+}{\log}\left(|w'(re^{i\varphi})|^2 \varrho(w)\right) d\varphi \leqq \overset{+}{\log} \frac{\Omega'(r)}{2\pi r} + \log 2. \qquad (24')$$

Die erste Beziehung (24) folgt in der Tat aus der Identität (23) unter Anwendung des bekannten elementaren Satzes, wonach der Mittelwert des Logarithmus einer nichtnegativen Funktion $f(x)$ höchstens gleich dem Logarithmus des Mittelwertes ist:

$$\frac{1}{\beta - \alpha} \int_\alpha^\beta \log f(x)\, dx \leqq \log\left(\frac{1}{\beta - \alpha} \int_\alpha^\beta f(x)\, dx\right) \quad (\alpha < \beta) \tag{25}$$

(Satz über das arithmetische und geometrische Mittel)[1].

Die zweite Beziehung ergibt sich aus der Relation

$$\frac{1}{\beta - \alpha} \int_\alpha^\beta \overset{+}{\log} f(x)\, dx \leqq \overset{+}{\log}\left(\frac{1}{\beta - \alpha} \int_\alpha^\beta f(x)\, dx\right) + \log 2,$$

die eine einfache Folgerung aus (25) ist. Setzt man nämlich $f_1 = e^{\overset{+}{\log} f}$, so ist $f_1 = f$ für $f \geqq 1$ und $f_1 = 1$ für $f < 1$, also jedenfalls $f_1 < f + 1$. Die Anwendung von (25) auf die Funktion f_1 gibt dann

$$\frac{1}{\beta - \alpha} \int_\alpha^\beta \overset{+}{\log} f(x)\, dx \leqq \log\left(\frac{1}{\beta - \alpha} \int_\alpha^\beta f_1(x)\, dx\right) \leqq \log\left(\frac{1}{\beta - \alpha} \int_\alpha^\beta f\, dx + 1\right)$$

$$\leqq \overset{+}{\log}\left(\frac{1}{\beta - \alpha} \int_\alpha^\beta f(x)\, dx\right) + \log 2.$$

Hilfssatz 2. *Falls $w(z)$ für $z \neq \infty$ meromorph ist, so ist für $\lambda \geqq 0$*

$$\log \frac{\Omega'(r)}{2\pi r} < 4 \log Q(r) + 3\lambda \log r, \tag{26}$$

außer höchstens für eine Wertmenge $\Delta_r (0 < r_0 < r)$, auf welcher die Variation von $\dfrac{r^\lambda}{\lambda}$,

$$\int_{\Delta_r} d\left(\frac{r^\lambda}{\lambda}\right) = \int_{\Delta_r} r^{\lambda - 1}\, dr,$$

beschränkt ist.

---

[1] Der Beweis verläuft z. B. so: Der rechtsstehende Mittelwert von $f(x)$ sei m; schreibt man $f(x) = m + \varphi(x)$, so ist also das Integral von $\varphi(x)$, von $x = \alpha$ bis $x = \beta$, gleich Null. Gemäß der Beziehung $\log(1 + t) \leqq t$, die für reelles $t > -1$ gilt und wo Gleichheit nur für $t = 0$ besteht, wird

$$\frac{1}{\beta - \alpha} \int_\alpha^\beta \log f(x)\, dx = \log m + \frac{1}{\beta - \alpha} \int_\alpha^\beta \log\left(1 + \frac{\varphi}{m}\right) dx$$

$$\leqq \log m + \frac{1}{m(\beta - \alpha)} \int_\alpha^\beta \varphi\, dx = \log m.$$

Gleichheit gilt hier nur, wenn f (fast überall) konstant und gleich m ist.

Sei nämlich $r_0 > 0$ und Δ'_r die Menge der Werte $r > r_0$ für welche $\Omega(r) \geqq r^\lambda (Q(r))^2$. Dann ist

$$\int\limits_{\Delta'_r} d\left(\frac{r^\lambda}{\lambda}\right) = \int\limits_{\Delta'_r} r^{\lambda-1} dr = \int\limits_{\Delta'_r} \frac{r^\lambda}{\Omega} dQ \leqq \int\limits_{\Delta'_r} \frac{dQ}{Q^2} \leqq \frac{1}{Q(r_0)}.$$

In genau derselben Weise findet man für die Variation von $\dfrac{r^\lambda}{\lambda}$ auf denjenigen Intervallen Δ''_r, wo $\Omega'(r) \geqq r^{\lambda-1}(\Omega(r))^2$,

$$\int\limits_{\Delta''_r} d\left(\frac{r^\lambda}{\lambda}\right) = \int\limits_{\Delta''_r} \frac{r^{\lambda-1} d\Omega}{\Omega'(r)} \leqq \int\limits_{\Delta''_r} \frac{d\Omega}{\Omega^2} \leqq \frac{1}{\Omega(r_0)}.$$

Die Variation von $\dfrac{r^\lambda}{\lambda}$ auf der Vereinigungsmenge $\Delta_r = \Delta'_r + \Delta''_r$ ist also beschränkt, und es ist, für jeden Wert r außerhalb der Intervalle Δ_r, $\dfrac{\Omega'}{r} < r^{\lambda-2}\Omega^2 < r^{3\lambda-2}Q^4$, woraus die Behauptung folgt.

Hilfssatz 3. *Für eine im Einheitskreise $|z| < 1$ meromorphe Funktion $w(z)$ gilt für $\lambda > 0$*

$$\overset{+}{\log}\Omega'(r) < 7\overset{+}{\log} Q(r) + (2\lambda + 2)\log\frac{1}{1-r} + 2\overset{+}{\log}\log\frac{1}{1-r} + c(\lambda), \quad (27)$$

außer für eine Wertmenge $\Delta_r (0 < r < 1)$, auf welcher die Variation von

$$\frac{1}{\lambda(1-r)^\lambda}, \qquad \int\limits_{\Delta_r} d\left(\frac{(1-r)^{-\lambda}}{\lambda}\right) = \int\limits_{\Delta_r} \frac{dr}{(1-r)^{\lambda+1}},$$

beschränkt ist[1]. *$c(\lambda)$ ist eine nur von λ abhängige Zahl.*

Sei Δ'_r diejenige Wertmenge $(0 < r_0 < r < 1)$, für welche

$$\Omega \geqq \frac{Q((\log Q)^2 + 1)}{(1-r)^{\lambda+1}}.$$

Man hat dann

$$\int\limits_{\Delta'_r} \frac{1}{\lambda} d\left(\frac{1}{1-r}\right)^\lambda = \int\limits_{\Delta'_r} \frac{dr}{dQ} \frac{dQ}{(1-r)^{\lambda+1}} \leqq \int\limits_{\Delta'_r} \frac{d\log Q}{1+(\log Q)^2} \leqq \pi.$$

Analog ergibt sich für die Intervalle $\Delta''_r (0 < r < 1)$, wo

$$\Omega' \geqq \frac{\Omega(1+(\log\Omega)^2)}{(1-r)^{\lambda+1}},$$

$$\int\limits_{\Delta''_r} \frac{dr}{(1-r)^{\lambda+1}} \leqq \pi.$$

Auf der Vereinigungsmenge Δ_r von Δ'_r und Δ''_r ist die Variation von $\dfrac{(1-r)^{-\lambda}}{\lambda}$ beschränkt $(\leqq 2\pi)$. Für jeden Wert r außerhalb Δ_r gilt (27),

---

[1] Für die meisten Anwendungen würde schon eine gröbere und leichter zu beweisende Abschätzung genügen.

wie man bei Anwendung der Rechenregeln (3) (VI, § 2) und der evidenten Beziehungen $\overset{+}{\log}\overset{+}{\log} t \leqq \overset{+}{\log} t$, $t\left(1 + (\log t)^2\right) < t\left(1 + (\log t)^2\right) + 1$ findet.

210. Verbindet man nun die drei Hilfssätze mit der schon früher gefundenen Abschätzung (22) der Größe $Q(r)$, so ergibt sich die in Aussicht gestellte

Fundamentalbeziehung. *Es sei* $w(z)$ *für* $|z| < R \leqq \infty$ *meromorph und* μ *eine über die* w*-Ebene ausgebreitete, nichtnegative Einheitsbelegung von der Dichte* $\varrho(w)$, *welche den Bedingungen 1. und 2. von Nr. 208 genügt. Dann gilt für* $0 \leqq r < R$ *die Beziehung*

$$\frac{1}{2\pi}\int_0^{2\pi} \log\left(|w'(r\,e^{i\varphi})|^2\, \varrho(w(r\,e^{i\varphi}))\right) d\varphi \;\leqq\; \log\psi(r) \tag{28}$$

und

$$\frac{1}{2\pi}\int_0^{2\pi} \overset{+}{\log}\left(|\,w'(r\,e^{i\varphi})|^2\, \varrho(w(r\,e^{i\varphi}))\right) d\varphi \;\leqq\; \overset{+}{\log}\psi(r) + \log 2 \tag{28'}$$

mit

$$\psi(r) = \frac{1}{2\pi}\int_0^{2\pi} |w'(r\,e^{i\varphi})|^2\, \varrho(w)\, d\varphi. \tag{28''}$$

Vorausgesetzt, daß das von der Belegung μ *erzeugte sphärische Potential*

$$P(w) = \int_{(a)} \log\frac{1}{k(w,\,a)}\, d\mu(a)$$

für $w = w(0)$ *endlich ausfällt, genügt* $\psi(r)$ *ferner folgenden Bedingungen. Im Falle* $R = \infty$ *gilt für* $\lambda \geqq 0$

$$\overset{+}{\log}\,\psi(r) < 4\overset{+}{\log} T(r) + 3\lambda\overset{+}{\log} r + O(1), \tag{29}$$

höchstens mit Ausnahme einer Wertmenge $\varDelta_r$, *auf welcher die Variation von* $\dfrac{r^\lambda}{\lambda}$ *beschränkt ist.*

Im Falle $R = 1$ *gilt wiederum für* $\lambda \geqq 0$

$$\overset{+}{\log}\psi(r) < 7\overset{+}{\log} T(r) + (2\lambda + 2)\log\frac{1}{1-r} + 2\overset{+}{\log}\log\frac{1}{1-r} + O(1) \tag{29'}$$

außer höchstens für eine Wertmenge $\varDelta_r$, *auf welcher die Variation von* $\dfrac{1}{\lambda(1-r)^\lambda}$ *beschränkt bleibt.*

Die Fundamentalbeziehung (28) enthält den Schlüssel zu dem zweiten Hauptsatz. Aus ihr folgt nicht nur der in Aussicht gestellte Hilfssatz über die logarithmische Ableitung einer meromorphen Funktion, sondern sie kann auch, wie von F. NEVANLINNA gezeigt worden ist, für eine vom Beweisansatz der ersten Paragraphen völlig unabhängigen Beweisanordnung des zweiten Hauptsatzes verwendet werden. Auf diese Frage kommen wir in § 6 dieses Abschnittes noch zurück.

§ 5. Hilfssatz über die logarithmische Ableitung.
Endgültige Fassung des zweiten Hauptsatzes.

211. Um zu dem Hilfssatz über die logarithmische Ableitung einer für $|z| < R \leqq \infty$ meromorphen Funktion zu gelangen, wählen wir die Belegung μ in der Fundamentalbeziehung speziell so, daß ihre Dichte

$$\varrho(a) = \frac{1}{2\pi^2}\, \frac{1}{|a|^2(1 + (\log|a|)^2)}$$

ist. Diese Wahl ist zulässig, da die Gesamtmasse dann der Bedingung

$$\int d\mu = \int \varrho(a)\, d\sigma_a = \frac{1}{\pi}\int\limits_0^\infty \frac{d|a|}{|a|(1 + (\log|a|)^2)} = 1$$

genügt.

Vorerst muß untersucht werden, wie sich das entsprechende sphärische Potential

$$P(w) = \int \log \frac{1}{k(w,\,a)}\, d\mu,$$

welches im Restglied der Fundamentalbeziehung vorkommt, verhält[1]. Man hat

$$P(w) = \log \sqrt{1 + |w|^2} + U(w)$$

wo

$$U(w) = \int \log \frac{\sqrt{1 + |a|^2}}{|w - a|}\, d\mu. \tag{30}$$

Zur Auswertung dieser Größe geht man am einfachsten davon aus, daß dieselbe, nebst ihrer Normalableitung, offenbar auf jedem Kreis $|w| = r$ konstant ist. Also ist für $w = r e^{i\vartheta}$

$$2\pi\, r\, \frac{\partial U}{\partial r} = r\int\limits_0^{2\pi} \frac{\partial U}{\partial r}\, d\vartheta.$$

Daraus folgt unter Anwendung des GAUSSschen Satzes, oder direkt, indem man den aus (30) berechneten Wert von $\dfrac{\partial U}{\partial r}$ bei Verwendung der Identität $\dfrac{\partial \log|w - a|}{\partial r} = \dfrac{1}{r}\, \dfrac{\partial \arg(w - a)}{\partial \vartheta}$ in bezug auf ϑ unter dem Integralzeichen integriert,

$$|w|\, \frac{\partial U}{\partial |w|} = -\int\limits_{|a| < |w|} d\mu.$$

---

[1] Es würde für unsere Zwecke genügen, zu entscheiden, ob $P(w)$ endlich oder unendlich ist. Der Vollständigkeit halber soll das Verhalten von P hier genauer untersucht werden.

Führt man hier den Wert von $d\mu$ ein, so ergibt sich durch Integration

$$U(w) = \frac{1}{\pi}\left(\log\sqrt{1+(\log|w|)^2} - \log|w|\arctan\log|w| - \frac{\pi}{2}\log|w|\right) + U(1)$$

wo $U(1)$ endlich ist[1].

Das Potential $P(w)$ hat also einen endlichen Wert, außer für $w = 0$ und ∞.

212. Nach dieser Vorbereitung können wir zu unserer eigentlichen Aufgabe, der Abschätzung der Schmiegungsfunktion $m\left(r, \frac{w'}{w}\right)$ übergehen. Es ist zunächst

$$m\left(r, \frac{w'}{w}\right) = \frac{1}{4\pi}\int\limits_0^{2\pi} \overset{+}{\log}\left|\frac{w'(r\,e^{i\varphi})}{w(r\,e^{i\varphi})}\right|^2 d\varphi$$

$$\leq \frac{1}{4\pi}\int\limits_0^{2\pi} \overset{+}{\log}\frac{|w'|^2}{|w|^2(1+(\log|w|)^2)}\,d\varphi + \frac{1}{4\pi}\int\limits_0^{2\pi}\log(1+(\log|w|)^2)\,d\varphi.$$

Hier ist das erste Glied rechts nach der Fundamentalbeziehung nicht größer als $\frac{1}{2}\overset{+}{\log}\psi(r) + \log 2\pi$, wobei ψ die im Fundamentalsatz aufgezählten Eigenschaften hat. Die oberen Schranken (29) und (29') sind endlich, sofern $w(0) \neq 0, \infty$, denn dann hat das Potential $P(w_0)$ einen endlichen Wert.

Für das zweite Glied der rechten Seite erhalten wir wiederum einfach gemäß dem Satz über das arithmetische und geometrische Mittel

$$\frac{1}{2\pi}\int\limits_0^{2\pi}\log\sqrt{1+(\log|w|)^2}\,d\varphi \leq \log\frac{1}{2\pi}\int\limits_0^{2\pi}\sqrt{1+(\log|w|)^2}\,d\varphi$$

$$\leq \log\frac{1}{2\pi}\int\limits_0^{2\pi}(|\log|w|| + 1)\,d\varphi = \log\left(m(r, w) + m\left(r, \frac{1}{w}\right) + 1\right)$$

$$\leq \log\left(2\,T(r, w) + \log\left|\frac{e}{w_0}\right|\right) = \overset{+}{\log}\,T(r) + O(1).$$

Falls $w(0) = 0$ oder ∞, multipliziere man w mit einer solchen Potenz von z, daß das Produkt $w_1 \neq 0, \infty$ für $z = 0$. Die obigen Überlegungen gelten dann für die Funktion w_1, und da die Schmiegungsfunktionen $m\left(r, \frac{w'}{w}\right)$ und $m\left(r, \frac{w_1'}{w_1}\right)$, sowie die Charakteristiken von w und w_1, sich höchstens um eine Größe der Ordnung $O(\log r)$ unterscheiden, so sieht man, daß die obigen Abschätzungen auch im vorliegenden Fall ihre

---

[1] Man hat für $U(1)$ den Wert

$$\int\log\frac{\sqrt{1+|a|^2}}{|a-1|}\,d\mu = \frac{2}{\pi}\int\limits_0^{\infty}\log\sqrt{1+e^{-2t}}\,\frac{dt}{1+t^2}\,.$$

Geltung beibehalten, sofern nur zu den gefundenen oberen Schranken ein Glied der Größenordnung $O(\log r)$ hinzugefügt wird.

Führen wir nun die Schranken (29) bzw. (29') für $\psi(r)$ ein, so erhalten wir den

Satz über die logarithmische Ableitung. *Wenn $w(z)$ für $|z| < R \leqq \infty$ meromorph ist, so ist für $R = \infty$*

$$m\left(r, \frac{w'}{w}\right) = O(\log r\, T(r)), \tag{31}$$

außer höchstens für eine Menge Δ_r von Werten r, auf welchen die Variation von $\dfrac{r^\lambda}{\lambda}\,(\lambda \geqq 0)$ beschränkt ist.

Für $R = 1$ hat man wiederum

$$m\left(r, \frac{w'}{w}\right) = (\lambda + 1)\log\frac{1}{1-r} + O\left(\log\log\frac{1}{1-r}\right) + O(\log T(r)), \tag{31'}$$

außer höchstens für eine Intervallfolge Δ_r, wo die Variation von $\dfrac{(1-r)^{-\lambda}}{\lambda}\,(\lambda \geqq 0)$ beschränkt ist[1].

Aus diesem Satz ersieht man, daß die Schmiegungsfunktion $m\left(r, \dfrac{w'}{w}\right)$ im allgemeinen von wesentlich niedrigerer Größenordnung ist als die Charakteristik der Funktion $w(z)$. Im Falle einer im Einheitskreis meromorphen Funktion $w(z)$ gilt dies nach (31') allerdings nur dann, wenn die Charakteristik nicht langsamer als $\log\dfrac{1}{1-r}$ anwächst ($\lambda = 0$). Daß diese Einschränkung nicht durch die angewandte Beweistechnik künstlich bedingt ist, wird sich später herausstellen: jene Wachstumsgrenze wird sich tatsächlich als kritisch für die Wertverteilungseigenschaften einer für $|z| < 1$ meromorphen Funktion erweisen.

213. Verbindet man nun den obigen Hilfssatz mit den Ergebnissen von § 1, so gelangen wir an unser Ziel:

Zweiter Hauptsatz. *Es sei $w(z)$ eine für $|z| < R \leqq \infty$ meromorphe Funktion und $a_1, \ldots, a_q\,(q \geqq 3)$ voneinander verschiedene endliche oder unendliche Zahlen. Unter diesen Bedingungen ist für $r < R$*

$$\sum_1^q m(r, a_\nu) < 2T(r) - N_1(r) + S(r), \tag{II}$$

wo

$$N_1(r) = \int_0^r \frac{n_1(t)}{t}\,dt + n_1(0)\log r \tag{32}$$

die auf S. 240 definierte Anzahlfunktion der mehrfachen Stellen von $w(z)$ ist und das Restglied $S(r)$ nachstehenden Bedingungen genügt:

---

[1] R. Nevanlinna [4], H. Selberg [7], F. Nevanlinna [4].

1. *Im Falle $R = \infty$ ist*

$$S(r) < O(\log r\, T(r)), \tag{33}$$

außer möglicherweise in einer Intervallfolge Δ_r, wo die Variation $\dfrac{r^\lambda}{\lambda}\,(\lambda \geqq 0)$ beschränkt ist.

2. *Für $R = 1$ hat man*

$$S(r) < (\lambda + 1) \log \frac{1}{1-r} + O\left(\log\log \frac{1}{1-r}\right) + O(\log T(r)), \tag{34}$$

mit möglicher Ausnahme einer Intervallfolge Δ_r, auf welcher die Variation von $\dfrac{(1-r)^{-\lambda}}{\lambda}\,(\lambda \geqq 0)$ beschränkt ist.

Eine andere, für viele Anwendungen besser geeignete Form des Hauptsatzes erhält man, wenn man in (II) beiderseits $\sum\limits_1^q N(r, a_\nu)$ hinzufügt und den ersten Hauptsatz $m + N = T$ berücksichtigt. Man findet dann statt (II)

$$(q - 2)\, T(r) < \sum_1^q N(r, a_\nu) - N_1(r) + S(r), \tag{II'}$$

wo S die unter 1. und 2. aufgezählten Eigenschaften hat.

214. Eine wichtige Ergänzung zu diesem Ergebnis gilt dem Fall, wo der Ausdruck

$$\sum_1^q N(r, a_\nu) = N(r) \tag{35}$$

von *endlicher Ordnung* ist ($R = \infty$). Dann ist auch $n = \dfrac{dN}{d\log r}$ von endlicher Ordnung (vgl. S. 221), und es gibt also eine positive Zahl λ, so daß $n < r^{\lambda+1}$ von einem gewissen Wert $r = r_0$ ab besteht. Sei nun r' ein Punkt eines Ausnahmeintervalls Δ_r und r der rechte Endpunkt desselben. Sobald $r' > r_0$, wird

$$N(r) - N(r') < \int_{r'}^{r} r^\lambda\, dr,$$

eine Größe, die nach den Eigenschaften der Ausnahmeintervalle Δ_r unter einer festen von r unabhängigen Schranke liegt. Nach (II') wird also

$$\begin{aligned}
(q - 2)\, T(r') &\leqq (q - 2)\, T(r) < N(r) - N_1(r) + S(r) \\
&\leqq N(r') - N_1(r') + S(r) + (N(r) - N(r')) \\
&= N(r') - N_1(r') + S(r) + O(1).
\end{aligned}$$

Außerhalb der (offenen) Intervalle Δ_r ist aber $S(r) < O(\log r\, T(r)) = O(\log r)$. Beachtet man nun, daß die Variation von $\log r$ auf den Intervallen Δ_r beschränkt ist ($\lambda = 0$), und daß somit dasselbe für den Ausdruck $\log \dfrac{r}{r'}$ gilt, so sieht man ein, daß die Beziehung (II') auch in den Ausnahmeintervallen besteht mit $S = O(\log r)$.

Falls $R = \infty$ und der Ausdruck (35) *von endlicher Ordnung ist, so bestehen die Beziehungen* (II) *und* (II′) *ohne Ausnahmeintervalle, und es ist also*

$$(q-2)\,T(r) < \sum_{\nu=1}^{q} N(r,\,a_\nu) - N_1(r) + O(\log r).\tag{36}$$

Entsprechendes gilt im Falle $R = 1$, wenn die Summe $N(r)$ für $r \to 1$ von endlicher Wachstumsordnung ist, d. h. falls

$$\varlimsup_{r=1} \frac{\log N(r)}{\log \dfrac{1}{1-r}}$$

endlich ist. Die Sätze gelten dann ausnahmslos für $r < 1$ mit

$$S = O\left(\log \frac{1}{1-r}\right).$$

§ 6. Direkter Beweis des zweiten Hauptsatzes mit Hilfe der Fundamentalbeziehung.

215. Besitzt man erst einmal die Fundamentalbeziehung von § 4, so ist die oben eingeschlagene Methode zur Aufstellung des zweiten Hauptsatzes als ein Umweg zu betrachten. In der Tat wurde jene Beziehung, welche oben als Hilfsmittel zur Herleitung des Satzes über die logarithmische Ableitung verwendet wurde, von F. NEVANLINNA [2] für einen direkten, von den Betrachtungen in § 2 und § 5 unabhängigen Beweis des Hauptsatzes benutzt, wie dies jetzt näher auseinandergesetzt werden soll[1]. Man vergleiche hierzu auch die in § 3 dargestellte Methode von K. I. VIRTANEN.

Um den Hauptsatz zu gewinnen, setzt F. NEVANLINNA die Belegung μ in der Fundamentalbeziehung (28) in § 4 gleich dem *nichteuklidischen, hyperbolischen Flächeninhalt der an den Stellen* a_1, a_2, ..., a_q $(q \geqq 3)$ *punktierten w-Ebene.* Wie in I, § 2 auseinandergesetzt worden ist, gelangt man zu der hyperbolischen Maßbestimmung dieses q-fach zusammenhängenden Gebiets F_q, so daß man seine einfach zusammenhängende universelle Überlagerungsfläche F_q^∞, die wegen der Voraussetzung $q \geqq 3$ zum hyperbolischen Typus gehört (vgl. I, § 2), auf die schlichte Kreisscheibe $|x| < 1$ konform abbildet. Dies geschieht vermittels der linear polymorphen Funktion $x = x(w;\, a_1, \ldots, a_q)$, deren verschiedene Zweige durch eine Gruppe $\sum$ von linearen Transformationen S zusammenhängen, welche den Einheitskreis K invariant lassen. Die Umkehrfunktion $w = \varphi(x)$, welche die Abbildung $K \to F_q^\infty$ vollzieht, ist in bezug auf diese Gruppe automorph.

---

[1] Daß wir vorgezogen haben, den Beweis von §§ 2 und 5 zuerst darzustellen, geschah teilweise mit Rücksicht auf die Leichtfaßlichkeit, teilweise auch weil diese Methode und der Hilfssatz über die logarithmische Ableitung für gewisse andere Fragen der Theorie der meromorphen Funktionen von Bedeutung sind. Vgl. hierzu R. NEVANLINNA [5], Kap. V.

Führt man in K die Lobatschewsky-Poincarésche Maßbestimmung ein, indem man die nichteuklidische Länge $d\sigma$ eines Bogenelementes $|dx|$ gleich

$$d\sigma = \frac{|dx|}{1 - |x|^2}$$

setzt (I, § 1), so ist $d\sigma$ in bezug auf jede lineare Transformation, die K auf sich selbst abbildet, also speziell für jede Transformation der Gruppe Σ invariant. Hieraus folgt, daß, wenn man diese Maßbestimmung durch die Abbildung $K \to F_q^\infty$ überträgt, sie nicht nur auf der Überlagerungsfläche F_q^∞, sondern schon auf der Grundfläche F_q eindeutig erklärt ist (vgl. hierzu III, § 3).

Das nichteuklidische Flächenelement im Punkte w ist als das Quadrat von $d\sigma$ definiert. Für die Dichte des entsprechenden Flächeninhalts $d\mu$ im Punkte w findet man also

$$\varrho = \frac{d\mu}{df_w} = \frac{\left|\dfrac{dx}{dw}\right|^2}{(1 - |x(w)|^2)^2},$$

wo $x(w)$ die obige linear polymorphe Abbildungsfunktion und df_w das euklidische Flächenelement sind. Mit diesem Wert für ϱ wird die Fundamentalbeziehung (28) zur Anwendung gebracht, wobei μ bzw. ϱ jedoch vorerst so normiert werden müssen, daß die gesamte, über die punktierte Ebene F_q ausgebreitete Masse

$$\mu_0 = \int d\mu = \int \frac{df_w}{(1 - |x(w)|^2)^2}\left|\frac{dx}{dw}\right|^2 \tag{37}$$

gleich der Einheit wird, was einfach durch Division von μ und ϱ durch den Betrag μ_0 der gesamten Masse geschieht.

Vorerst müssen wir uns jedoch davon überzeugen, daß diese Größe μ_0, der nichteuklidische Flächeninhalt von F_q, *endlich* ist. Hierzu benutzen wir die schon in I, § 3, S. 19, vorbereitenderweise aufgestellten Entwicklungen der Abbildungsfunktion $x(w)$. Man hat nach letzteren, wenn c den dem Grenzpunkt $a = a_\nu$ der Fläche F_q zugeordneten Peripheriepunkt von K bezeichnet [für einen beliebig festgelegten Zweig $x(w)$ in der Nähe von $a = a_\nu$]:

$$\frac{c + x}{c - x} = \alpha + \beta \log(w - a) + \varepsilon(w - a), \tag{38}$$

wo α und β konstant sind und ε für $w \to a$ verschwindet. Es wird

und

$$\Re\left(\frac{c + x}{c - x}\right) = \frac{1 - |x|^2}{|c - x|^2} \sim \gamma \log\frac{1}{|w - a|}$$

$$\left|\frac{d}{dw}\left(\frac{c + x}{c - x}\right)\right| = \frac{2|c|}{|c - x|^2}\left|\frac{dx}{dw}\right| \sim \frac{|\beta|}{|w - a|},$$

also

$$\varrho = \frac{\left|\dfrac{dx}{dw}\right|^2}{(1 - |x|^2)^2} \sim \lambda\left(\frac{1}{|w - a|\log\dfrac{1}{|w - a|}}\right)^2, \tag{39}$$

wo λ eine positive Konstante ist.

Für den Grenzpunkt $a = \infty$ hat man in der Entwicklung (38) $w - a$ durch $\dfrac{1}{w}$ zu ersetzen, und es wird, statt (39), für $a = \infty$

$$\varrho = \frac{\left|\dfrac{d\varkappa}{dw}\right|^2}{(1 - |\varkappa|^2)^2} \sim \lambda \left(\frac{1}{|w|\log|w|}\right)^2 \tag{39'}$$

216. Unter Anwendung dieser asymptotischen Entwicklungen der Dichte ϱ in der Umgebung der Grenzpunkte $w = a_\nu$ $(\nu = 1, \ldots, q)$ ergibt sich, da ϱ für $w \neq a_\nu$ stetig ist, erstens daß die Gesamtmasse μ_0 endlich ist[1] und ferner, daß das von der Belegung $\dfrac{\mu}{\mu_0}$ erzeugte sphärische Potential

$$P(w) = \frac{1}{\mu_0} \int\limits_{(a)} \log \frac{1}{k(w, a)}\, d\mu$$

ebenfalls einen endlichen Wert erhält, sofern der Punkt w von $a_1, \ldots, a_q$ $(a_q = \infty)$ verschieden ist.

---

[1] Wünscht man den genauen Wert der Masse μ_0, so verbinde man die Punkte a_1 und a_2, a_2 und a_3, $\ldots$, a_{q-1} und $a_q = \infty$ durch je einen Kurvenbogen $Q_1, Q_2, \ldots, Q_{q-1}$. Diese können derart gewählt werden, daß ihnen, vermöge der Abbildung $F_q^\infty \to K$ im Einheitskreis $|\varkappa| < 1$ gewisse Orthogonalkreisbogen der Peripherie $|\varkappa| = 1$ zugeordnet sind; die längs $Q_1, \ldots, Q_{q-1}$ aufgeschnittene w-Ebene, F_q, wird durch einen beliebigen Zweig der Abbildungsfunktion in ein Spitzenpolygon π übergeführt, das von $2(q - 1)$, den Schnitträndern entsprechenden, sich auf der Kreislinie $|\varkappa| = 1$ berührenden Orthogonalkreisbogen berandet ist. Durch die Variabeltransformation $\varkappa = \varkappa(w)$ ergibt sich für die Gesamtmasse unserer Belegung der Ausdruck

$$\mu_0 = \int\limits_\pi \frac{df_\varkappa}{(1 - |\varkappa|^2)^2}\,,$$

wo die Integration über die Fläche des Spitzenpolygons π zu erstrecken ist; $df_\varkappa = r\, dr\, d\varphi$ ist das euklidische Flächenelement in $\varkappa = re^{i\varphi}$.

Zur Auswertung des Integrals wendet man am bequemsten die Differentialgleichung $\Delta u = 4 e^{2u}$ an, welcher der Logarithmus $\log \dfrac{d\sigma}{|d\varkappa|} = \log \dfrac{1}{1 - |\varkappa^2|}$ des Verhältnisses zwischen den nichteuklidischen und euklidischen Bogenlängen genügt (I, § 1). Die GAUSSsche Transformationsformel ergibt dann

$$-\int \frac{\partial u}{\partial n}\, ds = \int \Delta u\, df_\varkappa = 4 \int \frac{df_\varkappa}{(1 - |\varkappa^2|)^2} = 4\mu_0,$$

wo das linksstehende Integral über den Perimeter des Polygons π geführt werden muß. Bezeichnet ϑ den Winkel, den die Richtung der inneren Normalen mit dem Radiusvektor $(0, \varkappa)$ bildet, so erhält man, wenn M der Mittelpunkt und ϱ der Radius desjenigen Orthogonalkreisbogens L ist, der durch den Punkt $\varkappa$ geht, aus dem Dreieck $0M\varkappa$, wo $0M = \sqrt{1 + \varrho^2}$, $\cos\vartheta = \dfrac{1 - r^2}{2r\varrho}$. Es wird somit

$$-\int \frac{\partial u}{\partial n}\, ds = \int \frac{du}{dr}\cos\vartheta\, ds = \int \frac{ds}{\varrho}.$$

Hier ist $\dfrac{ds}{\varrho}$ gleich dem Element $d\psi$ des Zentriwinkels von L, dessen Variation auf dem Bogen L gleich $\pi - \Phi$ ist, wo Φ der Winkel ist, unter welchem L

Die Fundamentalbeziehung (28) gibt uns jetzt

$$\frac{1}{2\pi}\int\limits_0^{2\pi} \log|w'(r\,e^{i\varphi})|\,d\varphi + \frac{1}{2\pi}\int\limits_0^{2\pi} \log\sqrt{\varrho(w(r\,e^{i\varphi}))}\,d\varphi \leqq \frac{\log\mu_0}{2} + \frac{\log\psi(r)}{2}\,, \quad (40)$$

wo μ_0 die Gesamtmasse ist und $\psi(r)$ den in Nr. 210 aufgezählten Bedingungen genügt.

Hier ist nach dem JENSENschen Satz

$$\frac{1}{2\pi}\int\limits_0^{2\pi} \log|w'|\,d\varphi = N\left(r, \frac{1}{w'}\right) - N(r, w') + \text{const.}$$

Für das zweite Integral findet man bei Anwendung der asymptotischen Entwicklungen (39) und (39′)

$$\frac{1}{2\pi}\int\limits_0^{2\pi} \log\sqrt{\varrho}\,d\varphi = \sum_{\nu=1}^{q-1} \frac{1}{2\pi}\int \left(\overset{+}{\log}\left|\frac{1}{w-a_\nu}\right| - \overset{+}{\log}\overset{+}{\log}\left|\frac{1}{w-a_\nu}\right|\right)d\varphi$$

$$- \frac{1}{2\pi}\int \left(\overset{+}{\log}|w| + \overset{+}{\log}\overset{+}{\log}|w|\right)d\varphi + O(1)\,.$$

Die von den einfachen Logarithmen herrührenden Integrale ergeben die Mittelwerte $m(r, a_\nu)$. Die Mittelwerte der doppelten Logarithmen werden durch den Satz über das arithmetische und geometrische Maß weiter abgeschätzt; sie sind von der Größenordnung $O(\log m(r, a_\nu))$ und daher, nach dem ersten Hauptsatz, auch von der Ordnung $O(\log T(r))$.

Zusammenfassend wird also aus (40)

$$N\left(r, \frac{1}{w'}\right) - N(r, w') + \sum_1^{q-1} m(r, a_\nu) - m(r, \infty) < \frac{\log\psi(r)}{2} + O(\log T(r))$$

Addiert man noch beiderseits die Größe $2m(r, \infty) = 2T(r) - 2N(r, \infty)$, so ergibt sich

$$\sum_1^q m(r, a_\nu) < 2T(r) - N_1(r) + \frac{\log\psi(r)}{2} + O(\log T(r))\,,$$

wo N_1 der mehrmals besprochene Ausdruck

$$N_1(r) = N\left(r, \frac{1}{w'}\right) + [2N(r, w) - N(r, w')]$$

ist. Dies ist, mit Rücksicht auf die Eigenschaften der in der Fundamentalbeziehung (28) stehenden Größe $\psi(r)$, nichts anderes als der

---

aus dem Nullpunkt $x = 0$ erscheint. Da die Anzahl der Seiten L des Polygons $2(q - 1)$ beträgt, so wird das Linienintegral gleich $2\pi\,(q - 1) - 2\pi = 2\pi(q - 2)$, und man findet für den nichteuklidischen Flächeninhalt der punktierten Ebene den Wert $\mu_0 = (q - 2)\frac{\pi}{2}$. Dies ist nichts anderes als der Satz über den Winkeldefekt und den Flächeninhalt eines Polygons in der hyperbolischen Geometrie.

zweite Hauptsatz (II). Um die Endlichkeit des in der oberen Schranke von $\psi(r)$ vorkommenden Potentials $P(w_0)$ zu erzielen, hat man jedoch die Annahme $w(0) = w_0 \neq a_\nu$ hinzuzufügen.

217. Legt man die allgemeine Fundamentalbeziehung zugrunde, wie es in der obigen Darstellung geschehen ist, so kommt man, wie AHLFORS [8] bemerkt hat, einfacher als bei der Anwendung der nichteuklidischen Belegung zum Ziel, wenn man die Dichte *elementar* vorschreibt, so daß sie sich an den kritischen Stellen a_ν ähnlich wie die Dichte der nichteuklidischen Belegung verhält. Es genügt also die Fundamentalbeziehung z. B. mit der Dichtefunktion

$$\log \varrho(w) = 2 \sum_1^q \log \frac{1}{k(w,\, a_\nu)} - 2\log \left(\sum \log \frac{1}{k(w,\, a_\nu)} \right) + c$$

anzusetzen, wo $k(w,\, a_\nu)$ der chordale Abstand der Punkte w und a_ν ist und die Konstante c so normiert werden muß, daß die Gesamtmasse gleich 1 wird (AHLFORS, l. c.).

Wir haben es oben vorgezogen, dem ursprünglichen, weniger elementaren Weg von F. NEVANLINNA zu folgen, weil die Anwendung der Abbildungsfunktionen $x(w; a_1, \ldots, a_q)$ und der hierauf fußenden nichteuklidischen Maßbestimmung keineswegs als ein Kunstgriff zu betrachten ist, sondern vielmehr eine naturgemäße Erweiterung des ursprünglichen, auf der Verwendung der Modulfunktion beruhenden Beweises darstellt, durch welchen PICARD seinen berühmten Satz begründete (vgl. I, § 3). Es verlohnt sich der Mühe, etwas näher auf die leitende Idee einzugehen, die den uniformisierenden Transzendenten $x(w; a_1, \ldots, a_q)$ einen ganz natürlichen Platz in der Theorie der Wertverteilung zuweist.

218. Sei $w = w(z)$ eine für $|z| < R \leq \infty$ meromorphe Funktion, welche in jenem Kreis gewisse Werte $a_1, \ldots, a_q (q \geq 2)$ nicht annimmt. Die linear polymorphe Funktion $x = x(w; a_1, \ldots, a_q)$ bildet die universelle Überlagerungsfläche F_q^∞ der an den Stellen a_q punktierten Ebene, für $q = 2$ auf die punktierte Ebene $x \neq \infty$ (parabolischer Fall), für $q > 2$ dagegen auf den Einheitskreis $|x| < 1$ (hyperbolischer Fall) ab. Legt man nun für $w = w_0 = w(0)$ einen beliebigen Zweig der Abbildungsfunktion $x = x(w)$ fest, so läßt sich, da w die Grenzpunkte a_ν vermeidet, jener Funktionszweig für $|z| < R$ unbeschränkt fortsetzen und stellt somit nach dem Monodromiesatz eine eindeutige Funktion $x(w(z)) = f(z)$ dar. Bezeichnet nun $w = \varphi(x; a_1, \ldots, a_q)$ die für $|x| < \infty (q = 2)$ bzw. $|x| < 1 (q > 2)$ automorphe Umkehrfunktion von $x(w; a_1, \ldots, a_q)$, so ist die gegebene, von den Werten a_ν verschiedene Funktion $w(z)$ gleich

$$w(z) = \varphi(f(z); a_1, \ldots, a_q), \tag{41}$$

wo also $f(z)$ eine für $|z| < R$ reguläre Funktion ist, die im Falle $q > 2$ beschränkt ist ($|f| < 1$).

Die Beziehung (41) enthält den *allgemeinen Ausdruck einer für* $|z| < R \leqq \infty$ *meromorphen, von den gegebenen Werten a_ν verschiedenen Funktion $w(z)$.* Denn wir haben gesehen, daß eine jede solche Funktion w in dieser Form darstellbar ist; und umgekehrt, falls $f(z)$ für $|z| < R$ regulär und, sofern $q > 2$, beschränkt ($|f| < 1$), im übrigen aber beliebig ist, wird durch (41) eine Funktion $w(z)$ von der gegebenen Art definiert.

Das Problem, die Gesamtheit der für $|z| < R$ meromorphen, von $q \geqq 2$ Werten $a_1, \ldots, a_q$ verschiedenen Funktionen w zu bestimmen, wird also mit Hilfe der uniformisierenden Transzendenten $x(w; a_1, \ldots, a_q)$ vollständig gelöst. Im Falle $q = 2$ ist $x(w)$ gleich dem Logarithmus

$$x = \log \frac{w - a_1}{w - a_2},$$

und es handelt sich also um das elementare Resultat, daß eine Funktion w, welche für $|z| < R$ zwei Ausnahmewerte a_1, a_2 besitzt, eine linear gebrochene Funktion von $e^{f(z)}$ ist, wo f für $|z| < R$ regulär ist. Wenn dagegen $q > 2$, so folgt aus dem LIOUVILLEschen Satz, daß $f(z)$ sich, und somit auch $w(z)$, auf eine Konstante reduziert, *sofern* $R = \infty$ ist; dies ist der PICARDsche Satz (vgl. I, § 3).

219. Wenn die betrachtete meromorphe Funktion $w(z)$ nicht mehr von den vorgegebenen Werten a_ν verschieden ist, so liegt es nahe, das obige Verfahren zur Untersuchung der Stellen z einzuschlagen, in denen $w(z)$ jene besonderen Werte einnimmt. Diese Stellen zeichnen sich nämlich dadurch aus, daß die zusammengesetzte Funktion $x(w(z); a_1, \ldots, a_q)$ in ihnen *singulär* wird. Die Untersuchung dieser Singularitäten wird dadurch erschwert, daß jene Funktion in der Umgebung derselben mehrdeutig wird, und man wird infolgedessen danach streben, eine von $x(w(z); a_1, \ldots, a_q)$ abhängige Größe zu finden, welche, ohne den singulären Charakter an den Stellen $w = a_\nu$ zu verlieren, *eindeutig* ist[1].

Einen solchen Ausdruck gibt uns im Falle $q = 2$, wo $x(w)$, wenn der Kürze halber $a_1 = 0$, $a_2 = \infty$ gesetzt wird, einfach gleich $\log w$ ist, das Verhältnis $\left| \dfrac{dx}{dw} \right| = \left| \dfrac{1}{w} \right|$ der euklidisch gemessenen einander entsprechenden Linienelemente $|dx|$ und $|dw|$. Der Logarithmus dieses Ausdrucks, $u(w; a_1, a_2) = \log \dfrac{1}{|w|}$ genügt der LAPLACEschen Differentialgleichung $\Delta u = 0$, außer an den kritischen Stellen $a_1 = 0$, $a_2 = \infty$, in denen er logarithmisch unendlich wird. Setzt man nun $u(w(z); a_1, a_2) = \bar{u}(z)$, so ist auch $\bar{u}$ für $|z| < R$ harmonisch, außer an den Stellen, wo $w = 0$ oder ∞ ist. Die Integration der Differentialgleichung $\Delta \bar{u} = 0$, gibt uns, bei Beachtung jener Singularitäten, die JENSENsche Formel, welche uns bei der Untersuchung der Null- und Unendlichkeitsstellen einer meromorphen Funktion als grundlegendes Hilfsmittel gedient hat.

Im Falle $q > 2$, wo die Fläche F_q^∞ auf den Einheitskreis abbildbar ist, liegt es nun nahe, das euklidische Linienelement $|dx|$ durch das

---

[1] F. NEVANLINNA [7].

hyperbolische Element $d\sigma$ zu ersetzen, das für alle Zweige von $x(w)$ den invarianten Betrag $d\sigma = \dfrac{|dx|}{1 - |x|^2}$ beibehält. Setzt man dann $u(w, a_1, \ldots, a_q) = \log \dfrac{d\sigma}{|dw|}$, so ist u als eine eindeutige Funktion von w erklärt, die der Differentialgleichung $\Delta u = 4e^{2u}$ genügt, außer in den Punkten $a_1, \ldots, a_q$, wo sie logarithmisch unendlich wird (vgl. S. 259). Die Zusammensetzung mit der gegebenen, für $|z| < R \leqq \infty$ meromorphen Funktion $w(z)$ erklärt eine eindeutige Funktion von z, $v(z) \equiv u(w(z)) + \log \left| \dfrac{dw}{dz} \right|$, welche ebenfalls der Differentialgleichung $\Delta_z v = 4e^{2v}$ genügt, und man wird so zu der Integration dieser partiellen Differentialgleichung geführt, unter Beachtung der Singularitäten von v, als welche innerhalb $|z| < R$ diejenigen Stellen auftreten, wo $w(z)$ die kritischen Werte $a_1, \ldots, a_q$ annimmt. Während diese Integration bei der Gleichung $\Delta u = 0\,(q = 2)$ zu einer exakten Mittelwertformel führte (JENSENsche Formel), gelangt man in vorliegendem komplizierterem Fall nur zu einem approximativen Resultat: so kann in der Tat die Fundamentalbeziehung (28) interpretiert werden, wenn für die Belegung μ das nichteuklidische Flächenelement eingesetzt wird[1].

X. Anwendung des zweiten Hauptsatzes.

§ 1. Der Satz von PICARD-BOREL.

220. Für eine in der punktierten Ebene $z \neq \infty$ meromorphe Funktion $w(z)$ gilt der PICARDsche Satz: es gibt höchstens *zwei* Werte, welche die Funktion $w(z)$ überhaupt nicht annimmt, es sei denn, daß sie sich auf eine Konstante reduziert; dieser triviale Fall ist im folgenden ein für allemal ausgeschlossen. Im Zusammenhang mit dem ersten Hauptsatz haben wir ferner gefunden, daß eine solche Funktion *fast alle Werte a* mit einer, der Charakteristik $T(r, w)$ entsprechenden Häufigkeit $N(r, a)$ annimmt. Diese Ergebnisse wurden im Falle einer meromorphen Funktion von endlicher, nichtganzzahliger Ordnung dahin verschärft, daß höchstens *ein* Ausnahmewert existiert, für welchen die Anzahlfunktion von niedrigerer Ordnung (Klasse, Typus) ist als die Charakteristik.

---

[1] Für eine allgemeine Dichte ϱ handelt es sich in entsprechender Weise um die Integration der POISSONschen Gleichung $\Delta u = -2\pi\varrho$. —
Eine interessante differentialgeometrische Deutung des zweiten Hauptsatzes, die zu einem Zusammenhang dieses Satzes mit der GAUSS-BONNETschen Formel führt, ist von AHLFORS gegeben worden. Hier sind auch die Theorie der meromorphen Kurven von J. und H. WEYL [7], zu erwähnen. Eine Erweiterung der Theorie auf schlichte Gebiete von beliebigem (i. a. unendlichem) Zusammenhang verdankt man G. AF HÄLL-STRÖM [7]. Verallgemeinerungen an beliebige RIEMANNsche Flächen findet man in der Monographie [7] von H. WEYL. Vgl. auch J. DUFRESNOY [7].

Bereits einfache Beispiele zeigen, daß Entsprechendes für ganzzahlige Ordnungen nicht mehr gilt; so hat die Exponentialfunktion zwei Ausnahmewerte $(0, \infty)$, und in VIII, § 4 haben wir einen Fall besprochen, wo eine Erniedrigung des Typus oder der Klasse von $N(r, a)$ für zwei Werte a zustande kommt. Daß andererseits die Anzahl solcher Ausnahmewerte nicht *zwei* übersteigen kann, ist der wesentliche Inhalt der von Borel [1] gegebenen Erweiterung des Picardschen Satzes.

221. Der Picard-Borelsche Satz und seine späteren Verschärfungen[1] ergeben sich als eine unmittelbare Folgerung aus dem zweiten Hauptsatz. Setzt man $q = 3$, d. h. nimmt man drei voneinander verschiedene Zahlen a_1, a_2, a_3, so folgt aus den zwei Hauptsätzen die für jedes a gültige Doppelbeziehung

$$N(r, a) + O(1) < T(r) < N(r, a_1) + N(r, a_2) + N(r, a_3) + S(r), \quad (1)$$

wo das Restglied $S(r)$ den im zweiten Hauptsatz aufgezählten Bedingungen genügt. Dies zeigt, daß *die Verteilung von drei Stellensorten das Anwachsen der Charakteristik $T(r)$ und hierdurch die asymptotische Verteilung sämtlicher Stellensorten im wesentlichen bestimmt.*

Wir beweisen den

Satz. *Wenn das Integral*

$$\int^{\infty} \frac{N(r, a)}{r^{\mu+1}}\, dr \qquad (\mu > 0) \tag{2}$$

für drei verschiedene Werte a konvergent ist, so ist das Integral

$$\int^{\infty} \frac{T\,r}{r^{\mu+1}}\, dr \tag{3}$$

ebenfalls konvergent, und (2) konvergiert dann für jedes a.

Dies ergibt sich unmittelbar aus der Beziehung (1), falls man beiderseits mit $\dfrac{d\,r}{r^{\mu+1}}$ multipliziert und zwischen den Grenzen r_0 und r $(0 < r_0 < r)$ integriert. Das von dem Restglied S herrührende Integral

$$\int_{r_0}^{r} \frac{S(r)}{r^{\mu+1}}\, dr$$

ist nämlich für $r \to \infty$ *endlich.* In der Tat folgt aus der Voraussetzung unseres Satzes, daß die Summe $N(r) = \sum_1^3 N(r, a_\nu)$ von endlicher Ordnung $(\leq \mu)$ ist (S. 221), und es ist dann nach dem zweiten Hauptsatz (Zusatz auf S. 257) $S(r) = O(\log r)$, woraus die Konvergenz des obigen Integrals für $r \to \infty$ folgt.

---

[1] G. Valiron [2], R. Nevanlinna [2], [4].

Beachtet man die Zusammenhänge, welche zwischen dem Grenzexponenten μ des Integrals (2) einerseits und der Ordnung (Klasse, Typus) des Integranden andererseits bestehen (S. 257), so ergibt sich der

PICARD-BORELsche Satz. *Für eine nichtkonstante meromorphe Funktion gibt es höchstens zwei Werte a, für welche die Anzahlfunktion $N(r, a)$ [bzw. $n(r, a)$] von niedrigerer Ordnung (Klasse, Typus) als die Charakteristik $T(r)$ ist.*

222. Sei insbesondere $w(z)$ von der ganzzahligen Ordnung $q + 1$. Aus dem PICARD-BORELschen Satz folgt dann: Falls das Integral

$$\int^{\infty} \frac{T(r)}{r^{q+2}}\, dr$$

divergent ist, sind die Integrale

$$\int^{\infty} \frac{N(r, a)}{r^{q+2}}\, dr \quad \text{und} \quad \int^{\infty} \frac{n(r, a)}{r^{q+2}}\, dr$$

und die Summe

$$\sum^{\infty} \left(\frac{1}{r_\nu(a)}\right)^{q+1}$$

höchstens für *zwei* Werte a konvergent. Dieses Ergebnis zeigt, daß der Fall, wo das Geschlecht einer meromorphen Funktion von der Divergenzklasse einer ganzzahligen Ordnung $q + 1$ sich erniedrigt, tatsächlich als ein Ausnahmefall zu betrachten ist, der nur dann eintritt, falls die Nullstellen und die Pole PICARD-BORELsche Ausnahmewerte sind, für welche die Anzahlfunktionen $N(r, 0)$, $N(r, \infty)$ zur *Konvergenzklasse* gehören. Mit Rücksicht auf die in Nr. 196 formulierte Regel zur Bestimmung des Geschlechts einer meromorphen Funktion ganzzahliger Ordnung können wir folgendes behaupten:

Falls die meromorphe Funktion $w(z)$ zur Divergenzklasse des Minimaltypus der ganzzahligen Ordnung $q + 1$ gehört, d. h. im Falle

$$\frac{T(r)}{r^{q+1}} \to 0 \quad \text{und} \quad \int^{r} \frac{T(r)}{r^{q+2}}\, dr \to \infty \quad \text{für} \quad r \to \infty,$$

ist der Quotient[1]

$$\frac{w - a}{w - b} \quad (a \neq b)$$

vom Geschlecht $q + 1$, außer höchstens für ein Zahlenpaar (a, b).

223. Wie weit läßt sich der PICARD-BORELsche Satz auf Funktionen ausdehnen, welche nur *im Einheitskreise* meromorph sind (Fall $R = 1$)? Wir erinnern daran, daß eine für $0 \leqq r < 1$ definierte positive und monoton wachsende Funktion $s(r)$ von der Wachstumsordnung $\left(\dfrac{1}{1 - r}\right)^{\lambda}$

---

[1] Falls eine dieser Zahlen, z. B. b, gleich ∞ ist, so hat man den Quotienten einfach durch $w - a$ zu ersetzen.

(oder kürzer: von der Ordnung λ; $\lambda \geqq 0$) heißt, falls

$$\varlimsup_{r=1} \frac{\log s(r)}{\log \dfrac{1}{1-r}} = \lambda$$

ist. Wie auf S. 219 beweist man, daß $s(r)$ dann und nur dann von der Ordnung λ ist, falls λ Grenzexponent des Integrals

$$\int\limits^{1} s(r)\,(1-r)^{\mu-1}\,dr$$

ist, d. h. falls das Integral für $\mu > \lambda$ konvergent, für $\mu < \lambda$ divergent ist. $s(r)$ gehört ferner der Konvergenz- oder Divergenzklasse an, je nachdem jenes Integral für $\mu = \lambda$ konvergiert oder divergiert. Ersterer Fall ist nur dann möglich, wenn s vom Minimaltypus der Ordnung λ ist, d. h. wenn das Produkt

$$s(r)\,(1-r)^{\lambda}$$

für $r \to 1$ verschwindet.

Aus der Identität $(0 < r_0 < r < 1)$

$$-\mu \int\limits_{r_0}^{r} N(t,a)\,(1-t)^{\mu-1}\,dt$$
$$= N(r,a)\,(1-r)^{\mu} - N(r_0,a)\,(1-r_0)^{\mu} - \int\limits_{r_0}^{r} \frac{n(t)}{t}\,(1-t)^{\mu}\,dt$$

schließt man, wie auf S. 221, daß die Integrale

$$\int\limits^{1} N(r,a)\,(1-r)^{\mu-1}\,dr \quad \text{und} \quad \int\limits^{1} n(r,a)\,(1-r)^{\mu}\,dr \tag{4}$$

für $\mu > 0$ gleichzeitig konvergent und divergent sind. Die Beziehung

$$-(\mu+1) \int\limits_{r_0}^{r} n(t)\,(1-t)^{\mu}\,dt$$
$$= n(r)\,(1-r)^{\mu+1} - n(r_0)\,(1-r_0)^{\mu+1} - \int\limits_{r_0}^{r} (1-t)^{\mu+1}\,dn(t,a)$$

zeigt uns ferner, daß die Reihe

$$\int\limits^{1} (1-r)^{\mu+1}\,dn(r,a) = \sum (1-r_\nu(a))^{1+\mu}$$

für $\mu + 1 > 0$ dann und nur dann konvergent ist, wenn dasselbe für das zweite Integral (4) gilt.

Aus dem ersten Hauptsatz folgt, daß die Konvergenz des Integrals

$$\int\limits^{1} T(r)\,(1-r)^{\mu-1}\,dr \tag{5}$$

für ein gegebenes $\mu > 0$ die Endlichkeit der Größen

$$\int\limits^{1} N(r,a)\,(1-r)^{\mu-1}\,dr, \quad \int\limits^{1} n(r,a)\,(1-r)^{\mu}\,dr, \quad \sum (1-r_\nu(a))^{1+\mu} \tag{6}$$

nach sich zieht, wie immer die Zahl a gewählt wird. Ist also T von einer Ordnung $\lambda > 0$, so ist $n(r,a)$ höchstens von der Ordnung $\lambda + 1$

und der Grenzexponent der Reihe

$$\sum (1 - r_\nu(a))^\mu \qquad (7)$$

ist höchstens gleich $\lambda + 1$. Als Beispiel betrachten wir die für $|z| < 1$ reguläre Funktion

$$w = e^{\left(\frac{1+z}{1-z}\right)^{1+\lambda}} \qquad (\lambda > 0), \qquad (8)$$

deren Ordnung, wie man leicht nachrechnet, gleich λ ist [d. h. die Charakteristik $T(r)$ ist von dieser Ordnung]. Die Größen $N(r, a)$ und $n(r, a)$ sind bzw. von der Ordnung λ und $\lambda + 1$ und der Grenzexponent μ der Reihe (7) gleich $\lambda + 1$, außer für die beiden Ausnahmewerte $a = 0, \infty$.

224. Daß die Anzahl solcher Ausnahmewerte andererseits nicht größer als zwei sein kann, zeigt uns der zweite Hauptsatz. Durch Integration beweist man nämlich genau wie in Nr. 221 folgenden Satz, der den PICARD-BORELschen Satz auf meromorphe Funktionen im Einheitskreis erweitert.

Falls $w(z)$ für $|z| < 1$ meromorph ist und die Ausdrücke (6), bei $\mu > 0$, für drei verschiedene Werte a endlich sind, so gilt dasselbe für jedes a.

Dieses Resultat gilt nicht mehr für $\mu = 0$. Für diesen Wert μ wird man auf die gleichzeitig endlichen oder unendlichen Größen

$$\sum (1 - r_\nu(a)) \quad \text{und} \quad N(1, a) = \int_0^1 \frac{n(r, a)}{r}\, dr$$

geführt (vgl. S. 267). Wenn sie für drei Werte a endlich sind, so gestattet der zweite Hauptsatz nicht, auf die Beschränktheit der Charakteristik $T(r)$ zu schließen, denn rechts steht das Restglied $S(r)$, das nicht beschränkt ist. Und tatsächlich wissen wir schon auf Grund der Resultate von VII, § 5, daß es Funktionen gibt, *die sogar eine Menge von* PICARD-*schen Ausnahmewerten von der Mächtigkeit des Kontinuums aufweisen, ohne von beschränkter Charakteristik zu sein.* Solche Fälle kommen unter denjenigen automorphen Funktionen vor, welche den Einheitskreis auf die universelle Überlagerungsfläche eines schlichten Gebiets abbilden, dessen Randpunktmenge vom harmonischen Maß Null ist.

Die Gültigkeitsgrenze des PICARDschen Satzes wird durch den zweiten Hauptsatz richtig getroffen. Für das Restglied S haben wir die obere Schranke $O\left(\log \dfrac{1}{1-r}\right)$ gefunden; sinkt also $T(r)$ unter diese Wachstumsordnung, so wird $S(r)$ nicht mehr die Rolle eines Restgliedes spielen und der Hauptsatz ist nicht mehr für die Theorie der Ausnahmewerte verwertbar. Falls nun die Charakteristik für $r \to 1$ nicht schneller als $\log \dfrac{1}{1-r}$ ins Unendliche wächst, so hört andererseits auch der PICARD-BORELsche Satz auf, richtig zu sein. In der Tat läßt sich aus den Ergebnissen von IX, § 6 der Schluß ziehen, daß die Charakteristik der

Modulfunktion sich asymptotisch genau wie $\log \dfrac{1}{1-r}$ verhält: die Modulfunktion hat aber schon *drei* PICARDsche Ausnahmewerte.

§ 2. Die Defektrelationen.

225. Bisher haben wir den zweiten Hauptsatz nur für den besonderen Fall von $q = 3$ Stellensorten verwendet. Eine genauere Analyse des Satzes in seiner allgemeinen Form wird uns zu einer neuen, prägnanten und wohlabgegrenzten Klasse von Ausnahmewerten führen.

Wir fassen zuerst den parabolischen Fall $R = \infty$ ins Auge und betrachten also eine für $z \neq \infty$ meromorphe Funktion $w(z)$, die als nichtkonstant vorausgesetzt werden soll. Dividiert man die dem ersten Hauptsatz entnommene Identität $m(r, a) + N(r, a) \sim T(r)$ durch $T(r)$, so ergibt sich für $r \to \infty$

$$\lim_{r=\infty} \left(\frac{m(r, a)}{T(r)} + \frac{N(r, a)}{T(r)} \right) = 1,$$

woraus zu ersehen ist, daß die Unbestimmtheitsgrenzen der Quotienten m/T und N/T für $r \to \infty$ zwischen 0 und 1 liegen. Speziell gilt dies für die Größe

$$\underline{\lim_{r=\infty}} \frac{m(r, a)}{T(r)} = 1 - \overline{\lim_{r=\infty}} \frac{N(r, a)}{T(r)},$$

deren Verhalten mit den Hilfsmitteln aus Abschnitt IX genau untersucht werden kann.

Was sagt in der Tat der zweite Hauptsatz über jene Unbestimmtheitsgrenzen aus? Dividiert man die Beziehung (II) durch $T(r)$, so wird die untere Grenze des Ausdrucks

$$\underline{\lim_{r=\infty}} \frac{S(r)}{T(r)} = 0 \tag{9}$$

sein, und man findet

$$\underline{\lim_{r=\infty}} \left(\sum_1^q \frac{m(r, a_\nu)}{T(r)} + \frac{N_1(r)}{T(r)} \right) \leqq 2.$$

Für eine in der punktierten Ebene $z \neq \infty$ meromorphe Funktion gilt die Beziehung

$$\sum_1^q \underline{\lim_{r=\infty}} \frac{m(r, a_\nu)}{T(r)} + \underline{\lim_{r=\infty}} \frac{N_1(r)}{T(r)} \leq 2. \tag{10}$$

Die Beziehung (10) besteht a fortiori, wenn man das von den mehrfachen Stellen der Funktion herrührende, jedenfalls nichtnegative Glied links wegläßt, und es wird also unter den Bedingungen des vorigen Satzes, falls

$$\delta(a) = \underline{\lim_{r=\infty}} \frac{m(r, a)}{T(r)} = 1 - \overline{\lim_{r=\infty}} \frac{N(r, a)}{T(r)} \tag{11}$$

gesetzt wird, $0 \leqq \delta \leqq 1$ und

$$\sum_1^q \delta(a_\nu) \leqq 2. \tag{12}$$

Die Anzahl derjenigen Werte, für welche die Größe $\delta(a)$, der *Defekt des Wertes a*, größer als eine gegebene positive Zahl δ_1 ist, ist also nicht größer als $\frac{2}{\delta_1}$. Ist nun δ_1, δ_2, ... eine Folge von positiven Zahlen, welche monoton gegen Null abnehmen, so existieren höchstens endlich viele Werte a, für welche der Defekt $\delta(a)$ im Intervall $\delta_\nu \geqq \delta(a) > \delta_{\nu+1}$ liegt, und da dies für jedes ν besteht, so schließt man, daß der Defekt höchstens für eine abzählbare Menge von Werten a positiv ausfallen kann. Die Relation (12), wo q beliebig groß gewählt werden kann, gibt uns jetzt den[1]

Satz über die Defektsumme. *Wenn $w(z)$ eine für $z \neq \infty$ meromorphe Funktion ist, so verschwindet der durch die Formel* (11) *definierte Defekt $\delta(a)$ für jedes a, außer höchstens für eine abzählbare Menge von Werten a. Die Summe aller Defekte ist höchstens gleich* 2:

$$\sum \delta(a) \leqq 2. \tag{13}$$

226. Der Betrag des Defekts $\delta(a)$, der im Intervall $0 \leqq \delta \leqq 1$ liegt, gibt uns ein sehr genaues Maß für die relative Dichte derjenigen Stellen, wo die Funktion $w(z)$ den betreffenden Wert a annimmt. Je größer der Defekt ist, um so spärlicher sind jene Stellen vorhanden. Seinen maximalen Wert 1 erreicht der Defekt, wenn letztere sehr dünn gesät sind, wie z. B. im äußersten Fall, wo der Wert a ein PICARDscher Ausnahmewert ist.

Die Defektrelation (13) berechtigt uns, jetzt jeden Wert von *verschwindendem Defekt $\delta(a)$* als einen *Normalwert* zu bezeichnen, im Gegensatz zu den *defekten Werten*, für welche $\delta(a)$ positiv ausfällt. Letztere sind Ausnahmewerte, welche höchstens in abzählbarer Anzahl vorkommen können. Eine meromorphe Funktion hat höchstens zwei PICARDsche oder PICARD-BORELsche Ausnahmewerte. Daß die Anzahl der defekten Werte nicht beschränkt ist, findet seine Erklärung durch die offensichtliche Tatsache, daß der Defektbegriff feine Unterschiede in den Verteilungsdichten der verschiedenen Stellensorten hervorhebt, welche die ältere PICARD-BORELsche Wertverteilungstheorie nicht beachtete. Trotz dieser Verschiedenheit hat man die Defektrelation als eine sinngemäße Erweiterung des PICARD-BORELschen Satzes zu betrachten: die nämliche Zahl 2, die im PICARDschen Satz eine obere Schranke für die Anzahl der Ausnahmewerte darstellt, gibt jetzt nicht mehr den Maximalwert der Anzahl der Ausnahmewerte, wohl aber eine obere Schranke für den *totalen Defekt* jener Werte an. In der Tat ist auch der Satz von PICARD ein unmittelbares Korrollar der Defektrelation: da nämlich ein PICARDscher Ausnahmewert den maximalen Defekt 1 hat, so können höchstens zwei derartige Werte vorkommen.

Wenn eine meromorphe Funktion zwei PICARDsche Ausnahmewerte hat, so erreicht der totale Defekt sein Maximum, *zwei*. Interessanter vom

---

[1] R. NEVANLINNA [4]

Standpunkt der Defektrelation ist, daß Funktionen mit mehreren defekten Werten existieren, für welche der Gesamtfedekt ebenfalls gleich 2 wird. Eine solche Funktion ist z. B.

$$w = \int_0^z e^{-t^s}\,dt, \tag{14}$$

deren asymptotische Eigenschaften in der vorhergehenden Darstellung wiederholt zur Sprache gekommen sind. Wir erinnern daran, daß diese Funktion in den Winkelräumen $W_\nu : \left| \arg z - \dfrac{\nu\pi}{q} \right| < \dfrac{\pi}{2q}$ je einen *asymptotischen* oder *Zielwert* hat, und zwar sind die den geraden Werten $\nu = 2\mu$ entsprechenden Zielwerte $a_\mu (\mu = 1, \ldots, q)$ sämtlich untereinander verschieden und endlich, während $w(z)$ in allen Winkeln $W_{2\mu-1} (\mu = 1, \ldots, q)$ gegen den Wert $a_{q+1} = \infty$ strebt. Diese $q + 1$ Zielwerte $a_1, \ldots, a_{q+1}$ sind zugleich defekte Werte; man berechnet unmittelbar mit Hilfe der asymptotischen Entwicklungen von VI, § 2 die Beträge der entsprechenden Defekte auf

$$\delta(a_1) = \cdots = \delta(a_q) = \frac{1}{q}, \qquad \delta(a_{q+1}) = 1,$$

so daß also tatsächlich $\sum \delta(a) = 2$ wird.

227. Die Defektrelation führt zu folgendem

Problem. *Jedem Punkt a_ν einer gegebenen Punktfolge $a_1, \ldots, a_\nu, \ldots$ sei eine Zahl δ_ν des Intervalls $0 < \delta_\nu \leq 1$ zugeordnet, so daß $\sum \delta_\nu = 2$ wird. Es gilt, eine meromorphe Funktion zu konstruieren, welche die Werte a_ν als defekte Werte hat mit*

$$\delta(a_\nu) = \delta_\nu \qquad (\nu = 1, 2, \ldots).$$

Im nächstfolgenden Abschnitt werden wir eine wohlabgegrenzte Klasse von meromorphen Funktionen untersuchen, welche das Problem vollständig unter der einschränkenden Bedingung löst, daß die Anzahl der Werte a_ν *endlich* ist und daß die vorgegebenen Defekte *rationale* Zahlen sind.

Sucht man nach Funktionen, die den größtmöglichen totalen Defekt 2 besitzen, so muß man darauf achten, daß das von den mehrfachen Stellen herrührende Glied $N_1(r)$ im Verhältnis zur Charakteristik $T(r)$ für $r \to \infty$ verschwindend klein werden muß, denn sonst sinkt gemäß (10) der Gesamtdefekt sicher unter jene Grenze. Man wird also Beispiele dieser Art unter denjenigen Funktionen zu suchen haben, welche nur wenig mehrfache Stellen haben oder, im extremen Fall, ganz ohne solche Stellen sind. Zu dieser Funktionenklasse gehört die ganze Funktion (14), deren Ableitung ja verschieden von Null ist, und allgemeiner auch die obenerwähnten meromorphen Funktionen mit endlich vielen rationalwertigen Defekten.

228. Man wird sich nun fragen, ob eine meromorphe Funktion ohne mehrfache Stellen andererseits immer den maximalen Gesamtdefekt 2 aufweist. In der Tat liegt aus verschiedenen Gründen die Vermutung nahe, daß diejenige Beziehung (II), welche wir als den zweiten Hauptsatz bezeichnet haben, in normalen Fällen in eine *Gleichheit* übergeht, sofern man sämtliche Werte $a_1, a_2, \ldots$ in Betracht zieht, die defekt sind. Dann würde sich im Falle $N_1 = 0$ für den totalen Defekt tatsächlich der Wert 2 ergeben.

Andererseits ist es wichtig zu bemerken, daß Ausnahmen von dieser Regel vorkommen können. Eine solche ist z. B. die ganze Funktion

$$\int_0^z e^{e^t}\, dt, \tag{15}$$

welche den PICARDschen Ausnahmewert ∞ vom Defekt $\delta(\infty) = 1$ und überdies unendlich viele endliche Zielwerte hat, die jedoch sämtlich den Defekt Null haben, so daß der totale Defekt sich auf 1 reduziert. Diese Erniedrigung des Gesamtdefekts ist in diesem Beispiel eine Folge davon, daß die Annäherung der Funktion an die endlichen Zielwerte asymptotisch mit gleicher Geschwindigkeit erfolgt: wegen dieser Symmetrie müssen diese Werte sämtlich *gleiche* Defekte erhalten, und da ihre Anzahl unendlich ist, während der Gesamtdefekt beschränkt ($\leqq 2$) ist, so müssen diese Defekte sämtlich verschwinden. Hier ist es also die Verteilung des gesamten Defekts auf die einzelnen Werte a_ν, welche einen Teil desselben zum Verschwinden bringt. Würde man den Gesamtdefekt durch eine andere Technik bestimmen, z. B. so, daß man in der Summe

$$\frac{1}{T(r)} \sum_1^q m(r, a_\nu)$$

q gleich einer passenden Funktion von r setzen würde und dann r ins Unendliche wachsen ließe, so würde man für diesen „Gesamtdefekt" tatsächlich den Wert 2 finden[1].

229. Man könnte vermuten, daß ein defekter Wert gleichzeitig *Zielwert* der betreffenden Funktion ist. Daß ein Wert a defekt ist, bedeutet ja, daß die a-Stellen der Funktion relativ spärlich sind oder, was mit Rücksicht auf den ersten Hauptsatz dasselbe bedeutet, daß die Schmiegung der Funktion gegen diesen Wert relativ stark ist. Auf dem Kreis $|z| = r$ gibt es somit für jedes hinreichend große r gewisse Teilbogen, auf denen $w(z)$ sehr wenig von a abweicht; damit a nun Zielwert von

---

[1] Der Leser wird aufgefordert, obiges, in mancher Beziehung lehrreiche Beispiel näher zu untersuchen; vgl. hierzu ULLRICH [7]. Es sei noch bemerkt, daß wegen des Zusammenhanges zwischen einerseits der Nullschmiegung, bzw. Unendlichkeitsschmiegung der Ableitung w', andererseits der Schmiegung von w an die Ausnahmewerte der letzteren Funktion, die wir in IX, § 2 erörtert haben, die Vermutung naheliegt, daß die Größe $\lim_{\longrightarrow} \frac{1}{T}\left(m(r, w') + m\left(r, \frac{1}{w'}\right)\right)$ als gutes Maß für den Gesamtdefekt dienen könnte.

$w(z)$ sei, müßten sich jene Bogen zu Gebieten vereinigen lassen, die keine getrennten endlichen „Inseln" bilden, sondern sich bis an die wesentliche Singularität $z = \infty$ erstrecken.

Nun haben aber Teichmüller [5] und Mme. Schwartz [1] gezeigt, daß für Funktionen *unendlicher* Ordnung ein defekter Wert vorkommen kann, ohne gleichzeitig Zielwert zu sein. Für Funktionen *endlicher* Ordnung ist diese Frage dagegen unentschieden. Falls ein defekter Wert für Funktionen endlicher Ordnung immer Zielwert wäre, so würden sich interessante Folgerungen über die Anzahl der defekten Werte als Funktion der Ordnung ergeben. Für die Anzahl der Zielwerte walten nämlich in dieser Hinsicht gewisse Gesetzmäßigkeiten, die in Abschnitt XI eingehender besprochen werden sollen (Satz von Denjoy-Carleman-Ahlfors).

Es ist wichtig zu bemerken, daß umgekehrt ein Zielwert nicht notwendigerweise defekt ist. Das Vorhandensein eines Zielweges, auf dem die Funktion $w(z)$ für $z \to \infty$ einem Grenzwert a zustrebt, hat allerdings zur Folge, daß auf jeder hinreichend großen Kreislinie $|z| = r$ ein Punkt, und daher ein umgebender Bogen B_r liegt, wo sich $w(z)$ nur wenig vom Werte a unterscheidet, und wo also die Größe $\overset{+}{\log}\left|\dfrac{1}{w-a}\right|$ relativ groß wird. Es kann indes vorkommen, daß die Annäherung an den Wert a nicht hinreichend rasch und der Bogen B_r nicht hinreichend lang ist, um dem Mittelwert $m(r, a)$ jenes Pluslogarithmus auf $|z| = r$ einen der Charakteristik $T(r)$ proportionalen Betrag zu geben, was erforderlich ist, um den Wert a defekt zu machen. Diese Erscheinung wurde bereits bei der Funktion (15) beobachtet. Entsprechendes kann auch bei Funktionen mit endlich vielen Zielwerten vorkommen. So hat beispielsweise die ganze Funktion

$$w = \int\limits_0^z \frac{\sin t^q}{t^q}\, dt \tag{16}$$

der Ordnung q (q ganz und > 0) $2q$ endliche Zielwerte

$$e^{\frac{\nu \pi i}{q}} \int\limits_0^\infty \frac{\sin r^q}{r^q}\, dr \qquad (\nu = 1, \ldots, 2q) \tag{16'}$$

und überdies noch den Zielwert ∞. Die Konvergenz von w gegen jene Werte ist verhältnismäßig schwach und erfolgt nur in einem schmalen Streifen um die Halbstrahlen $\arg z = \dfrac{\nu \pi}{q}$ ($\nu = 1, \ldots, 2q$). Dementsprechend verschwinden die Defekte der Werte (16'). Dagegen strebt w auf allen Halbstrahlen $\arg z = \varphi + \dfrac{\nu \pi}{q}$ relativ schnell gegen Unendlich, und es wird für diesen Wert, der ein Picardscher Ausnahmewert von w ist, $\delta(\infty) = 1$. Daß hier der Gesamtdefekt nicht das Maximum 2 erreicht, findet seine Erklärung darin, daß das von den mehrfachen Stellen herrührende Glied $N_1(r)$ einen Betrag $\sim T(r)$ erreicht, so daß der Quotient $\frac{N_1}{T}$ die Summe links in (10) bis auf den maximalen Betrag 2 erhöht.

230. Wir wollen hier auf einen Nachteil des Defektbegriffs aufmerksam machen, der darin liegt, daß für die Bestimmung des Defekts eine Kreisfolge $|z| = r$ $(r \to \infty)$ mit fest gewähltem Mittelpunkt $(z = 0)$ erforderlich ist. Führt man in der z-Ebene eine Translation $z \to z + c$ aus und betrachtet also statt $w(z)$ die Funktion $w(z + c)$, so ist es gar nicht gesagt, daß der Defekt eines gegebenen Wertes a unverändert bleibt, denn die relativen Dichten der a-Stellen in den Kreisen $|z + c| < r$ und $|z| < r$ sind i. a. nicht einander gleich.

Daß es in der Tat Funktionen gibt, für welche die Defekte von der Wahl des Nullpunktes $z = 0$ abhängig sind, geht aus dem folgenden, von DUGUÉ [I] konstruierten Beispiel hervor.

Man betrachte die Funktion

$$w(z) = \frac{e^{2\pi i e^{z}} - 1}{e^{2\pi i e^{-z}} - 1},$$

deren Nullstellen $z = \log m + \pi i n$ $(m, n$ ganze Zahlen, $m > 1)$ in der rechten Halbebene liegen, während die Pole in den in bezug auf der imaginären Achse symmetrischen Punkten $z = -\log m + \pi i n$ der linken Halbebene gelegen sind. Es gilt also $N(r, 0) = N(r, \infty)$ und $\delta(0) = \delta(\infty)$.

Betrachtet man nun die Funktion $w(z - 1)$ und bezeichnet mit N_1 die entsprechende Anzahlfunktion, so sieht man leicht ein, daß die asymptotischen Gleichheiten

$$\frac{1}{e} N_1(r, 0) \sim N(r, 0) = N(r, \infty) \sim e N_1(r, \infty)$$

bestehen. Es gilt also

$$\varlimsup_{r = \infty} \frac{N_1(r, 0)}{T_1(r)} \geqq \varlimsup_{r = \infty} \frac{N_1(r, \infty)}{T_1(r)},$$

wo Gleichheit nur bestehen kann, wenn die beiden Grenzwerte verschwinden. Hieraus folgt, daß entweder mindestens einer der Defekte $\delta_1(0)$, $\delta_1(\infty)$ von $\delta(0)$ und $\delta(\infty)$ verschieden ist oder alle vier Defekte gleich Eins sind. Vergleicht man aber die Nullstellenanzahl und Charakteristik von $w(z)$ mit derjenigen der Funktion $e^{2\pi i e^{z}} - 1$, die ja nur zwei defekte Werte $-1, \infty$ aufweist, so sieht man, daß $\delta(0) \leqq \frac{1}{2}$ ist. Also tritt die vermutete Veränderung des Defekts in dem hier betrachteten Fall wirklich ein.

Es ist zu erwarten, daß die obige Erscheinung nur dann vorkommt, wenn die Charakteristik der betrachteten Funktion wenigstens auf gewissen Intervallen sehr schnell wächst. In der Tat hat VALIRON gezeigt, daß die Defekte von der Wahl des Nullpunktes unabhängig sind, falls die Charakteristik der Bedingung

$$\lim_{r \to \infty} \frac{T(r+1)}{T(r)} = 1$$

genügt.

Zum Beweis betrachte man die Anzahl $n_c(r, a)$ der a-Stellen einer meromorphen Funktion im Kreise K_c^r: $|z - c| < r$. Weil der Kreis $|z| < r - |c|$ ein Teilgebiet von K_c^r ist und dieser in dem Kreis $|z| < r + |c|$ enthalten ist, so gilt

$$n(r - |c|, a) \leqq n_c(r, a) \leqq n(r + |c|, a).$$

Hieraus ergibt sich leicht eine entsprechende Doppelungleichung für die Anzahlfunktion $N_c(r, a)$. Setzt man dann $a = e^{i\vartheta}$ und integriert, so sieht man unter Beachtung der CARTANschen Beziehung (Nr. 147), daß die Charakteristik $T_c(r)$ den Ungleichungen

$$T(r - |c|)\left(1 - \varepsilon\left(\frac{1}{r}\right)\right) < T_c(r) < T(r + |c|)\left(1 + \varepsilon\left(\frac{1}{r}\right)\right)$$

genügt, wo $\varepsilon\left(\frac{1}{r}\right) \to 0$ für $r \to \infty$. Es gilt somit

$$\varlimsup_{r \to \infty} \frac{N(r - |c|, a)}{T(r - |c|)} \frac{T(r - |c|)}{T(r + |c|)} \leqq \varlimsup_{r \to \infty} \frac{N_c(r, a)}{T_c(r)} \leqq \varlimsup_{r \to \infty} \frac{N(r + |c|, a)}{T(r + |c|)} \frac{T(r + |c|)}{T(r - |c|)}$$

Hier besteht Gleichheit, wenn der Ausdruck $\dfrac{T(r + |c|)}{T(r - |c|)}$ für $r \to \infty$ gegen Eins strebt. Dies ist offenbar dann der Fall, wenn die Voraussetzung des VALIRONschen Satzes erfüllt ist. Hiermit ist der Beweis zu Ende geführt.

Ist die Ordnung der betrachteten meromorphen Funktion endlich, so kann man die Voraussetzung $\lim\limits_{r \to \infty} \dfrac{T(r+1)}{T(r)} = 1$ durch

$$\varlimsup_{r \to \infty} \frac{\log T(r)}{\log r} - \varliminf_{r \to \infty} \frac{\log T(r)}{\log r} < 1$$

ersetzen, wie es leicht einzusehen ist, wenn man beachtet, daß $T(r)$ eine konvexe Funktion von $\log r$ ist.

Zum Schluß wollen wir noch bemerken, daß die Ordnung, die Klasse und der Typus einer meromorphen Funktion von der Wahl des Nullpunktes unabhängig sind.

231. Wie verhält es sich mit der Defektrelation *im hyperbolischen Fall*, wo also die gegebene Funktion w nur im *Einheitskreis* $|z| < 1$ meromorph ist? Unter dieser Voraussetzung wird die Grundbeziehung (10), wo der Grenzübergang $r \to 1$ statt $r \to \infty$ vorzunehmen ist, nur dann als eine Folgerung des Hauptsatzes erhalten, wenn die charakteristische Funktion $T(r)$ für $r \to 1$ schneller als das Restglied $S(r)$ ins Unendliche wächst, oder genauer ausgedrückt, für

$$\lim \frac{\log \dfrac{1}{1-r}}{T(r)} = 0. \tag{17}$$

Falls die Charakteristik $T(r)$ einer für $|z| < 1$ meromorphen Funktion $w(z)$ für $r \to 1$ so schnell ins Unendliche wächst, daß die Beziehung (17) besteht, so ist der totale Defekt $\sum \delta(a)$ höchstens gleich zwei.

In der Definition (11) des Defekts hat man selbstverständlich den Grenzübergang $r \to \infty$ durch $r \to 1$ zu ersetzen.

Wenn die *untere* Grenze für $r = 1$

$$\lambda = \varliminf \frac{T(r)}{\log \dfrac{1}{1-r}} \tag{18}$$

nicht mehr unendlich ist, so liefert der Hauptsatz für den totalen Defekt die obere Schranke

$$\sum \delta(a) \leq 2 + \frac{1}{\lambda}, \tag{19}$$

welche für $\lambda > 0$ endlich ist. Auch dieses Ergebnis läßt sich nicht verschärfen. In der Tat läßt sich zeigen, daß für die automorphe Funktion $w(z; a_1, \ldots, a_q)$ $(q \geq 3)$, welche den Einheitskreis auf die universelle Überlagerungsfläche der in $w = a_1, \ldots, a_q$ punktierten Ebene abbildet, die untere Grenze (18) den Wert $\lambda = \dfrac{1}{q-2}$ besitzt; andererseits sind jetzt $a_1, \ldots, a_q$ PICARDsche Ausnahmewerte vom Defekt 1. Der totale Defekt wird gleich $q = 2 + \dfrac{1}{\lambda}$, und erreicht somit den größten Betrag, der bei dem gegebenen Wert von λ nach der verallgemeinerten Defektrelation (19) überhaupt möglich ist (vgl. R. NEVANLINNA [5]).

Wenn der totale Defekt *unendlich* ist, so genügt die Charakteristik $T(r)$ nach obigem der Beziehung

$$\lambda = \varliminf_{r=1} \frac{T(r)}{\log \dfrac{1}{1-r}} = 0.$$

Dies ist speziell immer dann der Fall, wenn die Menge der defekten Werte *nichtabzählbar* ist.

232. Es liegt nun nahe, die Frage zu stellen: *Für wie mächtige Mengen von Werten a kann der Defekt $\delta(a)$ überhaupt positiv sein, ohne daß die Charakteristik beschränkt wird?* Dieses Problem wurde vollständig von O. FROSTMAN gelöst[1]. Als eine Verschärfung eines früheren Satzes von AHLFORS [3] bewies er folgenden Satz, der wieder einmal die Bedeutung der Mengen vom harmonischen Maß Null hervorhebt:

---

[1] O. FROSTMAN [2].

Die Menge D der defekten Werte einer im Einheitskreise nichtbeschränkt-
artigen meromorphen Funktion hat das innere harmonische Maß Null,
d. h. jede abgeschlossene Teilmenge von D ist eine harmonische Nullmenge.

Der Beweis ergibt sich unmittelbar aus der Integralform (18) (VI, § 4)
des ersten Hauptsatzes. Sei nämlich E eine beliebige abgeschlossene
Punktmenge der w-Ebene, deren Punkte a für eine gegebene, im Ein-
heitskreis $|z| < 1$ nichtbeschränktartige Funktion $w(z)$ defekte Werte
darstellen. Angenommen, daß E positive Kapazität hat, sei $\mu(a)$ die
Gleichgewichtsverteilung der positiven Einheitsmasse über E, welche
das ROBINsche Problem löst. Der entsprechende logarithmische Potential $u(w)$ hat eine *endliche* obere Schranke, und die Beziehung (18) (VI, § 4)
ergibt nach Division durch $T(r)$ für $r \to 1$

$$\lim_{r=1} \frac{1}{T(r)} \int_E N(r, a)\, d\mu(a) = 1.$$

Hier ist die Belegung μ für jede im BORELschen Sinne meßbare Teilmenge von E als eine vollständig additive Funktion erklärt. Der Integrand $\frac{N}{T}$ ist eine stetige Funktion von a und seine obere Grenze für $r = 1$
daher eine im BORELschen Sinne meßbare Funktion. Der Grenzübergang
kann also unter dem Integral ausgeführt werden, und es wird

$$\int_E \overline{\lim_{r=1}} \frac{N(r, a)}{T(r)}\, d\mu(a) = 1$$

oder also

$$\int_E \delta(a)\, d\mu = 0.$$

Sei nun $r_1 = 1 > r_2 > r_3 > \cdots, r_\nu > 0, r_\nu \to 0$ für $\nu \to \infty$. Die
Menge E_ν der Werte a in E, für welche $r_{\nu+1} < \delta(a) \leq r_\nu$ ($\nu = 1, 2, \ldots$)
ist im BORELschen Sinne meßbar. Es ist für jedes ν

$$r_{\nu+1} \int_{E_\nu} d\mu(a) \leq \int_{E_\nu} \delta(a)\, d\mu(a) \leq \int_E \delta(a)\, d\mu(a) = 0$$

und wegen der Additivität von $\mu(a)$, auch

$$\int_E d\mu = \sum_{\nu=1}^{\infty} \int_{E_\nu} d\mu = 0,$$

im Widerspruch damit, daß die Gesamtmasse gleich 1 ist. Die Menge E
ist folglich von der Kapazität Null, was zu beweisen war.

233. Sei $h(r)$ eine monotone Maßfunktion von der in V, § 6 betrachteten Art. Angenommen, daß das Integral

$$\int_0 \frac{h(r)}{r}\, dr \tag{20}$$

konvergent ist, gilt (Nr. 128), daß jede Menge E vom harmonischen
Maß Null auch ein verschwindendes h-Maß hat. Das obige Resultat

enthält somit nachstehenden älteren, von AHLFORS [*3*] angegebenen Satz als Folgesatz:

Die defekten Werte einer nichtbeschränktartigen Funktion sind von verschwindendem h-Maß für jede Maßfunktion h derart, daß das Integral (20) endlich ist.

Der Satz von AHLFORS-FROSTMAN läßt sich indes wesentlich verschärfen. Hierzu muß die in der Fundamentalbeziehung (17′) (VI, § 4) enthaltene Aussage nur genauer verwertet werden. Die Formel (17′) (VI, § 4) gibt in Verbindung mit (17)

$$T(r) = \int_E N(r, a)\, d\mu(a) - u\big(w(0)\big) + \langle \gamma + \log 6 \rangle. \tag{21}$$

Hier bedeutet E eine im Kreise $|w| \leq 1$ befindliche abgeschlossene Punktmenge, γ die ROBINsche Konstante derselben[1], $\mu(a)$ die entsprechende ROBINsche Gleichgewichtsbelegung von der Gesamtmasse 1 und $u(w(0))$ den Wert des entsprechenden logarithmischen Potentials

$$u\big(w(0)\big) = \int_E \log\left| \frac{1}{w(0) - a} \right| d\mu \geq \log \frac{1}{|w(0)| + 1} \tag{22}$$

in demjenigen Punkt $w = w(0) \neq \infty$[2], auf welchen der Anfangswert der gegebenen, für $|z| < R(\leq \infty)$ meromorphen Funktion $w(z)$ fällt.

Wir wählen nun eine beliebige für $0 < r < R$ monoton wachsende Funktion $\lambda(r)\,(0 < \lambda(r) < T(r))$, so daß die Größe $T(r) - \lambda(r)$ mit r monoton und unbeschränkt zunimmt, und bezeichnen durch e_r diejenige, wegen der Stetigkeit von $N(r, a)$ in bezug auf a, abgeschlossene Punktmenge (a) des Kreises $|w| \leq \tfrac{1}{2}$, für welche $N(r, a) \leq T(r) - \lambda(r)$. Die Anwendung von (21) ergibt dann

$$\lambda(r) + u\big(w(0)\big) = \langle \gamma_r + \log 6 \rangle$$

oder mit Rücksicht auf (22)

$$\gamma_r > \lambda(r) - \log(6\,(|w(0)| + 1)),$$

wo γ_r die ROBINsche Konstante von e_r ist. Sobald r eine gewisse Grenze r_0 überschritten hat, wird $\lambda(r)$ größer als $2\log(6\,(|w(0)| + 1))$ und somit

$$\gamma_r > \frac{\lambda(r)}{2} \quad \text{für} \quad r > r_0.$$

Sei nun $r_0 < r_1 < r_2 < \cdots$ eine unendliche Folge von Werten, die gegen den Grenzwert R streben und $E_n\,(n \geq 1)$ die Vereinigungsmenge der Mengen $e_{r_\nu}\,(\nu = n, n + 1, \ldots)$. Wenn γ_n die ROBINsche Konstante

---

[1] Zur Abkürzung sprechen wir von der ROBINschen Konstante *einer abgeschlossenen Punktmenge*; vollständiger heißt dies: ROBINsche Konstante desjenigen von der Punktmenge begrenzten Gebietes, welches den unendlich fernen Punkt enthält.

[2] Die Annahme $w(0) \neq \infty$ bedeutet keine wesentliche Einschränkung.

von E_n ist [1], so wird nach dem Hilfssatz 2 von V, § 2

$$\frac{1}{\gamma_n} \leqq \sum_{\nu=n}^{\infty} \frac{1}{\gamma_{r_\nu}} < 2 \sum_{n}^{\infty} \frac{1}{\lambda(r_\nu)}. \tag{23}$$

Wird die Folge r_ν so gewählt, daß die rechtsstehende Reihe konvergent ist, so strebt die Kapazität von E_n für $n \to \infty$ gegen Null.

Für das Bestehen dieses Resultats ist es nicht wesentlich, daß die betrachteten Werte (a) gerade im Kreise $|w| \leqq \frac{1}{2}$ liegen. Dasselbe Ergebnis gilt allgemeiner, wenn jener Kreis durch einen beliebigen abgeschlossenen Bereich B ersetzt wird, der die Vollebene nicht umfaßt. Dieser allgemeine Fall läßt sich nämlich durch eine vorbereitende lineare Transformation der w-Ebene auf jenen Spezialfall zurückführen.

Man lege jetzt, nach beliebiger Wahl des Anfangswertes r_0, die Wertfolge r_ν durch die Bedingung

$$T(r_{\nu+1}) = T(r_\nu) + \lambda(r_{\nu+1}) \quad (\nu = 0, 1, \ldots) \tag{24}$$

fest, was möglich ist, da $T - \lambda$ eine unbeschränkt wachsende Funktion von r ist. Bezeichnet dann B einen beliebigen Bereich der w-Ebene, so gilt nach obigem die Beziehung $N(r, a) > T(r) - \lambda(r)$ für jedes $r = r_\nu (\nu = n, n+1, \ldots)$ und jedes a auf B, außer für eine Wertmenge E_n, deren ROBINsche Konstante für $n \to \infty$ ins Unendliche wächst, sofern nur die Reihe (23) konvergent ist. Sei nun a ein Wert außerhalb E_n und $r_\nu < r < r_{\nu+1} (\nu \geqq n)$. Dann wird

$$N(r, a) \geqq N(r_\nu) > T(r_\nu) - \lambda(r_\nu) = T(r) - \lambda(r) + T(r_\nu) - \lambda(r_\nu)$$
$$- \big(T(r) - \lambda(r)\big) \geqq T(r) - \lambda(r) + T(r_\nu) - \lambda(r_\nu) - \big(T(r_{\nu+1}) - \lambda(r_{\nu+1})\big)$$

oder, wegen (24),

$$N(r, a) \geqq T(r) - \lambda(r) - \lambda(r_\nu) > T(r) - 2\lambda(r).$$

Für jeden Wert a des Bereiches B gilt somit, sobald $r \geqq r_n$ ist,

$$N(r, a) \geqq T(r) - 2\lambda(r), \tag{25}$$

mit Ausnahme der Punkte a der Menge E_n, deren Kapazität der Bedingung (23) genügt.

Unter Beachtung der Beziehung (24) findet man

$$\frac{1}{\lambda(r_\nu)} = \frac{1}{\lambda(r_\nu)} \frac{T(r_\nu) - T(r_{\nu-1})}{\lambda(r_\nu)} = \frac{1}{(\lambda(r_\nu))^2} \int\limits_{r=r_{\nu-1}}^{r_\nu} dT(r) \leqq \int\limits_{r=r_{\nu-1}}^{r_\nu} \frac{dT(r)}{(\lambda(r))^2}$$

und

$$\sum_{\nu=n+1}^{\infty} \frac{1}{\lambda(r_\nu)} \leqq \int\limits_{r=r_n}^{\infty} \frac{dT(r)}{(\lambda(r))^2}.$$

---

[1] Wenn E_n nicht abgeschlossen ist, so sei γ_n die untere Grenze der ROBINschen Konstanten aller abgeschlossenen Teilmengen von E_n. Statt von der Kapazität von E_n, kann man dann von der inneren Kapazität $e^{-\gamma_n}$ dieser Menge reden.

Die Beziehung (25) besteht also für jedes $r > r_n$ und für jeden Wert a von B, mit Ausnahme einer Wertmenge derart, daß der reziproke Wert der entsprechenden Robinschen Konstante γ_n höchstens gleich dem doppelten Betrag des rechtsstehenden Integrals vermehrt um $\frac{2}{\lambda(r_n)}$ ist.

Sei nun $1 > \varepsilon > 0$ und $\lambda(r) = (T(r))^{\frac{1+\varepsilon}{2}}$. Dann wird

$$\frac{1}{2\gamma_n} < \frac{1}{(T(r_n))^{\frac{1+\varepsilon}{2}}} + \int\limits_{r_n}^{\infty} \frac{dT}{T^{1+\varepsilon}} = \frac{1}{(T(r_n))^{\frac{1+\varepsilon}{2}}} + \frac{1}{\varepsilon}\frac{1}{(T(r_n))^{\varepsilon}}.$$

Sobald n eine gewisse Grenze überschritten hat, wird dieser Ausdruck kleiner als $\frac{2}{\varepsilon}(T(r_n))^{-\varepsilon}$. Beachtet man noch, daß der Bereich B beliebig gewählt werden kann, so gelangt man schließlich zu folgendem

Satz. *Sei $w(z)$ eine für $|z| < R \leqq \infty$ meromorphe Funktion, die nicht beschränktartig ist. Dann gilt für ein gegebenes ε $(0 < \varepsilon < 1)$ und jeden hinreichend großen Wert r_0 des Intervalls $(0, R)$ die Beziehung*

$$N(r, a) \geqq T(r) - 2(T(r))^{\frac{1+\varepsilon}{2}} \tag{26}$$

für $r_0 \leqq r < R$, mit möglicher Ausnahme einer Menge E_0 von Werten a, deren Kapazität höchstens gleich

$$e^{-\frac{\varepsilon T(r_0)^{\varepsilon}}{4}} \tag{27}$$

ist.

Aus diesem Satz ergibt sich unmittelbar eine wesentliche Verschärfung des obigen Ergebnisses, wonach die Größe

$$\overline{\lim_{r = R}}\,\frac{N(r, a)}{T(r)} = 1 - \delta(a)$$

für jedes a, außer für eine Menge der Kapazität Null, gleich 1 ist, es sei denn $T(r)$ für $r \to R$ beschränkt. Es zeigt sich nämlich, daß dasselbe Resultat besteht, wenn $\overline{\lim}$ durch $\underline{\lim}$ ersetzt wird, so daß also, *für eine nichtbeschränktartige Funktion*

$$\underline{\lim_{r = R}}\,\frac{N(r, a)}{T(r)} = 1 \tag{28}$$

ist, außer höchstens für eine Wertmenge (a) von verschwindender „innerer" Kapazität. Sei nämlich E die Menge der Werte a, für welche (28) nicht besteht. Wenn ε im Intervall $(0 < \varepsilon < 1)$ beliebig festgelegt wird, so wird jeder Punkt a von E der im obigen Satz erklärten Menge E_0 angehören, wie immer der Wert r_0 im Intervall $0 < r_0 < R$ auch gewählt wird. Die Kapazität einer vorgegebenen abgeschlossenen Teilmenge von E ist also höchstens gleich der Größe (27) und daher notwendig gleich

Null, da jene Größe für $r_0 \to R$ verschwindet. Die Ausnahmemenge E ist folglich, wie behauptet wurde, von der „inneren" Kapazität Null.

In Verbindung mit dem ersten Hauptsatz $m(r, a) + N(r, a) \sim T(r)$ ergibt sich aus (26) das schärfere Ergebnis

$$m(r, a) = O\left((T(r))^{\frac{1}{2}+\varepsilon}\right) \tag{29}$$

für jedes a höchstens mit Ausnahme einer Wertmenge von der inneren Kapazität Null.

Da jede Menge von verschwindender Kapazität das h-Maß Null hat, sobald das vermittels der Maßfunktion h gebildete Integral

$$\int\limits_{0} \frac{h(t)}{t}\, dt$$

endlich ist, so folgt hieraus, daß die in den zuletzt gefundenen Sätzen auftretenden Ausnahmemengen E in jeder Maßbestimmung · von der erwähnten Art vom h-Maß Null sind[1].

§ 3. Sätze über verzweigte Werte.

234. Wir haben bis jetzt die von den *mehrfachen Wurzeln* der Gleichung

$$w(z) = a \tag{30}$$

herrührende, im zweiten Hauptsatz (II) enthaltene Größe $N_1(r)$ vernachlässigt. Es sollen nun einige Folgesätze aus (II) zusammengestellt werden, die durch das Vorhandensein jenes Ausdrucks bedingt sind. Zu diesem Zwecke setze man, für ein gegebenes a, $n_1(r, a)$ gleich der Anzahl der mehrfachen Wurzeln von (30) im Kreise $|z| \leq r$, wobei eine k-fache Wurzel nur $(k-1)$-mal mitgezählt werden soll. Setzt man dann

$$N_1(r, a) = \int\limits_{0}^{r} \frac{n_1(t, a)}{t}\, dt + n_1(0, a)\log r,$$

so gilt

$$N_1(r) = \sum_a N_1(r, a),$$

wo man über sämtliche Werte zu summieren hat. Da die meromorphe Funktion $w(z)$ im Kreise $|z| \leq r < R (\leq \infty)$ nur endlich viele Werte mehrfach annehmen kann, so enthält jene Summe auch nur endlich viele nichtverschwindende Glieder. Für $r \to R$ gilt

$$\varliminf_{r=R} \frac{N_1(r)}{T(r)} \geq \sum_a \varliminf_{r=R} \frac{N_1(r, a)}{T(r)},$$

---

[1] In dieser Form sind die Sätze (26) und (29) von L. Ahlfors [*3*] aufgestellt worden als eine Verallgemeinerung gewisser älterer Sätze in derselben Richtung von G. Valiron [*5*], J. E. Littlewood [*7*] und vom Verfasser [*5*].

wo die Größe

$$\vartheta(a) = \lim_{\overline{r=R}} \frac{N_1(r, a)}{T(r)}$$

wegen $N_1(r, a) \leq N(r, a)$ sicher im Intervall $0 \leq \vartheta(a) \lessgtr 1$ liegt, und verschwindet außer höchstens für diejenigen abzählbar vielen Werte, welche die Funktion $w(z)$ mehrfach annimmt. Da solchen Werten a stets Windungspunkte endlicher Ordnung derjenigen RIEMANNschen Fläche F entsprechen, auf welche der Kreis $|z| < R$ durch die Transformation $w = w(z)$ abgebildet wird, so soll jeder solche Wert *verzweigt* heißen; $\vartheta(a)$ wird der *Verzweigungsindex* der Stelle a genannt.

235. Sei nun $R = \infty$ und $w(z)$ nicht konstant, so daß also $T(r) \to \infty$ strebt für $r \to \infty$. Nach Division durch $T(r)$ ergibt sich aus (II) durch den Grenzübergang $r \to \infty$

$$\sum_{(a)} \delta(a) + \sum_{(a)} \vartheta(a) \lessgtr 2, \tag{31}$$

und daher, neben der Defektrelation $\sum \delta(a) \leq 2$, der analoge Satz über die Verzweigtheitsindizes[1].

Der totale Verzweigtheitsindex ist höchstens gleich 2:

$$\sum \vartheta(a) \leq 2. \tag{32}$$

Dieser Satz beschränkt in bemerkenswerter Weise das Vorkommen der mehrfachen Stellen. Der Betrag des Index $\vartheta(a)$ gibt ein Maß dafür an, wie groß die relative Häufigkeit der mehrfachen Wurzeln von $w = a$ ist. Der Index wächst mit dieser relativen Häufigkeit und erreicht sein Maximum 1, falls die überwiegende Mehrzahl der Wurzeln jener Gleichung mehrfach ist und die Vielfachheit der Wurzeln in der Nähe von $z = \infty$ über alle Grenzen wächst, vorausgesetzt, daß der Wert a ein nichtdefekter Wert ist, so daß also $N(r, a)$ asymptotisch gleich $T(r)$ ist. Man bemerke nämlich, daß nicht nur $\delta(a) \leq 1$, $\vartheta(a) \leq 1$, sondern auch die Summe

$$\delta(a) + \vartheta(a) \leq 1$$

ist, wie aus der Beziehung

$$1 = \lim_{r=\infty} \frac{m(r, a) + N(r, a)}{T(r)} \geq \lim_{r=\infty} \frac{m(r, a) + N_1(r, a)}{T(r)} \geq \lim_{r=\infty} \frac{m}{T} + \lim_{r=\infty} \frac{N_1}{T}$$

erhellt. Ist also $\delta(a) > 0$, so muß notwendig $\vartheta(a) < 1$ sein.

236. Wie die Defektrelation ist auch der Satz über den Verzweigungsindex genau: die obere Schranke 2 in (32) läßt sich durch keine kleinere Zahl ersetzen. Das einfachste Beispiel, wo die Beziehung in eine Gleichung übergeht, stellen die *doppeltperiodischen Funktionen* dar. Hier sollen nur gewisse besonders interessante Spezialfälle hervorgehoben werden.

---

[1] Diese Sätze können als Erweiterungen gewisser älterer Sätze von C. CARATHÉODORY [7] angesehen werden.

Das Integral

$$z(w) = \int\limits_0^w (t-\alpha)^{\frac{1}{m}-1}(t-\beta)^{\frac{1}{n}-1}(t-\gamma)^{\frac{1}{p}-1}\,dt\,,$$

wo α, β, γ reelle und m, n, p ganze, positive Zahlen sind, so daß

$$\frac{1}{m} + \frac{1}{n} + \frac{1}{p} = 1\,,$$

vermittelt eine konforme Abbildung der oberen w-Halbebene auf ein Dreieck der z-Ebene mit den Winkeln $\frac{\pi}{m}$, $\frac{\pi}{n}$, $\frac{\pi}{p}$. Die inverse Funktion $w = w(z)$ ist eine eindeutige, doppeltperiodische Funktion von z (Schwarzsche Dreiecksfunktion). Man hat drei Fälle zu unterscheiden:

1. $m = n = p = 3$. Beachtet man, daß die Funktion $w(z)$ in jedem Paar von benachbarten Fundamentaldreiecken jeden Wert a genau einmal annimmt, mit Ausnahme der Eckpunkte, in denen die vorgegebenen Werte α, β, γ *dreifach* angenommen werden, so ergibt sich leicht, daß $N(r, a) \sim T(r)$ für jedes a, $N_1(r, a) = 0$ für $a \neq \alpha, \beta, \gamma$ und $N_1(r, a) \sim \frac{2}{3} T(r)$ für $a = \alpha, \beta, \gamma$. Also wird

$$\delta(a) = \vartheta(a) = 0$$

außer für jene drei Werte a, für diese aber

$$\vartheta(\alpha) = \vartheta(\beta) = \vartheta(\gamma) = \tfrac{2}{3}\,.$$

Es ist also, wie behauptet wurde,

$$\sum_{(a)} \vartheta(a) = 2\,.$$

2. $m = 2$, $n = p = 4$. Man findet, wie im Fall 1, $\delta(a) = \vartheta(a) = 0$, außer für $a = \alpha, \beta, \gamma$. Hier wird $\vartheta(\alpha) = \tfrac{1}{2}$, $\vartheta(\beta) = \vartheta(\gamma) = \tfrac{3}{4}$, also

$$\sum \vartheta(a) = \tfrac{1}{2} + \tfrac{3}{4} + \tfrac{3}{4} = 2\,.$$

3. $m = 2$, $n = 3$, $p = 6$. Es wird $\vartheta(a) = 0$ für $a \neq \alpha, \beta, \gamma$ und $\vartheta(\alpha) = \tfrac{1}{2}$, $\vartheta(\beta) = \tfrac{2}{3}$, $\vartheta(\gamma) = \tfrac{5}{6}$, also

$$\sum \vartheta(a) = \tfrac{1}{2} + \tfrac{2}{3} + \tfrac{5}{6} = 2\,.$$

Besondere Beachtung verdient noch die doppeltperiodische Grundfunktion $w(z)$, *die p-Funktion*. Sie nimmt sämtliche Werte a einfach an, mit Ausnahme von *vier* Werten $a = a_1, \ldots, a_4$, für welche die Gleichung $w = a$ lauter Doppelwurzeln hat. Es wird

$$\sum \vartheta(a) = \sum_{\nu=1}^{4} \vartheta(a_\nu) = 2\,.$$

Als Beispiel einer Funktion, welche sowohl defekte Werte wie Werte von positivem Index ϑ aufweist, sei $w = \cos z$ angeführt. In diesem Fall wird $\delta(a) = 0$ für $a \neq \infty$, $\delta(\infty) = 1$ und $\vartheta(a) = 0$, außer für $a = \pm 1$, für diese Werte aber $\vartheta = \tfrac{1}{2}$. Es ist also

$$\sum \delta + \sum \vartheta = 1 + 2 \cdot \tfrac{1}{2} = 2\,.$$

Ähnliches gilt für sämtliche einfachperiodischen Funktionen; einzig die Exponentialfunktion nimmt insofern eine Sonderstellung ein, als der totale Index $\sum \vartheta$ verschwindet, wogegen $\sum \delta = 2$ ist.

237. Die oben aufgezählten periodischen Funktionen zeichnen sich durch die Eigenschaften aus, daß diejenigen Werte a, welche die betreffende Funktion überhaupt mehrfach annimmt, *vollständig verzweigte Werte darstellen.* So nennen wir jeden Wert a, für welchen die Gleichung $w(z) = a$ *keine einfachen Wurzeln hat.*

Es gilt nun der bemerkenswerte

Satz. *Die Anzahl der vollständig verzweigten Werte einer meromorphen Funktion ist höchstens gleich vier.*

Zum Beweis müssen wir den zweiten Hauptsatz etwas genauer verwerten, als es durch die Beziehung (31) geschehen ist. Aus Satz (II) folgt für $r \to \infty$, daß

$$\varlimsup_{r=\infty} \frac{\sum\limits_{1}^{q} m(r, a) + N_1(r)}{T(r)} \leqq 2,$$

wo $a_1, \ldots, a_q$ beliebige, untereinander verschiedene Werte bezeichnen. Hier ist

$$N_1(r) \geqq \sum\limits_{1}^{q} N_1(r, a_\nu),$$

und es wird also

$$\sum \varlimsup_{r=\infty} \frac{m(r, a) + N_1(r, a)}{T(r)} \leqq 2. \tag{33}$$

Die Größe

$$\Theta(a) = \varlimsup_{r=\infty} \frac{m(r, a) + N_1(r, a)}{T(r)} \tag{34}$$

läßt sich einfacher schreiben, wenn man den Ausdruck

$$\overline{N}(r, a) = \int\limits_{0}^{r} \frac{\overline{n}(t, a)}{t}\, dt + \overline{n}(0, a) \log r \tag{35}$$

einführt, wo $\overline{n}(r, a) = n(r, a) - n_1(r, a)$ die Anzahl der Wurzeln von $w = a$ im Kreis $|z| \leqq r$ bezeichnet derart, daß jede Wurzel, ohne Rücksicht auf die Multiplizität, nur einmal mitgezählt wird. Es wird dann $N(r, a) = N_1(r, a) + \overline{N}(r, a)$ und folglich, wegen $m + N \sim T$,

$$\Theta(a) = 1 - \varlimsup_{r=\infty} \frac{\overline{N}(r, a)}{T(r)}. \tag{34'}$$

Die Beziehung (33) ergibt nun den

Satz. *Die Größe $\Theta(a)$, welche ihrer Definition zufolge im Intervall $0 \leqq \Theta \leqq 1$ liegt, verschwindet für alle Werte a, außer höchstens für eine abzählbare Wertmenge. Es ist ferner*

$$\sum \Theta(a) \leqq 2. \tag{36}$$

Diese allgemeine Beziehung enthält den Satz (31) als unmittelbaren Folgesatz, denn gemäß (34) ist

$$\Theta(a) \geqq \varlimsup_{r=\infty} \frac{m(r, a)}{T(r)} + \varlimsup_{r=\infty} \frac{N_1(r, a)}{T(r)} = \delta(a) + \vartheta(a).$$

238. Sei nun a ein vollständig verzweigter Wert der meromorphen Funktion $w(z)$. Es ist dann also entweder a ein PICARDscher Ausnahmewert oder jede Wurzel von $w(z) = a$ mindestens eine Doppelwurzel. Im ersten Fall ist $\delta(a) = 1$ und somit auch $\Theta(a) = 1$. Im zweiten Fall wird $n(r, a) \geqq 2\bar{n}(r, a)$ und

$$\varlimsup_{r=\infty} \frac{\overline{N}(r, a)}{T(r)} \leqq \frac{1}{2}\varlimsup_{r=\infty} \frac{N(r, a)}{T(r)} \leqq \frac{1}{2},$$

folglich $\Theta(a) \geqq \frac{1}{2}$.

Für einen vollständig verzweigten Wert a wird $\Theta(a) \geqq \frac{1}{2}$.

Nach (36) kann also die Anzahl der vollständig verzweigten Werte einer meromorphen Funktion höchstens gleich *vier* sein, was zu beweisen war.

Andererseits gibt es Funktionen mit genau vier vollständig verzweigten Werten. Eine solche ist die WEIERSTRASSSsche p-Funktion.

239. Der Satz über die vollständig verzweigten Werte gestattet eine interessante Anwendung auf die Uniformisierung algebraischer Kurven.

Wenn das Geschlecht einer algebraischen Kurve $f(x, y) = 0$ gleich Null ist, so läßt sie bekanntlich eine Parameterdarstellung

$$x = x(t), \qquad y = y(t) \tag{37}$$

zu, wo $x(t)$ und $y(t)$ rationale Funktionen von t sind. Wenn das Geschlecht gleich Eins ist, so gelingt die Uniformisierung mit elliptischen Funktionen $x(t)$, $y(t)$. Eine wichtige Ergänzung hierzu gibt der

Satz von PICARD[1]. *Falls die Kurve $f(x, y) = 0$ vom Geschlecht $p > 1$ ist, so gibt es kein Paar von meromorphen Funktionen $x(t)$, $y(t)$, so daß $f(x(t), y(t)) \equiv 0$.*

Wie PICARD (l. c.) bemerkt hat, genügt es, den Satz für den Fall einer hyperelliptischen Kurve

$$y^2 = (x - a_1) \cdots (x - a_q) \qquad (q = 2p + 1 \geqq 5) \tag{38}$$

vom Geschlecht $p (\geqq 2)$ zu beweisen. Daß die Uniformisierung einer solchen Kurve mit Hilfe von zwei meromorphen Funktionen $x(t)$, $y(t)$ unmöglich ist, ist aber eine unmittelbare Folgerung aus dem obigen Satz über die vollständig verzweigten Werte. Angenommen, daß die Uniformisierung mit einem solchen Funktionspaar gelingen würde, so folgt aus (38) mit Rücksicht auf die Eindeutigkeit der Funktion $y(t)$, daß die meromorphe Funktion $x(t)$ die $q \geqq 5$ Werte $a_1, \ldots, a_q$ als voll-

---

[1] E. PICARD [2].

ständig verzweigte Werte haben müßte. Dies steht jedoch im Widerspruch mit dem erwähnten Satz[1].

Eine nähere Analyse der geometrischen Bedeutung der Größe Θ, welche bei den obigen Anwendungen eine wichtige Rolle gespielt hat, soll in den folgenden Abschnitten vorgenommen werden.

XI. Die RIEMANNsche Fläche einer einwertigen Funktion.

§ 1. Über die Singularitäten einwertiger Funktionen.

240. Bisher haben wir die Theorie der für $|z| < R \leqq \infty$ eindeutigen Funktionen $w = w(z)$ untersucht, ohne uns im allgemeinen um das Bild zu kümmern, welches man vermöge der gegebenen Zuordnung $z \to w$ in der Ebene der Veränderlichen w erhält. Im ersten Abschnitt haben wir allerdings schon die RIEMANNschen Flächen eingehend untersucht, welche zu den speziellen automorphen Abbildungsfunktionen $w(z; a_1, \ldots, a_q)$ gehören (universelle Überlagerungsflächen der an q Stellen punktierten Ebene); und wir haben im Laufe unserer Darstellung wiederholt vom allgemeineren Begriff der universellen Überlagerungsfläche eines beliebigen, in der w-Ebene gelegenen schlichten Gebietes Gebrauch gemacht. Auch diese Flächen sind insofern noch als sehr spezielle zu betrachten, als auch die ihnen entsprechenden Abbildungsfunktionen automorph sind. Nun liefern gerade die automorphen Funktionen und die ihnen zugeordneten *regulär verzweigten* RIEMANNschen Flächen recht oft die interessantesten Beispiele für die allgemeine Wertverteilungslehre. Dessenungeachtet wird es nützlich sein, einige allgemeine Eigenschaften der Flächen kennenzulernen, die vermittels einer *beliebigen* eindeutigen, für $|z| < R \leqq \infty$ meromorphen Funktion als Abbild jenes Kreises entstehen. Auf dieser einfach zusammenhängenden Fläche ist die Umkehrfunktion z von w eindeutig und einwertig, und es wird sich also um die Untersuchung einer durch diese Eigenschaften charakterisierten analytischen Funktion handeln.

241. In einem Punkt w_0 der w-Ebene sei ein reguläres analytisches Funktionselement $E(w, w_0)$ gegeben. Wir bezeichnen durch $z(w)$ diejenige analytische Funktion, welche entsteht, wenn man das gegebene Element (mit algebraischem Charakter) unbeschränkt fortsetzt. Speziell wird im folgenden angenommen:

1. Die analytische Funktion $z(w)$ ist einwertig, d. h. den Mittel-

---

[1] Dieser zuerst von A. BLOCH [2] angegebene Beweis weicht von dem ursprünglichen PICARDschen Beweis völlig ab. Ein anderer, direkt auf jede Kurve vom Geschlecht $p > 1$ anwendbarer, auf den Hilfsmitteln der modernen Wertverteilungslehre fußender Nachweis ist nachher von H. SELBERG [2] gegeben worden.

punkten von zwei verschiedenen Funktionselementen $z(w)$ sind stets zwei verschiedene Funktionswerte z zugeordnet.

2. Das (wegen der Einwertigkeit) schlichte Bildgebiet G_z in der z-Ebene ist einfach zusammenhängend.

Die Umkehrfunktion $w(z)$ ist unter diesen Voraussetzungen in G_z eindeutig und meromorph. Was das Gebiet G_z betrifft, hat man drei Fälle zu unterscheiden (vgl. I, § 2).

1. G_z ist die Vollebene (elliptischer Fall). $w(z)$ hat keine wesentlichen Singularitäten und reduziert sich auf eine rationale Funktion.

2. G_z ist die punktierte Ebene, z. B. $z \neq \infty$ (parabolischer Fall). Es ist $w(z)$ dann eine in der ganzen endlichen Ebene meromorphe, transzendente Funktion.

3. G_z ist von einem Kontinuum Γ_z begrenzt (hyperbolischer Fall). Mit Rücksicht auf den RIEMANNschen Abbildungssatz bedeutet es dann keine Einschränkung anzunehmen, daß G_z mit dem Einheitskreis $|z| < 1$ zusammenfällt. Die Kreislinie $|z| = 1$ bildet dann die natürliche Grenze der Funktion $w(z)$.

242. Wir kommen nun zu der Frage nach den Singularitäten einer einwertigen Funktion und fangen mit dem einfachsten Fall einer *isolierten* kritischen Stelle w_0 an. Sei $z(w)$ ein Zweig, der sich für $0 < |w - w_0| \leq \varrho$ (mit rationalem Charakter) unbeschränkt analytisch fortsetzen läßt. Setzt man dann $\log(w - w_0) = t$, so wird $z(w_0 + e^t)$ in der Halbebene H_t: $\Re t \leq \log \varrho$ unbeschränkt fortsetzbar und wegen des Monodromiesatzes *eindeutig* sein.

Wenn nun der derart erklärte Funktionszweig in H_t einwertig ist, so vermittelt er eine schlichte Abbildung von H_t auf ein Gebiet H_z der z-Ebene. Der Zweig $z(w)$ hat dann die kritische Stelle $w = w_0$ als *logarithmischen Windungspunkt* unendlich hoher Ordnung, in dessen Umgebung sich seine unendlich vielen Bestimmungen untereinander vertauschen. Man sagt, $z(w)$ definiere ein *logarithmisches Element* der gegebenen Funktion. Wenn w gegen den Windungspunkt w_0 rückt, so muß $z(w)$ notwendig gegen die Berandung des Wertgebiets G_z streben. Im parabolischen Fall gilt also $z \to \infty$, im hyperbolischen Fall wiederum $|z| \to 1$. Ob im letztgenannten Fall z immer einen wohlbestimmten Punkt der Peripherie $|z| = 1$ als Grenzlage hat, ist eine Frage, die bis auf weiteres noch nicht entschieden worden ist[1].

---

[1] Aus den Sätzen von VII, § 4 schließt man, daß dies sicher dann der Fall ist, wenn die gegebene RIEMANNsche Fläche F beschränktartig ist. Denn würde für $w \to w_0$ der Punkt im Kreise $|z| < 1$ eine Kurve L beschreiben, welche in keinem Punkt von $|z| = 1$ endigt, so würde L einen ganzen Bogen der Peripherie als Häufungsbereich haben. Auf diesen Bogen würde dann die Funktion $w(z)$, welche als eine beschränktartige Funktion fast überall auf $|z| = 1$ radiale Grenzwerte hat, ein und denselben Randwert $w = w_0$ besitzen, und sie würde sich folglich nach den Sätzen von VII, § 4 auf eine Konstante reduzieren, was nicht möglich ist.

Ist wiederum z in H_t nicht einwertig, so existiert ein Wert z_0, den z in mehreren Punkten t_0, t_1, t_2, ... annimmt. Wegen der Einwertigkeit von $z(w)$ müssen die Werte ein und demselben Wert w entsprechen, und es ist also $t_\nu - t_0 = m_\nu \cdot 2\pi i$, wo m_ν eine ganze Zahl ist. Wenn nun m die kleinste der positiven Zahlen $|m_\nu|$ ist, so sieht man unmittelbar ein, daß z in H_t *periodisch* ist mit der primitiven Periode $m \cdot 2\pi i$; in jedem Periodenstreifen ist z einwertig. Der gegebene Zweig $z(w)$ erklärt in diesem Fall ein *algebraisches Funktionselement*, dessen m verschiedene Bestimmungen sich in der Umgebung des Windungspunktes w_0 der Ordnung $m-1$ permutieren. Für $w \to w_0$ strebt $z(w)$ gegen einen inneren Punkt z_0 des Wertgebiets G_z; z_0 ist eine m-fache Stelle der Umkehrfunktion $w(z)$. Umgekehrt entspricht stets einer m-fachen Stelle von $w(z)$ ein algebraischer Windungspunkt von der Ordnung $m-1$ auf der RIEMANNschen Fläche F.

Für $m = 1$ ist $z(w)$ an der Stelle $w = w_0$ *eindeutig.*

243. Es sei nun L_w ein stetiger Kurvenbogen, der in einem Punkt w_0 der w-Ebene endigt. Wir nehmen auf L_w einen Punkt $w_1 \neq w_0$, fixieren hier ein Element der gegebenen einwertigen Funktion $z(w)$ und nehmen an, daß sich dieses Element auf L_w mit algebraischem Charakter fortsetzen läßt bis zu w_0, mit möglicher Ausnahme dieses Endpunktes. Der Punkt z beschreibt hierbei einen in G_z verlaufenden stetigen Bogen L_z, der dann und nur dann in einem inneren Punkt von G_z endigt, wenn $z(w)$ auch noch in w_0 von algebraischem Charakter ist. Im entgegengesetzten Fall, wo also w_0 für den betrachteten Funktionszweig eine *transzendente Singularität* darstellt, wird L_z auf dem Rand Γ von G_z endigen, also im Punkt $z = \infty$, falls die Fläche F parabolisch ist, und auf der Peripherie $|z| = 1$, falls F hyperbolisch ist; im letztgenannten Fall hat man noch zwei Möglichkeiten zu unterscheiden, je nachdem L_z einen Grenzpunkt oder einen ganzen Grenzbogen der Peripherie als Häufungsbereich hat[1]. Wenn z auf L_z gegen Γ strebt, so nähert sich w dem Grenzwert w_0.

Umgekehrt gilt, wenn L_z ein Bogen obiger Art ist, auf welchem die meromorphe Funktion einen bestimmten Zielwert w_0 hat, daß die Stelle w_0 für mindestens einen Zweig der Umkehrfunktion $z(w)$ eine transzendente Singularität ist.

Die auf der Berandung Γ des Wertgebietes G_z endigenden Zielwege der meromorphen Funktion $w(z)$ und die transzendenten kritischen Stellen der Umkehrfunktion $z(w)$ sind einander zugeordnet.

244. Wir nehmen nun auf einem gegebenen, in eine transzendente Singularität w_0 einmündenden Weg L_w einen Punkt w_1, so daß $|w_1 - w_0|$ kleiner als eine vorgegebene Zahl $\varrho > 0$ ist, und bezeichnen durch $G_z(w_0, \varrho)$ dasjenige schlichte Teilgebiet von G_z, welches von denjenigen

---

[1] Jener Fall tritt sicher dann ein, wenn die Fläche F beschränktartig ist.

Punkten z überdeckt wird, zu denen man gelangt, wenn man in w_1 ein Funktionselement $z(w)$ festlegt und dieses im Kreise $|w - w_0| < \varrho$ unbeschränkt (mit algebraischem Charakter) fortsetzt[1].

Das Gebiet $G_z(w_0, \varrho)$ läßt sich offenbar auch folgendermaßen erklären: es ist dasjenige unter den durch die Bedingung $|w(z) - w_0| < \varrho$ bestimmten zusammenhängenden Teilgebiete von G_z, welches den Punkt $z_1 = z(w_1)$ enthält. Da w_0 transzendent kritisch ist, so erstreckt sich $G_z(w_0, \varrho)$ bis an den Rand Γ von G_z.

Die Berandung von $G_z(w_0, \varrho)$ besteht aus endlich oder unendlich vielen analytischen Kurvenbogen $\Gamma(w_0, \varrho)$, auf denen $|w(z) - w_0| = \varrho$. Diese Bogen sind entweder offen und münden dann auf Γ ein, oder sie sind geschlossen. Die geschlossenen Bogen begrenzen Teilgebiete von G_z, in denen $w(z)$, mindestens in der unmittelbaren Umgebung der Randpunkte $\Gamma(w_0, \varrho)$, die Eigenschaft $|w - w_0| > \varrho$ besitzt und die je mindestens einen Pol von $w(z)$ enthalten, weil sonst $|w - w_0|$ gemäß dem Maximumprinzip konstant gleich ϱ sein müßte. Fügt man diese geschlossenen Teilgebiete zu $G_z(w_0, \varrho)$ hinzu, so entsteht ein Gebiet $\overline{G}_z(w_0, \varrho)$, das einfach zusammenhängend ist.

245. Falls nun w_0 ein logarithmischer Windungspunkt ist, so wird $G_z(w_0, \varrho)$ für hinreichend kleine Werte $\varrho > 0$ von einem einzigen offenen Randbogen $\Gamma(w_0, \varrho)$ begrenzt. Außer dieser einfachsten Art einer transzendenten Singularität verdient folgender etwas allgemeinere Fall besondere Beachtung: Man nehme an, daß eine so kleine Zahl $\varrho > 0$ existiert, daß der Funktionszweig $z(w)$ innerhalb des Kreises $|w - w_0| < \varrho$ überhaupt nicht bis zu $w = w_0$ (mit algebraischem Charakter) fortsetzbar ist. Das zugehörige Gebiet $G_z(w_0, \varrho)$ ist dann durch die Eigenschaft gekennzeichnet, daß die meromorphe Funktion $w(z)$ innerhalb derselben von w_0 *verschieden* ist. Nach IVERSEN[2], der als erster die Umkehrfunktionen von meromorphen Funktionen einer systematischen Untersuchung unterzogen hat, nennt man eine solche Singularität eine *direkt kritische* transzendente Singularität der einwertigen Funktion, im Gegensatz zu den *indirekt kritischen* transzendenten Stellen, bei welchen $z(w)$ auf passenden Wegen in $|w - w_0| < \varrho$ bis zu $w = w_0$ fortsetzbar ist, wie klein $\varrho > 0$ immer gewählt werden mag.

Aus obigem folgt, daß eine erreichbare Stelle w_0, die ein PICARDscher Ausnahmewert der meromorphen Funktion $w(z)$ ist, stets eine direkt kritische transzendente Singularität der Funktion $w(z)$ definiert.

Die einfachsten Beispiele für einwertige Funktionen mit nur isolierten Singularitäten liefern die Umkehrfunktionen der periodischen und automorphen Funktionen. Der Logarithmus hat insgesamt zwei logarith-

---

[1] Falls $w_0 = \infty$ ist, so hat man hier und im nachfolgenden die Kreisscheibe $|w - w_0| < \varrho$ durch das Kreisäußere $\left|\dfrac{1}{w}\right| < \varrho$ zu ersetzen.

[2] F. IVERSEN [7].

mische Elemente (über $w = 0, \infty$), $z = \arcsin w$ hat über $w = \infty$ zwei verschiedene logarithmische Windungspunkte und über $w = \pm 1$ unendlich viele algebraische Windungspunkte erster Ordnung. Die zu den doppeltperiodischen Funktionen gehörenden RIEMANNschen Flächen besitzen lauter algebraische Windungspunkte, die Fläche der Modulfunktion $w(z; a_1, a_2, a_3)$ nur logarithmische Windungspunkte, und zwar unendlich viele über sämtlichen drei kritischen Punkten a_ν.

Die Windungspunkte der erwähnten regulär verzweigten Flächen sind über einer endlichen Anzahl von Grundpunkten der w-Ebene gelegen. Aber auch die nichtregulär verzweigten Flächen mit der gleichen Eigenschaft liefern Beispiele, die vom Standpunkt der Wertverteilungslehre interessant sind. Von diesen Flächen, welche uns in § 2 dieses Abschnitts weiter beschäftigen werden, sei hier schon diejenige erwähnt, welche zu der ganzen Funktion

$$w = \int\limits_0^z e^{-t^2}\, dt$$

gehört, welche in einem früheren Abschnitt (VI, § 2) als Beispiel einer Funktion mit mehreren Zielwerten angeführt worden ist. Diese Zielwerte $a_0 = \infty$ und

$$a_\nu = e^{\frac{2\nu\pi i}{q}} \int\limits_0^\infty e^{-r^2}\, dr$$

sind zugleich *defekte* Werte, und es ist $\delta(a_0) = 1$, $\delta(a_\nu) = \dfrac{1}{q}$ $(\nu = 1, 2, \ldots, q)$.

Nun sieht man leicht ein, daß die Umkehrfunktion $z(w)$ unverzweigt ist, außer über jenen Werten $a_0, a_1, \ldots, a_q$; die entsprechende RIEMANNsche Fläche hat insgesamt $2q$ logarithmische Windungspunkte, von denen die halbe Anzahl q über der Stelle a_0 gelagert ist, während die übrigen q über den Stellen $a_1, \ldots, a_q$ liegen; über diesen Stellen hat die Fläche außerdem je unendlich viele schlichte Blätter.

Eine direkt kritische, aber nicht logarithmische transzendente Singularität ist die Stelle $w = \infty$ für die Funktion $z \sin z$.

Als Beispiel einer indirekt kritischen Stelle betrachten wir die Stelle $w = 0$ für die ganze Funktion

$$w = \frac{\sin z}{z}.$$

Diese strebt gegen Null, wenn z auf der positiven reellen Achse ins Unendliche rückt. Nimmt man eine kleine positive Zahl ϱ und betrachtet man diejenige Umgebung G_ϱ jener Achse, welche durch die Bedingung $|w| < \varrho$ festgelegt wird, so wird der entsprechende Zweig der Umkehrfunktion $z(w)$ den Wert $w = 0$ als transzendente Stelle haben, und zwar als eine indirekt kritische solche Stelle, denn jener Wert wird in G_ϱ unendlich oft, nämlich für $z = \nu\pi$ $(\nu = 1, 2, \ldots)$ angenommen. Die Stelle $w = 0$ erscheint als Häufungspunkt einer Folge von algebraischen

Windungspunkten erster Ordnung, welche den Wurzeln der Gleichung $w'(z) = 0$, d. h. $\operatorname{tg} z = z$ zugeordnet sind.

246. *Satz von* IVERSEN *über parabolische Flächen.* Außer den oben betrachteten erreichbaren Singularitäten können bei einer einwertigen Funktion auch nichterreichbare Singularitäten vorkommen. Nimmt man F z. B. als ein einfach zusammenhängendes *schlichtes* Gebiet an, das einen nichterreichbaren Randpunkt w_0 besitzt, so liefert die konforme Abbildung von F auf den Einheitskreis $|z| < 1$ eine einwertige Funktion $z(w)$, für welche die Stelle w_0 nicht erreichbar ist.

Diese besondere Fläche war vom hyperbolischen Typus. Bei einer parabolischen Fläche sind die Singularitäten von weniger verwickelter Art; hier sind speziell *sämtliche Stellen w erreichbar.* Dies schließt man aus nachstehendem, von IVERSEN [*1*] herrührendem Satz.

Es seien F eine über der w-Ebene ausgebreitete RIEMANN*sche Fläche vom parabolischen Typus und $w = w_0$ ein beliebiger Punkt der Ebene. Sei ferner $\varrho > 0$, w_1 ein innerer Punkt der Fläche F und $|w_1 - w_0| = \varrho$. Dann läßt sich ein stetiger Kurvenbogen L finden, der, ohne aus dem Kreis $|w - w_0| < \varrho$ herauszutreten, die Punkte w_1 und w_0 verbindet und der mit möglicher Ausnahme des Endpunktes w_0 aus lauter inneren Punkten der Fläche F besteht.*

Wenn $z(w)$ die Funktion ist, welche die Fläche F auf die punktierte Ebene $z \neq \infty$ abbildet, so gilt es zu zeigen, daß zu einem beliebigen, im Punkte $w = w_1$ festgelegten Zweig ein von w_1 bis w_0 im Kreise $|w - w_0| < \varrho$ verlaufender stetiger Weg L existiert, auf welchem jener Funktionszweig (mit algebraischem Charakter) fortsetzbar ist, mit möglichem Ausschluß der Stelle w_0.

Zum Beweise[1] betrachten wir dasjenige an den gegebenen Anfangswert $z_1 = z(w_1)$ grenzende zusammenhängende Gebiet G_ϱ der z-Ebene, dessen Punkte durch die Bedingung $|w(z) - w_0| < \varrho$ gekennzeichnet sind. Wenn dann die Funktion mindestens in einem Punkt z_0 in G_ϱ den Wert w_0 annimmt, so braucht man nur z_1 mit z_0 stetig innerhalb G_ϱ zu verbinden, um eine Kurve der gewünschten Art auf der Fläche F zu erhalten.

Ist dagegen $w(z) \neq w_0$ in G_ϱ, so grenzen wir um z_1 dasjenige zusammenhängende Teilgebiet G_1 von G_ϱ ab, wo $\varrho > |w - w_0| > \frac{\varrho}{2}$ ist. Dieses Gebiet enthält mindestens einen in G_ϱ gelegenen Randpunkt z_2, mit $|w(z) - w_0| = \frac{\varrho}{2}$. Denn sonst würde die in G_1 reguläre Funktion $\dfrac{1}{w(z) - w_0}$ in jedem endlichen Randpunkt von G_1 den absoluten Betrag $\dfrac{1}{\varrho}$ haben. Da aber ihr Betrag in der Umgebung des unendlich fernen Punktes, falls dieser zum Rand von G_1 gehört, beschränkt ist $\left(< \dfrac{2}{\varrho} \right)$, so müßte nach dem Maximumprinzip $\dfrac{1}{|w - w_0|} \leqq \dfrac{1}{\varrho}$ in G_1 sein, was unmöglich ist.

----

[1] Der folgende Beweis rührt im Prinzip von G. VALIRON [*3*] her.

Sei nun G_2 das an den Punkt z_2 grenzende Teilgebiet von G_ϱ, wo $\frac{\varrho}{2} > |w - w_0| > \frac{\varrho}{4}$ ist. Genau wie oben sieht man ein, daß G_2 einen endlichen Randpunkt z_3 hat mit $|w(z) - w_0| = \frac{\varrho}{4}$. In dieser Weise geht man weiter und definiert so eine Folge von nebeneinander gelagerten Teilgebieten $G_1, G_2, \ldots$, so daß $\frac{\varrho}{2^{n-1}} > |w(z) - w_0| > \frac{\varrho}{2^n}$ in G_n gilt und daß G_n und G_{n+1} einen gemeinsamen Randpunkt haben, wo $|w(z) - w_0| = \frac{\varrho}{2^n}$ ist.

Die Gebiete G_n konvergieren für $n \to \infty$ gegen $z = \infty$, denn im Durchschnitt D_r von G_ϱ mit einem vorgegebenen Kreis $|z| \leq r$ hat $|w(z) - w_0|$ eine positive untere Grenze, und G_n muß also für ein hinreichend großes n außerhalb jenes Kreises liegen. Verbinden wir nun, für jedes $n = 1, 2, \ldots$, den Punkt z_n mit z_{n+1} durch eine in G_n verlaufende stetige Kurve, so erhalten wir in G_ϱ einen stetigen, von $z = z_1$ bis $z = \infty$ gehenden Weg L_z, auf welchem $w(z)$ den Zielwert w_0 hat. Die Bildkurve L_w in der w-Ebene besitzt dann sämtliche im Satze behaupteten Eigenschaften.

Aus dem so bewiesenen Satz folgt unmittelbar als Korollar:

Eine für $z \neq \infty$ meromorphe Funktion, die einen PICARDschen Ausnahmewert besitzt, hat diesen Wert als Zielwert.

247. Satz von GROSS[1]. *Wenn die einfach zusammenhängende RIEMANNsche Fläche F vom parabolischen Typus ist und $z(w)$ einen Zweig der zugehörigen Abbildungsfunktion bezeichnet, der in einer Stelle $w_0 \neq \infty$ eindeutig ist, so läßt sich dieser Zweig auf jedem Halbstrahl $\arg(w - w_0) = \varphi$ bis zum Punkt $w = \infty$ analytisch fortsetzen, außer höchstens für eine Wertmenge φ vom Maße Null*[2].

Wir verfolgen jeden Strahl $\arg(w - w_0) = \varphi$ vom Anfangspunkt w_0 bis zur ersten transzendenten oder algebraischen Singularität oder, falls man keiner solchen Stelle begegnet, bis zum Punkt $w = \infty$. Die so definierten Segmente H_φ überdecken den *Stern* des betrachteten Funktionselementes $z(w)$. Der Satz von GROSS sagt also, daß diejenigen Werte φ, denen ein endlicher „Eckpunkt" des Sternes entspricht, eine Nullmenge bilden. Da die algebraischen Eckpunkte höchstens in abzählbarer Menge vorhanden sind, so genügt es, diese Behauptung für die Menge M der transzendenten Eckpunkte zu beweisen. Ferner können wir unsere Betrachtung auf diejenigen Punkte M_R beschränken, welche im Kreise $|w - w_0| \leq R$ liegen, wobei R eine beliebige positive Zahl ist.

---

[1] W. GROSS [2].

[2] Die Sonderstellung des unendlich fernen Punktes ist unwesentlich. Statt der Strahlenschar $\arg(w - w_0) = \varphi$ könnte man z. B. eine Kreisschar C_φ betrachten, die durch w_0 und einen beliebigen Punkt $w_1 \neq w_0$ hindurchgeht, wobei der Parameter φ den Richtungswinkel der betreffenden Kreistangenten in w_0 angibt. Für fast alle φ läßt sich dann $z(w)$ längs C_φ bis zum Punkt w_1 analytisch fortsetzen.

Ist nämlich die Menge der entsprechenden φ-Werte vom Maße Null, so gilt dasselbe für die gesamte, den Eckpunkten M zugeordnete Wertmenge (φ), welche ja dann als Vereinigungsmenge der den Eckpunktmengen $M_{R_n}(R_1 < R_2 < \cdots;\; R_n \to \infty)$ entsprechenden Nullmengen selbst das Maß Null hat.

Es sei nun S_w der Durchschnitt des betrachteten Sterns mit dem Kreis $|w - w_0| \leq R$. Durch die Funktion $t = \dfrac{1}{z(w) - z(w_0)}$ wird das Innere von S_w auf ein schlichtes Gebiet S_t eineindeutig und konform abgebildet, welches den unendlich fernen Punkt enthält, während der Nullpunkt ein äußerer oder Randpunkt ist. Der letztere Fall trifft sicher dann zu, wenn die Menge M_R der „transzendenten Randpunkte" von S_w nicht leer ist; denn bei Annäherung an einen solchen Punkt wird ja $z \to \infty$ und also $t \to 0$.

Wir nehmen eine Zahl $r > 0$ und betrachten die Gesamtheit der endlich oder abzählbar vielen Teilbogen $\varDelta_t(r)$ des Kreises $|t| = r$, welche in S_t fallen. Diese Querschnitte trennen den Randpunkt $t = 0$ vom inneren Punkt $t = \infty$ und ihre Bildbogen $\varDelta_w(r)$ im Sterngebiet S_w stellen also Querschnitte dieses Gebietes dar, welche den Punkt $w = w_0$ von sämtlichen Punkten M_R trennen. Hieraus folgt, daß das Maß $m(\varphi)$ der entsprechenden φ-Werte nicht größer sein kann als die Summe der Schwankungen von $\arg(w - w_0)$ auf diesen Bogen $\varDelta_w(r)$. Die Schwankung von $\arg(w - w_0)$ auf $\varDelta_w(r)$ ist aber höchstens gleich der Länge des Bogens, dividiert durch δ_r, wobei δ_r die kürzeste Entfernung von w_0 zu dem Bogen $\varDelta_w(r)$ ist. Wählt man nun r kleiner als eine beliebige Zahl $r_0 > 0$, so werden sämtliche Entfernungen δ_r größer als eine gewisse, nur von der Wahl von r_0 abhängige Zahl $\delta_0 > 0$ ausfallen. Es genügt demnach zu zeigen, daß *die Summe $s(r)$ der Längen der Querschnitte $\varDelta_w(r)$ durch passende Wahl des Radius r $(0 \leq r \leq r_0)$ beliebig klein gemacht werden kann.*

Wir setzen $t = r e^{i\vartheta}$, $f(t) = w\left(z_0 + \dfrac{1}{t}\right)$ und finden dann unter Anwendung der SCHWARZschen Ungleichung

$$(s(r))^2 = \left(\int\limits_{\varDelta_t(r)} |f'(t)|\,|dt|\right)^2 \leq 2\pi\, r \int\limits_{\varDelta_t(r)} |f'(t)|^2\, r\, d\vartheta .$$

Hier ist

$$\int\limits_{\varDelta_t(r)} |f'(t)|^2\, r\, d\vartheta = -\frac{dA}{dr} ,$$

wo $A(r)$ den Flächeninhalt desjenigen Teilgebietes des Sterns S_w bezeichnet, welches den Punkt w_0 enthält und das von den Querschnitten $\varDelta_w(r)$ begrenzt wird. Durch Integration zwischen den Grenzen r und $r_0(> r)$ findet man

$$\int\limits_r^{r_0} \frac{s^2}{r}\, dr \leq 2\pi(A(r) - A(r_0)) < 2\pi^2 R^2 .$$

Dieses Ergebnis besteht für jedes $0 < r \leqq r_0$. Ist nun ε eine beliebige Zahl > 0, so ist für mindestens einen Wert r jenes Intervalles $s(r) < \varepsilon$. Denn sonst würde

$$\int_r^{r_0} \frac{s^2}{r}\, dr \geqq \varepsilon^2 \log \frac{r_0}{r},$$

und das Integral würde, im Widerspruch zur obigen Ungleichung, für $r \to 0$ ins Unendliche streben.

Hiermit ist der Beweis des GROSSschen Satzes erbracht.

248. Die Sätze von IVERSEN und GROSS weisen darauf hin, daß die Singularitäten einer parabolischen Fläche auf dieser relativ dünn gesät sind. Dies hindert keineswegs, daß die Spurpunkte der Singularitäten sogar sehr dicht auf der w-Ebene liegen können. GROSS [2] hat ein Beispiel einer ganzen Funktion konstruiert, welche *jeden* Wert als Zielwert hat; hier füllen also jene Spurpunkte die ganze w-Ebene aus.

§ 2. RIEMANNsche Flächen, deren Windungspunkte über endlich vielen Punkten liegen.

249. Bei der großen Allgemeinheit der Hauptsätze der Wertverteilungslehre ist es von Gewicht, die darin enthaltenen Aussagen an konkreten Beispielen prüfen zu können. Unter Funktionen, die mit Rücksicht auf die Wertverteilung besonders interessant sind, verdienen vor allem die periodischen und automorphen (FUCHSschen) Funktionen erwähnt zu werden. Die Windungspunkte der zugehörigen, regulär verzweigten RIEMANNschen Flächen liegen über einer endlichen Anzahl von Grundpunkten. Es liegt nun nahe, die allgemeinere Klasse der einfach' zusammenhängenden RIEMANNschen Flächen zu untersuchen, welche, ohne notwendig regulär verzweigt zu sein, mit jenen Flächen eine zweite Eigenschaft gemeinsam haben, daß sich nämlich ihre Windungspunkte auf endlich viele Punkte der Ebene projizieren. Im Rahmen dieser Darstellung ist es nicht möglich, dieses Problem in allen Einzelheiten streng zu behandeln. Wir werden uns also damit begnügen, diese Flächenklasse in großen Zügen zu beschreiben und den Weg anzugeben, auf welchem die erforderlichen Existenzbeweise durchgeführt werden können.

250. Es sei also in der w-Ebene eine endliche Anzahl $q \geqq 2$ von Grundpunkten $a_1, \ldots, a_q$ gegeben. Vorerst wird es sich darum handeln, die topologische Struktur einer einfach zusammenhängenden RIEMANNschen Fläche F klarzulegen, welche höchstens über jenen Punkten $a_1, \ldots, a_q$ verzweigt ist. Einen guten Einblick in den Aufbau einer solchen Fläche erhält man durch ein Verfahren, das derjenigen Betrachtung vollkommen analog ist, welche im Abschnitt I, § 3 der topologischen Beschreibung der universellen Überlagerungsfläche der in den Grundpunkten a_ν punktierten Ebene zugrunde liegt; eine Fläche, welche unter den jetzt zu untersuchenden Flächen dadurch ausgezeichnet ist, daß sie möglichst hoch verzweigt ist.

Man ziehe durch die in der Reihenfolge $a_1, \ldots, a_q, a_1$ genommenen Punkte a_ν eine geschlossene Jordankurve γ, welche die w-Ebene in zwei einfach zusammenhängende Gebiete, G_1 und G_2, zerlegt, die einander insofern „spiegelbildlich" entsprechen, als eine gegebene Umlaufsrichtung auf γ in bezug auf das eine der Gebiete G_1 und G_2 positiv, in bezug auf das andere dagegen negativ ist. Denkt man sich die Fläche längs γ aufgeschnitten, so zerfällt sie in endlich oder unendlich viele untereinander kongruente Exemplare G_1 und in eine entsprechende Anzahl von unter sich kongruenten Exemplaren G_2. Wir wollen diese „Halbblätter" G_1, G_2 kurz als Polygone bezeichnen; die Randpunkte $a_1, \ldots, a_q$ mögen Ecken, die Bogen $(a_1 a_2)$, $(a_2 a_3)$, $\ldots$, $(a_q a_1)$ Seiten der Polygone heißen.

Die Eckpunkte $a_1, \ldots, a_q$ eines gegebenen Polygons $G_\nu (\nu = 1, 2)$ sind von dreierlei Art: 1. Windungspunkte unendlicher Ordnung; 2. Windungspunkte endlicher Ordnung, wo eine endliche Anzahl $m > 1$ von Blättern $G_1 + G_2$ zyklisch vereinigt sind; 3. unverzweigte Stellen der Fläche. Die ersten Punkte nennen wir Eckpunkte unendlicher Ordnung, die zweiten Eckpunkte $(m - 1)$-ter Ordnung, wobei also $m - 1 > 0$ die Ordnung des entsprechenden Windungspunktes bezeichnet, die dritten Punkte sollen uneigentliche Eckpunkte oder Eckpunkte nullter Ordnung heißen.

Wie im Abschnitt I, § 3 stellen wir die Riemannsche Fläche F auch hier durch einen *schlichten Graph G* dar, der aus einer Anzahl den Halbblättern G_ν zugeordneten, mit diesen topologisch äquivalenten nebeneinander gelagerten Kurvenpolygonen $G_\nu^\mu (\nu = 1, 2; \mu = 1, 2, \ldots)$ zusammengesetzt ist, so daß zwei Polygone G_1^μ, G_2^μ dann und nur dann längs einer Seite zusammenhängen, wenn die zugeordneten Polygone G_1, G_2 auf F die entsprechende „Bildseite" gemeinsam haben. Für die Eckpunkte behalten wir die Bezeichnungen $a_1, \ldots, a_q$ bei. Um die Konstruktion des Graphen geometrisch verwirklichen zu können, wollen wir den verschiedenen Polygonen $G_1^1, G_1^2, \ldots$ (bzw. $G_2^1, G_2^2, \ldots$) der Form oder Größe nach keine Beschränkungen auferlegen. Das einzig wesentliche ist, daß sie untereinander topologisch äquivalent, d. h. Kurvenbogenpolygone mit q Ecken sind.

Die inneren Eckpunkte des Graphen G sind entweder uneigentliche Eckpunkte (nullter Ordnung), an welche zwei Polygone grenzen, oder eigentliche Eckpunkte von positiver Ordnung $m - 1$. Ein solcher Eckpunkt ist m Polygonen G_1 und einer ebenso großen Anzahl von Polygonen G_2 gemeinsam, welche bei einem Umlauf um den Eckpunkt abwechselnd aufeinander folgen. Die Eckpunkte unendlicher Ordnung sind „Randpunkte" des Graphen.

Abgesehen vom trivialen Fall, wo die Fläche F einblättrig ist und mit der schlichten Vollebene zusammenfällt, gilt, daß jedes Polygon G_1, G_2 mindestens zwei eigentliche Eckpunkte besitzt.

Sei nämlich G_1 ein Polygon, für welches die $q - 1$ Eckpunkte a_1, ..., a_{q-1} uneigentlich (von nullter Ordnung) sind. An jedes Seitenpaar grenzt dann immer nur ein Polygon G_2. Und da zwei aufeinanderfolgende Paare eine Seite gemeinsam haben, so folgt hieraus, daß an G_1 überhaupt immer nur *ein* Polygon grenzen kann, so daß also die ganze Fläche durch das geschlossene Blatt $G_1 + G_2$ ausgeschöpft wird.

Diese Bemerkung zeigt, daß eine mehrblättrige Fläche mindestens zwei Windungspunkte hat, die nicht übereinander liegen. Es bedeutet also keine Einschränkung, anzunehmen, daß die Anzahl der Grundpunkte a_ν mindestens zwei beträgt.

251. *Der Fall $q = 2$.* Die verschiedenen Zweiecke G_1, G_2 reihen sich nebeneinander, entweder in einer endlichen Anzahl $2m$ oder in unendlicher Anzahl nach beiden Richtungen. Im erstgenannten Fall hat man es mit der geschlossenen m-blättrigen Fläche einer Potenz zu tun, mit zwei Windungspunkten $(m - 1)$-ter Ordnung, im zweiten Fall mit der Fläche des Logarithmus mit zwei Windungspunkten unendlicher Ordnung.

Zur Veranschaulichung dieser Flächentypen kann man auch einen *Streckenkomplex*[1] verwenden, welcher vermittels desselben Verfahrens wie die im Abschnitt I, § 2 besprochenen topologischen Bäume von SPEISER gewonnen werden kann. Man nimmt in jedem Polygon G_1, G_2 je einen inneren Punkt P_1, P_2 und verbindet jeden solchen *Knotenpunkt* durch insgesamt q Strecken S_{12}, S_{23}, ..., S_{q1} mit den Knotenpunkten der unmittelbar angrenzenden Polygone G, und zwar so, daß $S_{\nu\,\nu+1}$ über die Seite $a_\nu a_{\nu+1}$ zu dem Knotenpunkt des an diese Seite grenzenden Nachbarpolygons führt; sämtliche Strecken werden punktfremd gewählt.

Im vorliegenden Fall $q = 2$ lassen sich also die zwei möglichen Flächentype $(0 < m < \infty$ und $m = \infty)$ durch die Abb. 18 darstellen (die erste Figur entspricht dem Wert $m = 3$).

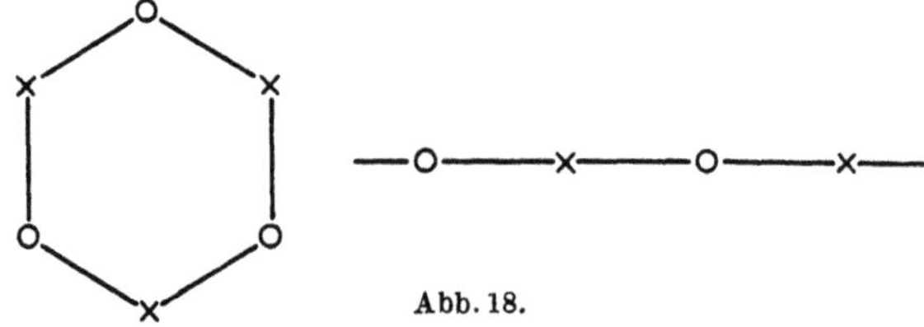

Abb. 18.

Durch den Streckenkomplex zerfällt die Ebene in gewisse Teilgebiete, welche wir als *Elementargebiete* der RIEMANNschen Fläche bezeichnen.

---

[1] Vgl. R. NEVANLINNA [*10*], G. ELFVING [*7*].

Man bemerke, daß im obigen Fall die Elementargebiete den Windungspunkten der Fläche zugeordnet sind, so daß einem Windungspunkt $(m-1)$-ter Ordnung ein Elementargebiet mit $2m$ Ecken und Seiten entspricht.

252. *Der Fall $q = 3$.* Der Graph G setzt sich aus lauter Dreiecken G_ν zusammen. Diese sind zweierlei Art: entweder sind sämtliche drei Eckpunkte Windungspunkte, oder es gibt unter den drei Ecken eine, die uneigentlich ist, und wo also die Fläche F unverzweigt verläuft. Sind sämtliche Dreiecke von zweiter Art, so hat man es offenbar mit dem bereits behandelten einfachsten Fall zu tun, wo die Fläche nur über zwei Grundpunkte verzweigt ist. Liegt über einem jeden der Punkte a_1, a_2, a_3 mindestens ein Verzweigungspunkt, so enthält also der Graph mindestens ein Dreieck, in welchem sämtliche Ecken verzweigt sind.

Andererseits gibt es eine Fläche, welche ein einziges solches Dreieck enthält. Zu dieser Fläche gelangt man, wenn man jeder Seite des Dreiecks eine unendliche Reihe von nebeneinander gelagerten Dreiecken mit je einer uneigentlichen Ecke anhängt, in der Art, wie es durch

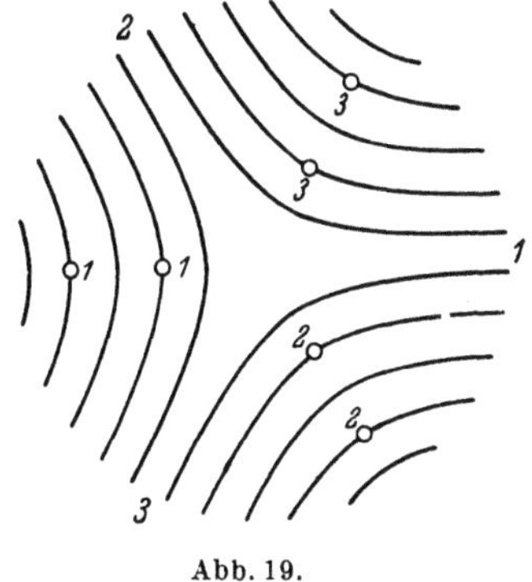

Abb. 19.

die Abb. 19 zum Ausdruck gebracht wird. Es ist leicht einzusehen, daß diese unendlich vielblättrige Fläche, welche drei logarithmische Windungspunkte, und zwar je einen über den Grundpunkten a_1, a_2, a_3 hat, die einzige Fläche der erwähnten Art ist.

Wir haben diese Fläche besonders hervorgehoben, weil sie auch sonst gewisse für uns wichtige Eigenschaften besitzt, auf die wir später noch zurückkommen werden. Es soll hier nur gezeigt werden, wie der entsprechende Streckenkomplex aufgebaut ist. Er läßt sich nach der oben gegebenen allgemeinen Regel mit Leichtigkeit konstruieren, indem man in jedem Dreieck einen Knotenpunkt wählt und die benachbarten Knotenpunkte durch Strecken miteinander verbindet; man bemerke, daß von sämtlichen Knotenpunkten, mit Ausnahme des Zentraldreiecks, das drei verzweigte Ecken hat, stets *zwei* Strecken s zu einem der benachbarten Polygone führen.

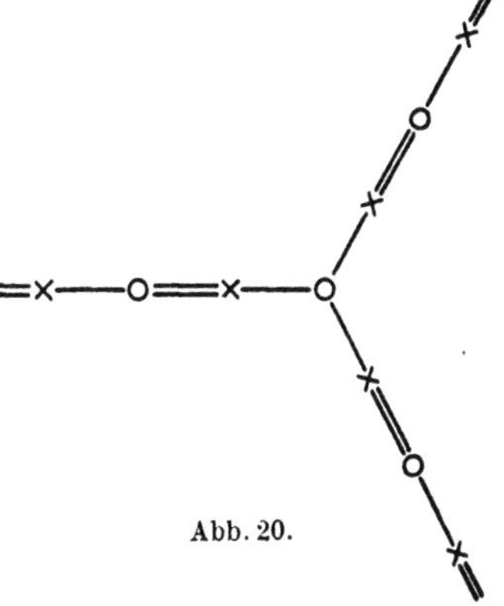

Abb. 20.

Zur Vereinfachung der Figur wollen wir die Vereinbarung treffen, zwei (oder mehrere μ) Strecken, die ein und dasselbe Paar von Knotenpunkten P_ν verbinden, als eine Doppelstrecke (μ-fache Strecke) zu zeichnen. Die fragliche Fläche wird dann durch obenstehenden Streckenkomplex dargestellt. Umgekehrt genügt die Angabe des Streckenkomplexes, um die Struktur der zugehörigen RIEMANNschen Fläche eindeutig festzulegen. — Der vorliegende Streckenkomplex weicht von einem topologischen Baum (I, § 2) dadurch ab, daß er geschlossene Elementargebiete (die als Doppelstrecken gezeichneten Zweiecke) enthält. Die unendlichen, an zwei benachbarte Elementargebiete von unendlicher Ordnung grenzenden Züge eines topologischen Baumes (oder eines Komplexes) nennen wir mit SPEISER [2] ein *logarithmisches Ende* der Fläche.

Einige weitere im Fall $q = 3$ vorkommende Beispiele seien noch erwähnt. Läßt man die geschlossenen, den rationalen Abbildungsfunktionen $w(z)$ entsprechenden Flächen beiseite, so sind die Flächen mit nur zwei logarithmischen Windungspunkten die einfachsten Flächen der

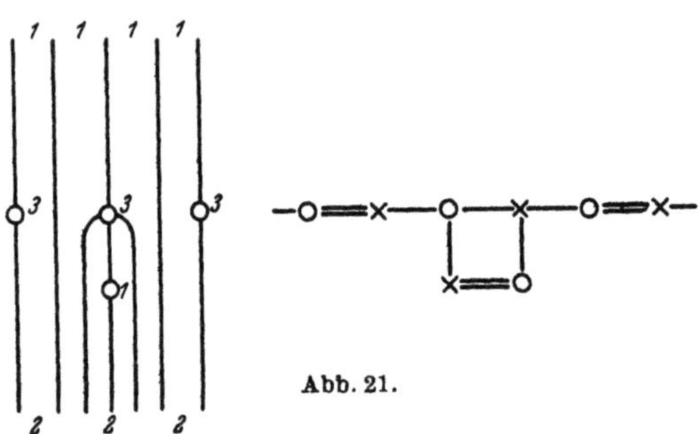

Abb. 21.

betrachteten Kategorie. Als ein einfaches Beispiel führen wir die Fläche der Funktion ze^{-z} an, welche über $a_1 = 0$, $a_2 = \infty$ je einen Windungspunkt unendlicher Ordnung und über $a_3 = \dfrac{1}{e}$ einen Windungspunkt erster Ordnung hat. Der entsprechende Graph und der Streckenkomplex sind in Abb. 21 nebeneinander abgebildet; der Zusammenhang dieser Darstellung dürfte ohne weiteres einleuchtend sein.

253. Die regulär verzweigten Flächen F sind dadurch gekennzeichnet, daß es eine Gruppe von Transformationen (Decktransformationen) gibt, welche den Graph G in sich topologisch überführen. Unter diesen sind (für $q = 3$) die einfachsten diejenigen, bei welchen sämtliche Dreiecke G_ν insofern äquivalent sind, als sie ein und dasselbe Verzweigungsschema haben, d. h. daß die Ordnungszahlen der Eckpunkte a_1, a_2, a_3 drei vorgegebene Werte $m_1 - 1$, $m_2 - 1$, $m_3 - 1$ haben.

Es sind dies die Flächen der SCHWARZschen Dreiecksfunktionen, von welchen bereits im vorhergehenden Abschnitt (§ 3) die Rede gewesen ist. Sie werden derart konstruiert, daß man ein Kreisbogendreieck P mit den Ecken z_1, z_2, z_3 und den Winkeln $\dfrac{\pi}{m_1}$, $\dfrac{\pi}{m_2}$, $\dfrac{\pi}{m_3}$, wo die $m_\nu \geqq 1$ ganze Zahlen sind, auf einen Kreis K konform abgebildet und die Abbildungsfunktion $w(z)$ durch einen unbeschränkt zu wiederholenden Spiegelungsprozeß analytisch fortsetzt. In der z-Ebene erhält man so den Graph G der über der w-Ebene ausgebreiteten Fläche F, deren Windungspunkte über drei Punkten w_1, w_2, w_3 der Kreisperipherie gelegen sind. Diese Konstruktion ist der im Abschnitt I, § 3 durchgeführten vollkommen analog; der früher behandelte Fall der Modulfunktion ist im obigen in der Tat als Spezialfall enthalten $(m_1 = m_2 = m_3 = \infty)$.

Was nun den Graph G betrifft, so hat man drei Fälle zu unterscheiden, je nachdem die Winkelsumme des Dreiecks P größer, gleich oder kleiner als π ist.

1. $\dfrac{1}{m_1} + \dfrac{1}{m_2} + \dfrac{1}{m_3} > 1$. Diese Bedingung ist nur für die Wertkombinationen in nebenstehender Tabelle erfüllt. Diese Flächen sind geschlossen.

m_1	m_2	m_3
1	n	n
2	2	n
2	3	3
2	3	4
2	3	5

Projiziert man die z-Ebene auf die Riemannsche Kugel, so werden die Dreiecke untereinander kongruent, und die Gruppe der Deckformationen wird mit den Gruppen der Deckrotationen der regulären Polyeder zusammenfallen[1]. Die Abbildungsfunktion $w(z)$ ist rational und die Fläche F vom elliptischen Typus.

2. $\dfrac{1}{m_1} + \dfrac{1}{m_2} + \dfrac{1}{m_3} = 1$. In diesem Falle wird der Graph G die punktierte Ebene lückenlos ausfüllen. Man hat auch hier wieder nur endlich viele Möglichkeiten (s. nebenstehende Tabelle). Von den entsprechenden Abbildungsfunktionen sind die beiden ersten einfach periodisch (e^z und $\sin z$), die übrigen doppeltperiodisch. Die entsprechenden Flächen sind *parabolisch*.

m_1	m_2	m_3
1	∞	∞
2	2	∞
2	3	6
2	4	4
3	3	3

3. $\dfrac{1}{m_1} + \dfrac{1}{m_2} + \dfrac{1}{m_3} < 1$. Dies ist der allgemeine Fall, der bei beliebiger Wahl der positiven ganzen Zahlen m_ν zutrifft, mit Ausnahme der unter 1. und 2. aufgezählten Wertsysteme. Die Gruppe der Spiegelungen läßt das Innere desjenigen, das Dreieck P enthaltenden Kreises E invariant, der die Dreieckseiten orthogonal schneidet, und man sieht unmittelbar ein, daß die Figur G diese Kreisscheibe E, die bei geeigneter Normierung mit dem Einheitskreis $|z| < 1$ zusammenfällt, schlicht und lückenlos ausfüllt. Diese Riemannschen Flächen sind also vom hyperbolischen Typus.

In Abb. 22 haben wir die Flächen der Dreiecksfunktionen durch Streckenkomplexe dargestellt. Die fünf Figuren entsprechen den verschiedenen Fällen 2. Der Einfachheit halber sind alle Knotenpunkte hier als Kreispunkte gezeichnet.

254. *Der Fall $q > 3$.* Wir beschränken uns hier darauf, die regulär verzweigten Flächen hervorzuheben, zu denen man gelangt, wenn man ein

---

[1] H. A. Schwarz [2].

Kreisbogenpolygon P mit $q > 3$ Seiten auf einen Kreis K konform abbildet. Zu der lückenlos überdeckten z-Ebene gelangt man dann nur,

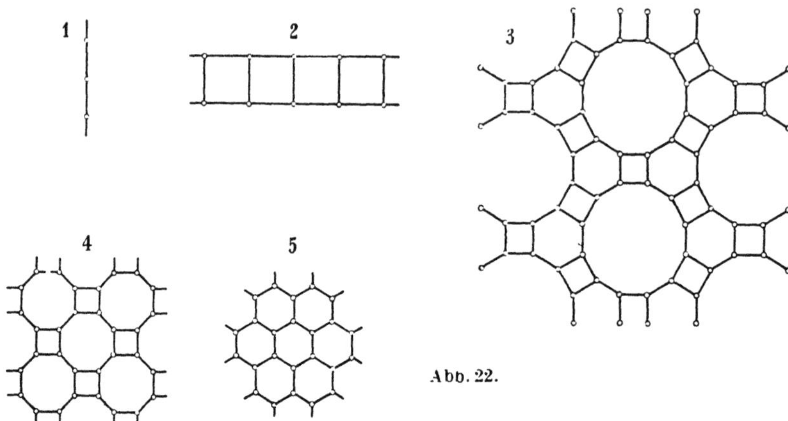

Abb. 22.

wenn $q = 4$ und P ein Rechteck ist; die zugehörige Abbildungsfunktion $w(z)$ ist die p-Funktion. Es ist dies auch der einzige Fall, der zum parabolischen Typus führt. Sämtliche andere Fälle ($q > 3$) sind hyperbolisch. Zu diesen gelangt man, wenn die Seiten von P als beliebige Orthogonalkreisbogen eines gegebenen Kreises, z. B. des Einheitskreises, genommen werden; es kommt dann wieder eine schlichte und lückenlose Überdeckung dieser Kreisfläche zustande.

255. *Konforme Abbildung der Flächen F.* Durch den Graph G und die zugehörigen Streckenkomplexe haben wir die Gesamtheit der einfach zusammenhängenden RIEMANNschen Flächen F topologisch charakterisiert, die über einer endlichen Anzahl q von Grundpunkten $w_1, w_2, \ldots, w_q$ verzweigt sind. Der RIEMANNsche Hauptsatz B (Abschnitt I, § 2) besagt, daß die topologische Abbildung $F \to G$ *konform* ausführbar ist; d. h. wenn G ein gegebener Graph ist, so läßt sich bei beliebiger Wahl der Grundpunkte $w_1, \ldots, w_q$ und der zugehörigen Jordankurve γ eine *einwertige analytische* Funktion $z(w)$ finden, welche in sämtlichen Punkten $w \neq w_1, \ldots, w_q$ unverzweigt ist, so daß das Polygonnetz G_0, welches in der z-Ebene als Bild erhalten wird, mit den gegebenen Graphen topologisch äquivalent wird. Hier tritt nun die Notwendigkeit ein, die unendlich vielblättrigen Flächen in zwei Typen, die parabolischen und die hyperbolischen, einzuteilen, je nachdem das Gebiet G_0 nur von einem Punkt oder von einem ganzen Kontinuum begrenzt ist.

Ein Verfahren zur Herstellung der konformen Abbildung liefert uns das Spiegelungsprinzip, allerdings nur in den sehr speziellen Fällen der oben besprochenen regulär verzweigten Flächen. In dem allgemeinen Fall müssen wir uns mit einem Hinweis auf den weniger elementaren RIEMANNschen Abbildungssatz B begnügen (I, § 2). Nur eine für die

Konstruktion der Abbildungsfunktion brauchbare und für unsere späteren Ausführungen wichtige Bemerkung soll hier Platz finden.

Vorausgesetzt, daß die endlich vielblättrigen, elliptischen Flächen F uniformisiert werden können, gelangt man durch einen naheliegenden Grenzprozeß zur Herstellung der Abbildungsfunktion für jede beliebige Fläche der in diesem Abschnitt untersuchten Klasse F. Sei in der Tat F eine vorgegebene, über den Stellen $w_1, \ldots, w_q$ verzweigte, unendlich vielblättrige, einfach zusammenhängende Riemannsche Fläche und G der entsprechende Graph. Man nehme ein beliebiges G^0 der Polygone von G, füge jeder Seite von G^0 das unmittelbar angrenzende Polygon G^1 (erste Generation), an sämtlichen freien Seiten der Polygone G^1 wieder die unmittelbaren Nachbarpolygone G^2 (zweite Generation) usw. Wir wiederholen diese kranzförmige Erweiterung n-mal und bezeichnen mit G_n das aus den Generationen $G^0, G^1, \ldots, G^n$ bestehende Polygon. Durch eine stetige Deformation (topologische Abbildung) können wir bewirken, daß G_n kreisförmig wird. Spiegeln wir nun G_n an der Kreisperipherie und fügen wir das spiegelbildliche Polygon $\overline{G}_n$ zu G_n hinzu, so erhält man den Graph $G_n + \overline{G}_n$ einer elliptischen, endlich vielblättrigen Fläche F_n. Man konstruiere nun zu F_n, deren Windungspunkte über die gegebenen Grundpunkte $w_1, \ldots, w_q$ verlegt werden, die zugehörige Abbildungsfunktion $z = z_n(w)$; diese ist bis auf eine lineare Transformation von z eindeutig bestimmt. Letztere kann derart festgesetzt werden, daß ein in einem beliebigen Flächenpunkt $w = w_0$ festgelegtes Element $z_n(w)$ der Abbildungsfunktion den Anfangsbedingungen $z_n(w_0) = 0$, $z_n'(w_0) = 1$ genügt.

Man betrachte nun die zu den Näherungsflächen F_n gehörigen normierten Abbildungsfunktionen $z_1(w), z_2(w), \ldots$. Beschreibt man um w_0 einen kleinen Kreis $|w - w_0| < 2\varrho$, der keine von den Verzweigungsstellen $w_1, \ldots, w_q$ enthält, so sind die Funktionen $z_n(w)$ darin eindeutig; und da sie ferner eine schlichte Abbildung vermitteln, so kann man nach dem Koebeschen Verzerrungssatz schließen, daß sie im Kreise $|w - w_0| \leq \varrho$ gleichmäßig beschränkt sind. Aus einer Folge von gleichmäßig beschränkten, eindeutigen analytischen Funktionen läßt sich aber nach einem Satz von Vitali eine in jedem abgeschlossenen Teilbereich gleichmäßig konvergente Teilfolge auswählen[1]. Indem man den Konvergenzbereich kettenartig fortsetzt, gelangt man derart zu einer Grenzfunktion $z(w)$, die die gewünschte konforme Abbildung der gegebenen Riemannschen Fläche F liefert. Auf eine nähere Ausführung dieser Beweismethode muß hier verzichtet werden.

Eine Riemannsche transzendente Fläche von der hier betrachteten Art läßt sich also in der beschriebenen Weise als Grenze einer Folge von

---

[1] Nach der Terminologie von Montel [1] sagt man, $z_n(w)$ bilde eine *normale* Funktionsfamilie.

endlich vielblättrigen rationalen Flächen herstellen. Es ist dies ein Grenzübergang, der genau dem elementaren Verfahren entspricht, nach welchem die Fläche des Logarithmus als Grenze der Fläche einer Potenz konstruiert wird. Es gibt indes auch kompliziertere Fälle, wo dieser Grenzübergang sich arithmetisch vollständig bewältigen läßt. Im folgenden Paragraphen soll auf diese Frage zurückgekommen werden.

256. Zum Schlusse sei bemerkt, daß die in diesem Paragraphen angewandte Darstellung einer RIEMANNschen Fläche durch Streckenkomplexe für etwas allgemeinere Flächenklassen verwendbar ist als für die hier betrachteten Flächen F. Diese sind ja durch die Eigenschaft charakterisiert, daß ihre Windungspunkte über einer endlichen Anzahl von Grundpunkten $w_1, \ldots, w_q$ liegen. Wir denken uns nun um jeden Grundpunkt w_ν ein Gebiet W_ν abgegrenzt, so daß die verschiedenen Gebiete punktfremd sind, und ferner die Fläche so deformiert, daß die Windungspunkte stetig aus den Lagen w_ν verschoben werden, jedoch so, daß ihre Spurpunkte in der w-Ebene nicht aus den betreffenden festen Gebieten W_ν heraustreten. Die topologische Struktur des entsprechenden Graphen G wird hierdurch nicht verändert. Um die Lage der Windungspunkte in der w-Ebene festzulegen, hat man nur jedem eigentlichen Eckpunkt $z_\nu^i (i = 1, 2, \ldots, \nu = 1, \ldots, q)$ der Polygone in G einen Punkt w_ν^i des Gebietes W_ν zuzuordnen, welcher den Spurpunkt des entsprechenden Windungspunktes angibt.

Die derart definierten allgemeinen Flächen $F(W_1, \ldots, W_q)$ besitzen folgende charakteristische Eigenschaft: Stanzt man aus der Fläche das Gebiet W_ν aus, so besteht der ausgeschnittene Flächenteil aus endlich oder unendlich vielen zusammenhängenden Stücken, die entweder schlicht (einblättrig) sind oder je *einen* Windungspunkt enthalten; das entsprechende Stück ist endlich oder unendlich vielblättrig, je nachdem jener Windungspunkt algebraisch oder logarithmisch ist.

Die entsprechende einwertige Abbildungsfunktion $z(w)$, welche die konforme Abbildung von $F(W_1, \ldots, W_q)$ vermittelt, ist eindeutig in der Umgebung eines jeden Punktes w, der außerhalb der Gebiete W_ν liegt. Fixiert man wiederum in einem Punkt von W_ν einen Zweig E_ν der Funktion $z(w)$ und setzt diesen über das Gebiet W_ν fort, so ist E_ν entweder eindeutig oder aber es definiert ein algebraisches oder logarithmisches Element der Funktion $z(w)$, das also nur *eine kritische Stelle* (Windungsstelle) über W_ν hat.

Ist umgekehrt eine einwertige Funktion $z(w)$ dieser Art vorgegeben, so läßt sich der entsprechende Graph G und der entsprechende Streckenkomplex S unmittelbar konstruieren. Man braucht nur die Gebiete $(W_1, W_2), (W_2, W_3), \ldots, (W_q, W_1)$ miteinander durch beliebige Jordanbogen $\gamma_{12}, \gamma_{23}, \ldots, \gamma_{q1}$ zu verbinden, die außerhalb jener Gebiete verlaufen und punktfremd sind. Das Äußere der Gebiete W_ν zerfällt hierbei in zwei Gebiete F_1, F_2. In der z-Ebene erhält man als Bilder dieser zwei Gebiete gewisse „Polygone", und die in dieser Art entstandene Abbildung G ist mit dem oben erklärten Graph äquivalent, falls man die den Gebieten W_ν zugeordneten „Eckgebiete" Z_ν *auf Punkte z_ν* zusammenzieht.

In dem zugeordneten Streckenkomplex sind, wie vorher, die *Elementargebiete* den Windungspunkten w_ν^i der Fläche F eineindeutig zugeordnet; außerdem gibt auch die um 2 verminderte Seitenzahl die doppelte Ordnung der Windungspunkte an. Die *Knotenpunkte* entsprechen den „Halbblättern" der Fläche. Von jedem Knotenpunkt gehen q *Strecken* $S_{\nu,\nu+1}$ aus, welche zwei benachbarte Gebiete W_ν, $W_{\nu+1}$ voneinander trennen; wenn zwei benachbarte Strecken $S_{\nu-1\nu}$, $S_{\nu\nu+1}$ zu einer *Doppelstrecke* vereinigt sind, so bedeutet es, daß die Fläche F über das entsprechende Gebiet W_ν *schlicht* verläuft.

257. Wir wollen $F(W_1, \ldots, W_q)$ kurz als eine Fläche bezeichnen, deren *Windungspunkte durch die Gebiete W_ν getrennt* werden. Es ist evident, daß diese Flächen eine sehr spezielle Unterklasse derjenigen Flächen darstellt, die lauter isolierte Windungspunkte haben. Im folgenden Abschnitt (§ 3) werden wir eine allgemeinere Methode besprechen, welche bei der topologischen Beschreibung einer beliebigen Fläche mit isolierten Singularitäten verwendet werden kann.

§ 3. RIEMANNsche Flächen mit endlich vielen Windungspunkten.

258. Unter den in § 2 betrachteten Flächen $F(w_1, \ldots, w_q)$ sind diejenigen die einfachsten, welche nur eine *endliche Anzahl* von Windungspunkten besitzen. Da eine endliche Anzahl algebraischer Windungspunkte keinen wesentlichen Einfluß auf die Eigenschaften haben, welche für die Wertverteilung von Gewicht sind, können wir uns darauf beschränken, sämtliche einfach zusammenhängenden RIEMANNschen Flächen mit endlich vielen Windungspunkten unendlich hoher Ordnung zu bestimmen.

Es mögen wieder in der w-Ebene q Grundpunkte $w_1, \ldots, w_q$ beliebig gegeben sein. Wir stellen uns zuerst die Aufgabe, diejenigen einfach zusammenhängenden Flächen F_q zu konstruieren, welche über jedem jener q Punkte genau einen Windungspunkt unendlich hoher Ordnung haben.

Der zugehörige Streckenkomplex besitzt dann (vgl. § 2, S. 298) q logarithmische Enden, welche den q, den Windungspunkten w_ν zugeordneten Elementargebieten entsprechen. Um die möglichen Strukturen besser zu überblicken, wollen wir wieder die einfachsten Fälle näher betrachten.

$q = 2$. Die in der Abb. 18 dargestellte Fläche ist die einzig mögliche. Über den kritischen Stellen w_1, w_2, wo die zwei logarithmischen Windungspunkte liegen, verlaufen keine schlichten Blätter der Fläche.

$q = 3$. Als einzig möglicher Typus kommt hier die in § 2, Nr. 252 beschriebene Fläche mit drei Elementarpolygonen und drei logarithmischen Enden vor. Es sei darauf aufmerksam gemacht, daß die logarithmischen Enden *Doppelstrecken* enthalten; grenzt eine derselben z. B. an diejenigen Elementargebiete, die den über w_1 und w_2 liegenden Windungspunkten entsprechen, so gibt die Doppelstrecke eine über dem Grundpunkt w_3 befindliche Stelle an, wo die Fläche F unverzweigt verläuft. Über jedem Grundpunkt w_ν liegt also, außer dem logarithmischen Windungspunkt, eine unendliche Anzahl von schlichten Blättern.

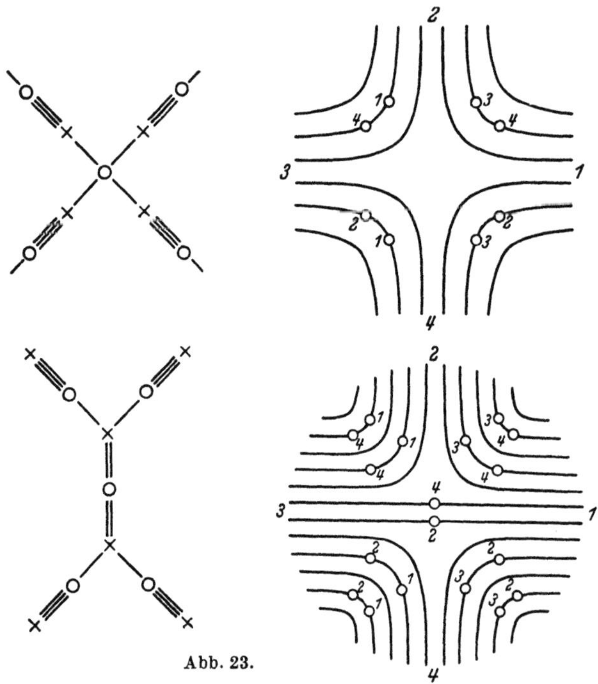

Abb. 23.

$q = 4$. Die vier Elementarpolygone, welche die Windungspunkte $w_1, \ldots, w_4$ darstellen, werden durch vier logarithmische Enden getrennt. Diese laufen entweder von ein und demselben Knotenpunkt aus, der einem Viereck (Halbblatt) entspricht, das an sämtliche vier Windungspunkte angrenzt; oder aber sie gehen paarweise von zwei verschiedenen Knotenpunkten aus, welche zwei Vierecke mit drei verzweigten und einem uneigentlichen, unverzweigten Eckpunkt darstellen. Diese Anfangsvierecke werden entweder durch eine Kette von endlich vielen, und zwar einer geraden Anzahl $2n$ von Doppelstrecken miteinander verbunden (in der Abb. 23 sind die Fälle $n = 0$ und $n = 1$ sowohl durch Streckenkomplexe wie durch Graphen dargestellt), oder durch eine Streckenkette, welche aus n dreifachen und $n + 1$ einfachen Strecken besteht.

Entfernt man aus dem Graph alle logarithmischen Enden, die aus einer unendlichen Anzahl nebeneinandergelagerter „Streifen" bestehen[1], so wird der übrigbleibende Teil des Graphen als das *Kernpolygon* der Fläche bezeichnet; ihm entspricht der *Kern*, welcher vom Streckenkomplex übrigbleibt, wenn man in jedem logarithmischen Ende immer nur die Anfangsstrecke übrigläßt.

Die Angabe des Kernpolygons oder des Kerns des Streckenkomplexes bestimmt die Fläche eindeutig.

259. Wir kommen jetzt zu dem allgemeinen Fall. Es soll also die Fläche F_p bestimmt werden, die eine vorgegebene Anzahl $p = \sum_{1}^{q} \mu_\nu \, (\geqq q)$ von logarithmischen Windungspunkten besitzt, und zwar so, daß von diesen genau gewisse $\mu_\nu \, (\geqq 1)$ den gegebenen Grundpunkt w_ν als Spurpunkt haben. Die ganzen Zahlen $\mu_\nu \geqq 1$ können beliebig vorgeschrieben werden, *jedoch so, daß* $\mu_\nu \leqq \dfrac{p}{2}$ *ist.* Denn zwei benachbarte, an ein und dasselbe logarithmische Ende angrenzende Elementargebiete sind offenbar stets zwei verschiedenen Grundpunkten w_ν zugeordnet, und hieraus folgt, daß über einem gegebenen Grundpunkt höchstens die halbe Anzahl sämtlicher Windungspunkte liegen kann.

Unter der angegebenen Bedingung existieren auch immer Riemannsche Flächen, welche die gewünschten Eigenschaften haben (R. Nevanlinna [9], G. Elfving [1]). Diese Flächen sind eindeutig den Streckenkomplexen zugeordnet, die aus p logarithmischen Enden und einem aus endlich vielen Strecken bestehenden *Kern* zusammengesetzt sind. Der Komplex zerlegt die Ebene in p Elementargebiete unendlicher Ordnung, entsprechend den p logarithmischen Windungspunkten. Die Anzahl der Flächen ist unendlich, außer in den einfachsten Fällen $p = q = 2$ und $p = q = 3$, in denen, wie wir gesehen haben, eine einzige Fläche der verlangten Art existiert.

260. Die einfachste Fläche F_p, welche ein Paar *übereinander* gelegener Windungspunkte hat, entspricht dem Fall $p = 4$, $q = 3$. Liegt über w_2, w_3 je ein Windungspunkt, über w_1 dagegen zwei solche, so ergeben sich sämtliche zugehörigen Flächen aus einem Streckenkomplex, der vier logarithmische Enden (bzw. Elementargebiete) besitzt, welche von zwei Anfangsknotenpunkten ausgehen, die durch eine ungerade Zahl $2n + 1$ von Strecken ($n + 1$ einfache und n Doppelstrecken) miteinander verbunden sind, wie es Abb. 24 zum Ausdruck bringt (links der Fall $n = 0$, rechts der Fall $n = 1$).

---

[1] Als „Streifen" bezeichnen wir ein Halbblatt, das nur zwei verzweigte Eckpunkte hat, die beide von unendlicher Ordnung sind. Im Streckenkomplex wird ein Streifen durch einen Knotenpunkt dargestellt, der an nur zwei Elementargebiete unendlicher Ordnung angrenzt.

Aus dem Streckenkomplex ist unmittelbar zu ersehen, daß über
der Stelle w_1 außer den zwei logarithmischen Windungspunkten noch n

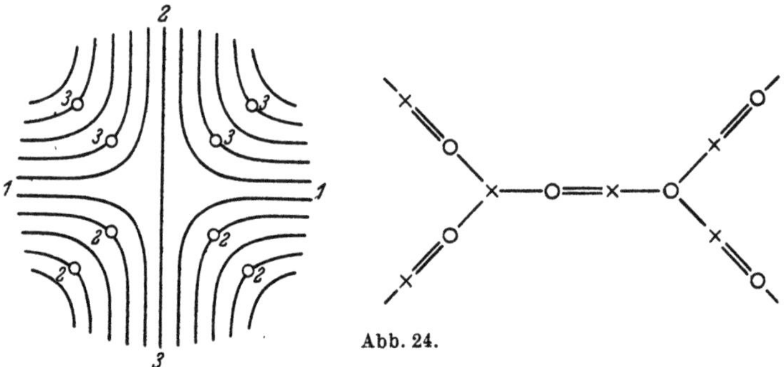

Abb. 24.

unverzweigte Blätter der Fläche zu finden sind. Es sei noch, ohne
weitere Begründung, erwähnt, daß der einfachste Fall $n = 0$ dem Wahr-
scheinlichkeitsintegral

$$w = \int_0^z e^{-t^2}\, dt$$

entspricht $\left(w_1 = \infty,\ w_2 = \dfrac{\sqrt{\pi}}{2},\ w_3 = -\dfrac{\sqrt{\pi}}{2}\right)$[1].

261. Das am Schlusse des vorstehenden Paragraphen beschriebene
Verfahren durch *rationale Approximation* läßt sich mit Vorteil auch zur
Konstruktion der zu den Flächen F_p zugehörigen Abbildungsfunktionen
verwenden. Man schneidet aus dem Streckenkomplex die logarithmischen
Enden ab, so daß nur die ν ersten Strecken eines jeden Endes übrigbleiben, und fügt dann einen „spiegelbildlich" angeordneten Komplex
hinzu. Der derart entstandene Streckenkomplex entspricht einer rationalen Abbildungsfunktion $w = w^\nu(z)$, welche über der Stelle w_i genau
μ_i algebraische Windungspunkte hat, jeder von einer Ordnung $\geqq 2\nu - 1$.
Diese rationale Funktion, deren Existenz durch den allgemeinen Riemannschen Abbildungssatz B (I, § 2) sichergestellt ist, kann in gewissen
symmetrischen Fällen auf elementarem Weg hergestellt werden[2]. Jedem
Punkt $w = w_i$ entsprechen in der z-Ebene, außer gewissen einfachen
Stellen entsprechend den über w_i verlaufenden schlichten Blättern der
Näherungsfläche F_p^ν, noch μ_i mehrfache Stellen z_i der Funktion $w^\nu(z)$.

Normiert man nun die rationalen Funktionen $w^\nu(z)$ für $z = 0$ in der
auf S. 301 angegebenen Weise, so läßt sich aus der Folge w^ν eine Unter-
folge auswählen, welche gegen eine analytische Grenzfunktion $w(z)$
konvergiert[3], die in einem einfach zusammenhängenden Gebiet G mero-

---

[1] Wegen der analytischen Bestimmung sämtlicher Flächentypen im
Falle $p = 4$ vgl. R. Nevanlinna [9]. Gewisse höhere Fälle sind später von
H. Wagner [7] klargelegt worden.

[2] R. Nevanlinna [6]. G. Elfving [3].

[3] Bei den erwähnten symmetrischen Flächen läßt sich dieser Grenzprozeß arithmetisch vollständig beherrschen.

morph ist. Bei diesem Grenzübergang wachsen die Ordnungen der
p Windungspunkte unbeschränkt; die entsprechenden mehrfachen
Stellen z_i rücken hierbei gegen den Rand Γ von G.

262. Es entsteht nun die Frage: besteht Γ aus einem Kontinuum
oder aus einem einzigen Punkt; mit anderen Worten: ist die Grenzfläche
vom *hyperbolischen* oder vom *parabolischen* Typus? Wir werden zeigen,
daß letzteres der Fall ist, daß also die Grenzfunktion $w(z)$, bei geeigneter
Normierung, in der ganzen Ebene $z \neq \infty$ meromorph ist.

Zum Beweise betrachten wir die SCHWARZsche Ableitung

$$\{w, z\} = \frac{w'''}{w'} - \frac{3}{2} \left(\frac{w''}{w'}\right)^2$$

für $w = w^\nu$. An jeder Stelle z der Vollebene, die von den p mehrfachen
Stellen z_i^ν der Funktion w^ν verschieden ist, ist dieser Ausdruck regulär.
Man rechnet ferner leicht nach, daß jede mehrfache Stelle einen Pol
zweiter Ordnung ergibt. Also ist die rationale Funktion $\{w^\nu, z\}$ höchstens
vom Grade $2p$.

Andererseits strebt, für $\nu \to \infty$, $w^\nu \to w(z)$ und daher

$$\{w^\nu, z\} \to \{w, z\}$$

Eine Folge von rationalen Funktionen, deren Grade unter einer festen
Schranke $2p$ liegen, kann aber als Grenzfunktion immer nur eine
rationale Funktion höchstens vom Grade $2p$ haben. *Die* SCHWARZ*sche
Ableitung der Grenzfunktion* $w(z)$ *ist also rational und höchstens vom
Grade* $2p$.

Nun läßt sich leicht schließen, daß die RIEMANNsche Fläche von
F_p vom parabolischen Typus ist. Die Funktion $w(z)$ läßt sich nämlich
analytisch bis in jede Stelle z der Ebene fortsetzen, wo der Ausdruck
$\{w, z\}$ regulär ist; also ist $w(z)$ für jedes z meromorph, *mit Ausnahme
höchstens der Pole von* $\{w, z\}$. Andererseits wissen wir, daß das einfach
zusammenhängende Gebiet G das vollständige Existenzgebiet von $w(z)$
darstellt; jeder Punkt des Randes Γ von G ist eine wesentliche Singularität. Hieraus folgt, daß Γ kein Kontinuum sein kann, sondern sich auf
einen einzigen Punkt reduzieren muß, den wir uns, ohne wesentliche
Einschränkung, in $z = \infty$ verlegt denken können.

263. Hierdurch ist nicht allein bewiesen worden, daß die Flächen F_p
parabolisch sind, sondern wir haben zugleich ein für die analytische
Bestimmung dieser Flächen wichtiges neues Ergebnis gefunden. Da
nämlich $w(z)$ für $z \neq \infty$ keine mehrfachen Stellen hat, so ist die SCHWARZ-
sche Ableitung $\{w, z\}$ für dieselben Werte z regulär. Andererseits ist
sie eine rationale Funktion, und man schließt infolgedessen:

Die SCHWARZ*sche Ableitung* $\{w, z\}$ *reduziert sich auf ein Polynom* $P(z)$.

Für die Gradzahl des Polynoms ergibt sich die obere Schranke $2p$.
Eine genauere Untersuchung, auf welche hier verzichtet werden muß,

zeigt, daß $P(z)$ tatsächlich vom Grade $p-2$ ist. Umgekehrt gilt, daß die Lösung w der Differentialgleichung dritter Ordnung

$$\{w, z\} = P(z), \tag{1}$$

wo P ein beliebiges Polynom vom Grade $p-2$ ist, meromorph ist und die Ebene $z \neq \infty$ auf eine Riemannsche Fläche mit p Windungspunkten unendlicher Ordnung abbildet. Die Polynome P und die Riemannschen Flächen F_p sind einander eindeutig zugeordnet.

Die zu (1) gehörige meromorphe Funktion ist von der endlichen Ordnung $\frac{p}{2}$. Die z-Ebene läßt sich in p gleiche Winkel A_ν der Größe $\frac{2\pi}{p}$ einteilen, so daß $w(z)$ auf jedem in A_ν fallenden Halbstrahl für $z \to \infty$ den Zielwert w_ν hat.

Diese Resultate lassen sich sämtlich durch asymptotische Integration der Differentialgleichung (1) streng begründen[1]. So läßt es sich auch beweisen, daß die Zielwerte w_ν auch *defekte* Werte der meromorphen Abbildungsfunktionen $w(z)$ sind. Es würde uns jedoch zu weit führen, dies hier näher auszuführen; wir müssen uns darauf beschränken, unter Hinweis auf die betreffenden Originalarbeiten folgendes Resultat ohne Beweis anzugeben:

Jeder Punkt w_ν, über welchem mindestens ein logarithmischer Windungspunkt von F_p gelegen ist, ist in bezug auf die meromorphe Abbildungsfunktion $w(z)$ defekt, und zwar liefert jeder Windungspunkt zum entsprechenden Defekt den Beitrag $\frac{2}{p}$.

Der Gesamtdefekt $\delta(w_\nu)$ von w summiert sich also auf $\frac{2\mu_\nu}{p}$.

264. Diese Eigenschaft der Flächen F_p erlaubt das schon in Nr. 227 aufgestellte Problem teilweise zu lösen:

Gegeben sei ein System von q Punkten $w_1, \ldots, w_q$ und q Zahlen $\delta_1, \ldots, \delta_q$ des Intervalls $(0, 1)$ mit $\sum \delta_\nu = 2$. Es gilt eine meromorphe Funktion zu konstruieren, welche die Werte w_ν als defekte Werte hat mit

$$\delta(w_\nu) = \delta_\nu \qquad (\nu = 1, \ldots, q).$$

Eine solche meromorphe Funktion kann mittels der Flächen F_p stets dann bestimmt werden, wenn die Zahlen δ_ν *rational* sind. Setzt man nämlich $\delta_\nu = \frac{m_\nu}{m}$, wo m_ν und m ganze Zahlen sind und voraussetzungsgemäß $\sum m_\nu = 2m$ sein muß, so setze man $\mu_\nu = m_\nu$ und konstruiere eine Fläche F_p, von deren insgesamt $p = 2m$ Windungspunkten genau m_ν über dem vorgegebenen Punkt w_ν liegen. Jeder Windungspunkt liefert zum Defekt des Spurpunktes einen Beitrag $\frac{2}{p} = \frac{1}{m}$, und

---

[1] Vgl. hierzu: R. Nevanlinna [9], F. Nevanlinna [3], E. Hille [1], [2], L. Ahlfors [6], G. Elfving [1], [3], H. Wagner [1], P. Laasonen [1].

der gesamte Defekt des Punktes w_ν summiert sich also auf den vorgegebenen Wert $\dfrac{m_\nu}{m} = \delta_\nu$[1].

§ 4. Über den Zusammenhang zwischen der Ordnung einer meromorphen Funktion und den kritischen Stellen der Umkehrfunktion.

265. Oben wurde erwähnt, daß eine meromorphe Funktion $w(z)$, welche die Ebene $z \neq \infty$ auf eine RIEMANNsche Fläche abbildet, die als einzige kritische Stellen eine endliche Anzahl p von logarithmischen Windungspunkten hat, von der Ordnung $\dfrac{p}{2}$ ist. Daß die Ordnung einer solchen Funktion mindestens gleich $\dfrac{p}{2}$ sein muß, kann nach folgendem allgemeinen, von AHLFORS [5] herrührenden Satz geschlossen werden:

Die Anzahl der direkten transzendenten Singularitäten der Umkehrfunktion einer meromorphen Funktion von der Ordnung k ist für $k \geqq \frac{1}{2}$ höchstens gleich $2k$ und für $k < \frac{1}{2}$ höchstens gleich 1.

Zum Beweise betrachte man eine meromorphe Funktion $w(z)$, deren Umkehrfunktion $z(w)$ mindestens $p \geqq 2$ verschiedene direkt kritische Stellen a_ν hat. Es gibt dann eine so kleine Zahl $\dfrac{1}{\lambda} < 1$, daß jeder der betreffenden singulären Zweige $z_\nu = z_\nu(w)$, in dem entsprechenden Kreis $|w - a_\nu| \leqq \dfrac{1}{\lambda}$ $(\nu = 1, \ldots, p)$ unbeschränkt fortgesetzt, kein über $w = a_\nu$ reguläres oder algebraisches Element besitzt. Die Bildgebiete G_λ^ν in der z-Ebene sind wegen der Einwertigkeit von $z(w)$ schlicht. (Im Falle $a_\nu = \infty$ wird G_λ^ν durch $|w| > \lambda$ bestimmt.)

Jedes Gebiet G_λ^ν wird von gewissen analytischen Kurven begrenzt, auf denen $\dfrac{1}{|w - a_\nu|} = \lambda$ ist. In G_λ^ν ist $\lambda < \dfrac{1}{|w - a_\nu|} \neq \infty$, und man schließt hieraus, daß G_λ^ν sich ins Unendliche erstrecken muß, da $|w - a_\nu|$ sonst konstant gleich $\dfrac{1}{\lambda}$ sein müßte.

Wir wählen nun λ so groß, daß die Gebiete G_λ^ν punktfremd sind und den Nullpunkt $z = 0$ weder im Inneren noch am Rande enthalten. [Diese letzte Bedingung ist für $w(0) = a_\nu$ unabhängig von λ erfüllt, sonst setze man $\lambda > \dfrac{1}{|w(0) - a_\nu|}$ $(\nu = 1, \ldots, p)$.]

---

[1] Das obige Problem ist in einer interessanten Arbeit von E. ULLRICH [4] wesentlich erweitert worden. Mit Hilfe einer neuen Klasse von RIEMANNschen Flächen (Flächen mit endlich vielen periodischen Enden) beweist ULLRICH die Existenz von meromorphen Funktionen, welche für endlich viele Stellensorten $w_1, \ldots, w_q$ vorgeschriebene rationalwertige *Defekte oder Verzweigungsindizes* mit der Summe 2 aufweisen. Für diese Fragen sind die von ULLRICH [6] eingeführten Flächen mit allgemeineren *periodischen* (anstatt logarithmischer) Enden bedeutungsvoll.

Es läßt sich ferner zeigen, daß dasjenige einfach zusammenhängende Komplementärgebiet $\varDelta_\lambda^\nu$ von G_λ^ν, das den Punkt $z = 0$ enthält, sich ins Unendliche erstreckt, sobald λ genügend groß ist. Ist dies nämlich für $\lambda = \lambda_1$, $\nu = \nu_1$ nicht der Fall, so wähle man aus $\varDelta_{\lambda_1}^{\nu_1}$ einen beliebigen Punkt $c\big(w(c) \neq a_{\nu_1}\big)$ und verbinde die Punkte $z = c$ und $z = \infty$ durch eine Kurve C, die in der Nähe des Unendlichkeitspunktes innerhalb eines von $G_{\lambda_1}^{\nu_1}$ verschiedenen Gebietes $G_{\lambda_1}^{\varkappa_1}$ verläuft. In den außerhalb $G_{\lambda_1}^{\nu_1}$ gelegenen Punkten von C sei $|w - a_{\nu_1}| > \dfrac{1}{M}$. Setzt man nun $\lambda > M$, so liegt die Kurve C mit Ausnahme des Punktes $z = \infty$ ganz außerhalb $G_\lambda^{\nu_1}$ und ist also in $\varDelta_\lambda^{\nu_1}$ enthalten.

Wir setzen nun λ fest, so daß die obigen Bedingungen erfüllt sind, und betrachten ein Gebiet G_λ^ν, das im folgenden kurz mit G_λ bezeichnet wird. Diejenige Randkurve $\varGamma_\lambda$ von G_λ, welche den Punkt $z = 0$ vom Gebiete G_λ trennt, zerlegt die Ebene in zwei einfach zusammenhängende Gebiete $\varDelta_\lambda$ und $\overline{G}_\lambda$, von denen $\overline{G}_\lambda$ das Gebiet G_λ als Teilgebiet enthält. Man ziehe in $\overline{G}_\lambda$ einen Querschnitt L, der einen Randpunkt $z_0 \neq \infty$ mit dem Randpunkt $z = \infty$ verbindet, und bezeichne mit $\varTheta_r$ denjenigen auf dem Kreis $|z| = r > |z_0|$ gelegenen, die Punkte z_0 und ∞ trennenden Querschnitt, den der Punkt z zuerst trifft, wenn er sich auf L von z_0 bis ∞ bewegt. Die Länge von $\varTheta_r$ sei $r\varTheta(r)$.

266. Nach dieser Vorbereitung bilde man das Gebiet $\overline{G}_\lambda$ auf die obere Halbebene $\Im\zeta > 0$ konform ab, so daß die Randpunkte $z = z_0, \infty$ in $\zeta = 0, \infty$ übergehen; die abbildende Funktion $\zeta(z)$ ist dadurch bis auf einen positiven Faktor eindeutig bestimmt. Der Querschnitt $\varTheta_r$ wird in einen Kurvenbogen transformiert, dessen kürzester Abstand vom Nullpunkt $\zeta = 0$ gleich $\varrho_1(r)$ sei. Nach dem Ahlforsschen Verzerrungssatz (IV, § 4) hat man dann bei geeigneter Wahl des obengenannten Faktors

$$\log \varrho_1(r) > \pi \int_{r_0}^{r} \frac{dr}{r\,\varTheta(r)}, \tag{2}$$

sobald $\log \dfrac{r}{r_0} > 4\pi$ ist $(r_0 > 0)$.

267. Vermittels einer linearen Transformation, welche die Charakteristik $T(r, w)$ invariant läßt, bringen wir nun den Spurpunkt der betrachteten kritischen Stelle nach $w = \infty$ und betrachten dann die zusammengesetzte Funktion $w(z(\zeta))$. In der Halbebene $\Im\zeta \geqq 0$ ist sie meromorph und in dem dem Gebiete G_λ zugeordneten Teilgebiet G_λ' regulär. Innerhalb G_λ' ist ferner $|w| > \lambda$, und auf dem Rand, der aus der reellen Achse und gewissen innerhalb der Halbebene verlaufenden Kurven K_λ zusammengesetzt ist, gilt $|w| = \lambda$. Der Ausdruck

$$u(\zeta) = \log \left| \frac{w}{\lambda} \right|$$

definiert also eine in G_λ' harmonische, positive, in jedem endlichen Randpunkt verschwindende Funktion. Auf dem innerhalb G_λ' liegenden Teil α_ϱ des Kreises $|\zeta| = \varrho$ hat u also ein positives Maximum $m(\varrho)$.

Aus dem Maximumprinzip folgt nun unmittelbar, daß $u(\zeta)$ in jedem Punkt ζ des Durchschnittes D_ϱ von $|\zeta| < \varrho$ und G_λ' der Beziehung

$$u(\zeta) \leqq m(\varrho)\, \omega(\zeta, \alpha_\varrho, D_\varrho) \tag{3}$$

genügt, wo ω das harmonische Maß der Bogen α_ϱ in bezug auf das Gebiet D_ϱ bezeichnet. Nach dem Erweiterungsprinzip (IV, § 2) (oder direkt nach dem Maximumprinzip) ergibt sich ferner, daß dieses harmonische Maß sich nur vergrößert, wenn man D_ϱ durch den Halbkreis $\Im\zeta > 0$, $|\zeta| < \varrho$ und α_ϱ durch den oberen Halbkreisbogen $|\zeta| = \varrho$ ersetzt. Dieses harmonische Maß $\omega_\varrho(\zeta)$, das sich elementar berechnen läßt (vgl. III, § 2, Satz von PHRAGMÉN-LINDELÖF), verschwindet für $\varrho \to \infty$ so, daß das Produkt $\varrho\,\omega_\varrho$ einem endlichen Grenzwert zustrebt. Da nun $u(\zeta) > 0$ ist, so folgt aus (3), daß

$$\lim_{\varrho\,=\,\infty} \frac{m(\varrho)}{\varrho} > 0 \tag{4}$$

sein muß.

Es sei jetzt $M(r) = \max |w(z)|\ (> \lambda)$ auf demjenigen Teil des Querschnittes Θ_r, der innerhalb G_λ liegt. Aus dem Prinzip des Maximums folgt, daß $\log \frac{M}{\lambda} \geqq m(\varrho_1(r))$ ist, und es wird also nach (4)

$$\lim_{\varrho\,=\,\infty} \frac{\log \dfrac{M(r)}{\lambda}}{\varrho_1(r)} > 0.$$

Unter Beachtung der Beziehung (2) ergibt sich schließlich die Existenz einer von r unabhängigen Zahl C derart, daß die Ungleichung

$$\log\log M(r) > \pi \int_{r_0}^{r} \frac{dr}{r\,\Theta(r)} + C \tag{5}$$

für $r > r_0$ besteht.

Aus (5) ergibt sich weiter leicht eine untere Schranke für die Charakteristik T. Es sei $r_0 < r < r'$ und $D_{r'}$ der Durchschnitt zwischen dem Kreis $|z| < r'$ und dem Gebiet G_λ. Wir konstruieren mittels des POISSON-schen Integrals eine für $|z| < r'$ harmonische Funktion $U(z)$, welche auf dem zu G_λ gehörenden Bogen $\Theta_{r'}$ gleich $\log |w|$ ist und auf den übrigen Bogen $|z| = r'$ den konstanten Wert $\log \lambda$ annimmt. Da $U(z) > \log \lambda$ für $|z| < r'$, so folgt aus dem Maximumprinzip, daß $\log |w| - U \leqq 0$ in jedem Punkt des Gebiets $D_{r'}$ ist. Speziell folgt für denjenigen Wert z, wo $|w(z)|$ sein Maximum $M(r)$ auf Θ_r erreicht, daß

$$\log M(r) \leq \frac{1}{2\pi} \int_0^{2\pi} U(r'\, e^{i\vartheta}) \, \frac{r'^2 - r^2}{r^2 + r^2 - 2r\,r' \cos(\vartheta - \varphi)} \, d\vartheta$$

$$\leq \frac{r' + r}{r' - r} \, \frac{1}{2\pi} \int_0^{2\pi} U(r'\, e^{i\vartheta}) \, d\vartheta$$

$$\leq \frac{r' + r}{r' - r} \, (m(r', w) + \log \lambda),$$

also für $r' = 2r$

$$T(2r) \geq m(2r, w) \geq \tfrac{1}{3} \log M(r) - \log \lambda.$$

Nach (5) wird endlich

$$\log T(2r) > \pi \int_{r_0}^{r} \frac{dr}{r\,\Theta(r)} + C, \tag{6}$$

wo C eine neue von r unabhängige Zahl ist.

268. Wir setzen nun die Ungleichung (6) für jedes Gebiet G_λ^ν an, wobei die Längen der entsprechenden Bogen Θ_r durch $r\Theta_\nu(r)$ $(\nu = 1, \ldots, p)$ bezeichnet werden. Weil die Gebiete G_λ^ν punktfremd sind, so ist $\sum \Theta_\nu(r) \leq 2\pi$. Addiert man sämtliche Ungleichungen (6), so wird

$$p \log T(2r) > \pi \int_{r_0}^{r} \left(\sum_1^p \frac{1}{\Theta_\nu(r)} \right) \frac{dr}{r} + C',$$

wo C' konstant ist. Nach der Schwarzschen Ungleichung ist

$$p^2 = \left(\sum \frac{\sqrt{\Theta_\nu}}{\sqrt{\Theta_\nu}} \right)^2 \leq \sum \Theta_\nu \sum \frac{1}{\Theta_\nu} \leq 2\pi \sum \frac{1}{\Theta_\nu},$$

und es wird folglich

$$\log T(2r) > \frac{p}{2} \log r + \text{const}$$

oder, wenn r statt $2r$ geschrieben wird,

$$\log T(r) > \frac{p}{2} \log r + \text{const}.$$

Diese für $p \geq 2$ gültige Ungleichung zeigt, daß die Ordnung k von $w(z)$ mindestens gleich $\frac{p}{2}$ ist, falls $p \geq 2$ ist, und daß p für $k \leq 1$ höchstens gleich Eins ist. Hiermit ist der Beweis zu Ende geführt.

269. Der Satz von Ahlfors gestattet eine interessante Anwendung auf eine ganze Funktion $w(z)$ von der Ordnung k. Es seien L_1 und L_2 zwei punktfremde *Zielwege*, auf denen die Funktion $w(z)$ *endliche* Zielwerte hat. Diesen entsprechen zwei transzendente Singularitäten der Umkehrfunktion. Wir betrachten dann eines der zwischen L_1 und L_2 liegenden Gebiete G_{12}. Wenn w in G_{12} beschränkt ist, so müssen nach dem LINDELÖFschen Satz von III, § 7, Nr. 61 die Zielwerte auf L_1 und L_2 einander gleich sein, und $w(z)$ strebt für $|z| \to \infty$ in G_{12} gleichmäßig diesem gemeinsamen Zielwert a zu. Die den Wegen L_1, L_2 zugeordneten transzendenten Singularitäten sind dann untereinander identisch. Man schließt hieraus: Falls L_1, L_2 zwei verschiedenen kritischen Stellen der vorliegenden RIEMANNschen Fläche entsprechen, so kann die Funktion $w(z)$ in G_{12} nicht beschränkt sein. Dann aber läßt sich wie in §1, Nr. 246 dieses Abschnitts ein Weg L_{12} in G_{12} konstruieren, auf dem $w(z)$ den Zielwert ∞ hat. Die entsprechende transzendente Stelle ist direkt, weil $w(z)$ als eine ganze Funktion den Wert $w = \infty$ nicht annimmt.

Hat nun $w(z)$ eine Anzahl p verschiedener endlicher Zielwerte, so enthält sie also mindestens eine gleich große Anzahl verschiedener über $w = \infty$ liegender *direkt* kritischer Stellen, und es muß also nach obigem Satz $p \leqq 2k$ sein:

Eine ganze Funktion von der Ordnung k hat höchstens 2k verschiedene endliche Zielwerte[1].

Wenn unter den endlichen Zielwerten m direkte und n nicht direkte sind, so ist die gesamte Anzahl der direkten kritischen Stellen mindestens gleich $2m + n$, und die obige Relation verschärft sich zu $2m + n \leqq 2k$. Hieraus folgt insbesondere:

Die Umkehrfunktion einer ganzen Funktion der Ordnung k hat höchstens k im Endlichen gelegene direkt kritische Singularitäten.

Wenn die Gesamtzahl der im Endlichen gelegenen transzendenten Singularitäten die maximale Anzahl 2k erreicht, so ist keine von ihnen direkt.

Letzteres gilt also z. B. für die $2k$ endlichen Zielwerte der ganzen Funktionen der ganzzahligen Ordnung k

$$\frac{\sin x^k}{x^k} \quad \text{und} \quad \int\limits_0^x \frac{\sin x^k}{x^k}\, dx.$$

270. Seit dem Erscheinen der ersten Auflage dieser Monographie ist eine umfangreiche Literatur erschienen, die sich mit dem Problemkreis um den zweiten Hauptsatz beschäftigt. Es ist nicht möglich, hier auf diese neueren Untersuchungen näher einzugehen, und wir müssen uns mit einem kurzen Hinweis auf folgende Arbeiten begnügen.

1. Neuere Arbeiten über die Wertverteilungslehre: HÄLLSTRÖM [2]; HUCKEMANN [1]; KÜNZI [1], [2]; LE-VAN [1]; PFLUGER [1]; PÖSCHL [1]; TEICHMÜLLER [3], [4]; ULLRICH [5], [6]; WITTICH [2], [3].

---

[1] Dieser Satz wurde im Jahre 1907 von DENJOY [1] als eine Vermutung ausgesprochen. Daß die Anzahl der endlichen Zielwerte endlich und $< 5k$ wurde von CARLEMAN [1] durch einen Beweis gezeigt, dessen Grundidee auch dem AHLFORSschen Verfahren zugrunde liegt. Vgl. auch CARLEMAN [2].

2. Arbeiten zur Umkehrung des zweiten Hauptsatzes: Teich-müller [4]; Selberg, H. L. [3], [4]; Collingwood [3].

3. Tiefdringende und allgemeine Anwendung der Wertverteilungslehre auf die Lösungen von Differentialgleichungen verdankt man vor allem Wittich [4], [5], [6].

XII. Der Typus einer Riemannschen Fläche.

§ 1. Verzweigtheit einer Riemannschen Fläche.

271. Wir beschränken uns in diesem Paragraphen vorerst auf die in XI, § 2 betrachtete Klasse von einfach zusammenhängenden Riemannschen Flächen F_q, deren Windungspunkte sich auf eine endliche Anzahl q von Spurpunkten $w_1, \ldots, w_q$ projizieren. Diese Flächen lassen sich durch die an der erwähnten Stelle erklärten Streckenkomplexe anschaulich darstellen. Jedem Halbblatt von F_q entspricht ein Knotenpunkt des Streckenkomplexes. Durch die Verbindungsstrecken der Knotenpunkte wird die Ebene in *Elementargebiete* zerlegt, welche den Windungspunkten von F eineindeutig entsprechen, und zwar so, daß einem Windungspunkt der Ordnung $m - 1$ ein Elementargebiet mit $2m$ Seiten zugeordnet ist. Den über den Grundpunkten unverzweigten Blättern entsprechen Zweiecke (Doppelstrecken) des Komplexes.

Der Typus einer unendlich vielblättrigen Fläche F_q scheint in einem gewissen Zusammenhang mit dem Grad von deren Verzweigtheit zu stehen. Liegen nur relativ wenige Windungspunkte über den Spurpunkten w_ν, so wird F_q zum parabolischen Typus gehören; umgekehrt scheint eine hochgradige Verzweigtheit den hyperbolischen Typus zu bedingen. So haben wir gesehen, daß die schwach verzweigten Flächen F_q mit nur endlich vielen Windungspunkten sämtlich vom parabolischen Typus sind; die stark verzweigte Modulfläche wiederum gehört dem hyperbolischen Typus an. Es liegt also die Vorstellung nahe, daß ein kritischer Verzweigtheitsgrad vorhanden sein muß, welcher die schwächer verzweigten parabolischen Flächen von den stärker verzweigten hyperbolischen Flächen trennt.

272. Zu einem einfachen Verfahren, um die Verzweigtheit einer Fläche F_q zu messen, gelangt man im Falle einer endlich-vielblättrigen, geschlossenen Fläche F_q folgendermaßen. Man bestimme die Summe $\sum (m - 1)$ der Ordnungen der Windungspunkte und dividiere diese durch die Blätteranzahl n der Fläche. Der Quotient

$$V = \frac{1}{n} \sum (m - 1)$$

gibt die gesamte Verzweigungsordnung pro Blatt an und möge deshalb *die mittlere Verzweigtheit* von F_q heißen. Nach der Riemannschen Formel

(Eulersche Polyederformel) wird

$$V = \frac{1}{n} \sum (m - 1) = 2 - \frac{2}{n}.$$

Die Berechnung der mittleren Verzweigtheit V einer geschlossenen Fläche läßt sich mittels des zugehörigen Streckenkomplexes auch folgendermaßen durchführen: Einem Windungspunkt von der Ordnung $m - 1$ entspricht ein Elementargebiet W mit $2m$ Seiten und Ecken (Knotenpunkten). Man verteile nun die doppelte Ordnung $2m - 2$ auf jene $2m$ Knotenpunkte, so daß jeder den „Verzweigungsbeitrag"
$$\frac{2m - 2}{2m} = 1 - \frac{1}{m}$$ erhält. Wiederholt man dies für sämtliche Elementargebiete W, so wird jedem Knotenpunkt P des Komplexes die „gesamte Verzweigtheit"

$$V_P = \sum_{W} \left(1 - \frac{1}{m} \right)$$

zugeteilt, wo über sämtliche an P grenzende Elementarpolygone W zu summieren ist. Die Gesamtanzahl der Knotenpunkte P ist gleich der doppelten Blätterzahl $2n$, und das arithmetische Mittel

$$\frac{1}{2n} \sum_{P} V_P$$

der Verzweigtheiten sämtlicher Knotenpunkte ist offenbar gleich der oben definierten mittleren Verzweigtheit V der Fläche F_q.

273. Das zuletzt besprochene Verfahren läßt sich unmittelbar auf eine unendlich vielblättrige Fläche F_q anwenden. Jedem Knotenpunkt P des entsprechenden Streckenkomplexes wird als „Verzweigtheit" die Zahl V_P zugeordnet. Da $1 - \frac{1}{m}$ zwischen den Grenzen 0 $(m = 1)$ und 1 $(m = \infty)$ variiert, und jeder Punkt P an mindestens 2 und höchstens q Elementargebiete von *positiver* Ordnung $m - 1$ grenzt, so ist $1 \leqq V_P \leqq q$.

Da F_q unendlich viele Blätter hat, so läßt sich die Mittelbildung der Verzweigtheiten V_q jetzt nur so ausführen, daß man den Streckenkomplex F_q durch eine unendliche Folge von Teilkomplexen $F_q^{\nu}(\nu = 1, 2, \ldots)$ mit unbeschränkt wachsender Knotenpunktanzahl ausschöpft. Das Ergebnis eines derartigen Grenzprozesses wird im allgemeinen wesentlich davon abhängen, wie die Folge F_q^{ν} gewählt wird. Eine naheliegende Methode besteht in einer *kranzförmigen Ausschöpfung* von F_q. Von einem beliebigen Anfangsknotenpunkt P_0 ausgehend, werden zu diesem die unmittelbar angrenzenden Knotenpunkte P_1 (erste Generation) hinzugefügt, zu den Punkten P_0, P_1 dann die nachfolgenden neuen, von den Punkten P_1 um eine Komplexstrecke entfernten Knotenpunkte P_2 (zweite Generation) hinzugenommen, usw. in infinitum. Als Näherungskomplex F_q^{ν} nehme man dann denjenigen Teil von F_q, der nur die ν ersten Generationen enthält.

Bezeichnet n_ν die Anzahl der Knotenpunkte von F_q^ν, so bilde man die mittlere Verzweigtheit der Näherungsfläche F_q^ν durch den Ausdruck

$$V_\nu = \frac{1}{n_\nu} \sum_{F_q^\nu} V_P.$$

Der Grenzwert

$$V = \lim_{\nu = \infty} V_\nu$$

werde jetzt als die *mittlere Verzweigtheit* der transzendenten Fläche F_q definiert. Falls dieser Grenzwert nicht existiert, so kann nur von einer „unteren" und „oberen" Verzweigtheit der Fläche ($\varliminf V_\nu$ bzw. $\varlimsup V_\nu$) die Rede sein.

274. Bevor wir zu einer näheren Betrachtung der so erklärten Verzweigtheit übergehen, wollen wir noch eine andere für die später folgenden Erklärungen wichtige Methode zur Berechnung der oben definierten Näherungszahlen V_ν besprechen. Dem Streckenkomplex F_q^ν entspricht ein aus $2n = n_\nu$ Halbblättern zusammengesetztes Stück der über die w-Ebene ausgebreiteten Riemannschen Fläche F_q. Es sei a ein beliebiger Punkt der Ebene, $n(a)$ die Zahl der *inneren* Punkte von F_q^ν über a und $\bar{n}(a)$ die Anzahl der *innerhalb* F_q^ν liegenden verschiedenen Blätterzyklen: jedes über a schlicht verlaufende Blatt und jeder algebraische Windungspunkt über a von F_q^ν liefert also zu $\bar{n}(a)$ den Beitrag 1. Die über a befindlichen logarithmischen Windungspunkte, die ja Randpunkte von F_q sind und also nie innerhalb F_q^ν liegen können, geben zu $n(a)$ oder $\bar{n}(a)$ keine Beiträge. Es ist offenbar $\bar{n}(a) \leq n(a) \leq n$, wo Gleichheit für alle Werte besteht außer für die Punkte $a = w_i$ ($i = 1$, ..., q), auf die die Windungspunkte sich projizieren. Die Differenz $n(a) - \bar{n}(a)$ gibt die gesamte Ordnung der über $w = a$ liegenden algebraischen Windungspunkte von F_q^ν an, während $n - n(a)$ gleich der Anzahl derjenigen Blätter ist, welche an der Stelle $w = a$ an einen *logarithmischen* Windungspunkt grenzen.

Die Summe

$$\sum_{(a)} \big(n - \bar{n}(a)\big) = \sum_{(a)} \big(n - n(a)\big) + \sum_{(a)} \big(n(a) - \bar{n}(a)\big),$$

wo über alle Werte a zu summieren ist, erhält nur aus den Windungspunkten positive Beiträge. Jedes Glied ist offenbar gleich dem halben Betrag der Summe $\sum V_P$, wo über die Knotenpunkte P derjenigen Elementargebiete zu summieren ist, welche der Stelle a zugeordnet sind. Die Gesamtsumme ist also gleich dem oben definierten Ausdruck $\frac{1}{2}\sum V_P$, und es wird somit, da die Anzahl n_ν der Knotenpunkte von F_q^ν gleich der doppelten Blätteranzahl ist,

$$V_\nu = \frac{1}{n_\nu} \sum_P V_P = \sum_{(a)} \left(1 - \frac{\bar{n}(a)}{n}\right) = \sum_{(a)} \left(1 - \frac{n(a)}{n}\right) + \sum_{a)} \frac{n(a) - \bar{n}(a)}{n}$$

275. Die Verzweigtheit gestattet noch eine beachtenswerte geometrische Deutung mittels des der Fläche zugeordneten Graphen G (vgl. XI, § 2). Als Bild eines Halbblattes der RIEMANNschen Fläche hat man in G ein q-Eck (Fundamentalpolygon P), dessen Eckpunkte den Spurpunkten $w_1, \ldots, w_q$ zugeordnet sind. Wir führen in G eine *Winkelmetrik* ein, indem wir einen Winkel, dessen Spitze einem Windungspunkt $(m-1)$-ter Ordnung entspricht, das Maß $\frac{\pi}{m}$ erteilen. Aus naheliegenden Gründen bezeichnen wir die durch π geteilte Winkelsumme $\sum \frac{1}{m}$, vermindert um $q-2$ (d. h. um die durch π geteilte Winkelsumme eines euklidischen geradlinigen q-Ecks) als den *Exzeß* E_P des Polygons:

$$E_P = \sum \frac{1}{m} - q + 2.$$

Andererseits hatten wir für die Verzweigtheit des zugeordneten Knotenpunktes P des Streckenkomplexes den Ausdruck

$$V_P = \sum \left(1 - \frac{1}{m}\right) = q - \sum \frac{1}{m}$$

und es ergibt sich also:

Die Verzweigtheit V_P eines Fundamentalpolygons P vermehrt um dessen Exzeß ist gleich 2.

276. Was läßt sich nun über den Betrag der mittleren Verzweigtheit einer RIEMANNschen Fläche F_q schließen? Für die n-blättrige Fläche einer rationalen Funktion ist $V = \frac{1}{2n} \sum V_P = 2 - \frac{2}{n}$, also stets kleiner als 2, und der mittlere Exzeß $\frac{1}{2n} \sum E_P$ positiv. Mit Hilfe der EULERschen Polyederformel ist es nun leicht einzusehen, daß die (untere) mittlere Verzweigtheit V einer transzendenten Fläche F_q mindestens gleich 2 sein muß; andererseits ist $V_P \leq q$ und daher auch der Mittelwert $V \leq q$.

277. Um die hier vorkommenden Verhältnisse näher zu beleuchten, betrachten wir den einfachen Fall einer *regulär* verzweigten Fläche, für welche die mittlere Verzweigtheit V mit der Verzweigtheit V_P eines beliebigen Fundamentalpolygons übereinstimmt. Es sind drei Fälle zu unterscheiden:

1. Der elliptische Fall tritt ein, wenn $V < 2$ ist. Führt man in der z-Ebene eine sphärische Metrik ein, so können die Fundamentalpolygone als ein geodätisches Kreisbogenpolygon so gewählt werden, daß der Winkelexzeß gleich πE wird, wo $E = E_P$ der oben erklärte Exzeß ist. Die entsprechende rationale Abbildungsfunktion $w(z)$ ist eine Ikosaederfunktion.

2. Wenn $V = 2$, $E = 0$ ist, so hat man es mit dem parabolischen Fall zu tun. Die Fundamentalpolygone können als gewöhnliche euklidische Polygone mit verschwindendem Winkelexzeß genommen werden, und $w(z)$ ist doppeltperiodisch (XI, § 2).

3. Für $V > 2$, $E < 0$ tritt der hyperbolische Fall ein. Die Funktion $w(z)$ ist in einem Kreis, z. B. $|z| < 1$, als eine automorphe Funktion definiert. Führt man hier die POINCARÉsche Maßbestimmung (I, § 1) ein, so gilt die LOBATSCHEWSKYsche Geometrie und die Polygone P können als geodätische Kreisbogenpolygone gewählt werden mit dem Winkeldefekt $\pi |E|$. Der Maximalwert $V = q$ kommt bei der universellen Überlagerungsfläche F_q^∞ der bei $w_1, \ldots, w_q$ punktierten w-Ebene vor.

Geht man nun zu den nichtregulär verzweigten Flächen F_q über, so läßt sich, wie wir gesehen haben, immer noch eine *Winkelmetrik* einführen. Falls diese im Mittel sphärisch ist, d. h. falls $V < 2$, $E > 0$ ist, so liegt der elliptische Fall vor. Was nun die transzendenten Flächen F_q betrifft, so erhebt sich folgende Frage:

Liegt allgemein der parabolische oder der hyperbolische Fall vor, je nachdem die Winkelgeometrie der Fläche F_q „euklidisch" oder „lobatschewskysch" ist, d. h. je nachdem der mittlere Exzeß $E = 2 - V$ gleich Null oder negativ ist?

Diese Frage ist (1938) von TEICHMÜLLER [2] gelöst worden, und zwar im negativen Sinn.

§ 2. Defektrelationen und Verzweigtheit.

278. Daß die allgemeinen Defektrelationen als Aussagen über die Singularitäten der einfach zusammenhängenden RIEMANNschen Flächen gedeutet werden können, ist fast unmittelbar einleuchtend und wurde auch im Laufe unserer Darstellung bereits mehrfach betont. Die in § 1 enthaltenen Auseinandersetzungen gestatten uns tiefer in das Wesen dieser Zusammenhänge einzudringen. Wir haben dort für die relativ einfach aufgebauten Flächen F_q (oder $F(W_1, \ldots, W_q)$) mit lauter isolierten Windungspunkten eine Art von „kranzförmiger Ausschöpfung" der Fläche erklärt, die uns zum Begriff der mittleren Verzweigtheit V der Fläche führte. Nun beruht auch das Verfahren, welches der allgemeinen Wertverteilungslehre einer ganz beliebigen, offenen einfach zusammenhängenden RIEMANNschen Fläche F zugrunde liegt, auf einem Näherungsprozeß, durch welchen die Fläche, wenn auch in ganz anderer Art, ausgeschöpft wird. Hier wird nämlich die Näherungsfläche nicht durch das Zusammenfügen einer endlichen Anzahl von „Blättern" von F hergestellt; dies würde in den allgemeinsten Fällen gar nicht möglich sein, da eine natürliche, allgemeingültige Regel für die Zerlegung in „Blätter" sich kaum aufstellen läßt. In der Tat wird die Näherungsfläche, ohne Rücksicht auf den Verzweigungscharakter von F, durch Einführung einer gewissen Maßbestimmung auf F erklärt; für jedes $r > 0$ werden diejenigen Punkte der Fläche in Betracht gezogen, deren Bildpunkte im Kreise $|z| < R (\leqq \infty)$ in das Innere des Kreises $|z| < r$ fallen. Die derart erklärte Teilfläche F_r geht für $r \to R$ in die gegebene Fläche F über.

Obwohl die Fläche F_r also vermittels eines ganz anderen Konstruktionsprinzips hergestellt ist als die Näherungsflächen F_q^ν der Flächen F_q in § 1, so lassen sich ihr gewisse, den Begriffen von § 1 analoge Größen zuordnen, welche in etwas modifizierter Form die Verzweigtheit jener Fläche beschreiben. Nach dem Vorbild von Nr. 274 könnte man nämlich folgendermaßen vorgehen: Für ein gegebenes $r < R$ berechne man die Anzahl der Blätter des RIEMANNschen Flächenstücks F_r, welche über einer gegebenen Stelle $w = a$ liegen. Diese Anzahl ist nichts anderes als die früher durch $n(r, a)$ bezeichnete Anzahl der Wurzeln der Gleichung $w(z) = a$ im Kreise $|z| \leq r$. Alsdann fasse man sämtliche über a befindlichen verschiedenen Blätterzyklen ins Auge: die Anzahl derselben ist gleich der Anzahl $\bar{n}(r, a)$ der *verschiedenen* Punkte z in $|z| \leq r$, für welche $w(z)$ gleich a wird. Die nichtnegative Größe $n(r, a) - \bar{n}(r, a)$ gibt die gesamte Ordnung der über $w = a$ gelegenen algebraischen Windungspunkte von F_r an. Bezeichnet man nun durch $n(r)$ die größte der Anzahlen $n(r, a)$ für alle Werte a (eine Größe, welche als die „Blätterzahl" von F_r erklärt werden kann) und bildet man die Differenz (vgl. hierzu Nr. 274)

$$n(r) - \bar{n}(r, a) = \big(n(r) - n(r, a)\big) + \big(n(r, a) - \bar{n}(r, a)\big),$$

so wird dieser Ausdruck für alle Werte a verschwinden, außer für diejenigen, welche Spurpunkte algebraischer Windungspunkte von F_r sind, oder für welche die Blätteranzahl $n(r, a)$ *kleiner* ist als die Maximalanzahl $n(r)$ der Blätter der Fläche F_r. Das erste Glied der rechten Seite der obenstehenden Identität gibt die Anzahl der fehlenden Blätter an; falls nun a eine direkte transzendente Singularität der Fläche F ist, so wird sich diese um a winden, und die Größe $n(r) - n(r, a)$ wächst für $r \to R$ unbeschränkt. Jene Differenz gibt also gewissermaßen ein Maß für die Stärke der „transzendenten Verzweigtheit" der Fläche F über a an.

Mittels des Ausdrucks $n(r) - \bar{n}(r, a)$ kann man in Analogie mit dem Verfahren von Nr. 274 eine Art von „mittlerer Verzweigtheit" bilden; für diese ergibt sich der Ausdruck

$$\frac{n(r) - \bar{n}(r, a)}{n(r)} = \frac{n(r) - n(r, a)}{n(r)} + \frac{n(r, a) - \bar{n}(r, a)}{n(r)}.$$

279. Mit Rücksicht darauf, daß die Fundamentalsätze der Wertverteilungslehre nicht mit den Größen n, sondern mit den Mittelwerten N operieren, wollen wir auch in den obigen Ausdrücken die Anzahlen $n, \bar{n}$ durch die Anzahlintegrale

$$N(r, a) = \int\limits_0^r \frac{n(t, a) - n(0, a)}{t}\, dt + n(0, a) \log r,$$

$$\bar{N}(r, a) = \int\limits_0^r \frac{\bar{n}(t, a) - \bar{n}(0, a)}{t}\, dt + \bar{n}(0, a) \log r$$

ersetzen. Um ein sinngemäßes Gegenstück für die Maximalanzahl $n(r)$ zu finden, bemerken wir, daß nach dem ersten Hauptsatz und den in VI, § 4 gegebenen Zusätzen desselben die Beziehung

$$\max_{(a)} \left(\lim_{r=R} \frac{N(r,a)}{T(r)} \right) = 1$$

für jede nichtbeschränktartige Funktion gilt, deren Charakteristik also für $r \rightarrow R$ unbeschränkt wächst. Daraus folgt, daß wir nun statt $n(r)$ die Charakteristik $T(r)$ betrachten können. Werden also die Größen N statt n eingeführt und $n(r)$ durch $T(r)$ ersetzt, so findet man für die „mittlere Verzweigtheit" der Fläche F_r über der Stelle $w = a$ den Ausdruck

$$\delta(r,a) + \vartheta(r,a) = \Theta(r,a),$$

wo

$$\delta(r,a) = 1 - \frac{N(r,a)}{T(r)}, \qquad \vartheta(r,a) = \frac{N(r,a) - \bar{N}(r,a)}{T(r)},$$

$$\Theta(r,a) = 1 - \frac{\bar{N}(r,a)}{T(r)}.$$

Hierbei kann $\vartheta(r,a)$ als eine mittlere Ordnung der über a gelegenen algebraischen Windungspunkte gedeutet werden, während $\delta(r,a)$ ein Maß für die „transzendente Verzweigtheit" der Fläche F_r über der Stelle $w = a$ angibt; $\Theta(r,a)$ ist die „totale Verzweigtheit" der Stelle a.

In dieser Art haben wir auch den Anschluß an die Fundamentalgrößen der allgemeinen Wertverteilungslehre gewonnen. Die unteren Grenzen der obigen drei Ausdrücke für $r = R$ sind nichts anderes als der „totale Verzweigungsindex $\Theta(a)$", der Defekt $\delta(a)$ und der Index $\vartheta(a)$ der algebraischen Verzweigtheit für den Wert a. Die Summen

$$\sum \delta(a) + \sum \vartheta(a)$$

oder auch der mindestens gleich große Ausdruck

$$\Theta = \sum \Theta(a)$$

können also als die „gesamte mittlere Verzweigtheit" der nichtbeschränktartigen Riemannschen Fläche F gedeutet werden. Die Analogie mit dem in § 1 erklärten Begriff der mittleren Verzweigtheit V einer Riemannschen Fläche der Klasse F_q [oder allgemeiner $F(W_1, \ldots, W_q)$] leuchtet ohne weiteres ein.

280. Über die Verzweigtheit Θ enthält der zweite Hauptsatz bemerkenswerte Aufschlüsse. Im Zusammenhang mit dem Typenproblem verdient vor allem die nachfolgende Folgerung desselben Beachtung (X, § 3):

Falls die totale Verzweigtheit einer einfach zusammenhängenden Rie*mann*schen Fläche größer als 2 ist:

$$\Theta = \sum \Theta(a) > 2,$$

so gehört die Fläche dem hyperbolischen Typus an.

Ein tieferes Eindringen in das Typenproblem setzt für die Flächen $F(w_1, \ldots, w_q)$ eine genauere Einsicht in die zwischen den Größen V und Θ bestehenden Beziehungen voraus.

§ 3. Hinreichende Bedingungen für den parabolischen Fall.

281. Die Sätze der Wertverteilungslehre enthalten nur notwendige Bedingungen für den parabolischen Flächentypus bzw. hinreichende Bedingungen für den hyperbolischen Typus. Sie besagen, daß die Flächen dem letztgenannten Typus angehören, sobald ihre Verzweigtheit, gemessen mit den Fundamentalgrößen der Wertverteilungstheorie, eine gewisse Grenze überschreitet. In gleicher Richtung können die Sätze von IVERSEN und GROSS (XI, § 1) gedeutet werden. Alle diese Ergebnisse sind indes vom Standpunkt der Typenfrage immer noch als sehr unvollständig zu betrachten, selbst dann, wenn man sich auf die Betrachtung der relativ einfachen Flächenklasse $F(W_1, \ldots, W_q)$ beschränkt.

Hinreichende Bedingungen für das Eintreten des parabolischen Falles sind im Laufe der vorangehenden Untersuchung nur im Zusammenhang mit gewissen ganz speziellen Flächenklassen zur Sprache gekommen. Für die regulär verzweigten Flächen ist das Bestehen der Beziehung $V = \Theta = 2$ sowohl eine notwendige als hinreichende Eigenschaft des parabolischen Typus. Wir haben ferner gesehen, daß die Flächen mit nur endlich vielen Windungspunkten stets parabolisch sind. Im folgenden stellen wir uns die Aufgabe, allgemeinere hinreichende Kriterien für Flächen mit lauter isolierten Windungspunkten, also speziell für die Klasse $F(W_1, \ldots, W_q)$ aufzustellen.

282. Zu diesem Zweck beweisen wir zuerst den[1]

Hilfssatz. *Es sei $U(z)$ eine auf der Kreisfläche $|z| < R < \infty$ erklärte, bis auf isolierte Punkte stetige, reelle Funktion von $z = x + iy$, welche nachstehenden Bedingungen genügt:*

1. An den Unstetigkeitspunkten ist $U = +\infty$.

2. Die partiellen Ableitungen erster Ordnung von U sind stetig, mit Ausnahme von gewissen glatten Kurvenbogen γ, die innerhalb $|z| < R$ isoliert verlaufen, d. h. in der Umgebung jedes Punktes jener Kreisfläche liegt höchstens eine endliche Anzahl glatter Kurvenstücke γ, auf denen die Ableitungen möglicherweise unstetig sind.

3. $\left(\dfrac{\partial U}{\partial x}\right)^2 + \left(\dfrac{\partial U}{\partial y}\right)^2 > 0$, höchstens mit Ausnahme von isolierten Punkten des Kreisinnern $|z| < R$.

4. Es strebt $U(z) \to +\infty$ für $|z| \to R$.

---

[1] AHLFORS [*9*]. Die im Text gegebene Darstellung verdanke ich einer brieflichen Mitteilung von Herrn AHLFORS.

Sei ferner $|\operatorname{grad} U| = \sqrt{\left(\dfrac{\partial U}{\partial x}\right)^2 + \left(\dfrac{\partial U}{\partial y}\right)^2}$ *und, für* $\varrho \geqq \min U$,

$$L(\varrho) = \int\limits_{U=\varrho} |\operatorname{grad} U|\,|dz| = \int\limits_{U=\varrho} \left|\frac{\partial U}{\partial n}\right|\,|dz|, \tag{1}$$

wo das Integral über die Niveaukurven $U(z) = \varrho$ *zu erstrecken ist, welche für alle hinreichend großen Werte* ϱ *aus einer endlichen Anzahl geschlossener glatter Kurven zusammengesetzt sind.*

Unter diesen Bedingungen ist das Integral

$$\int\limits^{\infty} \frac{d\varrho}{L(\varrho)} \tag{2}$$

konvergent.

Beweis. Es sei $\varrho_0 > U(0)$ und $r_0 \, (> 0)$ die kürzeste Entfernung von $z = 0$ nach der Kurve $U = \varrho_0$. Diese enthält dann einen geschlossenen Zweig, der die Kreisfläche $|z| \leqq r_0$ umgibt und deren Bogenlänge also mindestens $2\pi r_0$ ist. Die Verwendung der SCHWARZschen Ungleichung ergibt dann für $\varrho \geqq \varrho_0$

$$4\pi^2 r_0^2 \leqq \left(\int\limits_{U=\varrho} |dz|\right)^2 = \left(\int\limits_{U=\varrho} \sqrt{\left|\frac{\partial U}{\partial n}\right|}\,\frac{|dz|}{\sqrt{\left|\frac{\partial U}{\partial n}\right|}}\right)^2$$

$$\leqq \int\limits_{U=\varrho} \left|\frac{\partial U}{\partial n}\right|\,|dz| \int\limits_{U=\varrho} \frac{|dz|}{\left|\frac{\partial U}{\partial n}\right|} = L(\varrho)\,\frac{dA(\varrho)}{d\varrho},$$

wo

$$\frac{dA}{d\varrho} = \int\limits_{U=\varrho} \frac{|dz|}{\left|\frac{\partial U}{\partial n}\right|}$$

die Ableitung des Flächeninhalts $A(\varrho)$ der Fläche $U < \varrho$ ist. Durch Integration findet man für $\varrho \geqq \varrho_0$

$$A(\varrho) - A(\varrho_0) \geqq 4\pi^2 r_0^2 \int\limits_{\varrho_0}^{\varrho} \frac{d\varrho}{L(\varrho)},$$

und es wird, da $A < \pi R^2$ ist, für jedes $\varrho \geqq \varrho_0$

$$\int\limits_{\varrho_0}^{\varrho} \frac{d\varrho}{L(\varrho)} < \frac{1}{4\pi} \left(\frac{R}{r_0}\right)^2,$$

woraus die Behauptung folgt.

Bemerkung: Der Satz gilt nicht mehr für $R = \infty$. Setzt man nämlich $U(z) = \overset{+}{\log}|z|$, so wird, für $\log|z| = \varrho > 1$, $|\operatorname{grad} U| = \dfrac{1}{|z|} = e^{-\varrho}$ und daher $L(\varrho) = 2\pi|z|\,e^{-\varrho} = 2\pi$. Das Integral (2) wird also unendlich.

283. Die Bedeutung dieses Ergebnisses für das Typenproblem beruht darauf, daß der Ausdruck $L(\varrho)$, und somit auch das Integral (2), eine gegenüber analytischen Transformationen der Veränderlichen z *invariante* Größe darstellt. Führt man nämlich statt z eine neue Veränderliche $w = w(z)$, $z = z(w)$ ein, wo $w(z)$ eine für $|z| < R$ eindeutige analytische Funktion von z ist, so wird für die zusammengesetzte Funktion $U(z(w))$, die eine eindeutige Funktion der Punkte P_w derjenigen RIEMANNschen Fläche ist, auf welche der Kreis $|z| < R$ abgebildet ist,

$$\int\limits_{U=\varrho} |\mathrm{grad}_w\, U|\,|dw| = \int\limits_{U=\varrho} |\mathrm{grad}_z\, U|\,\left|\frac{dz}{dw}\right|\,|dw| = \int\limits_{U=\varrho} |\mathrm{grad}_z\, U|\,|dz|. \qquad (3)$$

284. Sei nun F_w eine über die w-Ebene ausgebreitete, offene, einfach zusammenhängende RIEMANNsche Fläche und $U(P_w)$ eine auf dieser Fläche eindeutige reelle Funktion, welche nachstehenden Bedingungen genügt:

a) In jedem inneren Punkt P_w der Fläche F_w ist $U(P_w)$ stetig, höchstens mit Ausnahme isolierter Punkte.

b) An den Unstetigkeitsstellen ist $U = +\infty$.

c) Die Ableitungen $\dfrac{\partial U}{\partial u}$, $\dfrac{\partial U}{\partial v}$ $(w = u + iv)$ sind stetig, höchstens mit Ausnahme von gewissen glatten isolierten Kurven γ_w, d.h. in der Umgebung jedes Flächenpunktes P_w verläuft höchstens eine endliche Anzahl von Kurvenstücken γ_w.

d) $\left(\dfrac{\partial U}{\partial u}\right)^2 + \left(\dfrac{\partial U}{\partial v}\right)^2 > 0$, außer höchstens für isolierte Flächenpunkte.

e) Wenn $P_w^\nu (\nu = 1, 2, \ldots)$ eine unendliche Folge von Flächenpunkten ist, ohne Häufungspunkt *innerhalb* der Fläche, so strebt

$$U(P_w^\nu) \to +\infty \qquad \text{für} \qquad \nu \to \infty.$$

Es sei Γ_ϱ diejenige Kurve der Fläche F_w, wo $U(P_w) = \varrho\ (> \min U)$. Dann gilt folgender[1]

Satz 1. *Es sei F_w eine offene einfach zusammenhängende RIEMANNsche Fläche. Angenommen, daß auf F_w eine Funktion $U(P_w)$ existiert, welche den Bedingungen* a), …, e) *genügt, so daß das Integral*

$$\int\limits^{\infty} \frac{d\varrho}{L(\varrho)} \qquad (4)$$

divergent ist, mit

$$L(\varrho) = \int\limits_{\Gamma_\varrho} |\mathrm{grad}_w\, U|\,|dw|,$$

so gehört die Fläche zum parabolischen Typus.

Wäre nämlich F_w vom hyperbolischen Typus, so könnte es auf einen endlichen Kreis $|z| < R < \infty$ eineindeutig und, mit Ausnahme der Windungspunkte endlicher Ordnung, konform abgebildet werden. Wenn

---

[1] Vgl. L. AHLFORS [9].

$z = z(P_w)$, $P_w = P_w(z)$ die entsprechende analytische Abbildungs-funktion ist, so genügt die zusammengesetzte Funktion $U(P_w(z))$ den Bedingungen des Hilfssatzes, und da ferner der Ausdruck $L(\varrho)$ invariant verbleibt, so müßte das Integral (4) entgegen der Voraussetzung endlich sein. Die Fläche kann also nicht vom hyperbolischen Typus sein, was zu beweisen war.

285. Wir werden das obige Kriterium zur Bestimmung des Typus einer einfach zusammenhängenden Riemannschen Fläche F mit *lauter isolierten Windungspunkten* anwenden. Im einfachsten Falle, wo F zur Klasse $F(w_1, \ldots, w_q)$ oder etwas allgemeiner zur Klasse $F(W_1, \ldots, W_q)$ (vgl. XI, § 2) gehört, läßt sie sich vermittels eines Streckenkomplexes topologisch charakterisieren. Als eine Verallgemeinerung dieser Dar-stellungsweise werden wir mit Kobayashi[1] eine Konstruktion aus-führen, welche für jede Fläche F mit isolierten Singularitäten hergestellt werden kann.

Man denke sich die Fläche F über der Riemannschen Kugel aus-gebreitet und grenze um jeden Windungspunkt $w = a_v$ der Fläche eine Umgebung Q_v ab, welche aus der Gesamtheit derjenigen Flächenpunkte P_w besteht, deren auf der Fläche gemessener (sphärischer) Abstand von a_v kürzer ist als die Abstände von den übrigen Windungspunkten $a_\mu (\mu \neq v)$. Das derart entstandene *Normalpolygon* Q_v wird von einer Anzahl größter Kreisbogen B berandet, deren Punkte von mindestens zwei Windungspunkten die gleiche Entfernung haben. Das von den Bogen B gebildete Kobayashi-Netz stimmt in den einfachsten Fällen mit dem Streckenkomplex überein; jedenfalls sind die Normalpolygone Q_v und die Elementarpolygone des Streckenkomplexes im Falle der Flächen $F(w_1, \ldots, w_q)$ einander eineindeutig zugeordnet.

286. Wir gehen nun daran, auf der Fläche F eine den Bedingungen von Satz 1 genügende Funktion zu erklären. Zu diesem Zweck nehmen wir auf dem Netz B einen beliebigen Punkt P_w; sofern dieser kein Eck-punkt ist, grenzt er an zwei Normalpolygone. Q' und Q'', welche die Windungspunkte $w = a'$ und $w = a''$ enthalten. Falls P_w mittels zweier Großkreisbogen $\left(\leq \frac{\pi}{2}\right)$, $G(P_w, a')$, $G(P_w, a'')$ mit jenen Punkten ver-bunden wird, so drehen sich diese Bogen um *gleiche* Winkel, wenn P_w sich auf der betreffenden Seite $B(a', a'')$ des Netzes B bewegt.

Die Zunahme $d\tau$ jenes Winkels auf einem Bogenelement $|dw|$ ist offenbar gleich dem Differential

$$d\tau(P_w) = \left| d \arg \frac{1 + \bar{a}w}{w - a} \right|,$$

wo für a entweder a' oder a'' zu setzen ist[2].

---

[1] Z. Kobayashi [1].

[2] Dieses Resultat ist evident für $a = 0$. Ist $a \neq 0$, so hat man w durch diejenige Kugeldrehung zu ersetzen, welche $a \to 0$ überführt.

Sei nun P_0 ein beliebig festgesetzter Punkt und P_w ein beweglicher Punkt auf B. Wir bestimmen das Minimum

$$\tau(P_w) = \min_{P_0 P_w} \int d\tau(P'_w),$$

wo P'_w auf B von P_0 bis P_w läuft. Hierdurch ist τ als eine stetige, nichtnegative Funktion des Netzpunktes P erklärt. Sie wird jetzt in jeden von den Windungspunkten a_ν verschiedenen inneren Punkt P_w der Polygone Q_ν stetig fortgesetzt durch folgende Vorschrift: Man verlängere den Kreisbogen $G(P_w, a_\nu)$ über P_w hinaus, bis er dem Netz B im Punkt P_w^* begegnet, und setze dann $\tau(P_w) = \tau(P_w^*)$.

Außer diesem Winkelabstand $\tau(P_w)$ der Flächenpunkte P_0 und P_w wird noch eine andere positive und für jedes $P_w \neq a_\nu$ stetige Funktion σ durch die Festsetzung

$$\sigma(P_w) = \log \left| \frac{1 + \bar{a}\, w}{w - a} \right|$$

definiert, wo a derjenige, oder falls P_w auf B liegt, ein beliebiger derjenigen Windungspunkte a ist, der von P_w den kürzesten (sphärischen) Abstand hat.

287. Die Summe

$$U(P_w) = \sigma(P_w) + \tau(P_w)$$

genügt sämtlichen Bedingungen von Nr. 284. Sie ist in jedem Flächenpunkt $P_w \neq a_\nu$ stetig. Das gleiche gilt für ihre partiellen Ableitungen erster Ordnung, mit Ausnahme der Seiten des Netzes B, auf denen $\sigma(P_w)$ ein konstantes (positives) Minimum erreicht, sowie gewisser Großkreisbogen $G(P_w, a_\nu)$, auf denen $\tau(P_w)$ einen extremen Wert annimmt. Führt man die Veränderliche $t = \sigma + i\tau$ ein, so erhält man als konformes Abbild der Fläche F eine über den ersten Quadranten der t-Ebene gelagerte, vielblättrige Fläche F_t, die keine Windungspunkte enthält, statt dessen aber mit senkrechten und waagrechten Faltungen versehen ist, welche den oben genannten singulären Kurvenbogen zugeordnet sind[1].

Wir fassen jetzt die Niveaukurven $U = \sigma + \tau = $ const. ins Auge und finden, wegen der in Nr. 283 erwähnten Invarianzeigenschaft des Ausdrucks $|\operatorname{grad}_w U|\,|dw|$

$$|\operatorname{grad}_w U|\,|dw| = |\operatorname{grad}_t U|\,|dt| = \sqrt{2}\,|dt|.$$

Das über die Niveaukurve $\Gamma_\varrho\,(U = \sigma + \tau = \varrho)$ erstreckte Integral

$$L(\varrho) = \int_{\Gamma_\varrho} |\operatorname{grad}_w U(P_w)|\,|dw|$$

ist also gleich der mit $\sqrt{2}$ multiplizierten Gesamtlänge der auf der Faltungsfläche F_t liegenden Bildstrecken $\sigma + \tau = \varrho$ von Γ_ϱ. Um diese

---

[1] Diese Veranschaulichung des KOBAYASHIschen Satzes verdanke ich gleichfalls einer brieflichen Mitteilung von Herrn AHLFORS.

Länge weiter abzuschätzen, bezeichne man, für $\tau > 0$, durch $n(\tau)$ die Anzahl derjenigen Punkte P_w auf dem Netz B, welche der Gleichung

$$\tau(P_w) = \tau$$

genügen. Falls der Punkt P_w kein Eckpunkt von B ist, so bestimmt er zwei Kreisbogen $G(P_w, a)$, auf denen τ konstant ist, auf denen also, für ein gegebenes $\varrho > 0$, entweder *ein* oder *kein* Punkt $(\sigma = \varrho - \tau, \tau)$ der Niveaulinie $\Gamma_\varrho (\sigma + \tau = \varrho)$ liegt. Mit Ausnahme von isolierten Werten τ befinden sich also über jedem Punkt $t = \varrho - \tau + i\tau$ der Strecke $\sigma + \tau = \varrho (\sigma > 0, \tau > 0)$ der t-Ebene höchstens $2n(\tau)$ Bildpunkte von Γ_ϱ, und es wird also

$$L(\varrho) = \sqrt{2} \int\limits_{\Gamma_\varrho} |dt| = 2 \int\limits_{\Gamma_\varrho} |d\tau| \leqq 4 \int\limits_{\tau=0}^{\varrho} n(\tau)\, d\tau.$$

Aus Satz 1 folgt nunmehr der Satz von Kobayashi:

Satz 2. *Sei F eine einfach zusammenhängende Riemannsche Fläche mit lauter isolierten Windungspunkten, B das zugehörige Normalpolygonnetz und $n(\tau)$ die Anzahl der Netzpunkte P_w, welche von einem beliebig gewählten Netzpunkt P_0 den Winkelabstand τ haben.*

Falls dann das Integral

$$\int\limits^{\infty} \frac{d\varrho}{\int\limits_0^\varrho n(\tau)\, d\tau} \tag{5}$$

divergent ist, so gehört die Fläche zum parabolischen Typus.

288. Als Anwendung dieses allgemeinen Satzes betrachten wir den einfachen Fall einer Fläche, welche nur *endlich viele* Windungspunkte hat. Für eine solche Fläche bleibt die Anzahlfunktion $n(\tau)$ offenbar beschränkt. Das Integral (5), das sich also wie $\int\limits^{\infty} \dfrac{d\varrho}{\varrho}$ verhält, wird divergent, und die Fläche muß also parabolisch sein, wie schon oben (XI, § 3) durch andere Erwägungen gezeigt worden ist.

Für die allgemeine Klasse einer über $q \geqq 3$ Punkten $w_1, \ldots, w_q$ (oder allgemeiner: Gebieten $W_1, \ldots, W_q$) verzweigten Fläche F_q' führt der obige Satz auch zu einem interessanten Ergebnis. Wir beschränken uns auf den Fall, wo die Fläche lauter logarithmische Windungspunkte hat, welche über drei Grundpunkten w_1, w_2, w_3 liegen; ein Fall, der zuerst von Speiser[1] untersucht worden ist. Man stelle die Fläche durch einen Streckenkomplex dar (XI, § 2) und bezeichne mit $\varphi(n)$ die Anzahl der Äste der n-ten Generation. Falls jedem Knotenpunkt P, von welchem $\nu (2 \leqq \nu \leqq 3)$ verschiedene Äste ausgehen, die Zahl $\nu - 2$ als *Verzweigungszahl* zugeordnet wird, und $\psi(n)$ die Summe der Verzweigungszahlen sämtlicher Knotenpunkte der n ersten Generationen bezeichnet, so ist

$$\varphi(n) = \psi(n) + 2.$$

---

[1] A. Speiser [1], [2].

Andererseits ist es einleuchtend, daß der KOBAYASHIsche Winkel-abstand τ eines Punktes P_w der ν-ten Generation des Baumes vom Anfangspunkt desselben, dividiert durch ν, zwischen endlichen positiven Schranken variiert. Hieraus schließt man unmittelbar, indem man das in (5) stehende Integral $\int_0^\varrho n\,d\tau$ durch sein Maximum $\varrho\,n(\varrho)$ ersetzt[1]:

Satz 3. *Falls die Fläche $F(w_1, w_2, w_3)$ mit lauter logarithmischen Windungspunkten versehen ist, und wenn die Verzweigungszahl $\psi(\nu)$ des zugehörigen Streckenkomplexes so schwach anwächst, daß die Reihe*

$$\sum_{n=1}^{\infty} \frac{1}{n\,\psi(n)}$$

divergent ist, so gehört die Fläche zum parabolischen Typus[2].

289. Gewisse Ergebnisse von MYRBERG scheinen darauf hinzu-weisen, daß selbst bei den einfachsten Fällen $F(w_1, w_2, w_3)$ sich zu-gleich hinreichende und notwendige Kriterien kaum aufstellen lassen, solange man allein die Verzweigungsstärke der Fläche benutzt. Neben dem Grad der Verzweigtheit muß auch die *Symmetrie* bzw. *Asymmetrie* im Aufbau der Fläche als ein für die Typenfrage wesentliches Merkmal berücksichtigt werden[3].

XIII. Die AHLFORSsche Theorie der Überlagerungsflächen.

§ 1. Topologische Grundbegriffe.

290. Im Laufe der vorhergehenden Darstellung der Wertverteilungs-lehre hat sich unser Interesse in immer höherem Grade auf die Eigen-schaften der RIEMANNschen Flächen F gerichtet, auf welche der Kreis $|z| < R \leqq \infty$ mittels der gegebenen meromorphen Funktion $w = w(z)$ konform abgebildet wird. Für unsere Untersuchung war folgendes wesentlich: 1. Auf der Fläche F wurde eine Metrik eingeführt (z. B. eine sphärische Metrik im Falle des ersten Hauptsatzes, eine nicht-euklidische [oder noch allgemeinere] Metrik zur Gewinnung des zweiten

---

[1] Dieser Satz wurde zuerst vom Verfasser [8] bewiesen durch eine Me-thode, als deren sinngemäße Erweiterung das KOBAYASHIsche Verfahren angesehen werden kann.

[2] Für Flächen mit lauter algebraischen Windungspunkten gilt ein nahe-verwandter Satz von AHLFORS [4]. Vgl. hierzu auch SPEISER [2], [3], ULL-RICH [3].

[3] P. J. MYRBERG [2]. Wegen neuerer Resultate betreffend das Typen-problem vgl. H. WITTICH [7], [8], O. TEICHMÜLLER [5], F. E. ULLRICH [1], R. NEVANLINNA [15], LE VAN [2] (in der letzten Arbeit findet man ein aus-führliches Literaturverzeichnis über das Typenproblem), C. BLANC [2], [3], Z. KOBAYASHI [2], P. LAASONEN [1].

Hauptsatzes). 2. Um die Eigenschaften der ganzen offenen Fläche F zu bewältigen, müßte eine Menge von Näherungsflächen erklärt werden, durch welche F ausgeschöpft wurde; als solche Näherungsflächen haben uns vor allem die Abbilder F_r der Kreise $|z| \leq r < R$ gedient. 3. Die Abbildung $z \to w$ ist eindeutig und konform.

Von L. AHLFORS[1] ist ein neuer Weg zu den Hauptsätzen angegeben worden, der auf einer direkten Untersuchung der Überlagerungsfläche F einer gegebenen Grundfläche fußt. Diese Theorie bedeutet in mehreren Hinsichten einen bedeutenden Fortschritt. Erstens wird ein tieferer Einblick in den Mechanismus der Wertverteilung insofern erzielt, als das *topologische* von dem *metrischen* sauber getrennt wird. Zweitens wird die Konformität der Abbildung nicht mehr unbedingt vorausgesetzt; die Hauptsätze werden auf viel allgemeinere Abbildungen ausgedehnt. Drittens ergeben sich jene Hauptsätze in einer neuen, allgemeineren Form, die auch für den speziellen Fall einer meromorphen Funktion zu Ergebnissen führt, die Verfeinerungen der früheren Ergebnisse darstellen, wenn sie auch andererseits jene Resultate nicht in der schärfst möglichen ursprünglichen Fassung enthalten.

291. Um die nötige Grundlage für die Theorie herzustellen, müssen zunächst gewisse einfache topologische Hilfsbegriffe für geschlossene oder berandete Flächen eingeführt werden.

Es sei gegeben eine unendliche Menge F_0 von Punkten P_0. Jedem Punkt P_0^* sind gewisse, diesen Punkt P_0^* enthaltende Punktmengen (P_0) als *Umgebungen* zugeordnet, welche die für den Umgebungsbegriff wesentlich bekannten Eigenschaften besitzen[2]. Durch den Umgebungsbegriff sind die Begriffe einer einfachen (Jordan-)Kurve, des Häufungspunktes einer unendlichen Punktfolge (P_0) usw. auf der Punktmenge F_0 erklärt. Es sei schließlich F_0 außerdem *zusammenhängend*, d. h. zwei beliebige Punkte P_0' und P_0'' auf F_0 sollen sich stets durch eine auf F verlaufende stetige Kurve verbinden lassen.

Aus der so definierten Fläche F_0 ist eine *Dreiecksteilung* möglich. Es läßt sich (auf unendlich viele Weisen) ein System von, von drei einfachen Bogen (Kanten) β begrenzten einfach zusammenhängenden Gebieten (Dreiecken) $D_1, D_2, \ldots$ angeben, welche keine inneren (von den Kantenpunkten verschiedenen) Punkte gemeinsam haben und welche sich in keinem Punkt P_0 der Fläche F_0 häufen.

Zwei Fälle sind zu unterscheiden: Entweder ist die Anzahl der Dreiecke D *endlich*, dann ist die Fläche F_0 *geschlossen*: eine unendliche Folge von Flächenpunkten hat stets wieder einen Flächenpunkt als Häufungspunkt. Oder aber die Anzahl der Dreiecke ist *unendlich*. Dann ist die Fläche *offen*: es kann eine unendliche Punktfolge P_0 angegeben werden, welche keinen Flächenpunkt als Häufungspunkt besitzt.

---

[1] L. AHLFORS [*10*].   [2] Vgl. z. B. B. KEREKJARTO [*1*].

292. In diesem Paragraphen betrachten wir nur *endliche*, d. h. aus einer endlichen Anzahl von Dreiecken D zusammengesetzte Flächen. Neben diesen geschlossenen Flächen, bei denen also jede Dreieckskante zu genau zwei verschiedenen Nachbardreiecken gehört, ziehen wir auch die *berandeten, endlichen* Flächen in Betracht, welche ebenfalls aus einer endlichen Anzahl von Dreiecken in ähnlicher Weise aufgebaut werden, jedoch so, daß jetzt gewisse Kanten zu nur *einem* Dreieck gehören; diese bilden den Rand der endlichen Fläche. Man kommt zu dem Begriff einer berandeten, endlichen Fläche, wenn aus einer geschlossenen Fläche eine gewisse Anzahl von Dreiecken fortgelassen werden; und umgekehrt läßt sich eine berandete Fläche F_0 zu einer geschlossenen Fläche ergänzen, indem man zwei identische[1] Exemplare F_0 nimmt und die zugehörigen Randpunkte identifiziert.

Für die Zusammenhangseigenschaften einer geschlossenen oder berandeten endlichen Fläche spielt die Charakteristik

$$\varrho = -e + k - p$$

eine entscheidende Rolle; hier ist, bei einer gegebenen Dreiecksteilung, e die Anzahl der inneren Ecken, k die Anzahl der inneren Kanten und p die Anzahl der Dreiecke. Wir wollen als bewiesen voraussetzen, daß die Charakteristik von der gewählten Dreiecksteilung unabhängig ist.

Ihren kleinstmöglichen Wert, -2, erhält die Charakteristik bei einer geschlossenen Fläche vom Geschlecht Null (z. B. für die Kugelfläche). Für ein Dreieck oder, allgemeiner, für eine einfach zusammenhängende Fläche wird $\varrho = -1$.

Wir denken uns eine gewisse Anzahl von inneren Kanten k und Ecken e einer gegebenen Dreiecksteilung außer acht gelassen. Es bleibt dann eine Anzahl von inneren Kanten k' und Ecken e' übrig. Die Fläche setzt sich aus gewissen Polygonen G zusammen, und man bestätigt unmittelbar, daß

$$\varrho = \sum \varrho(G) - e' + k'$$

wird, wo $\varrho(G)$ die Charakteristik von G ist.

Man setze jetzt speziell voraus, daß die inneren Kanten der Polygone G aus lauter punktfremden Querschnitten oder Rückkehrschnitten[2] der Fläche F_0 bestehen. Da die Anzahlen der auf einem Rückkehrschnitt gelegenen Kanten und Ecken einander gleich sind, während auf einem Querschnitt die Anzahl der Kanten um Eins größer als die der inneren Ecken ist, so wird $k' - e'$ genau gleich der Anzahl $n(s)$ der Querschnitte sein.

Falls die endliche Fläche F_0 durch ein System von punktfremden Querschnitten (s) und Rückkehrschnitten in gewisse Teilpolygone G zerlegt wird, so gilt

$$\varrho = \sum \varrho(G) + n(s). \tag{1}$$

---

[1] Das heißt topologisch aufeinander abgebildete.
[2] Das heißt aus einfachen Kurven, die sich auf der Fläche schließen.

293. Wir kommen jetzt zu dem Begriff der Überlagerungsfläche.

Es sei, außer einer gewissen endlichen (geschlossenen oder berandeten) Fläche F_0, die im folgenden *Grundfläche* genannt wird, noch eine andere, ebenfalls endliche (geschlossene oder berandete) Fläche F gegeben. Wir denken uns ferner auf jenen Flächen je eine Dreiecksteilung erklärt, welche nachstehende Eigenschaften besitzt:

1. Jedem Dreieck D von F ist ein wohlbestimmtes „Spurdreieck" D_0 auf F_0 topologisch zugeordnet. Der dem Punkt P von D zugeordnete Punkt P_0 von F_0 heißt Spurpunkt von P; man sagt auch, P liege über P_0.

2. Zwei, durch eine Kante k getrennten Nachbardreiecken D von F entsprechen stets auch zwei Nachbardreiecke D_0 von F_0, und zwar so, daß einem Punkt von k stets ein und derselbe Kantenpunkt auf F_0 zugeordnet ist.

Unter diesen Voraussetzungen nennt man F eine *Überlagerungsfläche* von der Grundfläche F_0. Diejenigen Randkanten von F, welche über inneren Kanten der Grundfläche F_0 liegen, bilden den *relativen Rand* von F.

Es sei e ein innerer Eckpunkt auf F; er gehört einem Zyklus von Dreiecken D als Eckpunkt an. Jedem Dreiecke D_0 des entsprechenden Zyklus in F_0 ist ein und dieselbe Anzahl m von jenen Dreiecken zugeordnet. Falls $m > 1$, so heiße e ein *Verzweigungspunkt* der Überlagerungsfläche F; die Zahl $m - 1$ heißt seine Ordnung.

294. Die Überlagerungsfläche F läßt sich durch folgende Vorschrift in „Blätter" zerlegen: Es sei F_1 die Menge derjenigen Dreiecke auf F_0, über welchen mindestens ein Dreieck von F liegt: F_1 heißt das „erste Blatt" von F. Das „zweite Blatt" F_2 besteht aus denjenigen Dreiecken auf F_0, welche Spurdreiecke von wenigstens zwei Dreiecken D sind usw. In dieser Weise wird die Überdeckung von F_0 durch F, insofern es sich um die Anzahl der Überdeckungen handelt, durch die Blätter F_1, F_2, ..., F_n vollkommen charakterisiert; n bedeutet hier die Höchstzahl der Überdeckungen.

295. Mit Hilfe der Blättereinteilung läßt sich eine wichtige Beziehung für die Charakteristik der Überlagerungsfläche aufstellen. Bei einer gegebenen Dreiecksteilung der Grundfläche F_0 sei

$$\varrho_\nu = -e_\nu + k_\nu - p_\nu$$

die Charakteristik des ν-ten Blattes der n-blättrigen Überlagerungsfläche.

Man sieht nun sofort, daß für diese Fläche $p = \sum_1^n p_\nu$ und $k = \sum_1^n k_\nu$ ist. Dagegen ist im allgemeinen $e \leq \sum_1^n e_\nu$, denn bei der Berechnung von e wird die Vielfachheit der als Verzweigungspunkte vorkommenden e nicht berücksichtigt, sondern ein jeder solcher Punkt nur *einmal* mitgezählt. In der Tat gilt

$$e = \sum_1^n e_\nu - v,$$

wo v die sog. *Verzweigungszahl* der Überlagerungsfläche ist, die definitionsgemäß gleich der Summe der Ordnungen sämtlicher Verzweigungspunkte von F ist. Für die Charakteristik $\varrho = -e + k - p$ findet man also:

Die Charakteristik ϱ der Überlagerungsfläche F ist gleich

$$\varrho = \sum_{1}^{n} \varrho_{v} + v, \tag{2}$$

wo ϱ_v *die Charakteristik des v-ten Blattes und v die Verzweigungszahl der Fläche ist.*

296. Falls F keinen relativen Rand hat, so sind die Charakteristiken der verschiedenen Blätter sämtlich gleich der Charakteristik ϱ_0 der Grundfläche F_0, und (2) geht über in die sog. HURWITZsche Relation

$$\varrho = n\varrho_0 + v, \tag{2'}$$

welche also die Charakteristik einer relativ unberandeten n-blättrigen Überlagerungsfläche bestimmt.

§ 2. Einführung einer Metrik.

297. Es soll jetzt auf der endlichen Grundfläche F_0 eine gewisse Metrik erklärt werden. Um die Anwendbarkeit der Theorie nicht von vornherein unnötig einzuschränken, soll jede Metrik zugelassen werden, welche folgenden, sehr allgemeinen Postulaten genügt. Wir betrachten zunächst den Fall einer *geschlossenen* Fläche.

1. Jedem Bogen β einer vorgegebenen Klasse (β) von einfachen Kurven ist eine endliche positive Zahl $L_0(\beta)$ als *Bogenlänge* zugeordnet. Die Klasse (β) umfaßt speziell sämtliche in der definierenden Dreiecksteilung vorkommenden Bogen.

2. Zwischen zwei beliebigen Punkten der Fläche verläuft mindestens ein Bogen β. Die untere Grenze der Längen der verbindenden Bogen, *der Abstand der Punkte*, ist positiv.

3. Zu jedem Punkt (P) gehört für $\varepsilon > 0$ eine Umgebung von P, deren Punkte von P einen Abstand $< \varepsilon$ haben.

4. Jedes von einer einfachen, geschlossenen Kurve β begrenzte Teilgebiet D von F_0 hat einen endlichen, positiven Flächeninhalt $I_0(D)$.

5. Das Längen- und Flächenmaß sind *additiv*.

6. Zu jedem Punkt P der Fläche soll eine Umgebung U_P und eine positive Zahl $h(P)$ gehören, so daß jede in U_P liegende, geschlossene Kurve von der Länge L ein Gebiet einschließt, dessen Flächeninhalt I der Beziehung

$$I < hL \tag{3}$$

genügt.

Diese Bedingungen sind sehr allgemeiner Natur. Sie sind bei allen in der Differentialgeometrie gebräuchlichen Maßbestimmungen erfüllt.

298. Die in der Bedingung 6. stehende Größe h ist zunächst vom Punkte P abhängig. Aus den obigen Postulaten folgt indes, daß die Bedingung (3) mit einem festen Wert h für alle Punkte gilt, sofern nur die Bogenlänge hinreichend klein gewählt wird:

6'. *Es existieren zwei positive Zahlen d und h, so daß jede geschlossene Kurve β von der Länge $L < d$ einen Flächeninhalt $I < hL$ einschließt.*

Um dies einzusehen, bestimme man zu jedem Punkt die Umgebung U_P und die zugehörige Konstante $h = h(P)$ und bezeichne durch $\delta(> 0)$ den kleinsten Abstand von P nach dem Rand von U_P. Sei dann U'_P eine Umgebung von P, deren Punkte höchstens um $\dfrac{\delta}{2}$ von P entfernt sind. Nach dem Heine-Borelschen Überdeckungssatz läßt sich die geschlossene Fläche F mittels einer *endlichen* Anzahl von Umgebungen U'_P überdecken; es sei $d(> 0)$ gleich der kleinsten zugehörigen Zahlen $\dfrac{\delta}{2}$ und h die größte der entsprechenden Konstanten $h(P)$. Ist nun β eine einfache geschlossene Kurve von der Länge $L < d$, so muß β innerhalb einer wohlbestimmten der ausgewählten Umgebungen U_P liegen, und es gilt somit, gemäß 6., für das von β berandete Teilgebiet die Beziehung $I < h(P)L \leqq hL$, was zu beweisen war.

299. Hieraus ergibt sich weiter der

Hilfssatz 1. *Es existiert eine endliche Konstante $h > 0$ folgender Art: Die geschlossene Fläche F_0 sei durch eine endliche Anzahl von geschlossenen Kurven β von der Gesamtlänge L in zwei Teile D' und D'' zerlegt, welche aus je endlich vielen Gebieten zusammengesetzt sind und die Flächeninhalte I', I'' haben mögen.*

Es gilt dann

$$\min (I', I'') \leqq hL. \tag{4}$$

Falls sämtliche Bogen β eine Länge $< d$ haben, so begrenzen sie gewisse (endlich viele) Gebiete, deren Gesamtinhalt nach 6'. kleiner als hL ist, wo h die in 6'. erwähnte Flächenkonstante ist. Die übrigen Punkte der Fläche gehören entweder sämtlich zu D' oder sämtlich zu D'', und jener Gesamtinhalt majoriert somit entweder I'' oder I', woraus (4) folgt.

Ist wiederum die Länge von mindestens einem Bogen β nicht kleiner als d, so ist auch $L \geqq d$. Bezeichnet $I_0 = I' + I''$ den Inhalt der ganzen Fläche F_0, so wird also

$$\min (I', I'') \leqq \frac{I_0}{2} \leqq \frac{I_0}{2d} L,$$

und (4) gilt, falls man h gleich der nur von der Flächenmetrik abhängigen Zahl $\dfrac{I_0}{2d}$ setzt.

300. Falls die endliche Grundfläche F_0 *berandet* ist, so ergänzt man sie, wie in Nr. 292 angegeben wurde, durch Zusammensetzung von zwei identischen Exemplaren F_0 zu einer geschlossenen Fläche $\overline{F}_0$. Es wird angenommen, daß die auf F_0 gegebene Längen- und Flächenmetrik so gewählt ist, daß die Bedingungen 1.—6. auf $\overline{F}_0$ gelten. Dann besteht Hilfssatz 1 auf $\overline{F}_0$ und also auch auf F_0, sofern die Kurven β *relativ* zu F_0 geschlossen sind, d. h. sofern sie entweder sich innerhalb F_0 schließen, oder *Querschnitte* von F_0 sind, die also zwei Randpunkte von F_0 verbinden; auf $\overline{F}_0$ entspricht nämlich einem Querschnitt eine geschlossene Kurve.

301. Es sei β ein einfacher Bogen auf F_0 und P ein Punkt von β. Wenn dann zwei positive Zahlen $d(P)$ und $h(P)$ existieren, so daß diejenigen Teilbogen von β, deren Punkte von P höchstens den Abstand $d\big(0 < d < d(P)\big)$ haben, eine Gesamtlänge

$$\lambda < h(P) \cdot d$$

besitzen, so möge β im Punkte P *regulär* heißen. Wenn der Bogen β in P regulär ist, so genügt er offenbar auch folgender wichtigen Bedingung: Es existiert eine Umgebung U_P und eine Zahl $h(P)$, so daß derjenige Teil von β, der innerhalb einer in U_P gezogenen, den Punkt P umgebenden geschlossenen Kurve von der Länge L liegt, eine Länge $< h(P)L$ hat.

Der Bogen β heißt kurz regulär, wenn er in jedem Punkt diese Regularitätseigenschaft besitzt.

Im folgenden soll vorausgesetzt sein, daß sämtliche Kanten der in Betracht kommenden Dreiecksteilungen regulär sind. In genauer Analogie mit dem Beweis von Hilfssatz 1 ergibt sich dann die Richtigkeit folgender Behauptung:

Hilfssatz 2. *Wenn β eine einfache Kurve auf der geschlossenen Fläche F_0 ist, so existiert eine endliche Zahl $h > 0$ von folgender Eigenschaft: Zieht man auf F_0 gewisse geschlossene Kurven von der Gesamtlänge L, welche F_0 in zwei Teile zerlegen, die aus je endlich vielen Gebieten bestehen, und bezeichnen λ', λ'' die Gesamtlängen der in diese Teile fallenden Teilbogen von β, so gilt*

$$\min(\lambda', \lambda'') < hL. \tag{5}$$

302. Auch dieser Hilfssatz gilt, falls die Fläche F_0 nicht mehr geschlossen, sondern endlich und *berandet* angenommen wird; dies wird man durch das Verfahren von Nr. 300 einsehen. Die zerlegenden Kurven von der Länge L sind dann nur relativ zu F_0 geschlossen: sie können also speziell Querschnitte von F_0 darstellen.

Insbesondere ist zu beachten, daß man, im Falle einer berandeten Fläche, den Bogen β als einen Teil des Randes von F_0 nehmen kann, sofern dieser nur regulär ist. Man gelangt so zu folgendem, für die spätere Untersuchung wichtigen

Folgesatz. *Wenn F_0 endlich und berandet ist, so existiert eine Konstante h folgender Art: Falls F_0 durch ein System von endlich vielen Quer-*

schnitten von der Gesamtlänge L in zwei Teile zerlegt wird, so zerfällt der Rand in zwei Teile, deren Gesamtlängen λ', λ'' der Beziehung

$$\min(\lambda', \lambda'') < hL \tag{5'}$$

genügen.

§ 3. Metrische Eigenschaften der Überlagerungsfläche.

303. Die Metrik der endlichen Grundfläche F_0 wird auf die gegebene endliche Überlagerungsfläche F derselben übertragen, indem man jede Kurve β und jede Teilfläche G von F in die Teile zerlegt, die in den verschiedenen Dreiecken D liegen, und jedem Teil die Länge und den Inhalt seiner Spurkurve bzw. Spurfläche auf der Grundfläche F_0 zuordnet. Nunmehr wird es möglich sein, auf der Überlagerungsfläche eine Fundamentalgröße einzuführen, welche für diese Fläche eine ähnliche Rolle spielen wird, wie in der Wertverteilungslehre die Charakteristik $T(r)$ für die Riemannsche Fläche F_r.

304. Dividiert man den gesamten Inhalt I der Überlagerungsfläche F durch den Inhalt I_0 der Grundfläche F_0, so erhält man als Quotient eine Größe

$$S = \frac{I}{I_0}, \tag{6}$$

welche die *mittlere Blätteranzahl von F* heißt. Wenn D ein gegebenes Gebiet der Grundfläche F_0 vom Inhalt $I_0(D)$ ist, so erklärt man ferner die *mittlere Blätteranzahl von F über D* als den Ausdruck

$$S(D) = \frac{I(D)}{I_0(D)}, \tag{6'}$$

wo $I(D)$ den gesamten Flächeninhalt der über D liegenden Teile der Überlagerungsfläche F bezeichnet.

Ähnlich wird schließlich die mittlere Blätterzahl $S(\beta)$ *von F über einer gegebenen Kurve β* der Grundfläche F_0 erklärt. Bezeichnet $L_0(\beta)$ die Länge von β und $L(\beta)$ die Gesamtlänge der über β liegenden Bogen auf der Überlagerungsfläche F, so ist

$$S(\beta) = \frac{L(\beta)}{L_0(\beta)}. \tag{6''}$$

305. Für die folgende Untersuchung ist es von großer Bedeutung zu wissen, in welcher Art und Weise die mittlere Blätterzahl von dem Grundgebiet D oder von der Grundkurve β abhängt. In dieser Hinsicht gilt zunächst der

Überdeckungssatz 1. *Es existiert eine nur von der Metrik der Grundfläche F_0 abhängige Zahl $h > 0$, so daß jede endliche Überlagerungsfläche F von F_0 der Bedingung*

$$|S - S(D)| \leqq \frac{h}{I_0(D)} L \tag{I.1}$$

genügt, wobei L die Länge des relativen Randes von F bezeichnet.

Zum Beweise zerlege man die Fläche F in die in Nr. 294 erklärten Blätter $F_1, \ldots, F_n$. Es gilt dann

$$I = \sum_1^n I_\nu, \qquad L = \sum_1^n L_\nu,$$

wo I_ν den Flächerinhalt, L_ν die Länge des relativen Randes des ν-ten Blattes F_ν bezeichnet. Entsprechend gilt

$$I(D) = \sum_1^n I_\nu(D).$$

wenn $I_\nu(D)$ der Flächeninhalt des über D liegenden Teils von F_ν (d. h. des Durchschnitts von D und F_ν) ist.

Es ist $I_\nu(D) \leqq I_\nu$ und daher

$$S_\nu(D) \equiv \frac{I_\nu(D)}{I_0(D)} \leqq \frac{I_\nu}{I_0(D)}.$$

Andererseits gilt

$$S_\nu \equiv \frac{I_\nu}{I_0} \leqq \frac{I_\nu}{I_0(D)},$$

und es wird folglich, da S_ν und $S_\nu(D)$ nichtnegativ sind, auch

$$|S_\nu - S_\nu(D)| \leqq \frac{I_\nu}{I_0(D)}. \tag{7}$$

Durch Betrachtung der Komplementärmengen von D auf F_0 und F_ν ergibt sich $I_\nu - I_\nu(D) \leqq I_0 - I_0(D)$, somit

$$1 - S_\nu(D) \leqq \frac{I_0 - I_\nu}{I_0(D)},$$

und ándererseits

$$1 - S_\nu = \frac{I_0 - I_\nu}{I_0} \leqq \frac{I_0 - I_\nu}{I_0(D)},$$

also, da $1 - S_\nu(D)$ und $1 - S_\nu$ nichtnegativ sind,

$$|S_\nu - S_\nu(D)| = |(1 - S_\nu) - (1 - S_\nu(D))| \leqq \frac{I_0 - I_\nu}{I_0(D)}. \tag{7'}$$

Zusammenfassend erschließt man aus (7) und (7')

$$|S_\nu - S_\nu(D)| \leqq \frac{1}{I_0(D)} \min(I_\nu, I_0 - I_\nu),$$

oder, gemäß Hilfssatz 1,

$$|S_\nu - S_\nu(D)| \leqq \frac{h}{I_0(D)} L_\nu.$$

Durch Addition ergibt sich schließlich

$$|S - S(D)| = \left| \sum_1^n (S_\nu - S_\nu(D)) \right| \leqq \frac{h}{I_0(D)} \sum_1^n L_\nu = \frac{h}{I_0(D)} L, \tag{8}$$

womit die Beziehung (I. 1) bewiesen ist.

306. Für die mittlere Blätteranzahl $S(\beta)$ der Überlagerungsfläche F über einer gegebenen *regulären Kurve* β der Grundfläche besteht ein analoger

Überdeckungssatz 2. *Es existiert eine nur von der Metrik der Fläche F_0 und von der Wahl der regulären Kurve β auf F_0 abhängige endliche Zahl h, so daß*

$$|S - S(\beta)| < hL, \tag{I.2}$$

wo L die Länge des relativen Randes von F ist.

Durch die Zerlegung von F in die Blätter $F_1, \ldots, F_n$ erhält man für die Länge $L(\beta)$ der über β verlaufenden Bogen den Ausdruck

$$L(\beta) = \sum_1^n L_\nu(\beta),$$

wo $L_\nu(\beta)$ die Länge des im Blatte F_ν befindlichen Teils von β ist.

Wir nehmen zuerst an, daß β die Fläche F_0 *zerlegt*, und bezeichnen mit D das dem Inhalt nach *kleinere* der entsprechenden, von β berandeten Teilgebiete.

Sei nun D_ν das *Durchschnittsgebiet* von D und F_ν; es hat den Flächeninhalt $I_\nu(D)$ und eine Randlänge $\leqq L_\nu(\beta) + L_\nu$, wo L_ν die Randlänge von F_ν ist. Nach dem ersten Hilfssatz gibt es also eine nur von der Fläche F_0 abhängige Konstante h, so daß

$$I_\nu(D) \leqq h(L_\nu(\beta) + L_\nu).$$

Vertauscht man D_ν gegen das in bezug auf D komplementäre Gebiet $\overline{D}_\nu$ $(D_\nu + \overline{D}_\nu = D)$, so findet man auf analoge Weise mit derselben Konstante h

$$I_0(D) - I_\nu(D) \leqq h(L_0(\beta) - L_\nu(\beta) + L_\nu),$$

wo $L_0(\beta)$ die Länge der Kurve β ist. Nach Division durch $I_0(D)$ ergibt sich hieraus

$$S_\nu(D) \leqq \frac{h}{I_0(D)}(L_\nu(\beta) + L_\nu)$$

und

$$1 - S_\nu(D) \leqq \frac{h}{I_0(D)}(L_0(\beta) - L_\nu(\beta) + L_\nu).$$

Dieselben zwei Beziehungen gelten, auch wenn man links $S_\nu(D)$ durch $S_\nu(\beta)$ ersetzt, denn die Größe $\frac{hL_0(\beta)}{I_0(D)}$ ist nach dem ersten Hilfssatz mindestens gleich 1, und die rechten Seiten jener Beziehungen sind also, wegen $L_\nu \geqq 0$, sicher nicht kleiner als bzw. $S_\nu(\beta)$ und $1 - S_\nu(\beta)$. Beachtet man schließlich, daß die linksstehenden Ausdrücke andererseits nichtnegativ sind, so wird einerseits

$$|S_\nu(D) - S_\nu(\beta)| \leqq \frac{h}{I_0(D)}(L_\nu(\beta) + L_\nu)$$

und andererseits

$$|S_\nu(D) - S_\nu(\beta)| \leq \frac{h}{I_0(D)}\,(L_0(\beta) - L_\nu(\beta) + L_\nu),$$

also

$$|S_\nu(D) - S_\nu(\beta)| \leq \frac{h}{I_0(D)}\,[L_\nu + \min(L_\nu(\beta), L_0(\beta) - L_\nu(\beta))].$$

Durch Anwendung des zweiten Hilfssatzes ergibt sich hieraus schließlich

$$|S_\nu(D) - \dot{S}_\nu(\beta)| \leq h'\,L_\nu,$$

wo h' eine nur von der Wahl der Kurve β abhängige Konstante ist. Gibt man hier ν die Werte $1, \ldots, n$ und addiert man, so wird

$$|S(D) - S(\beta)| \leq \sum_1^n |S_\nu(D) - S_\nu(\beta)| \leq h'\,L$$

und schließlich, unter Beachtung des ersten Überdeckungssatzes,

$$|S - S(\beta)| \leq \bar{h}\,L, \tag{9}$$

wo $\bar{h}$ wieder nur von β abhängt.

307. Hiermit ist der Beweis erbracht für den Fall, wo β eine reguläre Kurve ist, welche die Fläche *zerlegt*. Um zu dem allgemeinen, im Überdeckungssatz 2 vorausgesetzten Fall zu gelangen, bemerke man, daß man durch Wiederholung der Schlußweise von Nr. 305 leicht die Gültigkeit der Relation

$$|S(\beta) - S(\beta')| < \frac{h}{L_0(\beta')}\,L \tag{10}$$

nachweist, wo β' ein *Teilbogen* des beliebig gegebenen, regulären Bogens β ist; h ist eine nur von der Wahl von β abhängige Konstante.

Schreibt man nämlich die Gesamtlänge der über β' gelegenen Bogen der Überlagerungsfläche in der Form $L(\beta') = \sum L_\nu(\beta')$, so hat man $L_\nu(\beta') \leq L_\nu(\beta)$, also

$$S_\nu(\beta') \equiv \frac{L_\nu(\beta')}{L_0(\beta')} \leq \frac{L_\nu(\beta)}{L_0(\beta')}.$$

Ferner wird

$$S_\nu(\beta) \equiv \frac{L_\nu(\beta)}{L_0(\beta)} \leq \frac{L_\nu(\beta)}{L_0(\beta')},$$

und es wird also

$$|S_\nu(\beta) - S_\nu(\beta')| \leq \frac{L_\nu(\beta)}{L_0(\beta')}. \tag{11'}$$

Andererseits ist, da der außerhalb des ν-ten Blattes liegende Teilbogen von β' als Teil in dem entsprechenden Teilbogen von β enthalten ist, $L_0(\beta') - L_\nu(\beta') \leq L_0(\beta) - L_\nu(\beta)$ und somit

$$1 - S_\nu(\beta') \leq \frac{L_0(\beta) - L_\nu(\beta)}{L_0(\beta')}.$$

Es ist aber auch

$$1 - S_\nu(\beta) = \frac{L_0(\beta) - L_\nu(\beta)}{L_0(\beta)} \leq \frac{L_0(\beta) - L_\nu(\beta')}{L_0(\beta)},$$

und die Verbindung der zwei letzten Beziehungen ergibt

$$\left|S_\nu(\beta) - S_\nu(\beta')\right| \leqq \frac{L_0(\beta) - L_\nu(\beta)}{L_0(\beta')} \tag{11''}$$

Als Zusammenfassung von (11') und (11'') erhält man nunmehr

$$\left|S_\nu(\beta) - S_\nu(\beta')\right| \leqq \frac{1}{L_0(\beta')} \min\left(L_\nu(\beta), L_0(\beta) - L_\nu(\beta)\right)$$

und, unter Beachtung des zweiten Hilfssatzes,

$$\left|S_\nu(\beta) - S_\nu(\beta')\right| \leqq \frac{h}{L_0(\beta')} L_\nu, \tag{11}$$

wo L_ν die Randlänge des ν-ten Blattes bezeichnet und h eine nur von der Wahl von β abhängige Konstante ist. Die Summation dieser Ungleichungen ergibt schließlich die in Aussicht gestellte Beziehung (10).

308. Die endgültige Fassung des Überdeckungssatzes 2 ist nun eine Folge aus der letztgenannten Beziehung, zusammen mit der für einen geschlossenen, die Fläche F_0 zerlegenden Bogen β bestehenden Relation (I. 2). Um einzusehen, daß die Behauptung (I. 2) für einen *beliebigen* regulären Bogen β besteht, wähle man auf β einen beliebigen Punkt P, nehme eine beliebige Umgebung U_P von P und bezeichne durch β' den in U_P fallenden Teilbogen von β. Dieser Teilbogen β' läßt sich in U_P zu einem geschlossenen Bogen β_P ergänzen, der die Fläche F_0 zerlegt. Nun wende man die Relation (10) einerseits auf β und β', andererseits auf β_P und β' an, und setze dann die Beziehung (I. 2) für den zerlegenden Bogen β_P an. Die Zusammenfassung dieser drei Beziehungen ergibt alsdann die allgemeine Behauptung (I. 2).

309. *Bemerkung.* Für das Folgende ist es von großem Gewicht, zu beachten, daß der Überdeckungssatz 2 für berandete Flächen F_0 gilt (vgl. hierzu Nr. 302) und daß man dann insbesondere den Bogen β als einen Randbogen von F_0 nehmen kann, sofern der Rand regulär ist, was im Folgenden stets vorausgesetzt werden soll.

§ 4. Hauptsatz über endliche Überlagerungsflächen.

310. Es wurde in § 1 schon hervorgehoben, daß die topologische Relation

$$\varrho = \sum_1^n \varrho_\nu + v, \tag{12}$$

welche die Charakteristik einer n-blättrigen endlichen Überlagerungsfläche F als Funktion von den Charakteristiken der Blätter $F_1, \ldots, F_n$ und der Verzweigungszahl v (von F) bestimmt, als speziellen Fall die Hurwitzsche Beziehung

$$\varrho = n\varrho_0 + v \tag{12'}$$

enthält, falls F relativ zur Grundfläche F_0 *unberandet* ist. Aus dieser Beziehung ist zu ersehen, daß die Charakteristik ϱ der Überlagerungsfläche F mindestens gleich ist der Charakteristik ϱ_0 der Grundfläche, multipliziert mit der Blätteranzahl n. Nachdem die Flächenmetrik eingeführt worden ist, läßt sich aus der allgemeinen Charakteristikrelation (12) eine Beziehung ableiten, welche zeigt, daß die HURWITZsche Ungleichung $\varrho \geqq n \varrho_0$ auch für berandete Überlagerungsflächen besteht, falls die Blätterzahl n durch die oben erklärte *mittlere Blätterzahl S* ersetzt wird, vorausgesetzt, daß auf der rechten Seite eine Größe hinzugefügt wird, welche im folgenden die Rolle eines unwesentlichen Restgliedes spielen wird. Dies ist der wesentliche Inhalt des nachstehenden fundamentalen Satzes[1].

Hauptsatz. *Es sei F_0 eine geschlossene oder berandete endliche Grundfläche der Charakteristik ϱ_0, auf welcher eine Maßbestimmung von der in § 2 angegebenen Art eingeführt worden ist. Dann existiert eine positive Zahl h, so daß jede endliche Überlagerungsfläche F von F_0 der Beziehung*

$$\overset{+}{\varrho} \geqq \varrho_0 S - h L \qquad \qquad \text{(II. 1)}$$

genügt, wobei ϱ die Charakteristik und L die relative Randlänge von F bezeichnen[2].

311. Es soll hier nur der Fall einer *schlichtartigen* Grundfläche betrachtet werden[3]. Die Fläche F_0 möge von q (> 2) geschlossenen Randkurven (oder Punkten) berandet sein; es ist dann $\varrho_0 = q - 2$. Man ziehe q punktfremde Querschnitte $\beta_1, \ldots, \beta_q$ und bezeichne durch F_0', F_0'' die zwei einfach zusammenhängenden Teile, in welche F_0 zerfällt. Es bedeutet keine wesentliche Einschränkung anzunehmen, daß eine Dreiecksteilung der Fläche F_0 existiert, bei welcher die Querschnitte β_ν aus lauter Kanten zusammengesetzt sind.

Nach dieser Vorbereitung fassen wir sämtliche Kantenzüge der gegebenen Überlagerungsfläche F ins Auge, welche über den Querschnitten β_ν liegen. Die von ihnen gebildeten Querschnitte σ der Fläche F zerlegen diese in eine endliche Anzahl $N(G)$ von zusammenhängenden Gebieten G. Bezeichnet $n(\sigma)$ die Anzahl der verschiedenen Querschnitte σ, so hat man nach (1), § 1, für die Charakteristik ϱ der Überlagerungsfläche F den Wert $n(\sigma) + \sum \varrho(G)$, wo $\varrho(G)$ die Charakteristik von G ist. Die Charakteristik eines jeden berandeten Gebietes ist aber $\geqq -1$, und es wird also $\varrho(G) \geqq -1$ und

$$\varrho \geqq n(\sigma) - N(G). \qquad \qquad (13)$$

312. Um den Hauptsatz aus dieser Beziehung herzuleiten, muß eine gewisse Klasseneinteilung der Gebiete G vorgenommen werden.

---

[1] AHLFORS [*10*], S. 168.

[2] $\overset{+}{\varrho}$ ist die größere der Zahlen ϱ und Null. Der Satz ist offenbar für $\varrho_0 \leqq 0$ trivial; es kann also im folgenden $\varrho_0 > 0$ vorausgesetzt werden.

[3] Eine Fläche heißt schlichtartig, wenn sie von jedem einfachen Polygon (Rückkehrschnitt) zerlegt wird. — AHLFORS [*10*] hat auch den Fall einer nichtschlichtartigen Fläche in Betracht gezogen.

Angenommen, daß ein Gebiet G existiert, dessen Berandung genau *einen* Querschnitt σ enthält, sei (G_1) die Klasse sämtlicher solcher Gebiete und (σ_1) die Klasse der begrenzenden Querschnitte σ. Die Klasse (G_2) möge sämtliche Gebiete G umfassen, deren Rand genau einen, nicht zu (σ_1) gehörenden Querschnitt σ enthält; sei (σ_2) die Gesamtheit dieser Querschnitte. In dieser Weise erklärt man zwei Folgen (G_1), (G_2), . . . , (G_p) $(p \leq n)$ von Gebieten G und von zugehörigen Querschnitten (σ_1), (σ_2), . . . , (σ_p); jedes Gebiet G_ν hat genau einen, nicht zu den früheren Klassen gehörenden Querschnitt $\sigma = \sigma_\nu$ als Randbogen. Das Verfahren bricht ab, wenn die übrigbleibenden Gebiete G entweder von *keinem* neuen, noch nicht in Betracht gezogenen Querschnitt σ oder von mindestens *zwei* solchen Querschnitten begrenzt werden; andernfalls wird es fortgesetzt, bis alle Gebiete G mit einbezogen worden sind.

Jeder Querschnitt σ_ν $(\nu = 1, . . . , p)$ gehört definitionsgemäß zur Berandung von einem Gebiet G_ν; weiterhin gilt, daß σ_ν *im allgemeinen zur Begrenzung von nur einem Gebiet G_ν gehört*. Um dies einzusehen, beweisen wir zuerst, daß σ_ν die Fläche F in zwei Teile F'_ν, F''_ν zerlegt.

Zum Beweis betrachte man ein an σ_ν grenzendes Gebiet G_ν, dessen Berandung definitionsgemäß, mit Ausnahme von σ_ν, nur Querschnitte σ_μ der niedrigeren Klassen $(\sigma_{\nu-1})$, . . . , (σ_1) enthält. Da jeder Querschnitt σ_μ mindestens ein Gebiet der Klasse (G_μ) begrenzt, so muß das andere an σ_μ grenzende Gebiet G_μ zu dieser Klasse gehören, und sämtliche von σ_μ verschiedenen, das Gebiet G_μ begrenzenden Querschnitte gehören also zu den Klassen $(\sigma_{\mu-1})$, . . . , (σ_1).

Aus dem Obigen folgt, daß das aus sämtlichen an G_ν grenzenden Gebieten G_μ und aus G_ν zusammengesetzte Gebiet $G_\nu^1 = G_\nu + \sum G_\mu$ außer von σ_ν nur von Querschnitten der Klassen $(\sigma_{\nu-2})$, . . . , (σ_1) berandet wird. Werden ferner die an diesen Querschnitten grenzenden Gebiete G zu G_ν^1 hinzugefügt, so entsteht ein Gebiet G_ν^2, dessen Berandung außer σ_ν nur Querschnitte der Klassen $(\sigma_{\nu-3})$, . . . , (σ_1) enthält.

Das obige Verfahren wird nun fortgesetzt, bis es ein Gebiet G_ν^n entsteht, das an keinen von σ_ν verschiedenen Querschnitt σ grenzt. Der Querschnitt σ_ν zerlegt demnach die Fläche F in zwei Teile $F'_\nu (= G_\nu^n)$ und F''_ν, w. z. b. w.

Aus dem Obigen schließt man ferner, daß alle Querschnitte σ, die in demselben Teilgebiet (F'_ν) liegen wie ein von σ_ν begrenztes G_ν, zu den niedrigeren Klassen $(\sigma_{\nu-1})$, . . . , (σ_1) gehören.

Angenommen, daß auch das andere an σ_ν grenzende Gebiet G zur Klasse (G_ν) gehört, so folgt aus Obigem, daß auch der Teil F''_ν nur Querschnitte der niedrigeren Klassen (σ_1), . . . , $(\sigma_{\nu-1})$ enthält; dann erschöpfen aber der gegebene Querschnitt σ_ν und die Klassen (σ_1), . . . , $(\sigma_{\nu-1})$ die Gesamtheit der Querschnitte σ. Hieraus folgt:

Die Querschnitte σ_ν und die Gebiete $G_\nu (\nu = 1, . . . , p)$ sind einander eineindeutig zugeordnet, außer in dem einzigen Fall, wo die Gebiete

(G_ν) $(\nu = 1, \ldots, p)$ die Gesamtheit sämtlicher Gebiete G umfassen. In diesem Ausnahmefall gibt es genau einen Querschnitt σ_ν, und zwar von der höchsten Klasse $\nu = p$, der *zwei* Gebiete G_ν begrenzt.

Wir gehen nun zu dem Fall über, wo die Klassen (G_ν) noch nicht die Gesamtheit der Gebiete G erschöpfen. Wenn G ein nicht abgesondertes Gebiet ist, so wird es, außer von gewissen abgesonderten Querschnitten (σ_ν), entweder 1. von *keinem* nicht zu (σ_ν) gehörenden Querschnitt σ oder 2. von *mindestens zwei* solchen Querschnitten σ berandet. Ein einziger nicht abgesonderter Querschnitt kann nämlich nicht als Randbogen vorkommen, weil die Klasseneinteilung (G_ν) dann auch jenes Gebiet G mit einbeziehen würde.

Sei nun G ein nicht abgesondertes Gebiet von der Art 1 und sei $\sigma_\mu (\mu \leq p)$ ein begrenzender Querschnitt von möglichst hohem Index μ. An diese Seite grenzt ein Gebiet $G_\mu \not\equiv G$, und man schließt wie oben, daß derjenige Teil der Fläche, welcher durch σ_μ getrennt wird und G_μ enthält, lauter Gebiete $G_\nu (\nu \leq \mu)$ enthält. Der entsprechende Schluß läßt sich in bezug auf die anderen Seiten von G wiederholen, und es ergibt sich so, daß die Querschnitte (σ_ν) die Fläche F in Gebiete zerlegen, die mit alleiniger Ausnahme von G sämtlich zu den Klassen (σ_1), $\ldots$, (σ_μ) gehören. Es muß also $\mu = p$ sein, und das Ausnahmegebiet G wird von mindestens zwei Querschnitten σ_p begrenzt, weil es ja anderenfalls schon zur Klasse G_p gehören würde. — Zusammenfassend gilt:

Falls die Querschnitte (σ_ν) sämtliche Querschnitte σ umfassen, so sind zwei Fälle möglich: Entweder grenzen die Querschnitte (σ_ν) an je *ein* Gebiet G_ν an; in diesem Fall gibt es genau ein Gebiet G, das nicht zu den Klassen (G_ν) gehört. Oder aber es gibt genau einen Querschnitt der höchsten Klasse (σ_p), der zwei Nachbargebiete G_p trennt; die Gebiete (G_ν) erschöpfen dann die Gesamtheit der Gebiete G.

Falls es dagegen Querschnitte σ gibt, welche zu keiner Klasse (σ_ν) gehören, so entsprechen die Gebiete G_ν und die angrenzenden Querschnitte σ_ν einander eineindeutig. Jedes von den Gebieten (G_ν) verschiedene Gebiet G wird dann an mindestens *zwei* nicht abgesonderte Querschnitte σ grenzen.

Wenn der zuletzt betrachtete Fall vorliegt, so teile man noch die nicht abgesonderten Gebiete G in zwei Klassen G', G'' ein, je nachdem die Anzahl der begrenzenden, nicht abgesonderten Querschnitte σ *kleiner als q* oder *mindestens gleich q* ist. Diese Querschnitte σ werden schließlich durch σ_{11}, σ_{12}, σ_{22} bezeichnet, je nachdem die zwei angrenzenden Gebiete G beide zur Klasse G' gehören, das eine ein Gebiet G', das andere ein Gebiet G'' ist, beide zur Klasse G'' gehören. Es gilt also dann:

a) Die G_ν und σ_ν entsprechen einander eineindeutig.

b) Die Begrenzung eines Gebiets G' enthält mindestens zwei, höchstens $q - 1$ Querschnitte σ_{11} oder σ_{12}.

c) Die Begrenzung eines Gebiets G'' enthält mindestens q Querschnitte σ_{12} oder σ_{22}.

313. Wir kehren nun zu der Beziehung (13) zurück. *Falls die Querschnitte σ_{ν} nicht alle Querschnitte σ umfassen,* so heben sich nach a) die jenen Querschnitten zugeordneten Glieder der Differenz $n(\sigma) - N(G)$ gegenseitig auf, und es wird also, unter Anwendung einer unmittelbar verständlichen Bezeichnung

$$\varrho \geqq [n(\sigma_{11}) + \tfrac{1}{2} n(\sigma_{12}) - N(G')] + [n(\sigma_{22}) + \tfrac{1}{2} n(\sigma_{12}) - N(G'')]. \quad (14)$$

Bezeichnet G_i' ein beliebiges der Gebiete G', dessen Begrenzung eine Anzahl $n_i(\sigma_{11}) \geqq 0$ von Querschnitten σ_{11} und eine Anzahl $n_i(\sigma_{12})$ von Querschnitten σ_{12} enthält, so wird nach b) $n_i(\sigma_{11}) + n_i(\sigma_{12}) \geqq 2$. Summiert man über alle G', ergibt sich hieraus weiter $\sum n_i(\sigma_{11}) + \sum n_i(\sigma_{12}) \geqq 2N(G')$. Hier ist $\sum n_i(\sigma_{11}) = 2n(\sigma_{11})$ und $\sum n_i(\sigma_{12}) = n(\sigma_{12})$, also

$$n(\sigma_{11}) + \tfrac{1}{2} n(\sigma_{12}) - N(G') \geqq 0.$$

Analog beweist man, mit Rücksicht auf c)

$$n(\sigma_{22}) + \frac{1}{2} n(\sigma_{12}) \geqq \frac{q}{2} N(G'').$$

Die erste dieser Beziehungen zeigt, daß das erste Glied rechts in (14) nichtnegativ ist. Unter Berücksichtigung der zweiten Beziehung wird nun

$$\varrho \geqq n(\sigma_{22}) + \frac{1}{2} n(\sigma_{12}) - N(G'') \geqq \frac{q-2}{q} \left(n(\sigma_{22}) + \frac{1}{2} n(\sigma_{12}) \right),$$

also sicher

$$\varrho \geqq \frac{q-2}{q} n(\sigma_{22}). \quad (15)$$

314. Es gilt nun eine untere Grenze für die Anzahl $n(\sigma_{22})$ derjenigen Querschnitte, welche je zwei Gebiete G'' begrenzen, zu finden. Zu diesem Zweck beachte man, daß jeder Querschnitt σ über einer wohlbestimmten der Kurven $\beta_1, \ldots, \beta_q$ liegt, durch welche die Grundfläche F_0 zerlegt wurde. Bezeichnet man allgemein durch $\lambda(\sigma)$ *die Länge von σ, dividiert durch die Länge der entsprechenden Kurve β,* so ist die Summe der mittleren Blätterzahlen der Überlagerungsfläche F über $\beta_1, \ldots, \beta_q$ gleich

$$\sum_{i=1}^{q} S(\beta_i) = \sum \lambda(\sigma_{\nu}) + \sum \lambda(\sigma_{11}) + \sum \lambda(\sigma_{12}) + \sum \lambda(\sigma_{22}). \quad (16)$$

Nach dem Überdeckungssatz 2 gibt es nun eine nur von der gegebenen Flächenmetrik und von der Wahl der Bogen $\beta_1, \ldots, \beta_q$ abhängige Zahl $h > 0$, so daß

$$\sum_{i=1}^{q} S(\beta_i) \geqq qS - hL \quad (16')$$

gilt, wo S die mittlere Blätteranzahl und L die Länge des relativen Randes von F bezeichnet. Eliminiert man $\sum S$ aus den zwei letzten

Beziehungen und bemerkt noch, daß jedes $\lambda(\sigma) \leqq 1$ und also speziell $\sum \lambda(\sigma_{22}) \leqq n(\sigma_{22})$ ist, so ergibt sich die Beziehung

$$n(\sigma_{22}) \geqq qS - hL - \sum \lambda(\sigma_v) - \sum \lambda(\sigma_{11}) - \sum \lambda(\sigma_{12})$$

oder, gemäß (15) und wegen $\dfrac{q-2}{q} < 1$,

$$\varrho \geqq (q-2)\,S - hL - \left(\sum \lambda(\sigma_v) + \sum \lambda(\sigma_{11}) + \sum \lambda(\sigma_{12})\right), \qquad (17)$$

wo also h eine nur von der gegebenen Metrik und der Wahl der Bogen $\beta_1, \ldots, \beta_q$ abhängige Zahl ist[1].

315. Es gilt nun zu zeigen, daß die rechtsstehenden drei Summen $\sum \lambda$ von der Größenordnung hL sind. Dies soll durch eine nochmalige Anwendung des Überdeckungssatzes geschehen. Wir betrachten, außer der Grundfläche F_0, diejenigen zwei Grundteilflächen F_0' und F_0'', in welche F_0 durch das Bogensystem $\beta_1, \ldots, \beta_q$ zerfällt. Falls F' eine Überlagerungsfläche von F_0' ist, so unterscheidet sich die mittlere Blätteranzahl $S(\beta_i)$ von F' über einer der begrenzenden Kurven β_i von der mittleren Blätteranzahl $S(F')$ der ganzen Fläche F' um einen Betrag $< hL'$, wo L' die relative Länge des Randes von F' ist. Entsprechendes gilt für eine beliebige Überlagerungsfläche F'' von F_0''. Hieraus schließt man:

Es gibt eine Zahl h, so daß, für eine beliebige Überlagerungsfläche von F_0' oder F_0'', die Beziehung

$$\left| S(\beta_i) - S(\beta_j) \right| \leqq hL \qquad (18)$$

für jedes Bogenpaar β_i, β_j gilt; L bezeichnet die Länge des relativen Randes der Überlagerungsfläche in bezug auf F_0' bzw. auf F_0''.

Dieses Ergebnis wird nun auf eines der Gebiete (G_v) angewandt, welche ja sämtlich Überlagerungsflächen von entweder F_0' oder F_0'' sind. Wenn wir uns fortan an den Fall halten, wo die Querschnitte (σ_v) nicht alle σ umfassen, so entspricht einem gegebenen G_v ein wohlbestimmter Querschnitt σ_v; es möge dieser z. B. über dem Bogen β_1 liegen. Es wird dann für $i = 1, \ldots, q$

$$\lambda(\sigma_v) \leqq S(\beta_1) \leqq S(\beta_i) + hL(G_v),$$

wo $L(G_v)$ die Länge des *relativ zu* F_0' bzw. F_0'' bestimmten Randes von G_v ist. Gibt man hier i die Werte $1, \ldots, q$, so ergibt sich durch Addition

$$q\,\lambda(\sigma_v) \leqq \sum_{i=1}^{q} S(\beta_i) + q\,hL(G_v).$$

Hier ist die Summe $(\sum S)$ der mittleren Blätterzahlen von G_v über den Bogen β_i offenbar gleich der Summe $\sum \lambda(\sigma)$, wo über sämtliche Seiten

---

[1] Im folgenden wird jede solche Zahl mit h bezeichnet.

σ von G_ν zu summieren ist, und die letzte Relation läßt sich folglich auch in der Form

$$q\lambda(\sigma_\nu) \leq \sum_{G_\nu} \lambda(\sigma) + qhL(G_\nu) \tag{19}$$

schreiben.

Summiert man nun diese Beziehung über sämtliche Gebiete G_ν, so ergibt das erste Glied rechts eine Summe, die höchstens gleich der zweifachen Summe $\sum \lambda(\sigma_\nu)$ ist, denn jede Seite σ von G_ν gehört zu einer der Klassen (σ_μ) $(\mu = 1, \ldots, p)$ und grenzt an höchstens zwei der abgesonderten Gebiete (G_μ). Beachtet man noch, daß die Summe $\left(\sum L(G_\nu)\right)$ der relativen Randlängen der Teilgebiete G_ν in bezug auf F_0' oder F_0'' höchstens gleich der Länge L des ganzen relativen Randes der gegebenen Überlagerungsfläche F in bezug auf F_0 ist, so wird

$$q\sum \lambda(\sigma_\nu) \leq 2\sum \lambda(\sigma_\nu) + qhL$$

oder also, da $q > 2$ ist,

$$\sum \lambda(\sigma_\nu) \leq hL, \tag{20}$$

wo h eine neue nur von der Fläche F_0 und von dem Querschnittssystem β_ν abhängige Konstante ist.

316. Wir kommen schließlich zur Abschätzung der Summen $\sum \lambda(\sigma_{11})$ und $\sum \lambda(\sigma_{12})$. Wenn das Gebiet G zur Klasse G' gehört, so wird es höchstens von $q-1$ Bogen σ_{11} oder σ_{12} begrenzt. Zu jedem G' läßt sich also mindestens ein Bogen β_i angeben, über welchem kein begrenzender Bogen σ_{11}, σ_{12} liegt. Bezeichnet $S(\beta_i)$ die mittlere Blätteranzahl von G' über β_i, so wird, gemäß (18),

$$\sum_{G'} \lambda(\sigma_{11}) + \sum_{G'} \lambda(\sigma_{12}) \leq \sum_{i \neq j} S(\beta_j) \leq (q-1)\,S(\beta_i) + (q-1)\,hL(G'),$$

wo die Summation links über alle Seiten σ_{11}, σ_{12} von G' zu erstrecken ist. Addiert man noch über sämtliche G', so ergibt sich links die Summe $2\sum \lambda(\sigma_{11}) + \sum \lambda(\sigma_{12})$. Rechts erscheint eine Summe $\sum S(\beta_i)$, die nach der Definition des Querschnitts β_i nur von abgesonderten Querschnitten (σ_ν) herrührt; da jeder solche Querschnitt höchstens ein Gebiet G' begrenzt, so wird jene Summe höchstens gleich $\sum \lambda(\sigma_\nu)$. Schließlich hat die Summe $\sum_{G'} L(G')$ die relative Randlänge L von F als Majorante, und es wird gemäß (20)

$$2\sum \lambda(\sigma_{11}) + \sum \lambda(\sigma_{12}) \leq (q-1)\sum \lambda(\sigma_\nu) + (q-1)\,hL \leq h'L. \tag{21}$$

Mit Rücksicht auf (20) und (21) ergibt die Beziehung (17) die Behauptung

$$\varrho \geq (q-2)\,S - hL.$$

317. Dieses Ergebnis haben wir unter der Voraussetzung gefunden, daß die abgesonderten Querschnitte (σ_ν) nicht alle Querschnitte σ umfassen. Es ist nun leicht einzusehen, daß dasselbe Resultat in Kraft bleibt, auch wenn sämtliche Querschnitte σ schon zu jenen Klassen (σ_ν) gehören. In diesem Fall besteht nämlich jedenfalls die Relation (20)[1]. Die Identität (16) reduziert sich auf

$$\sum_1^q S\,(\beta_i) = \sum \lambda\,(\sigma_\nu)$$

und die Beziehung (16'), welche als eine Folgerung des Überdeckungssatzes ganz allgemein gilt, ergibt

$$q S \leqq \sum \lambda\,(\sigma_\nu) + h L \leqq h' L.$$

Die mittlere Blätteranzahl S ist also im vorliegenden Fall von der Größenordnung $h L$ und die Behauptung (II. 1) gilt infolgedessen sicher, wenn der rechtsstehenden Zahl h nur ein genügend großer Wert gegeben wird.

318. *Bemerkung.* Zum richtigen Verständnis der leitenden Idee beim obigen Beweis ist zu bemerken, daß der Satz (II. 1), wie aus dem letzten Teil des Beweises hervorgegangen ist, trivial wird, falls die mittlere Blätteranzahl S der Überlagerungsfläche von derselben Größenordnung ist, wie die relative Randlänge L derselben. Interessant ist allein der Fall, wo S im Verhältnis zu L groß ist. Aus dem Beweis ist zu ersehen, daß dies dann eintrifft, wenn die Anzahlen der Gebiete der Klasse G'' und der entsprechenden Querschnitte σ_{22} im Verhältnis zur Gesamtanzahl der Gebiete bzw. Querschnitte sehr groß sind[2].

§ 5. Umkehrung des Hauptsatzes.

319. Der Hauptsatz $\varrho \geqq \varrho_0 S - h L$ wurde oben als eine Verallgemeinerung der genauen HURWITZschen Relation $\varrho = \varrho_0\, n + v$ aufgefaßt, welche für eine zur Grundfläche F_0 relativ unberandeten n-blättrigen Überlagerungsfläche F besteht. Falls F außerdem relativ zu F_0 *unverzweigt* ist, verschwindet die Verzweigungszahl v und es wird einfach $\varrho = \varrho_0 n$. Es liegt nun nahe, zu untersuchen, ob für eine relativ berandete, aber in bezug auf F_0 *unverzweigte* Fläche F eine dem Hauptsatz analoge Beziehung gilt, welche statt einer unteren Schranke eine obere Schranke für die Charakteristik ϱ enthält.

Daß dem tatsächlich so ist, soll unter nachstehenden Voraussetzungen gezeigt werden (AHLFORS [*10*], § 5).

---

[1] Die Begründung von Nr. 315 gilt auch im vorliegenden Fall. Der einzige Unterschied besteht darin: Falls nicht nur die Querschnitte (σ_ν) alle σ, sondern auch die Gebiete (G_ν) die Gesamtheit der Gebiete G erschöpfen, so existiert ein Querschnitt σ_p, der gleichzeitig zwei Gebiete G_p begrenzt. In (20) könnte also diese Seite links zweimal mitgerechnet werden, und jene Beziehung besteht somit nun a fortiori, wenn jeder Querschnitt σ_p links nur einmal mitgezählt wird.

[2] Auf den Fall einer nicht schlichtartigen Fläche soll hier nicht eingegangen werden.

Die endliche Überlagerungsfläche F der schlichtartigen Grundfläche F_0 sei als Teil in einer endlich vielblättrigen, relativ zur Grundfläche unverzweigten und unberandeten Überlagerungsfläche F^* enthalten.

Der Einfachheit halber nehmen wir noch an, daß der relative Rand von F aus lauter punktfremden Querschnitten und Rückkehrschnitten der Fläche F^* besteht. Dann können wir die Charakteristik von F^* mit Hilfe des Zerlegungssatzes (1) berechnen. Bezeichnet man durch $n(\gamma)$ die Anzahl der zu dem Rand von F gehörigen Querschnitte und mit $\bar{F}$ die Teilflächen, in welche der Rand von F das Komplement $F^* - F$ zerlegt, so ergibt sich $\varrho(F) = \varrho + \sum \varrho(\bar{F}) + n(\gamma)$. Andererseits findet man nach der Hurwitzschen Relation für die Charakteristik von F^* den Wert $N\varrho_0$, wo N die Blätteranzahl von F^* ist und ϱ_0 die Charakteristik der Grundfläche F_0 beze chnet. Es wird also

$$N\varrho_0 = \varrho + \sum \varrho(\bar{F}) + n(\gamma).$$

Für jedes einfach zusammenhängende $\bar{F}$ ist $\varrho(\bar{F}) = -1$; wenn N_1 die Anzahl solcher Gebiete ist, so wird

$$N\varrho_0 = \varrho + \sum \overset{+}{\varrho}(\bar{F}) - N_1 + n(\gamma).$$

Nach dem Hauptsatz gilt nun für die Teilfläche $\bar{F}$

$$\overset{+}{\varrho}(\bar{F}) \geqq \bar{S}\varrho_0 - h\bar{L},$$

wobei $\bar{S}$ die entsprechende mittlere Blätteranzahl ist und $\bar{L}$ die Länge des relativen Randes ist. Durch Addition erhält man $\sum \bar{S} = N - S$ und $\sum \bar{L} = L$, wo S und L die mittlere Blätteranzahl und die relative Randlänge von F bezeichnen. Setzt man dies in die obige Identität ein, so wird

$$\varrho \leqq S\varrho_0 + N_1 - n(\gamma) + hL.$$

Besteht nun der Rand von F aus lauter Querschnitten von F^*, so zerfällt F^* in höchstens $n(\gamma) + 1$ Teilgebiete, und es ist, da eines von jenen Teilgebieten mit F zusammenfällt, $N_1 \leqq n(\gamma)$. Jede geschlossene Kurve γ zerlegt F^* in zwei Teile, von denen höchstens der eine einfach zusammenhängend ist. Enthält also der Rand von F eine Anzahl α von geschlossenen Konturen γ, so wird die Anzahl N_1 also höchstens gleich $n(\gamma) + \alpha$, und man findet

$$\varrho \leqq S\varrho_0 + hL + \alpha.$$

Umkehrung des Hauptsatzes. *Es sei F_0 eine schlichtartige endliche Fläche und F^* eine relativ zu F_0 unberandete und unverzweigte, endlich vielblättrige Überlagerungsfläche. Dann gibt es eine Konstante h, so daß für jede endliche Überlagerungsfläche F von F_0, welche als Teil in F^* enthalten ist und deren Rand aus lauter punktfremden Querschnitten und*

Rückkehrschnitten von F besteht, die Beziehungen*

$$S \varrho_0 - hL \leqq \overset{+}{\varrho} \leqq S \varrho_0 + hL + \alpha \qquad \text{(II. 2)}$$

bestehen, wo S die mittlere Blätteranzahl, L die Länge des relativen Randes und α die Anzahl der geschlossenen Konturen des relativen Randes von F bezeichnen.

§ 6. Sätze über regulär ausschöpfbare offene Überlagerungsflächen.

320. Der Begriff der offenen, unendlichen Überlagerungsfläche $F*$ einer gegebenen endlichen Grundfläche F_0 kann mittels einer unendlichen Folge von endlichen Überlagerungsflächen erklärt werden. Es sei $F_1, \ldots, F_\nu, \ldots$ eine unendliche Folge endlicher Überlagerungsflächen der Grundfläche F_0, die ineinander geschachtelt sind, d. h. es sei F_ν als Teil in $F_{\nu+1}$ enthalten. Als Grenze erhält man für $\nu \to \infty$ eine unendliche, offene Überlagerungsfläche, für welche die Grundbegriffe „Punkt", „Umgebung", „Spurpunkt" in evidenter Weise durch die Näherungsflächen F_ν gegeben sind. Zwei Folgen F_ν und F_ν' ($\nu = 1, 2, \ldots$) von Näherungsflächen erklären dann und nur dann ein und dieselbe offene Grenzfläche, wenn jede Fläche der einen Folge in allen, bis auf endlich viele, Flächen der anderen Folge als Teil enthalten ist, und umgekehrt. Eine definierende Folge F_ν nennt man eine *Ausschöpfung* der Grenzfläche $F*$.

321. Mit Rücksicht auf den Überdeckungssatz und den Hauptsatz sind diejenigen Flächen von besonderem Interesse, für welche folgende Bedingung erfüllt ist:

Die offene Fläche F heißt regulär ausschöpfbar, wenn wenigstens eine Ausschöpfung $F_1, F_2, \ldots$ existiert, für welche*

$$\lim \frac{L}{S} = 0$$

ist, wo L die Länge des relativen Randes und S die mittlere Blätteranzahl von der Näherungsfläche F bezeichnen.

Nur für diese Flächen spielt die Größe L in den erwähnten Hauptsätzen die Rolle eines unwesentlichen Restgliedes.

322. Es empfiehlt sich, im folgenden gewisse Bezeichnungen einzuführen, welche in nahem Zusammenhang mit einigen wichtigen Begriffen der Wertverteilungslehre stehen. Es sei D ein beliebiges Teilgebiet der Grundfläche F_0. Die über D gelegenen, zusammenhängenden Teile der Flächen F einer ausschöpfenden Folge von $F*$ sind von zwei Arten:

Entweder liegt ein solches Flächenstück einschließlich seines Randes innerhalb F. Dann heißt es eine *Insel*.

Oder es besitzt über dem geschlossenen Bereich D mindestens einen Randpunkt, der zu dem Rand von F gehört. Ein solches Teilflächenstück von F heißt eine *Zunge*.

Eine Insel gibt zu der mittleren Blätteranzahl $S(D)$ von F über D einen Beitrag, der ganzzahlig und gleich der Blätteranzahl der Insel ist; man nennt diese Zahl die *Vielfachheit* der Insel. Von sämtlichen, über D gelegenen Inseln der Fläche F rührt also ein ganzzahliger Teil $n(D)$ der Größe $S(D)$ her, der gleich der Summe der Vielfachheiten jener Inseln ist. Setzt man nun $S(D) = n(D) + m(D)$, wo also das zweite Glied $m(D)$ von den über D liegenden Zungen herrührt, so existiert nach dem Überdeckungssatz eine nur von D abhängige Konstante $h(D)$, so daß

$$n(D) + m(D) = S + h(D)L \qquad \text{(A)}$$

für jedes F besteht; S und L bezeichnen hierbei die mittlere Blätteranzahl nnd die relative Länge des Randes von F.

Die Analogie dieses Satzes mit dem *ersten Hauptsatz* der Theorie der meromorphen Funktionen ist auffallend. Die Anzahl $n(D)$ der über dem Gebiet D liegenden Inseln entspricht der mittleren Anzahlfunktion $N(r, a)$ der a-Stellen, der von den Zungen gelieferte Beitrag $m(D)$ zur gesamten mittleren Blätteranzahl $S(D)$ über D entspricht der Schmiegungsfunktion $m(r, a)$; die mittlere Blätteranzahl S hat die Rolle der charakteristischen Funktion übernommen und hL ist ein Restglied von unwesentlicher Bedeutung, *sofern die Bedingung der regulären Ausschöpfbarkeit erfüllt ist.*

Wenn die letztgenannte Bedingung besteht, so wird nach (A)

$$\overline{\lim}\,\frac{n(D)}{S} \leqq 1. \qquad \text{(22)}$$

Diese Beziehung besteht also, wie immer das Gebiet D auch gewählt wird. Läßt man D sich auf einen Punkt a der Grundfläche zusammenziehen, so wird $n(D)$ in die Anzahl $n(r, a)$ der über a gelegenen inneren Punkte von F übergehen, sofern jeder Verzweigungspunkt so oft mitgezählt wird, wie seine Vielfachheit angibt. Ob die Beziehung (22) noch für $D \to a$ in Kraft bleibt, ist jedoch ungewiß, denn die in (A) stehende Konstante $h(D)$ kann hierbei über alle Grenzen wachsen.

323. Nach diesen allgemeinen Bemerkungen gehen wir daran, einen Spezialfall zu betrachten, der immer noch sehr allgemeiner Natur ist und für die Anwendungen besonderes Interesse hat. Es soll fortan vorausgesetzt werden:

1. *Die Grundfläche F_0 ist eine geschlossene Fläche vom Geschlecht Null, z. B. eine Kugelfläche.*

2. *Die offene Überlagerungsfläche F^* ist einfach zusammenhängend, d. h. jede Fläche der ausschöpfenden Folge F ist einfach zusammenhängend.*

Unter diesen Voraussetzungen nehmen wir $q > 2$ außerhalb voneinander liegende Gebiete $D_1, \ldots, D_q$ auf der Kugel F_0 und betrachten die über denselben liegenden Inseln und Zungen der Überlagerungsfläche F. Jeder Insel haben wir eine ganze Zahl $\geqq 1$ als ihre *Vielfachheit* zugeordnet. Im folgenden empfiehlt es sich, eine Insel noch durch eine andere Zahl zu charakterisieren: die Charakteristik der Insel, genommen mit umgekehrtem Vorzeichen, soll die *einfache Vielfachheit* derselben heißen; für eine *einfach zusammenhängende* Insel hat diese Größe den Wert 1; sonst wird sie gleich Null oder negativ.

Die Summe der einfachen Vielfachheiten der über einem Gebiet liegenden Inseln der Näherungsfläche sei $p(D)$; es ist p höchstens gleich der Anzahl der Inseln; jedenfalls gilt $p \leqq n$. Aus der oben bewiesenen Beziehung (A) folgt

$$\sum_{i=1}^{q} p(D_i) \leqq q S + h L.$$

Um eine untere Schranke für die linksstehende Summe aufzustellen, betrachten wir die über den Gebieten D_i liegenden Inseln D^i und Zungen D^z der Fläche F. Man entferne aus F zunächst alle Zungen D^z; da F einfach zusammenhängend ist, so bleiben gewisse, ebenfalls einfach zusammenhängende Restgebiete F' übrig. Entfernt man alsdann aus F' noch sämtliche Inseln D^i, so erhält man gewisse Flächenstücke $\bar{F}$, welche sämtlich Überlagerungsflächen des zu den Gebieten $D_i (i = 1, \ldots, q)$ komplementären Teils $\bar{F}_0$ der Kugelfläche F_0 sind.

Die gemeinsamen Randpunkte von zwei über einem Gebiet D_i gelegenen Flächenstücken, von denen mindestens eines Insel ist, sind offenbar Verzweigungspunkte von F. Wir bezeichnen solche Punkte mit e_ν^i bzw. e_ν^z, je nachdem alle an den betreffenden Punkt grenzenden Flächenstücke Inseln sind oder mindestens eines dieser Stücke eine Zunge ist. Jeder Punkt e_ν^i liegt im Inneren eines Gebietes F', die Punkte e_ν^z sind dagegen Randpunkte von F'.

Man wähle nun eine Dreiecksteilung von F, derart, daß alle Inseln und Zungen an lauter Kanten grenzen und daß die Punkte e_ν^i, e_ν^z Eckpunkte sind. Nach § 1 (Nr. 292) gilt dann

$$\sum \varrho(F') = \sum \varrho(\bar{F}) + \sum \varrho(D^i) + k' - e',$$

wo die Summation über alle Gebiete F', $\bar{F}$, D^i zu erstrecken ist; k' ist hier die Gesamtanzahl der Randkanten der Gebiete D^i, während e' die Anzahl derjenigen Ecken bezeichnet, die auf dem Rand von einem D^i und im Inneren eines Gebietes F' liegen. Bei der Berechnung von e' werden demnach alle Verzweigungspunkte e_ν^i der Ordnung $m_\nu^i - 1$ einmal mitgezählt und die Punkte e_ν^z außeracht gelassen.

Falls keine Verzweigungspunkte e_ν^i, e_ν^z existieren, so ist $k' - e' = 0$. Nach dem obigen liefert jeder Punkt e_ν^i hierzu den Beitrag $m_i - 1$ und jeder e_ν^z einen Beitrag, der gleich der halben Anzahl n_ν^z der an e_ν^z grenzenden Randkanten der Gebiete D^i ist. Man findet also

$$\sum_{i=1}^{q} p(D_i) = \sum \varrho(\overline{F}) + N(F') + \sum_{\nu,\,i}(m_\nu^i - 1) + \sum_{\nu,\,z} n_\nu^z,$$

wo $N(F')$ die Anzahl der Gebiete F' ist, welche ja sämtlich die Charakteristik -1 haben.

Wir schreiben nun

$$\sum \varrho(\overline{F}) = \sum \overset{+}{\varrho}(\overline{F}) - N_1(\overline{F}),$$

wo N_1 die Anzahl der einfach zusammenhängenden $\overline{F}$ ist. Es gilt für die Summe

$$N(F') - N_1(\overline{F}) + \sum_{\nu,\,i}(m_\nu^i - 1) + \sum_{\nu,\,i} n_\nu^z = M$$

eine untere Schranke zu finden.

Wir betrachten zu diesem Zweck die von einem einzelnen F' herrührende Teilsumme von M. Man hat hier zwei Fälle zu unterscheiden:

Falls erstens das Gebiet F' keine Insel enthält, so fällt F' mit einem einfach zusammenhängenden $\overline{F}$ zusammen. In der entsprechenden Teilsumme ist also $N(F') = N_1(\overline{F}) = 1$, und weil die übrigen Glieder verschwinden, so liefern solche Gebiete F' zu der Summe M keine Beiträge.

Zweitens betrachten wir diejenigen Gebiete F', welche Inseln enthalten. Nun schließt man folgendes:

Jedes einfach zusammenhängende Gebiet $\overline{F}$ grenzt an mindestens einen Querschnitt von F', dessen Endpunkte in gewissen Punkten e_ν^z liegen. Auf dem Rande von $\overline{F}$ liegen also mindestens zwei an die Punkte e_ν^z grenzende Kanten, die gewisse Gebiete D^i begrenzen. Die Anzahl solcher Kanten ist aber gleich $2\sum n_\nu^z$ und es gilt folglich $N_1(\overline{F}) \leqq \sum n_\nu^z$, somit

$$M \geq N'(F') + \sum(m_\nu^i - 1),$$

wo $N'(F')$ die Anzahl derjenigen Gebiete F' ist, welche mindestens eine Insel enthalten. Für die Summe

$$\sum p(D_i) = \sum \overset{+}{\varrho}(\overline{F}) + M$$

findet man nun die Abschätzung

$$\sum_{i=1}^{q} p(D_i) \geqq \sum \overset{+}{\varrho}(\overline{F}) + N'(F'). \tag{23}$$

Aus dem obigen Beweis geht unmittelbar hervor, daß hier Gleichheit besteht, wenn keine Verzweigungspunkte e_ν^i, e_ν^z existieren.

324. Nunmehr wenden wir den Hauptsatz (II. 1) auf die Überlagerungsflächen $\overline{F}$ von $\overline{F}_0$ an. Die Summe der mittleren Blätteranzahlen jener Flächen ergibt die mittlere Blätteranzahl $S(\overline{F_0})$ von F über $\overline{F}_0$, und die Summe der Längen der relativen Ränder ist höchstens gleich der gesamten Randlänge L von F. Es wird also

$$\sum\nolimits^+ \varrho(\overline{F}) \geqq (q-2)\,S(\overline{F}_0) - hL$$

oder, da nach dem Überdeckungssatz $S(\overline{F}_0) \geqq S - hL$ ist, in Verbindung mit (23)

$$\sum_{i=1}^{q} p(D_i) \geqq (q-2)\,S + N'(F') - hL. \tag{24}$$

Streicht man hier noch die nichtnegative Anzahl $N'(F')$, so ergibt sich:

Die Summe $\sum\limits_{i=1}^{q} p(D_i) = -\sum \varrho(D^i)$ *der einfachen Vielfachheiten sämtlicher über den Gebieten D_i liegenden Inseln der Fläche F genügt der Ungleichung*

$$\sum_{i=1}^{q} p(D_i) \geqq (q-2)\,S - hL, \tag{B}$$

wo h eine nur von der Wahl der Gebiete D_i abhängige Konstante ist.

Bezeichnet man nun durch $n_1(D)$ die gesamte Anzahl der Verzweigungsordnungen der Inseln über D, so ergibt sich aus der Hurwitzschen Relation (2′) (§ 1), sofern D einfach zusammenhängend ist,

$$p(D) = n(D) - n_1(D)$$

und (B) geht über in

$$\sum_{i=1}^{q} n(D_i) - \sum_{i=1}^{q} n_1(D_i) \geqq (q-2)\,S - hL$$

oder

$$\sum_{i=1}^{q}(S - n(D_i)) + \sum_{i=1}^{q} n_1(D_i) \leqq 2S + hL.$$

Mit Rücksicht auf (A) folgt hieraus noch

$$\sum_{i=1}^{q} m(D_i) + \sum_{i=1}^{q} n_1(D_i) \leqq 2S + hL. \tag{C}$$

Diese Relation läßt sich als eine sinngemäße Verallgemeinerung des zweiten Hauptsatzes

$$\sum_{i=1}^{q} m(r, a_i) + \sum_{i=1}^{q} N_1(r, a_i) < 2\,T(r) + \dot{O}(\log r\,T) + O\left(\log\frac{1}{R-r}\right)$$

deuten. Die Summe $\sum n_1$ der Verzweigungszahlen der Inseln D^i entspricht ihrem Bildungsgesetz nach genau der Summe $\sum N_1$, zu welcher ja jeder k-fache Windungspunkt der Fläche F_r mit seiner Ordnungszahl $k-1$ beiträgt.

Was läßt sich andererseits aus (B) oder (C) für die Anzahlen der über einem gegebenen Grundpunkt a gelegenen *inneren Punkte* der Näherungsfläche F ablesen? Bezeichnet man diese Anzahl, berechnet mit Hilfe der *einfachen* Vielfachheiten, so daß also auch jeder Windungspunkt nur einmal mitgezählt wird, durch $\bar{n}(a)$, so wird jedenfalls, sobald der Punkt a im Gebiete D liegt, $\bar{n}(a) \geqq p(D)$ und daher nach (B)

$$\sum_1^q \bar{n}(a_i) \geqq (q-2)\,S - hL. \tag{B'}$$

Diese Beziehung ist der früheren, aus dem zweiten Hauptsatz folgenden Ungleichung (vgl. hierzu Nr. 237)

$$\sum_1^q \bar{N}(r, a_i) > (q-2)\,T(r) - O(\log r\,T(r)) - O\left(\log \frac{1}{R-r}\right)$$

an die Seite zu stellen.

325. Man setze nun, im Falle einer regulären Ausschöpfung, für $F \to F^*$

$$\varliminf \frac{m(D)}{S} = 1 - \varlimsup \frac{n(D)}{S} = \delta(D),$$

$$\varliminf \frac{n_1(D)}{S} = \vartheta(D).$$

Die Größe $\delta(D)$, welche gemäß (A) *im Intervall* (0,1) *variiert, heißt der Defekt des Gebietes D in bezug auf die Überlagerungsfläche F^*.*

Die Größe $\vartheta(D)$ $(\geqq 0)$ wird als Verzweigungsindex von D in bezug auf F^* bezeichnet.

Mit diesen Bezeichnungen gilt die allgemeine

Defektrelation. *Wenn die Überlagerungsfläche F^* regulär ausschöpfbar ist, so gilt für eine beliebige Menge von außerhalb voneinander gelegenen Gebieten D der Grundkugel F_0*

$$\sum \delta(D) + \sum \vartheta(D) \leqq 2.$$

Die Summe der Defekte und der Verzweigungsindizes der Gebiete D ist also höchstens gleich 2.

326. Aus der Defektrelation folgert man:

Satz 1. *Eine regulär ausschöpfbare Fläche überdeckt sämtliche Punkte der Kugel, höchstens mit Ausnahme von zwei Punkten.*

Gäbe es nämlich drei solche Ausnahmepunkte, so könnte man sie mit drei außerhalb voneinander liegenden Grundgebieten D_1, D_2, D_3 überdecken. Über diesen würde dann keine einzige Insel liegen. Die entsprechenden Defekte würden also sämtlich gleich 1 werden und es wäre $\sum \delta(D) \geqq 3$ im Widerspruch mit der Defektrelation.

327. Eine andere interessante Folgerung aus dem Hauptsatz (B) ist folgende: Es sei D ein Gebiet auf der Kugel; die Überlagerungsfläche F^* sei so beschaffen, daß jede *einfach zusammenhängende Insel der Fläche F^* über D mindestens μ-blättrig ist.* Man sagt dann: die Fläche F^*

ist über D mindestens μ-fach verzweigt. Unter dieser Voraussetzung gilt $S(D) \geq n(D) \geq \mu p(D)$, denn die einfach zusammenhängenden Inseln allein geben positive Beiträge zu der Größe p.

Es sei nun die Fläche F^* über den Gebieten $D_i (i = 1, \ldots, q)$ mindestens μ_i-fach verzweigt. Die Beziehung (B) ergibt dann für jede Näherungsfläche F

$$\sum \frac{1}{\mu_i} S(D_i) \geq \sum p(D_i) \geq (q - 2) S - hL.$$

Andererseits gilt aber nach dem ersten Überdeckungssatz

$$S(D_i) < S + hL,$$

und es wird also

$$\sum_1^q \left(1 - \frac{1}{\mu_i}\right) \leq 2 + h \frac{L}{S},$$

daraus folgt

Satz 2. *Falls die regulär ausschöpfbare Fläche F^* über den außerhalb voneinander liegenden Gebieten D_i' mindestens μ_i-fach verzweigt ist $(i = 1, \ldots, q)$, so gilt*

$$\sum \left(1 - \frac{1}{\mu_i}\right) \leq 2. \tag{25}$$

Bemerkung. Dieser Satz gilt auch dann, wenn über einem Gebiet D_i überhaupt keine Insel liegt, sofern man $\mu_i = \infty$ setzt. In der Tat liefert ein solches Gebiet D_i zu dem Ausdruck $p(D_i)$ keinen Beitrag, und alle obigen Schlüsse bestehen unverändert, wenn man $\mu_i = \infty$ setzt.

Ebenso wie die Beziehung (B) verbleibt auch Satz 2 in Kraft, wenn man die Gebiete D_i durch Punkte a_i ersetzt, wobei die Fläche F^* über einer Stelle a mindestens μ-fach verzweigt heißt, falls sämtliche über a gelegenen inneren Flächenpunkte Windungspunkte von einer Ordnung $\geq \mu - 1$ sind (vgl. hierzu X, § 3).

Falls sämtliche über dem Gebiete D (bzw. über dem Punkt a) gelegenen Inseln (inneren Punkte) von F^* *mehrblättrig* (Windungspunkte) sind, so heißt die Fläche über D (bzw. über a) *vollständig verzweigt*, eine Bezeichnung, von der wir bereits im Abschnitt X, § 3 Gebrauch gemacht haben. Für ein solches D (bzw. a) ist offenbar $\mu \geq 2$, $1 - \frac{1}{\mu} \geq \frac{1}{2}$, und man schließt aus (25):

Satz 3. *Eine regulär ausschöpfbare Fläche besitzt höchstens vier vollständig verzweigte Gebiete oder Punkte.*

328. Wir kommen jetzt zu gewissen Anwendungen der Doppelungleichung (II. 2). Wie oben, betrachten wir ein System von q außerhalb voneinander liegenden Gebieten D_i der Kugel F_0 und zerlegen das Komplementärgebiet $\overline{F}_0$ der D_i durch q punktfremde Querschnitte in zwei Teilgebiete $\overline{F}_0'$ und $\overline{F}_0''$. Wir sagen, eine offene, einfach zusammenhängende Überlagerungsfläche F^* von F_0 sei über $\overline{F}_0$ *unverzweigt und* *unbegrenzt*, falls F^* über $\overline{F}_0'$ und $\overline{F}_0''$ lauter *einblättrige Inseln* hat, die an keine Verzweigungspunkte grenzen, d. h. falls jeder Punkt von F^*, dessen Spur in $\overline{F}_0$ liegt, von einer gewissen Näherungsfläche F ab zu einer solchen Insel von F gehört, eventuell als Randpunkt derselben. Von einer solchen Fläche sagt man auch, daß sie *nur über den Gebieten D_i verzweigt* und *berandet* sei[1].

Sei nun F^* eine derartige Überlagerungsfläche der Kugel F_0. Wie in Nr. 323 betrachten wir die über $\overline{F}_0$ gelegenen Teilgebiete $\overline{F}$ der Näherungsfläche F; weil alle Windungspunkte von F über inneren Punkten der Gebiete D_i liegen, so schließt man, daß in (23) Gleichheit besteht. Ist nun die Ausschöpfung so gewählt, daß der Rand von jeder F ein Rückkehrschnitt von F^* ist, so läßt sich die Größe $\sum \overset{+}{\varrho}(\overline{F})$ in (23) mit Hilfe der Relation (II. 2) *nach oben* abschätzen. Die dieser Beziehung zugrunde liegende Voraussetzung, daß $\overline{F}$ als Teil einer über $\overline{F}_0$ ausgebreiteten, relativ zu $\overline{F}_0$ unberandeten und unverzweigten Überlagerungsfläche aufgefaßt werden kann, ist nämlich erfüllt. Eine solche Überlagerungsfläche $\overline{F}_1$ läßt sich in der Tat so herstellen, daß man aus F eine solche Menge von Inseln über $\overline{F}_0$ nimmt, daß die von diesen gebildete Teilfläche das Gebiet $\overline{F}$ enthält, und diese Teilfläche durch Ergänzung mit Hilfe eines symmetrischen Flächenstücks zu einer geschlossenen Fläche $\overline{F}_1$ ergänzt, wie dies in Nr. 292 in anderem Zusammenhang auseinandergesetzt worden ist. Da die Teilfläche $\overline{F}$ außer an die Inseln D^i nur an gewisse Randbogen der Fläche F grenzt, deren Berandung aus einem einzigen Rückkehrschnitt von F^* besteht, so schließt man, daß der relative Rand von $\overline{F}$ in bezug auf $\overline{F}_1$ aus lauter punktfremden Schnitten von $\overline{F}_1$ besteht, von denen höchstens einer Rückkehrschnitt ist. Aus den Beziehungen (23) und (II, 2) folgt nun

$$\sum_{i=1}^{q} p(D_i) < (q-2)\, S + N'(F') + hL + 1. \tag{24'}$$

In Verbindung mit (24) folgt hieraus:

Wenn die offene, einfach zusammenhängende Überlagerungsfläche F^* der Kugel F_0 nur über den punktfremden Gebieten $D_i (i = 1, \ldots, q)$ verzweigt und berandet ist, so gilt

$$\left| \sum_{i=1}^{q} p(D_i) - N'(F') - (q-2)\, S \right| < hL + 1. \tag{D}$$

Hier bedeutet N' die Anzahl derjenigen, nach Entfernung der über $D_i (i = 1, \ldots, q)$ gelegenen Zungen übriggebliebenen Teile F' von F, welche mindestens eine über D_i befindliche Insel enthalten.

---

[1] Diesen Begriff haben wir schon in XI, § 2 eingeführt.

329. Indem man die einzelnen Schritte des obigen Beweises verfolgt, überzeugt man sich davon, daß die Ungleichung (D) auch dann in Kraft bleibt, wenn man die Gebiete D_i durch Punkte a_i ersetzt. In diesem Fall fällt aber F' mit der ganzen Fläche F zusammen. Es wird also die Anzahl $N'(F')$ entweder Null oder Eins, je nachdem F keinen oder mindestens einen über a_i $(i = 1, \ldots, q)$ gelegenen *inneren* Punkt hat, und man schließt infolgedessen aus (D):

Wenn sämtliche Windungs- und Grenzpunkte der Fläche F über endlich vielen Grundpunkten $a_1, \ldots, a_q$ liegen, so wird

$$\left| \sum_1^q \overline{n}(a_i) - (q-2)S \right| \leqq hL + 2. \tag{D$'$}$$

Ist nun $a \neq a_i$, so hat man $n(a) = \overline{n}(a)$, und man findet durch Anwendung von (D$'$) auf das Wertsystem $a_1, \ldots, a_i, a$

$$\left| \sum_1^q \overline{n}(a_i) + n(a) - (q-1)S \right| \leqq hL + 2,$$

was mit Rücksicht auf die ursprüngliche Beziehung (D$'$)

$$|n(a) - S| \leqq hL + 4$$

ergibt.

Dies zeigt, daß die Blätteranzahl $n(a)$ für alle $a \neq a_i$ asymptotisch gleich der mittleren Blätteranzahl S ist, sofern die Fläche F^* regulär ausschöpfbar ist. Die Überdeckung der Grundfläche F_0 mittels der Näherungsflächen F erfolgt also außerhalb der Punkte a_i sehr gleichmäßig.

§ 7. Anwendungen auf die konforme Abbildung einfach zusammenhängender RIEMANNscher Flächen.

330. Wir werden jetzt untersuchen, was die allgemeinen Sätze von § 6 in dem besonderen Fall enthalten, wo die Fläche F^* als die RIEMANNsche Fläche angenommen wird, auf welche eine gegebene, innerhalb eines Kreises $|z| < R \leqq \infty$ meromorphe Funktion $w = w(z)$ jenen Kreis konform abbildet. Die Metrik der Grundfläche (w-Ebene) soll wie in VI, § 3 gemäß der sphärischen Geometrie erklärt werden und als Näherungsflächen F wählen wir, wie dies in der Wertverteilungstheorie üblich ist, diejenigen endlichen Flächen F_r, welchen die Kreisscheiben $|z| \leqq r < R$ zugeordnet sind. Diese Metrik erfüllt sämtliche Voraussetzungen der oben entwickelten Theorie.

Die oben eingeführte *mittlere Blätteranzahl* $S(r)$ der Näherungsfläche F_r wird dann gleich dem sphärischen Flächeninhalt von F_r, dividiert durch den gesamten Flächeninhalt π der RIEMANNschen Kugel, einem Ausdruck, den wir früher durch $A(r)$ bezeichnet haben (VI, § 3):

$$S(r) = A(r) = \frac{1}{\pi} \int\limits_{|z|<r} \frac{|w'(z)|^2 \, df}{(1 + |w(z)|^2)^2} \, ;$$

hier ist df das euklidische Flächenelement der z-Ebene. Dies ist aber nichts anderes als *die Ableitung*

$$S(r) = A(r) = \frac{dT(r)}{d\log r}$$

der Charakteristik $T(r)$ in sphärischer Normalform, in bezug auf die Veränderliche $\log r$.

Für die Länge $L(r)$ des Randes von F_r hat man wiederum den Ausdruck

$$L(r) = \int\limits_{|z|=r} \frac{|w'(z)|\,|dz|}{1 + |w(z)|^2}.$$

331. Es sei nun D ein Teilgebiet der RIEMANNschen w-Kugel, das von einer rektifizierbaren Kurve begrenzt wird; eine solche Kurve erfüllt offenbar die in § 2 vorausgesetzte Bedingung der *Regularität*. In Übereinstimmung mit den früheren Bezeichnungen setze man $n(r, D)$ gleich der gesamten Anzahl der über D gelegenen Inseln des Flächenstücks F_r und $m(r, D)$ gleich dem durch den sphärischen Flächeninhalt $I_0(D)$ des Grundgebietes D dividierten Gesamtinhalt der über D befindlichen Zungen von F_r. Es gilt dann gemäß der Beziehung (A) (§ 6)

$$n(r, D) + m(r, D) = A(r) + O\big(L(r)\big). \tag{I}$$

Sei ferner $D_1, \ldots, D_q$ ein System von $q \geqq 3$ punktfremden, einfach zusammenhängenden Gebieten der w-Kugel. Jedem Gebiet D ordnet man, außer den Größen n und m, noch die *einfache Vielfachheit* $p(r, D)$ zu, welche gleich der Summe der mit umgekehrten Vorzeichen genommenen Charakteristiken der über D befindlichen Inseln ist. Es ist $p(r, D)$ höchstens gleich der Anzahl $\bar{n}(r, D)$ der über D liegenden verschiedenen, einfach zusammenhängenden Inseln. Nach (B) gilt dann

$$\sum_{i=1}^{q} p(r, D_i) = \sum_{i=1}^{q} n(r, D_i) - \sum_{i=1}^{q} n_1(r, D_i) > (q - 2)\,A(r) - O\big(L(r)\big); \tag{II}$$

hier ist $n_1(r, D)$ die Summe der Verzweigungsordnungen der über D liegenden Inseln der Fläche F_r.

Diese letzte Bedingung gilt noch, wenn man die Gebiete D_i durch Punkte a_i ersetzt. Es wird dann

$$\sum_{i=1}^{q} \bar{n}(r, a_i) > (q - 2)\,A(r) - O\big(L(r)\big), \tag{II'}$$

wo $\bar{n}(r, a)$, wie oben, die Anzahl der über a liegenden verschiedenen Blätterzyklen von F_r angibt.

Nimmt man insbesondere an, daß die Fläche F^* *höchstens über den Punkten* $a_1, \ldots, a_q$ *verzweigt oder berandet ist, so gilt sogar die asymptotische Gleichheit*

$$\sum_{i=1}^{q} \bar{n}(r, a_i) = (q - 2)\,A(r) + O\big(L(r)\big). \tag{III}$$

332. Alle diese Beziehungen stehen in offenbarem Zusammenhang mit den zwei Hauptsätzen der Wertverteilungslehre, deren wichtige Ergänzung sie bilden. Um diese Ergebnisse verwerten zu können, muß das Größenverhältnis der Ausdrücke $S(r) = A(r)$ und $L(r)$ untersucht werden. Vor allem interessiert uns hierbei die Frage, unter welchen Bedingungen die Eigenschaft der regulären Ausschöpfbarkeit

$$\lim \frac{L(r)}{S(r)} = 0 \quad \text{für} \quad r \to R$$

vorliegt.

Dies läßt sich durch Heranziehung der SCHWARZschen Ungleichung folgendermaßen entscheiden. Man hat

$$L(r)^2 = \left(\int\limits_{|z|=r} \frac{|w'(z)|\,|dz|}{1 + |w(z)^2|} \right)^2 \leqq 2\pi r \int\limits_{|z|=r} \frac{|w'(z)|^2}{(1 + |w(z)|^2)^2}\,|dz| = 2\pi r \frac{dA(r)}{dr}$$

und man findet durch Integration für $0 < r_0 < r < R$

$$\frac{dr}{r} < \frac{dA}{L^2}\,2\pi, \qquad \log \frac{r}{r_0} \leqq 2\pi \int\limits_{r_0}^{r} \frac{dA(r)}{L(r,^2)}\,. \tag{26}$$

Hier müssen jetzt zwei Fälle unterschieden werden, je nachdem $R = \infty$ oder $R < \infty$ ist.

333. *Die Fläche F* ist vom parabolischen Typus* $(R = \infty)$. Sei dann $\Phi(t)$ eine positive Funktion von $t > 0$, welche für $t > 0$ so schnell ins Unendliche wächst, daß das Integral

$$\int\limits^{\infty} \frac{dt}{\Phi(t)} \tag{27}$$

konvergent ist. Man bezeichne durch Δ_r diejenigen Intervalle der r-Achse $(r > r_0 > 0)$, wo $L(r) \geqq \sqrt{\Phi(A(r))}$ gilt. Integriert man (26) nur über jene Intervalle, so wird

$$\int\limits_{\Delta_r} d\log r < 2\pi \int \frac{dA(r)}{\Phi(A(r))} < 2\pi \int\limits_{r_0}^{\infty} \frac{dt}{\Phi(t)}\,.$$

Falls das Integral (27) *endlich ist, so ist*

$$L(r) < \sqrt{\Phi(A(r))},$$

außer höchstens für eine Wertmenge Δ_r von endlicher logarithmischer Gesamtlänge.

Setzt man z. B. $\Phi(t) = t^{1+2\varepsilon}$, mit $\varepsilon > 0$, so wird also außerhalb der Ausnahmeintervalle Δ_r

$$L(r) < A(r)^{\frac{1}{2}+\varepsilon}. \tag{28}$$

Es sei nun $r_\nu\ (\nu = 1, 2, \ldots)$ eine mit ν unbeschränkt wachsende Wertfolge, welche außerhalb der Ausnahmeintervalle $\varDelta_r$ liegt. Es gilt dann gemäß (28)

$$\frac{L(r_\nu)}{A(r_\nu)} \to 0 \quad \text{für} \quad \nu \to \infty,$$

und man gelangt also zu folgendem Ergebnis:

Eine RIEMANN*sche Fläche F^* vom parabolischen Typus ist stets regulär ausschöpfbar.*

334. Sämtliche Sätze von § 6 sind also auf eine parabolische Fläche anwendbar. Speziell gilt die Defektrelation

$$\sum \delta\,(D_i) + \sum \vartheta\,(D_i) \leqq 2,$$

wo δ und ϑ die Defekte und Verzweigtheitsindizes

$$\delta(D) = 1 - \varlimsup_{r\,=\,\infty} \frac{n\,(r, D)}{A\,(r)}, \qquad \vartheta(D) = \varlimsup_{r\,=\,\infty} \frac{n_1\,(r, D)}{A\,(r)}$$

bezeichnen. Dieser Satz von AHLFORS ergänzt in interessanter Weise die frühere Defektrelation (X, § 2), welche sich nicht auf Gebiete D, sondern auf defekte bzw. verzweigte *Werte a* bezieht. Bemerkenswert ist, daß die Fundamentalgrößen der AHLFORSschen Theorie sich direkt mit Hilfe der Anzahlen n berechnen lassen, während in der Wertverteilungslehre eine regularisierende Integration (Übergang zu den Mittelwerten N) wesentlich war. Dies bedeutet eine beträchtliche Verschärfung der früheren Resultate, denn wir haben gesehen, daß gewisse der *Gebietssätze* den Grenzübergang zu entsprechenden *Punktsätzen* gestatten. So gilt z. B. nach (II), außerhalb der Ausnahmeintervalle $\varDelta_r$, die Beziehung

$$\sum_{i\,=\,1}^{q} n(r, a_i) - \sum_{i\,=\,1}^{q} n_1(r, a_i) > (q - 2)\,A\,(r) - O(A^{\frac{1}{2}+\varepsilon}),$$

als deren „integrierte Form" der *zweite Hauptsatz*

$$\sum_{i\,=\,1}^{q} N(r, a_i) - \sum_{i\,=\,1}^{q} N_1(r, a_i) > (q - 2)\,T\,(r) - O\big(\log r\, T\,(r)\big)$$

erscheint. Das mögliche Vorhandensein der Ausnahmeintervalle $\varDelta_r$ verhindert allerdings, die zweite Relation aus der ersten einfach durch Integration $\Big($nach Multiplikation mit $\dfrac{dr}{r}\Big)$ zu gewinnen; für das Restglied würde man in dieser Art auch nicht die richtige Größenordnung finden. Umgekehrt ist es nicht möglich, aus dem zweiten Hauptsatz auf die Richtigkeit der ersten der obigen zwei Relationen zu schließen.

335. Wenn sich also die Hauptsätze im „Punktfall" $D \to a$ auch nicht vollkommen decken, lassen sich die wichtigsten Konsequenzen der Wertverteilungslehre aus den AHLFORSschen Sätzen herleiten. Dies gilt z. B. für den PICARDschen Satz, wie aus Satz 1 (Nr. 326) unmittelbar hervorgeht. Dasselbe gilt für den Satz über die vollständig verzweigten Werte. Nach AHLFORS gilt nun aber dieser Satz für *Gebiete*, und man findet gemäß Satz 2 folgende interessante Erweiterung der Ergebnisse von X, § 3:

Scheibensatz. *Wenn die Fläche F* vom parabolischen Typus ist und sämtliche über den punktfremden Grundgebieten D_i $(i = 1, \ldots, q)$ liegenden Inseln mindestens μ_i-blättrig sind, so gilt*

$$\sum_1^q \left(1 - \frac{1}{\mu_i}\right) \leqq 2. \tag{29}$$

Falls über D_i überhaupt keine Insel liegt, so kann man hier $\mu_i = \infty$ setzen.

Der Satz gilt auch dann, wenn gewisse D_i durch Punkte a_i ersetzt werden; für die Ausdrücke „μ-blättrige Insel" ist dann „Windungspunkt $(\mu - 1)$-ter Ordnung" zu schreiben.

Hieraus folgt unmittelbar:

Wie immer drei punktfremde Gebiete auf der RIEMANNschen Kugel gewählt werden, so besitzt die parabolische Fläche F über mindestens einem Gebiet eine Insel.*

Dieser Satz enthält wieder den PICARDschen Satz als unmittelbaren Folgesatz.

Ferner schließt man (vgl. X, § 3):

Eine parabolische Fläche ist höchstens über vier punktfremden Gebieten vollständig verzweigt.

Nimmt man also fünf beliebige Gebiete D, so liegt über diesen mindestens eine *einblättrige Insel* der Fläche F^*. Wenn die Fläche einen Punkt unüberdeckt läßt, was z. B. für die Fläche einer *ganzen* Funktion $w = w(z)$ der Fall ist, so wird die entsprechende Zahl $\mu = \infty$, und das letzte Ergebnis besteht schon für *drei* (statt für fünf) Grundgebiete D. Hieraus ergibt sich insbesondere folgender bekannte Satz von VALIRON und BLOCH[1]:

Die über der w-Ebene liegende RIEMANNsche Fläche einer ganzen Funktion enthält beliebig große schlichte Kreisscheiben.

336. *Die Fläche F* ist vom hyperbolischen Typus $(R < \infty)$.* Um in diesem Fall die Möglichkeit der regulären Ausschöpfbarkeit der Fläche zu untersuchen, betrachte man wieder, wie in Nr. 330, den Flächeninhalt $A(r)$ und die Randlänge $L(r)$ der Bildfläche F_r der Kreisscheibe $|z| \leqq r < R$, welche den Beziehungen (26) genügen. Angenommen, daß die Fläche F^* nicht regulär ausgeschöpft werden kann, so existiert für $0 < r_0 < R$ eine endliche Zahl h, so daß $A(r) < hL(r)$ für $r_0 \leqq r < R$ gilt. Führt man das in (26) ein, so wird für $r_0 < r < R$

$$\log \frac{R}{r} < 2\pi h^2 \int_r^R \frac{dA(r)}{A(r)^2} \leqq \frac{2\pi h^2}{A(r)}$$

---

[1] G. VALIRON [6], A. BLOCH [1], E. LANDAU [2].

und daher

$$A(r) < \frac{2\pi h^2}{\log\dfrac{R}{r}} < \frac{2\pi h^2 R}{R-r}. \tag{30}$$

Hieraus folgt:

Falls die Fläche F auf den Kreis $|z| < R$ konform abgebildet ist und*

$$\overline{\lim_{r=R}}(R-r)\,A(r) = \infty \tag{31}$$

gilt, so ist F regulär ausschöpfbar.*

Für die durch diese Bedingung charakterisierten Flächen bestehen also sämtliche oben bewiesenen Sätze (Sätze von Picard, Defektrelation, Scheibensatz usw.). Es ist bemerkenswert, daß die gefundene Gültigkeitsschranke jener Sätze mit der in den Wertverteilungssätzen vorkommenden Grenze übereinstimmt. Die reguläre Ausschöpfbarkeit hört mit der Wachstumsordnung (30) der Größe $A(r) = \dfrac{d\,T(r)}{d\log r}$ auf. Durch Integration ergibt sich aber aus (30) für $r_0 < r < R$

$$T(r) - T(r_0) = \int_{r_0}^{r} \frac{A(r)}{r}\,dr = O\left(\log\frac{1}{R-r}\right).$$

Dies ist genau diejenige Größenordnung, welche die charakteristische Funktion $T(r)$ überschreiten muß, damit das Restglied des zweiten Hauptsatzes von verschwindend kleiner Ordnung sei, was für das Bestehen der Defektsätze eine wesentliche Voraussetzung ist.

§ 8. Erweiterungen auf quasikonforme Abbildungen.

337. Wir denken uns die einfach zusammenhängende, offene Fläche F^*, mit der sphärischen Maßbestimmung ausgerüstet, über die w-Kugel ausgebreitet. Sie läßt sich topologisch auf einen schlichten Kreis $|z| < R\,(\leqq \infty)$ abbilden. In § 7 haben wir den Fall untersucht, wo die Abbildung $z \to w$ *konform* ist. Es soll jetzt dieser Abbildung eine allgemeinere metrische Bedingung auferlegt werden.

Man nehme zunächst an, daß das Quadrat des sphärischen Linienelements ds, welches vermöge der Abbildung $z \to w$ dem Element dz zugeordnet ist, als eine positiv definite quadratische Differentialform $(z = x_1 + ix_2)$

$$ds^2 = \sum g_{\mu\nu}\,dx_\mu\,dx_\nu \qquad (g_{\mu\nu} = g_{\nu\mu})$$

von dx_1, dx_2 bestimmt ist, wo g_{11}, $g_{12} = g_{21}$, g_{22} stetige Funktionen von z sind. Führt man hier die neuen Variablen $dz = dx_1 + i\,dx_2$, $d\bar{z} = dx_1 - i\,dx_2$ ein, so läßt sich der obige Differentialausdruck in der Form

$$ds^2 = |g_1\,dz + g_2\,d\bar{z}|^2$$

schreiben, wo g_1 und g_2 stetige, komplexwertige Funktionen von z sind.

Als Bild eines infinitesimalen z-Kreises vom Radius $|dz|$ hat man auf der w-Kugel eine Ellipse mit den Halbachsen

$$(|g_1| + |g_2|)\,|dz|, \qquad ||g_1| - |g_2||\,|dz|; \tag{32}$$

entsprechend bildet sich der Kreis $ds = \text{const.}$ auf einer Ellipse mit den Halbachsen

$$\frac{ds}{||g_1| - |g_2||}, \qquad \frac{ds}{|g_1| + |g_2|} \tag{32'}$$

ab. Das Achsenverhältnis

$$D(z) = \frac{|g_1| + |g_2|}{||g_1| - |g_2||} = \frac{\mathrm{Max}\,\dfrac{ds}{|dz|}}{\mathrm{Min}\,\dfrac{ds}{|dz|}} = \frac{\mathrm{Max}\,\dfrac{|dz|}{ds}}{\mathrm{Min}\,\dfrac{|dz|}{ds}}$$

nennen wir den *Dilatationsquotienten* für unsere Abbildung $z \to w$ (oder $w \to z$). Es gilt immer $D(z) \geqq 1$, wo Gleichheit nur für $g_2 = 0$ besteht; die Abbildung ist dann konform.

Falls es nun eine endliche positive Zahl D gibt, so daß

$$D(z) \leqq D \tag{33}$$

für $|z| < R$ gilt, so sagen wir, die Abbildung $z \to w$ (und ebenfalls $w \to z$) sei *quasikonform*.

338. Zweck der nachstehenden Betrachtungen ist es, zu zeigen, daß *sämtliche Sätze von § 7 auch für die allgemeinere Klasse der quasikonformen Abbildungen bestehen*. Zum Beweise hierfür genügt der Nachweis, daß die Sätze über die reguläre Ausschöpfbarkeit (Nr. 333, 336) unter der erwähnten allgemeineren Voraussetzung gelten. Dies ergibt sich in der Tat leicht durch Wiederholung des in Nr. 332 angesetzten Abschätzungsverfahrens.

Bezeichnet man nämlich den Flächeninhalt und die Randlänge der Bildfläche F_r des Kreises $|z| \leqq r < R$ wieder durch $A(r)$ bzw. $L(r)$, so findet man mit Hilfe der Schwarzschen Ungleichung

$$(L(r))^2 = \left(\int\limits_{|z|=r} \frac{ds}{|dz|}\,|dz| \right)^2 \leqq 2\pi r \int\limits_{|z|=r} \left(\frac{ds}{|dz|} \right)^2 |dz|. \tag{34}$$

Hier gilt

$$\mathrm{Max}\left(\frac{ds}{|dz|} \right)^2 = (|g_1| + |g_2|)^2 = D(z)\,||g_1|^2 - |g_2|^2| \leqq D\,||g_1|^2 - |g_2|^2|,$$

und es wird demnach

$$(L(r))^2 \leqq 2\pi D r \int\limits_{|z|=r} ||g_1|^2 - |g_2|^2|\,|dz|.$$

Beachtet man noch, daß man für den Flächeninhalt $A(r)$ den Ausdruck

$$A(r) = \int\limits_0^r dr \int\limits_{|z|=r} ||g_1|^2 - |g_2|^2|\,|dz|$$

hat, so wird

$$(L(r))^2 \leqq 2\pi D r \frac{dA(r)}{dr}$$

und somit

$$\frac{dr}{r} \leqq 2\pi D \frac{dA(r)}{(L(r))^2} . \tag{35}$$

339. Diese Beziehung unterscheidet sich nun von der in Nr. 332 aufgestellten Ungleichung (26) nur durch den Faktor D, der eine ein für allemal festgesetzte Konstante ist. Man sieht unmittelbar ein, daß sämtliche aus (26) gezogenen Folgerungen auch ausgehend von (35) möglich sind. Mit diesem Ergebnis sind wir an unser Ziel gelangt. Sämtliche Sätze, welche in § 7 über die konforme Abbildung einer einfach zusammenhängenden Fläche gegeben worden sind, gelten unverändert für quasikonforme Abbildungen.

340. Aus dem obigen folgt insbesondere, daß es zwei quasikonforme Äquivalenzklassen von offenen, einfach zusammenhängenden Flächen gibt. Weil die konforme Abbildung ein Spezialfall der quasikonformen ist, so muß eine dieser Klassen sämtliche parabolische, die andere sämtliche hyperbolische Flächen umfassen. Es gilt also der folgende Satz:

Der Typus einer einfach zusammenhängenden Fläche bleibt bei einer quasikonformen Abbildung invariant.

Mit Hilfe der quasikonformen (und noch allgemeineren) Abbildungen sind bei der Untersuchung des Typenproblems wichtige Resultate erzielt worden. (Lavrentieff [1], [2], Teichmüller [1], [2], Kakutani [1], Kobayashi [2]; vgl. hierzu auch Nr. 289.)

Literaturverzeichnis.

AHLFORS, L.: [1] Untersuchungen zur Theorie der konformen Abbildung und der ganzen Funktionen. Acta Soc. Sci. fenn. N. s. 1, Nr. 9 (1930).
— [2] Beiträge zur Theorie der meromorphen Funktionen. 7. Congr. Math. scand. Oslo 1929.
— [3] Ein Satz von HENRI CARTAN und seine Anwendung auf die Theorie der meromorphen Funktionen. Soc. Sci. fenn. Comment. Phys.-math. 5, Nr. 16 (1930).
— [4] Zur Bestimmung des Typus einer RIEMANNschen Fläche. Comment. math. Helvet. 3 (1931).
— [5] Über die asymptotischen Werte der meromorphen Funktionen endlicher Ordnung. Acta Acad. Aboensis. Math. et Phys. 6, Nr. 9 (1932).
— [6] Über eine in der neueren Wertverteilungstheorie betrachtete Klasse transzendenter Funktionen. Acta Math. 58 (1932).
— [7] Sur les domaines dans lesquels une fonction méromorphe prend des valeurs appartenant à une région donnée. Acta Soc. Sci. fenn., N. s. 2, Nr. 2 (1933).
— [8] Über eine Methode in der Theorie der meromorphen Funktionen. Soc. Sci. fenn. Comment. Phys.-math. 8, Nr. 10 (1935).
— [9] Sur le type d'une surface de RIEMANN. C. r. Acad. Sci. Paris 201 (1935).
— [10] Zur Theorie der Überlagerungsflächen. Acta Math. 65 (1935).
— [11] Sur quelques propriétés des fonctions méromorphes. C. r. Acad. Sci. Paris 190 (1930).
— [12] Differentialgeometrische Methoden in der Theorie der Überlagerungsflächen. Acta Soc. Sci. fenn. N. s. 2. Nr. 6 (1937).
— [13] The theory of meromorphic curves. Acta Soc. Sci. fenn. N. s. 3 (1941).
BEURLING, A.: [1] Etudes sur un problème de majoration. Thèse de Upsal 1933.
BLANC, C.: [1] Les surfaces de RIEMANN des fonctions méromorphes. Comment. math. Helv. 9 (1937)
— [2] Les demi-surfaces de RIEMANN. Comment. math. Helv. 10 (1938).
BLASCHKE, W.: [1] Eine Erweiterung des Satzes von VITALI über Folgen analytischer Funktionen. Leipzig. Ber. 67 (1915).
BLOCH, A.: [1] Les théorèmes de M. VALIRON sur les fonctions entières et la théorie de l'uniformisation. Ann. Fac. Sci. Univ. Toulouse, III. s. 17 (1925).
— [2] Les fonctions holomorphes et méromorphes dans le cercle-unité. Mémorial des Sciences math., Fasc. 20. Paris: Gauthier-Villars 1926.
— [3] Sur les systèmes de fonctions holomorphes à variétés linéaires lacunaires. Ann. École Norm. 43 (1926).
BOREL, E.: [1] Sur les zéros des fonctions entières. Acta math. 20 (1896).
CARATHÉODORY, C.: [1] Sur quelques généralisations du théorème de M. PICARD. C. r. Acad. Sci. Paris 141 (1905).
— [2] Über eine Verallgemeinerung der PICARDschen Sätze. Sitzgsber. preuß. Akad. Wiss., Physik.-math. Kl. (1920).

CARATHÉODORY, C.: [3] Über die FOURIERschen Koeffizienten monotoner Funktionen. Sitzgsber. preuß. Akad. Wiss., Physik.-math. Kl. (1920).
— [4] Über die Winkelderivierten von beschränkten analytischen Funktionen. Sitzgsber. preuß. Akad. Wiss., Physik.-math. Kl. (1929).
— [5] Conformal representation. Cambridge tracts in math. a. math. phys., Vol. 28. Cambridge 1932.
CARLEMAN, T.: [1] Sur les fonctions inverses des fonctions entières. Ark. Mat. Astron. Fys. 15, Nr. 10 (1921).
— [2] Sur une inégalité différentielle dans la théorie des fonctions analytiques. C. r. Acad. Sci. Paris 196 (1933).
CARLESON, L.: [1] On a class of meromorphic functions and its associated exceptional sets. Thesis, Uppsala 1950.
CARTAN, H.: [1] Sur les systèmes de fonctions holomorphes à variétés lacunaires et leurs applications. Thèse de Paris 1928.
— [2] Sur la fonction de croissance attachée à une fonction méromorphe de deux variables et ses applications aux fonctions méromorphes d'une variable. C. r. Acad. Sci. Paris 189 (1929).
— [3] Sur les zéros des combinaisons linéaires de p fonctions holomorphes données. Mathematica (Cluj) 7 (1933).
COLLINGWOOD, E. F.: [1] Sur quelques théorèmes de M. NEVANLINNA. C. r. Acad. Sci. Paris 179 (1924).
— [2] On meromorphic and integral functions. J. Lond. math. Soc. 5 (1930).
— [3] Exceptional values of meromorphic functions. Trans. Amer. Math. Soc. 66 (1949).
COLLINGWOOD, E. F., and M. L. CARTWRIGHT: [1] Boundary theorems for a function meromorphic in the unit circle. Acta Math. 87 (1952).
DENJOY, A.: [1] Sur les fonctions entières de genre fini. C. r. Acad. Sci. Paris 145 (1907).
DUFRESNOY, J.: [1] Sur une propriété de la fonction de croissance $T(r)$ d'un système de fonctions holomorphes. C. r. Acad. Sci. Paris 211 (1940).
— [2] Sur les théorèmes fondamentaux de la théorie des courbes méromorphes. C. r. Acad. Sci. Paris 211 (1940).
— [3] Sur un théorème d'AHLFORS et son application à l'étude de la représentation conforme. C. r. Acad. Sci. Paris 220 (1945).
DUGUÉ, D.: [1] Le défaut au sens de M. NEVANLINNA dépend de l'origine choisie. C. r. Acad. Sci. Paris 225 (1947).
ELFVING, G.: [1] Über eine Klasse von RIEMANNschen Flächen und ihre Uniformisierung. Acta Soc. Sci. fenn. N. s. 2, Nr. 3 (1934).
— [2] Über RIEMANNsche Flächen und Annäherung von meromorphen Funktionen. 8. Congr. Math. scand. Stockholm 1934.
— [3] Zur Flächenstruktur und Wertverteilung. Ein Beispiel. Acta Acad. Aboensis. Math. et Phys. 8 (1935).
ERDÖS, P., and J. GILLIS: [1] Note on the transfinite diameter. J. Lond. math. Soc. XII (1937).
EVANS, G. C.: [1] The logarithmic potential. New York 1927.
— [2] Applications of POINCARÉS sweeping-out process. Proc. nat. Acad. Sci. USA. 19 (1933).
FABER, G.: [1] Über TSCHEBYSCHEFFsche Polynome. J. reine angew. Math. 150 (1919).
FATOU, P.: [1] Séries trigonométriques et séries de TAYLOR. Acta math. 30 (1906).
FÉKETE, M.: [1] Über die Verteilung der Wurzeln bei gewissen algebraischen Gleichungen mit ganzzahligen Koeffizienten. Math. Z. 17 (1923).

FENCHEL, W.: [1] Über analytische Funktionen, die in Teilgebieten des Einheitskreises beschränkt sind. Nachr. Ges. Wiss. Göttingen, Math.-physik. Kl. (1930).

FERRAND, J.: [1] Extension d'une inégalité de M. AHLFORS. C. r. Acad. Sci. Paris 220 (1945).

FERRAND, J., et J. DUFRESNOY: [1] Extension d'une inégalité de M. AHLFORS et application au problème de la dérivée angulaire. Bull. Sci. math. (2) 69 (1945).

FROSTMAN, O.: [1] Über den Kapazitätsbegriff und einen Satz von R. NEVANLINNA. Meddel. Lunds Univ. Mat. Sem. 1 (1934).

— [2] Über die defekten Werte einer meromorphen Funktion. 8. Congr. Math. scand. Stockholm 1934.

— [3] Potential d'équilibre et capacité des ensembles avec quelques applications à la théorie des fonctions. Meddel. Lunds Univ. Mat. Sem. 3 (1935).

— [4] Sur les produits de Blaschke, Kungl. Fysiogr. Sällsk. Lund Förh. 12, Nr. 15 (1942).

GILLIS, J.: [1] Note on a theorem of MYRBERG. Proc. Cambr. Phil. Soc. 33 (1937).

GROSS, W.: [1] Eine ganze Funktion, für die jede komplexe Zahl Konvergenzwert ist. Math. Ann. 79 (1918).

— [2] Über die Singularitäten analytischer Funktionen. Mh. Math. u. Physik 29 (1918).

GRÖTZSCH, H.: [1] Über einige Extremalprobleme der konformen Abbildung. Leipzig. Ber. 80 (1928).

— [2] Über die Verzerrung bei schlichten nichtkonformen Abbildungen und über eine damit zusammenhängende Erweiterung des PICARDschen Satzes. Leipzig. Ber. 80 (1928).

GRUNSKY, H.: [1] Neue Abschätzungen zur konformen Abbildung ein- und mehrfach zusammenhängender Bereiche. Schr. math. Semin. u. Inst. angew. Math. Univ. Berl. 1 (1932).

HÄLLSTRÖM, G. AF: [1] Über meromorphe Funktionen mit mehrfach zusammenhängenden Existenzgebieten. Acta Acad. Aboensis. Math. et Phys. 12, Nr. 8 (1940).

— [2] Eine quasikonforme Abbildung mit Anwendung auf die Wertverteilungslehre. Acta Acad. Aboensis (1952).

HAUSDORFF, F.: [1] Dimension und äußeres Maß. Math. Ann. 79 (1919).

HERGLOTZ, G.: [1] Über Potenzreihen mit positivem, reellem Teil im Einheitskreis. Leipz. Ber. 63 (1911).

HILLE, E.: [1] On the zeros of the functions of the parabolic cylinder. Ark. Mat. Astron. Fys. 18, Nr 26 (1924).

— [2] Zero point problems for linear differential equations of second order. Mat. Tidskr. B 1927.

HÖSSJER, G.: [1] Über funktionstheoretische Nullmengen und das Maximumprinzip bei mehrdeutigen analytischen Funktionen. 8. Congr. Math. Scand. Stockholm 1934.

HUCKEMANN, F.: [1] Verschmelzung von Randstellen RIEMANNscher Flächen. Mitt. Math. Sem. Giessen. Heft 41 (1952).

IVERSEN, F.: [1] Recherches sur les fonctions inverses des fonctions méromorphes. Thèse de Helsingfors 1914.

— [2] Zum Verhalten analytischer Funktionen in Bereichen, deren Rand eine wesentliche Singularität enthält. Övers. av Finska Vet.-Soc. Förh. 64 A, Nr. 4 (1922).

JENSEN, J. L.: [1] Sur un nouvel et important théorème de la théorie des fonctions. Acta math. 22 (1899).

Julia, G.: [1] Extension d'un lemme de Schwarz. Acta math. 42 (1920).
— [2] Principes géométriques d'Analyse. 2ᵉ partie. Paris: Gauthier-Villars 1932.

Kakutani, S.: [1] Applications of the theory of pseudo-regular functions to the type-problem of Riemann surfaces. Jap. J. Math. 13 (1937).

Kerekjartó, B. v.: [1] Vorlesungen über Topologie I. Die Grundlehren der mathematischen Wissenschaften in Einzeldarstellungen, Bd. 8. Berlin: Julius Springer 1923.

Kobayashi, Z.: [1] Theorems on the conformal representation of Riemann surfaces. Sci. Rep. Tokyo Bunrika Daigaku, sect. A, Nr. 39 (1935).
— [2] On the Kakutani's theory of Riemann surfaces. Sci. Rep. Tokyo Bunrika Daigaku, sect: A, Nr. 76 (1940).

Koebe, P.: [1] Über die Uniformisierung der algebraischen Kurven II. Math. Ann. 69 (1910).
— [2] Allgemeine Theorie der Riemannschen Mannigfaltigkeiten. Acta math. 50 (1927).

Künzi, H. P.: [1] Surfaces de Riemann avec un nombre fini d'extrémités simplement et doublement périodiques. C. r. Acad. Sci. Paris 234 (1952).
— [2] Über ein Teichmüllersches Wertverteilungsproblem. Archiv d. Math. 3 (1953).

Laasonen, P.: [1] Zum Typenproblem der Riemannschen Flächen. Ann. Acad. Sci. fenn., A 1, 11 (1942).

Landau, E.: [1] Über eine Verallgemeinerung des Picardschen Satzes. Sitzgsber. preuß. Akad. Wiss., Physik.-math. Kl. (1904).
— [2] Der Picard-Schottkysche Satz und die Blochsche Konstante. Sitzgsber. preuß. Akad. Wiss., Physik.-math. Kl. (1926).
— [3] Über den Millouxschen Satz. Nachr. Ges. Wiss. Göttingen, Math.physik. Kl. (1930).

Landau, E., and G. Valiron: [1] A deduction from Schwarz's lemma. J. London Math. Soc. 4, Nr. 3 (1929).

Lavrentieff, M.: [1] Sur une classe de représentations continues. Rec. math. Moscou 42 (1935).
— [2] Sur les surfaces de Riemann. Rec. math. Moscou 42 (1935).

Lebesgue, H.: [1] Leçons sur l'intégration et la recherche des fonctions primitives. 2. édition. Paris: Gauthier-Villars 1928.

Lehto, O.: [1] A majorant principle in the theory of functions. Math. Scand. 1, Nr. 1 (1953).
— [2] Sur la théorie des fonctions méromorphes a caractéristique bornée. C. r. Acad. Sci. Paris 236 (1953).

Le-Van Thiem: [1] Über das Umkehrproblem der Wertverteilungslehre. Comment. math. Helvet. 23 (1949).
— [2] Beitrag zum Typenproblem der Riemannschen Flächen. Comment. math. Helv. 20 (1947).

Lindeberg, J. W.: [1] Sur l'existence des fonctions d'une variable complexe et des fonctions harmoniques bornées. Ann. Acad. Sci. fenn. 11, Nr. 6 (1918).

Lindelöf, E.: [1] Mémoire sur la théorie des fonctions entières de genre fini. Acta Soc. Sci. fenn. 31 (1902).
— [2] Mémoire sur certaines inégalités dans la théorie des fonctions monogènes et sur quelques propriétés nouvelles de ces fonctions dans le voisinage d'un point singulier essentiel. Acta Soc. Sci fenn. 35, Nr. 7 (1908).
— [3] Sur un principe général de l'Analyse et ses applications à la théorie de la représentation conforme. Acta Soc. Sci. fenn. 46, Nr. 4 (1915).

LITTLEWOOD, J. E.: [1] On inequalities in the theory of functions. Proc. Lond. Math. Soc. 2, vol. 23 (1924).
— [2] Lectures on the theory of functions. Oxford Univ. Press 1944.
— [3] On exceptional values of power series. J. Math. Soc. London (1930).
LÖWNER, K.: [1] Untersuchungen über schlichte konforme Abbildungen des Einheitskreises. I. Math. Ann. 89 (1923).
MILLOUX, H.: [1] Le théorème de M. PICARD, suites de fonctions holomorphes, fonctions méromorphes et fonctions entières. J. Math. pures appl. IX. s. 3 (1924).
MONTEL, P.: [1] Leçons sur les familles normales de fonctions analytiques et leurs applications. Paris: Gauthier-Villars 1927.
— [2] Leçons sur les fonctions entières ou méromorphes. Paris: Gauthier-Villars 1932.
MYRBERG, P. J.: [1] Über die Existenz der GREENschen Funktionen auf einer gegebenen RIEMANNschen Fläche. Acta math. 61 (1933).
— [2] Über die Bestimmung des Typus einer RIEMANNschen Fläche. Ann. Acad. Sci. fenn. A 45, Nr. 3 (1935).
— [3] L'existence de la fonction de GREEN pour un domaine plan donné. C. r. Acad. Sci. Paris 190 (1930).
— [4] Bemerkung zur Theorie des transfiniten Durchmessers einer ebenen Punktmenge. Ann. Acad. Sci. Fenn. A. XXXIII (1930).
NEVANLINNA, F.: [1] Bemerkungen zur Theorie der ganzen Funktionen endlicher Ordnung. Soc. Sci. fenn., Comment. Phys.-math. 2, Nr. 4 (1923).
— [2] Über die Anwendung einer Klasse von uniformisierenden Transzendenten zur Untersuchung der Wertverteilung analytischer Funktionen. Acta Math. 50 (1927).
— [3] Über eine Klasse meromorpher Funktionen. 7. Congr. Math. scand. Oslo 1929.
— [4] Über die logarithmische Ableitung einer meromorphen Funktion. Comment. in honorem ERNESTI LEONARDI LINDELÖF, Helsinki 1930.
NEVANLINNA, F. u. R.: [1] Über die Eigenschaften einer analytischen Funktion in der Umgebung einer singulären Stelle oder Linie. Acta Soc. Sci. fenn. 50, Nr. 5 (1922).
NEVANLINNA, R.: [1] Über die schlichten Abbildungen des Einheitskreises. Övers. av Finska Vet. Soc. Förh. 63 A, Nr. 7 (1920).
— [2] Untersuchungen über den PICARDschen Satz. Acta Soc. Sci. fenn. 50, Nr. 6 (1924).
— [3] Über eine Klasse von meromorphen Funktionen. Math. Ann. 92 (1924).
— [4] Zur Theorie der meromorphen Funktionen. Acta math. 46 (1925).
— [5] Le théorème de PICARD-BOREL et la théorie des fonctions méromorphes. Paris: Gauthier-Villars 1929.
— [6] Über die Herstellung transzendenter Funktionen als Grenzwerte rationaler Funktionen. Acta math. 55 (1930).
— [7] Über die Randwerte von analytischen Funktionen. Comment. math. Helvet. 2 (1930).
— [8] Ein Satz über die konforme Abbildung von RIEMANNschen Flächen. Comment. math. Helvet. 5 (1932).
— [9] Über RIEMANNsche Flächen mit endlich vielen Windungspunkten. Acta math. 58 (1932).
— [10] Über die RIEMANNsche Fläche einer analytischen Funktion. Verh. Internat. Math.-Kongr. 1, Zürich 1932.
— [11] Über eine Minimumaufgabe in der Theorie der konformen Abbildung. Nachr. Ges. Wiss. Göttingen, Math.-physik. Kl. (1933).

NEVANLINNA, R.: [12] Das harmonische Maß von Punktmengen und seine Anwendung in der Funktionentheorie. 8. Congr. Math. scand. Stockholm 1934.

— [13] Sur un principe général de l'Analyse. C. r. Acad. Sci. Paris 199 (1934).

— [14] Über die Kapazität der CANTORschen Punktmengen. Mh. Math. Phys. 43 (1936).

— (15) Ein Satz über offene RIEMANNsche Flächen. Ann. Acad. Sci. fenn. 54 (1940).

OSTROWSKI, A.: [1] Über allgemeine Konvergenzsätze der komplexen Funktionentheorie. Jber. Deutsch. Math.-Vereinig. 32 (1923).

— [2] Über die Bedeutung der JENSENschen Formel für einige Fragen der komplexen Funktionentheorie. Acta Litt. Sci. Szeged. 1 (1933).

— [3] Über quasianalytische Funktionen und Bestimmtheit asymptotischer Entwicklungen. Acta math. 53 (1929).

PFLUGER, A.: [1] Zur Defektrelation ganzer Funktionen endlicher Ordnung. Comment. math. Helvet. 19 (1946).

PHRAGMÉN, E., et E. LINDELÖF: [1] Sur une extension d'un principe classique de l'analyse et sur quelques propriétés des fonctions monogènes dans le voisinage d'un point singulier. Acta math. 31 (1908).

PICARD, E.: [1] Sur une propriété des fonctions entières. C. r. Acad. Sci. Paris 88 (1879).

— [2] Démonstration d'un théorème général des fonctions uniformes liées par une relation algébrique. Acta math. 11 (1887).

PICK, G.: [1] Über eine Eigenschaft der konformen Abbildung kreisförmiger Bereiche. Math. Ann. 77 (1916).

— [2] Über den KOEBEschen Verzerrungssatz. Verh. sächs. Akad. Ber. Leipzig. 68 (1916).

PLESSNER, A.: [1] Zur Theorie der konjugierten trigonometrischen Reihen. Mitt. math. Semin. Gießen 10 (1923).

POINCARÉ, H.: [1] Théorie des groupes fuchsiens. Acta math. 1 (1881).

— [2] Sur l'uniformisation des fonctions analytiques. Acta math. 31 (1907).

PÓLYA, G.: [1] Über analytische Deformationen eines Rechtecks. Ann. of Math. 34^{II} (1933).

PÓLYA, G., u. G. SZEGÖ: [1] Über den transfiniten Durchmesser (Kapazitätskonstante) von ebenen und räumlichen Punktmengen. J. reine angew. Math. 165 (1931).

PÖSCHL, K.: [1] Über die Wertverteilung der erzeugenden Funktionen RIEMANNscher Flächen mit endlich vielen periodischen Enden. Math. Ann. 123 (1951)

PRINGSHEIM, A.: [1] Elementare Theorie der ganzen transzendenten Funktionen von endlicher Ordnung. Math. Ann. 58 (1904).

RIESZ, F.: [1] Sur une inégalité de M. LITTLEWOOD dans la théorie des fonctions. Rec. Proc. Meet. Lond. Math. Soc. March 1924.

— [2] Sur les fonctions subharmoniques et leur rapport à la théorie du potentiel. I, Acta math. 48 (1926).

RIESZ, F. u. M.: [1] Über die Randwerte analytischer Funktionen. 4. Congr. scand. Math. Stockholm 1916.

ROBIN, G.: [1] Sur la distribution de l'electricité à la surface des conducteurs fermés et des conducteurs ouverts. Ann. École Norm., III. s. 3 (1886).

SCHMIDT, E.: [1] Über den MILLOUXschen Satz. Sitzgsber. preuß. Akad. Wiss., Physik.-math. Kl. (1932).

SCHOTTKY, G.: [1] Über den PICARDschen Satz und die BORELschen Ungleichungen. Sitzgsber. preuß. Akad. Wiss., Physik.-math. Kl. (1904).

SCHWARTZ, L. Mme: Exemple d'une fonction méromorphe ayant des valeurs déficientes non asymptotiques. C. r. Acad. Sci. Paris **212** (1941).

SCHWARZ, H. A.: [1] Zur Integration der partiellen Differentialgleichung
$$\frac{\partial^2 u}{\partial x^2} + \frac{\partial^2 u}{\partial y^2} = 0, \text{ Zusatz. Ges. Abh. } \mathbf{2}.$$

— [2] Mitteilung über diejenigen Fälle, in welchen die GAUSSische hypergeometrische Reihe $F(\alpha, \beta, \gamma, x)$ eine algebraische Funktion ihres vierten Elementes darstellt. Ges. Abh. **2**.

SELBERG, H. L.: [1] Über eine Eigenschaft der logarithmischen Ableitung einer meromorphen oder algebroiden Funktion endlicher Ordnung. Avh. Norske Vid.-Akad. Oslo, Mat.-naturvid. Kl., Nr. 14 (1929).

— [2] Algebroide Funktionen und Umkehrfunktionen ABELscher Integrale. Avh. Norske Vid.-Akad. Oslo, Mat.-naturvid. Kl., Nr. 8 (1934).

— [3] Über einen Satz von COLLINGWOOD. Archiv Math. o. Naturv. B XLVII Nr. 9 (1944).

— [4] Über den zweiten Hauptsatz der Wertverteilungslehre. Archiv Math. o. Naturv. B XLVII Nr. 10 (1944).

SHIMIZU, T.: [1] On the theory of meromorphic functions. Jap. J. Math. **6** (1929).

SPEISER, A.: [1] Probleme aus dem Gebiet der ganzen transzendenten Funktionen. Comment. math. Helvet. 1 (1929).

— [2] Über RIEMANNsche Flächen. Comment. math. Helvet. **2** (1930).

— [3] Über beschränkte automorphe Funktionen. Comment. math. Helvet. 4 (1932).

SZEGÖ, G.: [1] Bemerkungen zu einer Arbeit von Herrn FEKETE: Über die Verteilung der Wurzeln bei gewissen algebraischen Gleichungen mit ganzzahligen Koeffizienten. Math. Z. **21** (1924).

TEICHMÜLLER, O.: [1] Eine Anwendung quasikonformer Abbildungen auf das Typenproblem. Deutsche Math. **2** (1937).

— [2] Untersuchungen über konforme und quasikonforme Abbildung. Deutsche Math. **3** (1938).

— [3] Einfache Beispiele zur Wertverteilungslehre. Deutsche Math. **7** (1944)

— [4] Eine Umkehrung des zweiten Hauptsatzes. Deutsche Math. **2** (1937).

— [5] Vermutungen und Sätze über die Wertverteilung gebrochener Funktionen endlicher Ordnung. Deutsche Math. 4 (1939).

ULLRICH, E.: [1] Über die Ableitung einer meromorphen Funktion. Sitzgsber. preuß. Akad. Wiss., Math.-physik. Kl. (1929).

— [2] Über eine Anwendung des Verzerrungssatzes auf meromorphe Funktionen. J. f. Math. **166** (1932).

— [3] Über ein Problem von Herrn SPEISER. Comment. math. Helvet. **7** (1934).

— [4] Zum Umkehrproblem der Wertverteilung. Nachr. Ges. Wiss. Göttingen, N. F. **1**, Nr. 9 (1936).

— [5] Flächenbau und Wachstumsordnung bei gebrochenen Funktionen. Jber. Deutsch. Math. Vereinig. **46** (1936).

— [6] Flächenbau und Wertverteilung. 9. Congr. Math. scand. Helsinki 1938.

ULLRICH, F. E.: [1] The problem of the type for a certain class of RIEMANN surfaces. Duke math. J. **5** (1939).

URSELL, H. D: [1] Note on the transfinite diameter. J. Lond. math. Soc. XIII (1938).

VALIRON, G.: [1] Sur les fonctions entières d'ordre fini. Bull. Sci. math. II. s. **46** (1921).

VALIRON, G.: [2] Recherches sur le théorème de M. PICARD dans la théorie des fonctions entières. Ann. l'Ec. Norm., III. s. **39** (1923).

[3] Lectures on the general theory of integral functions. Toulouse: Edouard Privat 1923.

— [4] Fonctions ·entières et fonctions méromorphes d'une variable. Mémorial des Sciences math., Fasc. 2. Paris: Gauthier-Villars 1925.

— [5] Sur la distribution des valeurs des fonctions méromorphes. Acta math. **47** (1925).

— [6] Sur les théorèmes de M. BLOCH, LANDAU, MONTEL et SCHOTTKY. C. r. Acad Sci. Paris **183** (1926).

— [7] Valeurs exceptionelles et valeurs déficientes des fonctions méromorphes. C. r. Acad. Sci. Paris **225** (1947).

VALLÉE POUSSIN, C. DE LA: [1] Extension de la méthode du balayage de POINCARÉ et problème de DIRICHLET. Ann. Inst. Poincaré **2** (1932).

VIRTANEN, K. I.: [1] Eine Bemerkung über die Anwendung hyperbolischer Maßbestimmungen in der Wertverteilungslehre der meromorphen Funktionen. Math. Scand. **1** (1953).

WAGNER, H.: [1] Über eine Klasse RIEMANNscher Flächen mit endlich vielen nur logarithmischen Windungspunkten. J. reine angew. Math. **175** (1936).

WARSCHAWSKI, S.: [1] Über das Randverhalten der Ableitung der Abbildungsfunktion bei konformer Abbildung. Math. Z. **35** (1932).

WEYL, H.: [1] Meromorphic functions and analytic curves. Princeton University Press (1943).

WEYL, H. and J.: [1] Meromorphic curves. Ann. of Math. **39** (1938).

WITTICH, H.: [1] Ein Kriterium zur Typenbestimmung von RIEMANNschen Flächen. Mh. Math. Phys. **44** (1936).

— [2] Über die Wachstumsordnung einer ganzen transzendenten Funktion. Math. Z. **51** (1943).

— [3] Über den Einfluß algebraischer Windungspunkte auf die Wachstumsordnung. Math. Ann. **122** (1950).

— [4] Über das Anwachsen der Lösungen linearer Differentialgleichungen. Math. Ann. **124** (1952).

— [5] Eindeutige Lösungen der Differentialgleichungen $w'' = P(z, w)$. Math. Ann. **125** (1953).

— [6] Ganze transzendente Lösungen algebraischer Differentialgleichungen. Math. Ann. **122** (1950).

— [7] Über die konforme Abbildung einer Klasse RIEMANNscher Flächen. Math. Z. **45** (1939).

— [8] Bemerkung zum Typenproblem. Comment. math. Helv. **26** (1952).

Namen- und Sachverzeichnis.